"十二五"普通高等教育本科国家级规划教材

高等院校通信与信息专业系列教材

现代移动通信

第5版

蔡跃明　吴启晖　田华　高瞻　杨炜伟　吴丹　编著

机 械 工 业 出 版 社

本书详细介绍了现代移动通信的基本概念、基本原理、基本技术和典型系统，较充分地反映了移动通信工程设计和新技术。全书共 13 章，内容包括移动通信概述、移动通信信道、组网技术基础、数字调制技术、抗衰落技术、多址接入技术、GSM（2G）移动通信系统、3G 移动通信系统、4G 移动通信系统、5G 移动通信系统、专用移动通信系统、无线网络规划和 6G 移动通信。

本书可作为高等学校通信工程、信息工程、电子工程和其他相近专业的高年级本科生教材，也可作为通信工程技术人员和科研人员的参考书。

本书配有授课电子课件和习题解答，需要的教师可登录 www.cmpedu.com 免费注册、审核通过后下载，或联系编辑索取（微信：15910938545，电话 010-88379739）。

图书在版编目（CIP）数据

现代移动通信/蔡跃明等编著. —5 版. —北京：机械工业出版社，2022.2（2025.1 重印）
高等院校通信与信息专业系列教材
ISBN 978-7-111-68892-1

Ⅰ.①现… Ⅱ.①蔡… Ⅲ.①移动通信-高等学校-教材 Ⅳ.①TN929.5

中国版本图书馆 CIP 数据核字（2021）第 157912 号

机械工业出版社（北京市百万庄大街 22 号 邮政编码 100037）
策划编辑：李馨馨　　责任编辑：李馨馨
责任校对：张 征 王 延　　封面设计：鞠 杨
责任印制：邓 博
北京盛通印刷股份有限公司印刷
2025 年 1 月第 5 版第 6 次印刷
184mm×260mm · 22.5 印张 · 660 千字
标准书号：ISBN 978-7-111-68892-1
定价：89.00 元

电话服务	网络服务
客服电话：010-88361066	机 工 官 网：www.cmpbook.com
010-88379833	机 工 官 博：weibo.com/cmp1952
010-68326294	金 书 网：www.golden-book.com
封底无防伪标均为盗版	机工教育服务网：www.cmpedu.com

前　言

近年来，移动通信迅猛发展，各种新技术层出不穷，使得手机成为世界上普及率最高的产品之一，并深刻地影响着人们的生活、学习和工作。迄今为止，以蜂窝系统为代表的移动通信系统已历经5代。从1G以模拟移动通信开辟新纪元，到2G实现从1G的模拟时代走向数字时代，3G实现从2G语音时代走向数据时代，4G实现IP化，数据速率大幅提升，直到5G实现从人与人之间的通信走向人与物、物与物之间的通信，实现万物互联，移动通信技术的演进可谓波澜壮阔。不仅如此，发展的脚步还未停歇，6G研究正在开展，并逐步呈现出多网共存的局面。党的二十大报告为移动通信行业所属的新一代信息技术产业指明了发展方向，要以推动高质量发展为主题，构建新一代信息技术产业新的增长引擎。在此背景下，有鉴于2017年出版的《现代移动通信》（第4版）教材在技术发展和应用等内容方面的落伍和不足，我们基于“保留基础，推陈出新”的原则，对相关内容进行了修订，如：重写了4G移动通信系统和5G移动通信系统，增加了6G移动通信内容，删减了3G移动通信系统中的过时内容，对移动通信概述和无线网络规划的相关内容进行了补充等。

本书修订后的内容仍可分为以下五个部分：第一部分（第1、2章）讲述移动通信的基本概念、基本原理和移动通信信道的主要特点；第二部分（第3~6章）介绍组网技术基础、数字调制技术、抗衰落技术、多址接入技术等移动通信基本技术；第三部分（第7~11章）针对GSM（2G）移动通信系统、3G移动通信系统、4G移动通信系统、5G移动通信系统、专用移动通信系统等典型移动通信系统的特点，分别从组成、接口和工作原理等方面予以介绍；第四部分（第12章）讲述移动通信工程设计，内容主要涉及蜂窝系统的无线网络规划；最后（第13章）简要介绍了6G的相关知识。

本书第1、2、3、6、7、13章和附录由蔡跃明编写，第4、5章由吴启晖编写，第11、12章由田华编写，第8章由高瞻编写，第10章由杨炜伟编写，第9章由吴丹编写。蔡跃明负责全书统稿。

本书得以多次重印和改版，非常感谢使用本书的老师和同学的厚爱，感谢机械工业出版社李馨馨编辑的支持和鼓励。

由于编者水平有限，不免有疏漏和不当之处，恳请读者批评指正。

编　者

目　　录

第 1 章 移动通信概述

随着社会的进步和技术的飞速发展，人们对通信方面的消费水平和需求日益提高。传统的电话方式已无法满足信息化的要求。为此，人们发展了形形色色的移动通信方式，以实现及时沟通和信息交流。随着技术的发展和需求牵引，以手机为代表的移动通信终端的价格急剧下降至可被普通百姓阶层接受的水平，有力地促进了移动通信的普及。现在，手机已成为人们身边的必备品和个人数字助理，并大大改变了人们的生活、学习和工作方式，明显增强了人们的信息获取和感知能力，催生了大街小巷的“低头族”一景；移动通信有力地促进了人们跨区域、跨地域乃至跨全球的信息传输，产生了日益深刻的社会文化影响，地球因此变小，交流更加快捷。可见，移动通信已成为现代通信领域中至关重要的一部分，学习和研究与此相关的移动通信技术与系统已成为通信领域中的重要内容。

本章主要介绍移动通信的基本概念、特点、分类及应用系统，并简述其发展概况及相应的标准化组织。

1.1 引言

微视频：
移动通信概述

移动通信是指通信双方中至少有一方是处于运动（或暂时停止运动）状态下进行的通信。例如，固定体（固定无线电台、有线用户等）与移动体（汽车、船舶、飞机或行人等）之间、移动体之间的信息交换，都属于移动通信。这里的信息交换，不仅指双方的通话，还包括数据、电子邮件、传真、图像等方式。

移动通信为人们随时随地、迅速可靠地与通信的另一方进行信息交换提供了可能，适应了现代社会信息交流的迫切需要。因此，随着技术的进步，特别是集成电路技术和计算机技术的发展，移动通信得到了迅速发展，并成为现代通信中不可缺少且发展最快的通信手段之一。移动通信系统包括蜂窝移动通信系统、无绳电话系统、无线寻呼系统、集群移动通信系统、卫星移动通信系统等，其中陆地蜂窝移动通信是当今移动通信发展的主流和热点。移动体之间的通信联系只能靠无线通信；而移动体与固定体之间通信时，除了依靠无线通信技术之外，还依赖于有线通信，如公用电话网（PSTN）、公用数据网（PDN）和综合业务数字网（ISDN）等。

移动通信涉及的范围很广，凡是“动中通”的通信都属于移动通信范畴。限于篇幅，本书重点介绍代表移动通信发展方向、体现移动通信主流技术、应用范围最广的数字蜂窝移动通信技术和系统。

1.1.1 移动通信的特点

与其他通信方式相比，移动通信主要有以下特点。

1. 无线电波传播复杂

移动通信中基站至用户之间必须靠无线电波来传送信息。目前，典型移动通信系统的工作频率范围在甚高频（VHF，30～300MHz）和特高频（UHF，300～3000MHz）内。该频段的特点是：传播距离在视距范围内，通常为几十千米；天线短，抗干扰能力强；以直射波、反射波、散射波等方式传播，受地形地物影响很大，如在移动通信应用面很广的城市中高楼林立、高低不平、疏密不同、形状各异，这些都使移动通信传播路径进一步复杂化，并导致其传输特性变化十分剧烈，如图 1-1 所示。由于以上原因，移动台接收信号是由直射波、反射波和散射波叠加而成的，其强度起伏不定，严重时将影响通话质量。

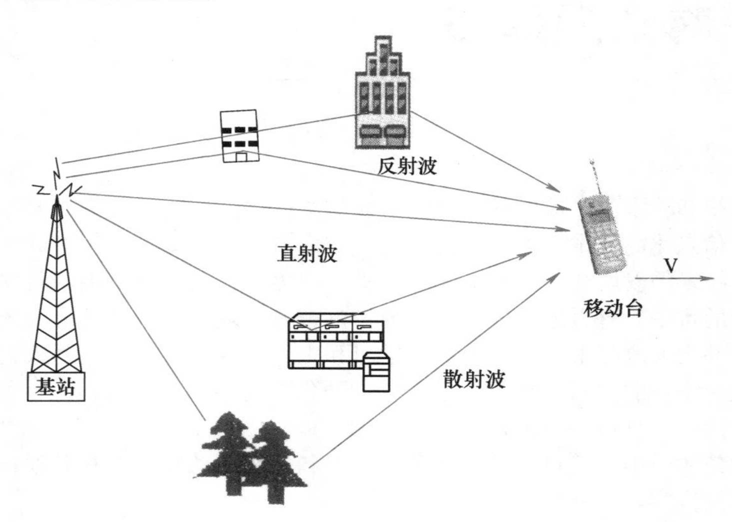

图 1-1　无线电波的多径传播示意图

2. 移动台受到的干扰严重

移动台所受到的噪声干扰主要来自人为的噪声干扰（如汽车的点火噪声、微波炉噪声等）。对于风、雨、雪等自然噪声，由于频率较低，可忽略其影响。

移动通信网中多频段、多电台同时工作，当移动台工作时，往往受到来自其他电台的干扰，主要的干扰有同频干扰、邻道干扰、互调干扰、多址干扰，以及近地无用强信号压制远地有用弱信号的现象等。所以，抗干扰措施在移动通信系统设计中显得尤为重要。

3. 无线电频谱资源有限

无线电频谱是一种特殊的、有限的自然资源。尽管电磁波的频谱相当宽，但作为无线通信使用的资源，国际电信联盟定义 3000GHz 以下的电磁波频谱为无线电磁波的频谱。由于受到频率使用政策、技术和可使用的无线电设备等方面的限制，国际电信联盟当前只划分了 9kHz～400GHz 范围。实际上，目前使用的较高频段只在几十吉赫兹。由于现有技术水平所限，现有的商用蜂窝移动通信系统一般工作在 10GHz 以下，所以可用频谱资源是极其有限的。

为了满足不断增加的用户需求，一方面要开辟和启用新的频段；另一方面要研究各种新技术和新措施，如窄带化、缩小频带间隔、频率复用等方法，新近又出现了多载波传输技术、多入多出技术、认知无线电技术等。此外，有限频谱的合理分配和严格管理是有效利用频谱资源的前提，这是国际上和各国频谱管理机构和组织的重要职责。

4. 对移动设备的要求高

移动设备长期处于不固定状态，外界的影响很难预料，如振动、碰撞、日晒雨淋，这就要求移动设备具有很强的适应能力，还要求其性能稳定可靠，携带方便、小型、低功耗及能耐高温、低温等。同时，移动设备还要尽量具有操作方便，适应新业务、新技术的发展等特点，以满足不同人群的要求。

5. 系统复杂

由于移动设备在整个移动通信服务区内自由、随机运动，需要选用无线信道进行频率和功率控制，以及位置登记、越区切换及漫游等跟踪技术，这就使其信令种类比固定网络要复杂得多。此外，在入网和计费方式上也有特殊要求，所以移动通信系统是比较复杂的。

1.1.2　移动通信系统的组成

移动通信系统是移动体之间，以及固定用户与移动体之间，能够建立许多信息传输通道的通信系统。移动通信包括无线传输、有线传输和信息的收集、处理和存储等，使用的主要设备有无线收发信机、移动交换控制设备和移动终端设备。

得益于需求驱动和技术进步，以集群移动通信系统、小灵通系统为代表的许多移动通信系统的构成与蜂窝移动通信系统越来越相像，所以下面以蜂窝移动通信系统（简称蜂窝系统）为例介绍。基本的蜂窝系统如图 1-2 所示，它包括移动台（MS）、基站（BS）和移动交换中心（MSC）。MSC 负责将蜂窝系统中的所有移动用户连接到公共交换电话网（PSTN）上。每个移动用户通过无线电和某一基站通信，在通话过程中，可被切换到其他基站。移动台包括收发器、天线和控制电路，有便携式和车载式两种。基站包括几个同时处理全双工通信的发送器、接收器及支撑收发天线的塔台。基站将小区中的所有用户通过线缆（如光纤）或微波线路连接到 MSC。MSC 协调所有基站的工作，并将整个蜂窝系统连接到 PSTN 上。基站与移动用户之间的通信接口称为公共空中接口（CAI）。

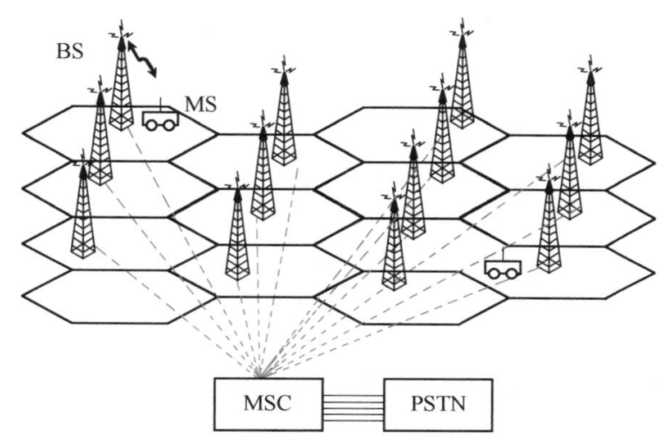

图 1-2　蜂窝移动通信系统组成示意图

移动通信中建立一个呼叫是由 BS 和 MSC 共同完成的。BS 提供并管理 MS 和 BS 之间的无线传输通道；MSC 负责呼叫控制功能，所有的呼叫都是经由 MSC 建立连接的。

1.1.3　工作方式

移动通信的传输方式分单向传输（广播式）和双向传输（应答式）。单向传输只用于无线电寻呼系统。双向传输有单工、双工和半双工三种工作方式。

1. 单工通信

所谓单工通信是指通信双方电台交替地进行收信和发信。根据收、发频率的异同，又可分为同频单工和异频单工通信。单工通信常用于点到点通信，如图 1-3 所示。

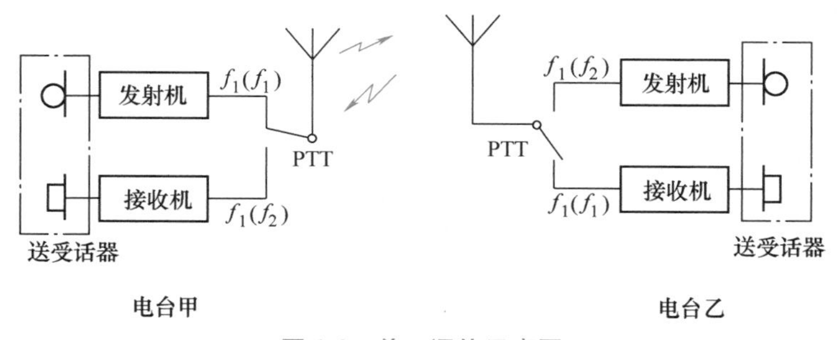

图 1-3　单工通信示意图

同频单工通信是指通信双方（如图 1-3 中的电台甲和电台乙）使用相同的频率 f_1 工作，发送时不接收，接收时不发送。平常各接收机均处于守候状态，即把天线接至接收机等候被呼。当电台甲要发话时，它就按下其送受话器的按键开关（PTT），一方面关掉接收机，另一方面将天线接至发射机的输出端，接通发射机开始工作。当确知电台乙接收到载频为f_1的信号时，即可进行信息传输。同样，电台乙向电台甲传输信息也使用载频f_1。同频单工工作方式的收发信机是轮流工作的，故收发天线可以共用，收发信机中的某些电路也可共用，因而电台设备简单、省电，且只占用一个频点。但是，这样的工作方式只允许一方发送时另一方进行接收。例如，在甲方发送期间，乙方只能接收而无法应答，这时即使乙方启动其发射机也无法通知甲方使其停止发送。此外，任何一方当发话完毕时，必须立即松开其按键开关，否则将收不到对方发来的信号。

异频单工通信方式，收发信机使用两个不同的频率分别进行发送和接收。例如，电台甲的发射频率及电台乙的接收频率为f_1，电台乙的发射频率及电台甲的接收频率为f_2。不过，同一部电台的发射机与接收机还是轮换进行工作的，这一点是与同频单工通信相同的。异频单工与同频单工通信的差异仅仅是收发频率的异同而已。

2. 双工通信

所谓双工通信，是指通信双方可同时传输信息的工作方式，有时也称全双工通信，如图1-4所示。图中，基站的发射机和接收机各使用一副天线，而移动台通过双工器共用一副天线。双工通信一般使用一对频道，以实施频分双工（FDD）工作方式。这种工作方式使用方便，同普通有线电话相似，接收和发射可同时进行。但是，在电台的运行过程中，不管是否发话，发射机总是工作的，故电源消耗较大，这一点对用电池作电源的移动台而言是不利的。为解决这个问题，在一些简易通信设备中可以采用半双工通信。

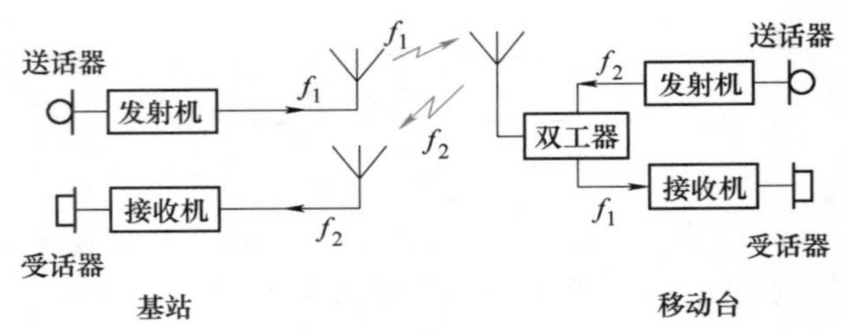

图1-4 双工通信示意图

3. 半双工通信

半双工通信是移动台采用“按讲”工作方式，基站采用收发同时进行的通话方式。该方式主要用于解决双工方式耗电大的问题，其组成与图1-4相似，差别在于移动台不采用双工器，而是按下按讲开关发射机才工作，而接收机总是工作的。基站工作情况与双工方式完全相同。

1.2 移动通信的分类及应用系统

1. 移动通信的分类方法

移动通信有以下分类方法：

1）按使用对象可分为民用设备和军用设备。

2）按使用环境可分为陆地通信、海上通信和空中通信。

3）按多址方式可分为频分多址（FDMA）、时分多址（TDMA）和码分多址（CDMA）等。

4）按覆盖范围可分为广域网、城域网、局域网和个域网。

5）按业务类型可分为电话网、数据网和综合业务网。

6）按工作方式可分为同频单工、同频双工、异频单工、异频双工和半双工。

7）按服务范围可分为专用网和公用网。

8）按信号形式可分为模拟网和数字网。

2. 移动通信的应用系统

移动通信系统形式多样，主要包括以下几种。

（1）蜂窝式公用陆地移动通信系统（蜂窝系统）

蜂窝式公用陆地移动通信系统适用于全自动拨号、全双工工作、大容量公用移动陆地网组网，可与公用电话网中任何一级交换中心相连接，实现移动用户与本地电话网、长途电话网用户及国际电话网用户的通话接续，还可以与公用数据网相连接，实现数据业务的接续。这种系统具有越区切换、自动或人工漫游、计费及业务量统计等功能。

蜂窝移动通信是当今移动通信发展的主流，它的迅猛发展奠定了移动通信乃至无线通信在当今通信领域的重要地位。

（2）集群移动通信系统

集群移动通信系统属于调度系统的专用通信网，它一般由控制中心、总调度台、分调度台、基地台和移动台组成。该系统对网中的不同用户常常赋予不同的优先等级，适用于在各个行业（和几个行业合用）中进行调度和指挥。

（3）无绳电话系统

无绳电话系统最初是为了解决有线电话的“线缆束缚”问题而诞生的，初期主要应用于家庭。这种无绳电话系统十分简单，只有一个与有线电话用户线相连接的基站和随身携带的手机，基站与手机之间采用无线方式连接，故而得名“无绳”。

后来，无绳电话很快得到商业应用，并由室内走向室外，诞生了欧洲的数字无绳电话系统（DECT）、日本的个人手持电话系统（PHS）、美国的个人接入通信系统（PACS）和我国开发的个人通信接入系统（PAS）等多种数字无绳电话系统。其中PAS系统又俗称为“小灵通系统”，它作为以有线电话网为依托的移动通信方式，在我国曾经得到很好的发展。无绳电话系统适用于低速移动、较小范围内的移动通信。

小灵通系统是在日本PHS基础上改进的一种无线市话系统，它充分利用已有的固定电话网络交换、传输等资源，以无线方式为在一定范围内移动的手机提供通信服务，是固定电话网的补充和延伸。小灵通系统主要由基站控制器、基站和手机组成，基站散布在办公楼、居民楼之间，以及火车站、机场、繁华街道、商业中心、交通要道等，形成一种微蜂窝或微微蜂窝覆盖。

（4）无线寻呼系统

无线寻呼系统是以广播方式工作的单向通信系统，可看做有线电话网中呼叫振铃功能的无线延伸或扩展。无线寻呼系统既可作为公用也可作为专用，专用寻呼系统由用户交换机、寻呼中心、发射台及寻呼接收机组成。公用寻呼系统由与公用电话网相连接的无线寻呼控制中心、寻呼发射台及寻呼接收机组成。受蜂窝移动通信网短信业务的冲击，目前公用无线寻呼业务基本停止。

（5）卫星移动通信系统

卫星移动通信系统是把卫星作为中心转发台，为移动台和手机提供通信服务的通信系统，特别适合于海上、空中和地形复杂而人口稀疏的地区。20世纪80年代末以来，以手机为移动终端的卫星移动通信系统纷纷涌现，其中美国摩托罗拉公司提出的铱星（IRIDIUM）系统是最具代表性的系统。铱星系统是世界上第一个投入使用的大型低地球轨道（LEO）的卫星通信系统，它由距地面785km的66颗卫星、地面控制设备、关口站和用户端组成。铱星系统的诞生是人类通信史上的重要事件，它旨在突破现有地面蜂窝系统的局限，通过高空向任何地区、任何人提供语音、数据、传真及寻呼业务，实现全球覆盖。然而，尽管铱星系统技术最先进、星座规模最大、投资最多、建设速度最快，可以说是占尽了市场先机，但遗憾的是，由于其手机价格和话费昂贵、用户少、运营成本高，使得运营铱星系统的铱星公司入不敷出，被迫于2000年3月破产关闭。除铱星系统外，Globalstar（全球星）系统也是一个有代表性的系统，它是美国的一个多国集团公司（LQSS）提出的低轨道卫星移动通信系统，其基本设计思想与铱星系统一样，也是利用LEO卫星组成一个覆盖全球的卫星移动通信系统，向世界各地提供语音、数据等业务。Globalstar有48颗卫星，分布在52°倾角的8条轨道上。该系统与铱星系统的最大区别是无星上交换和星际链路，依赖地面网络通信，因此整个系统造价和运营成本费用较铱星系统便宜很多。

（6）无线LAN

无线LAN是无线通信的一个重要领域，它支持小范围、低速的游牧移动通信。IEEE 802.11、802.11a/802.11b以及802.11g等标准已相继出台，为无线局域网提供了完整的解决方案和标准。随着需求的增长和技术的发展，无线局域网的移动性逐渐增强，已在解决人口密集区的移动数据传输问题上显现出优势，成为移动通信的一个重要组成部分。

1.3 移动通信的发展概况

1.3.1 移动通信的发展简史

移动通信从1898年M.G.马可尼所完成的无线通信试验开始就产生了。而现代移动通信技术的发展是从20世纪20年代开始的，其代表——蜂窝移动通信大致经历了如下阶段。

第1阶段从20世纪20年代至40年代，为早期发展阶段。在这期间，首先在短波几个频段（2MHz）上开发出专用移动通信系统，其代表是美国底特律市警察使用的车载无线电系统。这个阶段可以认为是现代移动通信的起步阶段，特点是专用系统，工作频率较低。

第2阶段从20世纪40年代中期至60年代初期。在此期间，公用移动通信业务开始问世。1946年，根据美国联邦通信委员会（FCC）的计划，贝尔电话实验室在圣路易斯城建立了世界上第一个公用汽车电话网，称为“城市系统”。这个系统的频率范围是35~40MHz，采用FM调制。随后，德国（1950年）、法国（1956年）、英国（1959年）等相继研制了公用移动电话系统。美国贝尔实验室解决了人工交换系统的接续问题。这一阶段的特点是从专用移动通信网向公用移动通信网过渡，接续方式为人工，网络的容量较小。

第3阶段从20世纪60年代中期至70年代中期。在此期间，美国推出了改进型移动电话系统（IMTS），采用大区制、中小容量，实现了无线频道自动选择并能够自动接续到公用电话网。德国也推出了具有相同技术水平的B网。可以说，这一阶段是移动通信系统的改进与完善阶段，其特点是采用大区制、中小容量，实现了自动选频与自动接续。

第4阶段从20世纪70年代中期至80年代中期。这是移动通信蓬勃发展的时期。1978年底，美国贝尔实验室成功研制出先进移动电话系统（AMPS），建成了蜂窝移动通信网，大大提高了系统容量。1979年，日本推出800MHz汽车电话系统（HAMTS），在东京、大阪、神户等地投入商用。1985年，英国开发出全接入通信系统（TACS），首先在伦敦投入使用，以后覆盖了全国。同时，加拿大推出移动电话系统（MTS）。瑞典等北欧四国于1980年开发出NMT-450移动通信网，并投入使用。这一阶段的特点是蜂窝移动通信网实用化，并在世界各地迅速发展，这是一个真正推动移动通信广泛商用化的时期，也正是从此开始，移动通信系统按“代”表述，始称“第一代”。移动通信大发展的原因，除了用户需求迅猛增加这一主要推动力之外，还有其他几方面技术的发展所提供的条件。首先，微电子技术在这一时期得到长足发展，这使通信设备的小型化、微型化有了可能，各种轻便电台被不断地推出。其次，出现了移动通信新体制。随着用户数量的增加，大区制所能提供的容量很快饱和，这就必须探索新体制。在这方面最重要的突破是贝尔实验室在20世纪70年代提出的蜂窝网概念。蜂窝网即所谓的小区制，由于实现了频率复用，系统容量得到明显提高。可以说，蜂窝网技术有效解决了公用移动通信系统要求容量大与频率资源有限的矛盾。最后，随着微处理器技术的日趋成熟，以及计算机技术的迅猛发展，大型通信网的管理与控制有了强有力的技术手段。

第5阶段从20世纪80年代中期开始。以AMPS和TACS为代表的第一代蜂窝移动通信网是模拟系统。模拟蜂窝网虽然取得了很大成功，但也暴露了一些问题。例如，频谱利用率低，移动通信设备复杂，费用较高，业务种类受到限制，以及通话易被窃听等，最主要的问题是其容量已不能满足日益增长的移动用户需求。解决这些问题的方法是开发新一代数字蜂窝系统，即第二代移动通信系统。数字无线传输的频谱利用率高，可大大提高系统容量。另外，数字网能提供语音、数据等多种业务，并与 ISDN 兼容。第二代移动通信以 GSM 和窄带 CDMA（N-CDMA）两大移动通信系统为代表。事实上，在20世纪70年代末期，当模拟蜂窝系统还处于开发阶段时，一些发达国家就着手研究数字蜂窝系统。到20世纪80年代中期，为了打破国界，实现漫游通话，欧洲首先推出了泛欧数字移动通信网（GSM）体系。GSM 系统于1991年7月开始投入商用，并很快在世界范围内获得了广泛认可，成为具有现代网络特征的通用数字蜂窝系统。由于美国的第一代模拟蜂窝系统尚能满足当时的市场需求，所以美国数字蜂窝系统的实现晚于欧洲。为了扩大容量，实现与模拟系统的兼容，1991年，美国推出了美国第一套数字蜂窝系统（UCDC，又称 D-AMPS），UCDC 标准是美国电子工业协会（EIA）的数字蜂窝暂行标准，即IS-54，它提供的容量是 AMPS 的3倍。1995年美国电信工业协会（TIA）正式颁布了窄带CDMA（N-CDMA）标准，即IS-95A标准。IS-95A 系统是美国第二套数字蜂窝系统。随着 IS-95A 的进一步发展，TIA 于1998年制定了新的标准 IS-95B。另外，还有1993年日本推出的采用 TDMA 多址方式的太平洋数字蜂窝（PDC）系统。

第6阶段从20世纪90年代中期开始到21世纪初。伴随着对第三代移动通信（3G）的大量研究，1996年底国际电联（International Telecommunication Union，ITU）确定了第三代移动通信系统的基本框架。2001年，多个国家相继开通了3G商用网，标志着第三代移动通信时代的到来。欧洲的电信业巨头们则称其为 UMTS（通用移动通信系统）。3G 系统能够将语音通信和多媒体通信相结合，其增值服务包括图像、音乐、网页浏览、视频会议以及其他一些信息服务，其主流标准有北美和韩国的 cdma2000、欧洲国家和日本的 WCDMA、中国的 TD-SCDMA。3G 系统与现有的 2G 系统不同，3G 系统采用 CDMA 技术和分组交换技术，而不是 2G 系统通常采用的 TDMA 技术和电路交换技术。与现在的 2G 系统相比，3G 将支持更多的用户，实现更高的传输速率（如室内低速移动场景下数据速率达 2Mbit/s）。近年来，3G 系统已经在许多国家大规模商业应用，与此同时，IEEE 组织推出的宽带无线接入技术也从固定向移动化发展，形成了与移动通信技术竞争的局面。为应对“宽带接入移动化”的挑战，同时为了满足新型业务需求，2004年底第三代合作伙伴项目（3rd Generation Partnership Project，3GPP）组织启动了长期演进（Long Term Evolution，LTE）的标准化工作。

第7阶段从21世纪前10年代中期开始。在推动 3G 系统产业化和规模商用化的同时，LTE 项目持续演进。2005年10月，国际电联正式将 B3G/4G（后三代/第四代）移动通信统一命名为 IMT-Advanced（International Mobile Telecommunication-Advanced），即第四代移动通信。IMT-Advanced 技术需要实现更高的数据速率和更大的系统容量，能够提供基于分组传输的先进移动业务，显著提升 QoS 的高质量多媒体应用能力，满足多种环境下用户和业务的需求，支持从低到高的移动性应用和很宽的数据速率，在低速移动、热点覆盖场景下数据速率达 1Gbit/s 以上，在高速移动和广域覆盖场景下达 100Mbit/s。2008年3月，国际电联开始征集 IMT-Advanced 无线接入技术标准，3GPP 和 IEEE 等国际标准化组织分别提出了 LTE-A（LTE-Advanced 的简写）和 IEEE 802.16m，其中 LTE-A 包括 FDD 和 TDD 两部分；2012年1月20日，国际电联会议正式审议通过将 LTE-A 和 IEEE 802.16m 技术规范作为国际标准，我国主导的 TD-LTE-A 同时成为国际标准，也标志着我国在移动通信标准领域再次走到世界前列是我国通信历史上又一个里程碑式的重要成果。

第8阶段从21世纪10年代中期开始。4G 的成功商用化明显促进了人与人通信，但在人与物、物与物的通信中，尤其是大规模、低时延、高可靠的需求场景中，显得力不从心。为此，人们开始研发 5G 移动通信系统，提出了“信息随心至，万物触手及”的 5G 愿景。2018年国际电联确定了 5G 标准的第一个版本（R15），2019年中国等国家给通信运营商发放了 5G 牌照，中国乃至世界进入 5G 商用元年，5G 应用开始逐渐普及。表 1-1 列出了每一代蜂窝移动通信系统涉及的主要特色、代表性终端、技术需求和核心无线关键技术，从中可大致了解每一代蜂窝移动通信系统的特点。

表 1-1 每一代蜂窝移动通信系统涉及的标志、技术需求和核心无线关键技术

	1G	2G	3G	4G	5G
业务	语音	语音+数据	语音、数据和图像	富媒体	高质量泛媒体
应用特色	移动中通话成为可能	语音与短信普及，低速数据业务成为可能	智能手机出现并迅速普及，移动业务类型增多	手机上网普及，移动互联网应用成为主力	移动物联，万物互联将改变人类生活
代表性终端	大哥大	功能机	智能机	高级智能机	物联网设备
技术需求	• 语音质量	• 高质量语音 • 低速数据服务	• 高质量语音 • 高速数据服务	• 高质量实时数据服务	• 增强移动宽带服务 • 大规模机器通信服务 • 高可靠低时延通信服务
核心无线关键技术	• 频分多址 • 蜂窝复用 • 模拟调频	• 时分多址 • GMSK/QPSK • 功率控制 • 自适应均衡或 Rake 接收 • 空间分集	• 码分多址 • 多用户检测 • 空时编码 • 无线资源管理	• 正交频分多址 • MIMO • OFDM • CoMP • 载波聚合	• 正交频分多址 • 大规模 MIMO • 毫米波通信 • 超密集网络 • D2D 通信 • 新型多址

在蜂窝移动通信蓬勃发展的同时，其他移动通信也迅速发展。无线寻呼系统的最早实验系统是 1948 年美国贝尔实验室开发的 Bell Boy。世界上最普遍使用的寻呼标准是英国邮局编码标准咨询组开发的 POCSAG，为英国、澳大利亚、新西兰和一些西欧国家所采用，也为我国公用寻呼系统所采用。POCSAG 支持二进制的频移键控（FSK），其信号传输速率为 512bit/s、1200bit/s 和 2400bit/s。为提高传输信号传输速率，后期人们又开发了 FLEX 和 ERMES 等标准。

有代表性的公用无绳电话系统是 1987 年英国推出的 CT2。CT2 使用微蜂窝覆盖，覆盖范围一般小于 100m，不支持基站间的切换。它使用 FSK 和 32kbit/s 的自适应脉冲编码调制（ADPCM）来获得高质量语音。1989 年欧洲推出了欧洲数字无绳电话（DECT）标准，用于支持办公和商务用户的语音和数据传输。1993 年日本推出了 PHS 标准，用于支持室内和本地环路的应用。1994 年美国推出了 PACS 系统，也用于支持室内和本地环路的应用。1998 年中国浙江余杭推出了 PHS 中国化的“小灵通”系统。

在 20 世纪 80 年代初，一些幅员辽阔的国家开始探索把同步卫星用于陆地移动通信的可能性，提出在卫星上设置多波束天线，像蜂窝网中把小区分成区群那样，把波束分成波束群，实现频率复用，以提高系统的通信容量。1993 年，美国休斯公司提出的 Spaceway 计划，其目的是研制一个双星移动通信系统，从而为北美地区提供语音、数据和图像服务。在利用同步卫星进行通信方面，国际海事卫星组织提出了在 21 世纪实现用手机进行卫星移动通信的规划，并把这个系统定名为 IMARASAT-P。美国也提出了 TRITIUM 系统和 CELSAT 系统，还有日本 MPT 的 COMETS 等计划。

当前，世界各国在大力推进 5G 商用化工作的同时，已开始着手新一代移动通信技术的研究，力图通过新技术来解决移动互联网和物联网强劲发展所带来的问题，如，高逼真 VR/AR 和无线脑机交互等应用所需的极高数据速率，以及“上天入地下海”的空—天—海—地一体化网络覆盖等，力图实现“一念天地，万物随心”愿景。

1.3.2 我国移动通信的发展

我国移动通信电话业务的发展始于 1981 年，当时采用的是早期的 150MHz 系统，8 个信道，能容纳的用户数只有 20 个。随后相继发展的有 450MHz 系统，如重庆市电信局首期建设的诺瓦特系统、河南省交通厅建成的 MAT-A 系统等。1987 年，我国在上海首次开通了 TACS 制式的 900MHz 模拟蜂窝移动电话系统；同年 11 月，广东省也建成开通了珠江三角洲的 900MHz 模拟蜂窝移动电话系统。1994 年 9 月，广东省首先建成了 GSM 数字移动通信网，初期容量为 5 万户，于同年 10 月试运行。1996 年，我国研制出自己的数字蜂窝系统全套样机，完成了接入公众网的运行试验，并逐步实现了产业化开发。1996 年 12 月，广州建起我国第一个 CDMA 试验网。1997 年 10 月，广州、上海、西安、北京 4 个城市通过了 CDMA 试验网漫游测试，同年 11 月，北京试验点向社会开放。2005 年 6 月，我国完成了 WCDMA、cdma2000 和 TD-SCDMA 三大系统的网络测试，为商用化做好了准备。2009 年 1 月，工业与信息化部正式向中国移动、中国联通和中国电信三大运营商发放 3G 牌照，标志着中国正式进入 3G 时代。2013 年 12 月，工业和信息化部向三大运营商发放了 4G 牌照，4G 商用化得以快速推进。2019 年 6 月，中国移动、中国联通、中国电信和中国广电四大运营商正式得到 5G 牌照，中国正式进入 5G 商用元年。

经过四十几年的发展，我国已建成了覆盖全国的移动通信网，2006 年年底全国移动电话用户数已超过 4.5 亿，而且已经连续几年以每年千万计的速度增长；2009 年年底，全国移动电话用户数达到 7.47 亿；2012 年 2 月，全国移动电话用户数突破 10 亿，其中 3G 用户数达 1.44 亿；2016 年 11 月底，全国移动电话用户数达 13.27 亿，普及率达 96%，其中 4G 用户突破 7.34 亿，占移动电话的比重超过了 50%。2020 年年底，全国移动用户数达 15.94 亿，其中 4G 用户数为 12.89 亿，5G 用户数突破 2 亿。移动通信业务从初期的单纯语音业务逐步发展成为包括短信业务、数据业务、预付费和 VPN（虚拟专用网）等智能业务在内的多元化业务结构。

我国无线寻呼业务的发展晚于移动电话业务，最早开办于 1984 年，其发展速度和普及率曾经独领风骚。在无线寻呼业务的高峰期，全国用户数的年增长幅度曾达 150%，1999 年 6 月底在我国无线寻呼用户数达到 7268 万户，位居世界第一。但 1998 年后，随着蜂窝移动通信网短信业务的开通和普及，无线寻呼业务逐步萎缩。现在，不少无线寻呼网已关闭或合并。

公众无绳电话也曾在一些城市中得到发展，但真正的大发展始于 1998 年浙江余杭区在国内首先开通由无绳电话发展而来的“小灵通”系统。这种通信系统是基于无线接入的市话系统，因资费便宜、手机价格低等因素得到迅速发展，2005 年 8 月全国小灵通用户数达到 8200 万户，但随后开始受到蜂窝移动电话资费下降的挑战，面临危机。2009 年 2 月，工业与信息化部发文要求占用 1900~1920MHz 频段的小灵通三年内退出市场，曾经红火一时的小灵通已淡出市场。

移动通信系统还有其他一些应用形式，例如，800MHz 集群系统从 1990 年 5 月开始由上海邮电部门率先引进而开始应用。

我国移动通信技术经历了“1G 空白、2G 跟随、3G 有所突破、4G 并跑、5G 领跑”的发展过程。目前我国全面推进 6G 研发，正在加紧推进技术研发试验，力争成为 6G 的全球引领者。

1.3.3 移动通信的发展趋势

目前的移动通信发展速度令人震惊，已广泛应用于国民经济的各个部门和人们生活的各个领域中，诸如在线上网、社交网络、在线音乐、在线游戏、手机银行和手机视频等新型业务成为时尚，不断地推动着人们生活方式和生产方式的改变。据统计，2006 年 9 月全球移动电话数已超过 27 亿，移动通信行业在全球达到第一个 10 亿用户经过了 20 年，而达到第二个 10 亿用户仅仅经历了 3 年时间。而从 2005 年年底至 2006 年年底短短一年的时间，全球新增移动通信用户数量就高达 5 亿。截至 2015 年底，全球移动终端数达到 79 亿，普及率超过了 96%。而到 2020 年年底，全球移动终端普及率达 102.4%，“4G 改变生活，5G 改变社会，6G 重塑世界”成为一种潮流。移动通信发展的这种变化实质反映了人类对移动性、个性化和感知能力拓展的需求在急剧增加，迎合了当今人类社会快节奏生活的需要。

市场的强劲需求极大地推进了移动通信技术的发展，并提升了移动通信在未来通信中的地位。从技术角度看，移动通信将向宽带化、分组化、智能化、数据化、融合化的方向发展，具体体现在以下几个方面：

1）宽带化是通信技术发展的重要方面之一，随着光纤传输技术的进一步发展，有线网络的宽带化正在世界范围内全面展开，而移动通信技术为适应宽带数据业务的爆炸式增长趋势也正朝着无线接入宽带化的方向演进。

2）随着网络中数据业务量主导地位的形成，从传统的电路交换网络逐步转向以分组交换特别是以 IP 为基础的网络是发展的必然，数据化成为现实，移动通信提供的业务将从以传统的语音业务为主向提供数据服务的方向发展。

3）移动通信网络结构正在经历一场深刻的变革，分组化是演进方向，未来网络将是一个全 IP 的分组网络，同时在业务控制分离的基础上，网络呼叫控制与核心交换传输网将进一步分离，促使网络结构趋于分为业务应用层、控制层以及由网络和接入网组成的网络层。

4）为了适应通信业务多样化、网络融合化的发展要求，以及通信的主体将从人与人之间的通信扩展到人与物、物与物之间通信的趋势，移动通信终端智能化的要求越来越高。未来的终端不仅拥有一般的通话功能，其功能和形态将极大拓展，无疑将会深入休闲、娱乐、办公、旅游、支付、银行、医疗、健康、出行、智能家居控制等各个方面。

1.4　标准化组织

移动通信的迅猛发展带来了通信技术的日新月异。为了使通信系统的技术水平能综合体现整个通信技术领域已经发展到的高度，移动通信的标准化就显得十分重要。没有技术体制的标准化就不能把多种设备组成互连的移动通信网络，没有设备规范和测试的标准化，也就无法进行大规模生产。在当今的国际竞争中，“技术专利化、专利标准化、标准国际化”成了知识产权领域新的游戏规则。正因为如此，国际上对移动通信的标准化非常重视，近年来更加活跃。一些财力雄厚的运营公司，为了在未来通信领域占有更多市场，或者为了使未来通信系统能和其当前生产的移动通信产品互相兼容，或者为了使其当前产品能平滑过渡到未来移动通信系统等原因，都对未来移动通信体制的标准化特别关注和热心。下面对几个主要的标准化组织及其活动作简要介绍。

1.4.1　国际无线电标准化组织

国际无线电标准化工作主要由国际电信联盟（ITU）负责。ITU 成立于 1865 年，它是设于日内瓦的联合国组织，下设 4 个永久性机构：综合秘书处、国际频率登记局（IFRB）、国际无线电咨询委员会（CCIR）以及国际电话电报咨询委员会（CCIT）。

国际频率登记局（IFRB）的职责一是管理带国际性的频率分配；二是组织世界管理无线电会议（WARC）。WARC 是为了修正无线电规程和审查频率注册工作而举行的。最近分别于 1992 年、1997 年和 2002 年举行，会上曾做出涉及无线电通信发展的有关决定。

国际电话电报咨询委员会（CCIT）提出设备建议，如在有线电信网络中工作的数据 Modem，还通过其不同的研究小组提出了许多与移动通信有关的建议，如编号规划、位置登记程序和信令协议等。

国际无线电咨询委员会（CCIR）为 ITU 提供无线电标准的建议，研究内容侧重于无线电频谱利用技术和网间兼容的性能标准和系统特性。CCIR 的第八研究组负责审查所有移动通信业务的建议，包括陆地、航空、卫星、海事和业余无线电。

1993年3月1日，ITU进行了一次组织调整。调整后的ITU分为3个部门：无线通信部门（ITU-R，以前的CCIR和IFRB）、电信标准化部门（ITU-T，以前的CCIT）和电信发展部门（ITU-D）。

1.4.2 欧洲通信标准化组织

欧洲通信标准协会（ETSI）成立于1988年，其主要职责是制定欧洲地区性标准，以实现开放、统一、竞争的欧洲电信市场。ETSI下设服务与设备、无线电接口、网络形式和数据等分会，还有一个研究无绳电话系统的无线电小组。虽然ETSI感兴趣的工作大部分属于蜂窝和无绳系统，但也有属于WLAN范围的标准化活动，其中的RES-10分会已定义了一种20Mbit/s以上的高性能欧洲无线局域网（HiperLAN）。

1.4.3 北美地区的通信标准化组织

在美国负责移动通信标准化的组织是电子工业协会（EIA）和电信工业协会（TIA）（后者是前者的一个分支）。此外，还有一个蜂窝电信工业协会（CTIA）。1988年末，TIA应CTIA的请求组建了数字蜂窝标准的委员会TR45，来自美国、加拿大、欧洲国家和日本的制造商参加了这个组织。TR45下属的各个分会开始对用户需求、调制技术、多址方式以及用于信令、语音数字化和在数字系统中提供数据服务的建议进行了评估。1992年1月，EIA和TIA发布了数字蜂窝系统的临时标准，它定义了用于蜂窝移动终端和基站之间的空中接口标准（EIA92）。

当TIA的分会TR45.3正在评估数字蜂窝系统是否采用FDMA或TDMA多址方式的同时，Qualcomm公司开始开发一种基于扩展频谱码分多址的数字蜂窝系统。Qualcomm公司没有参加TR45.3组织策划IS-54TDMA标准的工作，而是致力于开发自己的系统，并于1990年完成了为运营者评估的现场实验。其后，TIA组成一个新的分会TR45.5，开始研究基于Qualcomm CDMA系统的蜂窝标准，并于1993年7月18日发布了CDMA蜂窝系统的空中接口标准IS-95CDMA。

与此同时，在美国的几个组织制定了个人通信业务（PCS）标准，这些组织包括美国国家标准协会（ANSI）的电信委员会T1所属分会T1E1和T1P1、TR45的微蜂窝分会TR45.4和ITU的无线标准小组在美国的分部。T1的工作主要集中于定义服务、信令结构、网络接口和总体工程。TR45.4的工作是开发基于蜂窝信令和技术的PCS系统。

1.4.4 IEEE 802标准委员会

美国电气和电子工程师学会（IEEE）在制定局域网标准中起了很大作用，它成立于1884年。许多IEEE 802标准都成为国际标准。IEEE 802委员会下设了许多制定专题标准的分组委员会，如宽带技术（IEEE 802.7）、光纤技术（IEEE 802.8）、无线接入网技术等。涉及无线接入技术的有IEEE 802.11、IEEE 802.15和IEEE 802.16。由于无线接入方式具有便捷灵活，并支持移动性等优点，无线接入技术得到了人们的广泛关注。IEEE 802标准体系涵盖了从几米范围的无线个域网（WPAN）到几十千米的无线广域网（WWAN）。1997年IEEE 802.11标准组颁布了第一个无线局域网（WLAN）标准（IEEE 802.11 WLAN标准），用于提供1~2Mbit/s的数据传输速率。1998年7月，经过多次修改之后，IEEE 802.11标准组决定选用OFDM（工作于5GHz频段）作为它的物理层标准，目标是提供6~54Mbit/s的数据传输速率。1999年9月IEEE 802.11标准组通过了两种新的无线局域网物理层接口，分别是IEEE 802.11a和IEEE 802.11b标准。其中IEEE 802.11a工作在5GHz频段，可提供6~54Mbit/s的数据传输速率，IEEE 802.11b标准仍然工作在2.4GHz频段，最大可提供10Mbit/s的数据传输速率。无线局域网是固定局域网的一种延伸，是计算机网和无线通信技术相结合的产物，已在家庭、企业、商业热点地区等处得到应用并显露出优越性。为了弥补无线局域网在小区域和大区域覆盖的不足，在无线局域网提出后，人们又提出了无线个域网（WPAN）、无线城域网（WMAN）和无线广域网（WWAN）等标准。无线个域网是继WLAN之后提出的概念，主要是解决覆盖范围在10m以内的短距离无线多媒体传输问题，用于实现网络的

"随身带"，相应的标准是 IEEE 802.15 标准。无线城域网是以无线方式将城域范围的用户接入互联网，覆盖范围可以从几百米到几十千米，并支持移动接入，相应的标准是 IEEE 802.16，其系统是与 ADSL、铜缆处于同一位置的接入系统。无线广域网是基于 IP 的移动宽带无线接入网络，其目标是提供高度优化的移动解决方案，保证在最高移动速度达 250km/h 的情况下能正常使用，相应的标准是 IEEE 802.20。

1.4.5 中国通信标准化协会

中国通信标准化协会（China Communications Standards Association，CCSA）成立于 2002 年 12 月，负责开展通信技术领域的标准化工作。CCSA 下设 IP 与多媒体通信、移动互联网应用协议特别组、网络与交换、通信电源与通信局站工作环境、无线通信、传送网与接入网、网络管理与运营支撑、网络与信息安全、电磁环境与安全防护技术等技术工作委员会。

无线通信技术工作委员会是由 1999 年成立的原无线通信标准研究组过渡而来的，简称为 CWTS（China Wireless Telecommunications Standards）。CWTS 下设八个工作组，即第一工作组（IMI-2000RAN）、第二工作组（GSM & UMTS CN）、第三工作组（WLAN）、第四工作组（cdmaOne & cdma2000）、第五工作组（3G 网络安全与加密）、第六工作组（B3G）、第七工作组（移动业务与应用）和第八工作组（频率）。CWTS 作为代表中国的区域性标准化组织，在制定 3G、4G 和 5G 标准方面取得了一系列很有影响的工作，如 1999 年年底 CWTS 提出的 TD-SCDMA 成为 3G 国际标准，2012 年年初我国主导的 TD-LTE 被接纳为 IMT-Advanced 国际标准（即 4G 国际标准），随后我国成为 5G 国际标准的重要制定者等。

此外，世界上还有许多国家为适应移动通信的发展，纷纷成立了一些标准化组织，如无线世界研究论坛（Wireless World Research Forum）、下一代移动通信论坛（Next Generation Mobile Communications Forum）等，这里不再列举。

国际上有关移动通信的建议和标准，通常是全球或地区范围内许多研究部门、生产部门、运营部门和使用部门中许多专家的集体创作，它标志着移动通信的发展动态和方向，也体现了移动通信的市场需求和综合技术水平。此外，它还对移动通信的发展起到了导向作用，也为各国制定移动通信发展规划提供了依据。

1.5 思考题与习题

1. 什么是移动通信？移动通信有哪些主要特点？
2. 单工通信与双工通信有何特点？各有何优缺点？
3. 常用的移动通信系统包括哪几种类型？
4. 移动通信系统由哪些功能实体组成？
5. FDD 和 TDD 的概念及其各自的优势是什么？
6. 简述移动通信的发展过程与发展趋势。
7. 移动通信的标准化组织主要有哪些？

第2章　移动通信信道

移动通信信道是移动用户在各种环境中进行通信时的无线电波传播通道。从发射机天线到接收机天线，无线电波的传播有直射、反射、折射、绕射等多种途径，它们可能部分存在或同时存在，呈现随机性。移动通信信道在各种通信信道中是最为复杂的一种。例如，有线传播线路中，信噪比的波动通常不超过1~2dB。与此相对照，陆地移动通信信道中信号强度会骤然降低，即衰落深度可达30dB。在城市环境中，一辆快速行驶车辆上的移动台的接收信号在一秒钟之内的显著衰落可达数十次且是随机的，这比固定点的无线通信要复杂得多。总之，移动通信信道会引起接收信号在相应的时间域、频率域及空间域产生选择性衰落，而这些衰落不但会严重恶化移动通信系统的传输可靠性，还会明显降低移动通信系统的频谱效率。因此，为实现优质可靠的通信，必须采用相应的一系列技术措施，而要保证所用技术的有效性，掌握移动通信信道特性是基础。

电波传播的开放性、接收环境的复杂性和移动台的随机移动性是移动通信信道的主要特点，而这些特点导致了其传播条件是时变、复杂、恶劣的。因此，移动通信信道是十分复杂的。移动通信信道研究的基本方法有理论分析、现场电波传播实测和计算机仿真三种。其中，第一种是利用电磁场理论或统计理论分析无线电波在移动环境中的传播特性，并用不同近似得出的数学模型来描述移动通信信道，其不足是数学模型往往过于简化导致应用范围受限；第二种是通过在不同的电波传播环境中的实测试验，得出包括接收信号幅度、时延及其他反映信道特征的参数，其不足是费时费力且往往只针对某个特定传播环境；第三种是通过建立仿真模型，用计算机仿真来模拟各种无线电波传播环境。随着计算技术的发展，计算机仿真方法因能快速模拟出各种移动通信信道而得到越来越多的应用。

无线电波传播特性的研究结果可以用某种统计描述，也可以建立电波传播模型，如图表、近似计算公式或计算机仿真模型等。

本章在阐述陆地无线电波传播特性的基础上，重点讨论陆地移动通信信道的特征、场强（或损耗）的计算方法，并对移动通信信道仿真作简要介绍。

2.1　陆地无线电波传播特性

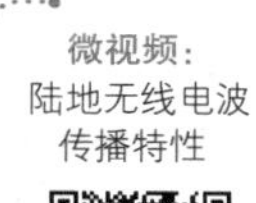

确定移动通信工作频段主要考虑以下几个方面：

1）电波传播特性、天线尺寸。

2）环境噪声和干扰的影响。

3）服务区范围、地形和障碍物尺寸以及对建筑物的穿透特性。

4）设备小型化。

5）与已开发频段的干扰协调和兼容性。

6）用户需求及应用特点。

2G/3G/4G移动通信系统普遍采用6GHz以下中低频段无线电波，5G移动通信系统也如此，但它会考虑采用6GHz以上的高频段通信。鉴于现有陆地移动通信系统广泛采用VHF（30~300MHz）和UHF（300~3000MHz）频段，且限于篇幅，下面主要讨论VHF/UHF电波传播方式和特点。

2.1.1　电波传播方式

发射机天线发出的无线电波，可从不同的路径到达接收机，它们大体上可归结为直射、反射、绕射和散射等形式，其中反射、绕射和散射是影响移动通信中电波传播的基本形式。典型的传播通路如图 2-1 所示。

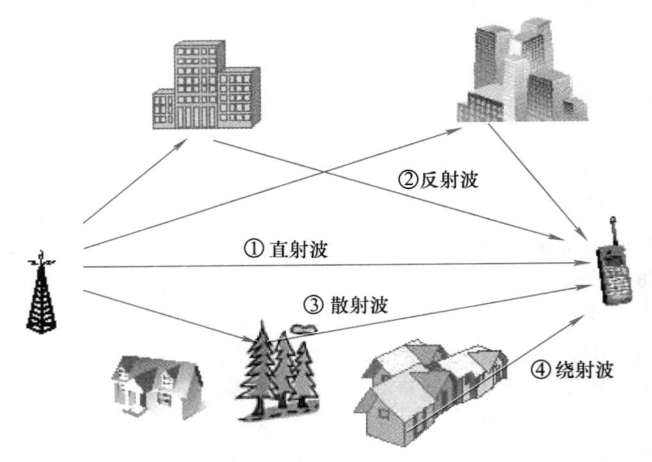

图 2-1　典型的电波传播通路

沿路径①从发射天线直接到达接收天线的电波称为直射波，沿路径②经过大楼墙面反射到达接收天线的电波称为反射波，沿路径③经树叶（可为物体的粗糙表面或小物体等）散射到达接收天线的电波称为散射波，沿路径④绕过障碍物遮挡向前传播到达接收天线的电波称为绕射波。

发射机天线发出的电波经过上述多种传播路径最终到达接收机，这些来自同一波源的电波信号叠加在一起会产生干涉，即多径衰落现象。下面讨论这些电波的传播特性。

2.1.2　直射波

直射波传播可按自由空间传播来考虑。所谓自由空间传播是指天线周围为无限大真空时的电波传播，它是理想传播条件。电波在自由空间传播时，其能量既不会被障碍物所吸收，也不会产生反射或散射。实际情况下，只要地面上空的大气层是各向同性的均匀媒质，其相对介电常数 ε_r 和相对磁导率 μ_r 都等于 1，传播路径上没有障碍物阻挡，到达接收天线的地面反射信号场强也可以忽略不计，在这种情况下，电波可视做在自由空间传播。

虽然电波在自由空间里传播不受阻挡，不产生反射、折射、绕射、散射和吸收，但是，当电波经过一段路径传播之后，能量仍会产生衰减，这是由于辐射能量的扩散而引起的。由电磁场理论可知，若各向同性天线（也称全向天线或无方向性天线）的辐射功率为 P_T（单位：W）时，则距辐射源 d（单位：m）处的电场强度有效值 E_0（单位：V/m）为

$$E_0=\frac{\sqrt{30P_T}}{d} \tag{2-1}$$

磁场强度有效值 H_0（单位：A/m）为

$$H_0=\frac{\sqrt{30P_T}}{120\pi d} \tag{2-2}$$

单位面积上的电波功率密度 S（单位：W/m^2）为

$$S=\frac{P_T}{4\pi d^2} \tag{2-3}$$

若用天线增益为 G_T 的方向性天线取代各向同性天线，则上述公式应改写为

$$E_0=\frac{\sqrt{30P_TG_T}}{d} \tag{2-4}$$

$$H_0=\frac{\sqrt{30P_\mathrm{T}G_\mathrm{T}}}{120\pi d} \tag{2-5}$$

$$S=\frac{P_\mathrm{T}G_\mathrm{T}}{4\pi d^2} \tag{2-6}$$

接收天线获取的电波功率等于该点的电波功率密度乘以接收天线的有效面积，即

$$P_\mathrm{R}=SA_\mathrm{R} \tag{2-7}$$

式中，A_R 为接收天线的有效面积，它与接收天线增益 G_R 满足下列关系：

$$A_\mathrm{R}=\frac{\lambda^2}{4\pi}G_\mathrm{R} \tag{2-8}$$

式中，$\frac{\lambda^2}{4\pi}$为各向同性天线的有效面积。

由式（2-6）~式（2-8）可得

$$P_\mathrm{R}=P_\mathrm{T}G_\mathrm{T}G_\mathrm{R}\left(\frac{\lambda}{4\pi d}\right)^2 \tag{2-9}$$

当收、发天线增益为 0dB，即当 $G_\mathrm{R}=G_\mathrm{T}=1$ 时，接收天线上获得的功率为

$$P_\mathrm{R}=P_\mathrm{T}\left(\frac{\lambda}{4\pi d}\right)^2 \tag{2-10}$$

由上式可见，自由空间传播损耗 L_fs可定义为

$$L_\mathrm{fs}=\frac{P_\mathrm{T}}{P_\mathrm{R}}=\left(\frac{4\pi d}{\lambda}\right)^2 \tag{2-11}$$

以 dB 计，得

$$[L_\mathrm{fs}]=10\lg\left(\frac{4\pi d}{\lambda}\right)^2=20\lg\frac{4\pi d}{\lambda} \tag{2-12}$$

或

$$[L_\mathrm{fs}]=32.44+20\lg d+20\lg f \tag{2-13}$$

式中，d 的单位为 km；f 的单位以 MHz 计。

由上式可见，自由空间中电波传播损耗（也称衰减）只与工作频率 f 和传播距离 d 有关。当 f 或 d 增大一倍时，$[L_\mathrm{fs}]$ 将增加 6dB。

2.1.3 大气中的电波传播

在实际移动通信信道中，电波在低层大气中传播。而低层大气并不是均匀介质，它的温度、湿度以及气压均随时间和空间而变化，因此会产生折射和吸收现象，在 VHF、UHF 波段的折射现象尤为突出，它将直接影响视线传播的极限距离。

1. 大气折射

在不考虑传导电流和介质磁化的情况下，介质折射率 n 与相对介电系数 ε_r 的关系为

$$n=\sqrt{\varepsilon_\mathrm{r}} \tag{2-14}$$

众所周知，大气的相对介电系数与温度、湿度和气压有关。大气高度不同，ε_r 也不同，即 $\mathrm{d}n/\mathrm{d}h$是不同的。根据折射定律，电波传播速度 v 与大气折射率 n 成反比，即

$$v=\frac{c}{n} \tag{2-15}$$

式中，c 为光速。

当一束电波通过折射率随高度变化的大气层时，由于不同高度上的电波传播速度不同，从而

使电波射束发生弯曲。弯曲的方向和程度取决于大气折射率的垂直梯度 $\mathrm{d}n/\mathrm{d}h$。这种由大气折射率引起电波传播方向发生弯曲的现象，称为大气对电波的折射。

大气折射对电波传播的影响，在工程上通常用“地球等效半径”来表征，即认为电波依然按直线方向行进，只是地球的实际半径 R_0（6.37×10^6m）变成了等效半径 R_e，R_e 与 R_0 之间的关系为

$$k=\frac{R_e}{R_0}=\frac{1}{1+R_0\dfrac{\mathrm{d}n}{\mathrm{d}h}} \tag{2-16}$$

式中，k 称作地球等效半径系数。

当 $\mathrm{d}n/\mathrm{d}h<0$ 时，表示大气折射率 n 随着高度升高而减少。因而 $k>1$，$R_e>R_0$。在标准大气折射情况下，即当 $\mathrm{d}n/\mathrm{d}h\approx-4\times10^{-8}$（1/m），等效地球半径系数 $k=4/3$，等效地球半径 $R_e=8500$km。

由上可知，大气折射有利于超视距的传播，但在视线距离内，因为由折射现象所产生的折射波会同直射波同时存在，从而也会产生多径衰落。

2. 视线传播极限距离

视线传播的极限距离可由图 2-2 计算，天线的高度分别为 h_t 和 h_r，两副天线顶点的连线 AB 与地面相切于 C 点。由于地球等效半径 R_e 远远大于天线高度，不难证明，自发射天线顶点 A 到切点 C 的距离 d_1 为

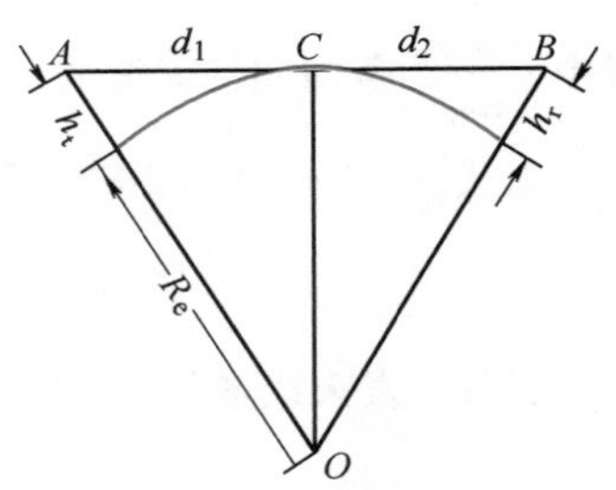

图 2-2　视线传播的极限距离

$$d_1\approx\sqrt{2R_eh_t} \tag{2-17}$$

同理，由切点 C 到接收天线顶点 B 的距离 d_2 为

$$d_2\approx\sqrt{2R_eh_r} \tag{2-18}$$

可见，视线传播的极限距离 d 为

$$d=d_1+d_2=\sqrt{2R_e}\left(\sqrt{h_t}+\sqrt{h_r}\right) \tag{2-19}$$

在标准大气折射情况下，$R_e=8500$km，故

$$d=4.12\left(\sqrt{h_t}+\sqrt{h_r}\right) \tag{2-20}$$

式中，h_t、h_r 的单位是 m；d 的单位是 km。

2.1.4　障碍物的影响与绕射损耗

在电波的直射路径上存在障碍物时，电波绕过障碍物遮挡向前传播的现象称为绕射。绕射引起的附加传播损耗称为绕射损耗，该损耗与障碍物的性质、传播路径的相对位置有关。

绕射现象可由惠更斯原理解释，即波在传播过程中，行进中的波前上的每一点，都可作为产生次级波的点源，这些次级波组合起来形成传播方向上新的波前。这样次级波就可绕过障碍物向前传播，绕射波的场强是围绕障碍物所有次级波的矢量和。

设障碍物与发射点和接收点的相对位置如图 2-3 所示。图中，x 表示障碍物顶点 P 至直射线 TR 的距离，称为菲涅尔余隙。规定阻挡时余隙为负，如图 2-3a 所示；无阻挡时余隙为正，如图 2-3b 所示。由障碍物引起的绕射损耗与菲涅尔余隙的关系如图 2-4 所示。图中，纵坐标为绕射引起的附加损耗，即相对于自由空间传播的分贝数。横坐标为 x/x_1，其中 x_1 是第一菲涅尔区在 P 点横截面的半径，它可由下列关系式求得：

$$x_1=\sqrt{\frac{\lambda d_1d_2}{d_1+d_2}} \tag{2-21}$$

由图 2-4 可见，当 $x/x_1>0.5$ 时，附加损耗约为 0dB，即障碍物对直射波传播基本上没有影响。为此，在选择天线高度时，根据地形尽可能使服务区内各处的菲涅尔余隙 $x>0.5x_1$；当 $x<0$ 时，即

直射线低于障碍物顶点时，损耗急剧增加；当 $x=0$ 时，即 TR 直射线从障碍物顶点擦过时，附加损耗约为 6dB。

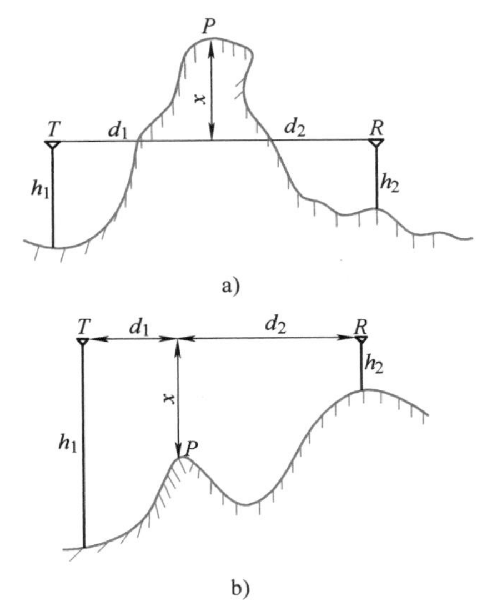

图 2-3　障碍物与余隙

a）负余隙　b）正余隙

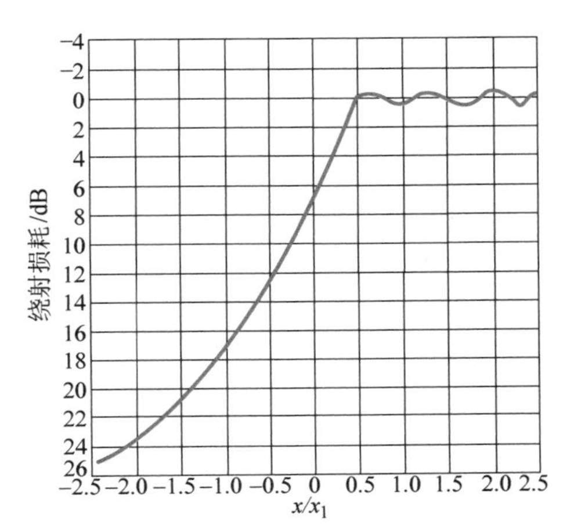

图 2-4　绕射损耗与菲涅尔余隙的关系

【例 2-1】 设如图 2-3a 所示的传播路径中，菲涅尔余隙 $x=-82\text{m}$，$d_1=5\text{km}$，$d_2=10\text{km}$，工作频率为 150MHz，试求出电波传播损耗。

解：先由式（2-13）求出自由空间传播的损耗 L_{fs} 为

$$[L_{fs}]=(32.44+20\lg(5+10)+20\lg150)\text{dB}=99.5\text{dB}$$

由式（2-21）求第一菲涅尔区半径 x_1 为

$$x_1=\sqrt{\frac{\lambda d_1 d_2}{d_1+d_2}}=\sqrt{\frac{2\times5\times10^3\times10^4}{15\times10^3}}\text{m}=81.7\text{m}$$

由图 2-4 查得附加损耗（$x/x_1\approx-1$）为 17dB，所以电波传输的损耗 L 为

$$L=[L_{fs}]+17\text{dB}=116.5\text{dB}$$

2.1.5　反射波

当电波在平坦地面上传播时，由于大地和大气是不同的介质，所以入射波会在界面上产生反射。不同界面的反射特性用反射系数 R 表征。当平坦地面可看作镜面时，将发生全反射，如图 2-5 所示。此时，$R=-1$，即反射波振幅与入射波振幅相同，但两者相位差为 180°。

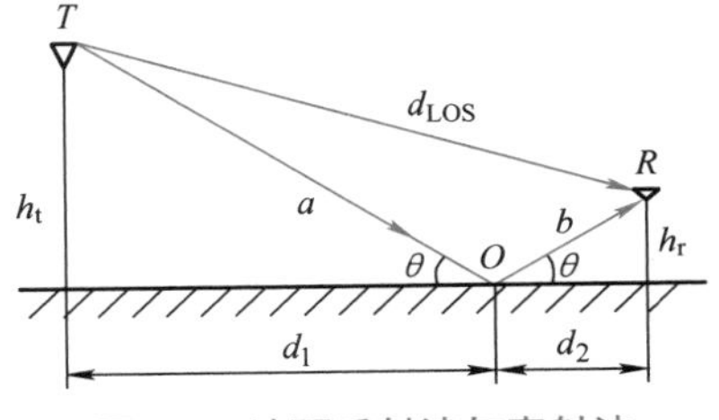

图 2-5　地面反射波与直射波

接收机总的接收场强 E_T 为视距成分 E_{LOS} 和地面反射成分 E_g 的合成（干涉结果）。下面按平面波处理合成结果。

若距发射机 d_0 处的场强为 E_0，则 $d_1>d_0$ 处的场强为

$$E(d_1,\ t)=\frac{E_0 d_0}{d_1}\cos\left[\omega_c\left(t-\frac{d_1}{c}\right)\right] \tag{2-22}$$

式中，ω_c 为电波的角频率；c 是光速。

直射波经过长为 d_{LOS} 的路径到达接收机，对应的接收场强为

$$E_{\mathrm{LOS}}(d_{\mathrm{LOS}},\ t)=\frac{E_0 d_0}{d_{\mathrm{LOS}}}\cos\left[\omega_{\mathrm{c}}\left(t-\frac{d_{\mathrm{LOS}}}{c}\right)\right] \tag{2-23a}$$

地面反射波经过长为 d_{g}（即 $a+b$）的路径到达接收机，对应的场强为

$$E_{\mathrm{g}}(d_{\mathrm{g}},\ t)=R\cdot\frac{E_0 d_0}{d_{\mathrm{g}}}\cos\left[\omega_{\mathrm{c}}\left(t-\frac{d_{\mathrm{g}}}{c}\right)\right]=-\frac{E_0 d_0}{d_{\mathrm{g}}}\cos\left[\omega_{\mathrm{c}}\left(t-\frac{d_{\mathrm{g}}}{c}\right)\right] \tag{2-23b}$$

合成场强 E_{T} 为

$$E_{\mathrm{T}}(d,\ t)=\frac{E_0 d_0}{d_{\mathrm{LOS}}}\cos\left[\omega_{\mathrm{c}}\left(t-\frac{d_{\mathrm{LOS}}}{c}\right)\right]-\frac{E_0 d_0}{d_{\mathrm{g}}}\cos\left[\omega_{\mathrm{c}}\left(t-\frac{d_{\mathrm{g}}}{c}\right)\right] \tag{2-24}$$

在图 2-5 中，由发射点 T 发出的电波分别经过直射路径（TR）与地面反射路径（TOR）到达接收点 R，由于两者的路径不同，从而会产生附加相移。由图 2-5 可知，反射波与直射波的路径差为

$$\begin{aligned}\Delta d&=a+b-d_{\mathrm{LOS}}=\sqrt{(d_1+d_2)^2+(h_{\mathrm{t}}+h_{\mathrm{r}})^2}-\sqrt{(d_1+d_2)^2+(h_{\mathrm{t}}-h_{\mathrm{r}})^2}\\&=d\left[\sqrt{1+\left(\frac{h_{\mathrm{t}}+h_{\mathrm{r}}}{d}\right)^2}-\sqrt{1+\left(\frac{h_{\mathrm{t}}-h_{\mathrm{r}}}{d}\right)^2}\right]\end{aligned} \tag{2-25}$$

式中，$d=d_1+d_2$。

通常，$(h_{\mathrm{t}}+h_{\mathrm{r}})<<d$，故上式中每个根号均可用二项式定理展开，并且只取展开式中的前两项。例如：

$$\sqrt{1+\left(\frac{h_{\mathrm{t}}+h_{\mathrm{r}}}{d}\right)^2}\approx 1+\frac{1}{2}\left(\frac{h_{\mathrm{t}}+h_{\mathrm{r}}}{d}\right)^2$$

由此可得

$$\Delta d=\frac{2h_{\mathrm{t}}h_{\mathrm{r}}}{d} \tag{2-26}$$

由路径差 Δd 引起的附加相移 $\Delta\varphi$ 为

$$\Delta\varphi=\frac{2\pi}{\lambda}\Delta d \tag{2-27}$$

式中，$\frac{2\pi}{\lambda}$称为传播相移常数。

在 TR 距离很大的情况下，d_{LOS}与 d_{g} 相差很小，近似有 $d_{\mathrm{LOS}}\approx d_{\mathrm{g}}\approx d$，此时式（2-24）的合成场强幅度为

$$|E_{\mathrm{T}}(d)|=2\frac{E_0 d_0}{d}\sin\left(\frac{\Delta\varphi}{2}\right) \tag{2-28}$$

此时，合成场强的幅度近似为

$$|E_{\mathrm{T}}(d)|\approx 2\frac{E_0 d_0}{d}\cdot\frac{2\pi h_{\mathrm{t}}h_{\mathrm{r}}}{\lambda d}=\frac{k}{d^2} \tag{2-29}$$

式中，k 是与 E_0、天线高度和波长相关的值。

由式（2-29）可知，当发射天线与接收天线的距离 d 很大时，接收场强幅度随距离的 2 次方衰减，也就是说，接收功率随距离成 4 次方衰减，比自由空间损耗要快得多；同时，接收功率大小与频率无关。可见，在固定站址通信中，选择站址时应力求减弱地面反射，或调整天线的位置和高度，使地面反射区离开光滑界面。

以上讨论了比较简单的直射波与地面反射波的合成结果。实际上，移动环境下的电波传播远比此复杂，它不仅与周围的地形、地物和地貌有关，而且还与移动台的运动状态有关。

2.1.6 散射波

当电波入射到粗糙表面时，反射能量由于散射而散布于所有方向，形成散射波。在实际移动通信环境中，有时接收信号比单独绕射和反射的信号要强，其原因就是散射波。例如，在树林附近接收时，接收机会接收到额外的能量。

若电波入射角为 θ，则表面平整度参数 h_c 的定义为

$$h_c = \frac{\lambda}{8\sin\theta} \tag{2-30}$$

式中，λ 为入射电波的波长。

当平面上最大的突起高度 $h<h_c$ 时，则可认为该表面是光滑的，此时电波入射后发生反射；当 $h \geqslant h_c$ 时，则认为该表面是粗糙的，此时电波入射后发生散射。例如，GSM 移动通信系统在一个建筑物密集的城区以 $f=900\text{MHz}$ 频率工作，其中建筑物的高度差为 1m，此时建筑物的表面往往应作为粗糙表面考虑。

2.2 移动通信信道的多径传播特性

微视频：
多径传播特性和
多径衰落信道
的主要参数

2.2.1 移动通信信道中的电波传播损耗特性

无线电信号通过移动通信信道时会经受不同类型的衰减损耗。以陆地为例，若用公式表示，接收信号功率可表示为

$$P(d) = L(\bar{d}) \times S(\bar{d}) \times R(\bar{d}) \tag{2-31}$$

式中，$\bar{d}$ 为移动台与基站的距离。

式（2-31）是信道对传输信号作用的一般表达式，这些作用有三类。

1）传播损耗，又称为路径损耗。它是指电波传播所引起的平均接收功率衰减，其值由 $L(\bar{d})$ 决定。$L(\bar{d})$ 与 $\bar{d}$ 的 n 次方成反比，其中 n 为路径衰减因子，自由空间传播时 $n=2$，一般情况下 $n=3\sim5$。

2）阴影衰落，用 $S(\bar{d})$ 表示。这是由于传播环境中的地形起伏、建筑物及其他障碍物对电波遮蔽所引起的衰落。

3）多径衰落，用 $R(\bar{d})$ 表示。这是移动通信传播环境的多径传播而引起的衰落。多径衰落是移动通信信道特性中最具特色的部分。

上述三种效应表现在不同距离范围内，如图 2-6 所示为典型的实测接收信号场强，其规律如下：

1）在数十米波长的范围内，接收信号场强的瞬时值呈现快速变化的特征，这就是多径衰落引起的，有些文献称这种衰落为小尺度衰落。在数十波长范围内对信号求平均值，可得到短区间中心值。

2）在数百米波长的区间内，信号的短区间中心值也出现缓慢变动的特征，这就是阴影衰落。在较大区间内对短区间中心值求平均值，可得长区间中心值（又称中值）。

3）在数百米或数千米的区间内，长区间中心值随距离基站位置的变化而变化，且其

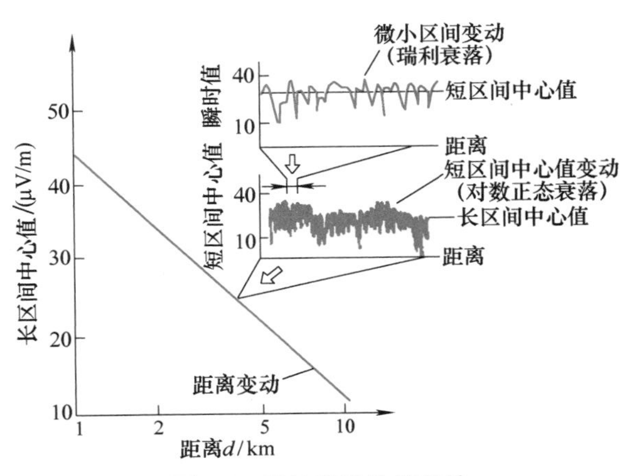

图 2-6 陆地移动传播特性

变化规律表明接收信号的平均功率与信号传播距离 d 的 n 次方成反比。有些文献称后两种衰落为大尺度衰落。

从工程设计的角度看，传播损耗和阴影衰落合并在一起反映了无线信道在大尺度上对传输信号的影响，它们主要影响到无线覆盖范围，合理的设计总可以消除这种不利的影响（详见第11章）；而多径衰落严重影响信号传播质量，并且是不可避免的，只能采用抗衰落技术（分集、均衡和扩频等）来减小其影响（详见第5章）。

2.2.2　移动环境的多径传播

陆地移动通信信道的主要特征是多径传播：传播过程中会遇到各种建筑物、树木、植被以及起伏的地形，引起电波的反射、散射，如图2-7所示。这样，到达移动台天线的信号不是由单一路径来的，而是多路径电波的合成。由于电波通过各个路径的距离不同，因而各条路径电波信号到达时间不同，相位也就不同。不同相位的多个信号在接收端叠加，有时同相叠加而增强，有时反相叠加而减弱。这样，接收信号的幅度将急剧变化，即产生了衰落。这种衰落是由于多径传播引起的，称为多径衰落。

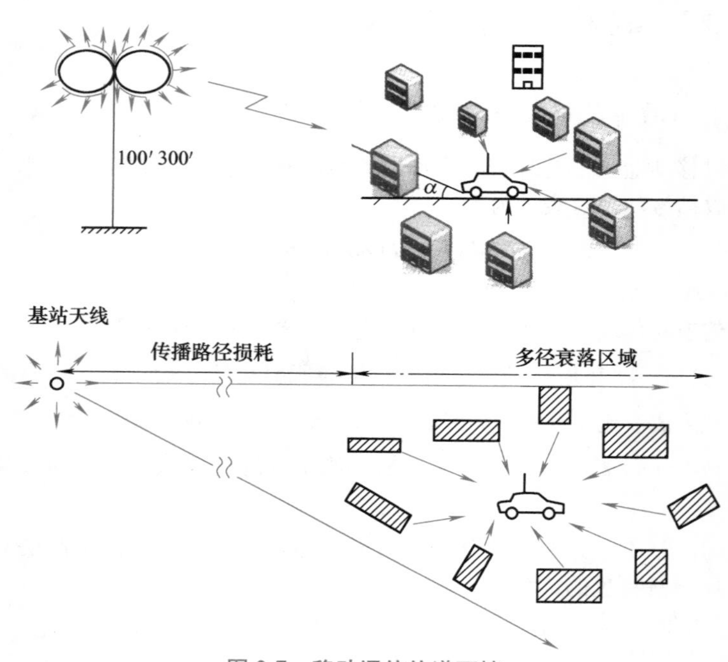

图2-7　移动通信信道环境

通常在移动通信系统中，基站用固定的高天线，移动台用接近地面的低天线。例如，基站天线通常高30m，可达90m；移动台天线通常为2~3m以下。移动台周围的区域称为近端区域，该区域内物体的反射是造成多径效应的主要原因。离移动台较远的区域称为远端区域，在远端区域，高层建筑、较高的山峰等反射会产生多径衰落，并且，这些路径要比近端区域中建筑物所引起的多径的长度要长。

2.2.3　多普勒频移

当移动台在运动中通信时，接收信号频率会发生变化，称为多普勒效应。由此引起的附加频移称为多普勒频移（Doppler Shift），可用下式表示：

$$f_{\mathrm{D}}=\frac{v}{\lambda}\cos\alpha=f_{\mathrm{m}}\cos\alpha \tag{2-32}$$

式中，α 是入射电波与移动台运动方向的夹角，如图 2-8 所示；v 是运动速度；λ 是波长。

式（2-32）中，$f_m=\dfrac{v}{\lambda}$ 与入射角度无关，是 f_D 的最大值，称为最大多普勒频移。

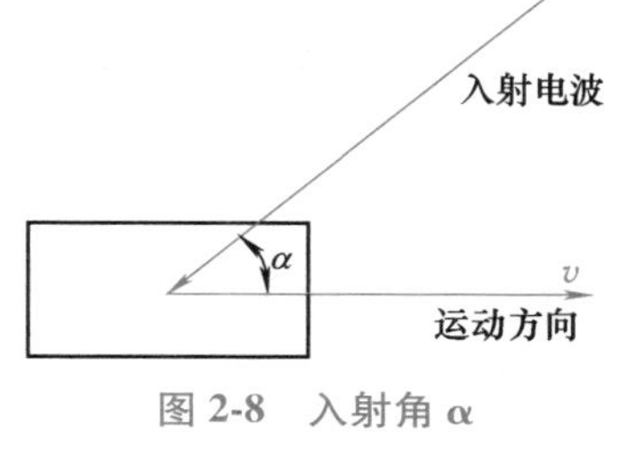

图 2-8　入射角 α

【例 2-2】 若载波 $f_c=900\text{MHz}$，移动台速度 $v=50\text{km/h}$，求最大多普勒频移。

解：$\lambda=\dfrac{c}{f_c}=\dfrac{3\times10^8}{900\times10^6}\text{m}\approx0.333\text{m}$

$f_m=\dfrac{v}{\lambda}=\dfrac{50\times10^3}{0.333\times3600}\text{Hz}\approx41.7\text{Hz}$

2.2.4　多径接收信号的统计特性

1. 瑞利分布

考虑到多普勒频移，移动台接收到传播路径长度为 l 的信号可以表示为

$$s(t)=a_1\cos(\omega_c t+2\pi f_D t+\varphi_1) \tag{2-33}$$

式中，a_1 为信号幅度；f_D 是多普勒频移；φ_1 为电波到达相位，可表示为

$$\varphi_1=\frac{2\pi}{\lambda}l \tag{2-34}$$

式中，l 为传播路径长度。

为了便于对多径信号做出数学描述，首先给出下列假设：

1）在发信机与收信机之间没有直射波通路。

2）有大量反射波存在，且到达接收天线的方向角及相位均是随机的，且在 0～2π 内均匀分布。

3）各个反射波的幅度和相位都是统计独立的。

一般说来，在离基站较远、反射物较多的地区，上述假设是成立的。在这种情况下，接收信号可以表示为

$$S_r(t)=\sum_{i=1}^{N}a_i\cos\left(\omega_c t+2\pi\frac{v}{\lambda}\cos\alpha_i t+\varphi_i\right) \tag{2-35}$$

令

$$\theta_i=2\pi\frac{v}{\lambda}\cos\alpha_i t+\varphi_i$$

则

$$S_r(t)=\sum_{i=1}^{N}a_i\cos(\omega_c t+\theta_i)=T_c(t)\cos\omega_c t-T_s(t)\sin\omega_c t \tag{2-36}$$

其中，

$$T_c(t)=\sum_{i=1}^{N}a_i\cos\theta_i \tag{2-37}$$

$$T_s(t)=\sum_{i=1}^{N}a_i\sin\theta_i \tag{2-38}$$

式中，$T_c(t)$ 和 $T_s(t)$ 分别为 $S_r(t)$ 的两个角频率相同的相互正交分量；φ_i 为电波到达相位；θ_i 是入射角；a_i 为信号幅度。它们都是随机变量。当 N 很大时，$T_c(t)$ 和 $T_s(t)$ 是大量独立随机变量之和。根据中心极限定理，大量独立随机变量之和接近于正态分布。因而，$T_c(t)$ 和 $T_s(t)$ 是高斯随机过程。

若用 T_c 和 T_s 分别表示某时刻 t 对应于 $T_c(t)$ 和 $T_s(t)$ 的随机变量，则 T_c 和 T_s 服从正态分布，其概率密度为

$$p(T_c)=\frac{1}{\sqrt{2\pi}\sigma_c}\exp\frac{T_c^2}{2\sigma_c^2} \tag{2-39}$$

$$p(T_s)=\frac{1}{\sqrt{2\pi}\sigma_s}\exp\frac{T_s^2}{2\sigma_s^2} \tag{2-40}$$

式中，σ_c 和 σ_s 分别为 T_c 和 T_s 的方差。

T_c 和 T_s 的均值为零，方差相等，即

$$E[T_c^2]=E[T_s^2]=\sigma_c^2=\sigma_s^2=\sigma^2$$

可以证明 T_c 和 T_s 相互独立。由此可推出，T_c 和 T_s 的联合概率密度等于两者概率密度之积，即

$$p_{cs}(T_c,T_s)=p(T_c)p(T_s)=\frac{1}{2\pi\sigma^2}\exp\left[\frac{T_s^2+T_c^2}{2\sigma^2}\right] \tag{2-41}$$

为了求出接收信号幅度和相位的概率分布，需将式（2-41）由直角坐标形式变换成极坐标形式。由式（2-41）可求出接收信号的幅度 r 和相位 θ 的联合概率密度，即

$$p_{r\theta}(r,\theta)=\frac{r}{2\pi\sigma^2}\exp\left[-\frac{r^2}{2\sigma^2}\right] \tag{2-42}$$

在（0，+∞）区间内对 r 积分，可得 θ 的概率密度，即

$$p_\theta(\theta)=\frac{1}{2\pi} \tag{2-43}$$

在［0，2π］区间内对 θ 积分，可得 r 的概率密度，即

$$p_r(r)=\frac{r}{\sigma^2}\exp\left[-\frac{r^2}{2\sigma^2}\right],\ r\geqslant 0 \tag{2-44}$$

由式（2-43）和式（2-44）表明，接收信号的相位服从［0，2π］的均匀分布，接收信号的幅度（包络）服从瑞利分布。图 2-9 给出了瑞利分布概率密度曲线。

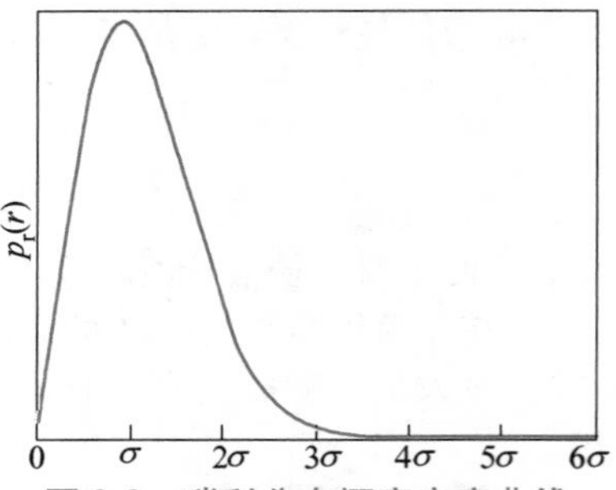

图 2-9　瑞利分布概率密度曲线

由式（2-44）可得出有关接收信号包络的一些统计量。

信号包络 r 的累积分布函数为

$$p(r\leqslant x)=\int_{-\infty}^{x}p_r(r)\,\mathrm{d}r=1-\exp\left[-\frac{x^2}{2\sigma^2}\right] \tag{2-45}$$

一阶矩（即均值）为

$$m_1=E[r]=\int_0^\infty rp_r(r)\,\mathrm{d}r=\sqrt{\frac{\pi}{2}}\sigma\approx 1.253\sigma \tag{2-46}$$

二阶矩为

$$m_2=E[r^2]=\int_0^\infty r^2p_r(r)\,\mathrm{d}r=2\sigma^2 \tag{2-47}$$

满足 $P(r\leqslant r_m)=0.5$ 的 r_m 值称为信号包络样本区间的中值。由式（2-44）可求出

$$r_m=1.117\sigma \tag{2-48}$$

上述分析表明，在多径传播条件下，接收信号的包络服从瑞利分布。

2. 莱斯分布

上述分析的前提是假设 N 个多径信号相互独立，且没有一个信号占支配地位。这在接收机离基站较远，直射波由于扩散损耗较大而很弱，或者由于遮蔽而没有直射波，仅有大量反射波的情况下是成立的。然而，在离基站较近的区域中，通常存在着占支配地位的直射波信号，此时上述假设不能成立。理论上可以推出，此时接收信号包络服从莱斯分布（Rician Distribution）。莱斯分布的概率密度函数为

$$p_r(r)=\frac{r}{\sigma^2}\exp\left[-\frac{r^2+r_s^2}{2\sigma^2}\right]I_0\left(\frac{rr_s}{\sigma^2}\right),\ r_s\geqslant 0,\ r\geqslant 0 \tag{2-49}$$

式中，r 是衰落信号的包络；r_s 和 σ 为莱斯分布的两个参数；σ^2 为 r 的方差；r_s 为直射波信号的幅度；$I_0(\cdot)$ 为零阶修正贝塞尔函数。当 $rr_s \gg \sqrt{2}\sigma$ 时，式（2-49）表示的莱斯分布的概率密度函数可以表示为

$$p_r(r)=\frac{1}{\sigma}\left(\frac{r}{2\pi r_s}\right)^{1/2}\exp\left[-\frac{(r-r_s)^2}{2\sigma^2}\right] \tag{2-50}$$

上述结论已经通过对在微蜂窝环境中进行电波传播测试的结果进行统计分析得到证实。当 $r_s \to 0$，即无直射路径时，由式（2-49）可见莱斯分布退化为瑞利分布。

3. Nakagami-*m* 分布

Nakagami-*m* 分布是由 Nakagami 于 20 世纪 60 年代提出的。他通过基于现场测试的实验方法，用曲线拟合得到近似分布的经验公式。研究表明，Nakagami-*m* 分布对于无线信道的描述有很好的适应性，其对于一些实验数据的拟合比瑞利、莱斯或者高斯分布都要好。

若信号包络 r 服从 Nakagami-*m* 分布，则其概率密度函数为

$$p_r(r)=\frac{2m^m r^{2m-1}}{\Gamma(m)\Omega^m}\exp\left[-\frac{mr^2}{\Omega}\right] \tag{2-51}$$

式中，m 为不小于 1/2 的实数，$m=\frac{E(r^2)}{\mathrm{var}(r^2)}$；$\Omega=E(r^2)$；$\Gamma(m)$ 为伽马函数，$\Gamma(m)=\int_0^{\infty}x^{m-1}\mathrm{e}^{-x}\mathrm{d}x$。

对于功率 $s=r^2/2$ 的概率密度函数，则有

$$p(s)=\left(\frac{m}{\bar{s}}\right)^m\frac{s^{m-1}}{\Gamma(m)}\exp\left[-\frac{ms}{\bar{s}}\right] \tag{2-52}$$

式中，$\bar{s}$ 为信号的平均功率，$\bar{s}=E(s)=\frac{\Omega}{2}$。

当 $m=1$ 时，有

$$p(r)=\frac{2r}{\Omega}\exp\left[-\frac{r^2}{\Omega}\right]=\frac{r}{\bar{s}}\exp\left[-\frac{r^2}{2\bar{s}}\right] \tag{2-53}$$

则 Nakagami-*m* 分布退化为瑞利分布。

当 m 较大时，Nakagami-*m* 分布接近高斯分布。

2.2.5 衰落信号幅度的特征量

工程应用中，常常用一些特征量表示衰落信号的幅度特点。这样的特征量有衰落率、电平通过率和衰落持续时间。

1. 衰落率

衰落率是指信号包络在单位时间内以正斜率通过中值电平的次数。简单地说，衰落率就是信号包络衰落的速率，是对衰落特征的最简洁描述。衰落率与发射频率、移动台的行进速度、方向及多径传播的路径数有关。测试结果表明，当移动台的行进方向朝着或背着电波传播方向时，衰落最快。此时，平均衰落率可用下式表示：

$$F_A=\frac{v}{\lambda/2}=1.85\times10^{-3}vf \tag{2-54}$$

式中，速度 v 的单位为 km/h；频率 f 的单位为 MHz，平均衰落率 F_A 的单位为 Hz。

【例 2-3】 若 $f=800\text{MHz}$，$v=50\text{km/h}$，移动台沿电波传播方向行驶，求接收信号的平均衰落率。

解：

$$F_A=1.85\times10^{-3}\times50\times800\text{Hz}=74\text{Hz}$$

也就是说，接收信号包络低于中值电平的衰落次数在 1s 之内可达 74 次。

2. 电平通过率

观察实测的衰落信号可以发现，衰落速率与衰落深度有关。深度衰落发生的次数较少，而浅度衰落发生得相当频繁。例如，电场强度从$\sqrt{2}\sigma$衰减 20dB 的概率约为 1%，衰减 30dB 和 40dB 的概率分别为 0.1%和 0.01%。

定量地描述这一特征的参量就是电平通过率（Level Crossing Rate，LCR）。电平通过率 N_R 被定义为信号包络在单位时间内以正斜率通过某规定电平 R 的平均次数。前面讨论的衰落率只是电平通过率的一个特例，即规定电平为信号包络的中值。图 2-10 解释了电平通过率。

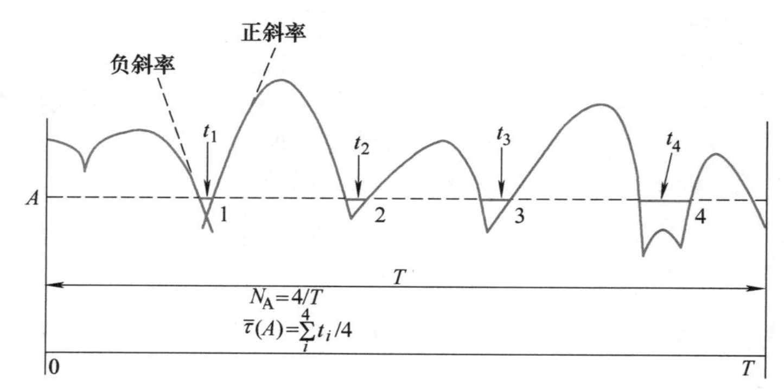

图 2-10　电平通过率和平均电平持续时间

在图 2-10 中，信号包络在时刻 1、2、3、4 以正斜率通过规定电平 $R=A$，也就是在 T 期间内，信号电平 4 次衰落至电平 A 以下。这样，电平通过率为 $N_R=N_A=4/T$。

对于瑞利衰落，电平通过率在数学上可以表示为

$$N_R=\int_0^{\infty}\dot{r}p(R,\ \dot{r})\mathrm{d}\dot{r} \tag{2-55}$$

式中，$\dot{r}$ 为信号包络 r 对时间的导数；$p(R,\ \dot{r})$ 为 R 和 $\dot{r}$ 的联合概率密度函数。可以求出电场分量 E_z 的 N_R 表达式为

$$E_z:N_R=\sqrt{2\pi}f_m\rho e^{-\rho^2} \tag{2-56}$$

式中，f_m 是最大多普勒频移，ρ 为

$$\rho=\frac{R}{R_{rms}} \tag{2-57}$$

式中，R_{rms}为信号包络的均方根电平，$R_{rms}=\sqrt{2}\sigma$。

【例 2-4】 已知车辆速度为 60km/h，工作频率为 1000MHz，求瑞利信道中信号包络均方根电平为 R_{rms}的电平通过率。

解： 由题 $R=R_{rms}$，所以$\rho=\dfrac{R}{R_{rms}}=1$，由式（2-56）计算出 $N_R=0.915f_m$，而$f_m=\dfrac{v}{\lambda}=55.5\text{Hz}$，所以 $N_R=45.75\text{Hz}$。

3. 衰落持续时间

接收信号电平低于接收机门限电平时，就可能造成语音中断或误比特率突然增大。因此，了解接收信号包络低于某个门限的持续时间的统计规律，就可以判断语音受影响的程度，或者可以确定是否会发生突发错误及突发错误的长度，这对工程设计具有重要意义。由于每次衰落的持续时间也是随机的，所以只能给出平均的衰落持续时间（Average Fade Duration）。

平均衰落持续时间被定义为信号包络低于某个给定电平值的概率与该电平值所对应的电平通过率之比，可用下式表示：

$$\tau_R = \frac{P(r \leqslant R)}{N_R} \tag{2-58}$$

τ_R 的意义可由前面图 2-10 看出。在 T 时间内，信号包络低于给定电平 R 的次数为 N_T（图中 $N_T = 4$），设第 i 次衰落的持续时间为 τ_i，衰落持续时间的平均值为

$$\bar{\tau} = \frac{1}{N_T} \sum_{i=1}^{N_T} \tau_i \tag{2-59}$$

对于平稳随机过程，在整个时间 T 内 $r \leqslant R$ 的概率为

$$P(r \leqslant R) = \frac{1}{T} \sum_{i=1}^{N_T} \tau_i \tag{2-60}$$

又因为 $N_R = N_T / T$，由式（2-59）得

$$\bar{\tau} = \frac{\frac{1}{T} \sum_{i=1}^{N_T} \tau_i}{N_T / T} = \frac{P(r \leqslant R)}{N_R} = \tau_R \tag{2-61}$$

所以 τ_R 表示的是衰落持续时间的平均值。对于瑞利衰落可以求出电场分量的平均衰落持续时间为

$$E_z: \tau_R = \frac{e^{\rho^2} - 1}{\rho f_m \sqrt{2\pi}} \tag{2-62}$$

式中，f_m 是最大多普勒频移；$\rho = \frac{R}{R_{rms}}$；$R_{rms} = \sqrt{2}\sigma$ 为信号包络的均方根电平。如果设

$$\tau_0 = \frac{1}{\sqrt{2\pi} f_m} \tag{2-63}$$

可以得到归一化的平均衰落时间为

$$\frac{\tau_R}{\tau_0} = \frac{1}{\rho}(e^{\rho^2} - 1) \tag{2-64}$$

可以看出，式（2-64）等号的右端已经与工作频率和车速无关。工程上往往根据式（2-64）制成图表来进行有关的计算。

【例 2-5】 设移动台速度为 24km/h，工作频率为 850MHz，已知接收信号包络服从瑞利分布。求接收包络低于接收信号包络中值电平的平均衰落持续时间。

解： 由 $f = 850\text{MHz}$，$v = 24\text{km/h}$，可以求得

$$\tau_0 = \frac{1}{\sqrt{2\pi} f_m} = \frac{1}{\sqrt{2\pi} v / \lambda} \approx 0.021$$

本题给定电平为接收信号包络中值，则有

$$\rho = \frac{R}{R_{rms}} = \frac{1.117\sigma}{\sqrt{2}\sigma}$$

由此可以计算出

$$\frac{\tau_R}{\tau_0} = \frac{1}{\rho}(e^{\rho^2} - 1) \approx 1.2$$

所以

$$\tau_R = 1.2\tau_0 \approx 0.025\text{s} = 25\text{ms}$$

2.3 描述多径衰落信道的主要参数

移动通信信道是色散信道，即传输信号波形经过移动通信信道后会发生波形失真。电波通过

移动通信信道后，信号在时域上、频域上和空间（角度）上都产生色散，本来分开的波形在时间上或频谱上或空间上会产生交叠，体现在以下几方面：

1）多径效应在时域上引起信号的时延扩展，使得接收信号的时域波形展宽，相应地在频域上规定了相关（干）带宽性能。当信号带宽大于相关带宽时就会发生频率选择性衰落。

2）多普勒效应在频域上引起频谱扩展，使得接收信号的频谱产生多普勒扩展，相应地在时域上规定了相关（干）时间性能。多普勒效应会导致发送信号在传输过程中的信道特性发生变化，产生所谓的时间选择性衰落。

3）散射效应会引起角度扩展。移动台或基站周围的本地散射以及远端散射会使不同位置的接收天线经历的衰落不同，从而产生角度扩散，相应地在空间上规定了相关（干）距离性能。空域上波束的角度扩散造成了同一时间、不同地点的信号衰落起伏不一样，即所谓的空间选择性衰落。

通常用功率在时间、频率以及角度上的分布来描述多径信道的色散，即用功率时延分布（Power Delay Profile，PDP）描述信道在时间上的色散；用多普勒功率谱密度（Doppler Power Spread Density，DPSD）描述信道在频率上的色散；用功率角度谱（Power Azimuth Spectrum，PAS）描述信道在角度上的色散。定量描述这些色散时，常用一些特定参数来描述，如时延扩展、相关带宽、多普勒扩展、相关时间、角度扩展和相关距离等。

2.3.1 时延扩展和相关带宽

1. 时延扩展

当发射端发送一个极窄的脉冲信号 $s(t)=a_0\delta(t)$ 至移动台时，由于在多径传播条件下存在着多条长短不一的传播路径，发射信号沿各个路径到达接收天线的时间就不一样，移动台所接收的信号 $S_r(t)$ 由多个时延信号构成，产生时延扩展（Time Delay Spread），如图 2-11 所示。

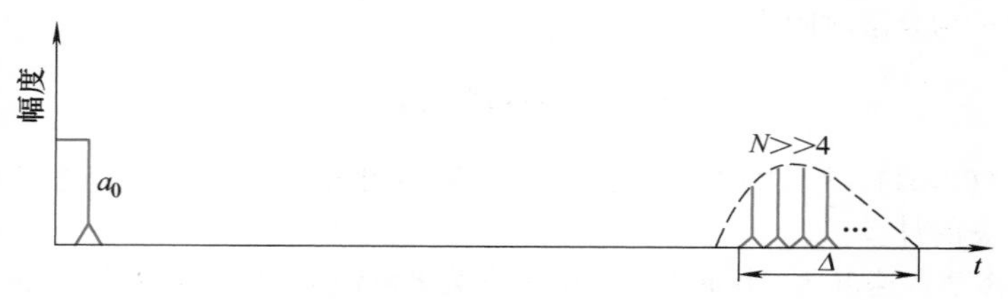

图 2-11 时延扩展示意图

时延扩展的大小可以直观地理解为在一串接收脉冲中，最大传输时延和最小传输时延的差值，记为 Δ。若发送的窄脉冲宽度为 T_p，则接收信号宽度为 $T_p+\Delta$。

由于存在时延扩展，接收信号中一个码元的波形会扩展到其他码元周期中，引起码间串扰（Inter-Symbol Interference，ISI）。当码元速率 R_b 较小，满足条件 $R_b<1/\Delta$ 时，可以避免码间串扰。当码元速率较高时，应该采用相关的技术来消除或减少码间串扰的影响。

严格意义上，时延扩展 Δ 可以用实测信号的统计平均值的方法来定义。利用宽带伪噪声信号所测得的典型功率时延分布（又称时延谱）曲线如图 2-12 所示。所谓时延谱是由不同时延的信号分量具有的平均功率所构成的谱，$P(\tau)$ 是归一化的时延谱曲线。图 2-12 中横坐标为时延 τ，$\tau=0$ 表示 $P(\tau)$ 的前沿，纵坐标为相对功率密度。

定义 $P(\tau)$ 的一阶矩为平均时延 τ_m，$P(\tau)$ 的二阶中心矩即方均根值（rms）为时延扩展 Δ，即

$$\tau_m=\int_0^{\infty}\tau P(\tau)\,d\tau \tag{2-65}$$

$$\Delta=\sqrt{\left(\int_0^{\infty}\tau^2P(\tau)\,d\tau\right)-\tau_m^2} \tag{2-66}$$

另外，还可定义一个参量：最大多径时延差 T_m，即归一化的包络特征曲线 $P(\tau)$ 下降到

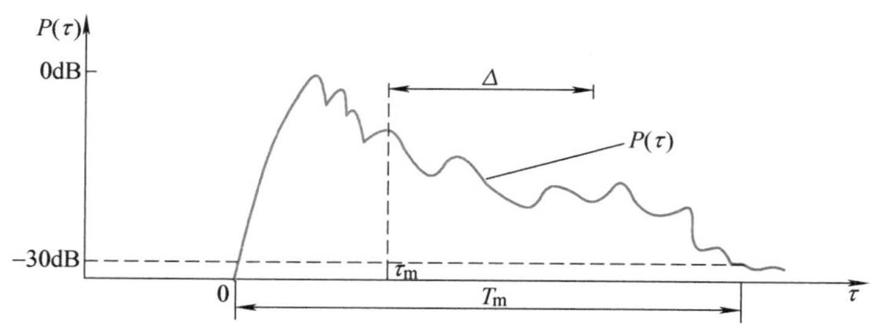

图 2-12　典型的归一化时延（功率）谱曲线

−30dB处所对应的时延差。

由式（2-66）定义的时延扩展 Δ 是对多径信道及多径接收信号时域特征的统计描述，表示时延扩展的程度。Δ 值越小，时延扩展就越轻微。反之，Δ 值越大，时延扩展就越严重。各个地区的时延扩展值只能由实测得到。表 2-1 给出了时延扩展的一些实测数据。

表 2-1　时延扩展典型实测数据

参　数	市　区	郊　区
平均时延 $\tau_m/\mu s$	1.5~2.5	0.1~0.2
时延扩展 $\Delta/\mu s$	1.0~3.0	0.2~2
最大时延 T_m(−30dB) /μs	5.0~12.0	3.0~7.0
平均时延扩展 $\overline{\Delta}/\mu s$	1.3	0.5

从表 2-1 给出的实测结果可知，市区的传播时延要比郊区长。在市区 4km 长的传播路径上，相对于包络最高值−30dB 处所测得的最大时延可达 12μs。

2. 相关带宽

与时延扩展有关的一个重要概念是相关带宽，当信号通过移动通信信道时，会引起多径衰落。那么，信号中不同的频率分量的衰落是否相同？这个问题的答案对于不同的信道和不同的信号是不一样的。根据衰落与频率的关系，可将衰落分为两种：频率选择性衰落与非频率选择性衰落，后者又称为平坦衰落。

频率选择性衰落是指信号中各分量的衰落状况与频率有关，即传输信道对信号中不同频率分量有不同的幅度增益和相移。由于信号中不同频率分量衰落不一致，衰落信号波形将产生失真。非频率选择性衰落是指信号中各分量的衰落状况与频率无关，即信号经过传输后，各频率分量所遭受的衰落具有一致性，即相关性。频率选择性衰落是否发生由信号和信道两方面因素决定。当信号的带宽小于相关带宽时，发生非频率选择性衰落；当信号带宽大于相关带宽时，发生频率选择性衰落。

为了简化推导，我们以两条射线模型（有时简称为双径模型）为例进行分析。图 2-13 给出了双射线信道模型，为分析方便，我们不计信道的固定衰减，用“1”表示第一条射线，信号为 $S_i(t)$；用“2”表示另一条射线，其信号为 $\beta S_i(t)e^{j\omega\Delta\tau(t)}$，$\beta$ 为一比例常数，$\Delta\tau(t)$ 为两径时延差。于是，接收信号为两者之和，即

$$S_o(t)=S_i(t)(1+\beta e^{j\omega\Delta\tau(t)}) \tag{2-67}$$

图 2-13 所示的双射线信道等效网络的传递函数为

$$H_e(\omega,t)=\frac{S_o(t)}{S_i(t)}=(1+\beta e^{j\omega\Delta\tau(t)}) \tag{2-68}$$

信道的幅频特性为

$$A(\omega,t)=\left|1+\beta\cos(\omega\Delta\tau(t))+\mathrm{j}\beta\sin(\omega\Delta\tau(t))\right| \tag{2-69}$$

由上式可知，当 $\omega\Delta\tau(t)=2n\pi$（$n$ 为整数）时，双径信号同相叠加，信号出现峰点；而当 $\omega\Delta\tau(t)=(2n+1)\pi$ 时，双径信号反相相消，信号出现谷点，即出现了合成波的干涉现象。根据式（2-69）画出的幅频特性如图 2-14 所示。

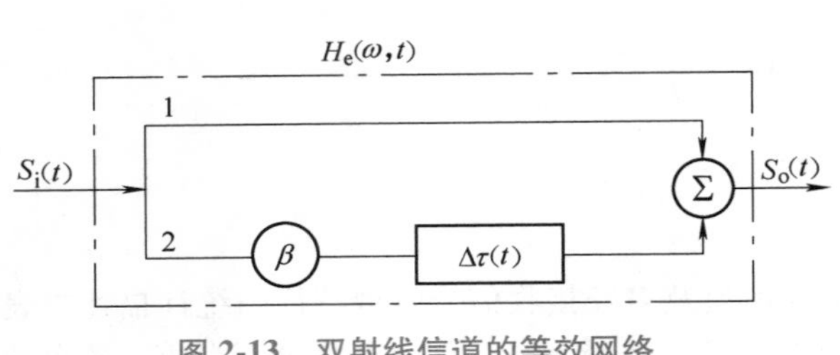

图 2-13　双射线信道的等效网络

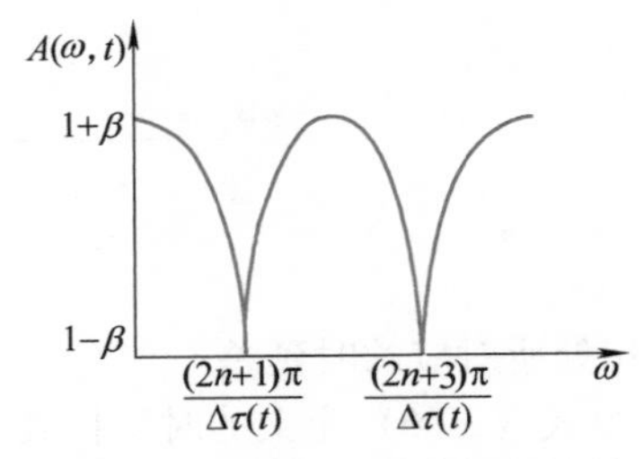

图 2-14　双射线信道的幅频特性

由图 2-14 可见，其相邻两谷点的相位差为

$$\Delta\varphi=\Delta\omega\Delta\tau(t)=2\pi$$

则

$$\Delta\omega=\frac{2\pi}{\Delta\tau(t)}$$

或

$$B_c=\frac{\Delta\omega}{2\pi}=\frac{1}{\Delta\tau(t)}$$

由此可见，合成信号两相邻幅值为最小值的频率间隔是与多径时延差 $\Delta\tau(t)$ 成反比的，通常称 B_c 为信道的相关带宽。若所传输的信号带宽较宽，以至于可与 B_c 比较时，则所传输的信号将产生明显的畸变。

实际上，移动通信信道中的传播路径通常不止两条，而是多条，且由于移动台处于运动状态，相对的多径时延差 $\Delta\tau(t)$ 也是随时间而变化的，这就使信道的传递函数呈现复杂情况。此时，比较严格的分析应对两个信号的包络相关性进行分析，得出两个信号包络的相关系数表达式，再由给定包络的相关系数值反推出相关带宽的表达式，进而推出相关带宽，但该方法比较复杂，这里不予讨论，感兴趣的读者可参阅相关文献。

在实际应用中，相关带宽可按下式估算

$$B_c=\frac{1}{2\pi\Delta} \tag{2-70}$$

式中，Δ 为时延扩展。

例如，当 $\Delta=3\mu s$ 时，$B_c=53\text{kHz}$。此时，传输信号带宽应小于 $B_c=53\text{kHz}$。

另外，在实际应用中，有时也用最大时延 T_m 的倒数来估算相关带宽，即

$$B_c=\frac{1}{T_m} \tag{2-71}$$

例如，某市区实测最大时延 $T_m=3.5\mu s$，则相关带宽 B_c 约等于 280kHz。此时，对于带宽为 25kHz 的窄带数字信号，由多径效应引起的衰落为平坦衰落。

从物理概念上讲，相关带宽表征的是衰落信号中两个频率分量基本相关（或有一定相关度）的频率间隔。也就是说，衰落信号中的两个频率分量，当其频率间隔小于相关带宽时，它们是相关的，其衰落具有一致性；当频率间隔大于相关带宽时，它们就不相关了，其衰落具有不一致性。

相关带宽实际上是对移动通信信道传输具有一定带宽信号能力的统计度量。对于某个移动环境，其时延扩展 Δ 可由大量实测数据经过统计处理计算出来，并可进一步确定这个移动通信信道

的相关带宽 B_c。也就是说，相关带宽是移动通信信道的一个特性。对于数字移动通信来说，当码元速率较低、信号带宽远小于信道相关带宽时，信号通过信道传输后各频率分量的变化具有一致性，则信号波形不失真，此时的衰落为平坦衰落；反之，当码元速率较高，信号带宽大于相关带宽时，信号通过信道传输后各频率分量的变化是不一致的，将引起波形失真，此时的衰落为频率选择性衰落。

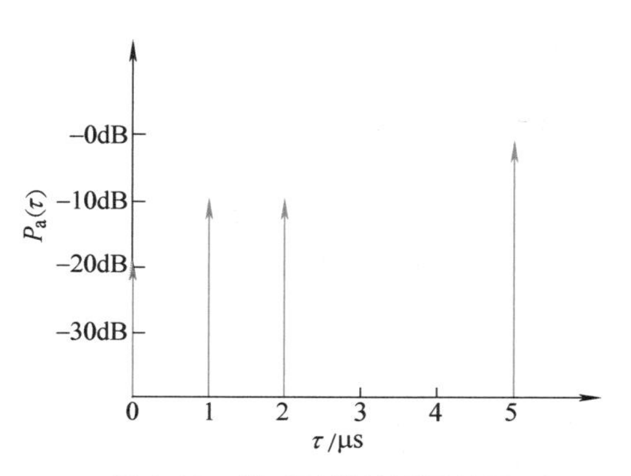

图 2-15　某时延谱的测量结果

【例 2-6】　未归一化的时延谱如图 2-15 所示，试计算多径分布的平均附加时延和 rms 时延扩展。若设信道相关带宽按式（2-70）计算，则该系统在不使用均衡器的条件下对 AMPS 或 GSM 业务是否合适？

解： 式（2-65）和式（2-66）中的时延谱是归一化的，而图 2-15 给出的是未归一化的，需进行归一化运算。

所给信号的平均附加时延为

$$\tau_m = \frac{\sum_{k=0}^{5} P_a(\tau_k)\tau_k}{\sum_{k=0}^{5} P_a(\tau_k)} = \frac{0.01\times 0 + 0.1\times 1 + 0.1\times 2 + 1\times 5}{0.01 + 0.1 + 0.1 + 1}\mu s = 4.38\mu s$$

时延平方的平均值为

$$\overline{\tau^2} = \frac{\sum_{k=0}^{5} P_a(\tau_k)\tau_k^2}{\sum_{k=0}^{5} P_a(\tau_k)} = \frac{0.01\times 0^2 + 0.1\times 1^2 + 0.1\times 2^2 + 1\times 5^2}{1.21}\mu s^2 = 21.07\mu s^2$$

所以 rms 时延扩展 Δ 为

$$\Delta = \sqrt{21.07-(4.38)^2}\mu s = 1.37\mu s$$

由式（2-70）可得相关带宽为

$$B_c \approx \frac{1}{2\pi\Delta} = \frac{1\times 10^6}{2\pi(1.37)}\text{Hz} = 116\text{kHz}$$

因为相关带宽 B_c 大于 30kHz，所以 AMPS 不需均衡器就能正常工作。而 GSM 所需的 200kHz 带宽超过了 B_c，所以 GSM 需要均衡器才能正常工作。

2.3.2　多普勒扩展和相关时间

频率色散参数是用多普勒扩展来描述的，而相关时间是与多普勒扩展相对应的参数。与时延扩展和相关带宽不同的是，多普勒扩展和相关时间描述的是信道的时变性。这种时变性或是由移动台与基站间的相对运动引起的，或是由传播路径中的物体运动引起的。

当信道时变时，信道具有时间选择性衰落，这种衰落会造成信号的失真。这是因为发送信号在传输过程中的信道特性发生了变化。信号尾端的信道特性与信号前端的信道特性发生了变化，就会产生时间选择性衰落。

1. 多普勒扩展

若接收信号为 N 条路径来的电波，其入射角都不尽相同，当 N 较大时，多普勒频移就成为占有一定宽度的多普勒扩展 B_D。

设发射频率为 f_c，到达移动台的信号为单个路径来的电波，其入射角为 α，则多普勒频移为 $f_D = f_m\cos\alpha$，这里 $f_m = v/\lambda$，为最大多普勒频移。

假设移动台天线为全向天线，且入射角 α 服从 $0\sim2\pi$ 的均匀分布，即多径电波均匀地来自各个方向，则角度 α 到 $\alpha+\mathrm{d}\alpha$ 之间到达电波功率为 $\frac{P_{\mathrm{av}}}{2\pi}\times|\mathrm{d}\alpha|$，这里 P_{av} 是所有到达电波的平均功率。

来自角度 α 和 $-\alpha$ 的电波引起相同的多普勒频移，使信号的频率变为

$$f=f_{\mathrm{c}}+f_{\mathrm{m}}\cos\alpha \tag{2-72}$$

多普勒频移 f_{D} 为入射角 α 的函数，当入射角从 α 变化到 $\alpha+\mathrm{d}\alpha$ 时，信号的频率从 f 变化到 $f+\mathrm{d}f$。因此，在频率域从 f 到 $f+\mathrm{d}f$ 之间的接收信号功率为

$$S_{\mathrm{PSD}}(f)\,|\mathrm{d}f|=2\times\frac{P_{\mathrm{av}}}{2\pi}\times|\mathrm{d}\alpha| \qquad 0<\alpha<\pi \tag{2-73}$$

式中，$S_{\mathrm{PSD}}(f)$ 为接收信号功率谱密度。式（2-73）还考虑到了多普勒频移关于入射角的对称性。由式（2-73）可得

$$S_{\mathrm{PSD}}(f)=\frac{P_{\mathrm{av}}}{\pi}\times\left|\frac{\mathrm{d}\alpha}{\mathrm{d}f}\right| \tag{2-74}$$

又

$$\sin\alpha=\sqrt{1-\cos^2\alpha}=\sqrt{1-\left(\frac{f-f_{\mathrm{c}}}{f_{\mathrm{m}}}\right)^2} \tag{2-75}$$

由式（2-72）可得

$$\mathrm{d}f=-f_{\mathrm{m}}\sin\alpha\,\mathrm{d}\alpha \tag{2-76}$$

代入式（2-74）可得

$$S_{\mathrm{PSD}}(f)=\frac{P_{\mathrm{av}}}{\pi f_{\mathrm{m}}}\times\frac{1}{\sqrt{1-\left(\frac{f-f_{\mathrm{c}}}{f_{\mathrm{m}}}\right)^2}} \tag{2-77}$$

依据式（2-77），图 2-16 给出了多普勒效应引起的接收功率谱变化。可见，尽管发射频率为单频 f_{c}，但接收电波的功率谱 $S_{\mathrm{PSD}}(f)$ 却扩展到 $(f_{\mathrm{c}}-f_{\mathrm{m}})\sim(f_{\mathrm{c}}+f_{\mathrm{m}})$ 范围，这相当于单频电波在通过多径移动通信信道时受到随机调频（Random FM）。接收信号的这种功率谱展宽就称为多普勒扩展。如图中所示，多普勒扩展被定义为 f_{m}。

在 $f=f_{\mathrm{c}}\pm f_{\mathrm{m}}$ 处出现无穷大的现象是由于前述假设所致，事实上是不可能的。

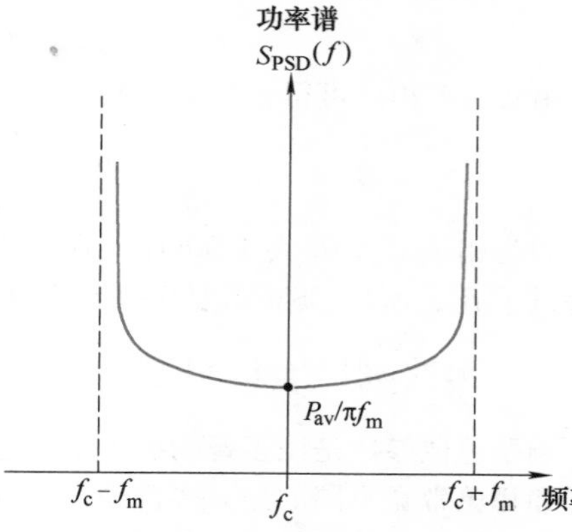

图 2-16 多普勒扩展

2. 相关时间

相关时间是信道冲激响应维持不变（或一定相关度）的时间间隔的统计平均值。也就是说，相关时间是指在一段时间间隔内，两个到达信号具有很强的相关性，信道特性没有明显变化。因此，相关时间表征了时变信道对信号的衰落节拍，这种衰落是由多普勒效应引起的，并且发生在传输波形的特定时间段上，即呈现出时间选择性。

时间相关函数与多普勒功率谱之间是傅里叶变换关系，由此关系可导出多普勒扩展与相关时间的关系，但推导比较复杂。粗略地说，可用最大多普勒频移 f_{m} 的倒数定义为相关时间 T_{c}，即

$$T_{\mathrm{c}}=\frac{1}{f_{\mathrm{m}}} \tag{2-78}$$

如果将相关时间定义为两个信号包络相关度为 0.5 时的时间间隔，则可以推出相关时间近似为

$$T_c \approx \frac{9}{16\pi f_m} \tag{2-79}$$

显然，式（2-79）的估计要比式（2-78）的保守一些。

上述公式给出了衰落信号可能急剧起伏的时间间隔，它表明时间间隔大于 T_c 的两个到达信号受信道的影响各不相同。以式（2-79）计算为例，当移动台的速度为 60km/h，其载频为 900MHz 的情况下，相关时间的一个保守估计值为 3.58ms，这说明若要保证数字信号经过信道后不会产生时间选择性，就必须保证传输的符号速率大于 $1/T_c=279\text{bit/s}$。

【例 2-7】 选择测量小尺度传播需要适当的空间取样间隔，假设连续取样值有很强的时间相关性。在载频为 1900MHz 及车速为 50m/s 的情况下，移动 10m 需要多少个样值？如果测量能够在运动的车辆上实时进行，则进行这些测量需要多长时间？信道的多普勒扩展 B_D 为多少？

解： 由相关性知道，样值间隔时间为 $T_c/2$，选取 T_c 的最小值作保守估计。由式（2-79）得

$$\begin{aligned} T_c &= \frac{9}{16\pi f_m} = \frac{9\lambda}{16\pi v} = \frac{9c}{16\pi v f_c} = \frac{9\times 3\times 10^8}{16\times 3.14\times 50\times 1900\times 10^6}\mu s \\ &= 565\mu s \end{aligned}$$

选择样值的间隔至少为 $T_c/2$，即 282.5μs。

对应的空间取样间隔为

$$\Delta x = \frac{vT_c}{2} = \frac{50\times 565}{2}\text{m} = 0.014125\text{m} = 1.41\text{cm}$$

所以，移动 10m 距离所需的样值数目为

$$N_x = \frac{10}{\Delta x} = \frac{10\text{m}}{0.014125\text{m}} = 708$$

进行测量所需时间为

$$\frac{10\text{m}}{50\text{m/s}} = 0.2\text{s}$$

多普勒扩展为

$$B_D = f_m = \frac{vf_c}{c} = \frac{50\times 1900\times 10^6}{3\times 10^8}\text{Hz} = 316.66\text{Hz}$$

2.3.3 角度扩展和相关距离

1. 角度扩展

移动环境中的主要散射体有移动台周围的本地散射体、基站周围的本地散射体和远端散射体，所有的角度信息都与散射环境密切相关。

角度扩展是由移动台或基站周围的本地散射体以及远端散射体引起的，它与角度功率谱有关。研究表明，角度功率谱一般为均匀分布、截短高斯分布、截短拉普拉斯分布和余弦偶指数分布。

在室外环境下，到达基站的电波分布在一个较窄的角度内，此时基站端的角度功率谱主要取决于移动台周围的散射体分布。当散射体均匀分布在移动台四周时，基站的角度功率谱呈现均匀分布；当本地散射服从瑞利分布时，基站的角度功率谱为截短高斯分布。

角度扩展 δ 被定义为归一化角度功率谱 $P_\delta(\theta)$ 的方均根值，即

$$\delta = \sqrt{\int_0^\infty (\theta - \bar{\theta})^2 P_\delta(\theta)\,\mathrm{d}\theta} \tag{2-80}$$

式中，θ 是来自散射体的入射电波与基站天线阵列中心和移动台阵列中心连线之间的夹角，其平均

值为

$$\bar{\theta}=\int_0^{\infty}\theta P_{\delta}(\theta)\,\mathrm{d}\theta \tag{2-81}$$

角度扩展 δ 描述了功率谱在空间上的色散程度，可分布在 0～360°之间。角度扩展越大，表明散射越强，信号在空间的色散度越高；反之，角度扩展越小，表明散射越弱，信号在空间的色散度越低。

2. 相关距离

相关距离是信道冲激响应维持不变（或一定相关度）的空间间隔的统计平均值。在相关距离内，信号经历的衰落具有很大的相关性，它是空间自相关函数特有的参数，为衡量空间信号随空间相关矩阵变化提供了更直观的方法。在相关距离内，可以认为空间传输函数是平坦的，即若相邻天线的空间距离比相关距离小得多，则相应的信道就是非空间选择性信道。

当相关距离定义为两个信号包络相关度为 0.5 时的空间间隔，则可以推出相关距离近似为

$$D_{\delta}=\frac{0.187}{\delta\cos\theta} \tag{2-82}$$

由式（2-82）可见，相关距离除了与角度扩展有关外，还与来波到达角有关。在天线来波信号到达角相同的情况下，角度扩展越大，不同接收天线接收到的信号之间的相关性就越小；反之，角度扩展越小，不同接收天线接收到的信号之间的相关性就越大。同样，在角度扩展相同的情况下，来波信号的到达角越大，不同接收天线接收到的信号之间的相关性就越大；反之，来波信号的到达角越小，不同接收天线接收到的信号之间的相关性就越小。因此，为了保证相邻两根天线经历的衰落不相关，在弱散射下的天线间隔要比在强散射下的天线间隔大一些。

2.3.4　多径衰落信道的分类

移动通信信道中的时间色散和频率色散可能产生 4 种衰落效应，这是由信号、信道以及相对运动的特性引起的。根据信号带宽和信道带宽的比较，可将信道分为平坦衰落和频率选择性衰落信道；而根据发送信号与信道变化快慢程度的比较，可将信道分为快衰落和慢衰落信道。

1. 平坦衰落和频率选择性衰落

如果信道相关带宽远大于发送信号的带宽，则接收信号经历平坦衰落。在平坦衰落情况下，信道的多径结构使发送信号的频谱特性在接收机内仍能保持不变，所以平坦衰落也称为非频率选择性衰落。平坦衰落信道的条件可概括为

$$\begin{aligned} B_{\mathrm{s}} &\ll B_{\mathrm{c}} \\ T_{\mathrm{s}} &\gg \Delta \end{aligned} \tag{2-83}$$

式中，T_{s} 为信号周期（信号带宽 B_{s} 的倒数）；Δ 为信道的时延扩展；B_{c} 为相关带宽。

如果信道相关带宽小于发送信号带宽，则该信道特性会导致接收信号产生频率选择性衰落。此时，信道冲激响应具有多径时延扩展，其值大于发送信号带宽的倒数。在这种情况下，接收信号中包含经历了衰减和时延的发送信号的多径波，因而产生接收信号失真。频率选择性衰落是由信道中发送信号的时间色散引起的，这种色散会引起符号间干扰。

对于频率选择性衰落而言，发送信号的带宽大于信道的相关带宽，由频域可以看出，不同频率信号获得不同增益，产生频率选择性衰落，其条件是

$$\begin{aligned} B_{\mathrm{s}} &> B_{\mathrm{c}} \\ T_{\mathrm{s}} &< \Delta \end{aligned} \tag{2-84}$$

2. 快衰落和慢衰落

当信道的相关时间比发送信号的周期短，且信号的带宽 B_{s} 小于多普勒扩展 B_{D} 时，信道冲激响应在符号周期内变化很快，从而导致信号失真，产生衰落，此衰落为快衰落。所以信号经历快衰落的条件是

$$T_s > T_c \qquad (2\text{-}85)$$
$$B_s < B_D$$

当信道的相关时间远远大于发送信号的周期，且信号的带宽 B_s 远远大于多普勒扩展 B_D 时，可以认为该信道是慢衰落信道。所以信号经历慢衰落的条件是

$$T_s \ll T_c \qquad (2\text{-}86)$$
$$B_s \gg B_D$$

快衰落主要是由于收发端的相对运动以及传播环境中移动物体的随机运动造成的。

显然，移动台的移动速度（或传播路径中物体的移动速度）及信号发送速率，决定了信号是经历了快衰落还是慢衰落。注意，这里的快或慢是通过发送信号变化快慢与信道特性变化快慢比较得出的，而不能说多径衰落就一定是快衰落。

另外，当考虑角度扩展时，会有角度色散，即空间选择性衰落。这样可以根据信道是否考虑了空间选择性，把信道分为标量信道和矢量信道。标量信道是指只考虑时间和频率的二维信息信道；而矢量信道是指考虑了时间、频率和空间的三维信息信道。

2.4 阴影衰落的基本特性

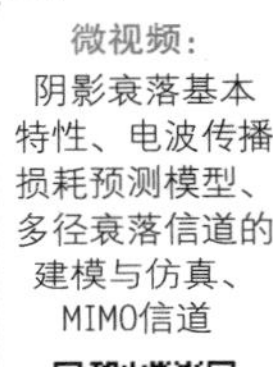

当电波在传播路径上遇到起伏地形、建筑物、植被（高大的树木）等障碍物的阻挡时，会产生电磁场的阴影。移动台在运动中通过不同障碍物的阴影时，就构成接收天线处场强中值的变化，从而引起衰落，称为阴影衰落。

阴影衰落是长期衰落，其信号电平起伏是相对缓慢的。它的特点是衰落与无线电传播地形和地物的分布、高度有关。图 2-17 表示了阴影衰落。

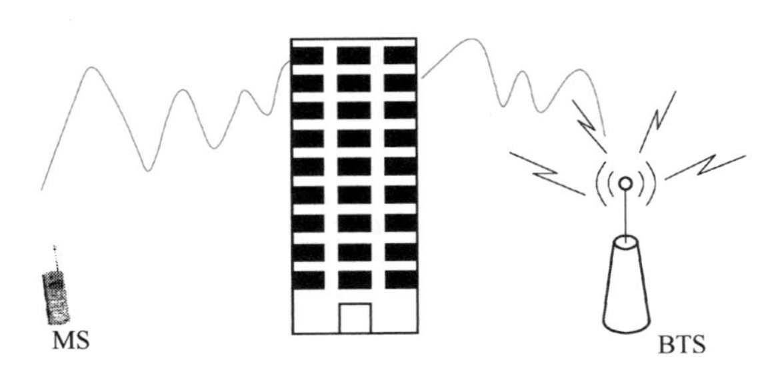

图 2-17 阴影衰落

阴影衰落一般表示为电波传播距离 r 的 m 次幂与表示阴影损耗的正态对数分量的乘积。移动台和基站之间的距离为 r 时，传播路径损耗和阴影衰落可以表示为

$$L(r,\zeta) = r^m \times 10^{\zeta/10} \qquad (2\text{-}87)$$

式中，ζ 是由于阴影产生的对数损耗（dB），服从零平均和标准方差 σ（dB）的对数正态分布。当用 dB 表示时，式（2-87）变为

$$10\lg L(r,\zeta) = 10m\lg r + \zeta \qquad (2\text{-}88)$$

有时人们将 m 称为路径损耗指数，实验数据表明 $m=4$、标准方差为 8dB 是合理的。

2.5 电波传播损耗预测模型

设计无线通信系统时，首要的问题是在给定的条件下如何算出接收信号的场强，或接收信号中值。这样，才能进一步设计系统或设备的其他参数或指标。这些给定条件包括发射机天线高度、位置、工作频率、接收天线高度及收发信机之间的距离等。这就是电波传播的路径损耗预测问题，又称信号中值预测。这里的信号中值是长区间中心值。

由于移动环境的复杂性和多变性，要对接收信号中值进行准确计算是相当困难的。无线通信工程的做法是，在大量场强测试的基础上，经过对数据的分析和统计处理，找出各种地形地物下的传播损耗（或接收信号场强）与距离、频率及天线高度的关系，给出传播特性的各种图表和计算公式，建立电波传播预测模型，从而能用较简单的方法预测接收信号的中值。

在移动通信领域，已建立了许多电波传播预测模型，它们是根据各种地形地物环境中的实测场强数据总结出来的，各有特点，能用于不同的场合。

2.5.1　地形环境分类

1. 地形特征定义

（1）地形波动高度 Δh

地形波动高度 Δh 在平均意义上描述了电波传播路径中地形变化的程度。Δh 定义为沿电波传播方向，距接收地点10km范围内，10%高度线和90%高度线的高度差，如图2-18所示。10%高度线是指在地形剖面图上有10%的地段高度超过此线的一条水平线。90%高度线可用同样方法定义。

（2）天线有效高度

移动台天线有效高度定义为移动台天线距地面的实际高度。

基站天线有效高度 h_b 定义为沿电波传播方向，距基站天线3~15km的范围内平均地面高度以上的天线高度，如图2-19所示。

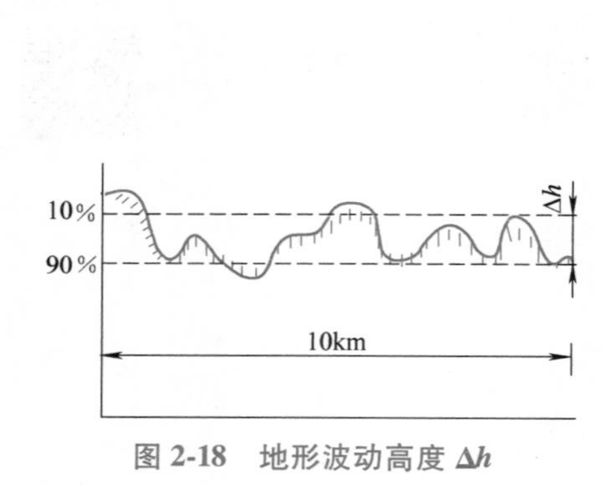

图2-18　地形波动高度 Δh

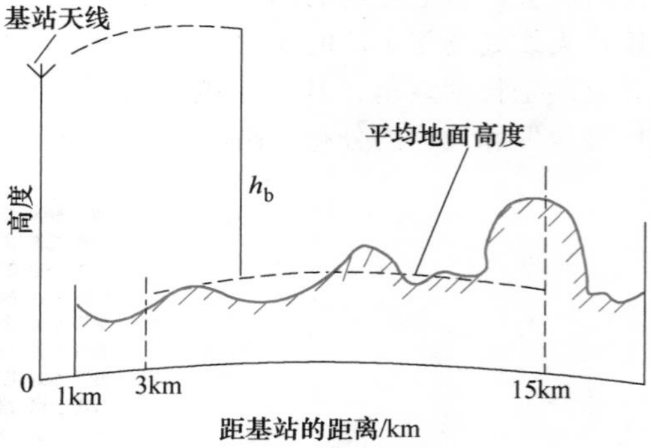

图2-19　天线有效高度

2. 地形分类

实际地形虽然千差万别，但从电波传播的角度考虑，可分为两大类，即准平坦地形和不规则地形。

准平坦地形是指该地区的地形波动高度在20m以内，而且起伏缓慢，地形峰顶与谷底之间的水平距离大于地面波动高度，在以千米计的范围内，其平均地面高度差仍在20m以内。不规则地形是指除准平坦地形之外的其他地形。不规则地形按其形态，又可分为若干类，如丘陵地形、孤立山峰、斜坡和水陆混合地形等。

实际上，各类地形中的主要特征是地形波动高度 Δh。各类地形中 Δh 的估计值如表2-2所示。

3. 传播环境分类

1）开阔地区：在电波传播方向上没有建筑物或高大树木等障碍的开阔地带。其间，可有少量的农舍等建筑。平原地区的农村就属于开阔地区。另外，在电波传播方向300~400m以内没有任何阻挡的小片场地，如广场也可视为开阔地区。

2）郊区：有1~2层楼房，但分布不密集，还可有小树林等。城市外围以及公路网可视为郊区。

3）中小城市地区：建筑物较多，有商业中心，可有高层建筑，但数量较少，街道也比较宽。

表 2-2 各类地形中 Δh 的估计值

地形	Δh/m	地形	Δh/m
非常平坦地形	0~5	小山区	80~150
平坦地形	5~10	山区	150~300
准平坦地形	10~20	陡峭山区	300~700
小土岗式起伏地形	20~40	特别陡峭山区	≫700
丘陵地形	40~80		

4）大城市地区：建筑物密集，街道较窄，高层建筑也较多。

2.5.2 Okumura 模型

Okumura（奥村）模型是 Okumura 等人在日本东京，使用不同频率，不同天线高度，选择不同的距离进行一系列测试，最后根据测试结果绘成经验曲线构成的模型。这一模型以准平坦地形大城市地区的场强中值或路径损耗为基准，用不同修正因子来校正不同传播环境和地形等因素的影响。由于这种模型提供的数据较齐全，因此我们可以在掌握详细地形、地物的情况下，得到更加准确的预测结果。我国有关部门也建议在移动通信工程设计中采用奥村模型进行场强预测。

奥村模型是预测城区信号时使用最广泛的模型，适用于 VHF 和 UHF 频段。下面对这个模型作简单介绍。

1. 准平坦地形大城市地区的中值路径损耗

Okumura 模型中准平坦地形大城市地区的中值路径损耗由下式给出

$$L_M = L_{fs} + A_m(f,d) - H_b(h_b,d) - H_m(h_m,f) \tag{2-89}$$

式中，L_{fs}为自由空间路径损耗（dB），由式（2-13）给出；$A_m(f,\ d)$ 为在大城市地区当基站天线高度 $h_b=200$m、移动台天线高度 $h_m=3$m 时相对于自由空间的中值损耗，又称基本中值损耗，如图 2-20所示。图中给出了准平坦地形大城市地区的基本中值 $A_m(f,\ d)$ 与频率、传播距离的关系，纵坐标刻度以 dB 计，是以自由空间的传播损耗为 0dB 的相对值。由图可见，随着频率升高和距离的增大，市区基本中值损耗都将增加。

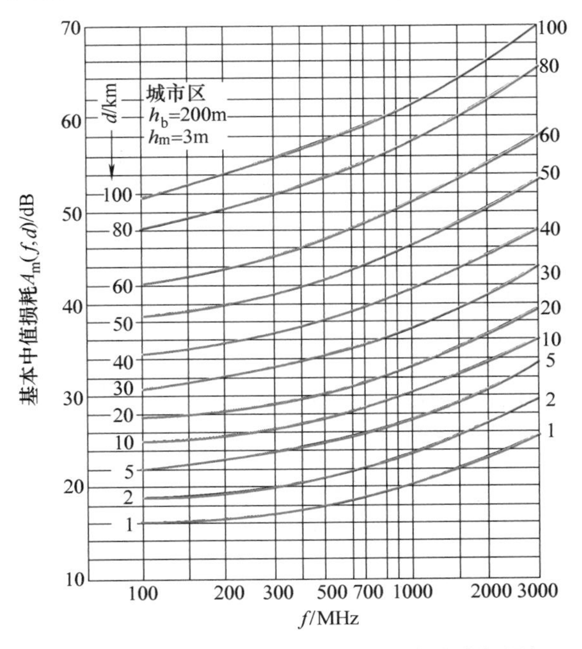

图 2-20 准平坦地形大城市地区的中值路径损耗

如果基站天线的高度不是 200m，则损耗中值的差异用基站天线高度增益因子 $H_b(h_b,\ d)$表示。图 2-21 给出了不同传播距离 d 时，$H_b(h_b,\ d)$ 与 h_b 的关系。可见，当 $h_b>200$m 时，$H_b(h_b,d)>0$dB；反之，当 $h_b<200$m 时，$H_b(h_b,\ d)<0$dB。

同理，当移动台天线高度不是 3m 时，需用移动台天线高度增益因子 $H_m(h_m,\ f)$ 加以修正，如图 2-22 所示。可见，当 $h_m>3$m 时，$H_m(h_m,\ f)>0$dB；反之，当 $h_m<3$m 时，$H_m(h_m,\ f)<0$dB。由图 2-22 还可见，当移动台天线高度高于 3m 以上时，其高度增益因子 $H_m(h_m,\ f)$不仅与天线高度、频率有关，而且

还与环境条件有关。例如，在中小城市，因建筑物的平均高度较低，它的屏蔽作用较小，当移动台天线高于 4m 时，随天线高度增加，天线高度增益因子明显增大；在大城市，建筑物的平均高度在 15m 以上，所以$H_m(h_m, f)$曲线在 10m 范围内没有出现拐点；当移动台天线高度在 1～4m 范围内，$H_m(h_m, f)$ 受工作频率、环境变化的影响较小，此时 $H_m(h_m, f)$ 曲线簇在此范围内大多交汇重合，变化一致。

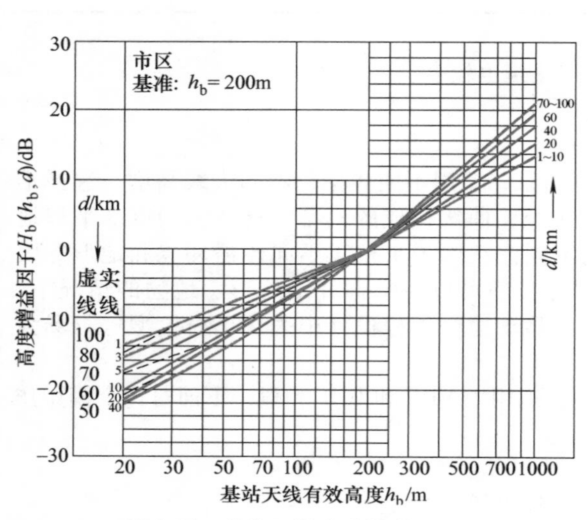

图 2-21　基站天线高度增益因子

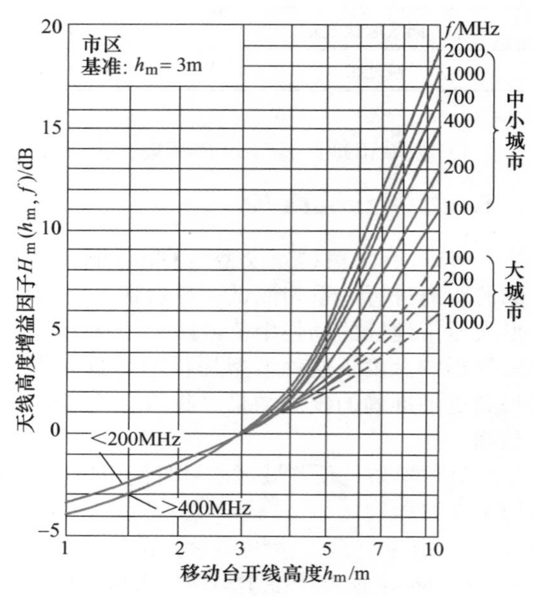

图 2-22　移动台天线高度增益因子

由以上讨论可见，用 Okumura 模型计算中值路径损耗的思路是：首先算出对应于基准的基站天线高度（h_b=200m）和移动台天线高度（h_m=3m）的基本中值损耗，然后再根据实际天线高度进行修正。这种在基本条件下的计算再加上对于条件变化的修正的思路应用于 Okumura 模型的各个环节。

2. 不规则地形及不同环境中的中值路径损耗

以准平坦地形中的中值路径损耗作为基准，针对不同传播环境和不规则地形中的各种因素，用修正因子加以修正，就可得到不规则地形及不同环境中的中值路径损耗，可用下式表示为

$$L_M = L_{fs} + A_m(f, d) - H_b(h_b, d) - H_m(h_m, f) - k_s - k_h - k_A - k_{is} \tag{2-90}$$

式中，k_s 为郊区修正因子；k_h 为丘陵地形修正因子；k_A 为斜坡地形修正因子；k_{is}为水陆混合传播路径修正因子，式中其余部分与式（2-89）相同。k_s、k_h、k_A 和 k_{is}的值可由图表查出。

另外，还有开阔区校正因子、城市道路走向及道路宽度校正因子、孤立山丘校正因子和植被校正因子等。这些校正因子均可从计算图表中查出，再根据具体情况计入式（2-89）和式（2-90）中。

根据已得出的中值路径损耗，可求出移动台接收到的信号功率为

$$P_R = P_T - L_M + G_b + G_m - L_b - L_m - L_d \tag{2-91}$$

式中，P_R 为接收机收到的中值信号功率（dBW）；P_T 为发射机输出功率（dBW）；L_M 为中值路径损耗（dB）；G_b 和 G_m 分别为基站和移动台天线增益（dB）；L_b 为基站馈线损耗（dB）；L_m 为移动台馈线损耗（dB）；L_d 为基站天线共用器损耗（dB）。

【例 2-8】 某移动通信系统，工作频率为 450MHz，基站天线高度为 50m，天线增益为 6dB，移动台天线高度为 3m，天线增益为 0dB；在市区工作，传播路径为准平坦地形，传播距离为 10km。试求

（1）传播路径的中值路径损耗。

（2）若基站发射机送至天线的信号功率为 10W，不考虑馈线损耗和共用器损耗，求移动台天线接收到的信号功率。

解：（1）求中值路径损耗

自由空间的传播损耗为

$$L_{fs} = 32.44 + 20\lg d + 20\lg f = 32.45 + 20\lg 10 + 20\lg 450 = 105.5\text{dB}$$

考虑到工作在准平坦地形的市区环境，由图 2-20 查得市区基本损耗中值

$$A_m(f, d) = A_m(450, 10) \approx 27\text{dB}$$

由图 2-21 查得基站天线高度增益因子

$$H_b(h_b, d) = H_b(50, 10) \approx -12\text{dB}$$

由图 2-22 查得移动台天线高度增益因子

$$H_m(h_m, f) = H_m(3, 450) \approx 0\text{dB}$$

所以，可得到该传播路径的中值路径损耗为

$$\begin{aligned} L_M &= L_{fs} + A_m(f, d) - H_b(h_b, d) - H_m(h_m, f) \\ &= 105.5\text{dB} + 27\text{dB} - (-12)\text{dB} - 0\text{dB} = 144.5\text{dB} \end{aligned}$$

（2）求移动台天线接收到的信号功率

由式（2-90）和式（2-91）可求得准平坦地形市区中移动台天线接收到的信号功率

$$\begin{aligned} P_R &= P_T - L_M + G_b + G_m - L_b - L_m - L_d \\ &= 10\lg 10 - 144.5 + 6 + 0 - 0 - 0 - 0 \\ &= -128.5\text{dBW} = -98.5\text{dBm} \end{aligned}$$

2.5.3 Hata 模型

Hata 根据 Okumura 模型中的各种图表曲线归纳出一个经验公式，称为 Hata 模型。这种模型仍然保留了 Okumura 模型的风格，以准平坦地形的市区传播损耗为基准，其他地区在此基础上进行修正。中值路径损耗的经验公式为

$$L_M = 69.55 + 26.16\lg f - 13.82\lg h_b - a(h_m) + (44.9 - 6.55\lg h_b) \times \lg d \tag{2-92}$$

式中，$a(h_m)$ 为移动台天线修正因子，由传播环境中建筑物的密度及高度等因素确定。在 Hata 模型中，h_m 以 1.5m 为基准；f 以 MHz 为单位；h_b 以 m 为单位；d 以 km 为单位。

由于大城市和中小城市建筑物状况相差较大，故修正因子是分别给出的。

1. 中小城市修正因子

$$a(h_m) = (1.11\lg f - 0.7)h_m - (1.56\lg f - 0.8) \tag{2-93}$$

2. 大城市修正因子（建筑物平均高度超过 15m）

150MHz≤f≤300MHz 时

$$a(h_m) = 8.29[\lg(1.54h_m)]^2 - 1.1 \tag{2-94}$$

300MHz≤f≤1500MHz 时

$$a(h_m) = 3.2[\lg(11.75h_m)]^2 - 4.97 \tag{2-95}$$

在式（2-92）的基础上，Hata 还给出了郊区校正因子 K_s、开阔地区校正因子 K_0 的拟合公式，分别为

$$K_s = 2\left[\lg\left(\frac{f}{28}\right)\right]^2 + 5.4 \tag{2-96}$$

$$K_0 = 4.78(\lg f)^2 - 18.33\lg f + 40.94 \tag{2-97}$$

尽管 Hata 模型不像 Okumura 模型那样有特定路径的修正因子，上述公式还是很有实用价值的。在 d 为 1~20km 的情况下，Hata 模型的预测结果与 Okumura 模型十分接近。

【例 2-9】 设基站天线高度为 40m，发射频率为 900MHz，移动台天线高度为 2m，传播距离为

15km，求大城市地区的中值路径损耗。

解： 应用 Hata 模型求解。

因为是大城市地区，工作频率大于 450MHz，所以移动台天线修正因子用式（2-95）计算

$$a(h_m)=3.2[\lg(11.75\times2)]^2\text{dB}-4.97\text{dB}=1.045\text{dB}$$

中值路径损耗为

$$\begin{aligned}L_M&=69.55\text{dB}+26.16\lg900\text{dB}-13.82\lg40\text{dB}-1.045\text{dB}+(44.9\text{dB}-6.55\lg40\text{dB})\times\lg15\text{dB}\\&=164.1\text{dB}\end{aligned}$$

2.5.4　扩展 Hata 模型

欧洲科学与技术研究协会（EURO-COST）的 COST-231 工作委员会对 Hata 模型进行了扩展，使它适用于 PCS 系统，适用频率也达到 2GHz。扩展 Hata 模型的市区路径损耗的计算公式为

$$L_M=46.3+33.9\lg f-13.82\lg h_b-a(h_m)+(44.9-6.55\lg h_b)\times\lg d+C_M \tag{2-98}$$

式中，$a(h_m)$ 由式（2-93）、式（2-94）和式（2-95）计算，C_M 由下式给出：

$$C_M=0\text{dB}\qquad\text{中等城市和郊区} \tag{2-99a}$$

$$C_M=3\text{dB}\qquad\text{大城市市中心} \tag{2-99b}$$

2.5.5　室内路径损耗模型

室内无线电波传播的机理与室外是一样的，也是反射、绕射和散射，但室内传播条件与室外有很大不同，典型的是覆盖距离更小、环境的变动更大。例如，门是打开还是关闭的，办公家具的配置、天线安置位置等都会改变室内传播条件。

室内移动台接收从建筑物外部发来的信号时，电波需要穿透墙壁、楼层，会受到很大的衰减，即产生损耗。这种损耗除了与建筑物的结构（砖石或钢筋混凝土结构等）有关外，还与移动台位置（是否靠近窗口、所处楼层）、无线电波频率有关。

仅靠有限的经验很难确定准确的透射损耗模型。因此，在进行这类环境下的移动通信系统设计时，只能通过大量测量，取其中间值来设计。已有的研究结果表明，钢筋混凝土结构的穿透损耗大于砖石或土木结构；建筑物的穿透损耗随电波的穿透深度（进入室内的深度）而增加；穿透损耗还与楼层有关，以一楼为准，楼层越高，损耗越小，地下室损耗最大；损耗也与信号频率有关，频率低的穿透损耗比频率高的损耗大。例如，根据日本东京的测量数据，一楼的损耗中值在 150MHz 时为 22dB；400MHz 时为 18dB；800MHz 时为 17dB。根据美国芝加哥的测量数据，从底层到 15 层，穿透损耗以每层 1.9dB 的速率递减，更高楼层的穿透损耗会因相邻建筑物的阴影效应而增加。

电波在室内的传播要区分两种情况。若发射点和接收点同处一室且中间无阻挡，相距仅几米或几十米，属于直射传播，此时的场强可按自由空间计算。由于墙壁等物的反射，室内场强会随地点起伏。用户持手机移动时也会使接收信号产生衰落，但衰落速度很慢，多径时延在数十纳秒，最大时延扩展为 100~200ns，对信号传输几乎不产生影响。

若发射点和接收点虽在同一建筑物内，但不在同一房间，则情况要复杂得多，这时要考虑下列各种损耗：

（1）同楼层的分隔损耗

如果发射点和接收点在同一楼层的不同房间内，要考虑分隔损耗。居民住所和办公用户中往往有很多的分隔和阻挡体。有些分隔是建筑物结构的一部分，称为硬分隔；有的分隔是可移动的，且未伸展到天花板，称为软分隔。分隔的物理和电气特性变化很大，对特定室内设置应用通用模型是相当困难的。

（2）不同楼层的分隔损耗

建筑物楼层间损耗由该建筑物外部尺寸、材料、楼层和周围建筑物的结构类型等因素确定，

建筑物窗子的数量、面积、窗玻璃有无金属膜，建筑物墙面有无涂料等都会影响楼层间损耗。

研究表明，室内路径损耗与对数正态阴影衰落的公式相似，可用下式表示：

$$L_M = L_M(d_0) + 10n_E \lg\left(\frac{d}{d_0}\right) + X_\sigma \tag{2-100}$$

式中，n_E 与周围环境和建筑物类型有关；d_0 为参考点与发射机之间距离；X_σ 代表用 dB 表示的正态随机变量；标准方差为 σ。

当考虑不同楼层的影响时，室内路径损耗的表达式为

$$L_M = L_M(d_0) + 10n_{SF} \lg\left(\frac{d}{d_0}\right) + FAF \tag{2-101}$$

式中，n_{SF}表示同一楼层的路径损耗因子测量值；FAF 是楼层衰减因子，它与建筑物类型和障碍物类型有关。

2.5.6 IMT-2000 模型

为了评估第三代移动通信 IMT-2000 的无线传输技术，人们对传播环境特征进行了广泛的研究和考虑，包括大城市、小城市、郊区、乡村和沙漠地区。室内办公环境、室外到室内和步行环境、车载环境共同构成了 IMT-2000 的工作环境。每一种传播模型的关键参数包括时延扩展、信号包络的多径衰落特性和无线工作频段。

1. 室内办公环境模型

这类传播环境的特点是小区小、反射功率低。由于墙壁、地板和各种分隔、阻挡物的阻挡和电波的散射，使路径衰落规律发生了变化，衰落特性在莱斯到瑞利之间变化。同时，还会产生阴影效应，这种阴影效应符合标准方差为 12dB 的对数正态分布。步行用户的移动也造成相应的多普勒频移。基站和步行用户位于室内时，时延扩展 Δ 在 35~460ns 间变化。平均路径损耗（单位：dB）可按下式计算：

$$L = 37 + 30\lg d + 18.3^{(F+2)/(F+1)-0.46} \tag{2-102}$$

式中，d 为传播距离（m）；F 为路径上的楼层数。

2. 室外到室内徒步环境

小区小、反射功率低也是这类环境的特点。基站位于室外，天线高度低，步行用户在街道上或建筑物内时，时延扩展 Δ 在 100~1800ns 间变化。如果路径是在峡谷似的街道中的视线距离，当存在绕射形成的菲涅尔区域间隙时，路径损耗遵循 d^{-2} 规律；当有更长的菲涅尔区域间隙时，路径损耗遵循 d^{-6} 规律。室外对数正态阴影衰落的标准方差为 10dB，室内为 12dB。瑞利和莱斯衰落速率依步行用户速度而定，来自运动车辆的反射有时会造成更快的衰落。在非视距情况下，平均路径损耗为

$$\overline{L} = 40\lg d + 30\lg f_c + 49 \tag{2-103}$$

式中，f_c 为载波频率（MHz）。

上述情况描述了最差的传播情况，对数阴影衰落的标准方差为 10dB。

3. 车载环境

这种环境的特点是小区较大，反射功率较高。在丘陵和多山地形环境下，隆起的道路上时延扩展 Δ 在 0.4~12ms 间变化。在城市和郊区，d^{-4} 的路径损耗规律和标准方差为 10dB 的对数正态阴影衰落是比较适合的，建筑物穿透损耗平均为 18dB，其标准方差为 10dB。在地形平坦的乡村，路径损耗低于城市和郊区。在多山地区，如果选择基站位置避免路径障碍，路径损耗接近 d^{-2} 规律。这种环境下的平均路径损耗为

$$\overline{L} = 40(1 - 4\times10^{-2}\Delta h_b)\lg d - 18\lg\Delta h_b + 21\lg f_c + 80 \tag{2-104}$$

式中，d 为传播距离（km）；Δh_b 为参照平均屋脊水平测得的基站天线高度（单位：m）。

4. 时延扩展

时延扩展对系统性能有较大影响。在大部分时间内，时延扩展Δ比较小，但是偶尔会存在最坏的多径特性，产生相当大的Δ值。室外环境测量表明，在相同环境下，时延扩展Δ的变化可以超过一个数量级。为了准确地评价无线传输技术的性能，IMT-2000为每种传播环境定义了三种多径信道，表2-3是三种不同环境下的三种多径信道的时延扩展。信道A代表经常发生的低时延扩展，信道B代表经常发生的中等时延扩展，信道C代表很少发生的大时延扩展情况。

表2-3　时延扩展典型实测数据

环　境	信　道　A		信　道　B		信　道　C	
	Δ_{max}/ns	发生率（%）	Δ_{max}/ns	发生率（%）	Δ_{max}/ns	发生率（%）
室内办公室	35	50	100	45	460	5
室外到室内，步行	100	40	750	55	1800	5
车载高天线	400	40	4000	55	12000	5

2.6　多径衰落信道的建模和仿真

前面讨论的大尺度衰落不仅对分析信道的可用性、选择载波频率以及越区切换有重要意义，且对移动无线网络规划也很重要。而小尺度衰落则对传输技术的选择和数字接收机的设计至关重要。因此，信道建模和仿真是研究移动通信中各种技术的基础和关键。

平坦衰落信道只有一个可分辨径（包括了多个不可分辨径），而频率选择性衰落信道是由多个可分辨径组合而成的，其中每一个可分辨径就是一个平坦衰落信道。也就是说，它是由多个具有不同时延的平坦衰落信道组合而成。

信道模型分为数学模型和仿真模型。信道的数学模型是从理论的角度去研究信道输入输出信号的关系，评估信道对无线通信系统的影响。信道的仿真模型是数学模型的计算机模拟方法。实际应用中，人们所讲的信道模型往往是指信道的仿真模型。最早的仿真模型是Jakes在1974提出的Jakes模型。该模型把信道描述为有限个传播路径信号的叠加，是一种用于描述平坦小尺度衰落信道的模型。对于频率选择性衰落信道，最常用的仿真模型是抽头延时线模型，如COST207模型和二径模型等，它们都是抽头延时线模型的特例。

2.6.1　平坦衰落信道的建模和仿真

1. Clarke信道模型

Clarke建立了一个描述平坦小尺度衰落的统计模型。该模型适用于描述瑞利衰落信道，其中的移动台接收信号场强的统计特性是基于散射的，这正好与市区环境中无直视通路的特点相吻合，因此广泛应用于市区环境的仿真中。

Clarke模型假设有一台具有垂直极化的固定发射机，入射到移动天线的电磁场由N个平面波组成。这些平面波具有任意载频相位、入射方位角和相等的平均幅度，如图2-23所示。

对于第n个以角度α_n到达x轴的入射波，由式（2-32）可知多普勒频移为

$$f_n = f_m \cos\alpha_n \qquad (2\text{-}105)$$

到达移动台的垂直极化平面波存在E和H场强分量，即

$$E_z = E_0 \sum_{n=1}^{N} C_n \cos(2\pi f_c t + \theta_n) \qquad (2\text{-}106)$$

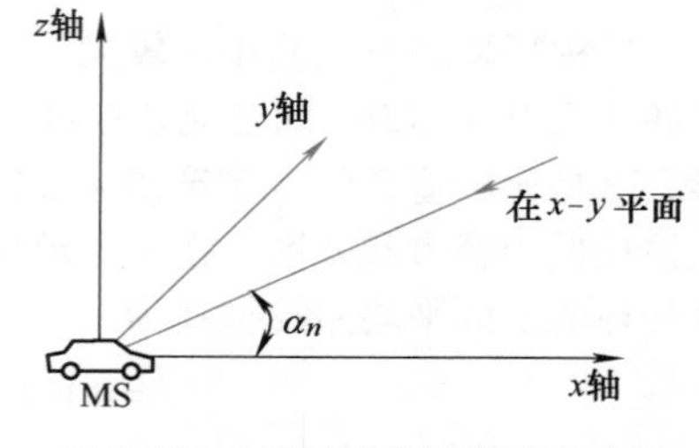

图2-23　入射角到达平面示意图

$$H_x = -\frac{E_0}{\eta}\sum_{n=1}^{N} C_n \sin\alpha_n \cos(2\pi f_c t + \theta_n) \tag{2-107}$$

$$H_y = -\frac{E_0}{\eta}\sum_{n=1}^{N} C_n \cos\alpha_n \cos(2\pi f_c t + \theta_n) \tag{2-108}$$

其中，E_0 为本地电场 E_z（假设为恒定值）的实数幅度；C_n 表示不同电波幅度的实数随机变量；η 为自由空间的固定阻抗（337Ω）；f_c 为载波频率。第 n 个到达分量的随机相位为

$$\theta_n = 2\pi f_n t + \varphi_n \tag{2-109}$$

对场强归一化后，有

$$\sum_{n=1}^{N} \overline{C}_n^2 = 1 \tag{2-110}$$

由于多普勒频移相对于载波很小，所以三种场分量可用窄带随机过程表示。若 N 足够大（$N\to\infty$），三种分量可以被近似地看作高斯随机变量。设相位角在（0，2π］间隔内有均匀的概率密度函数，则 E 场可用同相和正交分量表示为

$$E_z = T_c(t)\cos(2\pi f_c t) - T_s(t)\sin(2\pi f_c t) \tag{2-111}$$

$$T_c(t) = E_0 \sum_{n=1}^{N} C_n \cos(2\pi f_c t + \varphi_n) \tag{2-112}$$

$$T_s(t) = E_0 \sum_{n=1}^{N} C_n \sin(2\pi f_c t + \varphi_n) \tag{2-113}$$

高斯随机过程在任意时刻 t 均可独立表示为 T_c 和 T_s。T_c 和 T_s 具有零均值和等方差

$$\overline{T_c^2} = \overline{T_s^2} = \frac{E_0^2}{2} = \overline{|E_z|^2} \tag{2-114}$$

式中，$\overline{|E_z|^2}$是关于 α_n 和 φ_n 的总体平均；T_s 和 T_c 是不相关的高斯随机变量。

接收端电场的包络为

$$|E_z| = \sqrt{T_c^2(t) + T_s^2(t)} = r(t) \tag{2-115}$$

包络服从瑞利分布

$$p(r) = \frac{1}{2\pi\sigma^2}\int_0^{2\pi} r e^{-\frac{r^2}{2\sigma^2}} d\theta = \frac{r}{\sigma^2} e^{-\frac{r^2}{2\sigma^2}} \quad r \geqslant 0 \tag{2-116}$$

式中

$$\sigma = \frac{E_0^2}{2} \tag{2-117}$$

2. Jakes 仿真模型

Jakes 仿真模型模拟的是在均匀散射环境中非频率选择性衰落信道的复低通包络。它用有限个（≤10 个）低频振荡器来近似构建一种可分析的模型。

根据前述的 Clarke 信道模型，接收端信号可表示为经历了 N 条路径的一系列平面波的叠加

$$S_r(t) = E_0 \sum_{n=1}^{N} C_n \cos(\omega_c t + \omega_n t + \varphi_n) \tag{2-118}$$

$$\omega_n = \omega_m \cos\alpha_n \tag{2-119}$$

式中，E_0 是余弦波的幅度；C_n 表示第 n 条路径的衰减；α_n 表示第 n 条路径的到达角；φ_n 表示经过路径 n 后附加的相移；ω_c 是载波角频率；ω_m 是最大多普勒角频移。不同路径的附加相移 φ_n 是相互独立的，且 φ_n 是在（0，2π］均匀分布的随机变量。

平坦衰落信道的仿真目标就是用有限个低频振荡器产生式（2-118）中的随机过程 $S_r(t)$ 来逼近 Clarke 信道模型。逼近方法有多种，这里只简单介绍 Jakes 仿真器的基本原理。

为了方便比较，将电场余弦波的功率归一化，得

$$S(t) = \sqrt{2}\sum_{n=1}^{N} C_n \cos(\omega_c t + \omega_m t\cos\alpha_n + \varphi_n) = X_c(t)\cos\omega_c t + X_s(t)\sin\omega_c t \tag{2-120}$$

$$X_c(t) = \sqrt{2}\sum_{n=1}^{N} C_n \cos(\omega_m t\cos\alpha_n + \varphi_n) \tag{2-121}$$

$$X_s(t) = -\sqrt{2}\sum_{n=1}^{N} C_n \sin(\omega_m t\cos\alpha_n + \varphi_n) \tag{2-122}$$

假设平面波有 N 个入射角，在 $(0, 2\pi]$ 均匀分布，并且入射能量也在 $(0, 2\pi]$ 内均匀分布，则模型中的参数为

$$\mathrm{d}\alpha = \frac{2\pi}{N} \tag{2-123}$$

$$\alpha_n = \frac{2\pi}{N}n \qquad n = 1, 2, \cdots, N \tag{2-124}$$

$$C_n^2 = p(\alpha_n)\mathrm{d}\alpha = \frac{1}{2\pi}\mathrm{d}\alpha = \frac{1}{N} \tag{2-125}$$

$$\omega_n = \omega_m \cos\frac{2\pi}{N}n \tag{2-126}$$

将这些参数代入式（2-120）可得

$$S(t) = \sqrt{\frac{2}{N}}\sum_{n=1}^{N} \cos(\omega_c t + \omega_m t\cos\alpha_n + \varphi_n) \tag{2-127}$$

由此可得出，描述平坦衰落的随机信号 $S(t)$ 可以用随机变量（ω_m，α_n，φ_n）表示，且它们都是相互独立的。

将式（2-127）表示成复数形式

$$S(t) = \mathrm{Re}[X(t)\mathrm{e}^{\mathrm{j}\omega_c t}]$$

其中

$$X(t) = \sqrt{\frac{2}{N}}\sum_{n=1}^{N} \mathrm{e}^{\mathrm{j}(\omega_m t\cos\alpha_n + \varphi_n)} \tag{2-128}$$

令 $N/2$ 为奇整数，则有

$$X(t) = \sqrt{\frac{2}{N}}\left\{\sum_{n=1}^{\frac{N}{2}-1}\left[\mathrm{e}^{\mathrm{j}(\omega_m t\cos\alpha_n + \varphi_n)} + \mathrm{e}^{-\mathrm{j}(\omega_m t\cos\alpha_n + \varphi_{-n})}\right] + \mathrm{e}^{\mathrm{j}(\omega_m t + \varphi_N)} + \mathrm{e}^{-\mathrm{j}(\omega_m t + \varphi_{-N})}\right\} \tag{2-129}$$

由式（2-129）可见，当 n 从 1 变到 $N/2-1$ 时，第 1 项对应的多普勒角频移从 $\omega_m\cos2\pi/N$ 变到 $-\omega_m\cos2\pi/N$，第 2 项对应的多普勒角频移从 $-\omega_m\cos2\pi/N$ 变到 $\omega_m\cos2\pi/N$。可见，前两项的频率产生了重叠。第 3 项表示 $\alpha_n = 0°$时的最大多普勒角频移，第 4 项表示 $\alpha_n = 180°$时的最大多普勒角频移。利用这些特性可以减小振荡器的数目，由式（2-129）可得频率不重叠的振荡器数目为 $N_0 = \frac{1}{2}\times\left(\frac{N}{2}-1\right)$。也就是说，我们可以用 N_0 个多普勒角频移 $\omega_m\cos2\pi n/N$ 和一个最大多普勒角频移 ω_m 来模拟瑞利衰落。

假设

$$\varphi_n = -\varphi_{-n} = -\beta_{-n}, \quad \varphi_N = -\varphi_{-N} = -\beta_{N_0+1} \tag{2-130}$$

则式（2-129）可简化为

$$X(t)=\sqrt{\frac{2}{N}}\left\{\sum_{n=1}^{N_0}\left[2\sqrt{2}\cos(\omega_m t\cos\alpha_n)\mathrm{e}^{-\mathrm{j}\beta_n}\right]+2\cos(\omega_m t)\mathrm{e}^{-\mathrm{j}\beta_{N_0+1}}\right\} \tag{2-131}$$

所以

$$S(t)=\mathrm{Re}\left[X(t)\mathrm{e}^{\mathrm{j}\omega_c t}\right]=X_c(t)\cos\omega_c t+X_s(t)\sin\omega_c t \tag{2-132}$$

式中

$$X_c(t)=\frac{2}{\sqrt{N}}\left\{\sum_{n=1}^{N_0}\left[2\cos(\omega_m t\cos\alpha_n)\cos\beta_n\right]+\sqrt{2}\cos(\omega_m t)\cos\beta_{N_0+1}\right\}$$

$$X_s(t)=\frac{2}{\sqrt{N}}\left\{\sum_{n=1}^{N_0}\left[2\cos(\omega_m t\cos\alpha_n)\sin\beta_n\right]+\sqrt{2}\cos(\omega_m t)\sin\beta_{N_0+1}\right\} \tag{2-133}$$

基于上面的讨论，图 2-24 给出了 Jakes 仿真器的生成框图（考虑基带的情况）。可见，Jakes 仿真器是由 N_0+1 个低频振荡器来生成的。

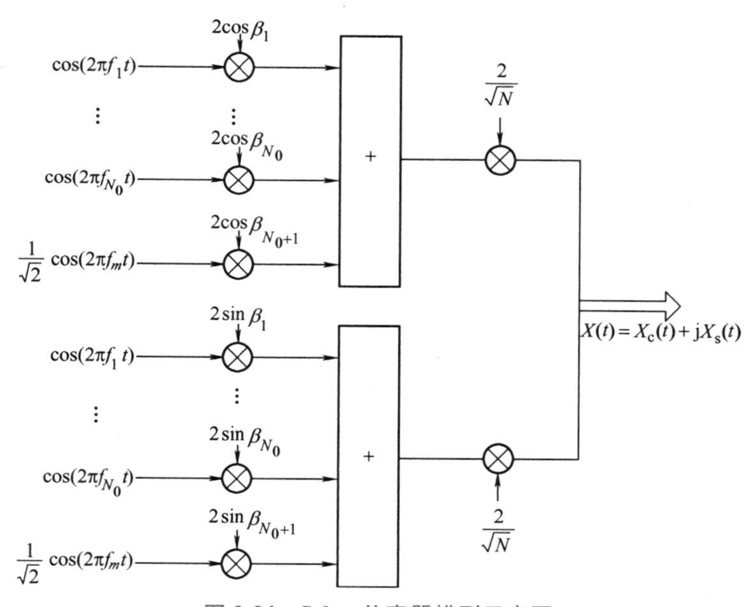

图 2-24　Jakes 仿真器模型示意图

Jakes 仿真器产生的信号并不是广义平稳的，也不是各态历经的，且其统计特性并未达到 Clarke 模型的要求，即其产生的包络并未严格服从瑞利分布。导致这种结果的根本原因是附加的相移之间具有相关性。为了克服这个缺点，人们提出了改进方法，感兴趣的读者可参考《Rayleigh 衰落信道的仿真模型》（解放军理工大学学报，2004，5(2)：1~8）。

2.6.2　频率选择性衰落信道的建模和仿真

对于频率选择性信道，可用抽头延时线模型建模。在假设抽头系数只在远大于传输数据的一个符号周期内才发生变化，即信道是慢衰落信道或准静态信道的情况下，信道的冲激响应可以表示为

$$h(t)=\sum_{i=1}^{N}a_i\exp(\mathrm{j}\varphi_i)\delta(t-\tau_i) \tag{2-134}$$

式中，N 表示多径的数目；a_i 表示第 i 径（抽头）的幅值（衰减系数）；τ_i 表示输入到第 i 抽头的时延（相对时延差）；φ_i 表示第 i 抽头的相位。

该多径模型可以采用图 2-25 所示的方法来仿真。

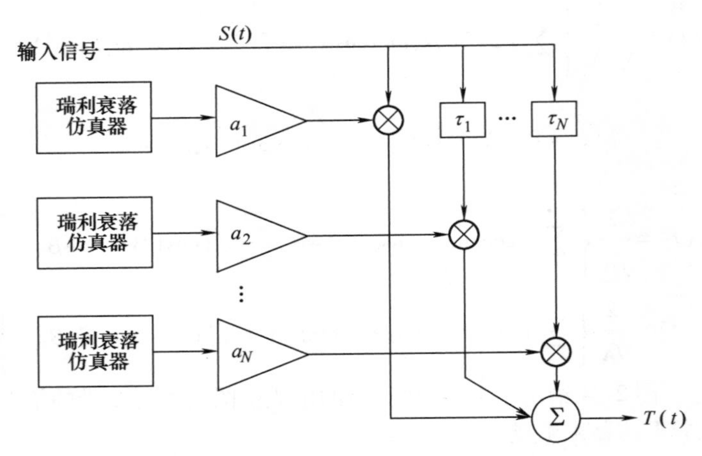

图 2-25 多径信道的仿真模型

图 2-25 中假定每一条路径的幅度均服从瑞利分布，每一条路径的信号可由 Jakes 仿真器或其他瑞利衰落仿真器产生。

2.7 MIMO 信道

1. 概述

多天线技术是 3G 演进系统和 4G 系统能够显著提高数据速率、改善性能的核心技术之一。多天线系统有多种形式，如果发送端有 N_t 根发射天线在相同的时间、相同的频率上同时发送，接收端有 N_r 根接收天线接收，这样的系统就称为多入多出系统（Multiple-Input Multiple-Output，MIMO）。一般所说的 MIMO 指 N_t 和 N_r 都大于 1 的情形。$N_t=N_r=1$ 的情形叫单入单出（Single-Input Single-Output），$N_t=1$ 和 $N_r>1$ 叫单入多出（Single-Input Multiple-Output，SIMO），$N_t>1$ 和 $N_r=1$ 叫多入单出（Multiple- Input Single-Output，MISO）。图 2-26 分别给出了的 SISO、1×2SIMO、2×1MISO 和 2×2MIMO 示意图。相对于 SISO 信道，MIMO 信道就是在基站和移动台都使用多根天线。

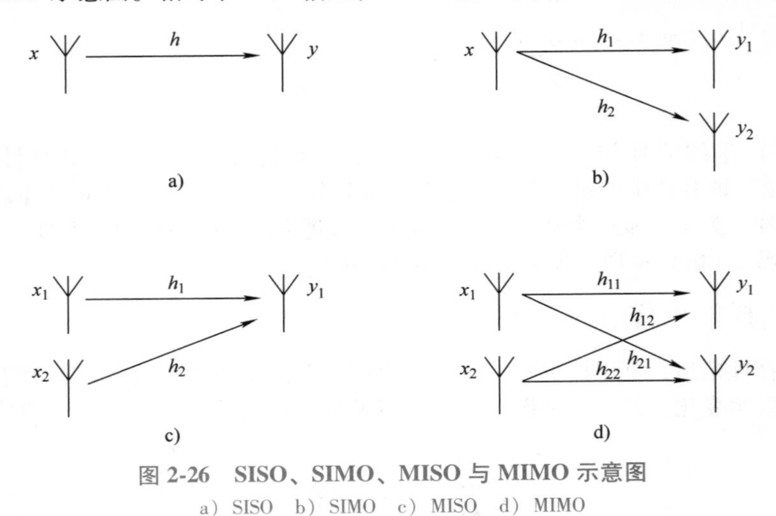

图 2-26 SISO、SIMO、MISO 与 MIMO 示意图

a）SISO b）SIMO c）MISO d）MIMO

MIMO 信道建模与 SISO 信道建模不同，它要考虑发射天线和接收天线之间的相关性。目前，MIMO 信道建模主要有两种形式，一是分析模型，主要考虑 MIMO 信道的空时特征进行建模；二是

物理模型，主要考虑 MIMO 信道的传播模型建模。通常，物理模型是基于无线传播的特定参数，需选择一些重要的参数来描述 MIMO 传播信道，如到达角度（AOA）、离开角度（AOD）和到达时间（TOA）等来构建 MIMO 信道矩阵；而分析模型是基于非物理参数的信道统计特性的，重点考虑空间的相关性，也就是说通过相关矩阵等运算来构建 MIMO 信道矩阵。一般而言，分析模型相对简单，主要用于链路级评估，可为仿真提供精确的信道特性，不足是它们对 MIMO 信道传播特性的反映有限；而物理模型较为复杂，适合于系统级性能评估。下面对分析模型进行简单介绍。

MIMO 信道模型可以根据系统带宽直接区分为宽带模型与窄带模型。宽带模型将 MIMO 信道视为频率选择性信道，窄带模型则将 MIMO 信道视为平坦衰落信道。利用 OFDM 技术可以将宽带系统转化为多个窄带系统。通常，为降低模型仿真的复杂度，宽带 MIMO 信道模型都是在窄带模型的基础上根据功率时延剖面加入多径参数的影响而建模的。

2. 窄带 MIMO 信道

如图 2-26 所示，对于窄带信道（即相当于只有等效的单径信号），设 SISO 信道的发送信号是 x，信道衰落系数是 h，则接收信号 y 为

$$y = hx + n \tag{2-135}$$

其中，n 是接收机前端所叠加的高斯白噪声。

图 2-26b、c 是图 2-26d 的子集。图 2-26d 中 MIMO 信道的输入输出关系为

$$\begin{bmatrix} y_1 \\ y_2 \end{bmatrix} = \begin{bmatrix} h_{11} & h_{12} \\ h_{21} & h_{22} \end{bmatrix} \cdot \begin{bmatrix} x_1 \\ x_2 \end{bmatrix} + \begin{bmatrix} z_1 \\ z_2 \end{bmatrix} \tag{2-136}$$

式中，h_{ij}表示第 i 个接收天线与第 j 个发送天线之间的 SISO 信道衰落系数；z_1、z_2 表示这两个天线的接收噪声。

推广到任意情形，一般窄带 MIMO 的模型为

$$\boldsymbol{Y} = \boldsymbol{HX} + \boldsymbol{z} \tag{2-137}$$

式中，$\boldsymbol{Y}$ 表示 $N_r \times 1$ 的接收信号矢量；$\boldsymbol{H}$ 表示 $N_r \times N_t$ 的信道衰落系数矩阵（简称信道矩阵）；$\boldsymbol{X}$ 表示 $N_t \times 1$ 的发送信号矢量；$\boldsymbol{z}$ 表示 $N_r \times 1$ 的复高斯噪声矢量。

可见，在窄带情况下，MIMO 的输入输出关系式与 SISO 的相似，但此时 MIMO 信道是一个矩阵信道（又称为矢量信道）。

3. 宽带 MIMO 信道

考虑图 2-27 所示的 MIMO 无线通信系统，移动台使用 N_t 根天线阵列，基站使用 N_r 根天线阵列，$\boldsymbol{Y}(t) = [y_1(t), y_2(t), \cdots, y_{N_r}(t)]^{\mathrm{T}}$，$\boldsymbol{X}(t) = [x_1(t), x_2(t), \cdots, x_{N_t}(t)]^{\mathrm{T}}$。

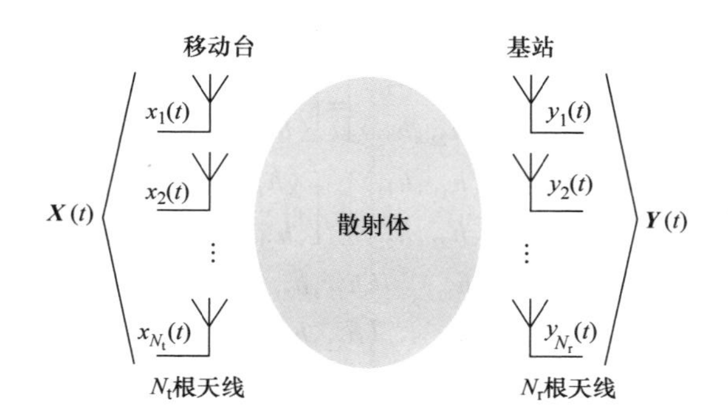

图 2-27　使用双天线阵列的 MIMO 系统示意图

基站和移动台之间的宽带无线信道可以表示为

$$\boldsymbol{H}(\tau) = \sum_{l=1}^{L} \boldsymbol{H}_l \delta(\tau - \tau_l) \tag{2-138}$$

其中，$\boldsymbol{H}(\tau) \in C^{N_r \times N_t}$，且有

$$\boldsymbol{H}_l=\begin{bmatrix} h_{11}^l & h_{12}^l & \cdots & h_{1N_t}^l \\ h_{21}^l & h_{22}^l & \cdots & h_{2N_t}^l \\ \vdots & \vdots & \ddots & \vdots \\ h_{N_r1}^l & h_{N_r2}^l & \cdots & h_{N_rN_t}^l \end{bmatrix}$$

L 为信道多径数目；τ_l 为第 l 径的时延；h_{mn}^l 为移动台第 n 根天线与基站第 m 根天线之间第 l 径信号的复衰落系数。

接收信号矢量 $\boldsymbol{Y}(t)$ 与发送信号 $\boldsymbol{X}(t)$ 的关系可以表示为

$$\boldsymbol{Y}(t)=\int \boldsymbol{H}(\tau)\boldsymbol{X}(t-\tau)\mathrm{d}\tau \tag{2-139}$$

为便于信道模型建模，假定 h_{mn}^l 满足零均值高斯分布，即 $|h_{mn}^l|$ 满足瑞利分布，同时假定第 l 径的所有信道系数具有相同的平均功率 P_l，即

$$P_l=E\{|h_{mn}^l|^2\},\quad m=1,2,\cdots,N_r;\ n=1,2,\cdots,N_t \tag{2-140}$$

且不同时延的信道之间互不相关。

假定收、发阵列中的所有天线单元具有相同的极化和辐射图案；由于收、发天线不同阵元周围具有相同的散射体分布，因此进一步假定基站不同天线与移动台同一天线之间信道的空间复相关系数独立于移动台天线元，反之依然。空间复相关系数由下式给定：

$$\rho_{m_1m_2}^{BS}=\langle h_{m_1n}^l,h_{m_2n}^l\rangle,\quad \rho_{n_1n_2}^{MS}=\langle h_{mn_1}^l,h_{mn_2}^l\rangle \tag{2-141}$$

其中，$\langle a,b\rangle$ 表示计算 a，b 之间的相关系数。任意两个信道之间的相关系数表示为

$$\rho_{n_2m_2}^{n_1m_1}=\langle h_{m_1n_1}^l,h_{m_2n_2}^l\rangle \tag{2-142}$$

定义基站端和移动台端的复相关矩阵为

$$\boldsymbol{R}_{\mathrm{BS}}=\begin{bmatrix} \rho_{11}^{BS} & \rho_{12}^{BS} & \cdots & \rho_{1N_r}^{BS} \\ \rho_{21}^{BS} & \rho_{22}^{BS} & \cdots & \rho_{2N_r}^{BS} \\ \vdots & \vdots & & \vdots \\ \rho_{N_r1}^{BS} & \rho_{N_r2}^{BS} & \cdots & \rho_{N_rN_r}^{BS} \end{bmatrix}_{N_r\times N_r},\quad \boldsymbol{R}_{\mathrm{MS}}=\begin{bmatrix} \rho_{11}^{MS} & \rho_{12}^{MS} & \cdots & \rho_{1N_t}^{MS} \\ \rho_{21}^{MS} & \rho_{22}^{MS} & \cdots & \rho_{2N_t}^{MS} \\ \vdots & \vdots & & \vdots \\ \rho_{N_t1}^{MS} & \rho_{N_t2}^{MS} & \cdots & \rho_{N_tN_t}^{MS} \end{bmatrix}_{N_t\times N_t} \tag{2-143}$$

一般情况下，多径分量相关系数满足以下关系：

$$\rho_{n_2m_2}^{n_1m_1}=\rho_{n_1n_2}^{MS}\rho_{m_1m_2}^{BS} \tag{2-144}$$

$$\boldsymbol{R}_{\mathrm{MIMO}}=\boldsymbol{R}_{\mathrm{MS}}\otimes\boldsymbol{R}_{\mathrm{BS}} \tag{2-145}$$

其中，⊗表示矩阵的 Kronecker 积。

为了进一步理解相关矩阵的运算关系，以图 2-28 所示的 2×2MIMO 相关系统为例说明如下：

$$\boldsymbol{R}_{\mathrm{MS}}=\begin{bmatrix} \langle h_{11},h_{11}\rangle & \langle h_{11},h_{21}\rangle \\ \langle h_{22},h_{12}\rangle & \langle h_{22},h_{22}\rangle \end{bmatrix}=\begin{bmatrix} \langle h_{11},h_{11}\rangle & \langle h_{11},h_{21}\rangle \\ \langle h_{12},h_{22}\rangle^* & \langle h_{22},h_{22}\rangle \end{bmatrix} \tag{2-146}$$

$$\boldsymbol{R}_{\mathrm{BS}}=\begin{bmatrix} \langle h_{11},h_{11}\rangle & \langle h_{11},h_{12}\rangle \\ \langle h_{22},h_{21}\rangle & \langle h_{22},h_{22}\rangle \end{bmatrix}=\begin{bmatrix} \langle h_{11},h_{11}\rangle & \langle h_{11},h_{12}\rangle \\ \langle h_{21},h_{22}\rangle^* & \langle h_{22},h_{22}\rangle \end{bmatrix} \tag{2-147}$$

$$\boldsymbol{R}_{\mathrm{MIMO}}=\begin{bmatrix} \langle h_{11},h_{11}\rangle & \langle h_{11},h_{12}\rangle & \langle h_{11},h_{21}\rangle & \langle h_{11},h_{22}\rangle \\ \langle h_{12},h_{11}\rangle & \langle h_{12},h_{12}\rangle & \langle h_{12},h_{21}\rangle & \langle h_{12},h_{22}\rangle \\ \langle h_{21},h_{11}\rangle & \langle h_{21},h_{12}\rangle & \langle h_{21},h_{21}\rangle & \langle h_{21},h_{22}\rangle \\ \langle h_{22},h_{11}\rangle & \langle h_{22},h_{12}\rangle & \langle h_{22},h_{21}\rangle & \langle h_{22},h_{22}\rangle \end{bmatrix}=\boldsymbol{R}_{\mathrm{MS}}\otimes\boldsymbol{R}_{\mathrm{BS}} \tag{2-148}$$

其中，$(\cdot)^*$ 表示共轭。

有了信道相关矩阵，就可以通过非相关瑞利平坦衰落信道矩阵与信道相关矩阵之间的矩阵运算来进行 MIMO 信道的建模和仿真。MIMO 信道第 l 径的信道仿真方法如下：

$$\boldsymbol{h}_{\mathrm{vec}}^l=\mathrm{vec}(\boldsymbol{H}_l)=\sqrt{P_l}\,\boldsymbol{C}(\boldsymbol{H}_w^l) \tag{2-149}$$

其中，$\boldsymbol{H}_w^l \in C^{N_r \times N_t}$是 MIMO 系统的第 l 径非相关瑞利平坦衰落信道矩阵；vec（·）是矩阵矢量化运算；$\boldsymbol{R}_{\text{MIMO}} = \boldsymbol{C}\,\boldsymbol{C}^{\text{T}}$，$\boldsymbol{C}$ 是$\boldsymbol{R}_{\text{MIMO}}$的 Cholesky 三角矩阵。注意，由矩阵$\boldsymbol{C}$引入信道的相关性。实现步骤如下：

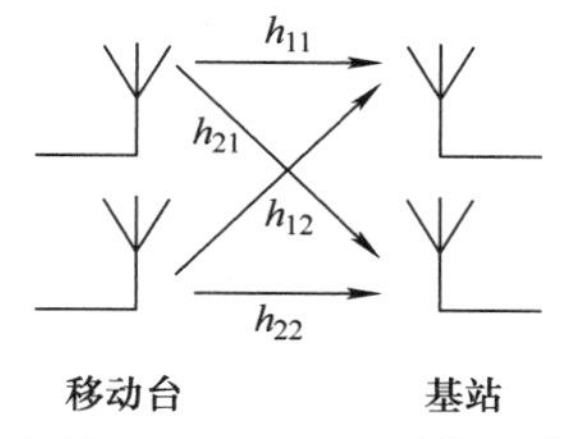

图 2-28　2×2MIMO 系统示意图

1）首先产生 $N_r \times N_t$ 维复矩阵，其元素为归一化的非相关瑞利分布随机变量，即为$\boldsymbol{H}_w^l$；对$\boldsymbol{H}_w^l$ 实行矩阵矢量化运算，得到 vec（$\boldsymbol{H}_w^l$）。

2）根据已知基站端和移动台端的天线间复相关系数，由式（2-143）分别计算基站端和移动台端的复相关矩阵$\boldsymbol{R}_{\text{BS}} \in C^{N_r \times N_r}$、$\boldsymbol{R}_{\text{MS}} \in C^{N_t \times N_t}$。

3）根据式（2-145），将$\boldsymbol{R}_{\text{BS}}$和$\boldsymbol{R}_{\text{MS}}$做 Kronecker 积运算，得到$\boldsymbol{R}_{\text{MIMO}} \in C^{(N_r N_t) \times (N_r N_t)}$；将$R_{\text{MIMO}}$进行 Cholesky 分解，得到下三角矩阵 $\boldsymbol{C} \in C^{(N_r N_t) \times (N_r N_t)}$。

4）根据已知第 l 径平均功率 P_l，由式（2-149）得到第 l 径的复信道。

由步骤 1）~ 4)，可依次得到所有的 L 径信道。注意，该建模过程中，各径的平均功率 $P_l(l=1, 2, \cdots, L)$以及基站端和移动台端的天线间复相关系数认为是已知的，可由实测数据而得。

2.8　思考题与习题

1. 陆地移动通信中的典型电波传播方式有哪些？

2. 自由空间中距离发射机 d 处天线的接收功率与哪些参数有关？服从什么规律？

3. 设发射机天线高度为 40m，接收机天线高度为 3m，工作频率为 1800MHz，收发天线增益均为 1，工作在市区。试画出两径模型在 1～20km 范围的接收天线处的场强。（可用总场强对 E_0 的分贝数表示）

4. 用两径模型的近似公式解上题，并分析近似公式的使用范围。

5. 什么是等效地球半径？为什么要引入等效地球半径？标准大气的等效地球半径是多少？

6. 设发射天线的高度为 200m，接收天线高度为 20m，求视距传播的极限距离。若发射天线为 100m，视距传播的极限距离又是多少？

7. 为什么说电波具有绕射能力？绕射能力与波长有什么关系？为什么？

8. 相距 15km 的两个电台之间有一个 50m 高的建筑物，一个电台距建筑物 10km，两电台天线高度均为 10m，电台工作频率为 900MHz，试求电波传播损耗。

9. 如果其他参数与上题相同，仅工作频率为①50MHz；②1900MHz。试求电波传输损耗各是多少？

10. 移动通信信道中电波传播的特点是什么？

11. 设工作频率分别为 900MHz 和 2200MHz，移动台行驶速度分别为 30m/s 和 80m/s，求最大多普勒频移各是多少？试比较这些结果。

12. 设移动台速度为 100m/s，工作频率为 1000MHz，试求 1min 内信号包络衰减至信号均方根（rms）电平的次数。平均衰落时间是多少？

13. 设移动台以匀速行驶，并接收到 900MHz 的载频信号。测得信号电平低于 rms 电平 10dB 的平均衰落持续时间为 1ms，问移动台在 10s 内行驶多远？并求出 10s 内信号经历了多少低于 rms 门限电平的衰落。

14. 如果某种特殊调制在 $\Delta/T_s \leqslant 0.1$ 时能提供合适的误比特率（BER），试确定图 2-29 所示的无均衡器的最小符号周期（由此可得最大符号速率）。

15. 信号通过移动通信信道时，在什么情况下遭受到平坦衰落？在什么情况下遭受到频率选择性衰落？

16. 简述快衰落、慢衰落的产生原因及条件。

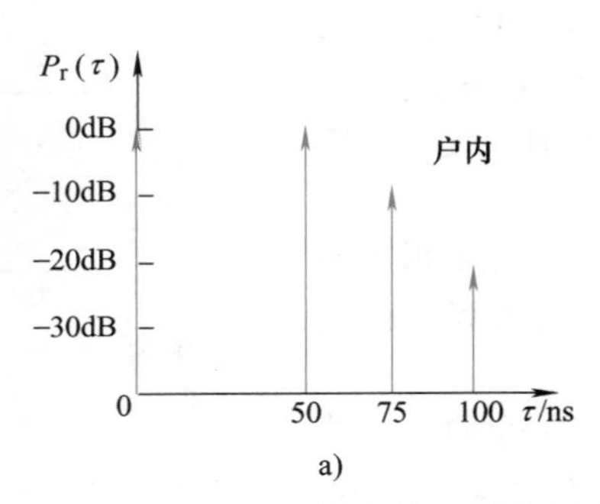

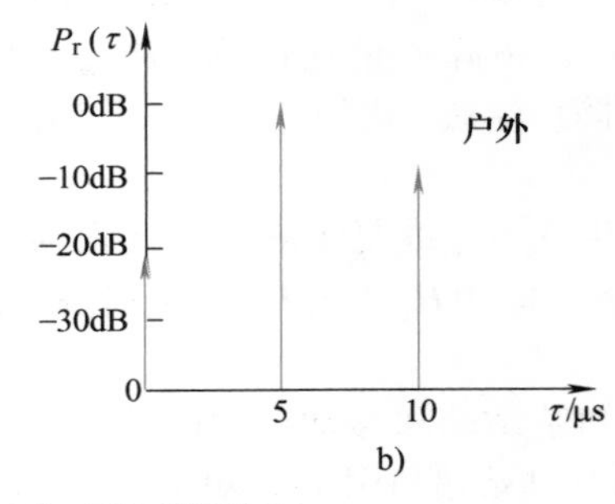

图 2-29　习题 14 的两个功率时延分布

17. 某移动通信系统，工作频率为 1800MHz，基站天线高度为 40m，天线增益为 6dB，移动台天线高度为 1m，天线增益为 1dB；在市区工作，传播路径为准平坦地形，传播距离为 10km。试求：

（1）传播路径的中值路径损耗；

（2）若基站发射机送至天线的信号功率为 10W，不考虑馈线损耗和共用器损耗，求移动台天线接收到的信号功率。

18. 设某系统工作在准平坦地区的大城市，工作频率为 900MHz，小区半径为 10km，基站天线高 80m，天线增益为 6dB，移动台天线高度为 1.5m，天线增益为 0dB，要使工作在小区边缘的手持移动台的接收电平达-102dBm，基站发射机的功率至少应为多少？

19. 如果上题中其他参数保持不变，仅工作频率改为 1800MHz，计算结果又是多少？

20. 试给出 Jakes 模型的信道仿真结果，结果中应包括输出的波形以及响应的功率谱。

21. MIMO 信道建模与 SISO 信道建模的不同点是什么？

22. 请分别计算 GSM 系统（带宽 200kHz）、UMTS（带宽 3.84MHz）和 LTE 系统（一个 LTE 子载波带宽 15kHz）的白噪声功率。

第 3 章　组网技术基础

移动通信在追求最大容量的同时，还要追求最大的覆盖面积，也就是无论移动用户移动到什么地方，移动通信系统都应覆盖到。当然，当今的移动通信系统还无法做到这一点，但它应能够在其覆盖的区域内提供良好的语音和数据通信。而要实现移动用户在其覆盖范围内的良好通信，就必须有一个通信网支撑，这个网就是移动通信网。

为了实现移动用户在网络覆盖范围内的有效通信，我们不仅要考虑移动通信信道本身的特点，而且还需要考虑以下一些基本问题：众多电台组网时产生的干扰、区域覆盖和信道分配等因素对系统性能的影响，如何保证网络有序运行，如何实现有效的越区切换和进行位置管理，如何共享无线资源等。本章将介绍移动通信中的干扰、区域覆盖、信道配置、提高蜂窝系统容量的方法、多信道共用技术、网络结构、信令系统和系统的移动性管理等，力图为读者建立一个移动通信网的系统级概念，以便后续章节的学习。

微视频：
移动通信网基本概念和移动通信环境下的干扰

3.1　移动通信网的基本概念

移动通信网是承载移动通信业务的网络，主要完成移动用户之间、移动用户与固定用户之间的信息交换。一般来说，移动通信网由空中网络和地面网络两部分组成。空中网络又称为无线网络，主要完成无线通信；地面网络又称为有线网络，主要完成有线通信。

1. 空中网络

空中网络是移动通信网的主要部分，主要包括：

（1）多址接入

移动通信是利用无线电波在空间传递信息的。多址接入要解决的问题是在给定的频率等资源下如何共享，以使得有限的资源能够传输更大容量的信息，它是移动通信系统的重要问题。由于采用何种多址接入方式直接影响到系统容量，所以多址接入一直是人们关注的热点。

鉴于多址接入的重要性，本书将另辟一章专门介绍。

（2）频率复用和区域覆盖

频率复用是指相同的频率在相隔一定距离以外的另一区域重复使用，它主要解决频率资源紧缺的问题。区域覆盖是指基站发射的无线电波所覆盖的区域，它要解决的是用户在可获得通信服务的区域（即服务区）要设置多少基站。

20 世纪 70 年代初美国贝尔实验室提出了蜂窝组网的概念，它为解决频率资源紧缺和用户容量问题提供了有效手段。蜂窝组网的基本思想一是将服务区划分成许多以正六边形为基本几何图形的覆盖区域（称为蜂窝小区），以一个较小功率的发射机服务一个蜂窝小区，每个小区仅提供服务区的一小部分无线覆盖；二是采用频率复用，在相隔一定距离的另一个基站重复使用同一组频率。蜂窝组网方式有效缓解了频率资源紧缺的矛盾，大大增加了系统容量。

（3）多信道共用

多信道共用技术是解决网内大量用户如何有效共享若干无线信道的技术。其原理是利用信道占用的间断性，使许多用户能够任意地、合理地选择信道，以提高信道的使用效率，这与市话用户共同享用中继线相类似。

（4）移动性管理

移动性管理主要解决用户“动中通”的越区切换和位置更新问题。采用蜂窝式组网后，由于不是所有的呼叫都能在一个蜂窝小区内完成全部接续业务，所以，为了保证通话的连续性，当正在通话的移动台进入相邻无线小区时，移动通信系统必须具有自动转换到相邻小区基站的越区切换功能，即切换到新的信道上，从而不中断通信过程。多址接入方式不同，切换技术也不同。位置更新是移动通信所特有的，由于移动用户要在移动通信网络中任意移动，网络需要在任何时刻联系到用户，以实现对移动用户的有效管理。

2. 地面网络

地面网络部分主要包括：

1）服务区内各个基站的相互连接。

2）基站与固定网（PSTN、ISDN、数据网等）。

图3-1给出了蜂窝移动通信网的基本构成示意图。移动通信无线服务区由许多正六边形小区覆盖而成，呈蜂窝状，通过接口与公众通信网（PSTN、ISDN）互联。移动通信系统包括移动交换子系统（SS）、操作维护管理子系统（OMS）和基站子系统（BSS）（通常包括移动台），是一个完整的信息传输实体。

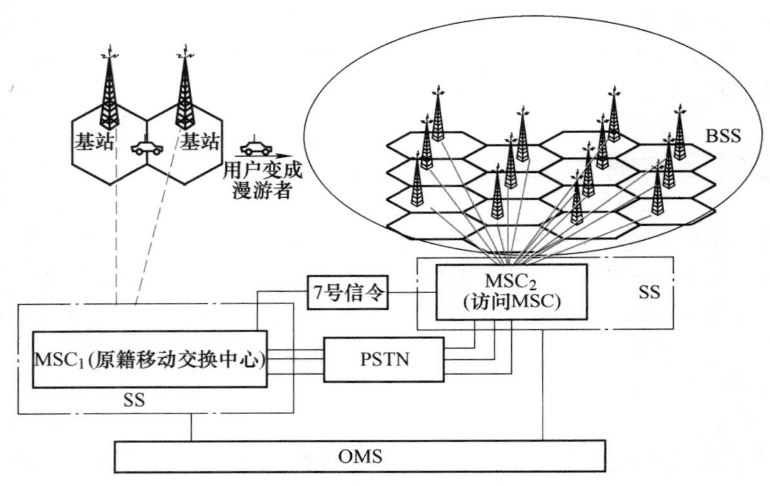

图3-1 移动通信网的基本组成

移动通信中建立一个呼叫是由基站子系统和移动交换子系统共同完成的；BSS提供并管理移动台和SS之间的无线传输通道，SS负责呼叫控制功能，所有的呼叫都是经由SS建立连接的；操作维护管理子系统负责管理控制整个移动通信网；原籍（归属）移动交换中心通过7号信令与访问移动交换中心相连。

移动台（MS）也是一个子系统。通常，移动台实际上是由移动终端设备和用户数据两部分组成的，移动终端设备称为移动设备，用户数据存放在一个与移动设备可分离的数据模块中，此数据模块称为用户识别卡（SIM）。

3.2 移动通信环境下的干扰

干扰是限制移动通信系统性能的主要因素。干扰来源包括相邻小区中正在进行通话、使用相同频率的其他基站，或者无意中渗入系统频带范围的任何干扰系统。语音信道上的干扰会导致串话，使用户听到背景干扰。信令信道上的干扰则会导致数字信号发送上的错误，而造成呼叫遗漏或阻塞。因此，如何解决无线电干扰问题是移动通信网设计中的一个难题。在移动通信网内，无线电干扰一般分为同频干扰、邻道干扰、互调干扰、阻塞干扰和近端对远端的干扰等。

1. 同频干扰

在移动通信系统中，为了提高频率利用率，在相隔一定距离以外，可以使用相同的频率，这称为频率复用。频率复用意味着在一个给定的覆盖区域内，存在许多使用同一组频率的小区。这些小区叫作同频小区。同频小区之间涉及与有用信号频率相同的无用信号干扰称为同频干扰，也称同道干扰或共道干扰。显然，复用距离越近，同频干扰就越大；复用距离越远，同频干扰就越小，但频率利用率就会降低。总体来说，只要在接收机输入端存在同频干扰，接收系统就无法滤除和抑制它，所以系统设计时要确保同频小区在物理上隔开一个最小的距离，以为电波传播提供充分的隔离。

为了避免同频干扰和保证接收质量，必须使接收机输入端的信号功率同同频干扰功率之比大于或等于射频（RF）防护比。RF防护比是达到规定接收质量时所需的射频信号功率对同频无用射频信号功率的比值，它不仅取决于通信距离，还和调制方式、电波传播特性、通信可靠性、无线小区半径、选用的工作方式等因素有关。从RF防护比出发，我们可以研究同频复用距离。当RF防护比达到规定的通信质量要求或载干比时，两个邻近同频小区之间的距离称为同频复用距离。

图3-2给出了频分双工情况下同频复用距离的示意图。假设基站A和基站B使用相同的频道，移动台M正在接收基站A发射的信号，由于基站天线高度远高于移动台天线高度，因此当移动台M处于小区的边缘时，最易于受到基站B发射的同频干扰。若输入到移动台接收机的有用信号与同频干扰比等于射频防护比，则A、B两基站之间的距离即为同频复用距离，记为D。

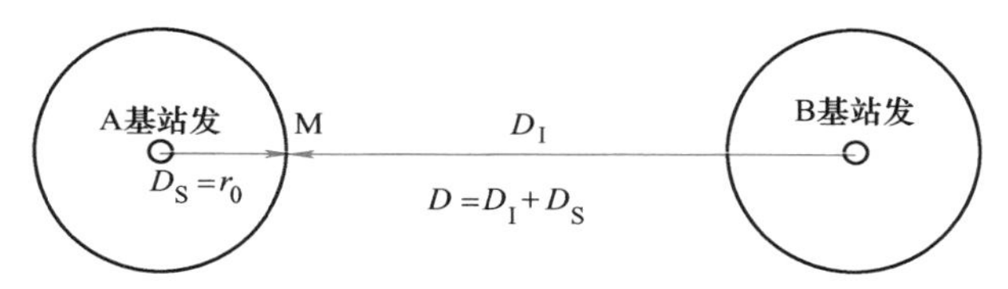

图3-2　同频复用距离示意图

由图可见

$$D=D_I+D_S=D_I+r_0 \tag{3-1}$$

式中，D_I为同频干扰源至被干扰接收机之间的距离；D_S为有用信号的传播距离，即小区半径r_0。

通常，定义同频复用系数为

$$Q=\frac{D}{r_0} \tag{3-2}$$

由式（3-1）可得同频复用系数

$$Q=\frac{D}{r_0}=1+\frac{D_I}{r_0} \tag{3-3}$$

2. 邻道干扰

邻道干扰是指相邻的或邻近频道之间的干扰，即邻道（$k\pm1$频道）信号功率落入k频道的接收机通带内造成的干扰。解决邻道干扰的措施包括：

1）降低发射机落入相邻频道的干扰功率，即减小发射机带外辐射。

2）提高接收机的邻频道选择性。

3）在网络设计中，避免相邻频道在同一小区或相邻小区内使用。

邻道干扰可以通过精确的滤波和信道分配而减到最小。

3. 互调干扰

互调干扰是由传输设备中的非线性电路产生的。它指两个或多个信号作用在通信设备的非线性器件上，产生同有用信号频率相近的组合频率，从而对通信系统构成干扰的现象。在移动通信系统中，产生互调干扰主要有发射机互调、接收机互调及外部效应引起的互调。在专用网和小容量网中，互调干扰可能成为设台组网较为关心的问题。产生互调干扰的基本条件是：

1）几个干扰信号的频率（ω_A，ω_B，ω_C）与受干扰信号的频率（ω_S）之间满足$2\omega_A-\omega_B=\omega_S$或

$\omega_A+\omega_B-\omega_C=\omega_S$ 的条件。

2）干扰信号的幅度足够大。

3）干扰（信号）站和受干扰的接收机都同时工作。

互调干扰分为发射机互调干扰和接收机互调干扰两类。

（1）发射机互调干扰

一部发射机发射的信号进入了另一部发射机，并在其末级功放的非线性作用下与输出信号相互调制，产生不需要的组合干扰频率，对接收信号频率与这些组合频率相同的接收机造成的干扰，称为发射机互调干扰。减少发射机互调干扰的措施有：

1）加大发射机天线之间的距离。

2）采用单向隔离器件和采用高品质因子的谐振腔。

3）提高发射机的互调转换衰耗。

（2）接收机互调干扰

当多个强干扰信号进入接收机前端电路时，在器件的非线性作用下，干扰信号互相混频后产生可落入接收机中频频带内的互调产物而造成的干扰称为接收机互调干扰。减少接收机互调干扰的措施有：

1）提高接收机前端电路的线性度。

2）在接收机前端插入滤波器，提高其选择性。

3）选用无三阶互调的频道组工作。

（3）在设台组网中对抗互调干扰

在移动台组网中对抗互调干扰的措施有：

1）蜂窝移动通信网。可采用互调最小的等间隔频道配置方式，并依靠具有优良互调抑制指标的设备来抑制互调干扰。

2）专用的小容量移动通信网。主要采用不等间隔排列的无三阶互调的频道配置方法来避免发生互调干扰。表 3-1 列出无三阶互调的频道序号。由表 3-1 可见，当需要的频道数较多时，频道（信道）利用率很低，故不适用于蜂窝网。

表 3-1　无三阶互调干扰的信道组

需用信道数	最小占用信道数	无三阶互调信道组的信道序号	最高信道利用率（%）
3	4	1，2，4 1，3，4	75
4	7	1，2，5，7 1，3，6，7	57
5	12	1，2，5，10，12 1，3，8，11，12	41
6	18	1，2，5，11，16，18 1，2，5，11，13，18 1，2，9，12，14，18 1，2，9，13，15，18	33
7	26	1，2，8，12，21，24，26 ⋮	27
8	35	1，2，5，10，16，23，33，35	23
9	45	1，2，6，13，26，28，36，42，45	20
10	56	1，2，7，11，24，27，35，42，54，56	18

4. 阻塞干扰

当外界存在一个离接收机工作频率较远，但能进入接收机并作用于其前端电路的强干扰信号时，由于接收机前端电路的非线性而造成对有用信号增益降低或噪声增高，使接收机灵敏度下降的现象称为阻塞干扰。这种干扰与干扰信号的幅度有关，幅度越大，干扰越严重。当干扰电压幅度非常大时，可导致接收机收不到有用信号而使通信中断。

5. 近端对远端的干扰

当基站同时接收从两个距离不同的移动台发来的信号时，距基站近的移动台B（距离 d_2）到达基站的功率明显要大于距离基站远的移动台A（距离 d_1，$d_2 \ll d_1$）的到达功率，若二者频率相近，则距基站近的移动台B就会造成对接收距离远的移动台A的有用信号的干扰或抑制，甚至将移动台A的有用信号淹没。这种现象称为近端对远端干扰，又称为远近效应。

克服近端对远端干扰的措施主要有两个：一是使两个移动台所用频道拉开必要间隔；二是移动台端加自动（发射）功率控制（APC），使所有工作的移动台到达基站功率基本一致。由于频率资源紧张，几乎所有的移动通信系统的基站和移动终端都采用APC工作。

3.3 区域覆盖和信道配置

微视频：
区域覆盖和信道配置、提高蜂窝系统容量的方法

无线电波的传播损耗是随着距离的增加而增加的，并且与地形环境密切相关，因而移动台和基站之间的有效通信距离是有限的。大区制（单个基站覆盖一个服务区）的网络中可容纳的用户数很有限，无法满足大容量的要求；而在小区制（每个基站仅覆盖一个小区）网络中为了满足系统频率资源和频谱利用率之间的约束关系，我们需要将相同的频率在相隔一定距离的小区中重复使用来达到系统的要求。虽然目前大区制的应用不多，但一些容量小、用户密度低的宏小区或超小区的蜂窝网等都具有大区制移动通信网的特点，所以本节将分别对大区制和小区制的网络覆盖问题进行深入的讨论，同时还将讨论移动通信系统中信道的分配问题。

3.3.1 区域覆盖

1. 大区制移动通信网络的区域覆盖

大区制移动通信尽可能地增大基站覆盖范围，实现大区域内的移动通信。为了增大基站的覆盖区半径，在大区制的移动通信系统中，基站的天线架设得很高，可达几十米至几百米；基站的发射功率很大，一般为50~200W，实际覆盖半径达30~50km。

大区制方式的优点是网络结构简单、成本低，一般借助市话交换局设备，如图3-3所示。将基站的收发信设备与市话交换局连接起来，借助于很高的天线，为一个大的服务区提供移动通信业务。一个大区制系统的基站频道数是有限的，容量不大，不能满足用户数量日益增加的需要，一般用户数只能达几十至几百个。

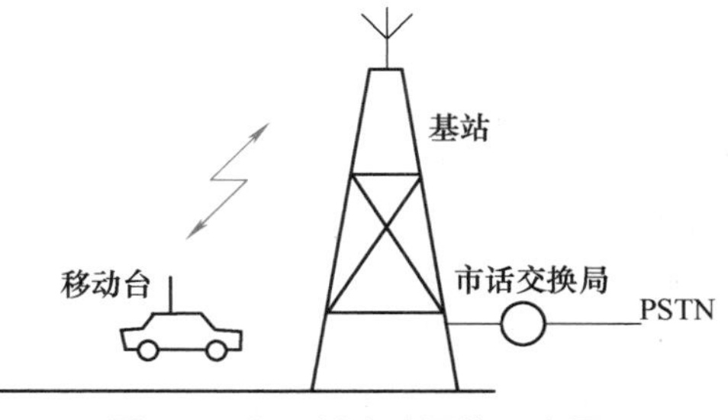

图3-3 大区制移动通信示意图

为了扩大覆盖范围，往往可将图3-3的无线系统重复设置在不同的区域，借助于控制中心接入市话交换局。但是控制中心的控制能力及多个控制中心的互联能力是有限的，因而这种系统的覆盖范围容量不大。这种大区制覆盖的移动通信方式只适用于中、小城市等业务量不大的地区或专用移动通信网。

覆盖区域的划分决定于系统的容量、地形和传播特性。覆盖区半径的极限距离应由下述因素确定：

1）在正常的传播损耗情况下，地球的曲率半径限制了传播的极限范围。

2）地形环境影响，例如山丘、建筑物等阻挡，信号传播可能产生覆盖盲区。

3）多径反射干扰限制了传输距离的增加。

4）基站（BS）发射功率增加是有限额的，且只能增加很小的覆盖距离。

5）移动台（MS）发射功率很小，上行（MS 至 BS）信号传输距离有限，所以上行和下行（BS 至 MS）传输增益差限制了 BS 与 MS 的互通距离。

图 3-4 通过描述移动台与基站的不同相对位置，说明上、下行传输增益差是决定大区制系统覆盖区域大小的重要因素。解决上、下行传输增益差的问题，可采取相应的技术措施，如：

1）设置分集接收台。在业务区内的适当地点设立分集接收台（Rd），如图 3-5 所示。位于远端移动台的发送信号可以由就近的 Rd 分集接收，放大后由有线或无线链路传至基站。

2）基站采用全向天线发射和定向天线接收。

3）基站选用分集接收的天线配置方案。

4）提高基站接收机的灵敏度。

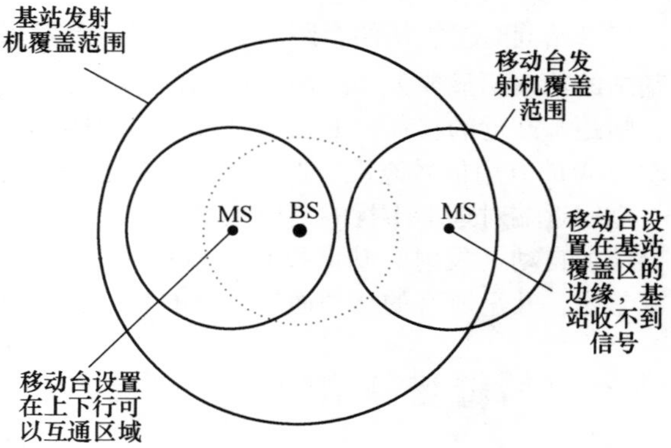

图 3-4　移动台与基站的关系

5）在大的覆盖范围内，用同频转发器（又称为直放站）扫除盲区，如图 3-6 所示。整个系统都能使用相同的频道，盲区中的移动台也不必转换频道，工作简单。

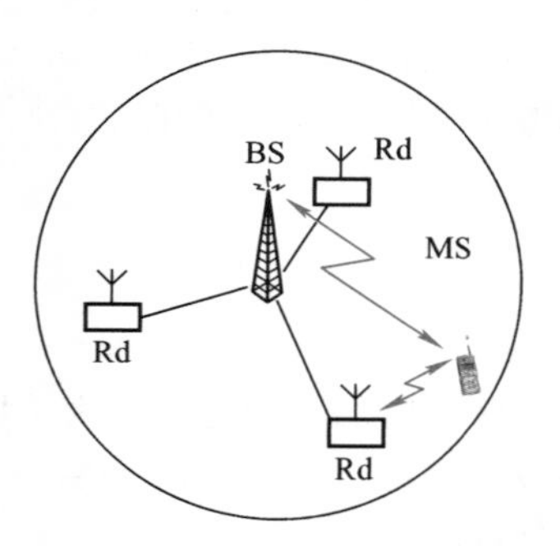

图 3-5　用分集接收台的图示

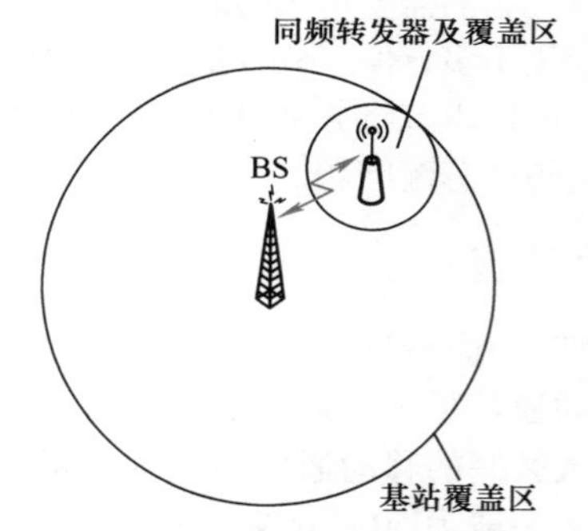

图 3-6　用同频转发器的图示

2. 小区制移动通信网络的区域覆盖

当用户数很多时，话务量相应增大，需要提供很多频道才能满足通信要求。为了加大服务面积，从频率复用的观点出发，可以将整个服务区划分成若干个半径为 1～20km 的小区域，每个小区域中设置基站，负责小区内移动用户的无线通信，这种方式称为小区制。小区制的特点是：

1）频率利用率高。这是因为在一个很大的服务区内，同一组频率可以多次重复使用，因而增加了单位面积上可供使用的频道数，提高了服务区的容量密度，有效地提高了频率利用率。

2）组网灵活。小区制随着用户数的不断增长，每个覆盖区还可以继续划小，以不断适应用户数量增长的实际需要。由以上特点可以看出，采用小区制能够有效地解决频道数有限和用户数量增大的矛盾。

下面针对不同的服务区来讨论小区的结构和频率的分配方案。

（1）带状网

带状网主要用于覆盖公路、铁路和海岸等，如图 3-7 所示。

基站天线若用全向辐射，覆盖区形状是圆形的（见图 3-7a）。带状网宜采用有向天线，使每个小区呈扁圆形（见图 3-7b）。

带状网可进行频率复用。若以采用不同信道（频道）的两个小区组成一个区群（在一个区群内，各小区使用不同的频率，不同的区群可使用相同的频率），如图 3-7b 所示，称为双频制。若以采用不同信道（频道）的三个小区组成一个区群，如图 3-7a 所示，称为三频制。从造价和频率资源利用的角度而言，双频制最好；但从抗同频干扰的角度而言，双频制最差，还应考虑多频制。实际应用中往往采用多频制，如日本新干线列车无线电话系统采用三频制，我国及德国列车无线电话系统则采用四频制等。

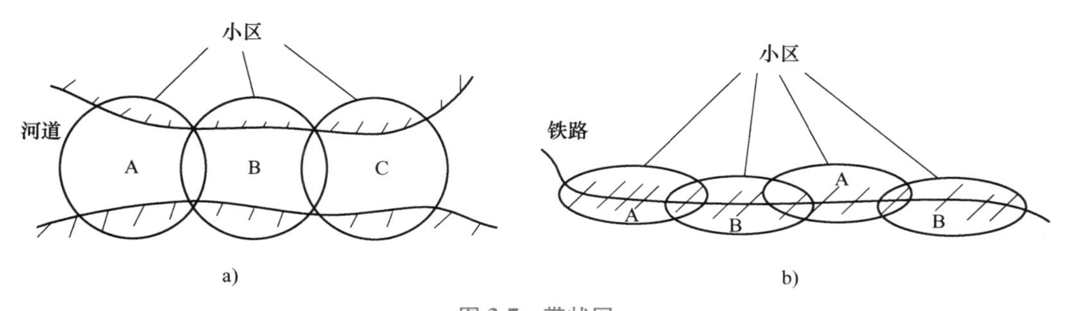

图 3-7　带状网

a）全向辐射天线　b）有向辐射天线

设 n 频制的带状网如图 3-8 所示。每一个小区的半径为 r，相邻小区的交叠宽度为 a，第 $n+1$ 区与第 1 区为同频小区。据此，可算出信号传输距离 D_S 和同频干扰传输距离 D_I 之比。若认为传播损耗近似与传播距离的四次方成正比，则在最不利的情况下可得到相应的干扰信号比（I/S）见表 3-2。可见，双频制最多只能获得 19dB 的同频干扰抑制比，这通常是不够的。

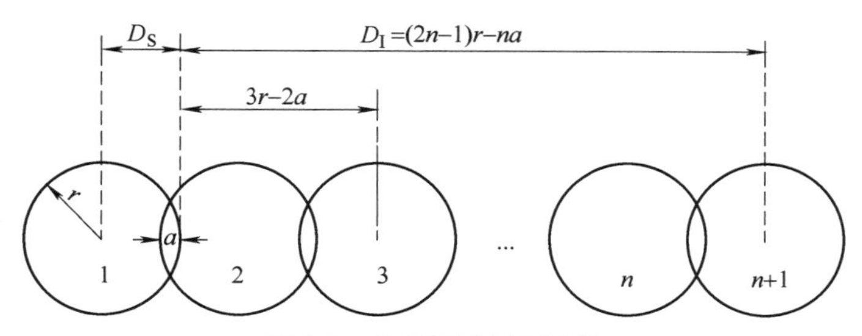

图 3-8　带状网的同频干扰

表 3-2　带状网的同频干扰

		双频制	三频制	n 频制
D_S/D_I		$\frac{r}{3r-2a}$	$\frac{r}{5r-3a}$	$\frac{r}{(2n-1)r-na}$
$\frac{I}{S}$	$a=0$	−19dB	−28dB	$40\lg\frac{1}{2n-1}$
	$a=r$	0dB	−12dB	$40\lg\frac{1}{n-1}$

（2）蜂窝网

在平面区域内划分小区，通常组成蜂窝式的网络。在带状网中，小区呈线状排列，区群的组成和同频小区距离的计算比较方便，而在平面分布的蜂窝网中，这是一个比较复杂的问题。

1）小区的形状。我们知道，全向天线辐射的覆盖区域是一个圆形。为了不留空隙地覆盖整个平面的服务区，一个个的圆形辐射区之间一定含有很多的交叠。在考虑了交叠之后，实际上每个辐射区的有效覆盖区是一个多边形。根据交叠情况的不同，若在每个小区相间 120°设置三个邻区，则有效覆盖区为正三角形；若在每个小区相间 90°设置 4 个邻区，则有效覆盖区为正方形；若每个小区相间 60°设置 6 个邻区，则有效覆盖区为正六边形；小区形状如图 3-9 所示。可以证明，要用正多边形无空隙、无重叠地覆盖一个平面的区域，可取的形状只有这三种。那么这三种形状哪一种最好呢？在辐射半径 r 相同的条件下，计算出三种形状小区的邻区距离、小区面积、交叠区宽度和交叠区面积，见表 3-3。

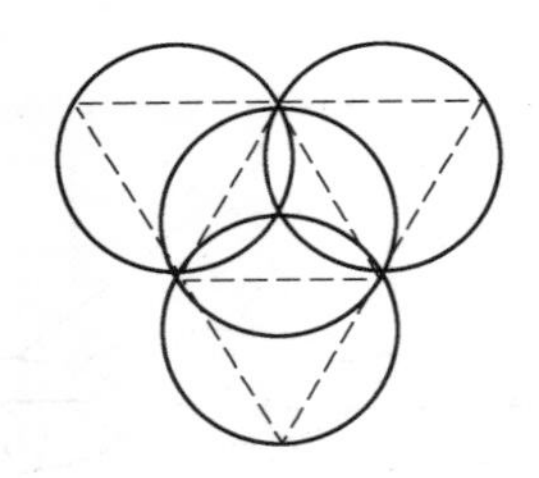
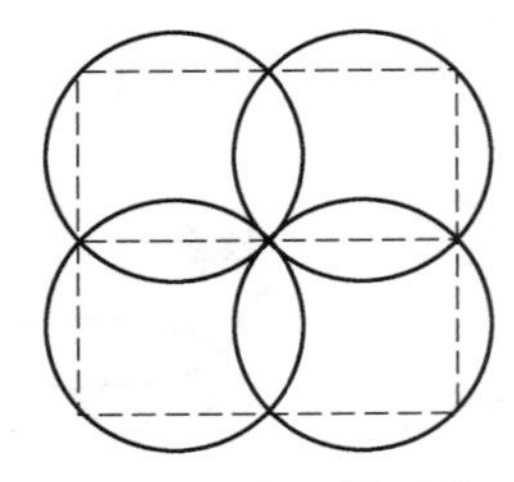

图 3-9　小区的形状

表 3-3　三种形状小区的比较

小区形状	正三角形	正方形	正六边形
邻区距离	r	$\sqrt{2}r$	$\sqrt{3}r$
小区面积	$1.3r^2$	$2r^2$	$2.6r^2$
交叠区宽度	r	$0.59r$	$0.27r$
交叠区面积	$1.2\pi r^2$	$0.73\pi r^2$	$0.35\pi r^2$

由表可见，在服务区面积一定的情况下，正六边形小区的形状最接近理想的圆形，用它覆盖整个服务区所需的基站数最少，也就最经济。正六边形构成的网络形同蜂窝，因此将小区形状为六边形的小区制移动通信网称为蜂窝网。

2）区群的组成。相邻小区显然不能用相同的信道。为了保证同信道（即频道）小区之间有足够的距离，附近的若干小区都不能用相同的信道。这些使用不同信道的小区组成一个区群，只有不同区群的小区才能进行信道复用。

区群的组成应满足两个条件：一个是区群之间可以邻接，且无空隙无重叠地进行覆盖；二是邻接之后的区群应保证各个相邻同信道小区之间的距离相等。满足上述条件的区群形状和区群内的小区数不是任意的。可以证明，区群内的小区数应满足下式：

$$N=i^2+ij+j^2 \tag{3-4}$$

式中，i、j 是不能同时为零的自然数。由式（3-4）算出 N 的可能取值，见表 3-4，相应的区群形状如图 3-10 所示。

表 3-4　区群小区数 N 的取值

i \ j	0	1	2	3	4
1	1	3	7	13	21
2	4	7	12	19	28
3	9	13	19	27	37
4	16	21	28	37	48

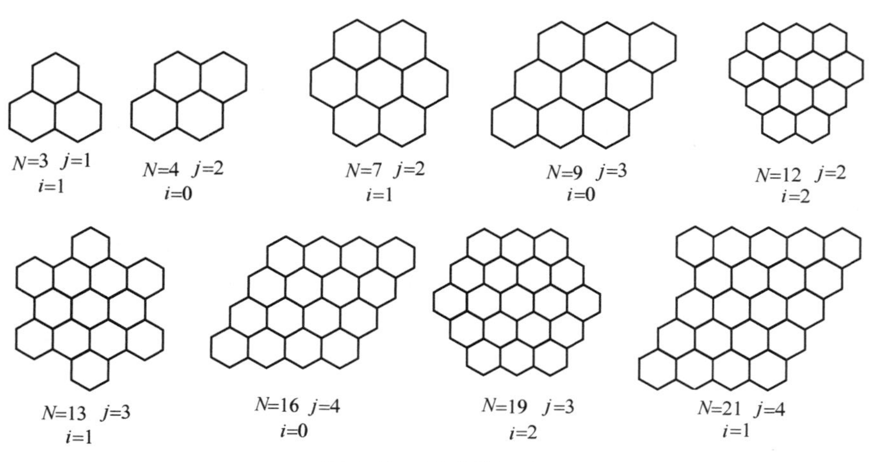

图 3-10 区群的组成

3）同频小区的距离。区群内小区数不同的情况下，可用下面的方法来确定同频（同道）小区的位置和距离。如图 3-11 所示，自某一小区 A 出发，先沿边的垂线方向跨 j 个小区，再逆时针转 60°，再跨沿边的垂线 i 个小区，这样就到达相同小区 A。在正六边形的 6 个方向上，可以找到 6 个相邻同信道小区，所有 A 小区之间的距离都相等。

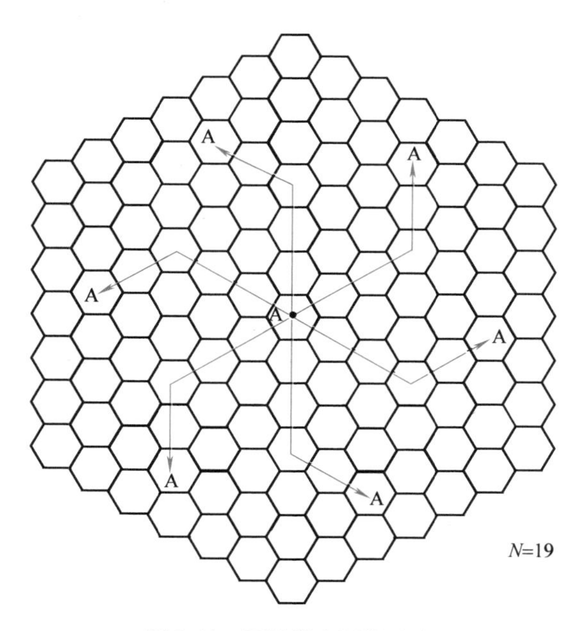

图 3-11 同信道小区的确定

设小区的辐射半径（即正六边形外接圆的半径）为 r，则从图 3-11 可以算出同频小区中心之间的距离为

$$
\begin{aligned}
D &= \sqrt{3}\,r\sqrt{\left(j+\frac{i}{2}\right)^2+\left(\frac{\sqrt{3}\,i}{2}\right)^2} \\
&= \sqrt{3(i^2+ij+j^2)}\,r \\
&= \sqrt{3N}\,r \qquad (3\text{-}5)
\end{aligned}
$$

可见，群内小区数 N 越大，同频小区的距离就越远，抗同频干扰的性能就越好。例如，$N=3$，$D/r=3$；$N=7$，$D/r=4.6$；$N=19$，$D/r=7.55$。

4）中心激励和顶点激励。在每个小区中，基站可以设在小区的中央，用全向天线形成圆形覆盖区，这就是所谓的“中心激励”方式，如图 3-12a 所示。也可以将基站设置在每个小区六边形的三个顶点上，每个基站采用三副 120°扇形辐射的定向天线，分别覆盖三个相邻小区的各三分之一区域，每个小区由三副 120°扇形天线共同覆盖，这就是所谓的“顶点激励”方式，如图 3-12b 所示。采用 120°的定向天线后，所接收的同频干扰功率仅为采用全向天线系统的 1/3，因而可以减少系统的同频干扰。另外，在不同地点采用多副定向天线可消除小区内障碍物的阴影区。

以上讨论的整个服务区中的每个小区大小是相同的，这只能适应用户密度均匀的情况。事实上，服务区内的用户密度是不均匀的，例如城市中心商业区的用户密度高，居民区和郊区的用户密度低。为了适应这种情况，在用户密度高的市中心可以使小区的面积小一些，在用户密度低的郊区可以使小区的面积大一些，如图 3-13 所示。

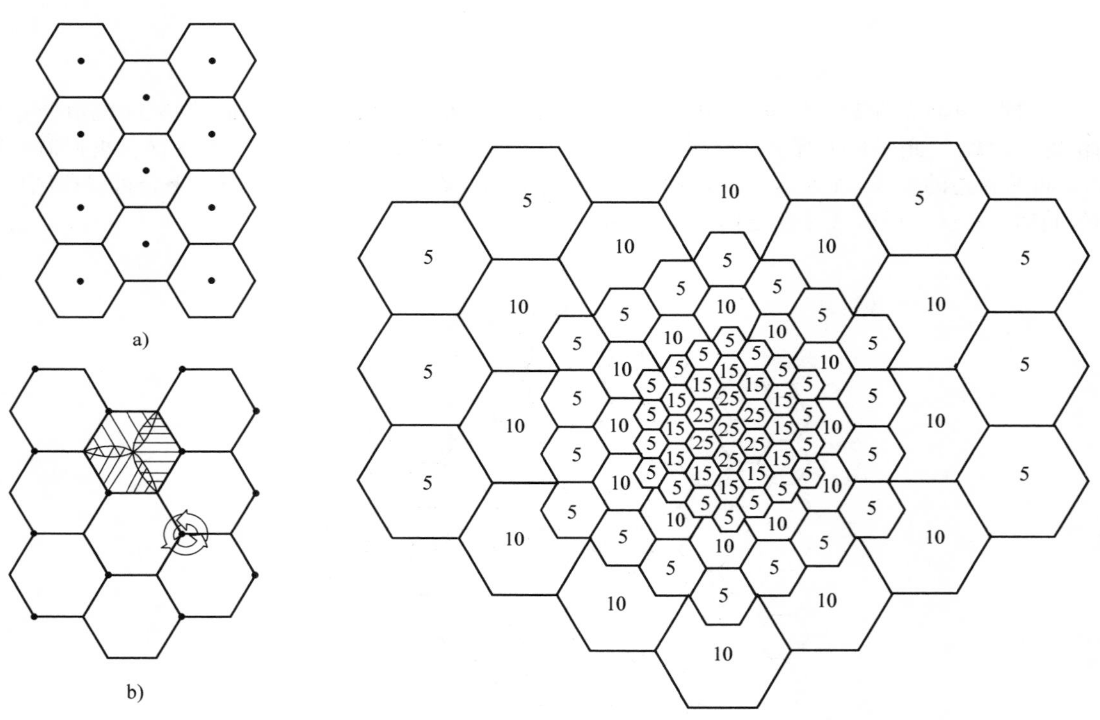

图 3-12　两种激励方式

图 3-13　用户密度不等时的小区结构

3.3.2　信道（频率）分配

信道（频率）分配是频率复用的前提。频率分配有两个基本含义：一是频道分组，根据移动通信网的需要将全部频道分成若干组；二是频道指配，以固定的或动态分配方法指配给蜂窝网的用户使用。

频道分组的原则是：

1）根据国家或行业标准（规范）确定双工方式、载频中心频率值、频道间隔和收发间隔等。

2）确定无互调干扰或尽量减小互调干扰的分组方法。

3）考虑有效利用频率、减小基站天线高度和发射功率，在满足业务质量射频防护比的前提下，尽量减小同频复用的距离，从而确定频道分组数。

频道指配时需注意的问题有：

1）在同一频道组中不能有相邻序号的频道。

2）相邻序号的频道不能指配给相邻小区或相邻扇区。

3）应根据移动通信设备抗邻道干扰的能力来设定相邻频道的最小频率和空间间隔。

4）由规定的射频防护比建立频率复用的频道指配图案。

5）频率规划、远期规划、新网和重叠网频率指配的协调一致。

下面按固定频道指配的方法，分别予以讨论。

固定频道分配应解决如下三个问题：频道组数、每组的频道数及频道的频率指配。

1）带状网的固定频道分配。当同频复用系数 D/r_0 确定后，就能相应地确定频道组数。

例如，若 $D/r_0=6$（或 8），至少应有 3（或 4）个频道组，如图 3-14 所示。当采用定向天线时（如铁路、公路上），根据通信线路的实际情况（如不是直线），若能利用天线的方向性隔离度，还可以适当地减少使用的频道组数。

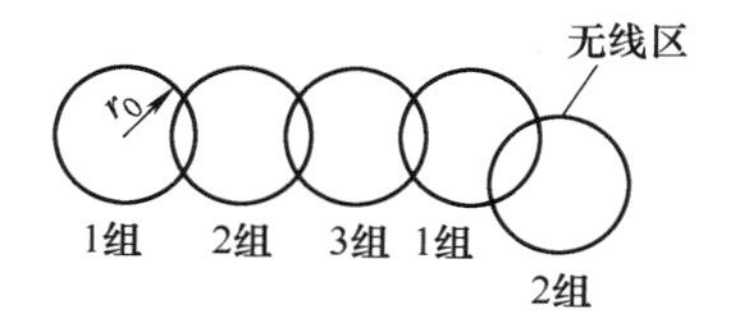

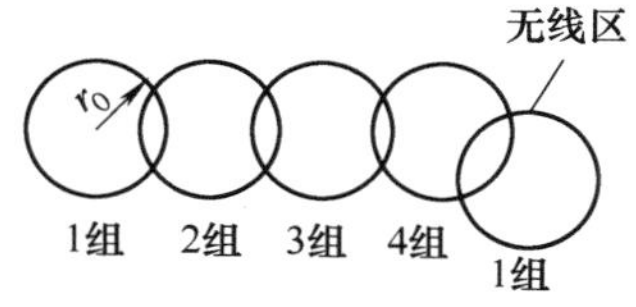

图 3-14　频道的地区复用图

2）蜂窝状网的固定频道分配。由蜂窝状网的组成可知，根据同频复用系数 D/r_0 确定单位无线区群，若单位无线区群由 N 个无线区（即小区）组成，则需要 N 个频道组。每个频道组的频道数可由无线区的话务量确定。

固定频道分配方法有两种，一是分区分组分配法，二是等频距分配法。

1. 分区分组分配法

分区分组分配法按以下要求进行频率分配：尽量减少占用的总频段，即尽量提高频段的利用率，为避免同频干扰，在单位无线区群中不能使用相同的频道。为避免三阶互调干扰，在每个无线区应采用无三阶互调的频道组。现举例说明如下。

设给定的频段以等间隔划分为信道，按顺序分别标明各信道的号码为：1、2、3、…。若每个区群有 7 个小区，每个小区需 6 个信道，按上述原则进行分配，可得到：

第 1 组：1、5、14、20、34、36

第 2 组：2、9、13、18、21、31

第 3 组：3、8、19、25、33、40

第 4 组：4、12、16、22、37、39

第 5 组：6、10、27、30、32、41

第 6 组：7、11、24、26、29、35

第 7 组：15、17、23、28、38、42

每一组信道分配给区群内的一个小区。这里使用 42 个信道就占用了 42 个信道的频段，是最佳的分配方案。

以上分配的主要出发点是避免三阶互调，但未考虑同一信道组中的频率间隔，可能会出现较大的邻道干扰，这是这种配置方法的一个缺陷。

2. 等频距分配法

等频距分配法是按等频率间隔来配置信道的，只要频距选得足够大，就可以有效地避免邻道干扰。这样的频率配置可能正好满足产生互调的频率关系，但正因为频距大，干扰易于被接收机输入滤波器滤除而不易作用到非线性器件上，这也就避免了互调的产生。

等频距配置时可根据群内的小区数 N 来确定同一信道组内各信道之间的频率间隔，例如，第一组用（1，$1+N$，$1+2N$，$1+3N$，…），第二组用（2，$2+N$，$2+2N$，$2+3N$，…）等。例如 $N=7$，则信道的配置为：

第1组：1、8、15、22、29，…

第2组：2、9、16、23、30，…

第3组：3、10、17、24、31，…

第4组：4、11、18、25、32，…

第5组：5、12、19、26、33，…

第6组：6、13、20、27、34，…

第7组：7、14、21、28、35，…

这样，同一信道组内的信道最小频率间隔为7个信道间隔，若信道间隔为25kHz，则其最小频率间隔可达175kHz，接收机的输入滤波器便可有效地抑制邻道干扰和互调干扰。

如果是定向天线进行顶点激励的小区制，每个基站应配置三组信道，向三个方向辐射，例如 $N=7$，每个区群就需有21个信道组。整个区群内各基站信道组的分布如图3-15所示。

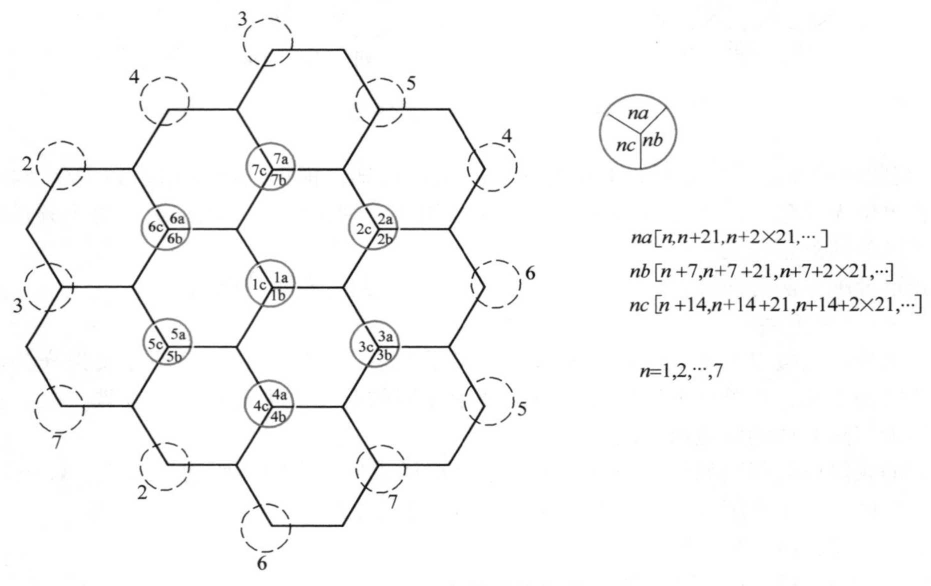

图3-15 三顶点激励的信道配置

以上讨论的信道配置方法都是将某一组信道固定配置给某一基站，这只能适应移动台业务分布相对固定的情况。事实上，移动台业务的地理分布是经常会发生变化的，如早上从住宅向商业区移动，傍晚又反向移动，发生交通事故或集会时又向某处集中。此时，某一小区业务量增大，原来配置的信道可能不够用了，而相邻小区业务量小，原来配置的信道可能有空闲，小区之间的信道又无法相互调剂，因此频率的利用率不高，这就是固定配置信道的缺陷。为了进一步提高频率利用率，使信道的配置能随移动通信业务量地理分布的变化而变化，有两种办法：一是动态配置法——随业务量的变化重新配置全部信道；二是柔性配置法——准备若干个信道，需要时提供给某个小区使用。前者如能理想地实现，频率利用率可提高20%~50%，但要及时算出新的配置方案，且能避免各类干扰，电台及天线共用器等装备也要能适应，这是十分困难的。后者控制比较简单，只要预留部分信道使基站都能共用，可应付局部业务量变化的情况，是一种比较实用的方法。

3.4 提高蜂窝系统容量的方法

随着用户需求的增加，分配给每个小区的信道数最终变得不足以支持所要达到的用户数。为了解决这一问题，首先要弄清蜂窝系统容量受何种因素制约，其次从减小干扰的角度分析小区分裂、小区扇区化和覆盖区域逼近等技术提高系统容量的本质，以便更好地解决实际问题。系统容量有多种度量方法，如每平方千米的用户数、每个小区的信道数、系统中的信道总数和系统所容纳的用户数等。就点对点的通信系统而言，系统容量可以用给定的可用频段中所能提供的信道数来度量。但对蜂窝系统而言，由于信道在蜂窝中的分配涉及频率复用和由此而产生的同频干扰问题，所以在这里我们采用系统中的信道总数来表征系统容量。

3.4.1 同频干扰对系统容量的影响

蜂窝系统能够提高系统容量的核心是频率复用。考虑一个共有 L 个可用的双向信道（频道）的蜂窝系统，如果每个小区都分配 k 个信道（$k<L$），并且 L 个信道在 N 个小区中分为各不相同、各自独立的信道组，而且每个信道组有相同的信道数目，那么可用无线信道（频道）的总数表示为

$$L=kN \tag{3-6}$$

如果区群在系统中共复制了 β 次，则在仅考虑频率复用因素的情况下，系统容量 C_T 为

$$C_T=\beta kN=\beta L \tag{3-7}$$

从式（3-7）中可以看出，蜂窝系统容量直接与区群在某一固定服务范围内复制的次数成正比。例如，对于中国移动江苏公司南京分公司而言，若频率资源是 19MHz 带宽，采用 GSM 体制，则可以算出可用无线信道总数为 760 个。假设南京市区的区群复制了 250 次，则在南京市区可以同时接通移动通信用户数为 19 万；而若不采用频率复用，则南京市能同时接通的用户数仅为 760 个。由此可以看出，频率复用大大提高了系统容量。

显然，如果没有同频干扰，所有可用频率在系统覆盖区域内可以无限复制，系统容量也可以无限增加，但实际上受同频干扰的制约，所有可用频率不能无限复制。所以，同频干扰是限制系统容量的主要因素。因此，很有必要探讨一下系统容量与同频干扰之间的关系，以便知道如何在抑制同频干扰的基础上，通过系统设计来提高系统容量。

我们知道蜂窝手机在任何地方进行通信时，会收到两种信号，一种是所在小区基站发来的有用信号，另一种是来自同频小区基站发来的同频干扰信号。很明显，在仅考虑同频干扰的情况下，这个有用信号功率与同频干扰信号功率之间的比值即信干比决定了蜂窝手机的信号接收质量。而要达到规定的信号接收质量，同频小区必须在物理上隔开一个最小的距离，以便为电波传播提供充分的隔离。

如果每个小区的大小都差不多，基站也都发射相同的功率，则同频干扰比与发射功率无关，而变为小区半径（r）和相距最近的同频小区的中心之间距离（D）的函数。增加 D/r 的值，同频小区间的空间隔离就会增加，从而来自同频小区的射频能量减小而使干扰减小。对于六边形系统来说，同频复用系数 Q 可表示为

$$Q=D/r=\sqrt{3N} \tag{3-8}$$

由式（3-8）可知，Q 值越小，一个区群内的小区数越小，进而通过复制可达到系统容量越大的目的；但 Q 值大，同频干扰小，信干比大，移动台的信号接收质量就越好。在实际的蜂窝系统设计中，需要对这两个目标进行协调和折中。

若设 i_s 为同频小区数，则移动台从基站接收到的信干比（S/I 或 SIR）可以表示为

$$\frac{S}{I}=\frac{S}{\sum_{i=1}^{i_s} I_i} \tag{3-9}$$

式中，S 是从期望基站接收的信号功率；I_i 是第 i 个同频小区所在基站引起的干扰功率。如果已知同频小区的信号强度，S/I 值就可以通过式（3-9）来估算。

无线电波的传播测量表明，在任一点接收到的平均信号功率随发射机和接收机之间距离的增加呈幂指数下降。在距离发射天线 d 处接收到的平均信号功率 P_r 可以由下式估算：

$$P_r = P_0\left(\frac{d}{d_0}\right)^{-n} \tag{3-10}$$

式中，P_0 为参考点的接收功率，该点与发射天线有一个较小的距离 d_0；n 是路径衰减因子。

假定想要获得的信号来自当前服务的基站，干扰来自于同频基站，每个基站的发射功率相等，整个覆盖区域内的路径衰减因子也相同，则移动台接收到的 S/I 可近似表示为

$$\frac{S}{I} = \frac{r^{-n}}{\sum_{i=1}^{i_s}(D_i)^{-n}} \tag{3-11}$$

同频干扰小区分为许多层，它分布在以某小区中心为圆心逐层往外的圆周上：第一层6个，第二层6个，第三层6个，…显然来自第一层同频干扰小区的干扰最强，起主要作用。如果仅考虑第一层干扰小区（其数目为 i_0），且假定所有干扰基站与期望基站间是等距的，小区中心间的距离都是 D，则式（3-11）可以简化为

$$\frac{S}{I} = \frac{(D/r)^n}{i_0} = \frac{(\sqrt{3N})^n}{i_0} \tag{3-12}$$

式（3-12）建立了信干比与区群大小 N 之间的关系，结合式（3-7）可得

$$C_T = \frac{3N_s}{\left(i_0\dfrac{S}{I}\right)^{\frac{2}{n}}}L \tag{3-13}$$

式中，N_s 表示系统中小区的总数；L 为无线信道总数。

式（3-13）右边包括5个参数，在频率资源和传播环境确定的情况下，参数 L 与 n 确定，这样剩下的只有第一层同频小区数 i_0、小区的总数 N_s 和信干比 S/I 三个参数可变。我们知道，不同系统对于接收信号的最低信干比要求是不同的，例如，AMPS 蜂窝系统要求的最低信干比为 18dB，而 GSM 系统的最低信干比为 9dB。很明显，选择最低信干比要求低的系统可以使得区群变小，进而增加区群的复制次数，最终达到增加系统容量的目的。下面从式（3-13）出发进一步寻找提高系统容量的方法。

3.4.2　小区分裂

对于已设置好的蜂窝通信网，随着城市建设的发展，原来的低用户密度区可能变成了高用户密度区，这时可采用小区分裂的方法，即保持区群大小 N 值不变，通过减小小区半径来等比例缩小区群几何形状。由于该方法增加了覆盖地区的小区总数，所以系统容量得到提高。

小区分裂是将拥塞的小区分成更小小区的方法，分裂后的每个新小区都有自己的基站，并相应地降低天线高度和发射机功率。由于小区分裂提高了信道的复用次数，所以能提高系统容量。通过设定比原小区半径更小的新小区或在原小区间安置这些小区（称为微小区），可使得单位面积内的信道数目增加，从而增加系统容量。

假设每个小区都按半径的一半来分裂，如图 3-16 所示。为了用这些更小的小区来覆盖整个服务区，将需要大约为原来小区数 4 倍的小区，原因是以 r 为半径的圆所覆盖的区域是以 $r/2$ 为半径的圆所覆盖区域的 4 倍。小区数的增加将增加覆盖区域内的区群数目，这也就增加了覆盖区域内的信道数量，进而增加了系统容量。小区分裂通过用更小的小区代替较大的小区来增加系统容量，同时又不影响为了维持同频小区间的最小同频复用因子所需的信道分配策略。图 3-16 为小区分裂

的例子，基站放置在小区角上，假设基站 A 服务区域内的话务量已经饱和（即基站 A 的阻塞超过了可接受值），则该区域需要新基站来增加区域内的信道数目，并减小单个基站的服务范围。注意，在图中，最初的基站 A 被 6 个新的微小区基站所包围。在图 3-16 所示的例子中，更小的小区是在不改变系统的频率复用计划的前提下增加的。例如，标为 G 的微小区基站安置在两个用同样信道的、也标为 G 的大基站中间。图中其他的微小区基站也类似。从图 3-16 可以看出，小区分裂只是按比例缩小了区群的几何形状。

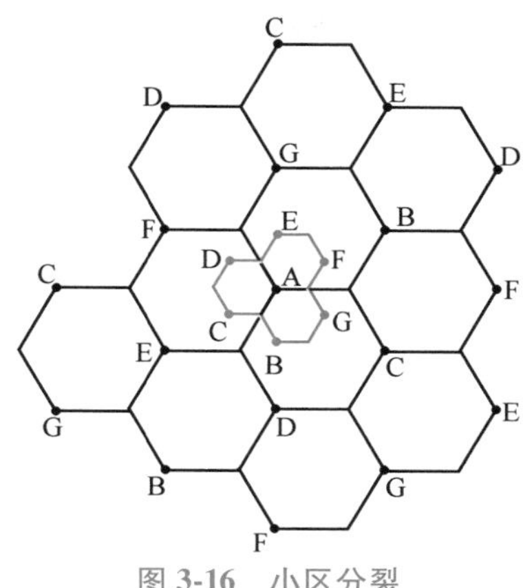

图 3-16　小区分裂

在保证新的微小区的频率复用方案和原小区一样的情况下，新小区的发射功率可以通过检测在新的和旧的小区边界接收到的功率，并令它们相等来得到。假定新小区的半径为原来小区的一半，则由图 3-16 得

$$\begin{cases} P_r[\text{在旧小区边界}] \propto P_{t1} r^{-n} \\ P_r[\text{在新小区边界}] \propto P_{t2}(r/2)^{-n} \end{cases} \tag{3-14}$$

式中，P_{t1}和 P_{t2}分别为大的小区及较小的小区的基站发射功率；n 是路径衰减因子。

在 $n=4$，且接收到的功率都相等时，则有

$$P_{t2} = P_{t1}/16 \tag{3-15}$$

可见，为了用新小区来填充原有的覆盖区域，同时又要求满足 S/I 要求，发射功率要降低 12dB。

3.4.3　小区扇区化

如上所述，通过减小小区半径 r 和不改变同频复用系数 D/r，我们采用小区分裂的方法增加了单位面积内的信道数，进而增加了系统容量。然而，另一种提高系统容量的方法是采用小区扇化的方法，即通过定向天线来减少同频干扰小区数，进而提高系统容量。

蜂窝系统中的同频干扰可以通过用定向天线来代替基站中单独的一根全向天线来减小，其中每个定向天线辐射某一特定的扇区。使用定向天线，小区将只接收同频小区中一部分小区的干扰。使用定向天线来减小同频干扰，从而提高系统容量的技术称为小区扇区化技术。同频干扰减小的因素取决于使用扇区的数目。通常一个小区划分为 3 个 120°的扇区或 6 个 60°的扇区，如图 3-17 所示。

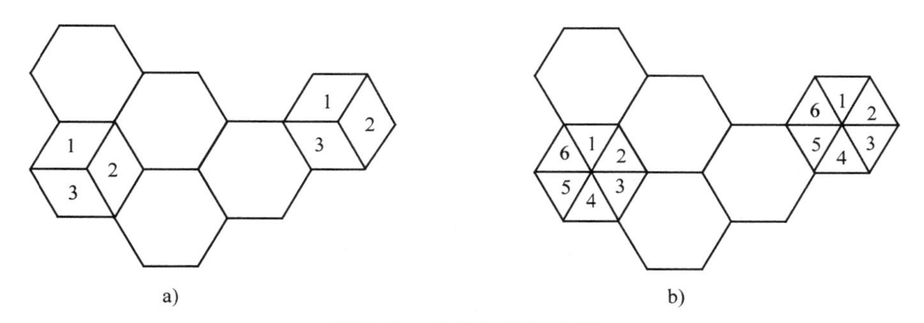

图 3-17　扇区划分示意图

a）3 扇区　b）6 扇区

采用扇区化后，在某个小区中使用的信道就分成多组，每组只在某个扇区中使用，如图 3-17a 和 b 所示。假定为 7 小区复用，对于 120°扇区，第一层的干扰源数目由 6 下降到 2，原因是 6 个同频干扰小区中只有 2 个有效。如图 3-18 所示，考虑在标有“5”的中心小区的右边扇区的移动台所

收到的干扰。在中心小区的右边有 3 个标“5”的同频小区的扇区，3 个在左边。在这 6 个同频小区中，只有 2 个小区的电磁波可以进入中心小区，即中心小区的移动台只会收到来自这两个小区的干扰。此时，*S/I* 根据式（3-12）算得为 24.2dB，这比全向天线的情况高得多。

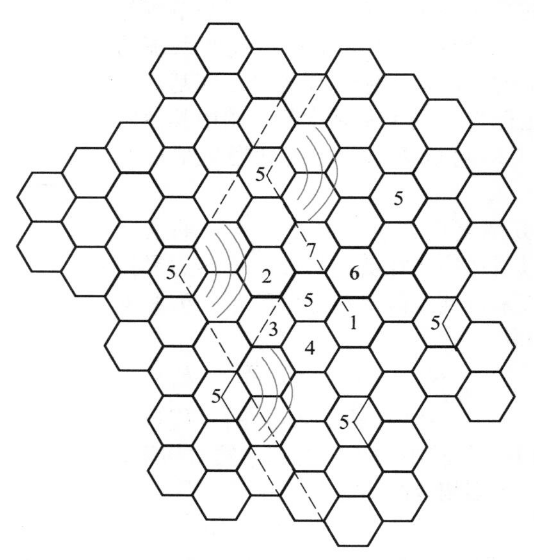

图 3-18　采用多扇区减小同频干扰的示意图

3.4.4　覆盖区域逼近方法

当使用小区扇区化时需要增加切换次数，这会导致系统的交换和控制负荷增加。为解决这一问题，可以采用覆盖区域逼近方法。该方法的实质是保持小区半径不变，将方向性天线置于小区边缘，通过减小基站的发射功率来抑制同频干扰。图 3-19 给出了一种采用基于 7 小区的微小区覆盖区域逼近方案。在该方案中，每 3 个（或者更多）区域站点（图中以 T_x/R_x 表示）与一个基站相连，并且共享同样的无线设备。各微小区用同轴电缆、光导纤维或者微波链路与基站连接，多个微小区和一个基站组成一个小区。当移动台在小区内行驶时，由信号最强的微小区来服务。由于该方案的天线安放在小区的外边缘，且任意基站的信道都可由基站分配给任一微小区，所以该方案优于小区扇区化方案。

当移动台在小区内从一个微小区行驶到另一个微小区时，它使用同样的信道。与小区扇区化不同，当移动台在小区内的微小区之间行驶时不需要 MSC 进行切换。由于某一信道（这里指频道）只是当移动台行驶在微小区内时使用，所以基站发射的电磁波被限制在局部范围内，与此相应的干扰也减小了。由于这种系统根据时间和空间在 3 个微小区之间分配信道，也像通常一样进行同频复用，所以该方案在高速公路边上或市区开阔地带特别有用。

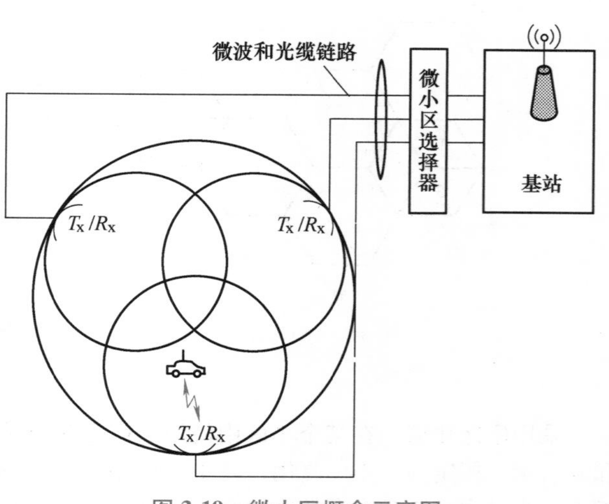

图 3-19　微小区概念示意图

图 3-19 所示方案的优点在于小区既可保持覆盖半径不变，又可减小蜂窝系统的同频干扰，原因是一个大的中心基站已由

多个在小区边缘的小功率发射机（微小区发射机）来代替。同频干扰的减小提高了信号接收质量，也增大了系统容量，但不会有小区扇区化引起的信道利用率下降问题。如前所述，AMPS 系统的 S/I 要求为 18dB，这对于一个 $N=7$ 的系统，同频复用系数 D/R 等于 4.6 即可。对于图 3-20 所示的系统，由于任何时刻的发射都受某一微小区的控制，所以为达到性能要求，D_z/r_z（其中，D_z 为两个同频微小区间的最小距离，r_z 为微小区的半径）可以控制在 4.6 以内。在图 3-20 中，令每个独立的六边形代表一个微小区，每 3 个六边形一组代表一个小区。微小区半径 r_z 约等于六边形的半径。显然，微小区系统的容量与同频小区间的距离相关，而与微小区无关。在图 3-20 中，该同频小区之间的距离表示为 D。假定 D_z/r_z 为 4.6，则同频复用系数 D/R 的值为 3，其中 R 是小区的半径，它等于微小区半径的两倍。根据式（3-8），与 $D/R=3$ 相对应的区群大小 $N=3$。由此可以看出，区群大小 N 从 7 减到 3，这将使系统容量增加 2.33 倍。因此，对于同样的 18dB 的 S/I 要求，相对于传统的蜂窝覆盖，该方案在容量上有很大的增加。由于没有信道共用效率的损失，该方案在许多蜂窝系统中得到大量应用。

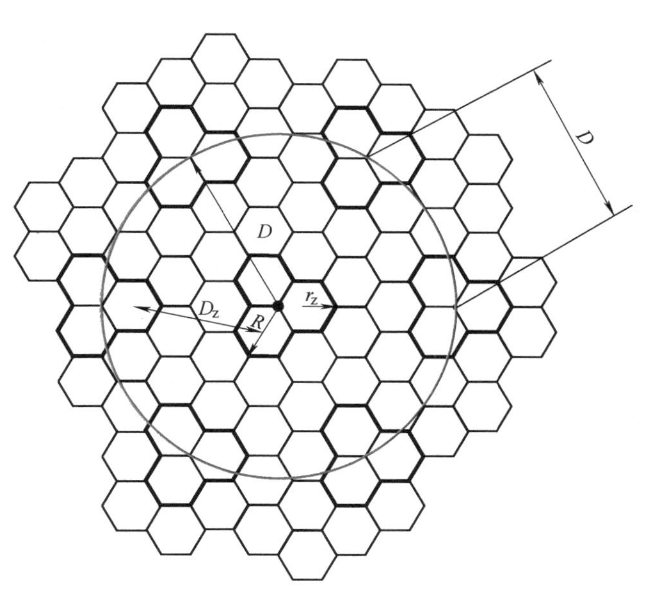

图 3-20　采用微小区方式的同频干扰示意图

3.5　多信道共用技术

微视频：
多信道共用技术、网络结构、信令、移动性管理

多信道共用是指在网络内的大量用户共享若干个无线信道，其原理是利用信道被占用的间断性，使许多用户能够合理地选择信道，以提高信道的使用效率。这种占用信道的方式相对于独立信道方式而言，可以明显提高信道利用率。

例如，一个无线区有 n 个信道，对用户分别指定一个信道，不同信道内的用户不能互换信道，这就是独立信道方式。当某一个信道被某一个用户占用时，则在他通话结束前，属于该信道的其他用户都处于阻塞状态，无法通话。但是，与此同时，一些其他信道却处于空闲状态，而又得不到使用。这样一来，就造成有些信道在紧张排队，而另一些信道却处于空闲状态，从而导致信道得不到充分利用。如果采用多信道共用方式，即在一个无线小区内的 n 个信道，为该区内所有用户共用，则当 $k(k<n)$ 个信道被占用时，其他需要通话的用户可以选择剩下的任一空闲信道通话。因为任何一个移动用户选取空闲信道和占用信道的时间都是随机的，所以所有信道同时被占用的概率远小于单个信道被占用的概率。因此，多信道共用可明显提高信道的利用率。

在同样多的用户和信道情况下，多信道共用的结果使用户通话的阻塞概率明显下降。当然，在同样多的信道和阻塞概率的情况下，多信道共用可使用户数目明显增加；但也不是无止境的，否则将使阻塞概率增加而影响通信质量。那么，在保持一定通信质量的情况下，采用多信道共用技术，一个信道究竟平均分配多少用户才合理？这就是我们下面要讨论的话务量和呼损问题。

3.5.1 话务量与呼损

1. 呼叫话务量

话务量是度量通信系统业务量或繁忙程度的指标。其性质如同客流量，具有随机性，只能用统计方法获取。所谓呼叫话务量 A，是指单位时间内（1h）进行的平均电话交换量，它可用下面的公式来表示：

$$A = Ct_0 \tag{3-16}$$

式中，C 为每小时平均呼叫次数（包括呼叫成功和呼叫失败的次数）；t_0 为每次呼叫平均占用信道的时间（包括通话时间）。

如果 t_0 以小时为单位，则话务量 A 的单位是爱尔兰（Erlang，占线小时，简称 Erl）。如果在一个小时内不断地占用一个信道，则其呼叫话务量为 1Erl。这是一个信道所能完成的最大话务量。

例如，设在 100 个信道上，平均每小时有 2100 次呼叫，平均每次呼叫时间为 2min，则这些信道上的呼叫话务量为

$$A = \frac{2100 \times 2}{60}\text{Erl} = 70\text{Erl}$$

2. 呼损率

当多个用户共用信道时，通常总是用户数大于信道数。因此，会出现许多用户同时要求通话而信道数不能满足要求的情况。这时只能先让一部分用户通话，而让另一部分用户等待，直到有空闲信道时再通话。后一部分用户虽然发出呼叫，但因无信道而不能通话，这称为呼叫失败。在一个通信系统中，造成呼叫失败的概率称为呼叫失败概率，简称为呼损率，用 B 表示。

设 A' 为呼叫成功而接通电话的话务量（简称为完成话务量），C 为一小时内的总呼叫次数，C_0 为一小时内呼叫成功而通话的次数，则完成话务量 A' 为

$$A' = C_0 t_0 \tag{3-17}$$

呼损率 B 为

$$B = \frac{A - A'}{A} = \frac{C - C_0}{C} \tag{3-18}$$

式中，$A-A'$ 为损失话务量。

所以呼损率的物理意义是损失话务量与呼叫话务量之比的百分数。

显然，呼损率 B 越小，成功呼叫的概率越大，用户就越满意。因此，呼损率也称为系统的服务等级（Grade of Service，GoS）。例如，某系统的呼损率为 10%，即说明该系统内的用户平均每呼叫 100 次，其中有 10 次因信道被占用而打不通电话，其余 90 次则能找到空闲信道而实现通话。但是，对于一个通信网来说，要想使呼损率减小，只有让呼叫流入的话务量减少，即容纳的用户数少一些，这是不希望的。可见呼损率和话务量是一对矛盾，即服务等级和信道利用率是矛盾的。

如果呼叫有以下性质：

1）每次呼叫相互独立，互不相关（呼叫具有随机性）。

2）每次呼叫在时间上都有相同的概率，并假定移动电话通信服务系统的信道数为 n，则呼损率 B 可计算如下：

$$B = \frac{A^n/n!}{1 + (A/1!) + (A^2/2!) + (A^3/3!) + \cdots + (A^n/n!)} = \frac{A^n/n!}{\sum_{i=0}^{n} A^i/i!} \tag{3-19}$$

式（3-19）就是电话工程中的爱尔兰公式。如已知呼损率 B，则可根据上式计算出 A 和 n 的对应数量关系，见表 3-5（工程上称为爱尔兰 B 表）。

表 3-5　爱尔兰呼损表

n	B						
	1%	2%	3%	5%	7%	10%	20%
	A	A	A	A	A	A	A
1	0.010	0.020	0.031	0.053	0.075	0.111	0.250
2	0.153	0.223	0.282	0.381	0.470	0.595	1.000
3	0.455	0.602	0.725	0.899	1.057	1.271	1.980
4	0.869	1.092	1.219	1.525	1.748	2.045	2.945
5	1.361	1.657	1.875	2.218	2.054	2.881	4.010
6	1.909	2.276	2.543	2.960	3.305	3.758	5.109
7	2.051	2.935	3.250	3.738	4.139	4.666	6.230
8	3.128	3.627	3.987	4.543	4.999	5.597	7.369
9	3.783	4.345	4.748	5.370	5.879	6.546	8.552
10	4.461	5.048	5.529	6.216	6.776	7.551	9.685
11	5.160	5.842	6.328	7.076	7.687	8.437	10.857
12	5.876	6.615	7.141	7.950	8.610	9.474	12.036
13	6.607	7.402	7.967	8.835	9.543	10.470	13.222
14	7.352	8.200	8.803	9.730	10.485	11.473	14.413
15	8.108	9.010	9.650	10.633	11.434	12.484	15.608
16	8.875	9.828	10.505	11.544	12.390	13.500	16.608
17	9.652	10.656	11.368	12.461	13.353	14.522	18.010
18	10.437	11.491	12.238	13.335	14.321	15.548	19.216
19	11.230	12.333	13.115	14.315	15.294	16.579	20.424
20	12.031	13.182	13.997	15.249	16.271	17.613	21.635
21	12.838	14.036	14.884	16.189	17.253	18.651	22.848
22	13.651	14.896	15.778	17.132	18.238	19.692	24.064
23	14.470	15.761	16.675	18.080	19.227	20.373	25.861

注：A—总呼叫话务量；n—信道数；B—呼损率。

在一天 24 小时中，每小时的话务量是不一样的，即总有一些时间打电话的人多，另外一些时间使用电话的人少。因此对一个通信系统来说，可以区分忙时和非忙时。例如，在我国早晨 8:00~9:00点属于电话的忙时，而一些欧美国家晚上 7:00 点属于电话忙时。所以在考虑通信系统的用户数和信道数时，应采用忙时平均话务量。因为只要在忙时信道够用，非忙时肯定不成问题。

3. 每个用户忙时话务量（A_a）

用户忙时话务量是指一天中最忙的那个小时（即忙时）每个用户的平均话务量，用 A_a 表示。A_a 是一个统计平均值。

将忙时话务量与全日话务量之比称为集中系数，用 K 表示。通常，K 为 7%~15%。这样，我们便可以得到每个用户忙时话务量的表达式

$$A_a = \frac{C_d TK}{3600} \tag{3-20}$$

式中，C_d 为每一用户每天平均呼叫次数；T 为每次呼叫平均占用信道的时间（单位为 s），K 为忙时集中系数。

例如，每天平均呼叫3次，每次的呼叫平均占用时间为120s，忙时集中系数为10%（$K=0.1$），则每个用户忙时话务量为0.01Erl。

一些移动电话通信网的统计数值表明，对于公用移动通信网，每个用户忙时话务量可按0.01～0.03Erl计算；对于专用移动通信网，由于业务的不同，每个用户忙时话务量也不一样，一般可按0.03～0.06Erl计算。当网内接有固定用户时，它的A_a高达0.12Erl。一般而言，车载台的忙时话务量最低、手机居中、固定台最高。

3.5.2 多信道共用的容量和信道利用率

在多信道共用时，容量有两种表示法。

1）系统所能容纳的用户数（M）

$$M=\frac{A}{A_a} \tag{3-21}$$

2）每个信道所能容纳的用户数m

$$m=\frac{M}{n}=\frac{A/n}{A_a}=\frac{A/A_a}{n} \tag{3-22}$$

在一定呼损条件下，每个信道的m与信道平均话务量成正比，而与每个用户忙时话务量成反比。要注意的是，此处容量的计算与3.4节的角度不同，仅仅考虑共用因素。

多信道共用时，信道利用率是指每个信道平均完成的话务量，即

$$\eta=\frac{A'}{n}=\frac{A(1-B)}{n} \tag{3-23}$$

若已知B、n，则根据式（3-19）或表3-5可算出A的值，然后可由式（3-23）求出η。

【例3-1】 某移动通信系统一个无线小区有8个信道（1个控制信道和7个语音信道），每天每个用户平均呼叫10次，每次占用信道平均时间为80s，呼损率要求10%，忙时集中系数为0.125。问该无线小区能容纳多少用户？

解： 1）根据呼损的要求及信道数（$n=7$），求总话务量A。可以利用公式，也可查表。求得$A=4.666$Erl。

2）求每个用户的忙时话务量A_a

$$A_a=\frac{C_dTK}{3600}=\frac{10\times80\times0.125}{3600}=0.0278\text{Erl/用户}$$

3）求每个信道能容纳的用户数m

$$m=\frac{A/n}{A_a}=\frac{4.666/7}{0.0278}\approx23$$

4）求系统所容纳的用户数

$$M=mn=23\times7=161$$

【例3-2】 设每个用户的忙时话务量$A_a=0.01$Erl，呼损率$B=10\%$，现有8个无线信道，采用两种不同技术，即多信道共用和单信道共用组成的两个系统，试分别计算它们的容量和利用率。

解： 1）对于多信道共用系统：已知$n=8$，$B=10\%$，求m、M。

由表3-5可得$A=5.597$Erl

因为 $m=\frac{A/n}{A_a}=\frac{5.597}{0.01\times8}\approx69$（用户/信道）

所以 $M=mn=69\times8=552$（用户）

由式（3-23）得

$$\eta=\frac{5.597(1-0.1)}{8}=63\%$$

2）对于单信道共用系统：已知 $n=1$，$B=10\%$，求 m、M。

由表3-5可得 $A=0.111\text{Erl}$

因为 $m=\dfrac{A/n}{A_a}=\dfrac{0.111}{0.01\times1}=11$（用户/信道）

所以 $M=mn=11\times8=88$（用户）

由式（3-23）得

$$\eta=0.111(1-0.1)=10\%$$

通过例3-2的计算得知，在相同的信道数、相同的呼损率条件下，多信道共用与单信道共用相比，信道利用率明显提高，例3-2中从10%提高到63%。因此，多信道共用技术是提高信道利用率即频率利用率的一种重要手段。

3.6 网络结构

3.6.1 基本网络结构

移动通信的基本网络结构如图3-21所示。基站通过传输链路和交换机相连，交换机再与固定的电信网络相连，这样就可形成移动用户↔基站↔交换机↔固定网络↔固定用户或移动用户等不同情况的通信链路。

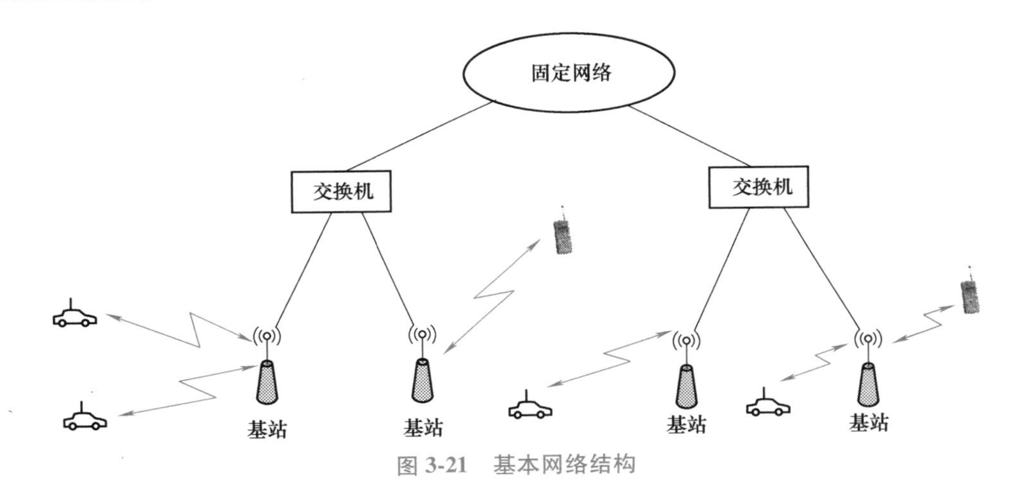

图3-21 基本网络结构

基站与交换机之间、交换机与固定网络之间可采用有线链路（如光纤、同轴电缆、双绞线等），也可以采用无线链路（如微波链路、毫米波链路等）。这些链路上常用的数字信号（DS）形式有两类标准：一类是北美和日本的标准系列：T-1/T-1C/T-2/T-3/T-4，可同时支持24/48/96/672/4032路数字语音（每路64.0kbit/s）的传输，其比特率为1.544/3.152/6.312/44.736/274.176Mbit/s；另一类是欧洲及其他大部分地区的标准系列：E-1/E-1C/E-2/E-3/E-4，可同时支持30/120/480/1920/7680路数字语音的传输，其比特率为2.048/8.448/34.368/139.264/565.148Mbit/s。

典型2G网络的每个基站可同时支持50路语音呼叫，每个交换机可以支持近100个基站，交换机到固定网络之间需要5000个话路的传输容量。

在蜂窝移动通信网中，为便于网络组织，将一个移动通信网分为若干个服务区，每个服务区又分为若干个MSC区，每个MSC区又分为若干个位置区，每个位置区由若干个基站小区组成。一个移动通信网由多少个服务区或多少个MSC区组成，取决于移动通信网所覆盖地域的用户密度和地形地貌等。多个服务区的网络结构如图3-22所示。每个MSC（包括移动电话端局和移动汇接局）要与本地的市话汇接局、本地长途电话交换中心相连。MSC之间需互连互通才可以构成一个功能完善的网络。

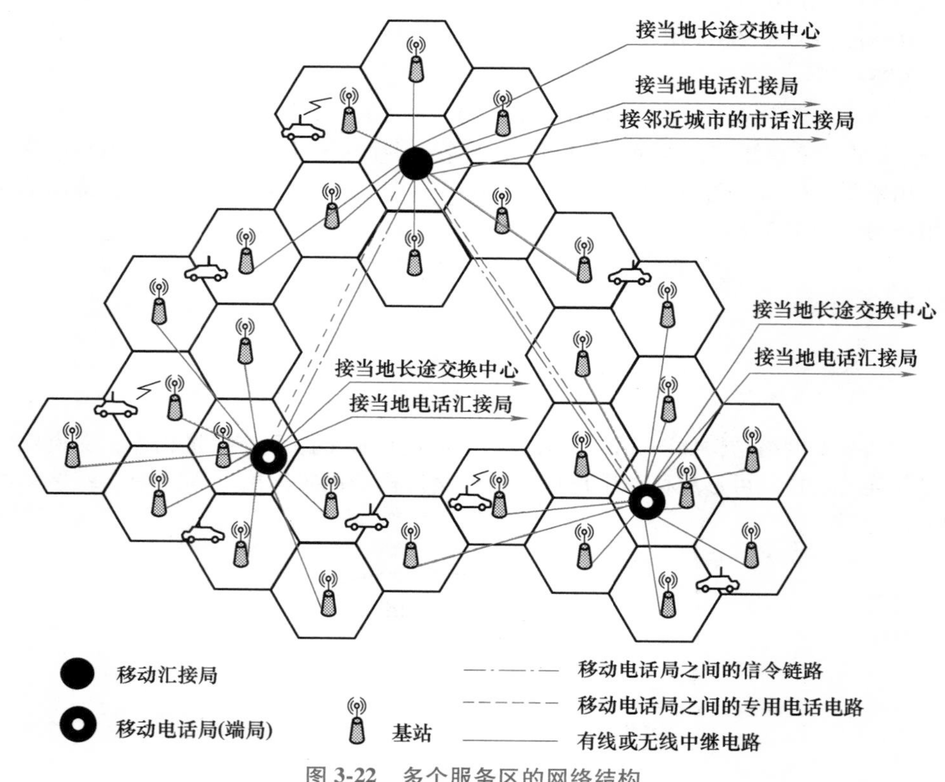

图3-22　多个服务区的网络结构

有线通信网上的两个终端每次成功的通信都包括三个阶段，即呼叫建立、消息传输和释放，蜂窝移动通信的交换技术也包括这三个过程。但是，移动通信网络中使用的交换机与常规交换机的主要不同是除了要完成常规交换机的所有功能外，它还负责移动性管理和无线资源管理（包括越区切换、漫游、用户位置登记管理等）。原因在于以下两点：一是移动用户没有固定位置，所以在呼叫建立过程中首先要确定用户所在位置，其次在每次通话过程中，系统还必须一直跟踪每个移动用户位置的变化；二是蜂窝系统采用了频率复用和小区覆盖技术，所以在跟踪用户移动过程中，必然会从一个无线小区越过多个无线小区，从而发生多次越区频道（信道）切换问题，以及不同网络间切换或不同系统间切换的问题。这些问题也就是移动性管理和无线资源管理问题。所以说蜂窝移动通信的交换技术要比有线电话系统的交换技术复杂。

3.6.2　移动通信网的典型网络结构

在模拟蜂窝移动通信系统中，移动性管理和用户鉴权及认证都包括在MSC中。在2G移动通信系统中，将移动性管理、用户鉴权及认证从MSC中分离出来，设置原籍位置寄存器（HLR）和访问位置寄存器（VLR）来进行移动性管理，典型的网络结构如图3-23所示。每个移动用户必须在HLR中注册。HLR中存储的用户信息分为两类：一类是有关用户的参数信息，例如用户类别，向用户提供的服务，用户的各种号码、识别码，以及用户的保密参数等。另一类是关于用户当前位置的信息（例如移动台漫游号码、VLR地址等），以及建立至移动台的呼叫路由。

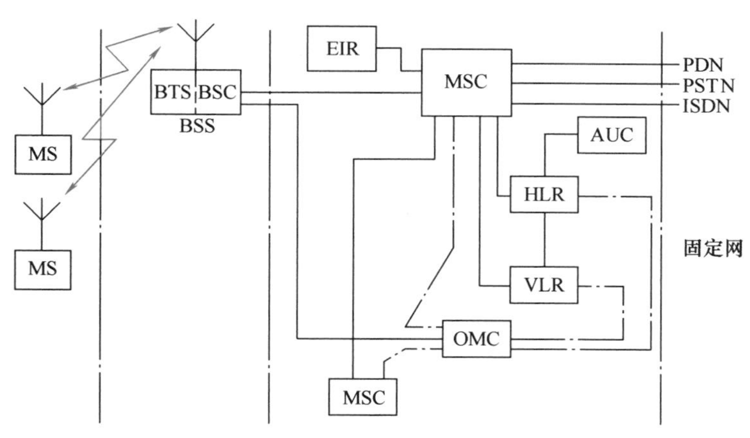

图 3-23　2G 数字蜂窝移动通信网络结构

访问位置寄存器（VLR）是存储用户位置信息的动态数据库。当漫游用户进入某个 MSC 区域时，必须向与该 MSC 相关的 VLR 登记，并被分配一个移动用户漫游号（MSRN），在 VLR 中建立该用户的有关信息，其中包括移动用户识别码（MSI）、移动台漫游号（MSRN）、所在位置区的标志以及向用户提供的服务等参数，这些信息是从相应的 HLR 中传递过来的。MSC 在处理入网和出网呼叫时需要查询 VLR 中的有关信息。一个 VLR 可以负责一个或若干个 MSC 区域。网络中设置认证中心（AUC）进行用户鉴权和认证。

认证中心是认证移动用户的身份以及产生相应认证参数的功能实体。这些参数包括随机号码 RAND、期望的响应 SRES（Signed Response）和密钥 K_C 等。认证中心对任何试图入网的用户进行身份认证，只有合法用户才能接入网中并得到服务。

在构成实际网络时，根据网络规模、所在地域以及其他因素，上述功能实体可有各种配置方式。通常将 MSC 和 VLR 设置在一起，而将 HLR、EIR 和 AUC 合设于另一个物理实体中。在某些情况下，MSC、VLR、HLR、AUC 和 EIR 也可合设于一个物理实体中。

为了适应移动数据业务和多媒体业务的发展，3G 移动通信网络结构发生了变化。从业务角度看，在电路域业务方面，3G 除了提供 2G 的所有业务之外，还要提供 2G 网络难以提供的业务，如多媒体可视电话业务；在分组域业务方面，3G 网络提供了更加丰富的业务，如网上冲浪、视频点播、移动办公和信息娱乐等。图 3-24 给出了 R99（第三代移动通信标准化组织 3GPP 所制定标准的版本号）的 3G 网络结构示意图，其中 Node B 对应于 2G 系统的基站收发信机（BTS），RNC 对应于 2G 系统的基站控制器（BSC），RNS 对应于 2G 系统的基站子系统（BSS）。

R99 采用核心网络（CN）和无线接入网络（RAN）结构，其中核心网络是基于 GSM/GPRS 的核心网络，分为电路（CS）域和分组（PS）域；无线接入网则引入 WCDMA 接入网（即 UTRAN）。在无线接入部分，R99 除了支持新引入的 UTRAN 的 RNS 之外，也支持 GSM/GPRS 的 BSS。

在 R99 的核心网络中，CS 域和 PS 域是并列的。CS 域的功能实体包括 MSC、VLR、GMSC（移动交换中心网关）和 IWF（互通功能）等；PS 域特有的功能实体主要包括 SGSN（GPRS 服务支持节点）、GGSN（GPRS 网关支持节点）等；而 HLR、AUC、SCP（智能网业务控制点）和 EIR 等为 CS 域和 PS 域共用设备。R99 的 CS 域是基于时分复用技术的，并仍采用分级组网模式，通过 GMSC 和外部网络相连；PS 域是基于 IP 技术的，通过 GGSN 和分组网络相连。核心网与接入网之间的 Iu 接口采用 ATM 技术来传输。核心网可以和智能网相连，以增强对智能业务的支持。

3G 网络结构是向后兼容的，只是在无线接入网和核心网的控制上发生了较大的改变和演进。

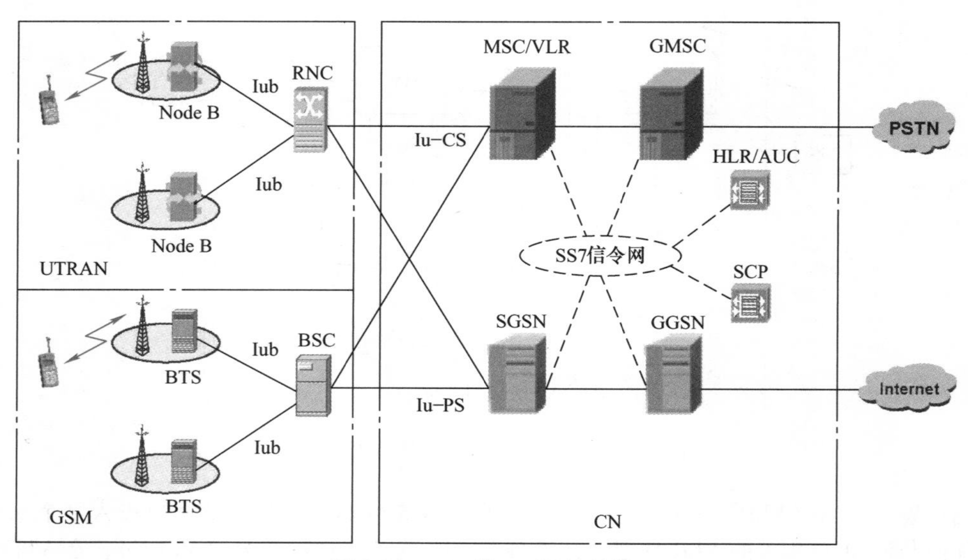

图 3-24　R99 的 3G 网络结构

当前，移动通信网络结构正在继续演变，例如 3GPP 的 LTE 网络结构采用了扁平式的 RAN 结构，基站（eNode B）之间可直接相连，呈现出网格网络的特征。

移动通信网的网络结构是随着技术的发展不断改进的。在模拟移动通信网中，没有专门的智能节点；在第二代的数字移动通信网中，引入了 HLR、VLR、业务控制点、充值中心等智能节点，提供灵活计费类、卡类、呼叫控制类、移动梦网等业务；随着智能网（IN）技术的发展，第三代移动通信网建立在更高级的智能平台上，提供位置类、流媒体类、IP 多媒体类等业务。随着移动通信的日益普及，人们不仅需要语音业务，还需要音频、数据、图像和视频业务。也就是说，人们希望现在的固定电信网和因特网（Internet）的各种业务都能有效地延伸到移动通信中，这就需要一个宽带的信息传输网络来承载这些信息，同时要求移动通信网能对各个用户的业务进行管理。因此未来的移动通信网的网络结构应分为三个层次：最低层为通用信息接入网络，它能使人们利用各种空中接口标准，在不同的环境下（如室内、室外、卫星等）都能接入到网络中；其次是宽带信息传输网络（也称为核心交换网络），它既能有效地承载大量用户的多种类型、多种速率的业务和高效地处理高密度、高移动的用户呼叫，同时还能承载和处理大量的用户移动性管理等控制和管理负荷；最高层为业务管理（控制）网络，它不仅能够提供现有的网络业务的管理，还具有为用户提供生成自行设计的新业务的能力和在网络中迅速引入这些新业务的能力。此外，还有两个支持网络：一个是智能信令控制网络，它提供用户和网络之间的虚电路/信道的连接和同步、智能路由和特殊的网络业务功能；另一个是统一的网络管理，它提供全网的运行、维护和管理，它对保证服务质量和无线资源的最佳监测和使用是必需的。

本节叙述的网络结构属于集中式控制网络，其中的交换网络可以是电路交换网络，也可以是分组交换网络。

3.7　信令

信令是与通信有关的一系列控制信号。它用于确保终端、交换系统及传输系统的协同运行，在指定的终端之间建立临时通信信道，并维护网络本身正常运行。通信网中采取何种信令方式，与交换局采用的控制技术密切相关。

在移动通信网中，除了传输用户信息之外，为使全网有秩序地工作，还必须在正常通话的前

后和过程中传输很多其他的控制信息，诸如一般电话网中必不可少的摘机、挂机、空闲音、忙音、拨号、振铃、回铃及无线通信网中所需的频道分配、用户登记与管理、呼叫与应答、越区切换和发射机功率控制等信号。这些和通信有关的控制信号统称为信令。

信令不同于用户信息，用户信息是直接通过通信网络由发信者传输到收信者的，而信令通常需要在通信网络的不同环节（基站、移动台和移动控制交换中心等）之间传输，各环节进行分析处理并通过交互作用形成一系列的操作和控制，其作用是保证用户信息有效且可靠地传输。因此，信令可看成是整个通信网络的神经中枢，其性能在很大程度上决定了一个通信网络为用户提供服务的能力和质量。

有了信令，在程控交换、网络数据库以及网络中的其他“智能”结点才可变换下列有关信息，即呼叫建立（Setup）、监控（Supervision）、拆除（Teardown）、分布式应用进程所需的信息（进程之间的询问/响应或用户到用户的数据）及网络管理信息。

信令分为两种：一种是用户到网络结点间的信令（称为接入信令）；另一种是网络结点之间的信令（称为网络信令）。应用最为广泛的网络信令是 7 号信令。

3.7.1 接入信令

在移动通信中，接入信令是指移动台到基站之间的信令。按信号形式的不同，接入信令又可分为数字信令和音频信令两类。由于数字信令具有速度快、容量大、可靠性高等明显的优点，它已成为目前公用移动通信网中采用的主要形式。

1. 数字信令

随着移动通信网络容量的扩大及微电子技术的发展，需求和可能性两方面都促进了数字信令的发展，逐步取代了模拟音频信令。特别是在大容量的移动通信网中，目前已广泛使用了数字信令。数字信令传输速度快，组码数量大，电路便于集成化可以促进设备小型化且降低成本。需要注意的是，在移动通信信道中传输数字信令，除需要窄带调制和同步之外，还必须解决可靠传输的问题。因为在信道中遇到干扰之后，数字信号会发生错码，必须采用各种差错控制技术，如检错和纠错等，才能保证可靠的传输。

在传输数字信令时，为便于接收端解码，要求数字信令按一定的格式编排。信令格式是多种多样的，不同通信系统的信令格式也各不相同。典型的信令格式如图 3-25 所示，它包括前置码（P）、字同步码（SW）、地址或数据（A 或 D）、纠错码（SP）等 4 部分。

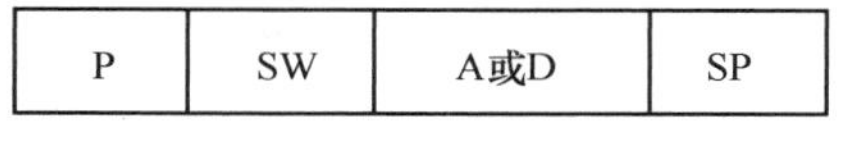

图 3-25 典型的数字信令格式

1）前置码（P）：前置码提供位同步信息，以确定每一码的起始和终止时刻，以便接收端进行积分和判决。为便于提取位同步信息，前置码一般采用 1010…的交替码。接收端用锁相环路即可提取出位同步信息。

2）字同步码（SW）：字同步码用于确定信息（报文）的开始位，相当于时分制多路通信中的帧同步，因此也称为帧同步。适合作字同步的特殊码组很多，它们具有尖锐的自相关特性，便于与随机的数字信息相区别。在接收时，可以在数字信号序列中识别出这些特殊码组的位置来实现字同步。最常用的是著名的巴克码。

3）地址或数据（A 或 D）：通常包括控制、选呼、拨号等信令，各种系统都有其独特的规定。

4）纠错码（SP）：有时还称作监督码。不同的纠错编码有不同的检错和纠错能力。一般来说，监督位码元所占的比例越大，检（纠）错的能力就越强，但编码效率就越低。可见，纠错编码是以降低信息传输速率为代价来提高传输可靠性的。移动通信中常用的纠错编码有奇偶校验码、汉明码、BCH 码和卷积码等。

一种用于 TACS 系统反向信道的信令格式如图 3-26 所示。图中由若干个字组成一条消息，每个字采用 BCH（48，36，5）进行纠错编码，然后重复 5 次，以提高消息传输的可靠性。

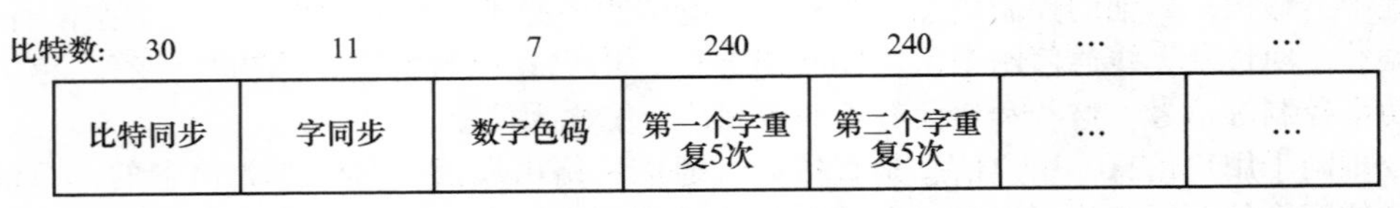

图 3-26　TACS 系统反向信道的信令格式

2. 音频信令

音频信令是由不同的音频信号组成的。目前常用的有单音频信令、双音频信令和多音频信令等三种。下面以双音频拨号信令为例来介绍音频信令。

拨号信令是移动台主叫时发往基站的信号，它应考虑与市话机有兼容性且适宜于在无线信道中传输。常用的方式有单音频脉冲、双音频脉冲、10 中取 1、5 中取 2 及 4×3 方式。

单音频脉冲方式是用拨号盘使 2.3kHz 的单音按脉冲形式发送，虽然简单，但受干扰时易误动。双音频脉冲方式应用广泛，已比较成熟。10 中取 1 是用话带内的 10 个单音，每一个单音代表一个十进制数。5 中取 2 是用话带内的 5 个单音，每次同时选发两个单音，共有 $C_5^2=10$ 种组合，代表 0~9 共 10 个数。

3.7.2　网络信令

常用的网络信令就是 7 号信令，它主要用于协调交换机之间和交换机与数据库（如 HLR，VLR，AUC）之间的信息交换。

7 号信令系统的协议结构如图3-27所示。它包括 MTP、SCCP、TCAP、MAP、OMAP 和 ISDN-UP 等部分。

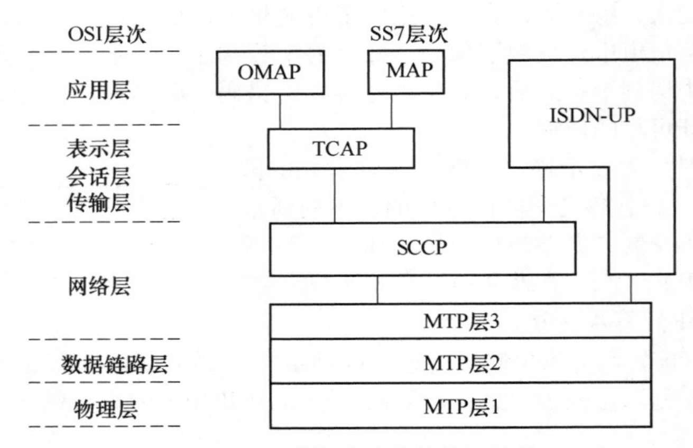

图 3-27　7 号信令系统的协议结构

消息传输部分（MTP）提供一个无连接的消息传输系统。它可以使信令信息跨越网络到达目的地。MTP 可消除网络中系统发生的故障对信令传输产生的不利影响。

MTP 分为三层：第一层为信令数据层，它定义了信号链路的物理和电气特性；第二层是信令链路层，它提供数据链路的控制，负责提供信令数据链路上的可靠数据传输；第三层是信令网络层，它提供公共的消息传送功能。

信令连接控制部分（SCCP）提供用于无连接和面向连接业务所需的对 MTP 的附加功能。SCCP 提供地址的扩展能力和 4 类业务。这 4 类业务是：0 类—基本的无连接型业务；1 类—有序的无连接型业务；2 类—基本的面向连接型业务；3 类—具有流量控制的面向连接型业务。

ISDN 用户部分（ISDN-UP 或 ISUP）支持的业务包括基本的承载业务和许多 ISDN 补充业务。ISDN-UP 既可以使用 MTP 业务在交换机之间可靠地按顺序传输信令消息，也使用 SCCP 业务作为点对点信令方式。ISDN-UP 支持的基本承载业务就是建立、监视和撤除发送端交换机和接收端交换机之间 64kbit/s 的电路连接。

事务处理能力应用部分（TCAP）提供与电路无关的信令应用之间交换信息的能力，TCAP 提供操作、维护和管理（OMAP）和移动应用部分应用（MAP）等。

7 号信令的网络结构如图 3-28 所示。

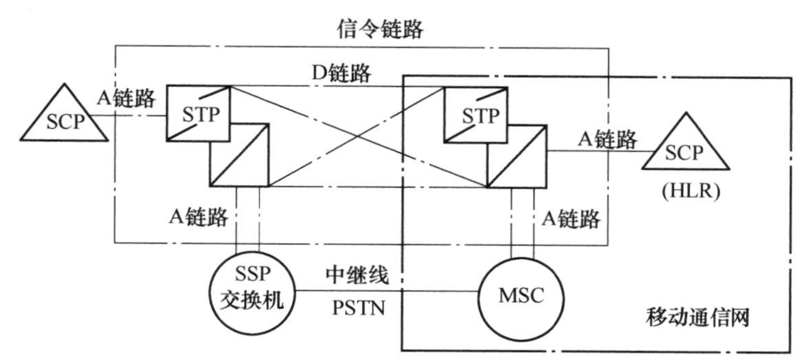

图 3-28　7 号信令的网络结构

7 号信令网络是与现行 PSTN 平行的一个独立网络。它由三个部分组成：信令点（SP）、信令链路和信令转移点（STP）。信令点（SP）是发出信令和接收信令的设备，它包括业务交换点（SSP）和业务控制点（SCP）。

SSP 是一个电话交换机，它们由 SS7 链路互连，完成在其交换机上发起、转移或到达的呼叫处理。移动通信网中的 SSP 称为移动交换中心（MSC）。

SCP 包括提供增强型业务的数据库，SCP 接收 SSP 的查询，并返回所需的信息给 SSP。在移动通信中，SCP 可包括一个 HLR 或一个 VLR。

STP 是在网络交换机和数据库之间中转 SS7 消息的交换机。STP 根据 SS7 消息的地址域，将消息送到正确的输出链路上。为满足苛刻的可靠性要求，STP 都是成对提供的。

在 SS7 信令网中共有 6 种类型的信令链路，图 3-28 中仅给出 A 链路（Access Link）和 D 链路（Diagonal Link）。

3.7.3　信令应用

为了说明信令的作用和工作过程，下面以固定用户呼叫移动用户为例进行说明。呼叫过程如图 3-29 所示。

图 3-29 由信令网络和电话交换网络组成：电话交换网络由三个交换机（端局交换机、汇接局交换机和移动交换机）、两个终端（电话终端、移动台）及中继线（交换机之间的链路）、ISDN 线路（固定电话机与端局交换机之间的链路）和无线接入链路（MSC 至移动台之间的等效链路）组成。固定电话机到端局交换机采用接入信令，移动链路也是采用接入信令。交换机之间采用网络信令（7 号信令）。

假定固定电话用户呼叫移动用户。用户摘机拨号后，固定电话机发出建立（SETUP）消息请求建立连接，端局交换机根据收到的移动台号码，确定出移动台的临时本地号码（TLDN）。

在得知移动用户的 TLDN 后，端局交换机通过信令链路（①→②→③→④→⑤）向 MSC 发送初始地址消息（IAM），进行中继链路的建立，并向固定电话机回送呼叫正在处理（CALLPROCESSING）消息，指示呼叫正在处理。

当 IAM 到达 MSC 后，MSC 寻呼移动用户。寻呼成功后，向移动台发送 SETUP 消息。如果该移动用户是空闲的，则向 MSC 发送警示（ALERTING），接着向移动台振铃。通过信令链路（⑤→④→③→②→①）向端局交换机发送地址完成消息（ACM）。该消息表明 MSC 已收到完成该呼叫

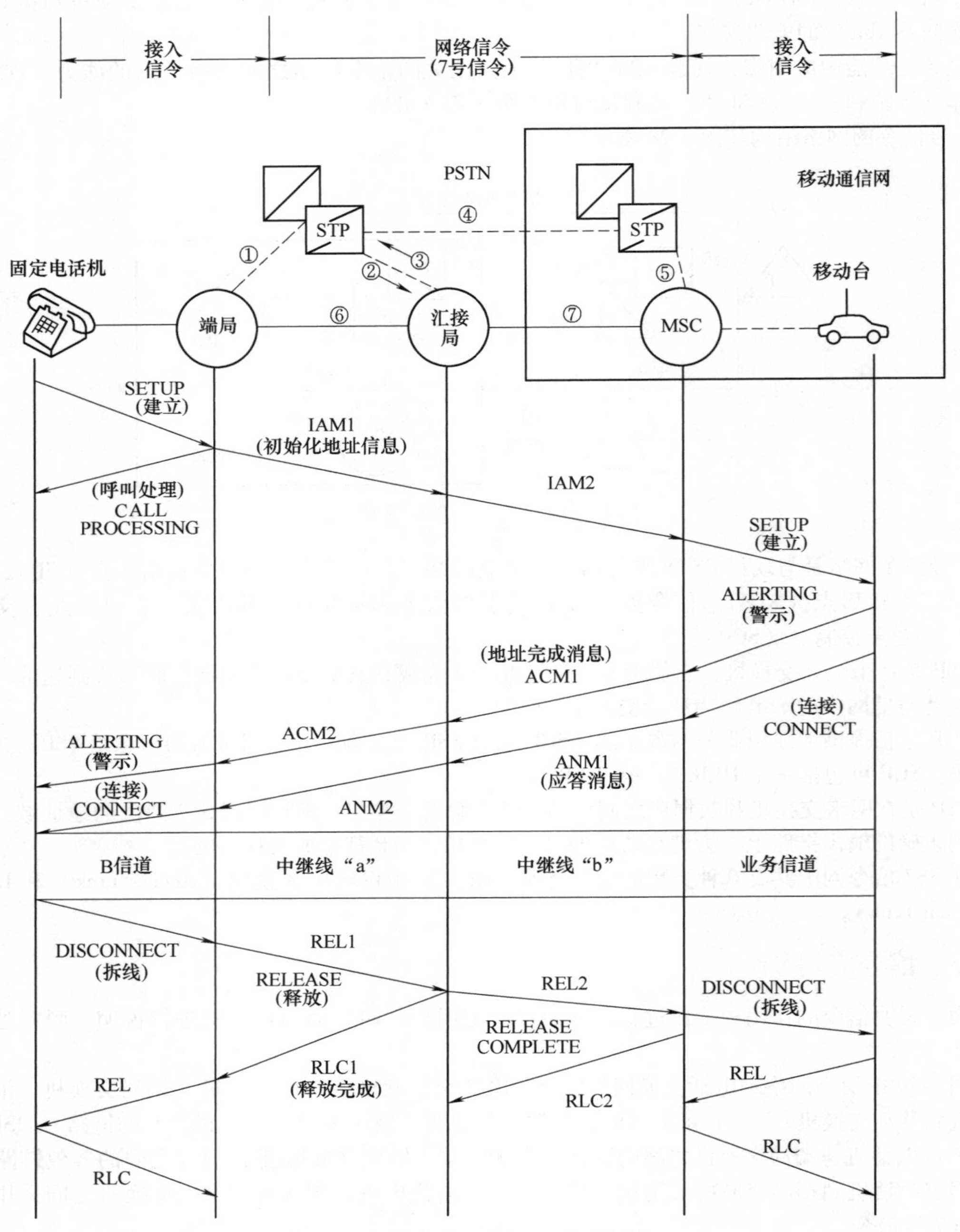

图 3-29 信令应用举例（呼叫控制）

所需的路由信息，并把有关移动用户的信息、收费指示、端到端协议要求通知端局交换机。ACM 到达端局交换机后，该交换机向固定电话端发送警示（ALERTING）消息。固定电话机向用户送回铃声。

当移动用户摘机应答这次呼叫时，移动台向 MSC 发送 CONNECT 消息，将无线业务信道接通，MSC 收到后，发给端局交换机一个应答消息（ANM），指示呼叫已经应答，并将选定的中继线⑥和⑦接通。ANM 到达后，端局交换机向固定电话机发送 CONNECT 消息，将选定的 B 信道接通。至此，固定用户通过 B 信道、中继链路⑥和⑦及无线业务信道进行通话。

通话结束后，假定固定电话用户先挂机，它向网络发送 DISIONNECT 消息，请求拆除链路，端局交换机通过信令链路发送释放消息（REL），指明使用的中继线将要从连接中释放出来。MSC 收到 REL 消息后，向移动用户发送 DISCONNECT 消息，移动台拆除业务信道后，向 MSC 发送 REL 消息，MSC 以 RLC（RELEASE COMPLETE）消息应答。

当汇接交换机和 MSC 收到 REL 后，以释放完成消息（RLC）进行应答，以确信指定的中继线已在空闲状态，端局交换机和汇接交换机收到 RLC 后，将指定的中继线置为空闲状态。端局交换机拆除连接后向固定电话机发出 REL 消息，固定电话机以 RLC 消息应答。

3.8 移动性管理

我们知道，在所有电话网络中建立两个用户——始呼和被呼之间的连接是通信的最基本任务。为了完成这一任务，网络必须完成系列的操作，诸如识别被呼用户、定位用户所在的位置、建立网络到用户的路由连接并维持所建立的连接直至两用户通话结束。最后当用户通话结束时，网络要拆除所建立的连接。

由于固定网用户所在的位置是固定的，所以在固定网中建立和管理两用户间的呼叫连接是相对容易的。而移动通信网由于它的用户是移动的，所以建立一个呼叫连接是较为复杂的。通常在移动通信网中，为了建立一个呼叫连接需要解决三个问题：

1）用户所在的位置。

2）用户识别。

3）用户所需提供的业务。

下面我们将从这三个问题出发讨论移动性管理过程。

当一个移动用户在随机接入信道上发起对另一个移动用户或固定用户的呼叫时，或者某个固定用户呼叫移动用户时，移动通信网络就会开始一系列的操作。这些操作涉及网络的各个功能单元，包括基站、移动台、移动交换中心、各种数据库，以及网络的各个接口。这些操作将建立或释放控制信道和业务信道，进行设备和用户的识别、完成无线链路、地面链路的交换和连接，最终在主叫和被叫之间建立点到点的通信链路，提供通信服务。这个过程就是呼叫接续过程。

当移动用户从一个位置区漫游到另一个位置区时，同样会引起网络各个功能单元的一系列操作。这些操作将引起各种位置寄存器中移动台位置信息的登记、修改或删除，若移动台正在通话，则将引起越区转接过程。这些都是支持蜂窝系统移动性管理的过程。

3.8.1 系统的位置更新过程

以 GSM 系统为例，其位置更新包括三个方面的内容：第一，移动台的位置登记；第二，当移动台从一个位置区域进入一个新的位置区域时，移动通信系统所进行的通常意义下的位置更新；第三，在一个特定时间内，网络与移动台没有发生联系时，移动台自动地、周期地（以网络在广播信道发给移动台的特定时间为周期）与网络取得联系，核对数据。

移动通信系统中位置更新的目的是使移动台总与网络保持联系，以便移动台在网络覆盖范围内的任何一个地方都能接入到网络中。或者说网络能随时知道 MS 所在的位置，以使网络可随时寻呼到移动台。在 GSM 系统中是用各类数据库维持移动台与网络联系的。

在用户侧，一个最重要的数据库就是 SIM（Subscriber Identity Module）卡。SIM 卡中存有用于用户身份认证所需的信息，并能执行一些与安全保密有关的信息，以防止非法用户入网。另外，SIM 卡还存储与网络和用户有关的管理数据。SIM 卡是一个独立于用户移动设备的用户识别和数据存储设备，移动设备只有插入 SIM 卡后才能进网使用。在网络侧，从网络运营商的角度看，SIM 卡就代表了用户，就好像移动用户的“身份证”。每次通话中，网络对用户的鉴权实际上是对 SIM 卡的鉴权。

网络运营部门向用户提供SIM卡时需要注入用户管理的有关信息，其中包括：用户的国际移动用户识别号（IMSI）、鉴权密钥（Ki）、用户接入等级控制及用户注册的业务种类和相关的网络信息等内容。

当网络端允许一个新用户接入网络时，网络要对新移动用户的国际移动用户识别码（IMSI）的数据做“附着”标记，表明此用户是一个被激活的用户，可以入网通信了。移动用户关机时，移动设备要向网络发送最后一次消息，其中包括分离处理请求，“移动交换中心/访问位置寄存器”收到“分离”消息后，就在该用户对应的IMSI上进行“分离”标记，去掉“附着”。

当网络在特定时间内没有收到来自移动台的任何信息时，就启动周期位置更新措施。比如在某些特定条件下由于无线链路质量很差，网络无法接收移动台的正确消息，而此时移动台还处于开机状态并接收网络发来的消息。在这种情况下，网络无法知道移动台所处的状态。为了解决这一问题，系统采取了强制登记措施。如系统要求移动用户在特定时间内，例如一个小时，登记一次。这种位置登记过程就叫作周期位置更新。

3.8.2 越区切换

越区切换（Handover或Handoff）是指将当前正在进行的移动台与基站之间的通信链路从当前基站转移到另一个基站的过程。该过程也称为自动链路转移（Automatic Link Transfer，ALT）。

越区切换通常发生在移动台从一个基站覆盖小区进入到另一个基站覆盖小区的情况下。为了保持通信的连续性，将移动台与当前基站的链路转移到移动台与新基站之间。

越区切换的研究包括三个方面的问题：

1）越区切换的准则，也就是何时需要进行越区切换。

2）越区切换如何控制，它包括同一类型小区之间切换如何控制和不同类型小区之间切换如何控制。

3）越区切换时的信道分配。

越区切换算法研究所关心的主要性能指标包括：越区切换的失败概率、因越区失败而使通信中断的概率、越区切换的速率、越区切换引起的通信中断的时间间隔以及越区切换发生的时延等。

越区切换分为两大类：一类是硬切换；另一类是软切换。硬切换是指在新的连接建立以前，先中断旧的连接。而软切换是指既维持旧的连接，又同时建立新的连接，并利用新旧链路的分集合并来改善通信质量，当与新基站建立可靠连接之后再中断旧链路。

在越区切换时，可以仅以某个方向（上行或下行）的链路质量为准，也可以同时考虑双向链路的通信质量。

1. 越区切换的准则

在决定何时需要进行越区切换时，通常根据移动台处的接收平均信号强度，也可以根据移动台处的信噪比（或信号干扰比）、误比特率等参数来确定。

假定移动台从基站1向基站2运动，其信号强度的变化如图3-30所示。

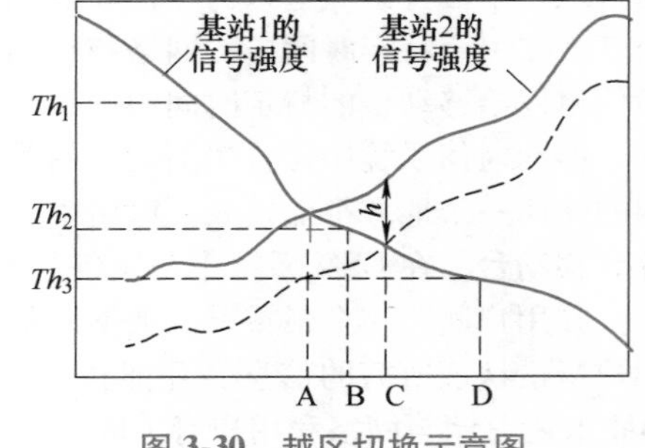

图3-30 越区切换示意图

判断何时需要越区切换的准则如下：

1）相对信号强度准则（准则1）：在任何时间都选择具有最强接收信号的基站。如图3-30中的A处将要发生越区切换。这种准则的缺点是：在原基站的信号强度仍满足要求的情况下，会引发太多不必要的越区切换。

2）具有门限规定的相对信号强度准则（准则2）：仅允许移动用户在当时基站的信号足够弱（低于某一门限），且新基站的信号强于本基站信号的情况下，才可以进行越区切换。如图3-30所示在门限为Th_2时，在B点将会发生越区切换。

在该方法中，门限选择具有重要作用。例如在图3-30中，如果门限太高，取为Th_1，则该准则与准则1相同。如果门限太低，则会引起较大的越区时延。此时，可能会因链路质量较差导致通信中断，另一方面，它会引起对同道用户的额外干扰。

3）具有滞后余量的相对信号强度准则（准则3）：仅允许移动用户在新基站的信号强度比原基站信号强度强很多（即大于滞后余量：Hysteresis Margin）的情况下进行越区切换。例如图3-30中的C点。该技术可以防止由于信号波动引起的移动台在两个基站之间的来回重复切换——即“乒乓效应”。

4）具有滞后余量和门限规定的相对信号强度准则（准则4）：仅允许移动用户在当前基站的信号电平低于规定门限并且新基站的信号强度高于当前基站一个给定滞后余量时进行越区切换，如图3-30中的D点所示。

还可以有其他类型的准则，例如通过预测技术（即预测未来信号电平的强弱）来决定是否需要越区。还可以考虑人或车辆的运动方向和路线等。另外，在上述准则中还可以引入一个定时器（即在定时器到时间后才允许越区切换），采用滞后余量和定时相结合的方法。

2. 越区切换的控制策略

越区切换控制包括两个方面：一方面是越区切换的参数控制，另一方面是越区切换的过程控制。参数控制在上面已经提到，这里主要讨论过程控制。

在移动通信系统中，过程控制的方式主要有三种：

（1）移动台控制的越区切换

在该方式中，移动台连续监测当前基站和几个越区时的候选基站的信号强度和质量。当满足某种越区切换准则后，移动台选择具有可用业务信道的最佳候选基站，并发送越区切换请求。

（2）网络控制的越区切换

在该方式中，基站监测来自移动台的信号强度和质量，当信号低于某个门限后，网络开始安排向另一个基站的越区切换。网络要求移动台周围的所有基站都监测该移动台的信号，并把测量结果报告给网络。网络从这些基站中选择一个基站作为越区切换的新基站，并把结果通过旧基站通知移动台和新基站。

（3）移动台辅助的越区切换

在该方式中，网络要求移动台测量其周围基站的信号并把结果报告给旧基站，网络根据测试结果决定何时进行越区切换，以及切换到哪一个基站。

例如，PACS和DECT系统采用了移动台控制的越区切换，IS-95CDMA和GSM系统采用了移动台辅助的越区切换。

3. 越区切换时的信道分配

越区切换时的信道分配是用来解决呼叫转换到新小区时的链路问题，新小区分配信道的目标是使得越区切换失败的概率尽量小。常用的做法是在每个小区预留部分信道专门用于越区切换。这种做法的特点是：因新呼叫时可用信道数的减少，增加了呼损率，但减少了通话被中断的概率，迎合了人们的使用习惯。

3.9 思考题与习题

1. 组网技术包括哪些主要问题？
2. 为何会存在同频干扰？同频干扰会带来什么样的问题？
3. 什么叫同频复用？同频复用系数取决于哪些因素？
4. 为何说最佳的小区形状是正六边形？
5. 证明对于六边形系统，同频复用系数为$Q=\sqrt{3N}$，其中，$N=i^2+j^2+ij$。
6. 设某小区移动通信网中，每个区群有4个小区，每个小区有5个信道。试用分区分组配置法完成群内小区的信道配置。

7. 什么叫中心激励？什么叫顶点激励？采用顶点激励方式有什么好处？两者在信道的配置上有何不同？

8. 试绘出单位无线区群的小区个数 $N=4$ 时，3 个单位区群彼此邻接时的结构图形。假定小区半径为 r，邻近的无线区群的同频小区的中心间距如何确定？

9. 设某蜂窝移动通信网的小区辐射半径为 8km，根据同频干扰抑制的要求，同频小区之间的距离应大于 40km。问该网的区群应如何组成？试画出区群的构成图、群内各小区的信道配置以及相邻同信道小区的分布图。

10. 移动通信网的某个小区共有 100 个用户，平均每用户 $C=5$ 次/天，$t_0=180\text{s}$/次，$K=15\%$。为保证呼损率小于 5%，需共用的信道数是多少？若允许呼损率达 20%，共用信道数可节省几个？

11. 某基站共有 10 个信道，现容纳 300 个用户，每用户忙时话务量为 0.03Erl，问此时的呼损率为多少？如用户数及忙时话务量不变，使呼损率降为 5%，求所增加的信道数？

12. 什么叫信令？信令的功能是什么？

13. 7 号信令的协议体系包括哪些协议？7 号信令网络包括哪些主要部分？

14. 通信网中交换的作用是什么？移动通信中的交换与有线通信网中的交换有何不同？

15. 什么叫越区切换？越区切换包括哪些问题？软切换和硬切换的差别是什么？

16. 假设称为“Radio Knob”的小区有 57 个信道，每个基站的有效辐射功率为 32W，小区半径为 10km，呼损率 5%。假设平均呼叫的时间为 2min，每个用户每小时平均有 2 次呼叫。而且，假设小区已经达到了最大容量，必须分裂为 4 个新的微小区以提供同区域内的 4 倍容量。

（1）“Radio Knob”的当前容量为多少？

（2）新小区的半径和发射功率为多少？

（3）为了保持系统内的同频复用不变，每个新小区需要多少信道？

第 4 章　数字调制技术

移动通信系统所采用的调制方式是多种多样的，本章主要介绍移动通信对数字调制的要求、线性调制技术、恒包络调制技术、“线性”和“恒包络”相结合的调制技术以及扩频调制技术。

4.1　数字调制技术基础

微视频：
数字调制技术、
线性调制技术、
恒包络调制技术

调制就是对信号源的信息进行处理，使其变为适合传输形式的过程。调制的目的是使所传送的信息能更好地适应信道特性，以达到最有效和最可靠的传输。从信号空间观点来看，调制实质上是从信道编码后的汉明空间到调制后的欧氏空间的映射或变换。移动通信系统的调制技术包括用于第一代移动通信系统的模拟调制技术和用于现今及未来系统的数字调制技术。由于数字通信具有建网灵活、容易采用数字差错控制和数字加密、便于集成化，以及能够进入 ISDN 等优点，所以通信系统都在由模拟方式向数字方式过渡。而移动通信系统作为整个通信网络的一部分，其发展趋势也必然是由模拟方式向数字方式过渡，所以现代的移动通信系统都使用数字调制方式。

4.1.1　移动通信对数字调制的要求

在移动通信中，由于信号传播的条件恶劣和快衰落的影响，接收信号的幅度会发生急剧的变化。因此，在移动通信中必须采用一些抗干扰性能强、误码性能好、频谱利用率高的调制技术，尽可能地提高单位频带内传输数据的比特速率以适应移动通信的要求。数字调制方式应考虑如下因素：抗干扰性能、抗多径衰落的能力、已调信号的带宽以及使用成本等。

下面给出移动通信对数字调制技术的要求：

1）抗干扰性能要强，如采用恒包络角调制方式以抗严重的多径衰落影响。

2）要尽可能地提高频谱利用率。

3）占用频带要窄，带外辐射要小。

4）在占用频带宽的情况下，单位频谱所容纳的用户数要尽可能多。

5）同频复用的距离要小。

6）要具有良好的误码性能。

7）要能提供较高的传输速率，使用方便、成本低。

4.1.2　数字调制的性能指标

数字调制的性能常用它的功率效率 η_p（Power Efficiency）和带宽效率 η_B（Bandwidth Efficiency）来衡量。

功率效率 η_p 反映调制技术在低功率情况下保持数字信号正确传送的能力，可表述成在接收机端特定的误码率下，每比特的信号能量与噪声功率谱密度之比

$$\eta_p = \frac{E_b}{N_0} \tag{4-1}$$

带宽效率 η_B 描述调制方案在有限的带宽内容纳数据的能力，它反映对分配的带宽是如何有效利用的，可表述成在给定带宽内每赫兹数据速率的值

$$\eta_B = \frac{R}{B} \tag{4-2}$$

式中，R 是数据速率（单位：bit/s）；B 是已调 RF 信号占用的带宽。

带宽效率有一个基本的上限，由香农（Shannon）公式决定

$$C=B\log_2\left(1+\frac{S}{N}\right) \tag{4-3}$$

可见，在一个任意小的错误概率下，最大的带宽效率受限于信道内的噪声，从而可推导出最大可能的 η_{Bmax} 为

$$\eta_{\mathrm{Bmax}}=\frac{C}{B}=\log_2\left(1+\frac{S}{N}\right) \tag{4-4}$$

在数字通信系统中，对于功率效率和带宽效率的选择通常是一个折中方案。比如，我们对信号增加差错控制编码，提高了占用带宽，即降低了带宽效率，但同时对于给定的误比特率所必需的接收功率降低了，即以带宽效率换取了功率效率。另一方面，现今更多的调制技术降低了占用带宽，却增加了所必需的接收功率，即以功率效率换取了带宽效率。

【例 4-1】 已知 GSM 系统的 $S/N=10\mathrm{dB}$，试求 GSM 系统的带宽效率。

解： GSM 系统的带宽为 200kHz，根据香农公式得

$$C=200\log_2(1+10)=691.87\mathrm{kbit/s}$$

$$\text{带宽效率 } \eta_{\mathrm{B}}=\log_2(1+10)=3.46(\mathrm{kbit/s})/\mathrm{Hz}$$

GSM 系统的信道传输速率为 270.833kbit/s，仅达到信道容量的近 40%。

4.1.3 数字调制信号所需的传输带宽

信号带宽的定义通常都是基于信号功率谱密度（PSD）的某种度量，并没有一个能够完全适用于所有情况的定义。

随机信号 $\omega(t)$ 的功率谱密度定义为

$$P_{\omega}(f)=\lim_{T\to\infty}\left(\frac{|W_T(f)|^2}{T}\right) \tag{4-5}$$

式中，$W_T(f)$ 是 $\omega_T(t)$ 的傅里叶变换；$\omega_T(t)$ 是信号 $\omega(t)$ 的截短式，定义为

$$\omega_T(t)=\begin{cases}\omega(t) & -T/2<t<T/2\\ 0 & \text{其他}\end{cases} \tag{4-6}$$

而对于已调（带通）信号，它的功率谱密度与基带信号的功率谱密度有关。假设一个基带信号

$$s(t)=\mathrm{Re}\{g(t)\exp(\mathrm{j}2\pi f_c t)\} \tag{4-7}$$

式中，$g(t)$ 是基带信号，设 $g(t)$ 的功率谱密度为 $P_g(f)$，则带通信号的功率谱密度为

$$P_s(f)=\frac{1}{4}[P_g(f-f_c)+P_g(-f-f_c)] \tag{4-8}$$

信号的绝对带宽定义为信号的非零值功率谱在频率上占据的范围。最为简单和广泛使用的带宽度量是零点-零点带宽。半功率带宽被定义为功率谱密度下降到一半时或者比峰值低 3dB 时的频率范围。美国联邦通信委员会（FCC）采纳的定义为占用频带内有信号功率的 99%。

4.1.4 目前所使用的主要调制方式

目前所使用的主要调制方式有线性调制技术中的 QPSK 调制、恒包络调制技术中的 GMSK 调制、“线性”和“恒包络”相结合的调制技术中的 QAM 调制、扩频调制技术中的直接序列扩频与跳频、与编码调制相结合技术中的 TCM 调制及多载波技术中的 OFDM 调制，下面将针对这些调制技术进行介绍。

4.2 线性调制技术

数字调制技术通常可以分为线性和非线性调制两类。在线性调制技术当中，传输信号 $s(t)$ 的幅

度随调制信号 $m(t)$ 的变化呈线性变化。线性调制技术带宽效率高，所以非常适用于在有限频带要求下，容纳尽可能多的用户的无线通信系统。

在线性调制技术中，传输信号 $s(t)$ 可表示为

$$s(t)=\mathrm{Re}[Am(t)\exp(\mathrm{j}2\pi f_c t)] \tag{4-9}$$

$$=A[m_R(t)\cos(2\pi f_c t)-m_I(t)\sin(2\pi f_c t)] \tag{4-10}$$

式中，A 是载波振幅；f_c 是载波频率；$m(t)$ 通常为复数形式的已调信号的复包络。

从上面的式子可看出，载波信号的包络随调制信号呈线性变化。线性调制通常都不是恒包络的。线性调制技术具有很好的频谱效率，但是在传输当中必须使用功率效率低的线性放大器，如果使用功率效率高的非线性放大器则会造成严重的邻道干扰。目前，移动通信系统中使用最普遍的线性调制技术有 QPSK、OQPSK 和 π/4QPSK。

4.2.1 正交四相移相键控

为了提高频谱利用率，人们提出多进制相移键控（MPSK）。M 进制基带信号对应于载波相位差 $2\pi/M$ 的 M 个相位值。4PSK（QPSK）在一个调制符号中发送 2bit，因此，QPSK 的频带利用率是 BPSK 频带利用率的两倍。载波相位取 4 个空间相位 0、π/2、π 和 3π/2 中的一个，每个空间相位代表一对唯一的信息比特。处于这个符号状态集的 QPSK 信号定义如下：

$$S_{\mathrm{QPSK}}(t)=\sqrt{\frac{2E_s}{T_s}}\cos\left[2\pi f_c t+(i-1)\frac{\pi}{2}\right] \qquad 0\leqslant t\leqslant T_s \tag{4-11}$$

式中，T_s 是符号间隙，等于两个比特周期，式（4-11）可进一步写成

$$S_{\mathrm{QPSK}}(t)=\sqrt{\frac{2E_s}{T_s}}\left\{\cos(2\pi f_c t)\cos\left[(i-1)\frac{\pi}{2}\right]-\sin(2\pi f_c t)\sin\left[(i-1)\frac{\pi}{2}\right]\right\} \tag{4-12}$$

假设 QPSK 信号集的基元函数如下：

$$\phi_1(t)=\sqrt{\frac{2}{T_s}}\cos(2\pi f_c t) \qquad 0\leqslant t\leqslant T_s \tag{4-13}$$

$$\phi_2(t)=\sqrt{\frac{2}{T_s}}\sin(2\pi f_c t) \qquad 0\leqslant t\leqslant T_s \tag{4-14}$$

则信号集内的 4 个信号可以由基元信号表示为

$$S_{\mathrm{QPSK}}(t)=\left\{\sqrt{E_s}\cos\left[(i-1)\frac{\pi}{2}\right]\phi_1(t)-\sqrt{E_s}\sin\left[(i-1)\frac{\pi}{2}\right]\phi_2(t)\right\} \tag{4-15}$$

在 QPSK 实现过程中，首先把输入数据做串/并转换，即将二进制数据的每 2bit 分成一组。共有 4 种组合：00、01、11、10。每组又分为同相分量和正交分量，分别对两个正交的载波进行 BPSK 调制，再叠加而成为 QPSK。

QPSK 的相位每隔 $2T_b$ 跳变一次，其相位星座图如图 4-1 所示。

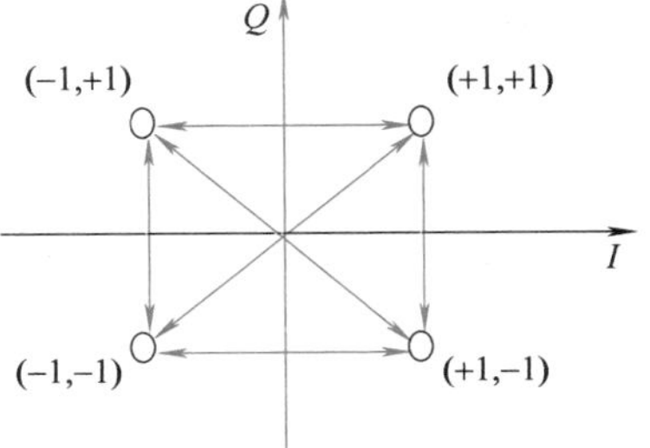

图 4-1 QPSK 相位星座图

在图 4-2 中，我们给出典型的 QPSK 发射机框图。单极性二进制信息流比特率为 R_b，首先用一个单极性-双极性转换器将它转换为双极性非归零序列。然后将比特流 $m(t)$ 分为两个比特流 $m_I(t)$ 和 $m_Q(t)$（同相和正交流），每一个的比特率为 $R_s=R_b/2$。两个二进制序列分别用两个正交的载波 $\phi_1(t)$ 和 $\phi_2(t)$ 进行调制。每一个已调信号都可以被看作是一个 BPSK 信号，对它们求和产生一个 QPSK 信号。解调器输出端的滤波器将 QPSK 信号的功率谱限制在分配的带宽内。这样不仅可以防止信号能量泄露到相邻的信道，还能去除在调制过程中产生的带外杂散信号。在绝大多数实现方式当中，脉冲成形在基带进行，并在发射机的输出端提供适当的 RF 滤波。

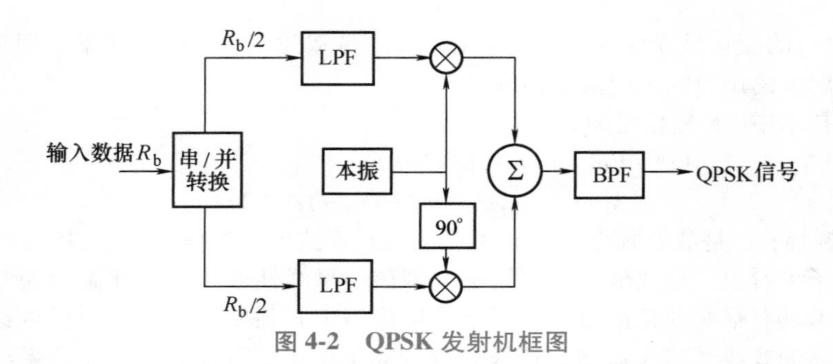

图 4-2　QPSK 发射机框图

在图 4-3 中，我们给出相干 QPSK 接收机框图。前置带通滤波器可以去除带外噪声和相邻信道的干扰。滤波后的输出端分为两个部分，分别用同相和正交载波对其进行解调。解调器的输出提供一个判决电路，产生同相和正交二进制流。这两个部分复用后，再产生出原始二进制序列。

在加性高斯白噪声情况下，QPSK 的平均误码率为

$$P_{e,QPSK}=Q\left(\sqrt{\frac{2E_b}{N_0}}\right) \tag{4-16}$$

这个式子与前面 BPSK 的误码率相同。

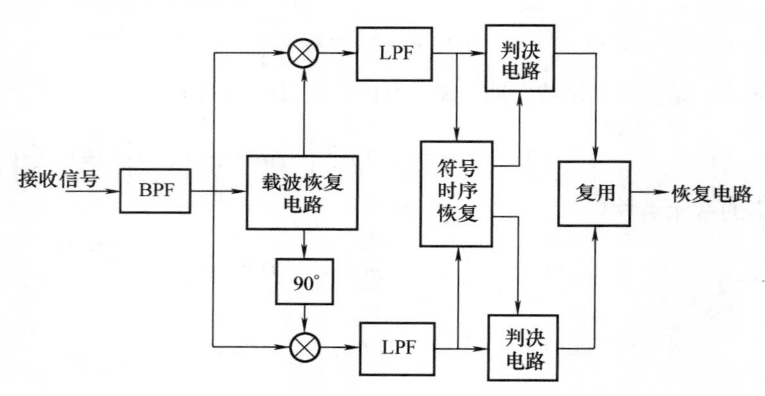

图 4-3　QPSK 接收机框图

由于在相同的带宽情况下，QPSK 发送的数据是 BPSK 的 2 倍。所以，QPSK 信号的功率谱密度为

$$P_{QPSK}(t)=E_b\left[\left(\frac{\sin 2\pi(f-f_c)T_b}{2\pi(f-f_c)T_b}\right)^2+\left(\frac{\sin 2\pi(-f-f_c)T_b}{2\pi(-f-f_c)T_b}\right)^2\right] \tag{4-17}$$

由符号包络为矩形脉冲和升余弦脉冲时的 QPSK 信号的归一化功率谱密度如图 4-4 所示。

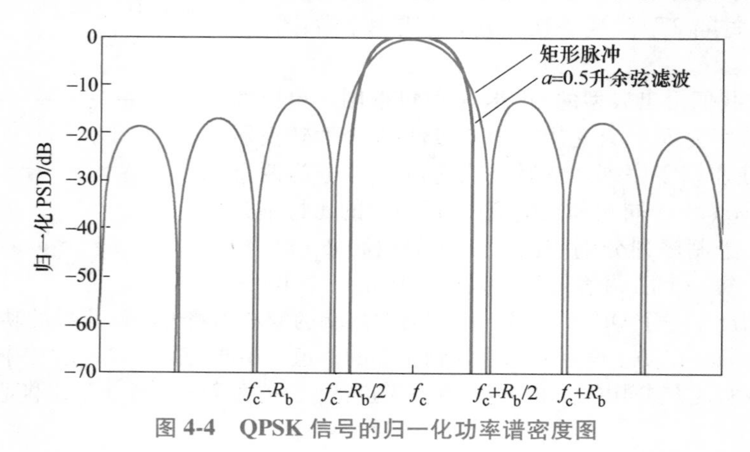

图 4-4　QPSK 信号的归一化功率谱密度图

4.2.2 交错正交四相移相键控

我们在讨论 QPSK 信号时，限定每个符号的包络是矩形，即信号包络是恒定的。此时，已调信号的频谱是无限宽的。然而，实际信道总是带限的，因此在发送 QPSK 信号时常常经过带通滤波。带限后的 QPSK 已不能保持恒包络。相邻符号之间发生 180°相移时，经带限后会出现包络过零的现象。反映在频谱方面，就会出现旁瓣和频谱加宽现象。为防止出现这种情况，QPSK 使用效率低的线性放大器进行信号放大是必要的，如图 4-5 所示。QPSK 的一种改进型是交错 QPSK（Offset QPSK，OQPSK）。OQPSK 对出现旁瓣和频带加宽等有害现象不敏感。

由于两个信道上的数据沿对齐，在码元转换点上，当两个信道上只有一路数据改变极性时，QPSK 信号的相位将发生 90°突变；当两个信道上数据同时改变极性时，QPSK 信号的相位将发生 180°突变。

OQPSK 信号是将输入数据 a_k 经数据分路器分成奇偶两路，并使其在时间上相互错开一个码元时间间隔 T_b（这是与 QPSK 不同的地方），然后再对两路信号进行 BPSK 正交调制，叠加成为 OQPSK 信号，OQPSK 信号调制器框图如图 4-6 所示。

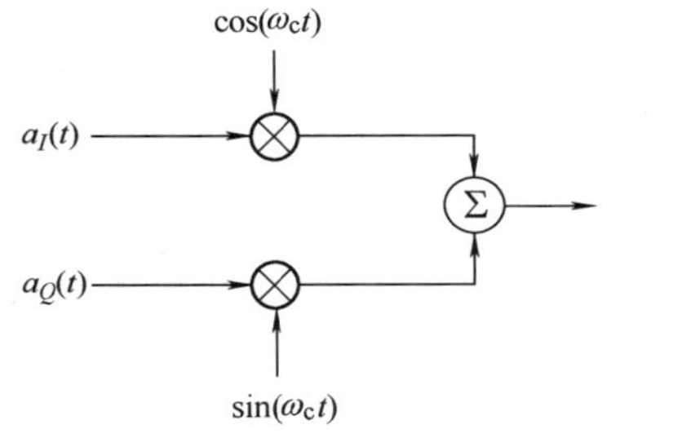

图 4-5　QPSK 信号调制器框图

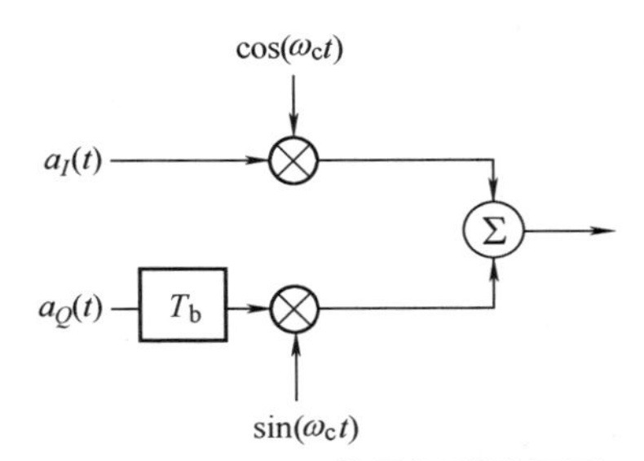

图 4-6　OQPSK 信号调制器框图

OQPSK 的 I 信道和 Q 信道上的数据流（信号波形和相位路径）如图 4-7 所示。由图可见，I 信道和 Q 信道的两个数据流，每次只有其中一个可能发生极性转换，所以每当一个新的输入比特进入调制器的 I 和 Q 信道时，输出的 OQPSK 信号的相位只有 $\pm\pi/2$ 跳变，而没有 π 的相位跳变，同时，经滤波及硬限幅后的功率谱旁瓣较小，这是 OQPSK 信号在实际信道中的频谱特性优于 QPSK 信号的主要原因，其相位关系如图 4-8 所示。但是，OQPSK 信号不能接受差分检测，这是因为 OQPSK 信号在差分检测中会引入码间干扰。

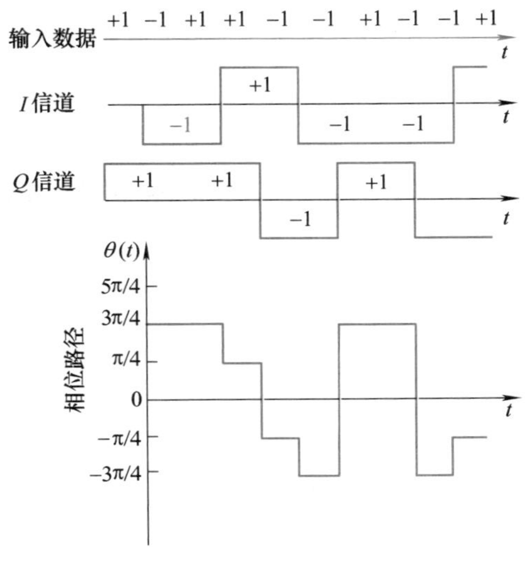

图 4-7　OQPSK 的 I、Q 信道波形及相位路径

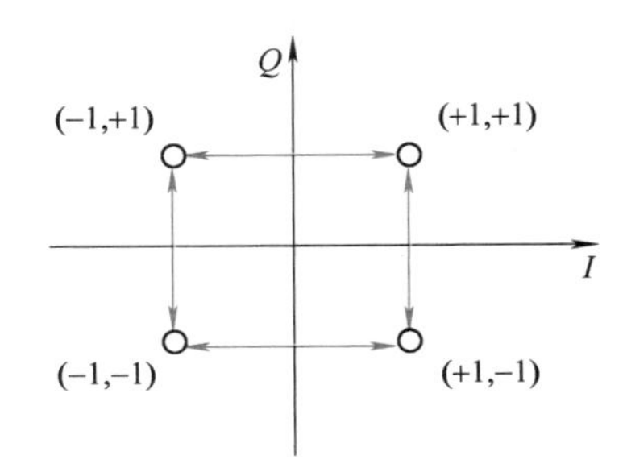

图 4-8　OQPSK 的相位关系图

4.3 恒包络调制技术

许多实际的移动无线通信系统都使用非线性调制方法，这时不管调制信号到底怎样变化，必须保证载波的振幅是恒定的。这就是恒包络调制（Constant Envelope Modulation）。

恒包络调制是为了消除由于相位跃变带来的峰均功率比增加和频带扩展，它具有以下优点：极低的旁瓣能量；可使用高效率的C类高功率放大器；容易恢复用于相干解调的载波；已调信号峰平比低。恒包络调制具有上面的多个优点，但是最大的问题是它们占用的带宽比线性调制大，且实现相对复杂。

在1986年以前，由于线性高功放未取得突破性的进展，移动通信技术青睐于恒包络调制。1986年以后，由于实用化的线性高功放已取得了突破性的进展，人们又重新对线性调制技术重视起来。

4.3.1 最小频移键控（MSK）

1. 问题的引入

在实际应用中，有时要求发送信号具有包络恒定、高频分量较小的特点。而相移键控信号PSK（4PSK、8PSK）的缺点之一是没有从根本上消除在码元转换处的载波相位突变，使系统产生强的旁瓣功率分量，造成对邻道的干扰；若将此信号通过带限系统，由于旁瓣的滤除，会产生信号的起伏变化，为了不失真传输，对信道的线性特性要求就非常高。

两个独立信源产生的2FSK信号，一般来说在频率转换处相位不连续，同样使功率谱产生很强的旁瓣分量，若通过带限系统也会产生包络起伏变化。

虽然OQPSK和π/4QPSK信号消除了QPSK信号中180°的相位突变，但也没能从根本上解决消除信号包络起伏变化的问题。

为了克服上面所述的缺点，就需要控制相位的连续性。为此，人们提出了最小频移键控（MSK）。最小频移键控是一种特殊的连续相位的频移键控（CPFSK）。事实上，MSK是2FSK的一种特殊情况，它是调制系数为0.5的连续相位的FSK。它具有正交信号的最小频差，在相邻符号的交界处保持连续。这类连续相位FSK（CPFSK）可表示为

$$S_{\mathrm{MSK}}(t)=A\cos[2\pi f_c+\phi(t)] \tag{4-18}$$

式中，$\phi(t)$是随时间变化而连续变化的相位；f_c是载波频率；A为已调信号幅度。

2. MSK信号

MSK信号可以表示为

$$S_{\mathrm{MSK}}(t)=\cos\left(\omega_c t+\frac{\pi a_k}{2T_s}t+\phi_k\right) \qquad kT_s\leqslant t\leqslant(k+1)T_s \tag{4-19}$$

式中，ω_c为载频；$\frac{\pi a_k}{2T_s}$为偏频；ϕ_k为第k个码元的相位常数；a_k为第k个码元的数据，取值分别为+1和−1，分别表示二进制信息1和0。

当码元为±1时，MSK信号分别为

$$s(t)=s_m(t)=\cos(\omega_m t+\varphi_k) \qquad a_k=1 \tag{4-20}$$

$$s(t)=s_s(t)=\cos(\omega_s t+\varphi_k) \qquad a_k=-1 \tag{4-21}$$

式中，ω_m和ω_s分别为MSK信号的传号角频率和空号角频率。

我们定义两个信号ω_m和ω_s的波形相关系数为

$$\rho=\frac{1}{E_b}\int_0^{T_b}s_m(t)s_s(t)\,\mathrm{d}t \tag{4-22}$$

式中，E_b为信号的能量，其表达式为

$$E_b = \int_0^{T_b} s_s^2(t)\,dt = \int_0^{T_b} s_m^2(t)\,dt \tag{4-23}$$

可求得

$$\rho = \frac{\sin(\omega_m - \omega_s)T_b}{(\omega_m - \omega_s)T} + \frac{\sin(\omega_m + \omega_s)T}{(\omega_m + \omega_s)T} \tag{4-24}$$

3. MSK 信号的相位

MSK 信号的相位连续性有利于压缩已调信号所占频谱宽度和减小带外辐射，因此需要讨论在每个码元转换的瞬间保证信号相位的连续性问题。由上面式子可知，附加相位函数$\phi(t)$与时间 t 的关系是直线方程，其斜率为 $a_k\pi/2T_b$，截距为 ϕ_k。因为 a_k 的取值是±1，ϕ_k 是 0 或 π 的整数倍。所以，附加相位函数 $\phi(t)$ 在码元期间的增量为

$$\phi(t) = \pm\frac{\pi}{2T_b}t = \pm\frac{\pi}{2T_b}T_b = \pm\frac{\pi}{2} \tag{4-25}$$

式中，正负号取决于数据序列 a_k。

根据 $a_k = \{+1-1-1+1+1+1-1+1-1\}$，可以作出附加相位路径图，如图 4-9 所示。

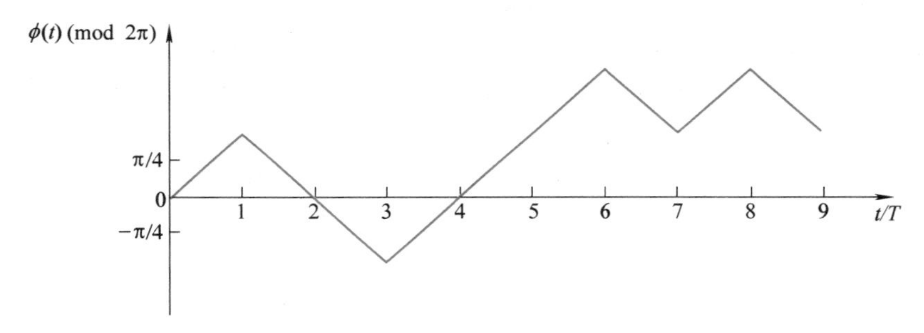

图 4-9　附加相位路径图

由图可见，为保证相位的连续性，必须要求前后两个码元在转换点上的相位相等。若在每个码元内均增加或减少 $\pi/2$，那么在每个码元终点处，相位必定是 $\pi/2$ 的整数倍。此外，由于 a_k 的取值是±1，则截距 ϕ_k 也必定为 π 的整数倍。

4. MSK 信号的产生

MSK 信号的产生可以用正交调幅合成方式来实现，其调制器原理框图如图 4-10 所示。

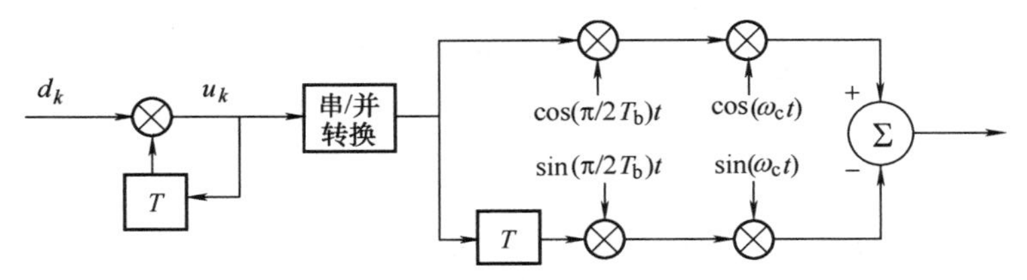

图 4-10　MSK 调制器原理框图

对于 MSK 信号的产生，其电路形式不是唯一的，但产生的 MSK 信号必须具有如下基本特点：

1）恒包络，频偏为$\pm 1/4T_b$，调制指数 $h=1/2$。

2）附加相位在一个码元时间的线性变化为$\pm\pi/2$，相邻码元转换时刻的相位连续。

3）一个码元时间是 1/4 个载波周期的整数倍。

5. MSK 信号的调制

MSK 调制器的原理框图如图 4-11 所示，其工作过程为：

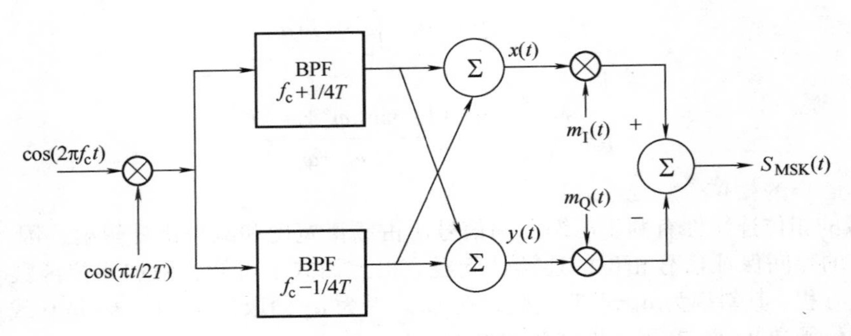

图 4-11　MSK 调制器原理框图

1）对输入的二进制信号进行差分编码。

2）经串/并转换，分成相互交错一个码元宽度的两路信号。

3）用加权函数分别对两路数据信号进行加权。

4）加权后的两路信号再分别对正交载波进行调制。

5）将所得到的两路已调信号相加，通过带通滤波器，就得到 MSK 信号。

MSK 的解调可以分为相干和非相干两种方式，图 4-12 给出了 MSK 相干解调器的原理框图。

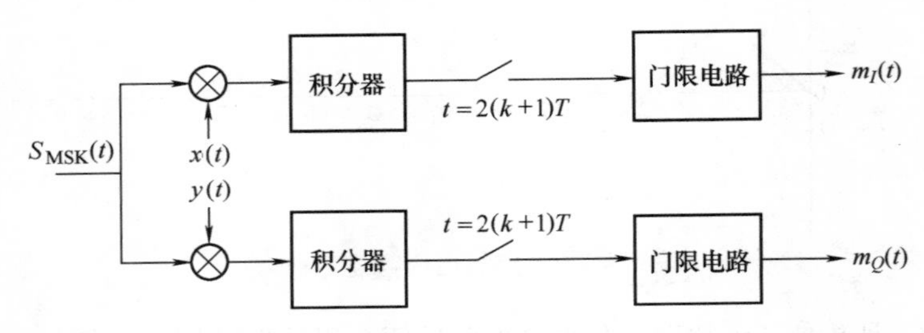

图 4-12　MSK 相干解调器原理框图

6. MSK 信号的性能

（1）功率谱密度

MSK 信号不仅具有恒包络和连续相位的优点，而且功率谱密度特性也优于一般的数字调制器。下面分别列出 MSK 信号和 QPSK 信号功率谱密度的表达式，以做比较。

$$W(f)_{\mathrm{MSK}}=\frac{16A^2T_b}{\pi^2}\left\{\frac{\cos 2\pi(f-f_c)T_b}{1-[4(f-f_c)T_b]^2}\right\}^2 \tag{4-26}$$

$$W(f)_{\mathrm{QPSK}}=2A^2T_b\left[\frac{\sin 2\pi(f-f_c)T_b}{2\pi(f-f_c)T_b}\right]^2 \tag{4-27}$$

它们的功率谱密度曲线如图 4-13 所示。MSK 信号的主瓣比较宽，第一个零点在 $0.75/T_b$ 处，第一旁瓣峰值比主瓣低约 23dB，旁瓣下降比较快。

（2）误比特率性能

在高斯白噪声（AWGN）信道下，MSK 信号的误比特率为

$$P_e=Q\left(\sqrt{\frac{1.7E_b}{N_0}}\right) \tag{4-28}$$

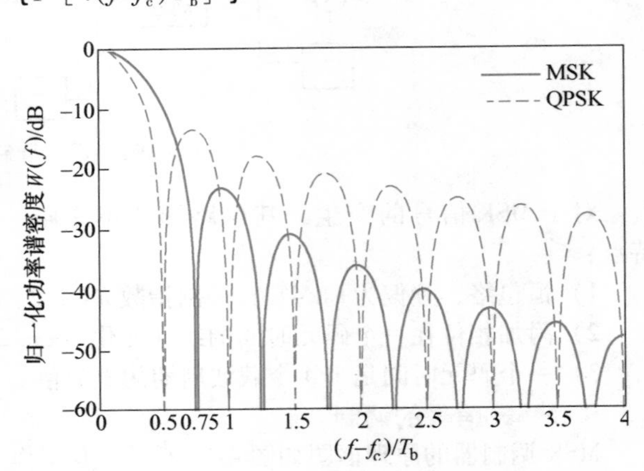

图 4-13　MSK 与 QPSK 信号功率谱密度

4.3.2 高斯滤波最小频移键控（GMSK）

1. GMSK 信号的产生

GMSK 信号是由 MSK 信号演变而来。产生 GMSK 信号时，只要将原始信号通过高斯低通滤波器后，再进行 MSK 调制即可。所以，GMSK 信号的产生有很多方式。产生 GMSK 信号最简单的方法是将输入的信息比特流通过高斯低通滤波器（GLPF），而后进行 FM 调制，如图 4-14 所示。

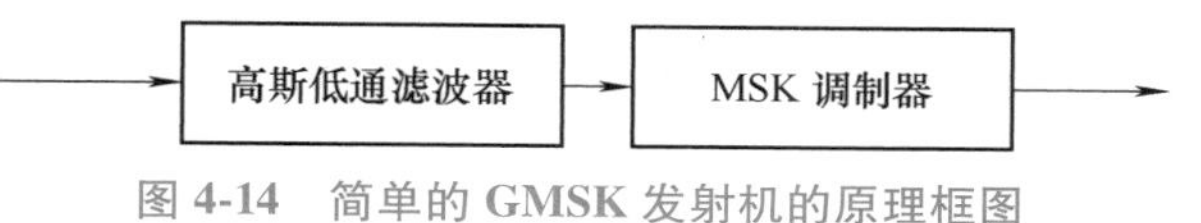

图 4-14 简单的 GMSK 发射机的原理框图

GMSK 信号的产生也可采用图 4-15 所示的正交调制和锁相环调制两种方法，其中图 4-15a 是正交调制，图 4-15b 是锁相环调制。

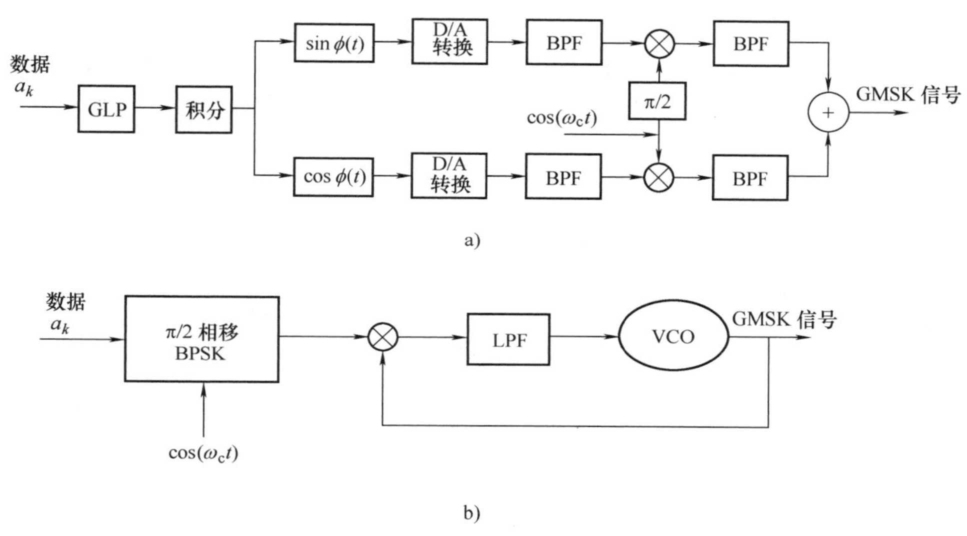

图 4-15 正交和锁相环调制
a）正交调制 b）锁相环调制

在图 4-15a 中，先对基带信号进行波形变换，再进行正交调制。这种调制器电路简单、体积小、容易制作，且便于集成化。

在图 4-15b 中，先将输入数据经 BPSK 调制后，直接对 VCO 进行调频，而得到 GMSK 信号。π/2 二相相移键控 BPSK 的作用是保证每个码元的相位变化在+π/2 或−π/2，锁相环的作用是对 BPSK 的相位变化进行“平滑处理”，使码元在转换过程中相位保持连续，而且无尖角。这种调制方式的电路简单、调制灵敏度高、线性较好，但是对 VCO 的频率稳定度要求较高。

2. GMSK 信号的相位路径

高斯低通滤波器的输出脉冲经 MSK 调制得到 GMSK 信号，其相位路径由脉冲形状决定，或者说在一个码元期间内，GMSK 信号相位变化值取决于在此期间脉冲的面积，由于脉冲宽度大于 T_b，即相邻脉冲间出现重叠，因此在决定一个码元内脉冲面积时要考虑相邻码元的影响。为了简便，近似认为脉冲宽度为 $3T_b$，脉冲波形的重叠只考虑相邻一个码元的影响。

当 GMSK 输入三个相邻码元为+1、+1、+1 时，一个码元内相位增加 π/2，当 GMSK 输入相邻三个码元−1、−1、−1 时，则一个码元内相位减少 π/2。在其他码流图案下，由于正负极性的抵消，叠加后脉冲波形面积比上述两种情况要小，即相位变化值小于±π/2。

图 4-16 示出了当输入数据为+1−1−1+1+1+1−1+1−1 时的 MSK 和 GMSK 信号的相位路径。由图可见，GMSK 信号在码元转换时刻其信号和相位不仅是连续的，而且是平滑的。这样就确保了

GMSK 信号比 MSK 信号具有更优良的频谱特性。

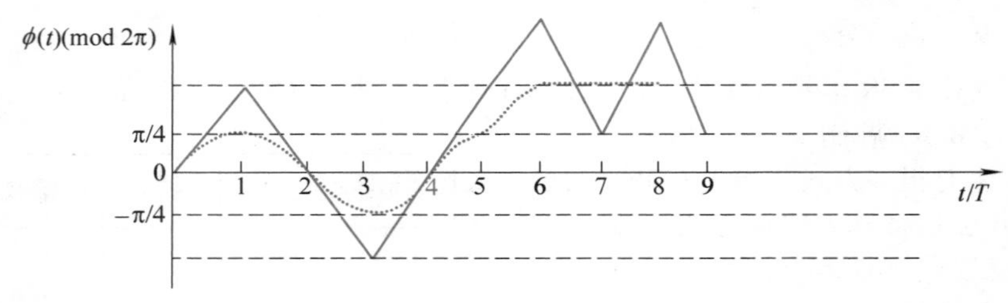

图 4-16 MSK 和 GMSK 信号的相位路径

3. GMSK 信号的解调

GMSK 信号的解调可以采用 MSK 信号的正交相干解调电路，也可采用非相干解调电路。在数字移动通信系统的信道中，由于多径干扰和深度瑞利衰落，引起接收机输入电平明显变化，因此要构成准确而稳定的产生参考载波的同步再生电路并非易事。所以，进行相干检测往往比较困难。而使用非相干检测技术，可以避免因恢复载波而带来的复杂问题。简单的非相干检测器可采用标准的鉴频器检测。图 4-17 给出正交相干检测器检测 GMSK 信号的框图。

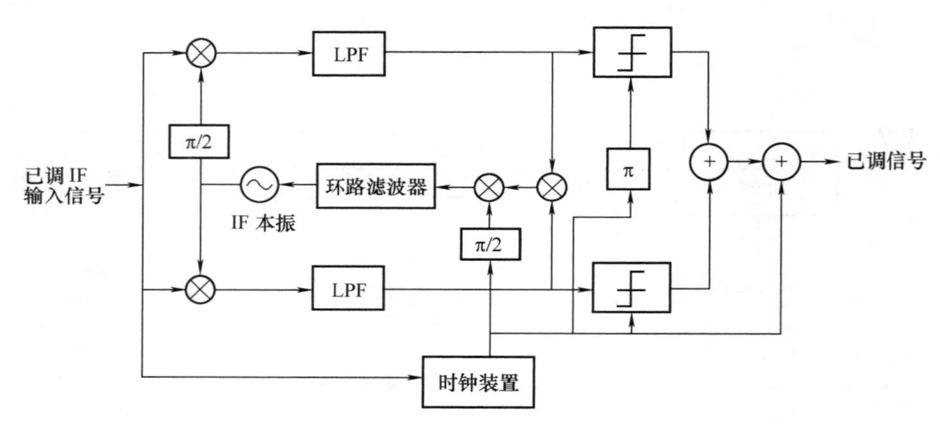

图 4-17 GMSK 接收机框图

4. GMSK 信号的性能

（1）功率谱密度

用计算机模拟得到的 GMSK 信号功率谱密度曲线如图 4-18 所示。图中，纵坐标是以分贝表示的归一化功率谱密度；横坐标是归一化频率 $(f-f_c)T_b$；参数 B_bT_b 是归一化 3dB 带宽。

由图 4-18 可见，当 B_bT_b 值越小，即 LPF 带宽越窄，则 GMSK 信号的高频滚降就越快，主瓣也越窄。当 $B_bT_b=0.2$ 时，则 GMSK 信号的功率谱密度在 $(f-f_c)T_b=1$ 处已下降到 −60dB。当 $B_bT_b\to\infty$ 时，GMSK 信号的功率谱密度与 MSK 信号的相同。

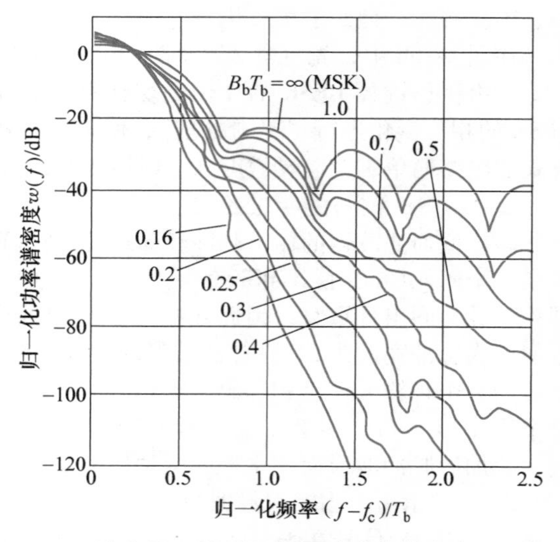

图 4-18 GMSK 信号的功率谱密度

（2）误码率性能

首先给出 $B_bT_b=0.25$ 时，在 AWGN 信道下采用相干解调方式的误码率计算公式如下：

$$P_e = Q\left(\sqrt{\frac{1.36E_b}{N_0}}\right) \tag{4-29}$$

GMSK 信号的误码率性能与解调方式有密切关系。

图 4-19 是 $B_bT_b=0.25$ 时，在加性高斯白噪声 AWGN 信道下采用相干解调方式，考虑了多普勒频移 f_D 而得到的误比特曲线。而图 4-20 是采用非相干的二比特延迟差分检测与相干检测的误码曲线的比较。多普勒频移 f_D 与移动台速度、工作频率等因素有关。从图中可以看出，f_D 越大，剩余误码率也越大。同时，从图 4-20 中还可看出，采用延迟差分检测对改善瑞利衰落信道的误码性能有利。

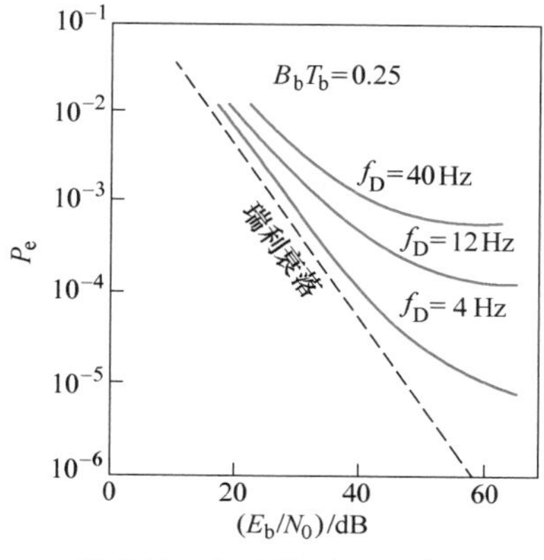

图 4-19 相干检测误码性能

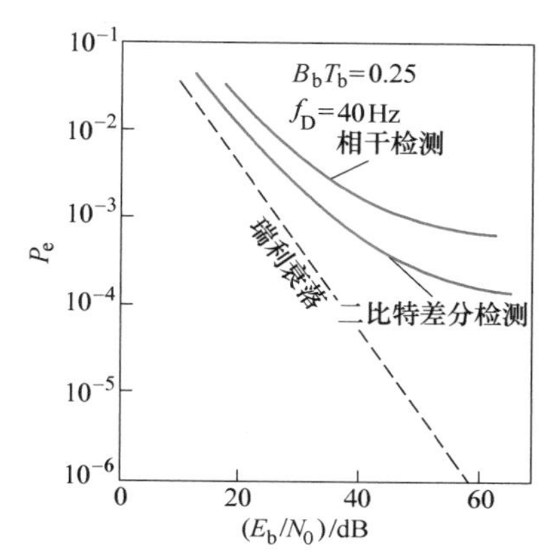

图 4-20 二比特延迟差分检测误码性能

4.4 “线性”和“恒包络”相结合的调制技术

同时改变发射载波的包络和相位（或频率）是现代调制技术常用的方式。由于包络和相位（频率）有两个自由取值，因此可以将基带数据映射到 4 种或者更多的射频载波信号。这样的调制技术被称为多进制调制，具有比单独地使用幅度或相位调制技术更高的频谱效率。

在多进制调制的信号方案中，两个或者更多的比特位组合成一个符号位，在每一个符号期间 T_s 传输一个多进制信号，也就是每一个可能的符号在一个时间周期内被发送出去。一般来说，可能的信号数为 M，M 的取值为 2 的倍数。我们根据改变的是幅度、相位还是频率，将调制技术分为多维相移键控（MPSK）、多维正交振幅调制（QAM）和多维频移键控（MFSK）。

多进制信号特别适合于带宽受限的信道，但是由于定时抖动的影响而限制了它的应用，星座图上由于相邻信号的偏差使信号的误码率增加。同时多进制调制技术是通过牺牲功率效率，来获得较高的带宽效率。

4.4.1 *M* 维相移键控（MPSK）

1. MPSK 调制方式

在 M 维相移键控（MPSK）中，载波频率承载有 M 个可能值，即

$$\theta_i = 2(i-1)\pi/M \qquad i=1,2,\cdots,M \tag{4-30}$$

进行调制，调制后的波形如下所示：

$$S_i(t) = \sqrt{\frac{2E_s}{T_s}}\cos\left(2\pi f_c t + \frac{2\pi}{M}(i-1)\right) \qquad 0\leqslant t\leqslant T_s \qquad i=1,2,\cdots,M \tag{4-31}$$

式中，$E_s=(\log_2 M)E_b$，是每个符号的能量；$T_s=(\log_2 M)T_b$，是符号的时隙周期。对式（4-31）采

用正交象限形式重写，可以表示为

$$S_i(t)=\sqrt{\frac{2E_s}{T_s}}\cos\left((i-1)\frac{2\pi}{M}\right)\cos(2\pi f_c t)-\sqrt{\frac{2E_s}{T_s}}\sin\left((i-1)\frac{2\pi}{M}\right)\sin(2\pi f_c t)$$
$$0\leqslant t\leqslant T_s \qquad i=1,2,\cdots,M \tag{4-32}$$

通过选择基带信号 $\phi_1(t)=\sqrt{\frac{2}{T_s}}\cos(2\pi f_c t)$ 和 $\phi_2(t)=\sqrt{\frac{2}{T_s}}\sin(2\pi f_c t)$，MPSK 信号的表达式为

$$S_{\text{MPSK}}(t)=\left\{\sqrt{E_s}\cos\left((i-1)\frac{2\pi}{M}\right)\phi_1(t)-\sqrt{E_s}\sin\left((i-1)\frac{2\pi}{M}\right)\phi_2(t)\right\}$$
$$0\leqslant t\leqslant T_s \qquad i=1,2,\cdots,M \tag{4-33}$$

由于在 MPSK 当中仅有两个基本信号，所以 MPSK 的星座图是二维的，M 维信号点均匀分布在以原点为中心，以 $\sqrt{E_s}$ 为半径的圆周上。图 4-21 中给出了 $M=8$ 时的 MPSK 星座分布图。从图中可以明显地看出 M 维相移键控信号在没有成形滤波的情况下是恒包络的。

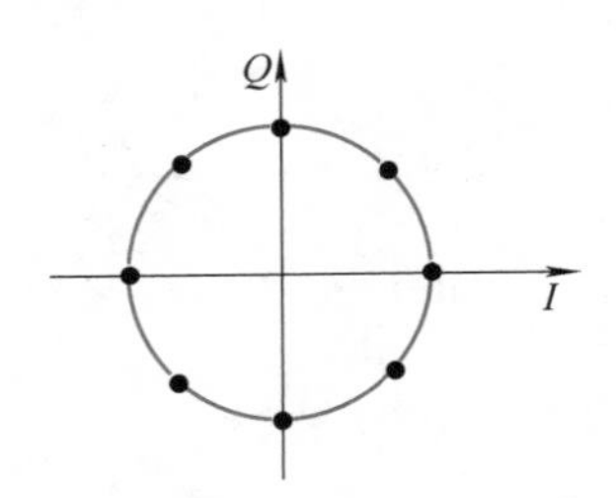

图 4-21　8 维 MPSK 星座图

从图中信号的几何关系可以看出，8PSK 信号之间的间距为 $2\sqrt{E_s}\sin(\pi/M)$。所以，MPSK 系统的平均信号差错概率（平均误码率）为

$$P_e\leqslant 2Q\left(\sqrt{\frac{2E_b\log_2 M}{N_0}}\sin\left(\frac{\pi}{2M}\right)\right) \tag{4-34}$$

如同 BPSK 和 QPSK 的调制一样，MPSK 要么使用相干检测，要么使用非相干差分检测。在加性高斯白噪声 AWGN 信道中，$M\geqslant 4$ 的 MPSK 的平均信号差错概率（平均误码率）近似等于

$$P_e\approx 2Q\left(\sqrt{\frac{4E_s}{N_0}}\sin\left(\frac{\pi}{2M}\right)\right) \tag{4-35}$$

2. MPSK 的功率谱分布

MPSK 的功率谱密度（PSD）可以根据处理 BPSK 和 QPSK 相类似的方法得到。MPSK 信息位的周期 T_s 和比特位的周期 T_b 的关系如下所示：

$$T_s=T_b\log_2 M \tag{4-36}$$

而具有矩形脉冲的 MPSK 信号的 PSD 公式如下所示：

$$P_{\text{MPSK}}=\frac{E_s}{2}\left[\left(\frac{\sin\pi(f-f_c)T_s}{\pi(f-f_c)T_s}\right)^2+\left(\frac{\sin\pi(-f-f_c)T_s}{\pi(-f-f_c)T_s}\right)^2\right] \tag{4-37}$$

将信息位周期和比特位周期的关系代入式（4-37）可得到

$$P_{\text{MPSK}}=\frac{E_b\log_2 M}{2}\left[\left(\frac{\sin\pi(f-f_c)T_b\log_2 M}{\pi(f-f_c)T_b\log_2 M}\right)^2+\left(\frac{\sin\pi(-f-f_c)T_b\log_2 M}{\pi(-f-f_c)T_b\log_2 M}\right)^2\right] \tag{4-38}$$

图 4-22 中给出 $M=8$ 和 $M=16$ 时的 MPSK 信号的 PSD 函数。对照图和上面的式子可以明显地看出，在 R_b 保持不变的情况下，MPSK 信号的主瓣随着 M 的增加而减小。所以随着 M 的增加，带宽效率也在增加。也就是说，在 R_b 保持恒定不变的情况下，M 增加时伴随的是 B 的减小和 η_b 的增加。同时，M 的增加也就意味着星座图中信号的密度在增加，即星座图更加紧密，这样，功率效率（抗噪声性能）就降低了。

表 4-1 给出了在加性高斯白噪声信道内传输不同 M 值的 MPSK 信号的带宽效率和功率效率。在这里有一个假设，即假设这些值是没有定时抖动和衰落的。因为在实际当中，这两个值在 M 增加时对误码率有很大的负面影响。一般地，在实际的无线通信信道中，干扰和多径效应会改变 MPSK 信号的瞬时相位，同样会产生误码，影响性能，所以必须进行仿真以确定误码率的大小。同样，不同的接收方式也会影响性能。

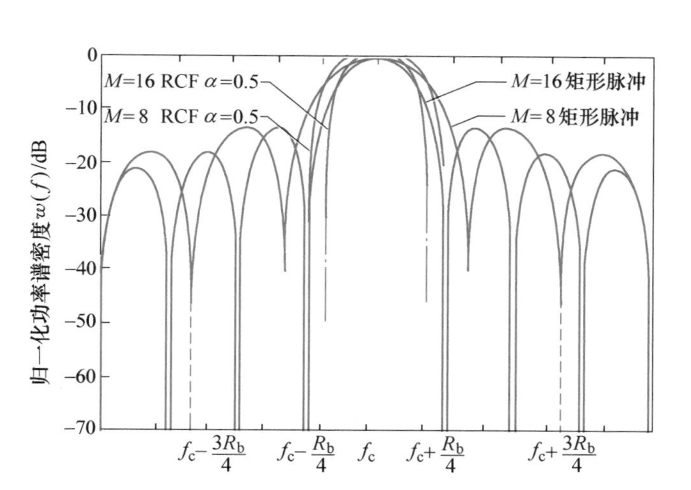

图 4-22　MPSK 功率谱密度（$M=8$，$M=16$）

表 4-1　MPSK 的带宽效率和功率效率

M	2	4	8	16	32	64
$\eta_B=R_b/B$	0.5	1	1.5	2	2.5	3
$E_b/N_0(BER=10^{-6})$	10.5	10.5	14	18.5	23.4	28.5

4.4.2　*M* 维正交振幅调制

在 MPSK 中，传输信号的振幅是恒定的，因此其形成的星座图是圆形的。如果同时改变相位和幅度，就获得了一种新的调制方式，我们称为 M 维正交幅度调制（QAM）。图 4-23 给出了十六进制 QAM 的星座图。星座图中的信号为格状分布。QAM 信号的一般形式如下式所示：

$$S_i(t)=\sqrt{\frac{2E_{\min}}{T_s}}a_i\cos(2\pi f_c t)+\sqrt{\frac{2E_{\min}}{T_s}}b_i\sin(2\pi f_c t)\qquad 0\leqslant t\leqslant T\qquad i=1,2,\cdots,M \tag{4-39}$$

式中，$E_{\min}$表示具有最低幅度信号的能量；a_i 和 b_i 是根据信号点的位置而定的一对独立的整数。我们应当注意，M 维正交振幅调制中每个符号位的能量并不是恒定的，各符号之间的间距也不是相等的，所以一些特殊值的 $S_i(t)$ 反而更加容易检测。

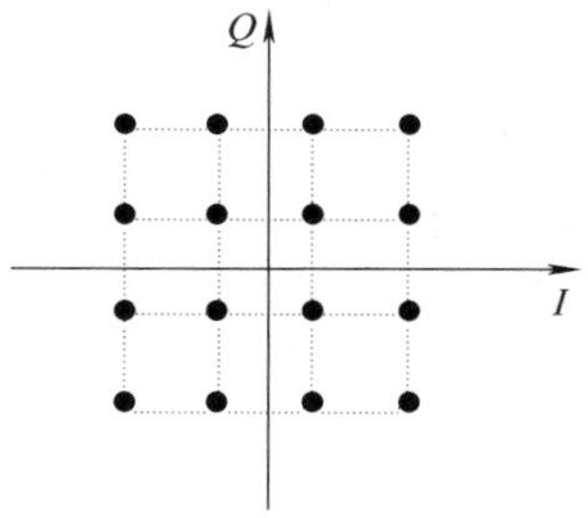

图 4-23　16 维 QAM 星座图

假设 M 维正交振幅调制（QAM）为矩形脉冲。QAM 信号 $S_i(t)$ 可以通过以下一对基本函数来定义：

$$\phi_1(t)=\sqrt{\frac{2}{T_s}}\cos(2\pi f_c t)\qquad 0\leqslant t\leqslant T_s \tag{4-40}$$

$$\phi_2(t)=\sqrt{\frac{2}{T_s}}\sin(2\pi f_c t)\qquad 0\leqslant t\leqslant T_s \tag{4-41}$$

第 i 个信号的坐标是$(a_i\sqrt{E_{\min}},\ b_i\sqrt{E_{\min}})$，其中$(a_i,\ b_i)$是 $L\times L$ 的矩阵元素，从下面的式子得到：

$$\{a_i,\ b_i\}=\begin{pmatrix}(-L+1,\ L-1) & (-L+3,\ L-1) & \cdots & (L-1,\ L-1)\\ (-L+1,\ L-3) & (-L+3,\ L-3) & \cdots & (L-1,\ L-3)\\ \vdots & \vdots & & \vdots\\ (-L+1,\ -L+1) & (-L+3,\ -L+1) & \cdots & (L-1,\ -L+1)\end{pmatrix} \tag{4-42}$$

式中，$L=\sqrt{M}$。对于前面所示 16 维 QAM 星座图，其矩阵如下所示：

$$\{a_i, b_i\} = \begin{pmatrix} (-3,3) & (-1,3) & (1,3) & (3,3) \\ (-3,1) & (-1,1) & (1,1) & (3,1) \\ (-3,-1) & (-1,-1) & (1,-1) & (3,-1) \\ (-3,-3) & (-1,-3) & (1,-3) & (3,-3) \end{pmatrix} \tag{4-43}$$

在加性高斯白噪声 AWGN 信道中，采用相关检测时，可求得 M 维正交振幅调制（QAM）的平均误码率估计如下：

$$P_e \approx 4\left(1-\frac{1}{\sqrt{M}}\right) Q\left(\sqrt{\frac{2E_{\min}}{N_0}}\right) \tag{4-44}$$

如果用平均信号 E_{av} 来表示，可以有

$$P_e \approx 4\left(1-\frac{1}{\sqrt{M}}\right) Q\left(\sqrt{\frac{3E_{av}}{(M-1)N_0}}\right) \tag{4-45}$$

QAM 调制信号的功率谱和带宽效率与 MPSK 调制是相同的。而在功率效率方面，QAM 优于 MPSK。表 4-2 列出了不同 M 值 QAM 信号的带宽和功率效率，其中假设在加性高斯白噪声信道中使用了最优升余弦滚降滤波器。与 MPSK 信号相比较，表中所列出的数据性能更好。但是，这是在乐观情况下求得的，而对于无线系统的实际误码率还取决于不同的信道参数和特定的接收机。

表 4-2 QAM 的带宽和功率效率

M	4	16	64	256	1024	4096
$\eta_B = R_b/B$	1	2	3	4	5	6
$E_b/N_0(BER=10^{-6})$	10.5	15	18.5	24	28	33.5

4.5 扩频调制技术

4.5.1 扩频调制技术的理论基础

目前为止，我们所研究的所有调制和解调技术都是争取在静态加性高斯白噪声信道中有更高的功率效率和带宽效率。因此，目前所有调制方案的主要设计立足点就在于如何减少传输带宽，即传输带宽最小化。但是带宽是一个有限的资源，随着窄带化调制接近极限，到最后则只有压缩信息本身的带宽了。而扩频调制技术正好相反，它所采用的带宽比最小信道传输带宽要大出好几个数量级，所以该调制技术就向着宽带调制技术发展，即以信道带宽来换取信噪比的改善。扩频调制系统对于单用户来说很不经济，但是在多用户接入环境当中，它可以保证有许多用户同时通话而不会相互干扰。

扩展频谱（简称扩频）的精确定义为：扩频（Spread Spectrum，SS）是指用来传输信息的信号带宽远远大于信息本身带宽的一种传输方式。频带的扩展由独立于信息的码来实现，在接收端用同步接收实现解扩和数据恢复。这样的技术就称为扩频调制，而传输这样信号的系统就为扩频系统。

目前，最基本的展宽频谱的方法有两种：

1）直接序列调制，简称直接扩频（DS），这种方法采用比特率非常高的数字编码的随机序列去调制载波，使信号带宽远大于原始信号带宽。

2）频率跳变调制，简称跳频（FH），这种方法则是用较低速率编码序列的指令去控制载波的中心频率，使其离散地在一个给定频带内跳变，形成一个宽带的离散频率谱。

对于上述基本调制方法还可以进行不同的组合，形成各种混合系统，比如跳频/直扩系统等。

扩频调制系统具有许多优良的特性，系统的抗干扰性能非常好，特别适合于在无线移动环境中应用。扩频系统有以下一些特点：

1）具有选择地址（用户）的能力。

2）信号的功率谱密度较低，所以信号具有较好的隐蔽性并且功率污染较小。

3）比较容易进行数字加密，防止窃听。

4）在共用信道中能实现码分多址复用。

5）有很强的抗干扰性，可以在较低的信噪比条件下保证系统的传输质量。

6）抗衰落的能力强。

7）多用户共享相同的频谱，无须进行频率规划。

4.5.2 PN码序列

扩频通信当中，扩频码常常采用伪随机序列。伪随机（Pseudorandom）序列常以PN表示，称为伪码。伪随机序列是一种自相关的二进制序列，在一段周期内其自相关性类似于随机二进制序列，与白噪声的自相关特性相似。

PN码的码型将影响码序列的相关性，序列的码元（码片）长度将决定扩展频谱的宽度。所以PN码的设计直接影响扩频系统的性能。在直接扩频任意选址的通信系统当中，对PN码有如下的要求：

1）PN码的比特率应能够满足扩展带宽的需要。

2）PN码的自相关要大，且互相关要小。

3）PN码应具有近似噪声的频谱性质，即近似连续谱，且均匀分布。

PN码通常是通过序列逻辑电路得到的。通常应用当中的PN码有m序列、Gold序列等多种伪随机序列。在移动通信的数字信令格式中，PN码常被用作帧同步编码序列，利用相关峰来启动帧同步脉冲以实现帧同步。

4.5.3 直接序列扩频

直接序列调制系统亦称为直接扩频系统（DS-SS），或称为伪噪声系统，记作DS系统。直接序列扩频的实质是用一组编码序列调制载波，其调制过程可以简化为将信号通过速率很高的伪随机序列进行调制将其频谱展宽，再进行射频调制（通常多采用PSK调制），其输出就是扩展频谱的射频信号，最后经天线辐射出去。

而在接收端，射频信号经过混频后变为中频信号，将它与发送端相同的本地编码序列反扩展，使得宽带信号恢复成窄带信号，这个过程就是解扩。解扩后的中频窄带信号经普通信息解调器进行解调，恢复成原始的信号。

如果将扩频和解扩这两部分去掉的话，那么图4-24所示的系统就只是一个普通的数字调制系统。所以扩频和解扩是扩展频谱调制的关键过程。

下面我们具体分析一下扩频和解扩的过程。图4-24是二进制进行调制的DS系统功能框图。这是一个普遍使用的直接序列扩频的实现方法。同步数据符号位有可能是信息位也有可能是二进制编码符号位。在相位调制前以模2加的方式形成码片。接收端则可能会采用相干或者非相干的PSK解调器。

则单用户接收到的扩频信号可表示如下：

$$S_{\mathrm{SS}}(t)=\sqrt{\frac{2E_{\mathrm{s}}}{T_{\mathrm{s}}}}m(t)p(t)\cos(2\pi f_{\mathrm{c}}t+\theta) \tag{4-46}$$

式中，$m(t)$为数据系列；$p(t)$为PN码序列；f_{c}为载波频率；θ为载波初始相位。

数据波形是一串在时间序列上非重叠的矩形波形，每个波形的幅度等于+1或者-1。在$m(t)$中，每个符号代表一个数据符号且其持续周期为T_{s}。PN码序列$p(t)$中每个脉冲代表一个码片，通常也是幅度等于+1或者-1、持续周期为T_{c}的矩形波，$T_{\mathrm{s}}/T_{\mathrm{c}}$是一个整数。若扩频信号$S_{\mathrm{SS}}(t)$的带宽是$W_{\mathrm{ss}}$，$m(t)\cos(2\pi f_{\mathrm{c}}t+\theta)$的带宽是$B$，由于$p(t)$扩频，则有$W_{\mathrm{ss}}$远大于$B$。

而对于图 4-24 中的 DS 接收机，我们假设接收机已经达到了码元同步，接收到的信号通过宽带滤波器，然后与本地的 PN 序列 $p(t)$ 相乘。如果 $p(t)=+1$ 或 -1，则 $p(t)^2=1$，这样经过乘法运算得到中频解扩频信号

$$s_L(t)=\sqrt{\frac{2E_s}{T_s}}m(t)\cos(2\pi f_c t+\theta) \tag{4-47}$$

把这个信号作为进入解调器的输入端。因为 $s_L(t)$ 是 BPSK 信号，相应地通过相关的解调就可提取出原始的数据信号 $m(t)$。

这里不作具体分析，给出接收端的处理增益

$$PG=\frac{T_s}{T_c}=\frac{R_c}{R_s}=\frac{W_{ss}}{2R_s} \tag{4-48}$$

式（4-48）表明系统的处理增益越大，压制带内干扰的能力越强。

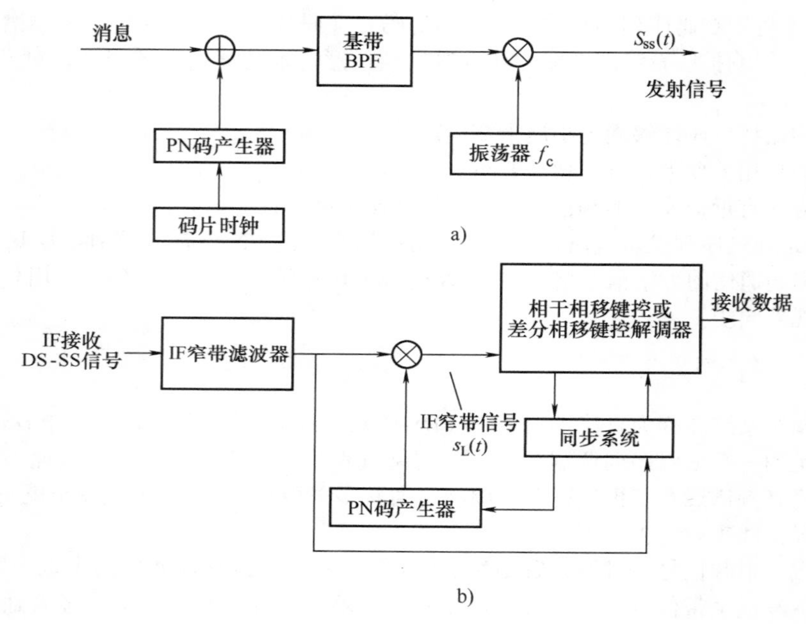

图 4-24　二进制调制 DS-SS 发射机和接收机框图

a）二进制 DS-SS 发射机框图　b）二进制 DS-SS 接收机框图

4.5.4　跳频扩频技术

跳频扩频技术（FH-SS）通过看似随机的载波跳频达到传输数据的目的，而这只有相应的接收机知道。跳频伴随射频的一个周期而改变，一个跳频可以看作一列序列调制数据突发，它是具有时变、伪随机的载频。如果将载频置于一个固定的频率上，那么这个系统就是一个普通的数字调制系统，其射频为一个窄带谱。当利用伪随机码扩频后，发射机的振荡频率在很宽的频率范围内不断地变换，从而使得射频载波也在一个很宽的范围内变化，于是形成了一个宽带离散谱。在接收端必须以同样的伪码设置本地频率合成器，使其与发送端的频率作相同的改变，即收发跳频必须同步，只有这样，才能保证通信的建立。所以对于同步和定时的解决是实际跳频系统的一个关键问题。

我们在图 4-25 当中说明一个单信道跳频扩频技术。所谓单信道调制就是在跳跃中对于每条信道采用一个基本载波频率。跳变之间的时间称为跳频持续时间，用 T_h 表示，若跳变总带宽和基带信号带宽由 W_{ss} 和 B 表示，则处理增益为 W_{ss}/B。

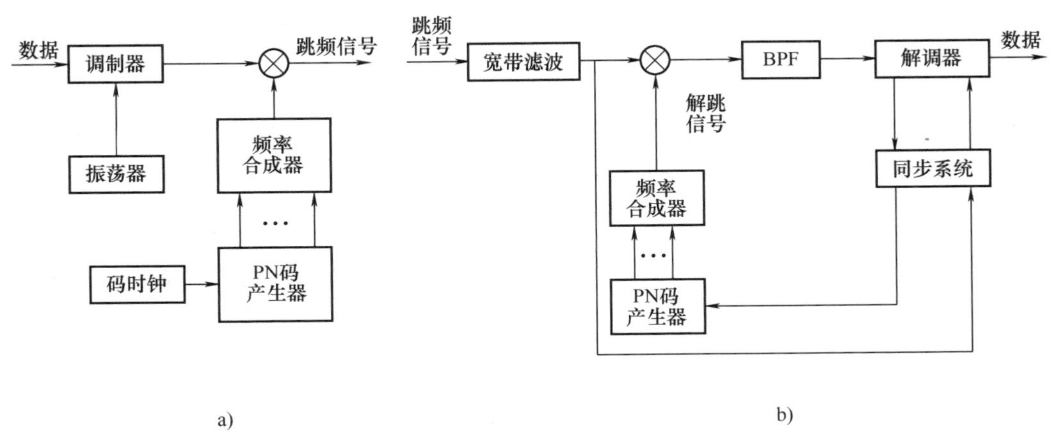

图 4-25　单信道调制 FH 系统框图
a）发射机　b）接收机

如果跳频的序列能被接收机产生并且和接收信号同步，那么就可以得到固定的差频信号，然后再进入传统的接收机当中。在 FH 系统中，一旦一个没有预测到的信号占据了跳频信道，就会在该信道中带入干扰和噪声并因此而进入解调器。这就是在相同的时间和相同的信道上与没有预测到的信号发生冲突的原因。

跳频技术可以分为快和慢两种。快跳频在发送每一个符号时发生多次跳变。因此，快跳频的速率将远远大于信道信号的传输速率。而慢跳频则是在传送一个或者多个符号位后的时间间隔内进行跳频。

FH-SS 系统的跳频速率取决于接收机合成器的频率捷变的灵敏性、发射信号的类型、用于防碰撞编码的冗余度和最近的潜在干扰的距离等。

跳频系统处理增益的定义与直接扩频系统的扩频增益是相同的，即

$$PG=\frac{T_s}{T_c}=\frac{R_c}{R_s}=\frac{W_{ss}}{2R_s} \tag{4-49}$$

同样表明系统的处理增益越大，压制带内干扰的能力越强。

由于跳频系统对载波的调制方式并无限制，并且能与现有的模拟调制兼容，所以在军用短波和超短波电台中得到了广泛的应用。

移动通信中采用跳频调制系统虽然不能完全避免“远近效应”带来的干扰，但是能大大减少它的影响，这是因为跳频系统的载波频率是随机改变的。例如，跳频带宽为 10MHz，若每个信道占 30kHz 带宽，则有 333 个信道。当采用跳频调制系统时，333 个信道可同时供 333 个用户使用。若用户的跳变规律相互正交，则可减少网内用户载波频率重叠在一起的概率，从而减弱“远近效应”的干扰影响。

当给定跳频带宽及信道带宽时，该跳频系统的用户同时工作的数量就被唯一确定。网内同时工作的用户数与业务覆盖区的大小无关。当按蜂窝式构成频段重复使用时，除本区外，应考虑邻区移动用户的“远近效应”引起的干扰。

4.6　自适应编码调制技术

微视频：
自适应编码调制
技术、多载波
调制技术

实际的无线信道具有两大特点：时变特性和频率选择特性。时变特性是由终端、反射体、散射体之间的相对运动或者仅仅是由于传输媒介的细微变化引起的。因此，无线信道的信道容量也是一个时变的随机变量。要想最大限度地利用信道容量，就要使发送速率也是一个随信道容量变化的量，也就是使编码调制方式具有自适应特性。自适应调制和编码（AMC）根据信道的情况确定当前信道的容量，根据容量确定合

适的编码调制方式等，以便最大限度地发送信息，实现比较高的传输速率。

4.6.1　自适应编码

信道编码能够有效地减小功率来获得指定的误码率，这在能量受限的无线系统的链路设计中尤为重要。许多无线系统采用差错控制编码来降低功率的消耗，传统的差错控制编码采用分组或卷积编码。这些编码的纠错是通过增加信号带宽或减小信息速率来获得的。网格编码使用信道编码与调制联合设计来获得更好的误码率性能，而不需要增加信号带宽或减小信息速率。

自适应编码的目的是以最小化能量获得高的频谱效率。一般而言，自适应编码都是与调制相结合的，很少单独使用。

4.6.2　自适应调制

自适应调制根据传播条件实时地调整其传输速率（信道条件好，提高速率；信道条件差，降低速率），以充分发挥所用频谱的使用效率。

实现可变速率调制的方法有以下几种：

1）可变速率正交振幅调制（VR-QAM）。QAM是一种振幅和相位联合键控技术。电平数越多，每码元携带的信息比特数就越多。可变速率QAM是根据信道质量的好坏，自适应地增多或减少QAM的电平数，从而在保持一定传输质量的情况下，可以尽量提高通信系统的信息传输速率。作为例子，图4-26给出了一种星形QAM星座图。实现VR-QAM的关键是如何实时判断信道条件的好坏，以改变QAM的电平数。

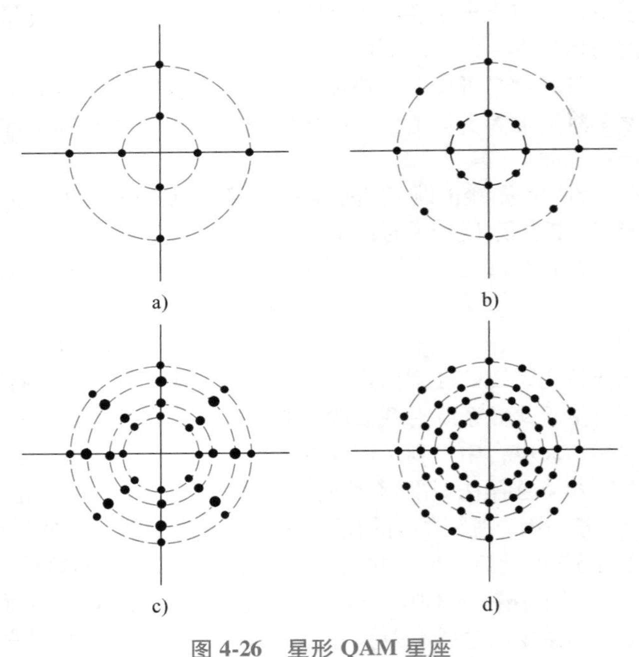

图4-26　星形QAM星座

a）星形8QAM　b）星形16QAM　c）星形32QAM　d）星形64QAM

2）可变扩频增益码分多址（VSG-CDMA）。这种技术靠动态改变扩频增益和发射功率以实现不同业务速率的传输。在传输高速业务时降低扩频增益，为保证传输质量，可相应提高其发射功率；在传输低速业务时增大扩频增益，在保证业务质量的条件下，可适当降低其发射功率，以减少多址干扰。

3）多码道传输。待传输的业务数据流经串/并转换后，分成多个（1，2，…，M）支路，支路的数目随业务数据流的速率不同而变化。当业务数据速率小于等于基本速率时，串/并转换器只输出一个支路；当业务数据速率大于基本速率而小于二倍基本速率时，串/并转换器输出两个支路。依次类推，最多可达M个支路，即最大业务速率可达基本速率的M倍。MC-CDMA通信系统中的每个用户都用到两种码序列，其一是区分不同用户身份的标志码PN_i，其二是区分不同支路的正交码集$\{pn_1, pn_2, \cdots, pn_M\}$，这样，第$i$个用户的第$j$个支流所用扩频码为

$$C_i = PN_i \times pn_j$$

4.6.3　自适应编码调制

在移动通信信道中，用来克服衰落信道的影响的纠错编码已经被广泛地使用。在传统的前向

纠错（FEC）中，采用的是固定的码率，这样就不能充分地利用时变信道的特性。为了满足系统性能的需要，常常要考虑平均与恶劣情况。也就是说，非自适应编码不能最大化地利用信道资源，在这样的情况下，人们提出了可变速率自适应格状编码调制（ATCQAM）。

ATCQAM 通过改变码率与调制的星座图来动态地与信道适配。接收端将估计的信道信息通过反馈链路发送到发送端。在信道条件好的时候，提高 QAM 的电平数，相反则降低 QAM 的电平数以及增强差错保护能力，当然，系统的吞吐量随之下降。

ATCQAM 方案如图 4-27 所示。

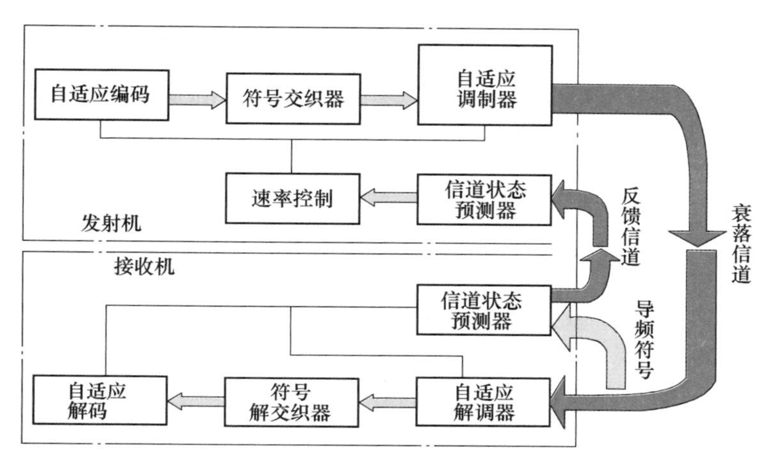

图 4-27　ATCQAM 方案框图

发送端是由可变速率卷积编码器、自适应调制器、符号交织器与信道状态预测器组成。信息比特经过卷积编码得到，被编码的比特映射到合适的 M 进制 QAM 信号。导频信号周期性地发送以便接收端进行信道估计。ATCQAM 系统的帧结构如图 4-28 所示，交织方案如图 4-29 所示。

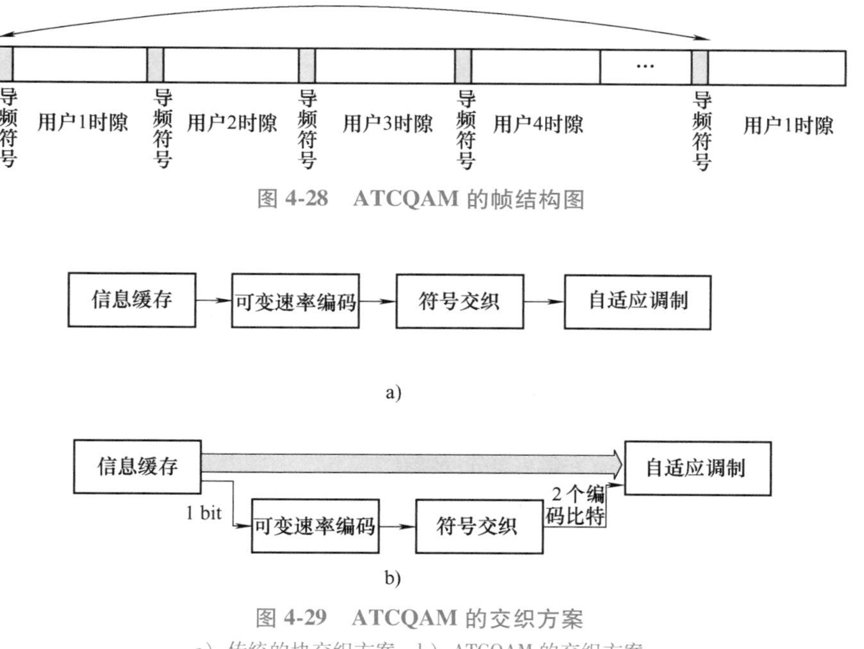

图 4-28　ATCQAM 的帧结构图

图 4-29　ATCQAM 的交织方案

a）传统的块交织方案　b）ATCQAM 的交织方案

接收端由自适应解调器、符号解交织器、维特比译码器与插值器组成。导频之间的信道状态是通过插值来完成的。在导频期间得到的信道信息通过反馈信道传回发送端，当然这中间会有一点延迟。在发送端，通过信道预测来决定合适的传输模式。

可变速率的编码调制解调器是基于高效的TCM编码、采用1/2码率的编码器。通过网格变换，将许多未编码的数据与编码的数据合成在一起映射到合适的QAM符号上。

ATCQAM的操作模式有几种，如表4-3所示。

表4-3 ATCQAM的操作模式

信息比特/符号	编码映射
1	2个编码比特映射到1个QPSK符号
2	1个未编码比特+2个编码比特映射到1个8PSK符号
3	2个未编码比特+2个编码比特映射到1个16PSK符号
4	3个未编码比特+2个编码比特映射到1个32PSK符号
5	4个未编码比特+2个编码比特映射到1个64PSK符号

自适应调整的策略有两种：保持BER恒定与保证平均吞吐量的恒定。在恒定的BER操作模式中，若信噪比高则增加吞吐量，反之则减小吞吐量。这种模式对于分组数据的传输是一种比较理想的模式。在恒定的吞吐量操作模式中，可以通过改变功率来保证BER。也就是说，这种模式与传统的编码调制是有区别的，传统方法的吞吐量是固定的，但是信道差时BER高，而信道好时BER低。ATCQAM可以基本保持BER不变而调整功率的大小。反馈信道是用来传输衰落信道状态信息的，由于衰落是一个窄带随机过程，因此占用的系统资源是很小的。

4.7 多载波调制技术

多载波传输的方式可以更好地克服由于多径效应而引入的时延功率谱的扩散而带来的频率选择性衰落，频率选择性衰落在高速的宽带移动通信系统（特别是在第三代移动通信系统）中特别突出。

4.7.1 多载波调制技术的基本原理

1. 多载波技术引入

多载波传输的概念出现于20世纪60年代。它将高速率的信息数据流经串/并转换，分割为若干路低速数据流，然后每路低速数据流采用一个独立的载波调制并叠加在一起构成发送信号。在接收端用同样数量的载波对发送信号进行相干接收，获得低速率信息数据后，再通过并/串转换得到原来的高速信号。由于信道中多径时延功率谱的扩散区间是由信道客观特性所决定的，但是决定系统传输性能的不是扩散区间的绝对值，而是扩散区间在被传送信息码元中所占的相对百分比。RAKE接收是在不改变发送信息码元周期（即不降低信息码元速率）并承认有较严重的多径扩散的条件下，采用扩频码将传播的多径信号能量分离、校正，并加以收集利用，化害为利，从而设法消除多径干扰的影响。多载波技术与RAKE接收的思路不同，它是将待发送的信息码元通过串/并转换，降低速率，增大信息码元周期，减少多径时延扩散和在接收到的信息码元中所占的相对百分比值，以削弱多径干扰对传输系统性能的影响。

2. 多载波传输系统原理图

多载波传输系统原理框图如图4-30所示。

3. 多载波传输的主要技术

多载波传输的主要技术有以下几种：

1）正交频分复用（Orthogonal Frequency Division Multiplexing，OFDM）。

2）离散多音调制（Discrete Multi-Tone，DMT）。

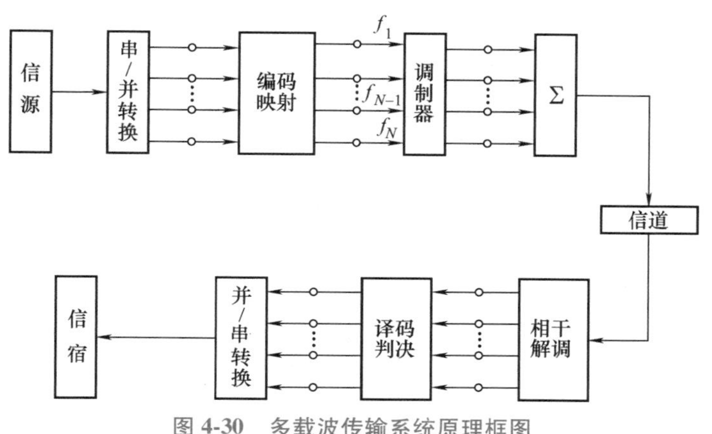

图 4-30　多载波传输系统原理框图

3）多载波调制（Multi-Carrier Modulation，MCM）。

其中 OFDM 中各子载波保持相互正交，而在 DMT 与 MCM 中这一条并不总能成立。

4. 多载波系统的主要优点与缺点

与单载波系统相比，多载波的主要优点有：

1）OFDM 系统对脉冲干扰的抵抗能力要比单载波系统大得多。这是因为 OFDM 信号的解调是在一个有很多符号的周期内积分，从而使脉冲干扰的影响得以分散。提交 CCITT 的测试报告表明，能引起多载波系统发生错误的脉冲噪声的门限电平比单载波系统的约高 11dB。

2）抗多径传播与频率选择性衰落能力强。由于 OFDM 系统把信息分散到许多载波上，大大降低了各子载波的信号速率，从而能减弱多径传播的影响，若再通过采用保护间隔的方法，甚至可以完全消除符号间干扰。

3）采用动态比特分配技术使系统达到最大比特率。通过选取各子信道、每个符号的比特数以及分配给各子信道的功率使总比特率最大。也就是要求各子信道功率分配应遵循信息论中的“注水定理”，即优质信道多传送、较差信道少传送、劣质信道不传送的原则。

4）频谱效率比串行系统提高近一倍。

多载波系统的主要缺点有：

1）多载波通信系统对符号定时和载波频率偏差比单载波系统敏感。

2）多载波信号是多个单载波信号的叠加，因此其峰值功率与平均功率的比值大于单载波系统，它对前端放大器的线性要求较高。

5. 多载波系统的实际应用

多载波系统已成功地应用于接入网中的高速数字环路（HDSL）和非对称数字环路（ADSL）。欧洲数字音频广播（DAB）标准采用的就是 OFDM 技术。高清晰度电视（HDTV）的地面广播系统采用的也是多载波系统。多载波系统还应用于高速移动通信领域。

4.7.2　OFDM 基本原理

多载波系统是 20 世纪 50 年代首先在频域 Kineplex 的无线数据传输系统中实现的。该系统采用 20 路并行发送的子载波，每个子载波速率可达 150bit/s。由于多载波系统中的本振与信号处理部分含有大量数目的滤波器组与振荡器组，故体积庞大且实现困难。

OFDM 是一种特殊的多载波传输方案，其基本原理是把高速数据流串/并转换为多个低速率数据流，在多个子载波上并行传输。这样，并行子载波上的符号周期变长，从而多径时延扩展相对变小，减少了码间干扰（ISI）的影响。通过采用循环前缀作为保护间隔，无线 OFDM 系统中可以完全消除 ISI 和子载波干扰（ICI）。与普通多载波方式不同的是，OFDM 的各个子载波相互正交，调制后的信号频谱可以相互重叠，提高了频谱利用率，而且它可以利用IDFT/DFT实现调制和解调，易用DSP实现。

一个OFDM符号由PSK或QAM调制符号的子载波构成。假设N表示子载波的个数，T表示OFDM符号的持续时间（周期），$d_i(i=0,1,2,\cdots,N-1)$是分配给每个子信道的数据符号，f_i是第i个子载波的载波频率$\mathrm{rect}(t)=1$，$|t|\leqslant T/2$，则从$t=t_s$开始的OFDM符号可以表示为

$$s(t)=\begin{cases}\mathrm{Re}\left\{\sum\limits_{i=0}^{N-1} d_i\mathrm{rect}(t-t_s-T/2)\exp[\mathrm{j}2\pi f_i(t-t_s)]\right. & t_s\leqslant t\leqslant T+t_s\\ 0 & t<t_s\cup t>T+t_s\end{cases}\tag{4-50}$$

图4-31给出了OFDM系统的基本模型框图。在发射端，一旦将要传输的比特分配到各个子载波上，某一种调制模式就将它们映射为子载波的幅度和相位，然后相加后发送出去。在接收端，利用子载波的正交性，可以用一路子载波信号进行解调，从而提取出这一路的数据，进而恢复出信息。

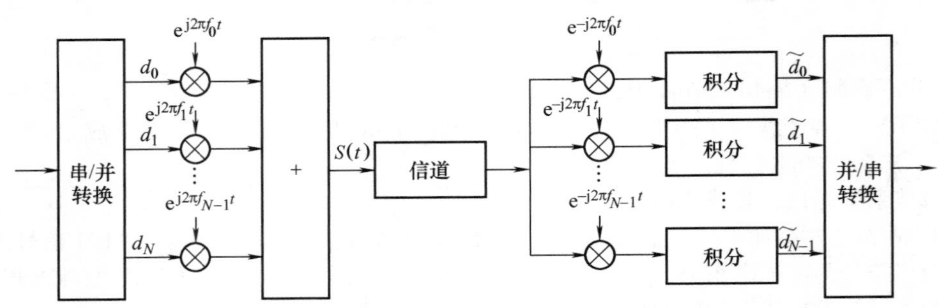

图4-31　OFDM系统基本模型框图

4.8　思考题与习题

1. 移动通信对调制技术的要求有哪些？
2. 已调信号的带宽是如何定义的？
3. QPSK、OQPSK的星座图和相位转移图有何差异？
4. QPSK和OQPSK的最大相位变化量分别为多少？各自有哪些优缺点？
5. 简述MSK调制和FSK调制的区别与联系。
6. 设输入数据为16kbit/s，载频为32kHz，若输入序列为{0010100011100110}，试画出MSK信号的波形，并计算其空号和传号对应的频率。
7. 设输入序列为{00110010101111000001}，试画出MSK在$B_bT_b=0.2$时的相位轨迹。
8. GMSK与MSK信号相比，其频谱特性得以改善的原因是什么？
9. 为何小功率系统的数字调制采用π/4-DQPSK，而大功率系统的数字调制采用恒包络调制？
10. 在正交振幅调制中，应按什么样的准则来设计信号结构？
11. 方形QAM星座图与星形QAM星座图有何异同？
12. 扩频调制有哪些特点？扩频调制有哪几类？分别是什么？
13. PN序列有哪些特征使得它具有类似噪声的性质？
14. 简要说明直接序列扩频和解扩的原理。
15. 简要说明跳频扩频和解扩的原理。
16. 比较分析直接序列扩频和跳频的优缺点。
17. 为什么扩频信号能够有效地抑制窄带干扰？
18. 多载波调制的基本原理是什么？
19. 为什么需要采用自适应编码调制？

第5章　抗衰落技术

在移动通信中，电波的反射、散射和绕射等，使得发射机和接收机之间存在多条传播路径，并且每条路径的传播时延和衰耗因子都是时变的，这样就造成了接收信号的衰落。衰落可分为平坦衰落与选择性衰落；快衰落与慢衰落。本章主要介绍抗衰落技术的基本原理以及典型的抗衰落技术。

5.1　抗衰落技术的基本原理

微视频：
抗衰落技术、
分集技术

移动通信系统利用信号处理技术来改进恶劣无线电传播环境中的链路性能。正如前面所说，由于多径衰落和多普勒频移的影响，会导致接收信号产生很大的衰落深度，一般为40~50dB，偶尔可达到80dB。若是通过增大发射功率的方法来克服这种深度衰落的话，通常都花不起那么大的功率代价。因此就迫使人们利用各种信号处理的方法来对抗衰落，分集技术和均衡技术就是用来克服衰落、改进接收信号质量的，它们既可单独使用，也可组合使用。

分集接收是指接收端信息的恢复是在多重接收的基础上，利用接收到的多个信号的适当组合来减少接收时窄带平坦衰落深度和持续时间，从而达到提高通信质量和可通率的目的。在其他条件不变的情况下，由于改变了接收端输出信噪比的概率密度函数，从而使系统的平均误码率下降1~2个数量级，中断率也明显下降。最通用的分集技术是空间分集，其他分集技术还包括天线极化分集、频率分集和时间分集。码分多址（CDMA）系统通常使用RAKE接收机，它能够通过时间分集来改善链路性能。

均衡是信道的逆滤波，用于消除由多径效应引起的码间干扰即符号间干扰（Inter Symbol Interference，ISI）。如前所述，如果调制信号带宽超过了无线信道的相关（干）带宽（Coherence Bandwidth），将会产生码间干扰，并且调制信号会展宽。而接收机内的均衡器可以对信道中幅度和延迟进行补偿。均衡可分为两类：线性均衡和非线性均衡。均衡器的结构可采用横向或格型等结构。由于无线衰落信道是随机的、时变的，故需要研究均衡器自适应地跟踪信道的时变特性。自适应均衡也可分成三类：基于训练序列的均衡、盲均衡（Blind Equalization，BE）与半盲均衡。

分集和均衡技术都被用于改进无线链路的性能，提高系统数据传输的可靠性。但是在实际的无线通信系统中，每种技术在实现方法、所需费用和实现效率等方面具有很大的不同，在不同的场合需要采用不同的技术或技术组合。

5.2　分集技术

分集技术是一项典型的抗衰落技术，它可以用相对低廉的投资大大提高多径衰落信道下的传输可靠性。与均衡不同，分集技术不需要训练序列，因而发送端不需要发送训练序列，从而节省开销。分集技术应用非常广泛。

5.2.1　分集的基本概念、分类及方法

分集技术是通过查找和利用自然界无线传播环境中独立的（至少是高度不相关的）多径信号来实现的。这些多径信号在结构上和统计特性上具有不同的特点，通过对这些信号进行区分，并按一定规律和原则进行集合与合并处理来实现抗衰落。在许多实际应用中，分集各个方面的参数

都是由接收机决定的，而发射机并不知晓分集的情况。

分集的概念可以简单解释如下：如果一条无线传播路径中的信号经历了深度衰落，而另一条相对独立的路径中可能仍包含着较强的信号。因此可以在多径信号中选择两个或两个以上的信号。这样做的好处是它对于接收端的瞬时信噪比和平均信噪比都有提高，并且通常可以提高 20dB 到 30dB。

分集的必要条件是在接收端必须能够接收到承载同一信息内容且在统计上相互独立的若干不同的样值信号，这若干个不同样值信号的获得可以通过不同的方式，如空间、频率、时间等。它主要是指如何有效地区分可接收的含同一信息内容但统计独立的不同样值信号。分集的充分条件是如何将可获得的含有同一信息内容但统计上独立的不同样值加以有效且可靠的利用，它是指分集中的集合与合并。

从“分”的角度划分，若按照接收信号样值的结构与统计特性，可分为空间分集、频率分集、时间分集、极化分集；若按“分”位置，可分为发射分集、接收分集、收发联合分集；从“集”的角度划分，即按集合、合并方式，可分为选择式合并、等增益合并、最大比值合并；按“集”的位置，可分为射频合并、中频合并、基带合并。

从分集的区域划分，又可以分为两类：宏分集和微分集。

- 宏分集：主要用于蜂窝移动通信系统中，也称为多基站分集，这是一种减少慢衰落影响的分集技术，其做法是将多个基站设置在不同的地理位置上和不同的方向上，同时与小区内的一个移动台进行通信。显然，只要各个方向上的传播信号不是同时受到阴影效应或是地形的影响而出现严重的慢衰落，就能保证通信不会中断。这种分集主要是克服由周围环境地形和地物差别而导致的阴影区引起的大尺度衰落。
- 微分集：一种减小深度衰落的分集技术。为了达到信号之间的不相关，可以从时间、频率、空间、极化、角度等方面实现这种不相关性，因此微分集的主要方式有：时间分集、频率分集、空间分集（天线分集）、极化分集、角度分集等，其中以前三种方式比较常用。这种分集主要克服小尺度衰落。

5.2.2　分集信号的合并

分集信号的合并是指接收端收到多个独立衰落的信号后如何合并的问题。合并方法主要有选择合并、最大比合并、等增益合并。

1. 选择合并

选择合并（Selection Combining，SC）就是将天线接收的多路信号加以比较之后选取最高信噪比的分支。这种方式实际并非是合并，而是从中选一，因此又称选择分集（SD）或开关分集。选择合并在射频实现时高频开关的切换会引起附加的噪声，对系统的性能会有一定影响。选择合并的性能与平均信噪比有关。选择合并的实现最为简单，其框图如图 5-1 所示。现在我们进行选择式合并的性能分析。

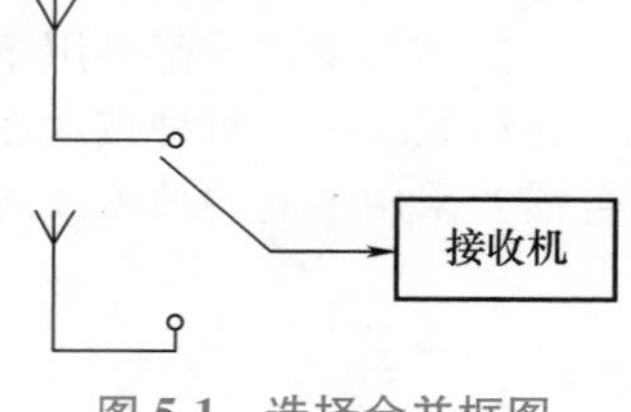

图 5-1　选择合并框图

设信道为瑞利衰落信道，共有 M 个分集支路，并假设每条支路具有相同的平均信噪比 Γ，则每个支路的瞬时信噪比 γ_i 的概率分布函数为

$$p(\gamma_i)=\frac{1}{\Gamma}\mathrm{e}^{-\frac{\gamma_i}{\Gamma}}\qquad \gamma_i>0 \tag{5-1}$$

所以单个支路小于阈值 γ 的概率为

$$P[\gamma_i\leqslant\gamma]=\int_0^{\gamma}p(\gamma_i)\mathrm{d}\gamma_i=\int_0^{\gamma}\frac{1}{\Gamma}\mathrm{e}^{-\frac{\gamma_i}{\Gamma}}\mathrm{d}\gamma_i=1-\mathrm{e}^{-\frac{\gamma}{\Gamma}} \tag{5-2}$$

于是所有 M 个独立的分集支路接收信号均小于某个信噪比阈值 γ 的联合概率 $P_M(\gamma)$ 可以表示为

$$P_M(\gamma)=P[\gamma_1,\cdots,\gamma_M\leqslant\gamma]=(1-\mathrm{e}^{-\frac{\gamma}{\Gamma}})^M \tag{5-3}$$

至少有一个支路大于 γ 的概率为

$$P[\gamma_i>\gamma]=1-P_M(\gamma)=1-(1-\mathrm{e}^{-\frac{\gamma}{\Gamma}})^M \tag{5-4}$$

2. 最大比合并

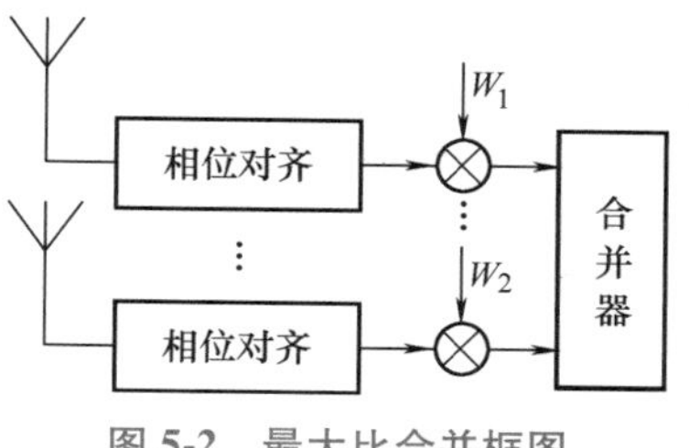

图 5-2　最大比合并框图

最大比合并（Maximal Ratio Combining，MRC）是最佳的分集合并方式，因为它能得到最大的输出信噪比。最大比合并是通过各分集分支采用相应的衰落增益加权然后再合并的。最大比合并是由 Kahn 最早提出的，其框图如图 5-2 所示。它的实现要比其他两种合并方式困难，因为此时每一支路的信号都要利用，而且要给予不同的加权，使合并输出的信噪比最大。现在的 DSP 技术和数字接收技术正逐步采用这种最佳合并方式。最大比合并可以在中频合并，也可以在基带合并，合并时需要保证各支路信号的相位保持一致。这样，对信号来讲应是电压相加，输出的信号电压为

$$U_{总}=\sum_{i=1}^{M}u_i\cdot W_i \tag{5-5}$$

式中，u_i 为每支路输出信号电压；W_i 为加权系数。由于假设各支路的平均噪声功率是相互独立的，合并器输出的平均噪声功率应是各支路的噪声之和，即

$$n_{总}=\sum_{i=1}^{M}W_i^2\cdot n_i \tag{5-6}$$

这样，合并输出的信噪比为

$$\gamma=\frac{\left[\frac{1}{\sqrt{2}}\sum_{i=1}^{M}W_i\cdot u_i\right]^2}{\sum_{i=1}^{M}W_i^2\cdot n_i} \tag{5-7}$$

因为各支路信噪比 $\gamma_i=u_i^2/2n_i$，代入式（5-7），可得

$$\gamma=\frac{\left[\sum_{i=1}^{M}W_i\cdot\sqrt{n_i\cdot\gamma_i}\right]^2}{\sum_{i=1}^{M}W_i^2\cdot n_i} \tag{5-8}$$

利用施瓦兹不等式，即可求出 γ 的最大值，即

$$\left[\sum_{i=1}^{M}W_i\cdot\sqrt{n_i\cdot\gamma_i}\right]^2\leqslant\left(\sum_{i=1}^{M}W_i^2\cdot n_i\right)\cdot\left(\sum_{i=1}^{M}\gamma_i\right) \tag{5-9}$$

或写成

$$\gamma\leqslant\sum_{i=1}^{M}\gamma_i \tag{5-10}$$

因此可得到的结论是：最大比合并输出可得到的最大信噪比为各支路信噪比之和，即

$$\gamma_{\max}=\sum_{i=1}^{M}\gamma_i \tag{5-11}$$

由此也可以求得能够得到最大信噪比的各支路加权系数 W_i 的值

$$W_i=k\frac{u_i}{\sqrt{2}\cdot n_i} \tag{5-12}$$

也就是说，当各支路的加权系数与本路信号的振幅 u_i 成正比，而与本路的噪声功率成反比时，合并后可得最大信噪比输出。若各路噪声功率相同，则加权系数仅随本路的信号振幅而变化。显然，最大比合并能获得最大信噪比是因为信噪比大的支路加权大，这一路在合并器输出中的贡献

也就大；反之，信噪比小的支路加权小，贡献也就小。

3. 等增益合并

等增益合并（Equal Gain Combining，EGC）就是使各支路信号同相后等增益相加作为合并后的信号，它与MRC类似，只是加权系数设置为1。等增益合并是目前使用比较广泛的一种合并方式，因为其抗衰落性能接近最大比合并，而实现又比较简单。在某些情况下，对真实的最大比合并提供可变化的加权系数是不方便的，所以将加权系数均设为1，简化了设备，也保持了从一组不可接受的输入产生一个可接受的输出信号的可能性。等增益合并的性能比最大比合并稍差，但优于选择合并。

等增益合并与最大比合并不同，合并后信噪比的改善与各支路信噪比有着密切的关系，以二重分集为例，合并器输出的信噪比可以写成

$$\gamma=\frac{\left(\sqrt{P_1}+\sqrt{P_2}\right)^2}{n_1+n_2} \tag{5-13}$$

当两路信号信噪比相同时，$P_1=P_2=P$，$n_1=n_2=n$，则总信噪比为

$$\gamma=2\frac{P}{n}=2\gamma_1 \tag{5-14}$$

当两路信号信噪比不等，且其中一路信噪比为0时，如$P_2=0$，则总信噪比为

$$\gamma=\frac{P_1}{2n}=\frac{1}{2}\gamma_1 \tag{5-15}$$

由此可见，等增益合并最适合在两路信号电平接近时工作，此时可以获得约3dB的增益。但是它不适合在两路信号相差悬殊时工作，因为此时信号弱的那一路也将被充分放大后参与合并，这将会使总输出信噪比下降。需要注意的是：等增益合并必须在中频进行，因为若是在低频合并，会由于各支路解调器的增益不是常数而无法保证等增益合并。

以上这三种合并方式按照不同的合并原则，在分集接收的性能上有一定的差异。分集接收性能可以用分集增益、中断率（Outage Rate）和误码率等指标描述。下面通过图5-3给出各种合并方式的分集增益特性曲线。由图可以看出，三种分集合并方式较无分集对系统的性能都有不同程度的改善，其中分集增益随分集支路数的增加呈线性递增，但是当支路数大于5以后，分集增益增长缓慢，趋于门限值，这是因为随着支路数的增加，分集的复杂性也随之增加，所以通常采用二重、三重或四重分集。由图还可以得出以下结论：最大比合并是合并的最优方式，等增益合并次之。因误码率与信道特性及调制方式等因素有关，图5-4给出瑞利衰落（Rayleigh Fading）信道上二进制FSK信号的误码率特性曲线。相干接收的误码率性能要优于非相干接收。

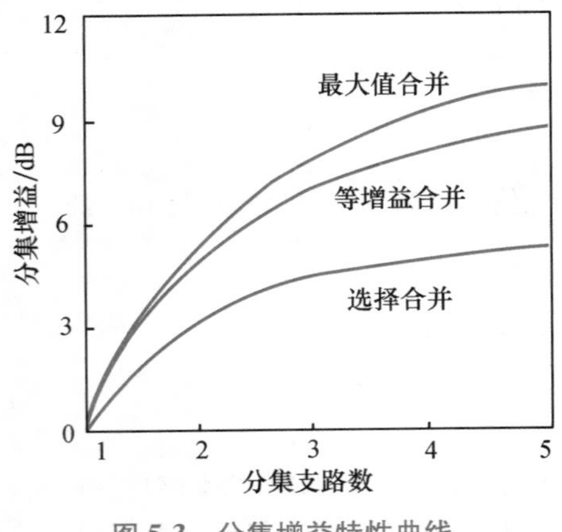

图5-3　分集增益特性曲线

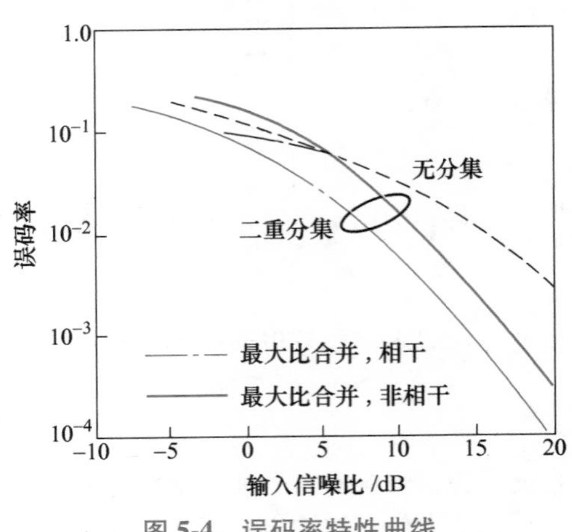

图5-4　误码率特性曲线

5.2.3 空间分集

空间分集是利用相距足够远的不同天线产生的电场相互独立这一特性而构成的分集技术，也称天线分集（Antenna Diversity）。接收天线之间的距离 d 只要足够大，就可以认为各天线输出信号间衰落特性是相互独立的。在理想的情况下，接收天线之间的距离应满足半波长条件，即 $d>\lambda/2$（λ 为波长）。实际上，不同的天线接收的信号总是存在一定的相关性，其相关系数为

$$P_s = e^{-(d/d_0)^3} \tag{5-16}$$

式中，d 为天线间距；d_0 为与工作频率和入射波方向有关的系数。因此 d 越大，各支路信号的相关性就越弱。对于天线分集，分集的支路数越多，即天线根数越多，分集的效果越好，但分集的复杂性也随之增加。在天线分集中，一般发射端使用一根发射天线，接收端采用多根接收天线。发射分集是近年来才发展起来的一种新兴技术，在后面还要讲到。天线分集在频分多址（FDMA）通信系统、时分多址（TDMA）通信系统以及码分多址（CDMA）通信系统都有应用。经验表明：天线分集效果的好坏不仅与天线间的距离有关，而且和天线的排列、合并方式有关，特别是天线的布置尤为重要。对于二重分集来说，两副天线的排列应与来波方向平行，天线间的距离不应过大，否则效果增加不明显相反却增加了场地占用的面积和馈线损耗，另外所选的天线形式应尽可能一致，若天线形式不一致，应力求使其电性能相接近，否则会影响分集的效果。

5.2.4 时间分集

时间分集是指以超过信道相干（关）时间的时间间隔重复发送信号，以便让再次收到的信号具有独立的衰落环境，从而产生分集效果。现在时间分集技术已经被大量地用于扩频 CDMA 的 RAKE 接收机中，以处理多径信号。实际设备中，时间分集与频率分集经常结合在一起使用，组成时间-频率分集系统。试验数据证明，采用时间-频率组合分集后误码率较只采用频率分集改善了2~3个数量级。

因为同一信息要在不同时间内传送若干次，那么发送端和接收端都需要存储器，发送端存储器是为了重发信号而设置的，而接收端存储器是为了使先后收到的信号在时间上取齐。时间分集除了可以有效地克服深度衰落外，还可以对抗宽带噪声所造成的突发错误。由于这类噪声与空间、频率等参数高度相关，唯独与时间无关，所以目前的数据传输系统比较广泛地采用时间分集。

5.2.5 频率分集

频率分集是指用若干个载波同时传送同一信号，各路载波之间的频率间隔要大于或等于相干带宽（Coherence Bandwidth），在接收端对不同频率的信号进行合成。频率分集在相干（关）信道带宽之外的频率上不会出现同样的衰落。理论上说，不相关信道产生同样衰落的概率是各自产生的衰落概率的乘积。这种方法只需要一副天线，但频谱使用效率较低，且需要较大的总发射功率。在 TDMA 系统中，当多径时延扩展可与码元间隔相比时，频率分集可由均衡器获得。GSM 移动通信系统使用跳频获得频率分集。与空间分集相比，频率分集使用的天线数目减少了，但随之而来的缺点是占用的频谱资源比较多，在发射端需要使用多部发射机。

5.2.6 极化分集

当天线架设的场地受到限制，空间分集不易保证空间衰落独立时，可以采用极化分集替代或改进。在无线信道传输过程中，单一极化的发射电波由于传播媒质的作用会形成两个彼此正交的极化波，这两个不同极化的电波具有独立的衰落特性，极化分集就是利用这两个不同极化的电波具有独立衰落的特性，在接收端用两个位置很近但处于不同极化平面内的天线分散接收信号以达到分集的效果。极化分集可以看作空间分集的一种特殊情况，它也需要两副天线，仅仅是利用了不同极化波具有不相关的衰落特性而缩短了天线间的距离而已。一般来讲，极化分集的效果不如

空间分集，但是在天线距离较小的情况下，由于天线分集两路信号间的相关性增加，二重极化分集可能比二重空间分集更适用。

5.2.7　角度分集

由于地形地貌以及建筑物等环境的不同，到达接收端的多径信号可能有不同的到达方向，因此，在接收端使用方向性天线，使它们指向不同的波达方向，则每个方向性天线接收到的多径信号是不相关的，从而实现了分集。

5.2.8　场分集

由电磁场理论可知，当电磁波传输时，电场 $\boldsymbol{E}$ 总是伴随着磁场 $\boldsymbol{H}$，且和 $\boldsymbol{H}$ 携带相同的信息。若把衰落情况不同的 $\boldsymbol{E}$ 和 $\boldsymbol{H}$ 的能量加以利用，得到的就是场分集。场分集不需要把两根天线从空间上分开，天线的尺寸也基本保持不变，对带宽无影响，但要求两根天线分别接收 $\boldsymbol{E}$ 和 $\boldsymbol{H}$，如采用微带天线和缝隙天线。

5.3　自适应均衡技术

微视频：
自适应均衡技术、多径信号的分离与合并、发射分集与空时编码联合发射-接收分集与MIMO

在数字移动通信中，为提高频率利用率和业务性能，满足高可靠性的各种非语音业务的无线传输，我们需要高速（几十千至上兆比特每秒）移动无线数字信号传输技术。而在采用时分多址（TDMA）的这种高速数字移动通信中，由于多径传播，不仅产生瑞利衰落，而且产生频率选择性衰落，造成接收信号既有单纯电平波动，又伴随有波形失真产生，影响接收质量；且传输速率越高，多径传播所引起的码间串扰越严重。单纯电平波动可用自动增益控制电路加以抑制，而波形失真引起的传播特性恶化，则需要用自适应均衡器来解决。

用于移动无线信道的高速自适应均衡技术是数字移动通信中一个关键性技术课题，TDMA 的信号结构和快速变化的信道衰落特性，也为自适应均衡器的设计增加了一定的难度。寻求高性能低复杂度的自适应算法是实现自适应均衡器的关键。

5.3.1　自适应均衡原理

自适应均衡器就是一种自适应滤波器，它通过在自适应过程中进行变换产生期望响应的估计，使滤波器输出尽量逼近希望恢复的信号。自适应滤波是近 30 年以来发展起来的，建立在维纳滤波和 Kalman 滤波等线性滤波基础上的一种最佳滤波方法。由于它具有更强的适应性和更优的滤波性能，所以在工程实际中，尤其在信息处理技术中得到了广泛的应用。

一个带均衡器的数字通信系统框图如图 5-5 所示。

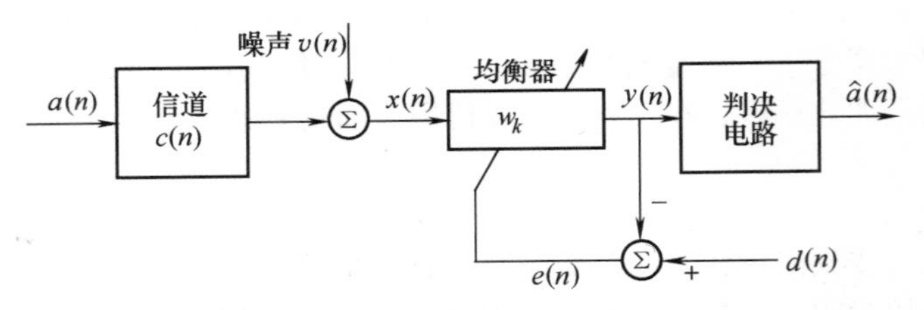

图 5-5　带均衡器的数字通信系统

图中 $a(n)$ 表示被传输的数字序列，$c(n)$ 表示长度为 L 的广义离散信道（包括发射机、传输信道、接收机三部分）序列，$v(n)$ 为零均值的加性高斯白噪声序列，w_k 为补偿信道线性失真的均衡器抽头权系数，$\hat{a}(n)$ 为被传输数字序列的估计值。则均衡器的输入序列可表示为

$$x(n)=a(n)*c(n)+v(n) \tag{5-17}$$

传统的自适应均衡器是在数据传输开始前先发送一段接收端已知的伪随机序列，用于对均衡器进行“训练”。待“训练”完成后，再转换到自适应方式开始数据传输。由于传输过程中的失真，经过均衡器恢复后的训练序列和本地产生的训练序列必然存在误差 $e(n)=d(n)-y(n)$。自适应均衡器的均衡系数 w_k 受误差信号 $e(n)$ 的控制，根据 $e(n)$ 的值自动调整，使输出 $y(n)$ 逼近于所期望的参考信号 $d(n)$。

【例 5-1】 训练序列有哪些设计要求?

解：在最差的信道条件下，均衡器也能通过该序列获得正确的均衡系数；训练结束后，均衡系数已经接近于最佳值。

5.3.2 均衡器的类型

均衡器按技术类型可以分为两类：线性和非线性。两类均衡器的差别主要在于均衡器的输出是否用于反馈控制。通常信号经过接收机判决后，输出决定信号的数字逻辑值。如果该逻辑值没有被用于均衡器的反馈逻辑中，那么均衡器是线性的。反之，如果该逻辑值被应用于反馈逻辑中并且帮助改变了均衡器的后续输出，那么均衡器是非线性的。线性均衡器实现简单，然而与非线性均衡器相比，噪声增强现象严重。在非线性均衡器中，判决反馈均衡器是最常见的，因为其实现相当简单，而且通常性能良好。然而在低信噪比时，引起错误传播现象，导致性能降低。最佳的均衡技术是最大似然序列估计（MLSE），但 MLSE 的复杂度随信道的时延扩展长度呈指数增加，因此在多数信道中不实用。然而，MLSE 的性能经常作为其他均衡技术的性能上界。

均衡器按检测级别可分为码片均衡器、符号均衡器和序列均衡器三类。码片均衡器是在码片级进行均衡，它是提高 CDMA 系统性能的一种特别的均衡器，它只能采用线性均衡，因为在码片级无法进行判决；符号均衡器是逐个符号进行判决，然后去除每个符号的 ISI；序列均衡器进行符号序列检测判决，然后去除 ISI，MLSE 是序列检测的最佳形式。

均衡器按结构划分可分为横向或格形结构。横向结构是具有 $N-1$ 个延迟单元、N 个可调谐的抽头权重因子。格形滤波器与横向滤波器相比复杂度较高，但其数值稳定性高、收敛特性好，滤波器长度变化灵活。

均衡器按其频谱效率可分成三类：基于训练序列的均衡、盲均衡（Blind Equalization，BE）与半盲均衡。盲均衡不需要训练序列，因而其频谱利用率高，但是其收敛速率慢，目前在实际中难以较好地应用。基于训练序列的均衡器是指在发射端发送训练序列，在接收端根据此训练序列对均衡器进行调整，通常，我们又将基于训练序列的均衡称为自适应均衡，它在实际中得到了很好的应用。半盲均衡频谱效率介于盲均衡与自适应均衡之间。

均衡器按其所处位置又可分为两类：预均衡与均衡。均衡器通常都放在接收端，而预均衡器放在发射端。预均衡的优点是可以采用简单的算法实现性能良好的均衡，避免了噪声增强，而且降低了接收机的复杂度，但是它需要上行与下行信道具有互易性。互易性就是指在同一频率上传输的上行或下行数据遭受相同的衰落和相位旋转，换一句话说，上行链路和下行链路的信道传输函数是等效的。预均衡器可用在时分双工（TDD）系统中。

均衡器按照采样间隔又可分为符号间隔均衡器与分数间隔均衡器。在符号间隔均衡器中，其抽头间隔为符号时间间隔。符号间隔均衡器的性能对抽样时刻非常敏感，如果选择了不恰当的抽样时间，其性能会很差。即使有精确的定时和匹配滤波，符号间隔均衡器由于有限长度的抽头延迟线结构也不能实现最佳的线性接收机。分数间隔均衡器可以避免欠采样引起的频谱混叠现象，而且能够对任意定时相位下发生的任意时延做出补偿。

自适应均衡按变换域又可分为时域均衡与频域均衡。以往主要是采用时域均衡，随着传输速率越来越高，码间干扰越来越严重，时域均衡器也越来越复杂，这时频域均衡器进入了人们的视野。两种不同类型的均衡器的接收机结构有明显的不同，在本章中我们主要介绍时域均衡算法。

5.3.3　均衡算法

对自适应均衡算法的研究是当今自适应信号处理中最为活跃的研究课题之一。寻求收敛速度快、计算复杂性低、数值稳定性好的自适应均衡算法是研究人员不断努力追求的目标。虽然线性自适应均衡器和相应的算法具有结构简单、计算复杂性低的优点而广泛应用于实际，但由于对信号的处理能力有限而在应用中受到限制。由于非线性自适应均衡器具有更强的信号处理能力，已成为自适应信号处理中的一个研究热点。

根据自适应均衡算法优化准则的不同，传统的自适应均衡算法可以分为两类最基本的算法：最小均方（LMS）算法和递推最小二乘（RLS）算法。基于最小均方误差准则，LMS 算法使均衡器的输出信号与期望输出信号之间的均方误差 $E[e^2(n)]$ 最小。基于最小二乘准则，RLS 算法决定自适应均衡器的权系数向量 $\boldsymbol{W}(n)$，使估计误差的加权平方和 $J(n)=\sum_{i=1}^{n}\lambda^{n-i}\cdot|e(i)|^2$ 最小。其中 λ 为遗忘因子，且 $0<\lambda\leqslant1$。由此两准则衍生出许多不同的自适应均衡算法。其中较典型的几种算法有：

1）LMS 自适应均衡算法。

2）RLS 自适应均衡算法。

3）变换域自适应均衡算法。

4）仿射投影算法。

在这里，我们重点介绍 LMS 算法，简要介绍 RLS 算法。

1. LMS 自适应均衡算法

由 Widrow 和 Hoff 提出的最小均方误差算法不需要计算有关的相关函数，也不需要矩阵求逆运算，具有计算量小、易于实现等优点，因此在实践中被广泛采用。

LMS 算法是自适应滤波算法，一般来说它包含两个过程：

1）滤波过程。包括计算线性滤波器输出对输入信号的响应，通过比较输出结果与期望响应产生估计误差。

2）自适应过程。根据估计误差自动调整滤波器参数。

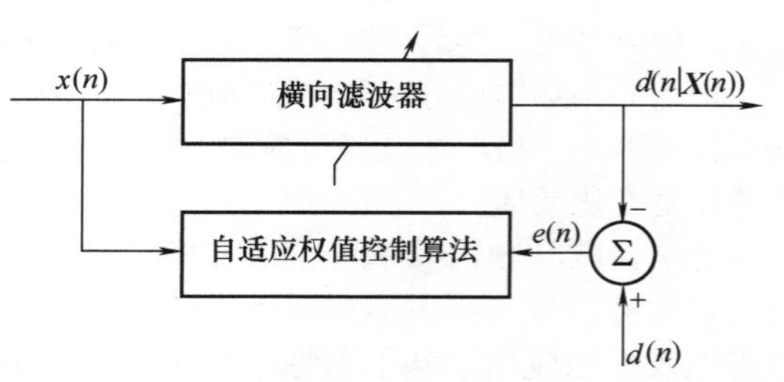

图 5-6　自适应横向滤波器框图

这两个过程一起工作组成一个反馈环，如图 5-6 所示。首先，我们有一个横向滤波器（围绕它构造 LMS 算法），该部件的作用在于完成滤波过程；其次，我们有一个对横向滤波器抽头权重进行自适应控制过程的算法，即图中标明的“自适应权值控制算法”部分。

横向滤波器各部分细节如图 5-7 所示。抽头输入 $x(n),x(n-1),\cdots,x(n-L+1)$ 为 $L\times1$ 抽头输入向量 $\boldsymbol{X}(n)$ 的元素，其中 $L-1$ 是延迟单元的个数，这些输入组成一个多维空间。响应的抽头权值 $\hat{\omega}_0(n),\hat{\omega}_1(n),\cdots,\hat{\omega}_{L-1}(n)$ 为 $L\times1$ 抽头权向量 $\boldsymbol{W}(n)$ 的元素。通过 LMS 算法计算这个向量所得的值表示一个估计，当迭代次数趋于无穷时，该估计的期望值可能接近维纳解 W_0（对于广义平稳过程）。

在滤波过程中，期望响应 $d(n)$ 与抽头输入向量 $\boldsymbol{X}(n)$ 一同参与处理。在这种情况下，给定一个输入，横向滤波器产生一个输出 $d(n|\boldsymbol{X}(n))$ 作为期望响应 $d(n)$ 的估计。因此，我们可把估计误差 $e(n)$ 定义为期望响应与实际滤波器输出之差，如图 5-7 所示。估计误差 $e(n)$ 与抽头输入向量 $\boldsymbol{X}(n)$ 都被加到自适应控制部分，因此围绕抽头权值的反馈环是闭环的。

图 5-8 表示自适应权值控制机制的详细结构。在计算中所用的标度因子用正数 u 表示，称为步长参数。对 $n=0,1,\cdots,L-2,L-1$，估计误差 $e(n)$、步长参数 u 与抽头输入 $\boldsymbol{X}(n)$ 的积为均衡器系统的矫正量，它将在第 $n+1$ 次迭代中应用于 $W(n)$。

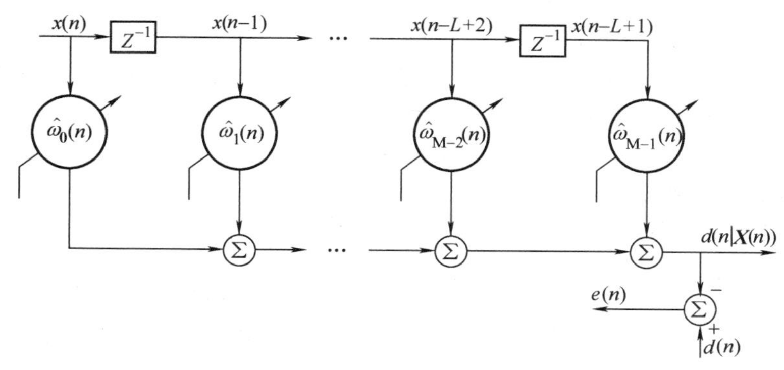

图 5-7　横向滤波器结构框图

基于最速下降法的最小均方误差（LMS）算法的迭代公式如下：

$$e(n)=d(n)-\boldsymbol{X}^{\mathrm{T}}(n)\boldsymbol{W}(n) \tag{5-18}$$

$$\boldsymbol{W}(n+1)=\boldsymbol{W}(n)+2ue(n)\boldsymbol{X}(n) \tag{5-19}$$

式中，$\boldsymbol{W}(n)$ 为自适应均衡器在时刻 n 的权系数向量；$\boldsymbol{X}(n)=[x(n),x(n-1),\cdots,x(n-L+1)]^{\mathrm{T}}$ 为时刻 n 的输入信号矢量；L 是自适应均衡器的长度；$d(n)$ 为期望输出值；$e(n)$是误差信号；u 是步长因子。LMS 算法收敛的条件为：$0<u<1/\lambda_{\max}$，$\lambda_{\max}$是输入信号自相关矩阵的最大特征值。

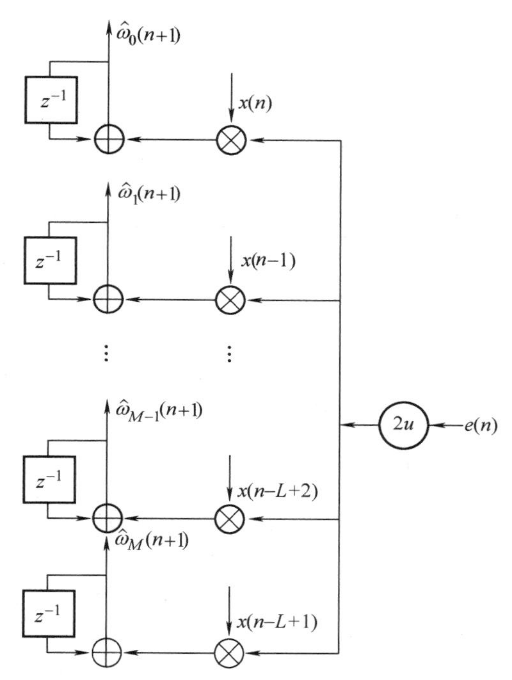

图 5-8　自适应权值控制算法模型

式（5-18）和式（5-19）所描述的算法是自适应 LMS 算法的复数形式，在每一次迭代或时间更新中，这个算法都需要$\boldsymbol{X}(n)$、$d(n)$、$\boldsymbol{W}(n)$的最近值。LMS 算法是随机梯度算法族中的一员。特别是当 LMS 算法应用于随机输入时，从一个迭代循环到下一循环所允许的方向是完全随机的，因此不能把允许方向看作由纯梯度方向组成。

从 LMS 算法可以看出，LMS 算法在一次迭代中只需要 $2L+1$ 次复数乘法和 $2L$ 次复数加法，这里 L 是自适应横向滤波器中抽头权值的数目。换句话说，计算复杂度为 $O(L)$，收敛速度、时变系统跟踪能力及稳态失调是衡量自适应均衡算法优劣的三个最重要的技术指标。由于输入端不可避免地存在干扰噪声，自适应均衡算法将产生参数失调噪声。干扰噪声越大，则引起的失调噪声就越大。减小步长 u 可减小自适应均衡算法的稳态失调噪声，提高算法的收敛精度。然而步长因子 u 的减小将降低算法的收敛速度和跟踪速度。因此，固定步长的自适应滤波算法在收敛速度、时变系统跟踪速度与收敛精度方面对算法调整步长因子 u 的要求是相互矛盾的。为了克服这一矛盾，人们提出了许多变步长自适应均衡算法，即 LMS 算法中的步长因子 u 随时间而变（$u(n)$）。R. D. Gitlin 曾提出了一种变步长自适应均衡算法，其步长因子$u(n)$随迭代次数的增加而逐渐减小，Yasukawa提出使步长因子 $u(n)$正比于误差信号 $e(n)$的大小的方法，而 Gitlin 等提出了一种时间平均估值梯度的自适应均衡算法。

变步长自适应均衡算法的步长调整原则是在初始收敛阶段或未知系统参数发生变化时，步长应比较大，以便有较快的收敛速度和对时变系统的跟踪速度；而在算法收敛后，不管主输入

端干扰信号有多大，都应保持很小的调整步长以达到很小的稳态失调噪声。根据这一步长调整原则，有 Sigmoid 函数变步长 LMS 算法（SVSLMS），其变步长 u 是 $e(n)$ 的 Sigmoid 函数：$u(n)=\beta(1/(1+\exp(-\alpha|e(n)|))-0.5)$。该算法能同时获得较快的收敛速度、跟踪速度和较小的稳态误差。然而，该 Sigmoid 函数过于复杂，且在误差 $e(n)$ 接近零处变化太大，不具有缓慢变化的特性，使得 LMS 算法在自适应稳态阶段仍有较大的步长变化，这是该算法的不足。

2. RLS 自适应均衡算法

LMS 算法的优点是结构简单，其缺点是收敛速度很慢。基于最小二乘准则，RLS 算法调整自适应滤波器的权系数向量 $\boldsymbol{W}(n)$，使估计误差的加权平方和 $J(n)=\sum_{i=1}^{n}\lambda^{n-i}\cdot|e(i)|^2$ 最小。RLS 算法对输入信号的自相关矩阵 $\boldsymbol{R}_{xx}(n)$ 的逆进行递推估计更新，收敛速度快，其收敛性能与输入信号的频谱特性无关。但是，RLS 算法的计算复杂度很高，所需的存储量极大，不利于实时实现；倘若被估计的自相关矩阵的逆失去了正定特性，这还将引起算法发散。为了减小 RLS 算法的计算复杂度，并保留 RLS 算法收敛速度快的特点，产生了许多改进的 RLS 算法。如快速 RLS（Fast RLS）算法、快速递推最小二乘格形（Fast Recursive Least Squares Lattice）算法等。这些算法的计算复杂度低于 RLS 算法，但它们都存在数值稳定性问题。改进的 RLS 算法着重用于格形均衡器的 RLS 算法，快速 RLS 算法就是在 RLS 格形算法基础上得到的。格形均衡器与直接形式的 FIR 均衡器可以通过均衡器系数转换相互实现。格形参数称为反射系数，直接形式的 FIR 均衡器长度是固定的，一旦长度改变则会导致一组新的均衡器系数，而新的均衡器系数与旧的均衡器系数是完全不同的。格形均衡器是次序递推的，因此，它的级数的改变并不影响其他级的反射系数，这是格形均衡器的一大优点。RLS 格形均衡器算法就是将最小二乘准则用于求解最佳前向预测器系数、最佳后向预测器系数、进行时间更新、阶次更新及联合过程估计。格形 RLS 算法的收敛速度基本上与常规 RLS 算法的收敛速度相同，因为二者都是在最小二乘的意义下求最佳。但格形 RLS 算法的计算复杂度高于常规 RLS 算法。格形 RLS 算法的数字精度比常规 RLS 算法的精度高，对舍入误差的不敏感性甚至优于 LMS 算法。

5.3.4　自适应均衡器的应用

在 900MHz 移动通信信道中进行的测量表明，美国 4 城市所有测量点中，时延扩展少于 15μs 的占 99%，而少于 5μs 接近 80%。对一个采用符号速率为 243kbit/s 的 DQPSK 调制系统来说，如果 $\Delta/T=0.1$（Δ 是时延扩展，T 是符号持续时间），符号间干扰产生的误比特率变得不能忍受时，则最大时延扩展是 4.12μs。如果超过了这个值，就需要采用均衡来减少误比特率。大量的研究表明，大约 25%的测量结果，其时延扩展超过 4μs。所以尽管 IS-54、GSM 标准中没有确定具体的均衡实现方式，但是为 IS-54 与 GSM 系统规定了均衡器，也就是说，若没有均衡器，系统将不能正常工作。

很多 IS-54 手机采用的均衡器是判决反馈均衡器（DFE）。它包括 4 个前馈抽头和反馈抽头，其中前馈抽头间隔为符号的一半。这种分数间隔类型使得均衡器对简单的定时抖动具有抵抗能力。自适应滤波器的系数由递归最小二乘（RLS）算法来更新。设备制造商开发了许多 IS-54 专用均衡器。

GSM 的均衡是通过每一时隙中间段所发送的训练序列来实现的。GSM 标准没有指定均衡器的类型，而是由制造商确定。但是 GSM 均衡器要求可以处理延迟达到 4bit 的反射，相当于 15μs，对应于 4.5km。实用的 GSM 均衡器主要有两种：一种是判决反馈均衡器，另一种是最大似然序列均衡器。

在 IS-54 与 GSM 系统中采用符号级或序列级均衡器，而在 CDMA 系统中，为了进一步提高系统的性能，需要采用码片级均衡器。采用多用户检测能够实现上行链路的最佳 CDMA 接收，而下行链路的移动终端受复杂度限制，且其他用户的参数通常是未知的，因此，不能使用多用户检测，只能寻求次最佳接收。RAKE 接收是目前 CDMA 系统最常用的接收方法。当激活用户数很多时，等效噪声增加，导致输出信噪比下降，性能会严重恶化。另外，WCDMA 系统采用正交可变扩频码（Orthogonal Variable Spreading Factor Codes，OVSFC）作为信道编码，为获得高速数据，使用低扩频因子，也将导致 RAKE 接收机性能下降。近年来，针对 WCDMA 系统下行链路接收机，出现了一种新的基于码片处理的抗多径技术，称为码片均衡（Chip Equalization）。该方法的原理是对接收到的码片波形在解扰/解扩之前进行码片级的自适应均衡，这样一来，在解扩以前就只存在一条路径，这就在某种程度上有效恢复了被多径信道破坏的用户之间的正交性，也即抑制了多址干扰。研究表明，利用码片均衡原理实现的码片均衡器，其性能优于 RAKE 接收机。这种新方法引起了人们的极大兴趣，受到了广泛关注。可见，与现有的下行链路接收方法相比，码片均衡具有巨大的发展潜力和应用价值，是一种更加适合于 WCDMA 下行链路的新技术。国外对于码片均衡已经作了一定的深入研究，而国内尚处于起步阶段，需要进一步跟踪探索。在许多采用均衡器的系统中，通过周期性发送训练序列，不断地调整抽头系数。在蜂窝移动通信环境中，为了有效地利用训练序列，可以利用 WCDMA 下行链路的公共导频信道（Common Pilot Channel，CPICH）将现成可利用的导频信号作为训练序列。基于 CPICH 的接收机只需要知道每个基站的导频符号、导频码以及期望用户码。CPICH 码片均衡器的结构框图如图 5-9 所示。其工作过程为：接收信号先经过采样，再通过码片波形匹配滤波器，然后进行码片均衡，最后相关解扩，得到符号序列，送至判决器进行判决。将公共导频信号的码片作为参考训练序列，采用各种自适应算法（例如 LMS 或 RLS 等算法）调整抽头系数，把得到的抽头系数同时应用于其他用户的码片序列。由于基站同时发射小区内所有用户的信号，导频信号和用户信号经过相同信道到达用户终端，其表现的信道衰落特性是一致的，所以可以利用导频训练的抽头系数对用户信号进行均衡。

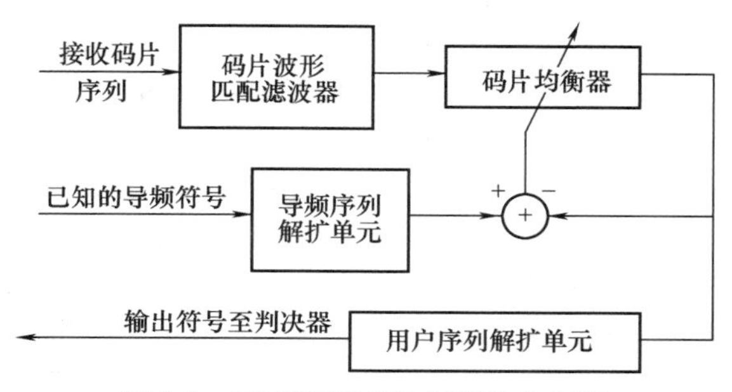

图 5-9　CPICH 码片均衡器结构框图

【例 5-2】　自适应均衡器有哪两种工作模式？有何不同？

解： 有训练模式和跟踪模式。前者利用发射信号中包含已知的训练序列，通过自适应均衡算法来调整均衡器的抽头权值；后者在训练序列后传送用户数据，通过自适应算法来修正抽头权值，不断跟踪信道变化并做出补偿。

【例 5-3】　GSM 系统规定能均衡的时延扩展为 15μs，GSM 系统的符号速率为 270. 833kbit/s，问自适应均衡器的阶数取多少合适？

解： 由 GSM 系统的符号速率 270. 833kbit/s，可估算出符号周期为 3. 692μs。

若采用横向滤波器，则所需阶数 = 15/3. 692≅4. 1，取整得阶数为 5。

5. 4　多径信号的分离与合并

通常接收的多径信号时延差很小且是随机的，叠加后的多径信号一般很难分离。所以，在一般的分集中，需要建立多个独立路径信号，在接收端按最佳合并准则进行接收。而多径分集是通过发送端的特定信号设计来达到接收端接收多径信号的分离，它是扩频系统所特有的。

多径分集不同于时域均衡，时域均衡多用于信号不可分离多径的情况，它主要用于解决符号（码间）干扰的问题，而多径分集用于信号可分离多径的情况，其目的在于减小时延扩展引起的符号干扰。

5.4.1　多径信号分离与合并的概念

多径信号分离的基础是采用直接扩频信号，对于带宽为 W 的系统，所能分离的最小路径时延差为 $1/W$。对于直扩序列的码片（Chip）宽度为 T_c 的系统，所能分离的最小路径时延差为 T_c，并且要求所采用的直扩序列信号的自相关性和互相关性要好。

多径信号的合并所要解决的问题是如何调整各独立路径的时延，按一定的统计规律组合成一路信号。多径合并的准则有：

1）第一路径准则（EP）。

2）最强路径准则（LP）。

3）检测后积分准则（PDI）。

4）等增益合并准则（EGC）。

5）最大比值合并准则（MRC）。

6）自适应合并准则。

具体采用何种准则依具体应用情况而定。

假设现在有两路信号分别是

$$x(t-\tau_1)=\sqrt{2P_1}\,d(t-\tau_1)c(t-\tau_1)\cos[\omega_0(t-\tau_1)+\varphi] \tag{5-20}$$

$$x(t-\tau_2)=\sqrt{2P_2}\,d(t-\tau_2)c(t-\tau_2)\cos[\omega_0(t-\tau_2)+\varphi] \tag{5-21}$$

式中，P_1 和 P_2 是信号功率；τ_1 和 τ_2 是多径时延；φ 是在（0，2π）间均匀分布的随机相位；$c(t)$ 和 $d(t)$ 代表扩频序列和发送的数据。假设在全相关的情况下，扩频码的相关性十分尖锐：

$$R_c(\tau)=\begin{cases}1-\dfrac{|\tau_1-\tau_2|}{T_c} & |\tau_1-\tau_2|\leqslant T_c\\ 0 & |\tau_1-\tau_2|>T_c\end{cases} \tag{5-22}$$

当两路信号的路径时延之差大于一个扩频码码片宽度时，我们认为两路信号是正交的。所以可得到下式：

$$y(t)=x(t-\tau_1)+x(t-\tau_2) \tag{5-23}$$

由式（5-23）可以十分清楚地知道，在 CDMA 系统中，当两信号的多径时延相差大于一个扩频码片宽度时，这两个信号是不相关的，或者说是可分离的。

5.4.2　RAKE 接收机

CDMA 系统要求扩频序列具有很好的自相关特性。当无线信道传输中出现的时延扩展可以看作只是被传信号的再次传送。如果多径信号相互间的时延超过了一个码片的长度，那么它们将被 CDMA 看作是非相关的噪声，而不再需要均衡。

由于在多径信号中含有可以利用的信息，所以 CDMA 接收机可以通过合并多径信号来改善接收信号的信噪比。

RAKE 接收机是由 Price 与 Green 首先提出来的。简单地说，RAKE 接收机的原理就是使用相关接收机组，对每个路径使用一个相关接收机，各相关接收机与同一期望（被接收的）信号的一个延迟形式（即期望信号的多径分量之一）相关，然后这些相关接收机的输出（称为耙齿输出）根据它们的相对强度进行加权，并把加权后的各路输出相加，合成一个输出。加权系数的选择原则是输出信噪比为最大，因此 RAKE 接收是 MRC 合并。由于这种接收机收集来自同一期望码所有接收路径上的信号，其作用与农用工具的搂耙（RAKE）颇为相似，故称 RAKE 接收机。

时延相差$\pm 1/W$（W 为带宽）之内的信号可以进行相关接收。所以 RAKE 接收机相邻的相关器所处理的时延之差大于或等于 $1/W$。每个相关器只从总的接收信号中提取相应延时的那部分多径信号。设最大多径时延为 T_m，则总的可分离路径为

$$L=T_mW \tag{5-24}$$

基本的 RAKE 接收机结构是一个抽头延迟线，这样就可以将落在延迟线内的多径信号能量收集起来，以供最优合并使用。图 5-10 绘出了 RAKE 接收机结构图。如图 5-10 所示采用的是合并后再相关，这样既分离了多径，也形成了符号判决量。其中 $m_0(t)$ 是信号 0 对应的波形，$m_1(t)$ 为信号 1 对应的波形。通过 RAKE 接收机使时延差为 $1/W$ 整数倍的多径分量相干合并，克服了多径衰落，从而提高了系统的信噪比性能，减小了误码率。但需要注意的是，RAKE 接收机需要对多径分量的时延和损耗进行估计，这在时变的衰落信道下是不易实现的，因此实际的 RAKE 接收机性能将有所下降。RAKE 接收机实际上是利用了多径信号在时间上的分集，来进行相关接收。这个处理方法可以与天线分集联合起来使用，以进一步提高扩频系统的特性。

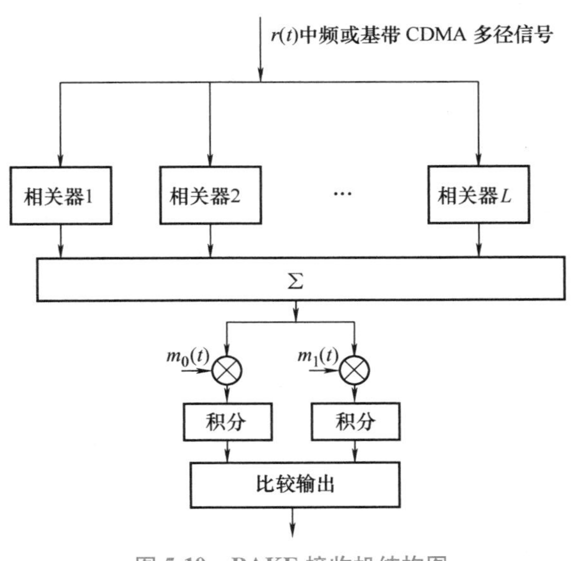

图 5-10　RAKE 接收机结构图

5.5　发射分集与空时编码

在移动通信中使用空间分集，可以充分利用系统的空间域，不需要牺牲信号频率资源和时间资源，在保证数据传输速率的同时能获得较大的分集增益。空间分集是减少多径衰落的有效途径，从实现的角度而言，可分为发射分集与接收分集两种。对于蜂窝系统的下行通信来说，如果要实现接收分集，则需要在移动终端上布置多幅接收天线，考虑到移动终端的体积大小、功率消耗和硬件成本等诸多因素的影响，实现起来非常困难。但在基站可以使用多根天线，实现上行通信的接收分集（见图 5-11）和下行通信的发射分集（见图 5-12）。

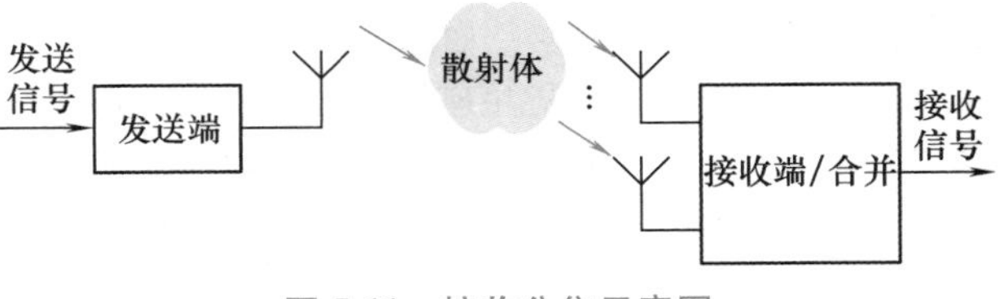

图 5-11　接收分集示意图

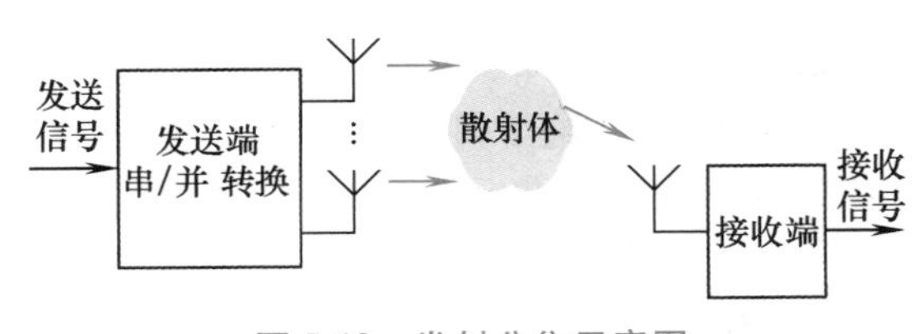

图 5-12　发射分集示意图

通常情况下，与接收分集相比，发射分集的实现要困难得多，原因之一是使用多个天线发送的信号在到达接收端时在空间上不可避免地会产生混叠，而在接收端为了得到分集效果又必须将它们进行分离，这就要求在发送端和接收端都必须进行信号处理；原因之二是在接收端可以通过估计算法来得到传输信道的状态信息，而在发送端则无法知道信道信息。

空时编码（STC）是信道编码设计和发送分集的结合，由 AT&T 实验室的 Tarokh 等人提出。其实质是空间和时间二维信号处理的结合，在空间上将一个数据流在多个天线上发射，在时间上把信号在不同的时隙内发射，从而建立了空间分离信号（空域）和时间分离信号（时域）之间的关系。

基于发射分集的空时编码可以分为空时格码（Space Time Trellis Code，STTC）和空时块码（Space Time Block Code，STBC）。空时块码又称空时分组码。空时格码是在空时延时码的基础上发展而来的，虽然性能较好，但接收端需要使用 Viterbi 译码方法，且其译码复杂度与传输速率呈指数关系，实现难度较大。S. M. Alamouti 在文献中论证了通过一定的信道编码可以将接收端两个天线、发送端单个天线的接收分集，转换成两个发送天线、单个接收天线的发送分集，而不会损失分集增益，这可以认为是空时块码的原始模型。在这个基础上 Tarokh 提出了空时块码，利用正交设计理论的空时块码性能稍逊于空时格码，但其译码复杂度很低，还可以得到最大的发射分集增益。采用空时编码的信号经过多路相关性较小的无线信道到达接收端，接收端通常需要知道各无线信道参数，即信道估计，可以使用基于导频训练序列进行信道估计，也可以使用盲估计，关于信道估计的算法问题这里不做讨论。

5.5.1　空时格码

空时格码是美国 AT&T 实验室的 Tarokh 博士等人在 1998 年提出的，它由空时延迟分集发展而来。空时延迟分集是指两根发射天线同时发送同一信息，只不过信息通过两根天线时有一个符号的时延。空时延迟分集可看成空时格码的一个特例。空时格码具有卷积码的特征，它将编码、调制、发射分集结合在一起，可以同时获得分集增益和编码增益，不会降低系统的频带利用率，其结构如图5-13所示。

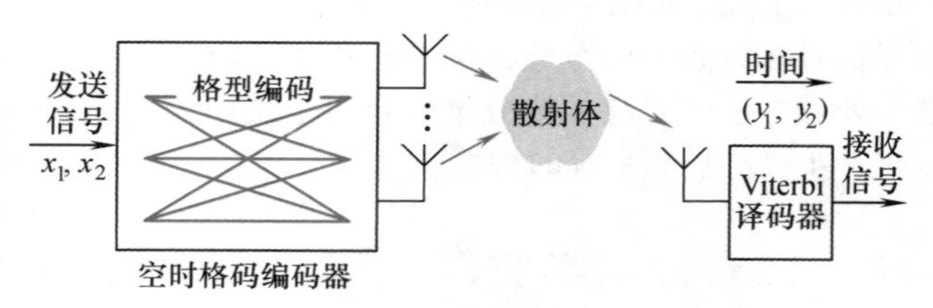

图 5-13　空时格码示意图

空时格码利用编码网格图，将同一信息通过多根天线发射出去。考虑 4PSK 的星座图和分集增益为 2 的 8 状态编码网格图，如图 5-14 所示。对于输入的二进制数据，在进行星座映射之前，被分成两个一组，以对应 4PSK 的星座符号。编码的实质是对 4PSK 的星座符号进行映射。重新得到的四进制序列作为状态编码器的输入，按照编码网格图进行编码。编码过程如下：

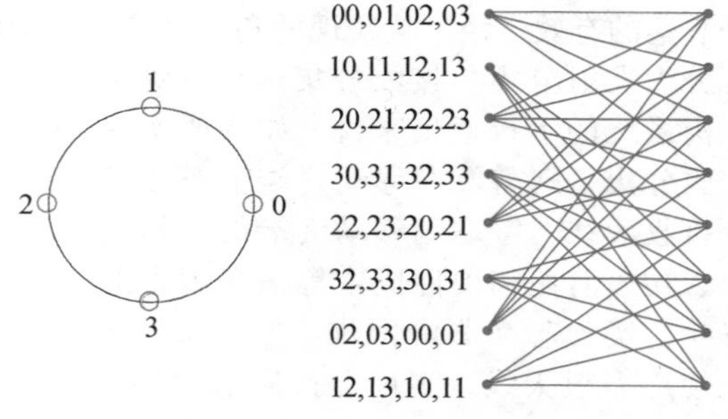

图 5-14　4PSK 的星座图和分集增益为 2 的 8 状态空时格码网格图

网格图中的点代表转移的状态点，从上到下分别是 0 状态、1 状态、…、7 状态。网格图左边的 4 个数组分别对应输入 0、1、2、3 时的输出。第 1 列对应输入符号为 0，第 2 列对应符号 1，第 3 列对应符号 2，第 4 列对应符号 3。只要是输入为零，输出就从第 1 列来找，其他依此类推。每一个状态点都有 4 条路径分别到下一个不同的状态，而究竟是哪一个状态点则由输入的符号决定。

假定编码从零状态开始，也就是从网格图的第一点开始，输入的符号为 s（$0 \leqslant s \leqslant 3$），则输出的信息就在 0 状态左边对应的一行数中找第 $s+1$ 个数组，数组中的两个数就是两个天线的发送符号。在 0 状态的 4 条路径中，从上到下数到第 $s+1$ 条路径，该路径所对应的端点就是下一个状态值。接着依此类推，再由输入的符号决定下一组输出和状态。例如，如果输入是 00，01，10，11，11，10，则根据以上编码方式，编码的输出应该为

$$\begin{matrix} 0 & 0 & 1 & 0 & 3 & 1 \\ 0 & 1 & 2 & 1 & 3 & 0 \end{matrix}$$

其中第 1 行是第 1 根天线的输出，第 2 行是第 2 根天线的输出。

与 BLAST（Bell Lab Layered Space Time Code）系统以分集增益换取最大频带利用率不同，空

时格码能够在不增加传送带宽、发射功率和不改变信息速率的情况下，获得最大的编码增益和分集增益，但其频带利用率由选择的星座图决定。若采用 $2b$ 个信号点的星座图，在保证最大分集增益的前提下，空时格码可达到的频带利用率最大为 $b$bit/(s·Hz)，不再随天线数的增加而增加，这是限制其实际应用的重要因素之一。另外，由于格型码的最佳译码为 Viterbi 译码，当天线数目固定时，其译码复杂度随发射速率的增大而呈指数增加，这是限制其发展的另一关键因素。除此之外，在状态数很大的情况下，空时格码的格图设计也是十分困难的。

5.5.2 空时块码（空时分组码）

美国 AT&T 的科学家 Alamouti 于 1998 年发明了使用两个发射天线的空时块码（即 Alamouti 空时编码），如图 5-15 所示，其中（·）* 表示复数共轭。

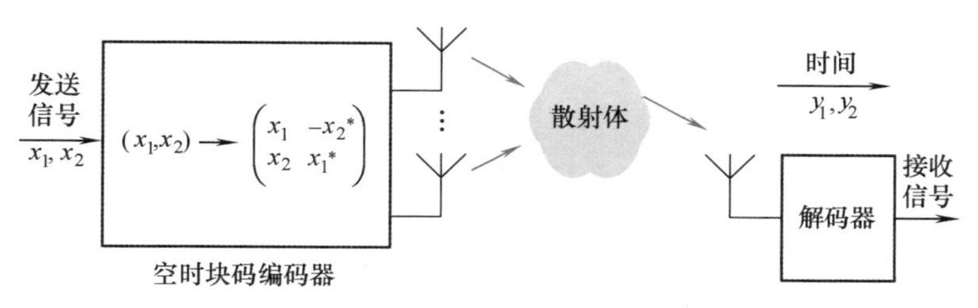

图 5-15　空时块码示意图

空时块码实质上是将发送数据在时间域和空间域上进行正交设计，形成一个数据编码块。以两发一收为例，假定发送的数据分别为 x_1 和 x_2，则空时块码块为

$$\boldsymbol{c}=\begin{pmatrix} x_1 & -x_2^* \\ x_2 & x_1^* \end{pmatrix} \tag{5-25}$$

时刻 1 和时刻 2 的接收信号分别为

$$\begin{aligned} y_1 &= h_1 \times x_1 + h_2 \times x_2 + n_1 \\ y_2 &= h_1 \times (-x_2^*) + h_2 \times x_1^* + n_2 \end{aligned} \tag{5-26}$$

以矩阵形式表示以上两个等式为

$$\begin{pmatrix} y_1 \\ y_2 \end{pmatrix} = \begin{pmatrix} h_1 & h_2 \\ h_2^* & -h_1^* \end{pmatrix} \begin{pmatrix} x_1 \\ x_2 \end{pmatrix} + \begin{pmatrix} n_1 \\ n_2 \end{pmatrix} = \boldsymbol{Hx}+\boldsymbol{n} \tag{5-27}$$

不难发现信道矩阵 $\boldsymbol{H}$ 为正交矩阵。事实上，信道矩阵的正交性是由于分组码矩阵 $\boldsymbol{c}$ 的正交性得到的。用 $\boldsymbol{H}^{\mathrm{H}}$ 左乘式（5-27）的两边，就可以得到

$$\boldsymbol{H}^{\mathrm{H}}\boldsymbol{y}=\rho\boldsymbol{x}+\boldsymbol{H}^{\mathrm{H}}\boldsymbol{n}$$

式中，$\rho=|h_1|^2+|h_2|^2$；$\boldsymbol{H}^{\mathrm{H}}\boldsymbol{n}$ 仍为高斯白噪声矢量。

在给定信号衰落系数的前提下，ρ 是一常数，可以对 x_1 和 x_2 进行独立的最大似然译码。这样译码复杂度只是和发射天线数呈线性关系，而不会是指数关系。后来，Tarokh 拓展了正交设计理论，将空时块码推广至更多天线数目的设计中。

可见，由于多路信号具有正交性，空时块码块在接收端只需要简单的线性合并就能够将多维的最大似然决策问题简化为多个一维的最大似然决策问题，从而将多路独立的信号区别出来，获得分集增益。不过，空时块码不能像空时格码那样通过提高状态数来改善性能，抗衰落性能也不理想，且在接收端进行译码时需要准确的信道衰落系数。

空时编码是对传统信道编码的扩展。传统信道编码输出的码字是一个行矢量，例如 (n,k) 线性分组码的输出是一个长为 n 的行矢量，其 n 个元素依时间顺序进行发送。如图 5-16 所示，空时分组码编码输出的是一个 $N_t \times n$ 的矩阵（其中 N_t 是发射天线数）。每一行对应一根发射天线，每一列则和传统编码一样对应一个时间。换句话说，空时分组码为 N_t 根发射天线形成了 N_t 个长为 n 的

码字，每根天线发送一个码字，每个码字用 n 个时刻完成发送。图 5-15 中的 Alamouti 空时编码是最简单的空时分组码。

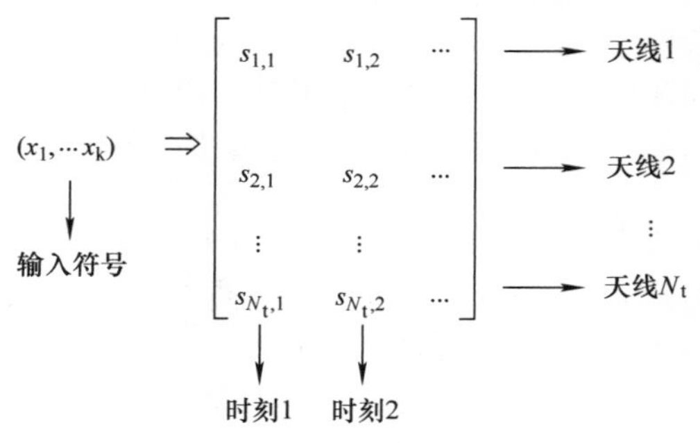

图 5-16　空时分组编码示意图

5.6　联合发射—接收分集与 MIMO

在移动通信中，随着蜂窝基站与移动终端软硬件水平的不断提高，联合发射—接收分集逐渐引起广泛关注。其核心思想是通过在发射端和接收端同时使用多个天线，在不增加频谱资源和天线发射功率的前提下，更加充分地利用空间分集，从而更加有效地克服多径衰落，提高信道容量，改善通信质量。如图 5-17 所示，多输入多输出（Multiple-Input-Multiple-Output，MIMO）是一种典型的联合发射—接收分集技术，它能充分利用空间资源，被视为移动通信的核心技术之一。MIMO 系统发射端将待发送数据映射到多根天线上进行发射，接收端将多根天线上接收到的信号进行译码以恢复原始数据。与传统的单输入多输出（Single-Input Multiple-Output，SIMO）和多输入单输出（Multiple-Input-Single-Output，MISO）系统相比，MIMO 可同时获得 SIMO 技术的接收分集增益和 MISO 的发射分集增益。

图 5-17　MIMO 系统框图

1. 发射分集增益

与接收移动终端相比，发射基站空间相对加大，且对复杂度的限制较少。可考虑在基站端使用发射分集，提高下行链路的性能。发射分集可分为开环及闭环两种。开环发射分集指的是发射基站在无法获知信道信息的前提下，结合编码技术达到分集效果，如空时格码和空时块码。开环分集的优势在于系统简单，其性能不受信道变化的影响。但这一方式没有充分利用信道信息，频谱利用效率较低。针对此问题，闭环分集通过建立移动终端和基站之间的链路，将信道信息反馈给基站，基站据此调整每个移动台的权重，达到最佳的功率配置。

2. 接收分集增益

多天线移动终端可从接收到的多个独立衰落信号副本中，按照一定准则合并，以此改善接收信号的质量，达到抵抗衰落的目的。常见的合并方式有选择式合并、最大比合并和等增益合并等。

在移动通信中，蜂窝基站往往配置多天线，根据移动终端配置天线的数量，MIMO 系统可分为单用户 MIMO 和多用户 MIMO 两类。其中，单用户 MIMO 系统中移动终端配置多天线，多天线基站对不同移动终端信号分时分频发送或接收；多用户 MIMO 系统中移动终端可以配置多天线，也可以配置单天线，多天线基站对不同移动终端信号同时同频联合发送或接收。

多用户 MIMO 系统如图 5-18 所示，基站通过配置多根天线，多个单/多天线用户利用空间信道的差异性在同一时频资源上共享信道。多天线基站对不同用户信号的同时同频发送，会造成用户间的多用户干扰问题。该问题可通过基站端的预编码实现。该方法的主要优势在于：①可有效地消除多用户干扰，从而提高系统容量；②简化接收机的算法，解决移动台的功耗和体积问题；③由于基站准确已知各用户数据，基站在采用反馈干扰抵消时不存在误码扩散问题，性能更优。多用户预编码的方法分为两大类：线性预编码和非线性预编码。与非线性预编码相比，线性预编码实现复杂度低，随着用户数的增多，通过利用多用户分集，还能获得与脏纸编码（Dirty Paper Coding）渐进相同的容量。

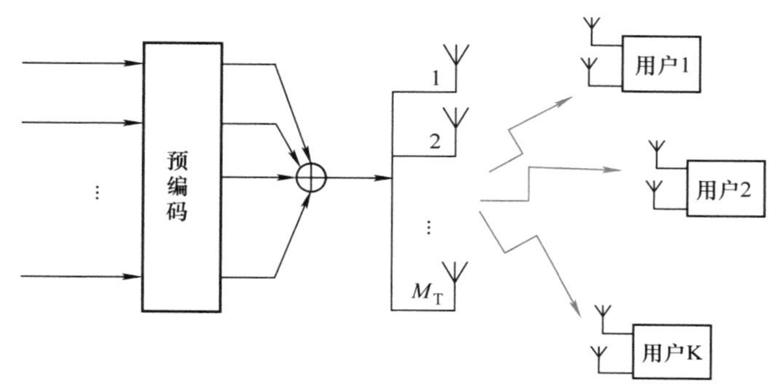

图 5-18　多用户 MIMO 系统

典型的线性预编码方式包括迫零预编码和最小均方误差预编码。迫零预编码通过信道矩阵求逆的方式对发射信号进行预处理，可完全消除用户之间的干扰。假设不同用户之间的信号矢量为 $\boldsymbol{d}$，基站与用户之间的信道矩阵为 $\boldsymbol{H}$。在信号 $\boldsymbol{d}$ 发送之前，利用信道矩阵的伪逆进行预处理 $\boldsymbol{x}=\boldsymbol{H}^{+}\boldsymbol{d}=\boldsymbol{H}^{\mathrm{H}}(\boldsymbol{H}\boldsymbol{H}^{\mathrm{H}})^{-1}\boldsymbol{d}$。移动终端的接收信号为 $\boldsymbol{y}=\boldsymbol{H}\boldsymbol{x}+\boldsymbol{n}=\boldsymbol{d}+\boldsymbol{n}$，其中 $\boldsymbol{n}$ 为加性高斯白噪声。

在迫零预编码中，在发送端根据信道状态矩阵 $\boldsymbol{H}$ 构建相应的预编码矩阵，发送信号通过和预编码矩阵相乘实现在发端的线性预编码，针对当前信道特性构成的预编码矢量通过信道后不需要检测就可以直接通过解调得到发送信号。迫零预编码能完全消除用户间的干扰，但却没有考虑噪声的影响，因此迫零算法适合于低噪声场景下。

由于迫零算法没有考虑噪声的影响，在高噪声水平条件下，其性能难以保证。最小均方误差预编码通过在移动终端允许少量用户干扰残留，可显著改善通信质量。其预编码矩阵为 $\boldsymbol{H}^{\mathrm{H}}(\boldsymbol{H}\boldsymbol{H}^{\mathrm{H}}+\alpha\boldsymbol{I})^{-1}$。最小均方误差预编码综合考虑噪声和干扰的影响，因此与迫零预编码相比，其性能有所改进。

此外，多用户 MIMO 系统中，基站到各用户间的信道具有独立随机衰落特性，通过一定准则调度信道条件较好的部分用户使用信道进行传输，可以显著提高系统容量，从而获得多用户调度分集增益。常见的调度算法有最大化容量方法、轮询方法和比例公平方法。

（1）基于最大化容量的方法

基站调度具有最大信道增益的用户进行传输，即 $R=\max\limits_{k\in\{1,\cdots,K\}}\log_2(1+P\|\boldsymbol{h}_k\|^2)$。这种方法可以获得最高的系统容量。但是在这种方式下，距离基站近的移动台由于其信道条件较好会一直接受服务，而处于小区边缘的用户由于信道条件差得不到服务机会。从占有系统资源的角度来看，这种调度算法是最不公平的。

（2）轮询方法

其基本思想是以时分的方式保证小区内的用户按照某种确定的顺序循环占用无线资源来进行通信。轮询算法不仅可以保证用户间的长期公平性，还可以保证用户的短期公平性，而且算法实现简单。但由于该算法没有考虑到不同用户无线信道的具体情况，因此系统吞吐量是很低的。

（3）比例公平方法

该方法每个用户分配一个相应的权值$\mu_k(t)$，其调度准则为

$$k_{\text{opt}} = \text{argmax}_{k\in\{1,\cdots,K\}}\mu_k(t)R_k(\{k\},t)$$

其中，$\mu_k(t)$和$R_k((k),t)$分别表示第k个用户在t时刻的权值和当前的数据率。通过调整每个用户的权值保证信道状态好的用户不会一直占用资源，而信道状态较差的用户也有服务机会。这样，既满足了一定的公平性又能保持较高的速率。

5.7 思考题与习题

1. 分集技术的基本思想是什么？
2. 合并方式有哪几种？哪一种可以获得最大的输出信噪比？为什么？
3. 要求DPSK信号的误比特率为10^{-3}时，若采用$M=2$的选择合并，要求信号平均信噪比是多少dB？没有分集时又是多少？采用最大比值合并时，求解以上两个问题。
4. 简述几种传统的自适应均衡算法的思想。
5. 码片均衡的思想是什么？它有什么特点？
6. RLS算法与LMS算法的主要异同点是什么？
7. RAKE接收机的工作原理是什么？
8. 均衡器有哪些类型？
9. 假定有一个两抽头的自适应均衡器如图5-19所示，写出前三次迭代过程。

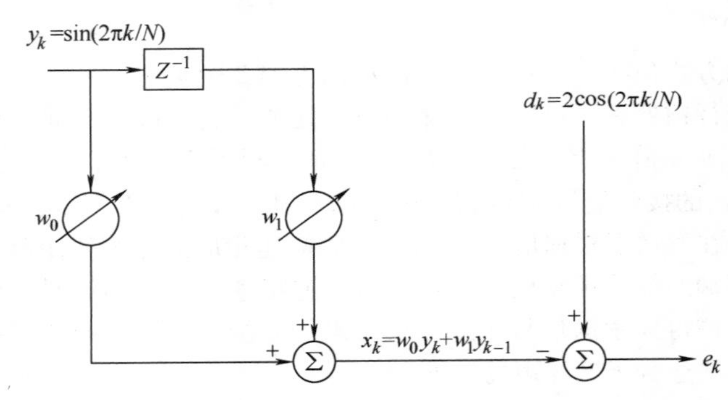

图5-19 一个两抽头的自适应均衡器

10. 假定一个移动通信系统的工作频率为900MHz，移动台速度$v=80$km/h，试求：

1）信道的相干时间。

2）假定符号速率为24.3kbit/s，在不更新均衡器系数的情况下，最多可以传输多少个符号？

11. 空时编码抗衰落的原理是什么？
12. 空时分组码输出的码字与传统信道编码输出的码字有何关系？

第6章　多址接入技术

在无线通信环境中的电波覆盖区内，如何建立用户之间的无线信道的连接，这便是多址连接问题，也称多址接入问题。由于无线通信具有大面积无线电波覆盖和广播信道的特点，移动通信网内一个用户发射的信号其他用户均可以接收，所以，网内用户必须具有从接收到的无线信号中识别出本用户地址信号的能力。解决多址连接问题的方法叫多址接入技术。

本章主要介绍目前应用于移动通信系统中的主流多址接入技术，如频分多址（FDMA）、时分多址（TDMA）、码分多址（CDMA）、空分多址（SDMA）、正交频分多址（OFDMA）、随机多址技术等，并简要分析FDMA、TDMA和CDMA蜂窝系统的系统容量。

微视频：
多址接入技术、
FDMA和TDMA方式

6.1　多址接入技术的基本原理

1. 多址接入方式

从移动通信网的构成可以看出，大部分移动通信系统都有一个或几个基站和若干个移动台。基站要和许多移动台同时通信，因而基站通常是多路的，有多个信道；而每个移动台只供一个用户使用，是单路的。许多用户同时通话，以不同的信道分隔，防止相互干扰；各用户信号通过在射频频段上的复用，从而建立各自的信道，以实现双边通信的连接。可见，基站的多路工作和移动台的单路工作是移动通信的一大特点。在移动通信业务区内，移动台之间或移动台与市话用户之间是通过基站（包括移动交换局和局间联网）同时建立各自的信道，从而实现多址连接的。

（1）正交多址原理

目前主流的多址接入是采用正交多址方式，其数学基础是信号的正交分割原理。尽管这种多址的原理与固定通信中的信号多路复用有些相似，但有所不同。多路复用的目的是区分多个通路，通常在基带和中频上实现，而多址划分是区分不同的用户地址，往往需要利用射频频段辐射的电磁波来寻找动态的用户地址，同时为了实现多址信号之间互不干扰，不同用户无线电信号之间必须满足正交特性。信号的正交性是通过信号正交参量来实现的。当正交参量仅考虑时间、频率和码型时，无线电信号写成

$$s(c,f,t)=c(t)s(f,t) \tag{6-1}$$

式中，$c(t)$是码型函数；$s(f,\ t)$是时间t和频率f的函数。

有多种方式来区分不同用户地址，如频分多址（FDMA）是以传输信号载波频率的不同来区分；时分多址（TDMA）是以传输信号存在的时间不同来区分；码分多址（CDMA）是以传输信号的码型不同来区分。图6-1分别给出了N个信道的FDMA、TDMA和CDMA的示意图。从图中可见，频分多址中不同用户的频道（隙）相互不重叠（即正交），时分多址中不同用户的时隙相互不重叠，码分多址中不同用户的码型相互不重叠。

正交多址技术只能为一个用户分配单一的时域、频域、码域和空域等无线资源，它通过单用户检测就可将多用户信号分离，对接收机的要求比较简单，便于实现。然而，正交多址技术无法保证系统容量最优。

（2）非正交多址原理

非正交多址通过用户端使用叠加编码并占用相同的无线资源（即时间、频率、空间和码本等）进行信号传输，接收机通过多用户检测来分离共享同一资源的用户。按照信息论分析的结果，非正交多址技术可取得比正交多址技术大得多的系统容量，这正好迎合了物联网应用的巨量地址需

求。非正交多址技术已列入 5G 应用范畴，后续的 5G 中会专门介绍。

2. 多址接入与信道

（1）物理信道

信道是传输信息的通道，依传输媒介的不同，信道可分为有线信道和无线信道两大类。无线信道是指利用无线电波传输信息的通道。依据传输信号的形式不同可分为模拟信道和数字信道两类。模拟信道是指传输语音等模拟信号的信道，数字信道是指能直接传输数字信号的信道。数字移动通信信道是属于移动环境下的无线数字信道。

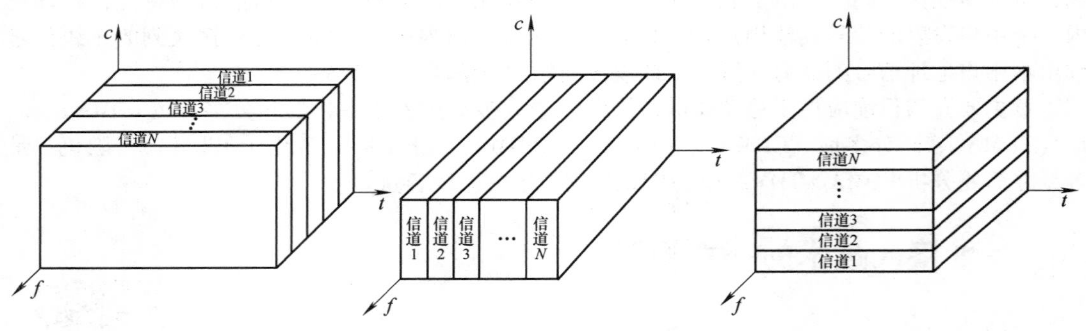

图 6-1　FDMA、TDMA 和 CDMA 的示意图

具体的物理信道与采用何种多址（接入）方式有关。频分多址接入时的信道表现为频道，时分多址接入时的信道表现为时隙，码分多址接入时的信道表现为码型。频道、时隙和码型是多址连接信道的三种主要形式。

（2）数字移动通信的信道

由于频分多址技术发展较早也最为成熟，因此早期的蜂窝系统建立在频分多址的基础之上。后来发展的数字蜂窝移动通信，仍然采用蜂窝结构，其时分多址系统是将频分与时分相结合，综合利用频分和时分的优点形成基于时分多址的系统；而码分多址系统则是将频分与码分相结合，形成基于码分多址的系统。例如，GSM 系统就是在频分基础上的时分多址的蜂窝系统；而 IS-95 CDMA 系统则是在频分基础上的码分多址蜂窝系统。

就用户之间建立信道而言，基于时分多址系统的信道是时隙，而基于码分多址系统的信道是码型。

6.2　FDMA 方式

6.2.1　FDMA 系统原理

FDMA 为每一个用户指定了特定信道，这些信道按要求分配给请求服务的用户。在呼叫的整个过程中，其他用户不能共享这一频段。从图 6-2 中可以看出，在频分双工（Frequency Division Duplex，FDD）系统中，分配给用户一个信道，即一对频道。一个频道用做前向（下行）信道，即基站（BS）向移动台（MS）方向的信道；另一个则用做反向（上行）信道，即移动台向基站方向的信道。这种通信系统的基站必须同时发射和接收多个不同频率的信号；任意两个移动用户之间进行通信都必须经过基站的中转，因而必须同时占用 2 个信道（一对频道）才能实现双工通信。它们的频谱分割如图 6-3 所示。在频率轴上，前向信道占有较高的频带，反向信道占有较低的频带，中间为保护频带。在用户频道之间，设有保护频隙 Δf_g，以免因系统的频率漂移造成频道间的重叠。

保证频道之间不重叠（例如频道间隔为 25kHz）是实现频分双工通信的基本要求。

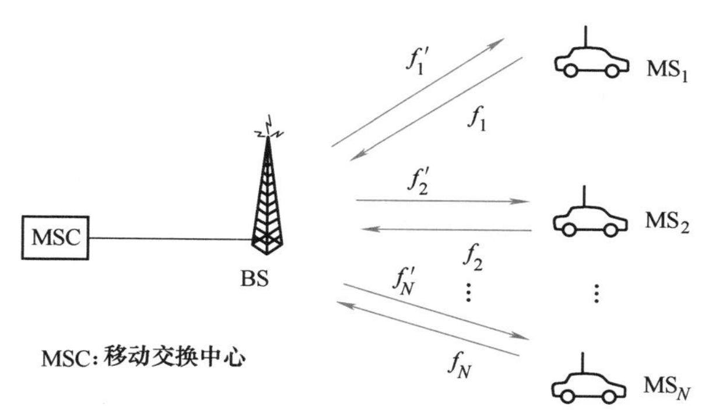

图 6-2 FDMA 系统的工作示意图

FDMA 系统基于频率划分信道。每个用户在一对频道（f~f'）中通信。若有其他信号的成分落入一个用户接收机的频道带内时，将造成对有用信号的干扰。就蜂窝小区内的基站与移动台系统而言，主要干扰有互调干扰和邻道干扰。在频率复用的蜂窝系统中，还要考虑同频干扰。

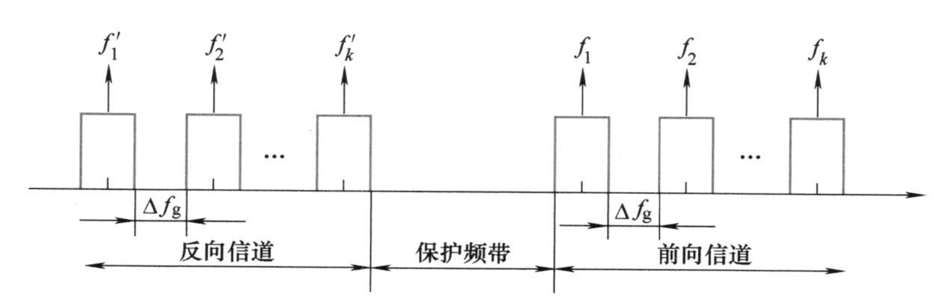

图 6-3 FDMA 系统频谱分隔示意图

6.2.2 FDMA 系统的特点

FDMA 系统有以下特点：

1）每信道占用一个载频，相邻载频之间的间隔应满足传输信号带宽的要求。为了在有限的频谱中增加信道数量，系统均希望间隔越窄越好。FDMA 信道的相对带宽较窄（25kHz 或 30kHz），每个信道的每一载波仅支持一个连接，也就是说 FDMA 通常在窄带系统中实现。

2）符号时间远大于平均延迟扩展。这说明符号间干扰的数量低，因此在窄带 FDMA 系统中无须自适应均衡。

3）基站复杂庞大，重复设置收发信设备。基站有多少信道，就需要多少部收发信机，同时需用天线共用器，功率损耗大，易产生信道间的互调干扰。

4）FDMA 系统载波单个信道的设计，使得在接收设备中必须使用带通滤波器允许指定信道里的信号通过，滤除其他频率的信号，从而限制邻近信道间的相互干扰。

5）越区切换较为复杂和困难。因在 FDMA 系统中，分配好语音信道后，基站和移动台都是连续传输的，所以在越区切换时，必须瞬时中断传输数十至数百毫秒，以把通信从一频率切换到另一频率。对于语音通信，瞬时中断问题不大，对于数据传输则将带来数据的丢失。

6.3 TDMA 方式

6.3.1 TDMA 系统原理

TDMA 是在一个宽带的无线载波上，把时间分成周期性的帧，每一帧再分割成若干时隙（无论帧或时隙都是互不重叠的），每个时隙就是一个通信信道，分配给一个用户。如图6-4所示，系统根据一定的时隙分配原则，使各个移动台在每帧内只能按指定的时隙向基站发射信号（突发信号），在满足定时和同步的条件下，基站可以在各时隙中接收到各移动台的信号而互不干扰。同时，基站发向各个移动台的信号都按顺序安排在预定的时隙中传输，各移动台只要在指定的时隙内接收，就能在接收到的信号中把发给它的信号区分出来。

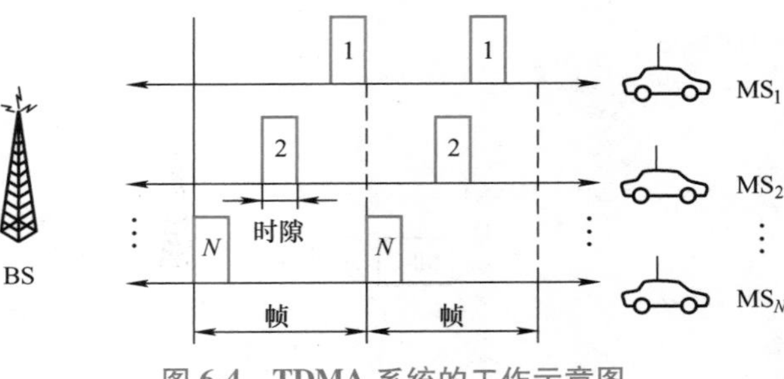

图6-4 TDMA系统的工作示意图

6.3.2 TDMA的帧结构

TDMA帧是TDMA系统的基本单元，它由时隙组成，在时隙内传送的信号叫做突发（Burst），各个用户的发射相互连成1个TDMA帧，帧结构示意图如图6-5所示。

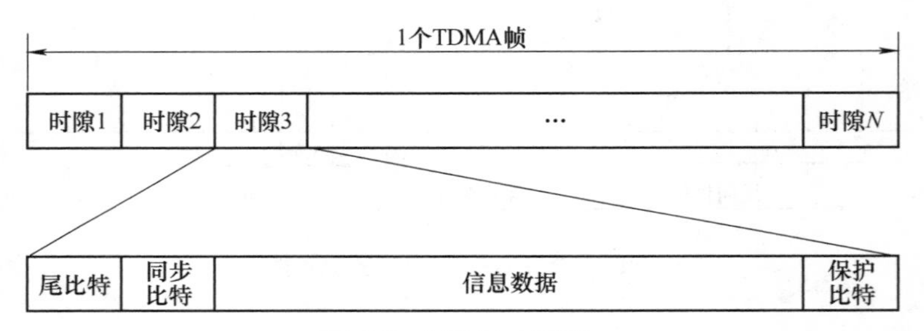

图6-5 TDMA帧结构

从图6-5可以看出，1个TDMA帧是由若干时隙组成的，不同通信系统的帧长度和帧结构是不一样的。典型的帧长在几毫秒到几十毫秒之间，例如，GSM系统的帧长为4.6ms（每帧8个时隙），DECT系统的帧长为10ms（每帧24个时隙）。在TDMA/TDD系统中，帧信息中一半时隙用于前向链路；而另一半用于反向链路。在TDMA/FDD系统中，有一个完全相同或相似的帧结构，要么用于前向传送，要么用于反向传送，但前向和反向链路使用的载频和时间是不同的。

在TDMA系统中，每帧的时隙结构设计通常要考虑三个主要问题：一是控制和信令信息的传输；二是多径衰落信道的影响；三是系统的同步。在GSM系统中，TDMA帧和时隙的具体构成在第7章有详细介绍。

6.3.3 TDMA系统的特点

TDMA系统有以下特点：

1）突发传输的速率高，远大于语音编码速率，每路编码速率设为R，共N个时隙，则在这个载波上传输的速率将大于NR。这是因为TDMA系统中需要较高的同步开销。同步技术是TDMA系统正常工作的重要保证。

2）发射信号速率随N的增大而提高，如果达到100kbit/s以上，码间串扰就将加大，必须采用自适应均衡，以补偿传输失真。

3）TDMA用不同的时隙来发射和接收，因此不需要双工器。即使使用FDD技术，在用户单元内部的切换器就能满足TDMA在接收机和发射机间的切换，而无须使用双工器。

4）基站复杂性减小。N个时分信道共用一个载波，占据相同带宽，只需一部收发信机，互调干扰小。

5）抗干扰能力强，频率利用率高，系统容量较大。

6）越区切换简单。由于在TDMA中移动台是不连续的突发式传输，所以切换处理对一个用户单元来说是比较简单的。因为它可以利用空闲时隙监测其他基站，这样越区切换可在无信息传输时进行，因而没有必要中断信息的传输，即使传输数据也不会因越区切换而丢失。

许多系统综合采用FDMA和TDMA技术，例如GSM数字蜂窝移动通信标准采用200kHz FDMA信道，并将其再分成8个时隙，用于TDMA传输。

【例6-1】 考虑每帧支持8个用户且数据速率为270.833kbit/s的GSM TDMA系统，试求：

（1）每一用户的原始数据速率是多少?

（2）在保护时间、跳变时间和同步比特共占用10.1kbit/s的情况下，每一用户的传输效率是多少?

解：（1）每一用户的原始数据速率：270.833kbit/s/8=33.854kbit/s。

（2）每一用户的传输效率：1-10.1/33.854=70.2%。

【例6-2】 假定某个系统是一个前向信道带宽为50MHz的TDMA/FDD系统，并且将50MHz分为若干个200kHz的无线信道。当一个无线信道支持16个语音信道，并且假设没有保护频隙时，试求出该系统所能同时支持的用户数。

解： 在GSM中包含的同时用户数N为

$$N=(50\text{MHz}/200\text{kHz})\times 16=4000$$

因此，该系统能同时支持4000个用户。

【例6-3】 如果GSM使用每帧包含8个时隙的帧结构，并且每一时隙包含156.25bit，在信道中数据的发送率为270.833kbit/s，求：

（1）一比特的时长。

（2）一时隙长。

（3）帧长。

（4）占用一个时隙的用户在两次发射之间必须等待的时间。

解：（1）一比特时长$T_b=1/(270.833\text{kbit/s})=3.692\mu\text{s}$。

（2）一个时隙长$T_{slot}=156.25\times T_b=0.577\text{ms}$。

（3）帧长$T_f=8\times T_{slot}=4.615\text{ms}$。

（4）用户必须等待4.615ms，在一个新帧到来之后才可进行下一次发射。

6.4 CDMA方式

6.4.1 CDMA系统原理

CDMA系统为每个用户分配了各自特定的地址码，利用公共信道来传输信息。CDMA系统的地址码相互正交，用于区别不同地址，而在频率、时间和空间上都可能重叠。系统的接收端必须有完全一致的本地地址码，用来对接收的信号进行相关检测。其他使用不同码型的信号因为和接收机本地产生的码型不同而不能被解调。它们的存在类似于在信道中引入了噪声或干扰，通常称之为多址干扰（MAI）。

在CDMA蜂窝系统中，用户之间的信息传输也是由基站进行转发和控制的。为了实现双工通信，正向传输和反向传输各使用一个频率，即通常所谓的频分双工。无论正向传输或反向传输，除了传输业务信息外，还必须传送相应的控制信息。为了传送不同的信息，需要设置相应的信道。但是，CDMA蜂窝系统既不分频道又不分时隙，无论传送何种信息的信道都靠采用不同的码型来区分。图6-6是CDMA系统的工作原理示意图。

由此可知，地址码在CDMA系统中的重要性。地址码的设计直接影响CDMA系统的性能，为提高抗干扰能力，地址码要用伪随机码（又称为伪随机（Pseudo-Noise）序列）。在第4章介绍扩频调制技术时，已讲过对PN码的三个要求并介绍了它们的重要性。下面将详细介绍Walsh序列和m序列的产生和性质等。

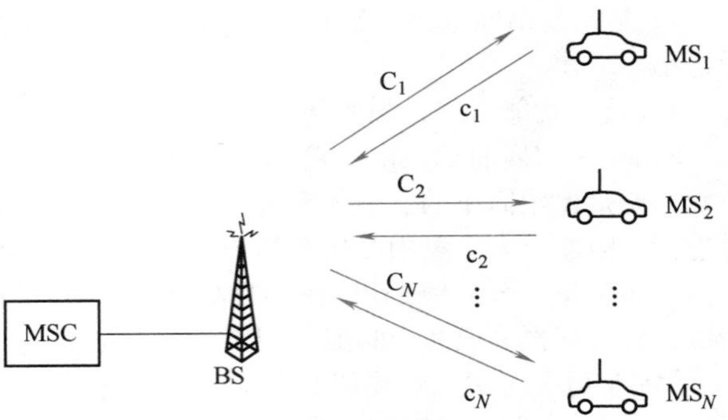

图6-6　CDMA系统的工作原理示意图

6.4.2　正交Walsh函数

Walsh函数有着良好的互相关特性和较好的自相关特性。

1. Walsh函数波形

Walsh（沃尔什）函数是一种非正弦的完备函数系，其连续波形如图6-7所示。由于它仅有两个可能的取值：+1或-1，所以比较适合用来表示和处理数字信号。利用Walsh函数的正交性，可获得CDMA的地址码。若对图中的Walsh函数波形在8个等间隔上取样，即得到离散Walsh函数，可用8×8的Walsh函数矩阵表示。采用负逻辑，即“0”用“+1”表示，“1”用“-1”表示，从上往下排列，图6-7所示函数对应的矩阵如式（6-2）所示，从中可见，变换行的次序后与下面所述的Walsh函数的矩阵相同。

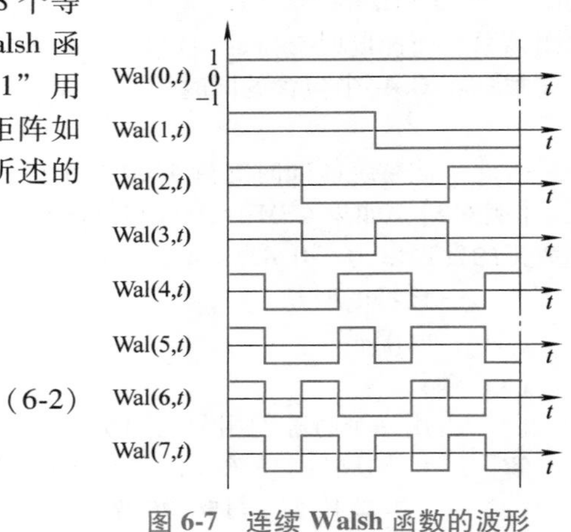

图6-7　连续Walsh函数的波形

$$\begin{pmatrix} 00 & 00 & 00 & 00 \\ 00 & 00 & 11 & 11 \\ 00 & 11 & 11 & 00 \\ 00 & 11 & 00 & 11 \\ 01 & 10 & 01 & 10 \\ 01 & 10 & 10 & 01 \\ 01 & 01 & 10 & 10 \\ 01 & 01 & 01 & 01 \end{pmatrix} \tag{6-2}$$

2. Walsh函数矩阵（Hadamard矩阵）的递推关系

Walsh函数可用Hadamard（哈达码）矩阵$\boldsymbol{H}$表示，利用递推关系很容易构成Walsh函数序列族。哈达码矩阵$\boldsymbol{H}$是由“1”和“0”元素构成的正交方阵。在哈达码矩阵中，任意两行（列）都是正交的。这样，当把哈达码矩阵中的每一行（列）看成一个函数时，则任意两行（列）之间也都是正交的，即互相关函数为零。因此，将M阶哈达码矩阵中的每一行定义为一个Walsh序列（又称Walsh码或Walsh函数）时，我们就得到M个Walsh序列。哈达码矩阵有如下递推关系：

$$\boldsymbol{H}_0 = (0) \qquad \boldsymbol{H}_2 = \begin{pmatrix} 0 & 0 \\ 0 & 1 \end{pmatrix}$$

$$\boldsymbol{H}_4 = \boldsymbol{H}_{2\times 2} = \begin{pmatrix} \boldsymbol{H}_2 & \boldsymbol{H}_2 \\ \boldsymbol{H}_2 & \overline{\boldsymbol{H}_2} \end{pmatrix} = \begin{pmatrix} 0 & 0 & 0 & 0 \\ 0 & 1 & 0 & 1 \\ 0 & 0 & 1 & 1 \\ 0 & 1 & 1 & 0 \end{pmatrix}$$

$$\boldsymbol{H}_8 = \begin{pmatrix} \boldsymbol{H}_4 & \boldsymbol{H}_4 \\ \boldsymbol{H}_4 & \overline{\boldsymbol{H}_4} \end{pmatrix} \qquad \cdots \qquad \boldsymbol{H}_{2M} = \begin{pmatrix} \boldsymbol{H}_M & \boldsymbol{H}_M \\ \boldsymbol{H}_M & \overline{\boldsymbol{H}_M} \end{pmatrix} \tag{6-3}$$

式中，M 取 2 的幂；$\overline{\boldsymbol{H}_M}$是 $\boldsymbol{H}_M$ 的补。

例如，当 $M=64$ 时，利用上述的递推关系，就可得到 64×64 的 Walsh 序列（函数）。这些序列在 IS-95 CDMA 蜂窝系统中被作为前向码分信道。因为是正交码，可供码分的信道数等于正交码长，即 64 个。在反向信道中，利用 Walsh 序列的良好互相关特性，64 位的正交 Walsh 序列用做编码调制。读者有兴趣可以分析一下 Walsh 序列的自相关特性。

6.4.3 *m* 序列伪随机码

1. *m* 序列的生成

m 序列是最长线性移位寄存器序列的简称，它是由带线性反馈的移位寄存器产生的周期最长的一种序列。它的周期是 $P=2^n-1$（n 是移位寄存器的级数）。*m* 序列是一个伪随机序列，具有与随机噪声类似的尖锐自相关特性，但它不是真正随机的，而是按一定的规律形式周期性地变化。由于 *m* 序列容易产生、规律性强、有许多优良的特性，因而在扩频通信和 CDMA 系统中最早获得广泛的应用。

m 序列的产生器是由移位寄存器、反馈抽头及模 2 加法器组成的。产生 *m* 序列的移位寄存器的网络结构不是随意的，必须满足一定的条件。图 6-8 是一个由三级移位寄存器构成的 *m* 序列发生器。

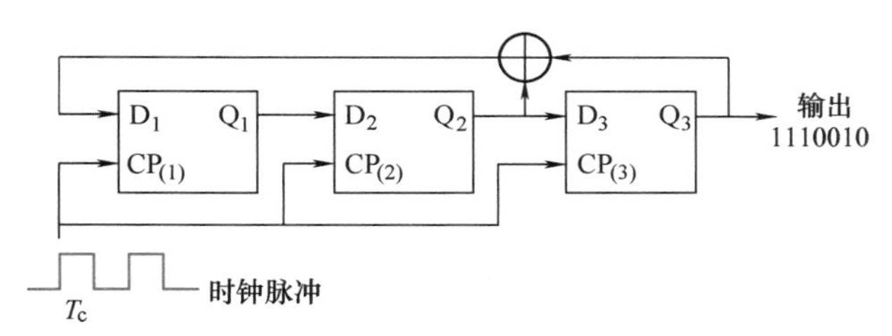

图 6-8　*m* 序列产生电路

2. *m* 序列的特性

m 序列有许多优良的特性，但我们主要关心的是它的随机性和相关性。

（1）*m* 序列的随机性

1）*m* 序列一个周期内“1”和“0”的码元数大致相等（“1”比“0”只多一个）。这个特性保证了在扩频系统中，用 *m* 序列做平衡调制实现扩展频谱时有较高的载波抑制度。

2）*m* 序列中连续为“1”或“0”的那些元素称为游程。在一个游程中元素的个数称为游程长度。一个周期 $P=2^n-1$ 内，长度为 1 的游程占总游程数的 1/2；长度为 2 的游程占 1/4；长度为 3 的游程占 1/8；这样，长度为 k（$1\leqslant k\leqslant n-1$）的游程占总游程数的 $1/2^k$。在长度为 k（$1\leqslant k\leqslant n-2$）的游程中，连“1”的游程和“0”的游程各占一半，而且只有一个包含 $n-1$ 个“0”的游程，也只有一个包含 n 个“1”的游程。

3）*m* 序列和其移位后的序列逐位模 2 加，所得的序列仍是 *m* 序列，只是相位不同。

4）*m* 序列发生器中的移位寄存器的各种状态，除全 0 外，其他状态在一个周期内只出现一次。

（2）*m* 序列的自相关性

对于一个周期为 $P=2^n-1$ 的 *m* 序列$\{a_n\}$（a_n 取值 1 或 0），*m* 序列的自相关函数如下所述。

设 *m* 序列$\{a_n\}$与后移 τ 位的序列$\{a_{n+\tau}\}$逐位模 2 加所得的序列$\{a_n+a_{n+\tau}\}$中，“0”的位数为 A（序列$\{a_n\}$和$\{a_{n+\tau}\}$相同的位数），“1”的位数为 D（序列$\{a_n\}$和$\{a_{n+\tau}\}$不相同的位数），则自相关函数由下式计算：

$$R_a(\tau)=\frac{A-D}{A+D} \tag{6-4}$$

显然 $A+D=P$。

可以推得 m 序列的自相关函数为

$$R_a(\tau)=\begin{cases}1 & \tau=0\\ -1/P & \tau\neq 0\end{cases} \tag{6-5}$$

有时 PN（伪随机）码的码元用 1 和−1 表示，与 0 和 1 表示法的对应关系是“0”变成“1”，“1”变成“−1”，即 m 序列 $\{a_n\}$ 的取值是−1 或 1，此时 m 序列可用函数波形表示，其自相关函数可由下式计算：

$$R_a(\tau)=\frac{1}{P}\sum_{n=1}^{P}a_n\times a_{n+\tau}=\begin{cases}1 & \tau=0\\ -1/P & \tau\neq 0\end{cases} \tag{6-6}$$

上述两种计算方法的结果完全相同，这也是有时码与序列两个概念能混用的原因。图 6-9 所示为 m 序列的自相关函数图。由图可见，当 $\tau=0$ 时，m 序列的自相关函数 $R_a(\tau)$ 出现峰值 1；当 τ 偏离 0 时，自相关函数曲线很快下降；当 $1\leqslant\tau\leqslant P-1$ 时，自相关函数值为 $-1/P$；当 $\tau=P$ 时，又出现峰值，如此周而复始。当周期 P 很大时，m 序列的自相关函数与白噪声类似。这一特性很重要，相关检测就是利用这一特性，在“有”或“无”信号相关函数值的基础上识别信号，检测自相关函数值为 1 的码序列。

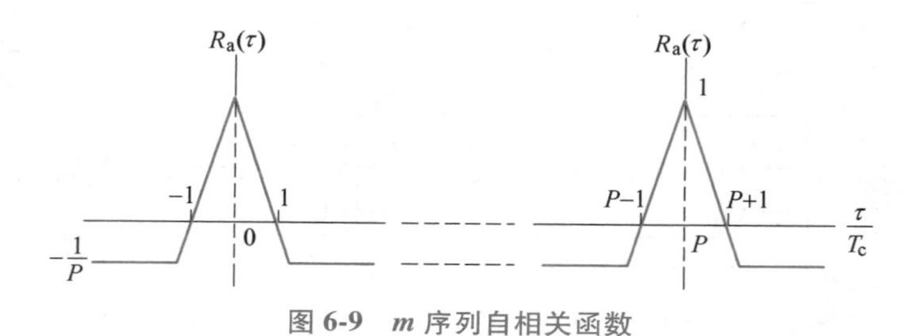

图 6-9　m 序列自相关函数

图 6-8 所示电路产生的 m 序列的自相关特性如表 6-1 所示。

表 6-1　基准序列：1110010

移位数	序　列	一致码元数 A	不一致码元数 D	A-D
1	0111001	3	4	−1
2	1011100	3	4	−1
3	0101110	3	4	−1
4	0010111	3	4	−1
5	1001011	3	4	−1
6	1100101	3	4	−1
0	1110010	7	0	7

（3）m 序列的互相关性

m 序列的互相关性是指相同周期 $P=2^n-1$ 的两个不同 m 序列 $\{a_n\}$、$\{b_n\}$ 一致性的程度。其互相关值越接近于 0，说明这两个 m 序列差别越大，即互相关性越弱；反之，说明这两个 m 序列差别较小，即互相关性较强。当 m 序列用作 CDMA 系统的地址码时，必须选择互相关值很小的 m 序列组，以避免用户之间的相互干扰，减小多址干扰（MAI）。

对于两个周期 $P=2^n-1$ 的 m 序列 $\{a_n\}$ 和 $\{b_n\}$（a_n、b_n 取值 1 或 0），其互相关函数（也称互相关系数）描述如下：

设 m 序列 $\{a_n\}$ 与后移 τ 位的序列 $\{b_{n+\tau}\}$ 逐位模 2 加所得的序列 $\{a_n+b_{n+\tau}\}$ 中“0”的位数为 A

（序列 $\{a_n\}$ 和 $\{b_{n+\tau}\}$ 相同的位数），“1” 的位数为 D（序列 $\{a_n\}$ 和 $\{b_{n+\tau}\}$ 不相同的位数），则互相关函数可由下式计算：

$$R_c(\tau) = \frac{A - D}{A + D} \tag{6-7}$$

显然 $A + D = P$ 。

如前所述，如果伪随机码的码元用 1 和-1 表示，此时这两个 m 序列的互相关函数可由下式计算：

$$R_c(\tau) = \frac{1}{P}\sum_{n=1}^{P} a_n \times b_{n+\tau} \tag{6-8}$$

同一周期 $P = 2^n - 1$ 的 m 序列组，其两两 m 序列对的互相关特性差别很大，有的 m 序列对的互相关特性好，有的则较差，不能实际使用。但是一般来说，随着周期的增加，其归一化的互相关值的最大值会递减。通常在实际应用中，只关心互相关特性好的 m 序列对的特性。

对于周期为 $P=2^n-1$ 的 m 序列组，其最好的 m 序列对的互相关函数值只取三个，这三个值是

$$R_c(\tau) = \begin{cases} \dfrac{t(n) - 2}{P} \\ -\dfrac{1}{P} \\ -\dfrac{t(n)}{P} \end{cases} \tag{6-9}$$

式中，$t(n)= 1+2^{[(n+2)/2]}$，其中 [ ] 表示取实数的整数部分。这三个值被称为理想三值。能够满足这一特性的 m 序列对称为 m 序列优选对，它们可以用于实际工程。

在 CDMA 蜂窝系统中，可为每个基站分配一个 PN 序列（码），以不同的 PN 序列来区分基站地址；也可只用一个 PN 序列，而用 PN 序列的相位来区分基站地址，即每个基站分配一个 PN 序列的初始相位。IS-95 CDMA 蜂窝系统就是采用给每个基站分配一个 PN 序列的初始相位的方法。它用周期为 $2^{15}=32768$ 个码片的 PN 序列，每 64 个码片为一初始相位，共有 512 种初始相位，分配给 512 个基站。CDMA 蜂窝系统中，移动用户的识别需要采用周期足够长的 PN 序列，以满足对用户地址量的需求。在 IS-95 CDMA 蜂窝系统中采用的 PN 序列周期为 $2^{42}-1$，这利用了 m 序列良好的自相关特性。

6.4.4 CDMA 系统的特点

CDMA 系统有以下特点：

1）CDMA 系统的许多用户共享同一频率。

2）通信容量大。从理论上讲，信道容量完全由信道特性决定，但实际的系统很难达到理想的情况。因而不同的多址方式可能有不同的通信容量。CDMA 是自干扰系统，任何干扰的减少都直接转化为系统容量的提高。因此，一些能降低干扰功率的技术，如语音激活（Voice Activity）技术等，可以自然地用于提高系统容量。

3）软容量特性。TDMA 系统中同时可接入的用户数是固定的，无法再多接入任何一个用户；而 DS-CDMA（直扩 CDMA）系统中，多增加一个用户只会使通信质量略有下降，不会出现硬阻塞现象。

4）由于信号被扩展在一个较宽的频谱上，所以可减小多径衰落。如果频带宽度比信道的相关带宽大，那么固有的频率分集将具有减少多径衰落的作用。

5）在 CDMA 系统中，信道数据速率很高。因此码片时长通常比信道的时延扩展小得多。因为 PN 序列有很好的自相关性，所以大于一个码片宽度的时延扩展部分，可受到接收机的自然抑制；另一方面，如采用分集接收最大比合并技术，可获得最佳的抗多径衰落效果。而在 TDMA 系统中，

为克服多径造成的码间干扰，需要用复杂的自适应均衡，均衡器的使用增加了接收机的复杂度，同时影响到越区切换的平滑性。

6）软切换和有效的宏分集。DS-CDMA 系统中所有小区使用相同的频率，这不仅简化了频率规划，也使越区切换得以完成。每当移动台处于小区边缘时，同时有两个或两个以上的基站向该移动台发送相同的信号，移动台的分集接收机能同时接收合并这些信号，此时处于宏分集状态。当某一基站的信号强于当前基站信号且稳定后，移动台才切换到该基站的控制上去，这种切换可以在通信的过程中平滑完成，称为软切换。

7）低信号功率谱密度。在 DS-CDMA 系统中，信号功率被扩展到比自身频带宽度宽得多的频带范围内，因而其功率谱密度大大降低。由此可得到两方面的好处，其一，具有较强的抗窄带干扰能力；其二，对窄带系统的干扰很小，有可能与其他系统共用频段，使有限的频谱资源得到更充分的使用。

CDMA 系统存在着两个重要的问题，一个问题是非同步 CDMA 系统中不同用户的扩频序列不完全正交。这一点与 FDMA 和 TDMA 是不同的，FDMA 和 TDMA 具有合理的频率保护带或保护时间，接收信号近似保持正交性，而 CDMA 对这种正交性是不能保证的。这种扩频码集的非零互相关系数会引起各用户间的相互干扰，即多址干扰（MAI），在异步传输信道以及多径传播环境中多址干扰将更为严重。

另一个问题是远近效应。许多移动用户共享同一信道就会发生严重的远近效应问题。由于移动用户所在位置处于动态的变化中，基站接收到的各用户信号功率可能相差很大，即使各用户到基站距离相等，深衰落的存在也会使到达基站的信号各不相同，强信号对弱信号有着明显的抑制作用，会使弱信号的接收性能很差甚至无法通信。这种现象被称为远近效应。由于许多用户共享频道和时隙，所以有用信号和干扰信号将同时接入感兴趣的信号带宽内，因而远近效应特别严重。为了解决远近效应问题，在大多数 CDMA 实际系统中使用功率控制。蜂窝系统中由基站来提供功率控制，以保证在基站覆盖区内的每一个用户给基站提供相同功率的信号。这就解决了由于一个邻近用户的信号过大而覆盖了远处用户信号的问题。基站的功率控制是通过快速抽样每一个移动终端的无线信号强度指示（Radio Signal Strength Indication，RSSI）来实现的。尽管在每一个小区内使用功率控制，但小区外的移动终端还是会产生不在接收基站控制内的干扰。

6.5　SDMA 方式

SDMA（空分多址）方式是通过空间的分割来区别不同用户的，它利用天线的方向性波束将小区划分成不同的子空间来实现空间的正交隔离。在移动通信中，采用自适应阵列天线是实现空间分割的基本技术，它可在不同用户方向上形成不同的波束。如图 6-10 所示，SDMA 使用不同的天线波束为不同区域的用户提供接入。相同的频率（在 CDMA 系统中）或不同的频率（在 FDMA 系统中）用来服务于被天线波束覆盖的这些不同区域。实际上，蜂窝系统中广泛使用的多扇区划分即可看做是 SDMA 的一种雏形。在此基本概念的基础上，进一步演化出自适应阵列天线技术。在极限情况下，自适应阵列天线具有极小的波束和无限快的跟踪速度（类似于激光束），它可以实现最佳的 SDMA。由于自适应天线（即智能天线）能迅速地引导能量沿用户方向发送，跟踪强信号，减小或消除干扰信号，进而降低信号的发射功率，减小不同用户之间的相互干扰，所以这种多址方式可以增加系统容量，同时处于同一波

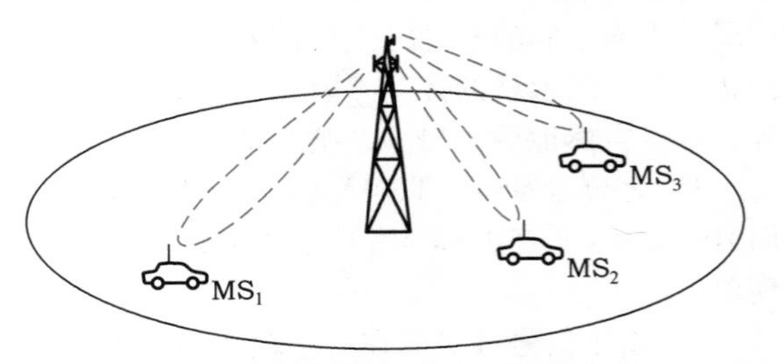

图 6-10　SDMA 系统的工作示意图

束覆盖范围的不同用户也容易通过与 FDMA、TDMA 和 CDMA 结合，以进一步提高系统容量。

在蜂窝系统中，SDMA 反向链路的设计比较困难，主要原因有两个：第一，基站完全控制了在前向链路上所有发射信号的功率。但是，由于每一用户和基站间无线传播路径的不同，从每一用户单元出来的发射功率动态控制困难。第二，发射受到用户单元电池能量的限制，因此也限制了反向链路上对功率的控制程度。

用在基站的自适应天线阵列可以解决反向链路的一些问题。不考虑无穷小波束宽度和无穷大快速搜索能力的限制，自适应阵列天线提供了最理想的 SDMA 方式，提供了在本小区内不受其他用户干扰的唯一信道。在 SDMA 系统中的所有用户，将能够用同一信道在同一时间内进行双向通信。而且一个完善的自适应阵列天线系统应能够为每一个用户搜索其多个多径分量，并且以最理想的方式组合它们。由于完善的自适应阵列天线系统能收集从每一个用户发来的所有有效信号能量，所以它有效地克服了多径干扰和同频干扰。尽管上述理想情况是不可实现的，它需要无限多个阵元，但采用适当数目的阵元，也可以获得较大的系统增益。

微视频：
OFDM多址方式、
随机多址方式，
三种多址的比较

6.6 OFDM 多址方式

OFDM 是一种调制技术，但它本身与传统的多址技术结合可以实现多用户 OFDM 系统，如 OFDM-TDMA、OFDMA 和多载波 CDMA 等，本节将介绍它们的基本原理。

6.6.1 OFDM-TDMA

在 OFDM-TDMA 系统中，信息的传送是按时域上的帧来进行的，每个时间帧包含多个时隙，每个时隙的宽度等于一个 OFDM 符号的时间长度，有信息要传送的用户按各自的需求可以占用一个或多个 OFDM 符号。每个用户在信息传送期间，将占用所有的系统带宽，即该用户的信息可以在 OFDM 的所有子载波上进行分配。OFDM 系统中的 TDMA 接入方式与在单载波系统中相似，OFDM 只是作为一种调制技术。IEEE 802.16 和 HIPERLAN-2 中都采用了这种方式。

在 OFDM-TDMA 系统中，可以使用自适应调制（Adaptive Modulation，AM）技术，也就是各个子载波的调制方式（即分配的比特数）不是相同的，而是根据子载波上的信噪比选择合适的调制方式。这是 OFDM 系统的一个优点，它说明自适应调制不仅可在时域进行，而且可在频域进行，进而可以在频率选择性信道中获得较好的性能。该技术一般称为自适应 OFDM（Adaptive OFDM）。

OFDM-TDMA 多址接入有如下特点：

1）OFDM-TDMA 方案在特定 OFDM 符号内将全部带宽分配给一个用户，该方案不可避免地存在带宽资源浪费、频率利用率较低和灵活性差等不足。

2）OFDM-TDMA 方案的信令开销很大程度上取决于是否采用滤除具有较低信噪比子载波的技术和自适应调制/编码技术，采用这些技术虽然可以改善性能，但也会增加信令开销。

6.6.2 OFDMA

正交频分多址接入（Orthogonal Frequency Division Multiple Access，OFDMA）通过为每个用户提供部分不同的子载波来实现多用户接入，也就是每个用户分配一个 OFDM 符号中的一个子载波或一组子载波，以子载波频率的不同来区分用户。这种多址方式概念上与 FDMA 一样，但与传统 FDMA 的不同之处在于，OFDMA 方法不需要在各个用户频率之间采用保护频段去区分不同的用户，大大提高了系统的频率利用率，同时，基站通过调整子载波，可以根据用户的不同需求传输不同的速率。OFDMA 有时候也被称为 OFDM-FDMA。

给用户分配子载波有很多方法，使用最广泛的有两种：分组子载波（Grouped Subcarriers）和间隔扩展子载波（Comb Spread Subcarriers）。分组子载波是最简单的一种分配方式，每个用户分配一组相邻的子载波；而间隔扩展子载波分配方式中，每个用户分配到的子载波是间隔的，也就是用户所使用的子载波扩展到整个系统带宽。图 6-11 给出了这两种方法的示意图。

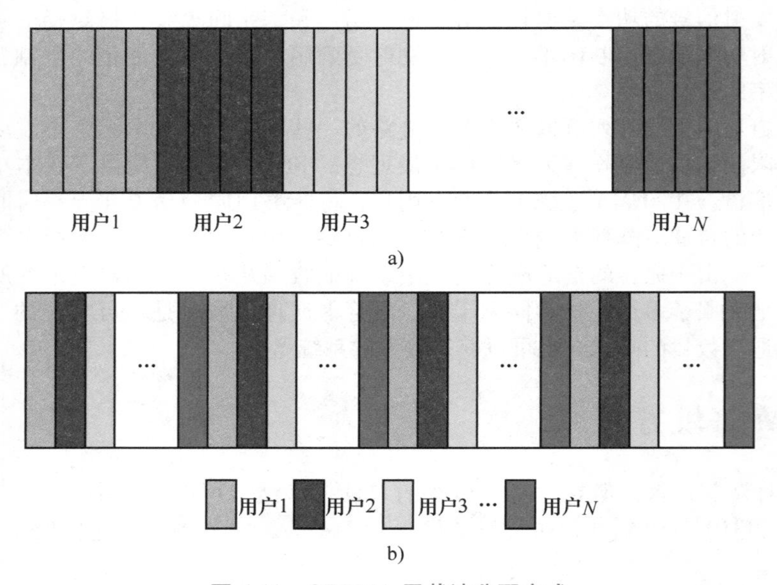

图 6-11　OFDMA 子载波分配方式

a）分组子载波方式　b）间隔扩展子载波方式

这两种方法各有优缺点，分组子载波方法比较简单，用户间干扰较小，但是受信道衰落的影响比较大；间隔扩展子载波方法则正好相反，通过频域扩展，增加频率分集，从而减少了信道衰落的影响，IEEE 802. 16 的 OFDMA 模式中采用了这种子载波分配方式。但是它的缺点是受用户间干扰影响比较大，对同步的要求比较高。

图 6-12 给出了一种分组子载波方式的 OFDMA 帧结构，其中包括 7 个用户，分别用 a、b、c、d、e、f 和 g 来表示，每个用户使用特定的部分子载波，而且各个用户所用的子载波是不同的。实际上，在这个例子中混合使用了 OFDMA 和 TDMA 两种接入方案，每个用户只利用 4 个时隙中的 1 个时隙进行传输。换句话说，每个时隙中可包括一个或者多个 OFDM 符号。

OFDM符号 →

子载波 ↓

a		d		a		d		a		d		a		d	
a		d		a		d		a		d		a		d	
a	c	e		a	c	e		a	c	e		a	c	e	
a	c	e		a	c	e		a	c	e		a	c	e	
b		e	g	b		e	g	b		e	g	b		e	g
b		e	g	b		e	g	b		e	g	b		e	g
b		f	g	b		f	g	b		f	g	b		f	g
b		f	g	b		f	g	b		f	g	b		f	g

图 6-12　固定分配子载波的 OFDMA 帧结构

上面给出的 OFDMA 接入方式中，每个用户所分配的子载波是固定的。考虑到无线时变衰落环境，可进一步引入慢跳频技术，即在每个 OFDM 符号（或时隙）中，根据跳频图样来选择每个用户所使用的子载波频率，这种多址方式通常被称为 FH-OFDMA。图 6-13 给出了一个跳频图案的例子。图中，每个用户使用不同的跳频图样进行跳频，这样就可以把 OFDMA 系统变化成为跳频系统，从而可以利用跳频的优点为 OFDM 系统带来干扰平均以及频率分集的好处。与直扩 CDMA 相比，跳频 OFDMA 的最大优势在于通过为小区内的多用户设计正交跳频图案，可以相对容易地消除小区内的干扰。

进一步，在 FH-OFMDA 的基础上，如果发送端知道每个用户的信道响应信息，就可以为每个用户分配信噪比高的子载波。因为小区中的用户所经历的无线信道是不同的，对某个用户来说是最好的子载波，对其他用户很有可能不是最好的。这样，大部分的用户可以分配到较好的子载波，从而获得多用户分集或位置分集。这种方法被称为自适应子载波分配（Adaptive Subcarriers Allocation，ASA）或自适应跳频（Adaptive Frequency Hopping）。

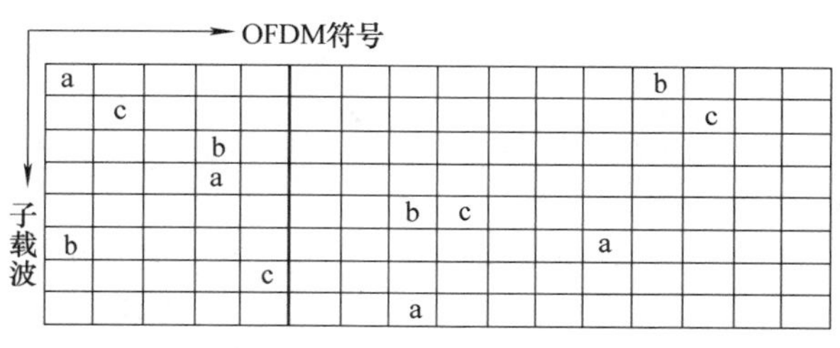

图 6-13　FH-OFDMA 系统跳频图案

OFDMA 是一种灵活的多址方式，它具有以下特点：

1）OFDMA 系统可以不受小区内的干扰。这可以通过为小区内的多用户设计正交跳频图案来实现。

2）OFDMA 可以灵活地适应带宽的要求。它通过简单地改变所使用的子载波数目就可以适应特定的传输带宽。

3）当用户的传输速率提高时，直扩 CDMA 的扩频增益有所降低，这样就会损失扩频系统的优势，而 OFDMA 可与动态信道分配技术相结合，以支持高速率的数据传输。

OFDMA 多址方式已作为 4G 系统下行链路的多址方式。不过，受制于移动台发射信号的峰均功率比，4G 系统的上行链路仍采用 FDMA 多址方式。

6.7　随机多址方式

前面所述的多址方式是基于物理层的。近年来，随着无线数据通信的发展，一种基于网络层网络协议的分组数据随机多址方式日显重要。例如，在分组无线电系统中，任一发送用户的分组在共用信道上发射，使用自由竞争规则随机接入信道，接收方收到后发送确认信息，进而实现用户之间的连接。这种以自由竞争方式，采用网络协议形式实现的多址方式称为随机多址。

1. ALOHA 协议和时隙 ALOHA

ALOHA 协议是一种最简单的数据分组传输协议。任何一个用户一旦有数据分组要发送，它就立刻接入信道进行发送。发送结束后，在相同的信道上或一个单独的反馈信道上等待应答。如果在一个给定的时间区间内没有收到对方的认可应答，则重发数据分组。由于在同一信道上，多个用户独立随机地发送分组，就会出现多个分组发生碰撞的情况，碰撞的分组经过随机时延后重传。ALOHA 协议的示意图如图 6-14a 所示。从图中可以看出，要使当前分组传输成功，必须在当前分组到达时刻的前后各一个分组长度内没有其他用户的分组到达，即要保证到达的分组既没有整体碰撞，

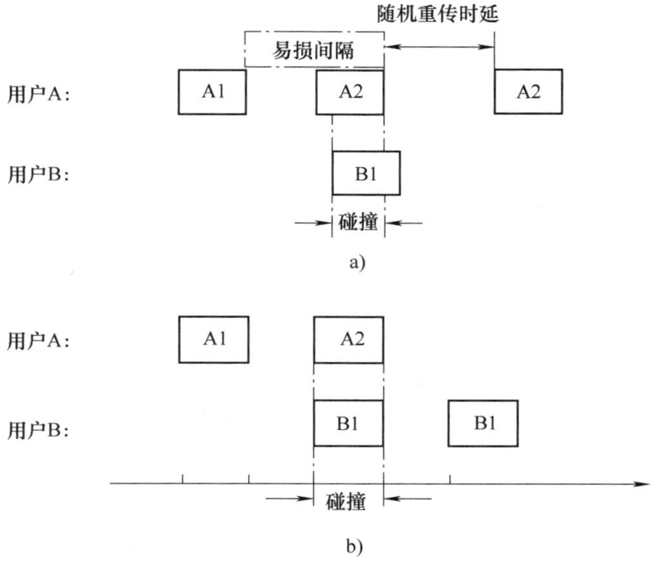

图 6-14　ALOHA 和时隙 ALOHA 协议示意图
a）ALOHA 协议　b）时隙 ALOHA 协议

也没有部分碰撞，所以易损区间为分组长度的2倍。

对于随机多址协议而言，其主要性能指标有两个：一是吞吐量（S）（指单位时间内平均成功传输的分组数）；二是每个分组的平均时延（D）。

假定分组的长度固定，信道传输速率恒定，到达信道的分组服从Poisson分布的情况，则ALOHA协议的最大吞吐量 $S_{\max}=1/(2e)=0.1839$。

为了改进ALOHA的性能，将时间轴分成时隙，时隙大小大于或等于一个分组的长度。所有用户都同步在时隙开始时刻进行发送。该协议就称为时隙ALOHA协议，如图6-14b所示。时隙ALOHA与ALOHA协议相比，避免了部分碰撞，将易损区间从分组长度的2倍减少到一个时隙，从而提高了系统的吞吐量。在到达分组服从Poisson分布的情况下，时隙ALOHA协议的最大吞吐量 $S_{\max}=1/e=0.3679$。

2. 载波侦听多址（CSMA）

在ALOHA协议中，各节点发送之前未考虑信道状态。为了提高信道的吞吐量，减少碰撞概率，在CSMA协议中，每个节点在发送前首先要侦听信道上是否有分组在传输。若信道空闲（没有检测到载波），才可以发送；若信道忙，则按照设定的准则推迟发送。

在CSMA协议中，影响系统的两个主要参数是检测时延和传播时延。检测时延是指接收机判断信道空闲与否所需的时间。假定检测时延和传播时延之和为 τ，如果某结点在 t 时刻开始发送一个分组，则在 $t+\tau$ 时刻以后所有结点都会检测到信道忙。因此只要在 $[t, t+\tau]$ 内没有其他用户发送，则该结点发送的分组将会成功传输，如图6-15所示。

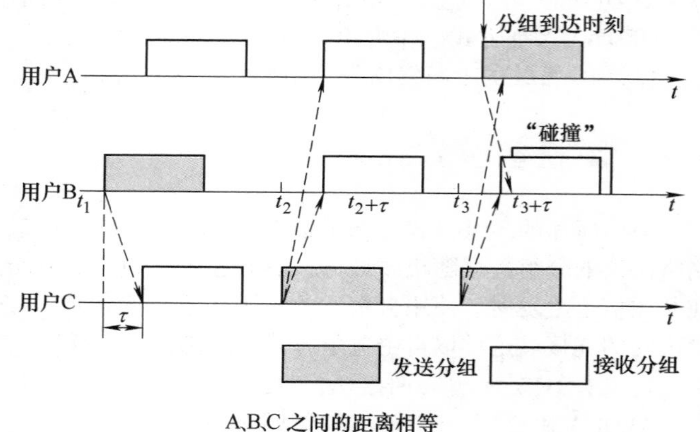

图6-15　CSMA协议示意图

当检测到信道忙时，有几种处理办法：一是暂时放弃检测信道，并等待一个随机时延，在新的时刻重新检测信道，直到检测到空闲信道，该协议称为非坚持CSMA；二是坚持继续检测信道直至信道空闲，一旦信道空闲则以概率1发送分组，该协议称为1-坚持CSMA；三是继续检测信道直至信道空闲，此时以概率 p 发送分组，以 $1-p$ 推迟发送，该协议称为 p-坚持CSMA。

3. 预约随机多址

预约随机多址通常基于时分复用，即将时间轴分为重复的帧，每一帧分为若干时隙。当某用户有分组要发送时，可采用ALOHA的方式在空闲时隙上进行预约。如果预约成功，它将无碰撞地占用每一帧所预约的时隙，直至所有分组传输完毕。用于预约的时隙可以是一帧中固定的时隙，也可以是不固定的。预约时隙的大小可与信息传输时隙相同，也可以将一个时隙再分为若干个小时隙，每个小时隙供一个用户发送预约分组。

一个典型的预约随机多址协议称为分组预约多址（PRMA）。它是对TDMA的改进。PRMA在TDMA的帧结构基础上，为每一个语音突发（或有声期）在TDMA帧中预约一个时隙（而不像TDMA那样，一路语音固定占用一个时隙，而不管该话路是否有语音要传送）。预约的方法是当一个语音突发到达时，该结点在一帧中寻找空闲时隙，并在空闲时隙上发送该突发的第一个分组，如果传输成功，则它就预约了后续帧中对应的时隙，直至该突发传输结束。

6.8　FDMA、TDMA与CDMA系统容量的比较

频谱是一种十分宝贵的资源，而能分配给公用移动通信系统使用的频谱更是非常有限，因此，

涉及多址方式争议的焦点之一是采用何种多址技术才能最大化频谱利用率，换句话说就是如何最大化系统容量。

系统容量可用系统容纳的用户总数、系统最大容纳的信道数或系统输入话务总量来表征。它与信道的载频间隔、每载频的时隙数、频率资源和频率复用方式、基站设置方式等有关。由于系统用户的最大数目和输入话务总量与无线容量 m_c 成正比，所以系统容量通常可用 m_c 来表示。对于蜂窝系统，m_c 可用每个小区的信道数表示。在比较不同多址方式蜂窝系统容量时，我们以给定总频带宽度内，在保证通信质量情况下每个小区的信道数来进行分析。

蜂窝系统的无线容量可定义为

$$m_c = \frac{B_t}{B_c N_{\text{cluster}}} \quad \text{信道/小区} \tag{6-10}$$

式中，m_c 是无线容量大小；B_t 是分配给系统的总频谱宽度；B_c 是信道带宽；N_{cluster}是区群中的小区数。

6.8.1 FDMA 和 TDMA 蜂窝系统的容量

对于模拟 FDMA 系统来说，如果采用频率复用的小区数为 N_{cluster}，根据对同频干扰和系统容量的讨论可知，对于小区制蜂窝网

$$N_{\text{cluster}} = \sqrt{\frac{2}{3} \times \frac{C}{I}} \tag{6-11}$$

式中，C 是载波信号功率；I 是干扰信号功率。由此可求得 FDMA 的无线容量如下：

$$m_c = \frac{B_t}{B_c \sqrt{\frac{2}{3} \times \frac{C}{I}}} \quad \text{信道/小区} \tag{6-12}$$

对于数字 TDMA 系统来说，由于数字信道所要求的载干比可以比模拟制的小 4-5 倍（因数字系统有纠错措施），因而频率复用距离可以再近一些。所以可以采用比 7 小的区群，例如一个区群内含 3 个小区的区群。则可求得 TDMA 的无线容量如下：

$$m_c = \frac{B_t}{B_c' \sqrt{\frac{2}{3} \times \frac{C}{I}}} \quad \text{信道/小区} \tag{6-13}$$

式中，B_c'为等效带宽。若设载波间隔为 B_c，每载波共有 K 个时隙，则等效带宽为

$$B_c' = B_c / K$$

6.8.2 CDMA 蜂窝系统的容量

CDMA 系统的容量是干扰受限的，而 FDMA 和 TDMA 系统的容量是带宽受限的。因此，干扰的减少将导致 CDMA 容量的增加。这使得 CDMA 系统容量的计算比模拟 FDMA 系统和数字 TDMA 系统要复杂得多。

决定 CDMA 蜂窝系统容量的主要参数是：处理增益、E_b/N_0、语音负载周期、频率复用效率以及基站天线扇区数。

不考虑蜂窝系统的特点，只考虑一般扩频通信系统，接收信号的载干比可以写成

$$\frac{C}{I} = \frac{R_b E_b}{N_0 W} = \frac{E_b}{N_0} \Big/ \frac{W}{R_b} \tag{6-14}$$

式中，E_b 是信息的比特能量；R_b 是信息的比特速率；N_0 是干扰的功率谱密度；W 是总频段宽度（即 CDMA 信号所占的频谱宽度）；E_b/N_0 类似于通常所谓的归一化信噪比，其取值决定于系统对误比特率或语音质量的要求，并与系统的调制方式和编码方案有关；W/R_b 是系统的处理增益。

若 m_c 个用户共用一个无线信道，显然每一用户的信号都受到其他 m_c-1 个用户信号的干扰。

假设到达一个接收机的信号强度和各干扰强度都相等，则载干比为

$$\frac{C}{I}=\frac{1}{m_c-1} \tag{6-15}$$

或

$$m_c-1=1+\frac{W}{R_b}\bigg/\frac{E_b}{N_0}$$

即

$$m_c=1+\frac{W}{R_b}\bigg/\frac{E_b}{N_0}\quad 信道/小区 \tag{6-16}$$

式（6-16）没有考虑在扩频带宽中的背景热噪声 η。如果把 η 考虑进去，则能够接入此系统的用户数可表示为

$$m_c=1+\frac{W}{R_b}\bigg/\frac{E_b}{N_0}-\frac{\eta}{C}\quad 信道/小区 \tag{6-17}$$

式（6-17）表明，在误比特率一定的条件下，降低热噪声功率，减小归一化信噪比，增大系统的处理增益都将有利于提高系统的容量。

应该注意，式（6-17）是在所谓到达接收机的信号强度和各个干扰强度都一样的情况下得到的，这意味着系统必须进行理想的功率控制。其次，式（6-17）应根据CDMA蜂窝通信系统的特点进行修正。

1. 采用语音激活技术提高系统容量

在典型的全双工通话中，每次通话中语音存在时间小于35%，亦即语音的激活期（占空比）d 通常小于35%。如果在语音停顿时停止信号发射，对CDMA系统而言，直接减少了对其他用户的干扰，即其他用户受到的干扰会相应地平均减少65%，从而使系统容量提高到原来的 $1/d=2.86$ 倍。为此，CDMA系统的容量公式被修正为

$$m_c=1+\left(\frac{W}{R_b}\bigg/\frac{E_b}{N_0}-\frac{\eta}{C}\right)\frac{1}{d}\quad （单位：信道/小区） \tag{6-18}$$

当用户数目庞大并且系统是干扰受限而不是噪声受限时，用户数可表示为

$$m_c=1+\left(\frac{W}{R_b}\bigg/\frac{E_b}{N_0}\right)\frac{1}{d}\quad （单位：信道/小区） \tag{6-19}$$

2. 利用扇区划分提高系统容量

CDMA小区扇区化有很好的容量扩充作用。利用120°扇形覆盖的定向天线把一个蜂窝小区划分成三个扇区时，处于每个扇区中的移动用户是该蜂窝的三分之一，相应的各用户之间的多址干扰分量也就减少为原来的三分之一，从而系统的容量将增加约3倍（实际上，由于相邻天线覆盖区之间有重叠，一般能提高到 $G=2.55$ 倍左右）。为此，CDMA系统的容量公式又被修正为

$$m_c=\left[1+\left(\frac{W}{R_b}\bigg/\frac{E_b}{N_0}\right)\frac{1}{d}\right]\cdot G\quad （单位：信道/小区） \tag{6-20}$$

式中，G 为扇区分区系数。

【例6-4】 如果 $W=1.25\text{MHz}$，$R=9600\text{bit/s}$，最小可接受的 E_b/N_0 为10dB，求出分别使用（1）和（2）两种技术在一个单小区CDMA系统中，所能支持的最大用户数。

（1）全向基站天线和没有语音激活检测。

（2）在基站有3个扇区和 $d=1/2$ 的语音激活检测。

假设系统是干扰受限的。

解：（1）根据 $m_c=1+\dfrac{W/R}{E_b/N_0}$

$$m_c=1+\frac{1.25\times10^6/9600}{10}=1+13=14$$

（2）根据式（6-19）

每一扇区的用户数 $m_s=1+\frac{1}{0.5}\left[\frac{1.25\times10^6/9600}{10}\right]=1+26=27$

因为在每一小区内同时存在三个扇区，所以总用户数为 $3m_s$，$m_c=3\times27=81$ 信道/小区。

3. 频率复用

在 CDMA 系统中，所有用户共享一个无线频率，即若干个小区内的基站和移动台都工作在相同的频率上。因此任一小区的移动台都会受到相邻小区基站的干扰，任一小区的基站也会受到相邻小区移动台的干扰。这些干扰的存在必然会影响系统的容量。其中任一小区的移动台对相邻小区基站（反向信道）的总干扰量和任一小区的基站对相邻小区移动台（正向信道）的总干扰量是不同的，对系统容量的影响也有很多差别。对于反向信道，因为相邻小区基站中的移动台功率受控而不断调整，对被干扰小区基站的干扰不易计算，只能从概率上计算出平均值的下限。然而理论分析表明，假设各小区的用户数为 m_c，m_c 个用户同时发射信号，正向信道和反向信道的干扰总量对容量的影响大致相等。因而在考虑邻近蜂窝小区的干扰对系统容量影响时，一般按正向信道计算。

对于正向信道，在一个蜂窝小区内，基站不断地向移动台发送信号，移动台在接收它自己所需的信号时，也接收到基站发给其他移动台的信号，而这些信号对它所需的信号将形成干扰。当系统采用正向功率控制技术时，由于路径传播损耗的原因，位于靠近基站的移动台受到本小区基站发射的信号干扰比距离远的移动台要大，但受到相邻小区基站的干扰较小；位于小区边缘的移动台，受到本小区基站发射的信号干扰比距离近的移动台要小，但受到相邻小区基站的干扰较大。移动台最不利的位置是处于 3 个小区交界的地方，如图 6-16 中的移动台所在点。

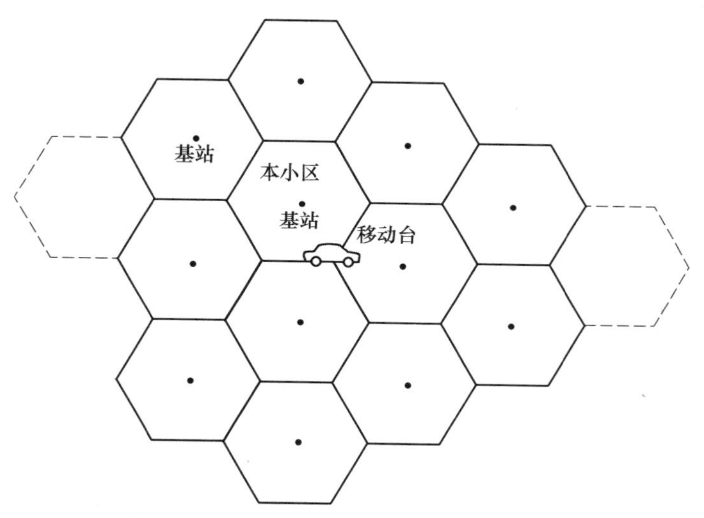

图 6-16　CDMA 系统移动台受干扰示意图

假设各小区中同时通信的用户数是 m_c，即各小区的基站同时向 m_c 个用户发送信号，理论分析表明，在采用功率控制时，每小区同时通信的用户数将下降到原来的 60%，即信道复用效率 $F=0.6$，也就是系统容量下降到没有考虑邻区干扰时的 60%。此时，CDMA 系统的容量公式再次被修正为

$$m_c=\left[1+\left(\frac{W}{R_b}\bigg/\frac{E_b}{N_0}\right)\frac{1}{d}\right]\cdot G\cdot F \quad (单位：信道/小区) \tag{6-21}$$

6.8.3　三种多址系统容量的比较

在给定的一个窄带码分系统的频谱带宽（1.25MHz）内，将 CDMA 与 FDMA、TDMA 系统容量进行比较，结果如下：

1. 模拟 TACS 系统，采用 FDMA 方式

设分配给系统的总频宽 $B_t=1.25\text{MHz}$，频率复用的小区数为 7，则系统容量

$$m_c=\frac{1.25\times10^3}{25\times7}=\frac{50}{7}\approx7.1 \quad (单位：信道/小区)$$

2. 数字时分 GSM 系统，采用 TDMA 方式

设分配给系统的总频宽 $B_t=1.25\text{MHz}$，载频 $B_c=200\text{kHz}$，每载频时隙数为 8，频率复用的小区

数为 4，则系统容量

$$m_c=\frac{1.25\times10^3\times8}{200\times4}=\frac{10\times10^3}{800}\approx12.5\quad（单位：信道/小区）$$

3. 数字 CDMA 系统

设分配给系统的总带宽 $B_t=1.25\text{MHz}$，语音编码速率 $R_b=9.6\text{kbit/s}$，语音占空比 $d=0.35$，扇形分区系数 $G=2.55$，信道复用效率 $F=0.6$，归一化信噪比 $E_b/N_0=7\text{dB}$，则系统容量

$$m_c=\left[1+\left(\frac{1.25\times10^3}{9.6}/10^{0.7}\right)\frac{1}{0.35}\right]2.55\times0.6\approx115\quad（单位：信道/小区）$$

三种体制系统容量的比较结果为

$$m_{CDMA}\approx16m_{TACS}\approx9m_{GSM}$$

由上式可以看出，在总频带宽度为 1.25MHz 时，CDMA 蜂窝系统的容量约是模拟频分 TACS 系统容量的 16 倍，约是数字时分 GSM 系统容量的 9 倍。需要说明的是，以上比较中的 CDMA 系统容量是理论值，即是在假设 CDMA 系统的功率控制是理想的条件下得出的，这在实际当中显然是做不到的。为此，实际的 CDMA 系统的容量比理论值有所下降，其下降多少将随着其功率控制精度的高低而变化。另外，CDMA 系统容量的计算与某些参数的选取有关，不同的参数值得出的系统容量也有所不同。当前比较普遍的看法是，CDMA 蜂窝系统的容量是模拟 FDMA 系统的 8~10 倍。

6.9　思考题与习题

1. 试说明多址接入方式的基本原理，以及什么是 FDMA、TDMA 和 CDMA 方式？

2. 试说明 FDMA 系统的特点。

3. 试说明 TDMA 系统的特点。

4. 蜂窝系统采用 CDMA 方式有哪些优越性？

5. 设系统采用 FDMA 多址方式，信道带宽为 25kHz。问在 FDD 方式下，系统同时支持 100 路双向语音传输，需要多大系统带宽？

6. 什么是 m 序列？m 序列的性质有哪些？

7. 空分多址的特点是什么？空分多址可否与 FDMA、TDMA 和 CDMA 相结合，为什么？

8. 何为 OFDMA？它有何特点？

9. 何为 OFDM-TDMA？它有何特点？

10. 请分析 OFDM 与 CDMA 结合可能具有的特点。

11. 如果一个 GSM 时隙由 6 个尾比特、8.25 个保护比特、26 个训练比特和 2 组业务码组成，其中每一业务码组由 58 比特组成，试求帧效率。

12. 试述 CSMA 多址协议与 ALOHA 多址协议的区别与联系。

13. 试证明 ALOHA 协议的最大吞吐量为 1/(2e)。

14. 减少 CDMA 系统各用户间干扰的方法主要有哪些？

15. 假设系统是干扰受限的，请计算 CDMA 容量。已知条件：$W=1\text{MHz}$，$R=2\text{Mbit/s}$，最小可接受的 E_b/N_0 为 10dB，求出分别使用（1）和（2）两种技术在一个单小区 CDMA 系统中时，所能支持的最大用户数。

（1）全向基站天线和没有语音激活检测。

（2）在基站有 3 个扇区和 $d=0.25$ 的语音激活检测。

第7章 GSM移动通信系统

第二代移动通信是以GSM、IS-95 CDMA两大移动通信系统为代表的。GSM移动通信系统（简称GSM系统）是基于TDMA的数字蜂窝移动通信系统，它是世界上第一个对数字调制、网络层结构和业务作了规定的蜂窝系统。GSM系统曾因遍及全世界而被称为“全球通”。

GPRS即通用分组无线业务，是GSM网络向第三代移动通信系统（3G）WCDMA和TD-SCDMA演进的重要一步，所以被称为2.5G。我国在2002年已经全面开通了GPRS网，而且各种数据业务也相继开通。

本章着重讨论GSM系统的网络组成、空中接口、网络控制和管理等内容。

7.1 GSM系统概述

微视频：
GSM系统概述、
网络结构、
网络接口

GSM系统的历史可以追溯到20世纪80年代初期，当时，五六种不同制式的模拟蜂窝移动通信系统在欧洲得到应用，结果呈现出四分五裂的市场，难以快速形成市场所需的规模经济。欧洲电信运营部门发现他们的移动电话远不如高速公路那么畅通，于是，欧洲电信管理部门（CEPT）在1982年成立了欧洲移动通信特别小组，简称GSM（Group Special Mobile），开始制定适用于泛欧各国的一种数字移动通信系统的技术规范。经过6年的研究、实验和比较，于1988年确定了包括TDMA技术在内的技术规范，并制定出实施计划。从1990年开始，这个系统在德国、英国和北欧许多国家投入试用，取得了意想不到的成功，并走向全球，GSM也演变为Global System for Mobile Communication的缩写，在某种程度上实现了“全球通”。在GSM标准中，未对硬件进行规定，只对功能和接口等进行了详细规定，以便于不同公司产品的互联互通。GSM包括两个并行的系统：GSM 900和DCS 1800。这两个系统功能相同，主要的差异是频段不同。

7.1.1 网络结构

数字蜂窝移动通信是在模拟蜂窝移动通信的基础上发展起来的，在网络组成、设备配置、网络功能和工作方式上，二者都有相同之处。但因数字蜂窝网采用全数字传输，因而在实现技术和管理控制等方面，均与模拟蜂窝网有较大的差异。简单说来，数字蜂窝网技术更先进、功能更完备且通信更可靠，并更能适应与其他数字通信网（如综合业务数字网ISDN、公用数据网PDN）的互联。

GSM系统的网络结构如图7-1所示。由图可见，GSM系统的主要组成部分可分为移动台、基站子系统和网络子系统。基站子系统（BSS）由基站收发信机（BTS）和基站控制器（BSC）组成；网络子系统（NSS）包括：移动交换中心（MSC）、操作维护中心（OMC）、原籍位置寄存器（HLR）、访问位置寄存器（VLR）、鉴权中心（AUC）和设备标志寄存器（EIR）等组成。一个MSC可管理多达几十个基站控制器，一个基站控制器最多可控制256个BTS。MS、BS和网络子系统构成了公用陆地移动通信网，该网络由MSC与公用交换电话网（PSTN）、综合业务数字网（ISDN）和公用数据网（PDN）进行互连。

1. 移动台（MS）

移动台是GSM移动通信网中用户使用的设备。移动台类型可分为车载台、便携台和手机。其中，手机本身小型、轻巧，而且功能也较强，因此手机的用户占移动用户的绝大多数。

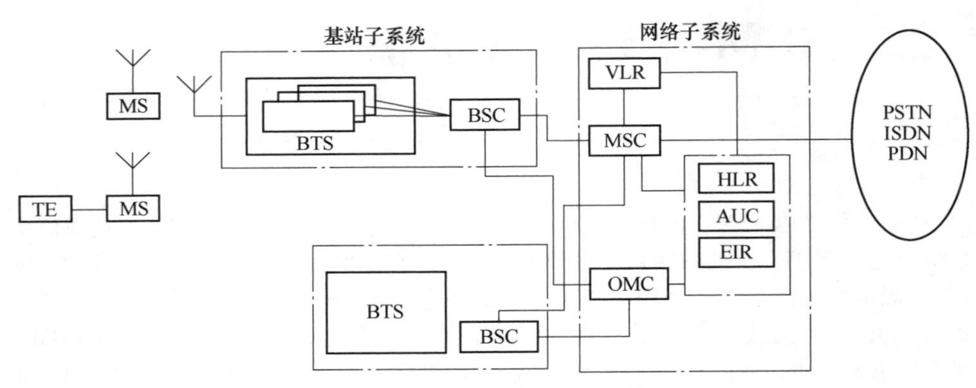

图 7-1　GSM 系统的网络结构

移动台通过无线接口接入 GSM 系统，具有无线传输与处理功能。此外，移动台必须提供与使用者之间的接口，例如，为完成通话呼叫所需要的传声器、扬声器、显示屏和各种按键；或者提供与其他一些终端设备（TE）之间的接口，如与个人计算机或传真机之间的接口。

移动台的另外一个重要组成部分是用户识别模块（SIM），亦称 SIM 卡。它是一张符合 ISO（开放系统互连）标准的、带有微处理器的智能芯片卡，主要由 CPU、存储器、串行通信单元组成。该卡包含有与用户有关的无线接口的信息，也包括鉴权和加密的信息。使用 GSM 标准的移动台都需要插入 SIM 卡，只有当处理异常的紧急呼叫时，可以在不用 SIM 卡的情况下操作移动台。SIM 卡的引入是 GSM 系统的一大特色，它使一部移动台可以为不同用户服务，这为今后发展个人通信打下了基础。

2. 基站子系统（BSS）

基站子系统是 GSM 系统的基本组成部分，它通过无线接口与移动台相接，进行无线发送、接收及无线资源管理。另一方面，基站子系统与网络子系统中的移动交换中心（MSC）相连，实现移动用户与固定网络用户之间或移动用户之间的通信连接。

基站子系统主要由基站收发信机（BTS）和基站控制器（BSC）构成。BTS 可以直接与 BSC 相连接，也可以通过基站接口设备（BIE）采用远端控制的连接方式与 BSC 相连接。此外，基站子系统为了适应无线与有线系统使用不同传输速率进行传输的要求，在 BSC 与 MSC 之间增加了码转换器及相应的复用设备。

基站收发信机、天线共用器和天线是基站子系统的无线部分，它由基站控制器实施控制。基站控制器承担无线资源及各种接口的控制与管理。

3. 网络子系统（NSS）

网络子系统对 GSM 移动用户之间的通信和移动用户与其他通信网用户之间的通信起着管理作用。其主要功能包括交换、移动性管理与安全性管理等。NSS 由很多功能实体构成，它们之间的信令传输都符合 CCITT 信令系统 No. 7 协议（7 号信令）。下面分别讨论各功能实体的主要功能。

（1）移动交换中心（MSC）

MSC 是网络的核心，它提供交换功能并面向下列功能实体：基站子系统（BSS）、原籍位置寄存器（HLR）、鉴权中心（AUC）、移动设备识别寄存器（EIR）、操作维护中心（OMC）和固定网（公用电话网、综合业务数字网等），从而把移动用户与固定网用户、移动用户与移动用户之间互相连接起来。

移动交换中心可以从三种数据库（即 HLR、VLR 和 AUC）获取有关处理用户位置登记和呼叫请求等所需的全部数据。作为网络的核心，MSC 还支持位置登记和更新、越区切换和漫游服务等功能。

对于容量比较大的移动通信网，一个网络子系统可包括若干个 MSC、VLR 和 HLR。为了建立固定网用户与 GSM 移动用户之间的呼叫，固定用户呼叫首先被接到入口移动交换中心，称为GMSC，由它负责获取移动用户的位置信息，且把呼叫转接到可向该移动用户提供即时服务的MSC，该 MSC 称为被访 MSC（VMSC）。

（2）原籍位置寄存器（HLR）

HLR 可以看作是 GSM 系统的中央数据库，存储该 HLR 管辖区的所有移动用户的有关数据。其中，静态数据有移动用户码、访问能力、用户类别和补充业务等。此外，HLR 还暂存移动用户漫游时的有关动态信息数据。

（3）访问位置寄存器（VLR）

VLR 存储进入其控制区域内来访移动用户的有关数据，这些数据是从该移动用户的 HLR 获取并进行暂存的，一旦移动用户离开该 VLR 的控制区域，则临时存储的该移动用户的数据就会被消除。因此，VLR 可看作是一个动态用户的数据库。

实际情况下，VLR 功能总是在每个 MSC 中综合实现的。

（4）鉴权中心

GSM 系统采取了特别的通信安全措施，包括对移动用户鉴权，对无线链路上的语音、数据和信令信息进行保密等。因此，鉴权中心存储着鉴权信息和加密密钥，用来防止无权用户接入系统和保证无线通信安全。

（5）移动设备识别寄存器（EIR）

EIR 存储着移动设备的国际移动设备识别码（IMEI），通过核查白色、黑色和灰色三种清单，运营部门就可判断出移动设备是属于准许使用的，还是失窃而不准使用的，还是由于技术故障或误操作而危及网络正常运行的 MS 设备，以确保网络内所使用的移动设备的唯一性和安全性。

（6）操作维护中心（OMC）

OMC 负责对全网进行监控与操作。例如，系统的自检、报警与备用设备的激活，系统的故障诊断与处理，话务量的统计和计费数据的记录与传递，以及与网络参数有关的各种参数的收集、分析与显示等。

4. GSM 网络接口

在实际的 GSM 通信网络中，由于网络规模的不同、运营环境的不同和设备生产厂家的不同，上述的各个部分可以有不同的配置方法。例如，把 MSC 和 VLR 合并在一起，或者把 HLR、EIR 和 AUC 合并为一个实体。为了各个厂家所生产的设备可以通用，上述各部分的连接都必须严格符合规定的接口标准及相应的协议。

GSM 系统各部分之间的接口如图 7-2 所示。

（1）主要接口

GSM 系统的主要接口是指 A 接口、Abis 接口和 U_m 接口。这三种主要接口的定义和标准化可保证不同厂家生产的移动台、基站子系统和网络子系统设备能够纳入同一个 GSM 移动通信网运行和使用。

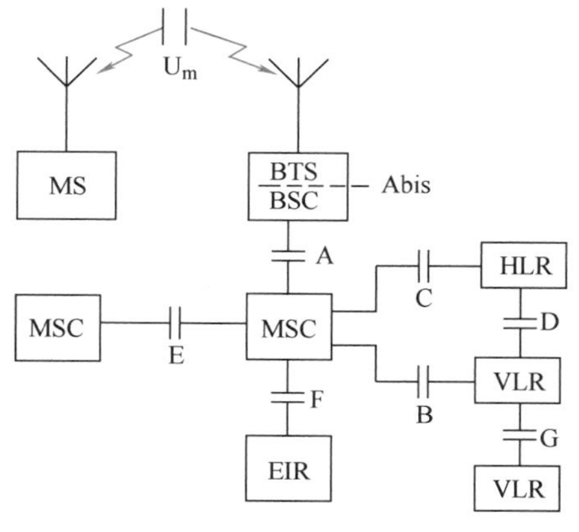

图 7-2　GSM 系统的接口

1）A 接口。A 接口定义为网络子系统（NSS）与基站子系统（BSS）之间的通信接口。从系统的功能实体而言，就是移动交换中心（MSC）与基站控制器（BSC）之间的互联接口，其物理连接是通过采用标准的 2.048Mbit/s PCM 数字传输链路来实现的。此接口传送的信息包括对移动台及基站管理、移动性及呼叫接续管理等。

2）Abis 接口。Abis 接口定义为基站子系统的 BSC 与 BTS 两个功能实体之间的通信接口，用于 BTS（不与 BSC 放在一处）与 BSC 之间的远端互连方式。

它是通过采用标准的2.048Mbit/s或64kbit/s PCM数字传输链路来实现的。此接口支持所有向用户提供的服务，并支持对BTS无线设备的控制和无线频率的分配。

3）U_m接口（空中接口）。U_m接口定义为MS与BTS之间的无线通信接口，它是GSM系统中最重要、最复杂的接口。此接口传递的信息包括无线资源管理、移动性管理和接续管理等，其内容将在7.2节中详细讨论。

（2）网络子系统内部接口

它包括B、C、D、E、F、G接口。

1）B接口。B接口定义为MSC与VLR之间的内部接口。用于MSC向VLR询问有关移动台（MS）当前位置信息或者通知VLR有关MS的位置更新信息等。

2）C接口。C接口定义为MSC与HLR之间的接口，用于传递路由选择和管理信息。两者之间是采用标准的2.048Mbit/s PCM数字传输链路实现连接的。

3）D接口。D接口定义为HLR与VLR之间的接口，用于交换移动台位置和用户管理的信息，保证移动台在整个服务区内能建立和接受呼叫。由于VLR综合于MSC中，因此D接口的物理链路与C接口相同。

4）E接口。E接口为相邻区域的不同移动交换中心之间的接口。用于移动台从一个MSC控制区移动到另一个MSC控制区时交换有关信息，以完成越区切换。此接口的物理链接方式是采用标准的2.048Mbit/s PCM数字传输链路实现的。

5）F接口。F接口定义为MSC与EIR之间的接口，用于交换相关的管理信息。此接口的物理链接方式也是采用标准的2.048Mbit/s PCM数字传输链路实现的。

6）G接口。G接口定义为两个VLR之间的接口。当采用临时移动用户识别码（TMSI）时，此接口用于向分配TMSI的VLR询问此移动用户的国际移动用户识别码（IMSI）的信息。G接口的物理链接方式与E接口相同。

（3）GSM系统与其他公用电信网接口

GSM系统通过MSC与公用电信网互联。一般采用7号信令系统接口。其物理链接方式是MSC与PSTN或ISDN交换机之间采用2048Mbit/s的PCM数字传输链路实现的。

7.1.2　GSM的区域、号码、地址与识别

微视频：GSM区域、号码、地址与识别，主要业务、无线接口

1. 区域定义

GSM系统属于小区制大容量移动通信网，在它的服务区内设置很多基站，移动通信网在此服务区内具有控制、交换功能，以实现位置更新、呼叫接续、越区切换及漫游服务等功能。

在由GSM系统组成的移动通信网络结构中，其相应的无线覆盖区域划分示例可用图7-3来说明，具体如下：

（1）GSM服务区

服务区是指移动台可获得服务的区域，即不同通信网（如PSTN或ISDN）用户无须知道移动台的实际位置而可与之通信的区域。

一个服务区可由一个或若干个公用陆地移动通信网（PLMN）组成。从地域而言，可以是一个国家，也可以是使用GSM的全球成员国。

（2）公用陆地移动通信网（PLMN）

一个公用陆地移动通信网（PLMN）区可由一个或若干个移动交换中心组成。在该区内具有共同的编号制度和共同的路由计划。PLMN与各种固定通信网之间的接口是MSC，由MSC完成呼叫接续。

（3）MSC区

MSC区是指一个移动交换中心所控制的区域，通常它连接一个或若干个基站控制器，每个基站控制器控制多个基站收发信机。从地理位置来看，MSC包含多个位置区。

(4) 位置区

位置区一般由若干个小区（或基站区）组成，移动台在位置区内移动无须进行位置更新。通常呼叫移动台时，向一个位置区内的所有基站同时发寻呼信号。

(5) 基站区

基站区是指基站收发信机有效的无线覆盖区，简称小区。

(6) 扇区

当基站收发信天线采用定向天线时，基站区分为若干个扇区。如采用 120°定向天线时，一个小区分为 3 个扇区；若采用 60°定向天线时，一个小区分为 6 个扇区。

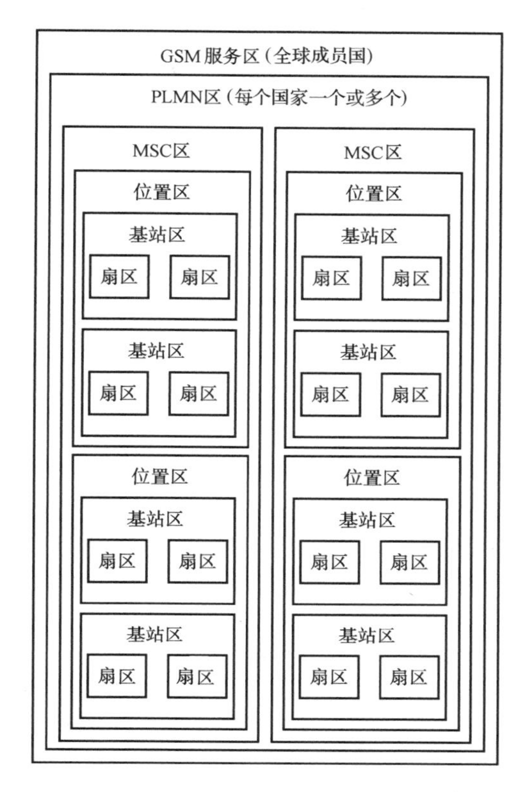

图 7-3　GSM 的区域划分示意图

2. 号码与识别

GSM 网络是比较复杂的，它包含无线、有线信道，并与其他网络如 PSTN、ISDN、公用数据网或其他 PLMN 网互相连接。为了将一次呼叫接续传至某个移动用户，需要调用相应的实体。因此，正确地寻址就非常重要，各种号码就是用于识别不同的移动用户、不同的移动设备以及不同的网络的。

各种号码的定义及用途如下：

(1) 移动用户识别码

在 GSM 系统中，每个用户均分配一个唯一的国际移动用户识别码（IMSI）。此码在所有位置（包括在漫游区）都是有效的。通常在呼叫建立和位置更新时，需要使用 IMSI。

IMSI 的组成如图 7-4 所示。IMSI 的总长不超过 15 位数字，每位数字仅使用 0~9 的数字。

- MCC：移动用户所属国家代号，占 3 位数字，中国的 MCC 规定为 460。
- MNC：移动网号码，最多由两位数字组成。用于识别移动用户所归属的移动通信网。例如，中国移动的 MNC 有 00、02 等，中国联通的 MNC 有 01、06 等，中国电信的 MNC 有 03、05 等。
- MSIN：移动用户识别码，用于识别某一移动通信网（PLMN）中的移动用户。

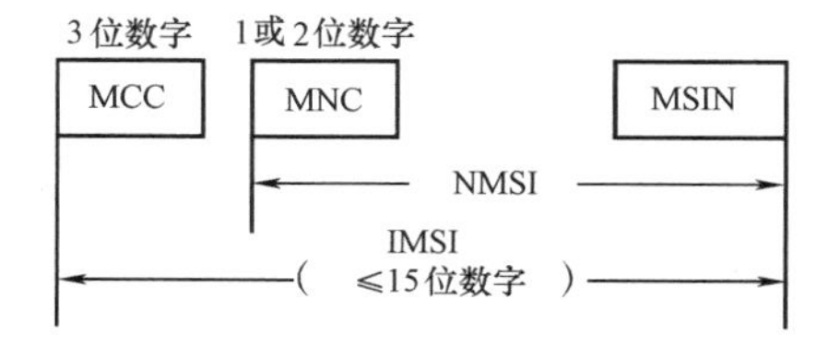

图 7-4　国际移动用户识别码（IMSI）的格式

由 MNC 和 MSIN 两部分组成国内移动用户识别码（NMSI）。

(2) 临时移动用户识别码

考虑到移动用户识别码的安全性，GSM 系统能提供安全保密措施，即空中接口无线传输的识别码采用临时移动用户识别码（TMSI）代替 IMSI。两者之间可按一定的算法互相转换。访问位置寄存器（VLR）可给来访的移动用户分配一个 TMSI（只限于在该访问服务区使用）。总之，IMSI 只在起始入网登记时使用，在后续的呼叫中，使用 TMSI，以避免通过无线信道发送其 IMSI，从而防止窃听者检测用户的通信内容，或者非法盗用合法用户的 IMSI。

TMSI 总长不超过 4B，其格式可由各运营部门决定。

(3) 国际移动设备识别码

国际移动设备识别码（IMEI）是区别移动台设备的标志，可用于监控被窃或无效的移动设备。

IMEI 的格式如图 7-5 所示。

- TAC：型号批准码，由欧洲型号标准中心分配。
- FAC：装配厂家号码，如 Motorola 杭州东信为 92。
- SNR：产品序号，用于区别同一个 TAC 和 FAC 中的每台移动设备。
- SP：备用。

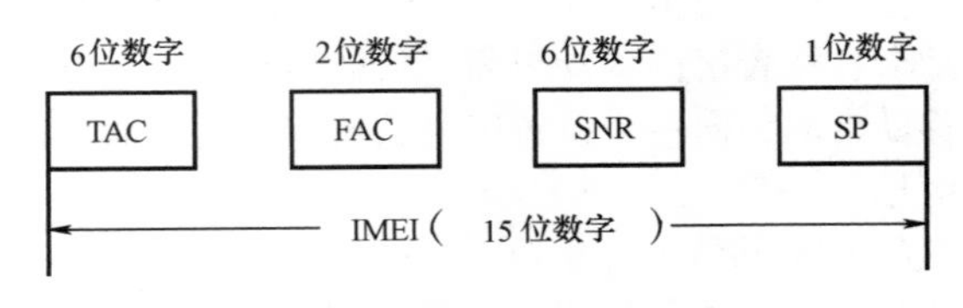

图 7-5　国际移动设备识别码（IMEI）的格式

（4）移动台的号码

移动台的号码类似于 PSTN 中的电话号码，是在呼叫接续时所需拨的号码，其编号规则应与各国的编号规则相一致。

移动台的号码有下列两种：

1）移动台国际 ISDN 号码（MSISDN）。MSISDN 为呼叫 GSM 系统中的某个移动用户所需拨的号码。一个移动台可分配一个或几个 MSISDN 号码，其组成的格式如图 7-6 所示。

- CC：国家代号，即移动台注册登记的国家代号，中国为 86。
- NDC：国内地区码，每个 PLMN 有一个 NDC，如中国移动的 138、中国联通的 130。
- SN：移动用户号码。

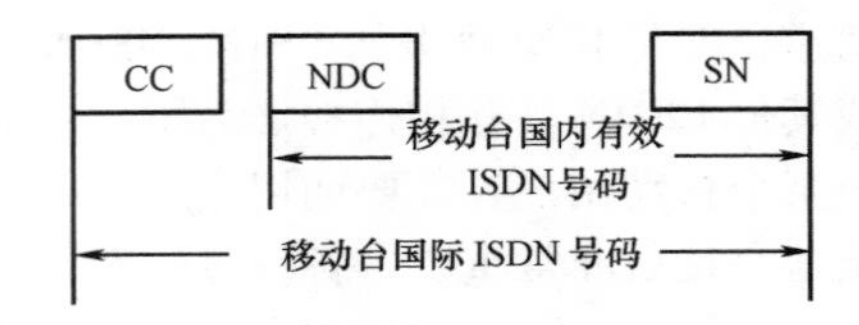

图 7-6　移动台国际 ISDN 的格式

由 NDC 和 SN 两部分组成国内 ISDN 号码，其长度不超过 13 位数。国际 ISDN 号码长度不超过 15 位数字。

2）移动台漫游号码（MSRN）。当移动台漫游到一个新的服务区时，由 VLR 给它分配一个临时性的漫游号码，并通知该移动台的 HLR，用于建立通信路由。一旦该移动台离开该服务区，此漫游号码即被收回，并可分配给其他来访的移动台使用。

漫游号码的组成格式与移动台国际（或国内）ISDN 号码相同。

（5）位置区和基站的识别码

1）位置区识别（LAI）。在检测位置更新和信道切换时，要使用位置区识别标志（LAI），LAI 的组成格式如图 7-7 所示。

- MCC 和 MNC 均与 IMSI 的 MCC 和 MNC 相同。
- LAC：位置区码，用于识别 GSM 移动通信网中的一个位置区，最多不超过两个字节，采用十六进制编码，由各运营部门自定。在 LAI 后面加上小区的标志号（CI），还可以组成小区识别码。

2）基站识别色码（BSIC）。基站识别色码（BSIC）用于移动台识别相同载频的不同基站，特别用于区别在不同国家的边界地区采用相同载频且相邻的基站（在国内用于区别不同的省份）。BSIC 为一个 6bit 编码，其格式如图 7-8 所示。

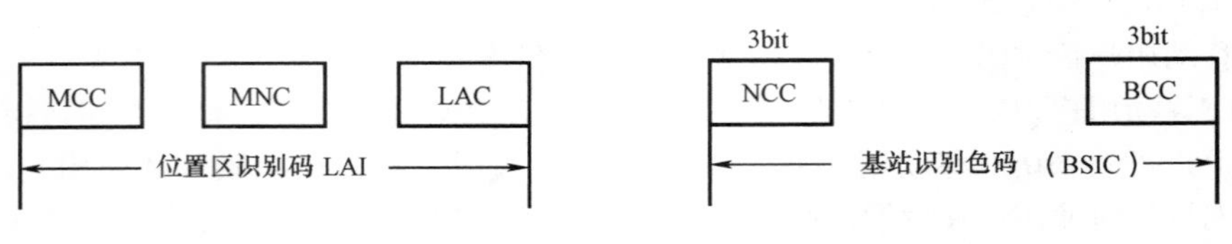

图 7-7　位置区识别码的格式　　　图 7-8　基站识别色码的格式

- NCC：PLMN 色码，用来识别相邻的 PLMN 网。
- BCC：BTS 色码，用来识别相同载频的不同的基站，由运营商确定。

7.1.3 主要业务

GSM 系统定义的所有业务是建立在综合业务数字网（ISDN）概念基础上的，并考虑移动特点作了必要修改。GSM 系统可提供的业务分为基本通信业务和补充业务。补充业务只是对基本业务的扩充，它不能单独向用户提供，这些补充业务也不是专用于 GSM 系统的，大部分补充业务是从固定网所能提供的补充业务中继承过来的。因此对补充业务不作详细讨论，有兴趣的读者可参阅 GSM 标准。下面着重讨论基本通信业务的分类及定义。

1. 电信业务分类

GSM 系统能提供 6 类 10 种电信业务，其编号、名称、业务类型及实现阶段见表 7-1。

表 7-1 GSM 电信业务分类

分类号	电信业务类型	编号	电信业务名称
1	语音传输	11 12	电话 紧急呼叫
2	短消息业务	21 22 23	点对点移动台终止的短消息业务 点对点移动台起始的短消息业务 小区广播短消息业务
3	MHS（消息处理系统）接入	31	先进消息处理系统接入
4	可视图文接入	41 42 43	可视图文接入子集 1 可视图文接入子集 2 可视图文接入子集 3
5	智能用户电报传送	51	智能用户电报
6	传真	61	交替的语音和 3 类传真 透 明 非透明
		62	自动 3 类传真 透 明 非透明

2. 业务定义

（1）电话业务

电话业务是 GSM 系统提供的最主要的业务。GSM 移动通信网与固定网连接，可提供移动用户与固定网电话用户之间实时双向会话，也可提供任两个移动用户之间的实时双向会话。

（2）紧急呼叫业务

在紧急情况下，移动用户通过一种简单的拨号方式可即时拨通紧急服务中心。这种简单的拨号可以拨打紧急服务中心号码（在欧洲统一使用 112，在我国统一使用火警特殊号 119）。有些 GSM 移动台具有“SOS”键，一按此键就可接通紧急服务中心。紧急呼叫业务优先于其他业务，在移动台没有插入用户识别卡情况下，也可按键后接通紧急服务中心。

（3）短消息业务

短消息业务包括移动台之间点对点短消息业务，以及小区广播式短消息业务。

点对点短消息业务是由短消息业务中心完成存储和转发功能的。短消息业务中心是与 GSM 系统相分离的独立实体，不仅可服务于 GSM 用户，也可服务于具备接收短消息业务功能的固定网用户。点对点消息的发送或接收应在呼叫状态或空闲状态下进行，由控制信道传送短消息业务，其消息量限制为160个字符。

小区广播式短消息业务是GSM移动通信网以有规则的间隔向移动台广播具有通用意义的短消息，例如道路交通信息等。移动台连续不断地监视广播消息，并能在显示器上显示广播消息。此短消息也是在控制信道上传送的，移动台只有在空闲状态下才可接收广播消息，其消息量限制为93个字符。

(4) 可视图文接入

可视图文接入是一种通过网络完成文本、图形信息检索和电子函件功能的业务。

(5) 智能用户电报传送

智能用户电报传送能够提供智能用户电报终端间的文本通信业务。此类终端具有文本信息的编辑、存储处理等能力。

(6) 传真

语言和三类传真交替传送的业务。自动三类传真是指能使用户经PLMN以传真编码信息文件的形式自动交换各种函件的业务。

7.2　GSM系统的无线接口

GSM数字蜂窝网的无线接口即U_m接口，是系统的最重要的接口，也就是通常所说的空中接口。本节着重讨论GSM系统的无线传输方式及其特征。

7.2.1　GSM系统无线传输特征

表7-2给出了GSM系统的主要参数，为便于比较，表中还列出了另外两种时分多址数字蜂窝网的对应参数。

表7-2　GSM等三种数字蜂窝网主要参数

参　数		蜂窝网		
		欧　洲 GSM	美　国 D-AMPS	日　本 PDC
多址方式		TDMA/FDMA	TDMA/FDMA	TDMA/FDMA
频率/MHz	移动台（发）	890~915	824~849	940~956/1429~1453
	基　站（发）	935~960	869~894	810~826/1477~1501
载频间隔/kHz		200	30	25
时隙数/载频		8/16	3/6	3/6
调制方式		GMSK	π/4-QPSK	π/4-QPSK
加差错保护后的语音速率/(kbit/s)		22.8	13	11
信道传输速率/(kbit/s)		270.833	48.6	42
TDMA帧长/ms		4.615	40	20
交织跨度/ms		40	27	27

1. TDMA/FDMA接入方式

GSM系统中，由若干个小区（3个，4个或7个）构成一个区群，区群内不能使用相同频道，同频道距离保持相等，每个小区含有多个载频，每个载频上含有8个时隙，即每个载频有8个物理信道（即无线信号传输的实际通道），因此GSM系统是时分多址/频分多址的接入方式，如图7-9所示。为便于比较，表中也给出了美国的D-AMPS系统和日本的PDC系统。有关GSM物理信道及帧的格式后面将作详细讨论。

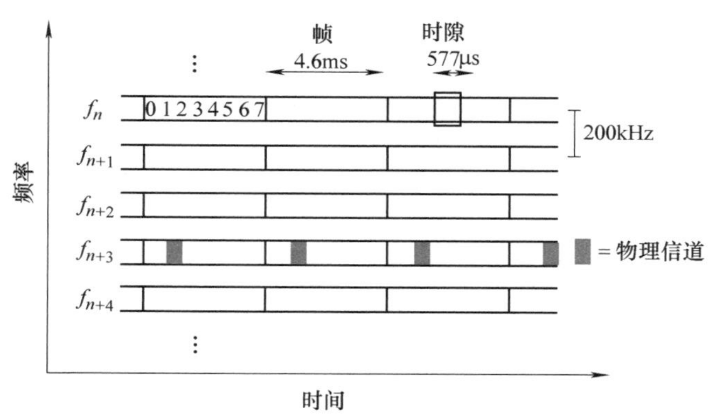

图7-9　TDMA/FDMA 接入方式

2. 频率与频道序号

900MHz GSM 系统工作在以下射频频段：

上行（移动台发、基站收）：890～915MHz；

下行（基站发、移动台收）：935～960MHz；

收、发频率间隔为45MHz。

移动台采用较低频段发射，传播损耗较低，有利于补偿上、下行功率不平衡的问题。

由于载频间隔是0.2MHz，因此GSM系统整个工作频段分为124对载频，其频道序号用 n 表示，则上、下两频段中序号为 n 的载频可用下式计算：

下频段　　$f_l(n)=(890+0.2n)\text{MHz}$　　(7-1)

上频段　　$f_h(n)=(935+0.2n)\text{MHz}$　　(7-2)

式中，$n=1\sim124$。例如 $n=1$，$f_l(1)=890.2\text{MHz}$，$f_h(1)=935.2\text{MHz}$，其他序号的载频依次类推。

前已指出，每个载频有8个时隙，因此GSM系统总共有124×8=992个物理信道，有的文献中简称GSM系统有1000个物理信道。

3. 调制方式

GSM的调制方式是高斯型最小移频键控（GMSK）方式。矩形脉冲在调制器之前先通过一个高斯滤波器。这一调制方案由于改善了频谱特性，从而能满足CCIR提出的邻道功率电平比载频功率低60dB以上的要求。高斯滤波器的归一化带宽BT=0.3。基于200kHz的载频间隔及270.833kbit/s的信道传输速率，其频谱利用率为1.35bit/(s·Hz)。

4. 载频复用与区群结构

GSM系统中，基站发射功率为每载波500W，每时隙平均为500W/8=62.5W。移动台发射功率分为0.8W、2W、5W、8W和20W，可供用户选择。小区覆盖半径最大为35km，最小为500m，前者适用于农村地区，后者适用于市区。

由于系统采取了多种抗干扰措施（如自适应均衡、跳频和纠错编码等），同频道射频防护比可降到 $C/I=9\text{dB}$，因此在业务密集区，可采用3小区的区群结构。

7.2.2　信道类型及其组合

物理信道是无线信号传输的实际通道，而逻辑信道则是根据物理信道上传递信息种类的不同而定义的信道。对于TDMA系统而言，一个载频上的TDMA帧的一个时隙称为一个物理信道，它相当于FDMA系统中的一个频道。蜂窝通信系统要传输不同类型的信息，按逻辑功能而言，可分为业务信息和控制信息。因而在时分、频分复用的物理信道上要安排相应的逻辑信道。在时分多址的物理信道中，帧的结构或组成是基础，为此下面先讨论GSM的帧结构。

1. 帧结构

图 7-10 给出了 GSM 系统各种帧及时隙的格式。

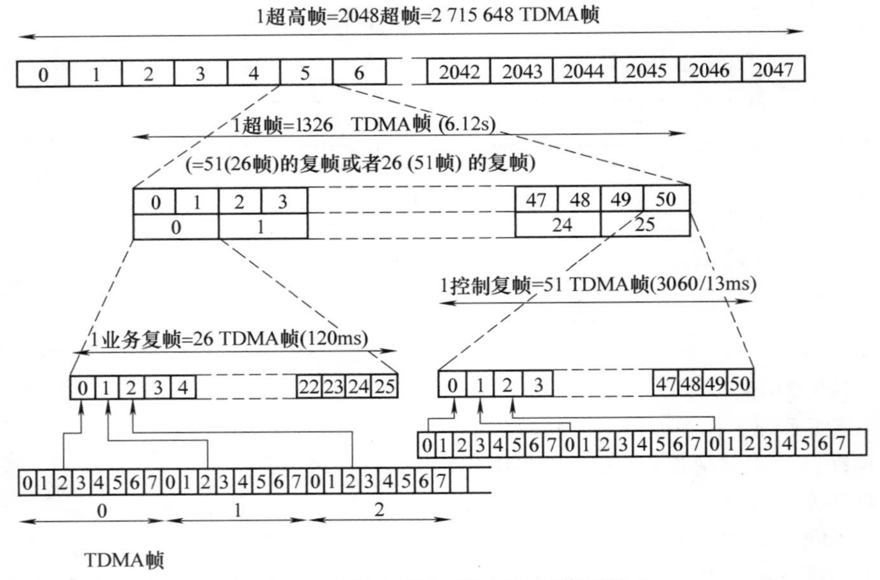

图 7-10　GSM 系统各种帧及时隙的格式

每一个 TDMA 帧分 0~7 共 8 个时隙，帧长度为 120/26ms≈4. 615ms，不同帧用不同帧号标志。每个时隙含 156. 25 个比特，占 15/26ms≈0. 577ms。

由若干个 TDMA 帧构成复帧，其结构有两种：一种是由 26 帧组成的复帧，这种复帧长 120ms，主要用于业务信息的传输，也称业务复帧；另一种是由 51 帧组成的复帧，这种复帧长 235. 385 ms，专用于传输控制信息，也称控制复帧。

由 51 个业务复帧或 26 个控制复帧均可组成一个超帧，超帧的周期为 1326 个 TDMA 帧，超帧长 $51\times26\times4.615\times10^{-3}\text{s}\approx6.12\text{s}$。

由 2048 个超帧组成超高帧，超高帧的周期为 2048×1326=2715648 个 TDMA 帧，即 12533. 76s，相当于 3 小时 28 分 53 秒 760 毫秒。

帧的编号（FN）以超高帧为周期，从 0~2715647。

GSM 系统上行传输所用的帧号和下行传输所用的帧号相同，但上行帧相对于下行帧来说，在时间上推后 3 个时隙，如图 7-11 所示。这样安排，允许移动台在这 3 个时隙的时间内，进行帧调整以及对收发信机的调谐和转换。

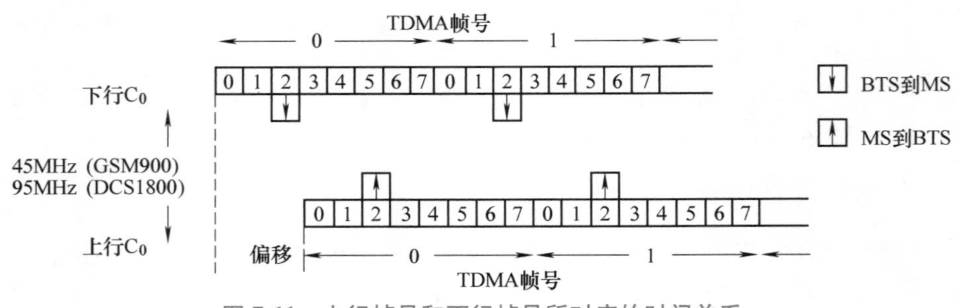

图 7-11　上行帧号和下行帧号所对应的时间关系

2. 信道分类

图 7-12 示出了 GSM 系统的信道分类。从图 7-10 和图 7-12 看，GSM 系统的帧结构和信道结构

是很复杂的。人们当初之所以这么设计，是因为需要更好地进行资源控制和管理，以确保系统资源的高使用效率，这正像铁路运输一样，为了使列车高效运行，仅有承载列车的铁路（相当于业务信道）是远远不够的，还需要配套许多监控措施和管理调度措施，以及货物的合理装配等。下面具体介绍业务信道和控制信道。

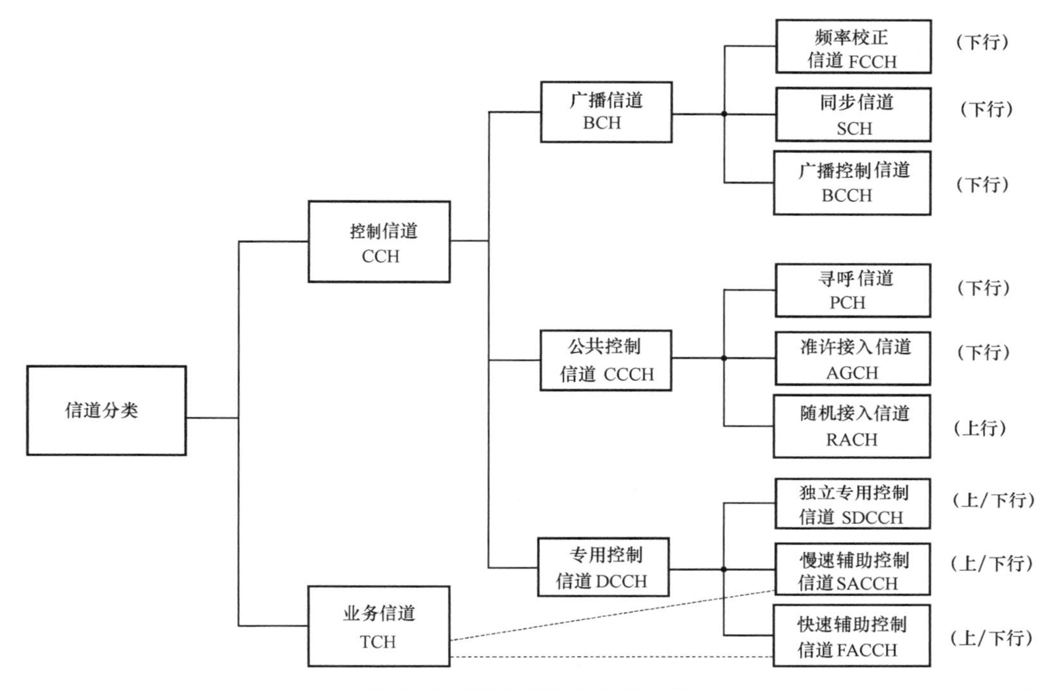

图 7-12　GSM 系统的信道分类

（1） 业务信道

业务信道 TCH 主要传输数字语音或数据，其次还有少量的随路控制信令。业务信道有全速率业务信道（TCH/F）和半速率业务信道（TCH/H）之分。半速率业务信道所用时隙是全速率业务信道所用时隙的一半。目前使用最多的是全速率业务信道。

1）语音业务信道。载有编码语音的业务信道分为全速率语音业务信道（TCH/FS）和半速率语音业务信道（TCH/HS），两者的总速率分别为 22. 8kbit/s 和 11. 4kbit/s。

对于全速率语音编码，语音帧长 20ms，每帧含 260bit 语音信息，提供的净速率为 13kbit/s。

2）数据业务信道。在全速率或半速率信道上，通过不同的速率适配和信道编码，用户可使用下列各种不同的数据业务：

- 9. 6kbit/s，全速率数据业务信道（TCH/F9. 6）。
- 4. 8kbit/s，全速率数据业务信道（TCH/F4. 8）。
- 4. 8kbit/s，半速率数据业务信道（TCH/H4. 8）。
- ≤2. 4kbit/s，全速率数据业务信道（TCH/F2. 4）。
- ≤2. 4kbit/s，半速率数据业务信道（TCH/H2. 4）。

此外，在业务信道中还可安排慢速辅助控制信道或快速辅助控制信道，它们与业务信道的连接在图 7-12 中用虚线表示。

（2） 控制信道

控制信道（CCH）用于传送信令和同步信号。它主要有三种：广播信道（BCH）、公共控制信道（CCCH）和专用控制信道（DCCH）。

1）广播信道（BCH）。广播信道是一种“一点对多点”的单方向控制信道，用于基站向移动台广播公用的信息，其传输的内容主要是移动台入网和呼叫建立所需要的有关信息，具体又分为：

- 频率校正信道（FCCH）：传输供移动台校正其工作频率的信息，移动台只有锁定所在小区BTS的载频，才能收听到跟随在FCCH之后的同步信息（SCH）和广播控制信息（BCCH）。
- 同步信道（SCH）：传输供移动台进行同步和对基站进行识别的信息，因为基站识别码是在同步信道上传输的。
- 广播控制信道（BCCH）：传输系统公用控制信息，例如位置区识别码（LAI）、本小区使用的频率列表、邻近小区描述、随机接入控制信息、小区选择参数、控制信道描述等。

2）公用控制信道（CCCH）。CCCH是一种双向控制信道，用于呼叫接续阶段传输链路连接所需要的控制信令，具体又分为：

- 寻呼信道（PCH）：传输基站寻呼移动台的信息。
- 随机接入信道（RACH）：这是一个上行信道，用于移动台随机提出的入网申请，即移动台通过此信道请求分配一个独立专用控制信道（SDCCH）。
- 准许接入信道（AGCH）：这是一个下行信道，用于基站对移动台的入网申请做出应答，即为移动台分配一个独立专用控制信道。

3）专用控制信道（DCCH）。DCCH是一种“点对点”的双向控制信道，其用途是在呼叫接续阶段以及在通信进行当中，在移动台和基站之间传输必需的控制信息，具体又分为：

- 独立专用控制信道（SDCCH）：用于在分配业务信道之前传送有关信令。例如，登记、鉴权等信令均在此信道上传输，经鉴权确认后，再分配业务信道（TCH）。在SDCCH上传送的信息有位置更新、周期性位置更新、呼叫建立、点对点短消息等。
- 慢速辅助控制信道（SACCH）：在移动台和基站之间，需要周期性地传输一些信息。例如，移动台要不断地报告正在服务的基站和邻近基站的信号强度，以实现“移动台辅助切换功能”。此外，基站对移动台的功率调整、时间调整命令也在此信道上传输，因此SACCH是双向的点对点控制信道。SACCH可与一个业务信道或一个独立专用控制信道联用。SACCH安排在业务信道时，以SACCH/T表示；安排在控制信道时，以SACCH/C表示。要传完一个SACCH完整信息，需要480ms。
- 快速辅助控制信道（FACCH）：传送与SDCCH类似的信息。当没有为某一特定用户分配SDCCH，或有紧急信令要传送（例如越区切换要求时）的情况下，就使用这种控制信道。使用时要中断业务信息，把FACCH插入业务信道，每次占用的时间很短，约18.5 ms。

由上可见，GSM系统为了传输所需的各种信令，设置了多种控制信道。这样，除了为数字传输设置多种逻辑信道提供了可能外，主要是为了增强系统的控制功能，同时也为了保证语音通信质量。在模拟蜂窝系统中，要在通信过程中进行控制信令的传输，必须中断语音信息的传输，一般为100ms左右，这就是所谓的“中断-猝发”的控制方式。如果这种中断过于频繁，会使语音产生可以听到的“喀喇”声，势必明显地降低语音质量。因此，模拟蜂窝系统必须限制在通话过程中传输控制信息的容量。与此不同，GSM系统采用专用控制信道传输控制信令，除去FACCH外，不会在通信过程中中断语音信号，因而能保证语音的传输质量。其中，FACCH虽然也采取“中断-猝发”的控制方式，但使用机会较少，而且占用的时间较短（约18.5ms），其影响程度明显减小。GSM系统还采用信息处理技术，以估计并补偿这种因为插入FACCH而被删除的语音。

3. 时隙的格式

在GSM系统中，每帧含8个时隙，时隙的宽度为0.577ms，包含156.25bit。TDMA信道上一个时隙中的信息格式称为突发脉冲序列。

根据所传信息的不同，时隙所含的具体内容及其组成的格式也不相同。

（1）常规突发（Normal Burst，NB）脉冲序列

常规突发脉冲序列亦称普通突发脉冲序列，用于业务信道及专用控制信道，其组成格式如

图 7-13 所示。信息位占 116bit，分成两段，每段各 58bit。其中，57bit 为数据（加密比特），另用 1bit 表示此数据的性质是业务信号或控制信号。这两段信息之间插入 26bit 的训练序列，用作自适应均衡器的训练序列，以消除多径效应产生的码间干扰。GSM 系统共有 8 种训练序列，可分别用于邻近的同频小区。由于选择了互相关系数很小的训练序列，因此接收端很容易辨别各自所需的训练序列，产生信道模型，作为时延补偿的参照。将训练序列放在两段信息的中间位置，是考虑到信道会快速发生变化，这样做可以使前后两部分信息比特和训练序列所受信道变化的影响不会有太大的差别。

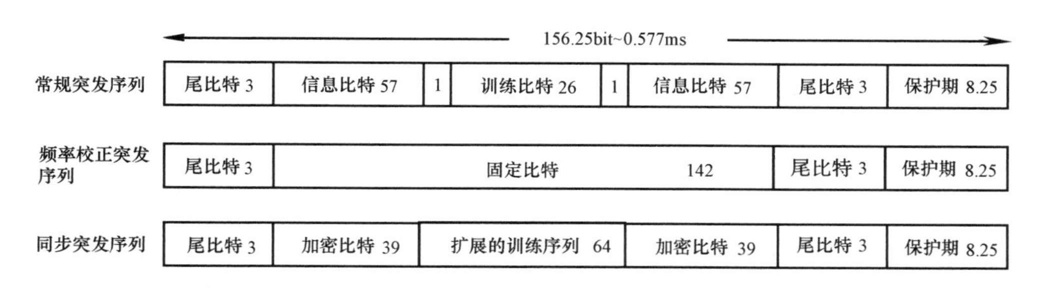

图 7-13 常规突发脉冲等序列的格式

尾比特 TB（0，0，0），置于起始时间和结束时间，也称功率上升时间和拖尾时间，各占 3bit（约 11μs）。因为在无线信道上进行突发传输时，起始时载波电平必须从最低值迅速上升到额定值；突发脉冲序列结束时，载波电平又必须从额定值迅速下降到最低值（例如-70dB）。有效的传输时间是载波电平维持在额定值的中间一段，在时隙的前后各设置 3bit，允许载波功率在此时间内上升和下降到规定的数值。

保护时间 GP，占用 8. 25bit（约 30μs）。这是为了防止不同移动台按时隙突发的信号因传播时延不同而在基站发生前后交叠。

（2）频率校正突发（Frequency Correction Burst，FB）脉冲序列

频率校正突发脉冲序列用于校正移动台的载波频率，其格式比较简单，如图 7-13 所示。

起始和结束的尾比特各占 3bit，保护时间 8. 25bit，它们均与常规突发脉冲序列相同，其余的 142bit 均置成“0”，相应发送的射频是一个与载频有固定偏移（频偏）的纯正弦波，以便于调整移动台的载频。

（3）同步突发（Synchronization Burst，SB）脉冲序列

同步突发脉冲序列用于移动台的时间同步。其格式如图 7-13 所示，主要组成包括 64bit 的位同步信号，以及两段各 39bit 的数据。它用于传输 TDMA 帧号和基站识别码（BSIC）。

GSM 系统中每一帧都有一个帧号，帧号是以 3. 5h 左右为周期循环的。GSM 的特性之一是用户信息具有保密性，它是通过在发送信息前进行加密实现的，其中加密序列的算法是以 TDMA 帧号为一个输入参数，因此在同步突发脉冲序列中携带 TDMA 帧号，为移动台在相应帧中发送加密数据是必需的。

基站识别码（BSIC）用于移动台进行信号强度测量时区分使用同一个载频的基站。

（4）接入突发（Access Burst，AB）脉冲序列

接入突发脉冲序列用于上行传输方向，在随机接入信道（RACH）上传送，用于移动用户向基站提出入网申请。

接入突发脉冲序列的格式如图 7-14 所示。由图可见，AB 序列的格式与前面 3 种序列的格式有较大差异。它包括 41bit 的训练序列，36bit 的信息，起始比特为 8bit（0，0，1，1，1，0，1，0），而结束的尾比特为 3bit（0，0，0），保护期较长，为 68. 25bit。

接入突发序列	尾比特 8	训练序列 41	加密比特 36	尾比特 3	保护期 68. 25

图 7-14　接入突发脉冲序列的格式

当移动台在 RACH 信道上首次接入时，基站接收机开始接收的状况往往带有一定的偶然性。它既不知道接收电平、频率误差、MS 和 BS 之间的传播时延，也不知道确切的接收时间。因此，为了提高解调成功率，AB 序列的训练序列及始端的尾比特都选择得比较长。

在使用 AB 序列时，由于移动台和基站之间的传播时间是未知的，尤其是当移动台远离基站时，导致传播时延较大。为了弥补这一不利影响，保证基站接收机准确接收信息，AB 序列中防护段选得较长，称为扩展的保护期，约 250μs，这样，即使移动台距离基站 35km 时，也不会发生使有用信息落入到下一个时隙的情况。

顺便指出，增加保护期，实际上是增加了开销，降低了信息传输速率。在业务信道上不宜采用过长的保护时间。GSM 系统中采用自适应的帧调整。一旦移动台和基站建立了联系，基站便连续地测试移动台信号到达的时间，并根据下行、上行两次传播时延，在慢速辅助控制信道上每秒钟两次向各移动台提供所需的时间超前量，其值可取 0～233μs。移动台按这个超前量进行自适应的帧调节，使得移动台向基站发送的时间与基站接收的时间相一致。

除了上述 4 种格式之外，还有一种不发送实际信息的时隙格式，称为“虚设时隙”格式，用于填空，其结构和 NB 格式相同，但只发送固定的比特序列。

4. 信道的组合方式

逻辑信道组合是以复帧为基础的，所谓“组合”，实际上是将各种逻辑信道装载到物理信道上去。也就是说，逻辑信道与物理信道之间存在着映射关系（见图 7-15）。信道的组合形式与通信系统在不同阶段（接续或通话）所需要完成的功能有关，也与传输的方向（上行或下行）有关，除此之外，还与业务量有关。

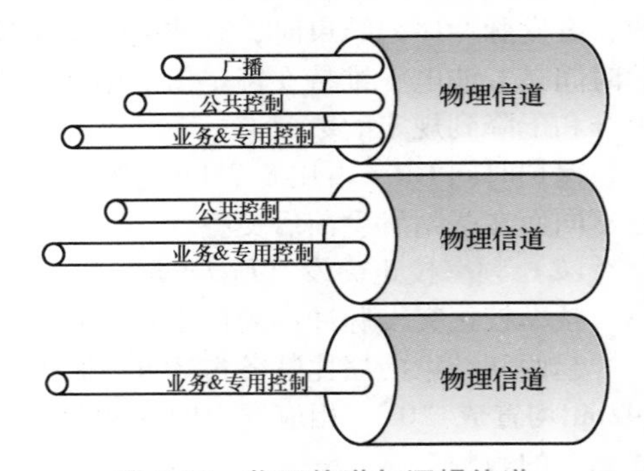

图 7-15　物理信道与逻辑信道之间的关系示意图

（1）业务信道的组合方式

业务信道有全速率和半速率之分，下面只考虑全速率情况。

业务信道的复帧含 26 个 TDMA 帧，其组成的格式和物理信道（一个时隙）的映射关系如图7-16所示。图中时隙 2（即 TS_2）构成一个业务信道的复帧，共占 26 个 TDMA 帧。其中 24 个 T 时隙（即 TCH）用于传输业务信息。一个 A 时隙代表随路的慢速辅助控制信道（SACCH），用于传输慢速辅助信道的信息（例如功率调整的信令）。还有 1 个 I 时隙，其用途是：①在全速率业务信道中，移动台利用 I 时隙所在的第 26 个 TDMA 帧（空闲帧）读取对应基站的识别码；②在半速率业务信息信道中，I 时隙用于传输随路控制信息。

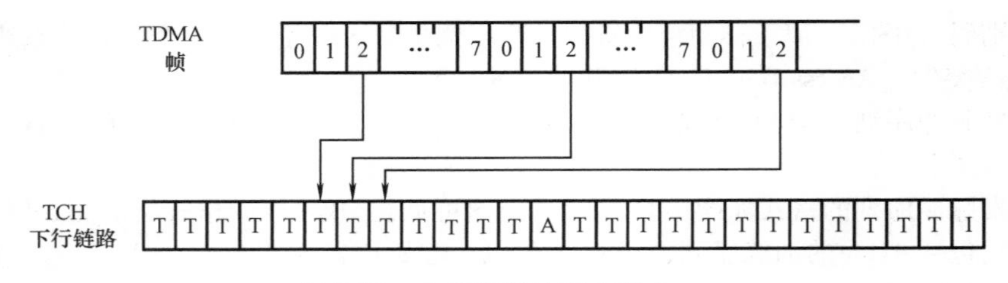

图 7-16　业务信道的组合方式

上行链路的业务信道组合方式与图 7-16 所示的相同，唯一的差别是有一个时间偏移，即相对于下行帧，上行帧在时间上推后 3 个时隙。

一般情况下，每一基站有 n 个载频（双工），分别用 C_0，C_1，…，C_{n-1} 表示。其中，C_0 称为主载频。每个载频有 8 个时隙，分别用 TS_0，TS_1，…，TS_7 表示。C_0 上的 TS_2 ~ TS_7 用于业务信道，而 C_0 上的 TS_0 用于公共控制信道，C_0 上的 TS_1 用于专用控制信道（在小容量地区，基站仅有一套收发信机，这意味着只有 8 个物理信道，这时 TS_0 可既用于公共控制信道又用于专用控制信道，而把 TS_1 ~ TS_7 用于业务信道）。其余载频 C_1，…，C_{n-1} 上 8 个时隙均用于业务信道。

（2）控制信道的组合方式

控制信道的复帧含 51 帧，其组合方式类型较多，而且上行传输和下行传输的组合方式也是不相同的。

1）BCCH 和 CCCH 在 TS_0 上的复用。广播控制信道（BCCH）和公用控制信道（CCCH）在主载频（C_0）的 TS_0 上的复用（下行链路），如图 7-17 所示。

- F（FCCH）：用于移动台校正频率。
- S（SCH）：移动台据此读 TDMA 帧号和基站识别码 BSIC。
- B（BCCH）：移动台据此读有关小区的通用信息。
- I（IDLE）：空闲帧。

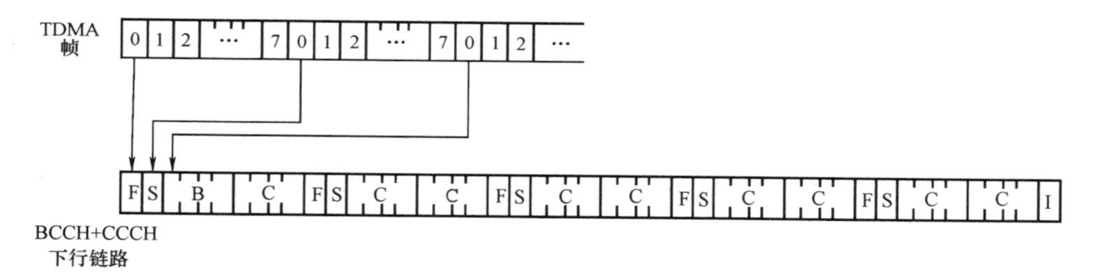

图 7-17　BCCH 和 CCCH 在 TS_0 上的复用

由图可见，控制复帧共有 51 个 TS_0。值得指出的是，此序列是以 51 个帧为循环周期的，所以，虽然每帧只用了 TS_0，但从时间长度上讲序列长度仍为 51 个 TDMA 帧。

如果没有寻呼或接入信息，F、S 及 B 总在发射，以便使移动台能够测试该基站的信号强度，此时 C（即 CCCH）用空位突发脉冲序列代替。

对于上行链路而言，TS_0 只用于移动台的接入，即 51 个 TDMA 帧均用于随机接入信道（RACH），其映射关系如图 7-18 所示。

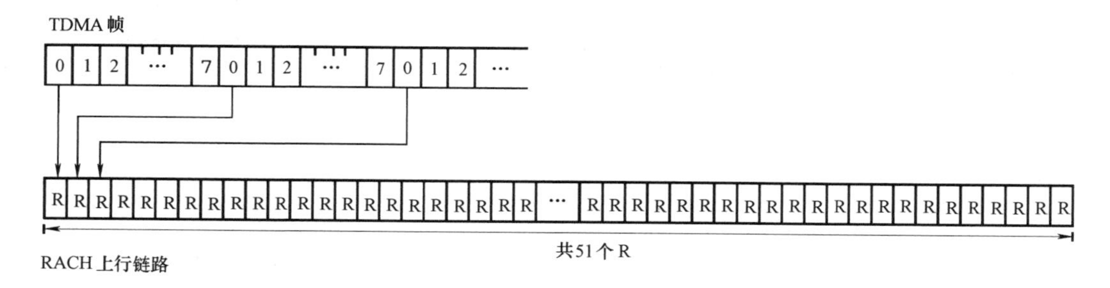

图 7-18　TS_0 上 RACH 的复用

2）SDCCH 和 SACCH 在 TS_1 上的复用。主载频 C_0 上的 TS_1 可用于独立专用控制信道和慢速辅助控制信道。

下行链路 C_0 上的 TS_1 的映射如图7-19所示。下行链路含有102个 TS_1，从时间长度上讲是102个TDMA帧。

由于在呼叫建立及入网登记时所需比特率较低，因而可在一个TS（TS_1）上放置8个SDCCH（共有64个SDCCH），图中用 D_0，D_1，…，D_7 表示，每个Dx占8个TS。Dx只在移动台建立呼叫时使用，在移动台转到TCH上开始通话或登记完毕后，可将Dx用于其他移动台。慢速辅助控制信道（SACCH）占32个TS，用 A_0，A_1，…，A_7 表示，每个Ax占4个TS。Ax是用于传输必需的控制信令，例如功率调整命令。图中，I表示空闲帧，占6个TS。

由于是专用控制信道，因此上行链路 C_0 上 TS_1 组成的结构与上述下行链路的结构是相同的，但在时间上有一个偏移。

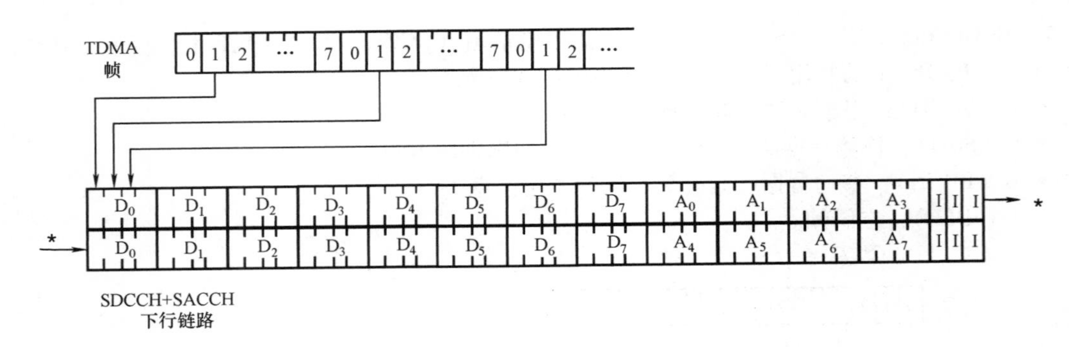

图7-19　SDCCH和SACCH（下行）在 TS_1 上的复用

3）公用控制信道和专用控制信道均在 TS_0 上复用。在小容量地区或建站初期，小区可能仅有一套收发单元。这意味着只有8个TS（物理信道）。TS_1 ~ TS_7 均用于业务信道，此时 TS_0 既用于公用控制信道（包括BCCH，CCCH），又用于专用控制信道（SDCCH，SACCH），其组成格式如图7-20所示。其中，下行链路包括BCCH（F，S，B），CCCH（C），SDCCH（D_0 ~ D_3），SACCH（A_0 ~ A_3）和空闲帧I，共占102个TS，从时间长度上讲是102个TDMA帧。

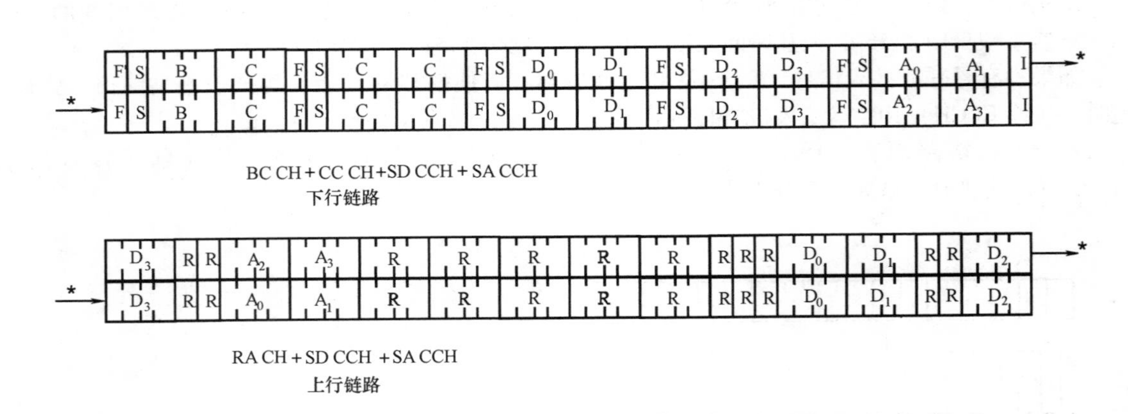

图7-20　TS_0 上控制信道综合复用

上行链路包括随机接入信道RACH（R），SDCCH（D_0 ~ D_3）和SACCCH（A），共占102个TS。

从上述分析可知，如果小区只有一对双工载频（C_0），那么 TS_0 用于控制信道，TS_1 ~ TS_7 用于业务信道，即允许基站与7个移动台同时传输业务。在多载频小区内，其中 C_0 的 TS_0 用于公用控制信道，TS_1 用于专用控制信道，TS_2 ~ TS_7 用于业务信道。每另加一个载频，其8个TS全部可用作业务信道。

7.2.3 语音和信道编码

微视频：
GSM语音信道编码、跳频和间断传输、系统控制与管理

数字化语音信号在无线传输时主要面临三个问题：一是选择低速率的编码方式，以适应有限带宽的要求；二是选择有效的方法减少误码率，即信道编码问题；三是选用有效的调制方法，减小杂波辐射，降低干扰。下面着重讨论 GSM 系统中语音编码和信道编码中的主要特点。

图 7-21 给出了 GSM 系统的语音编码和信道编码的组成框图。其中，语音编码主要由规则脉冲激励长期预测编码（RPE-LTP 编译码器）组成，而信道编码归入无线子系统，主要包括纠错编码和交织技术。

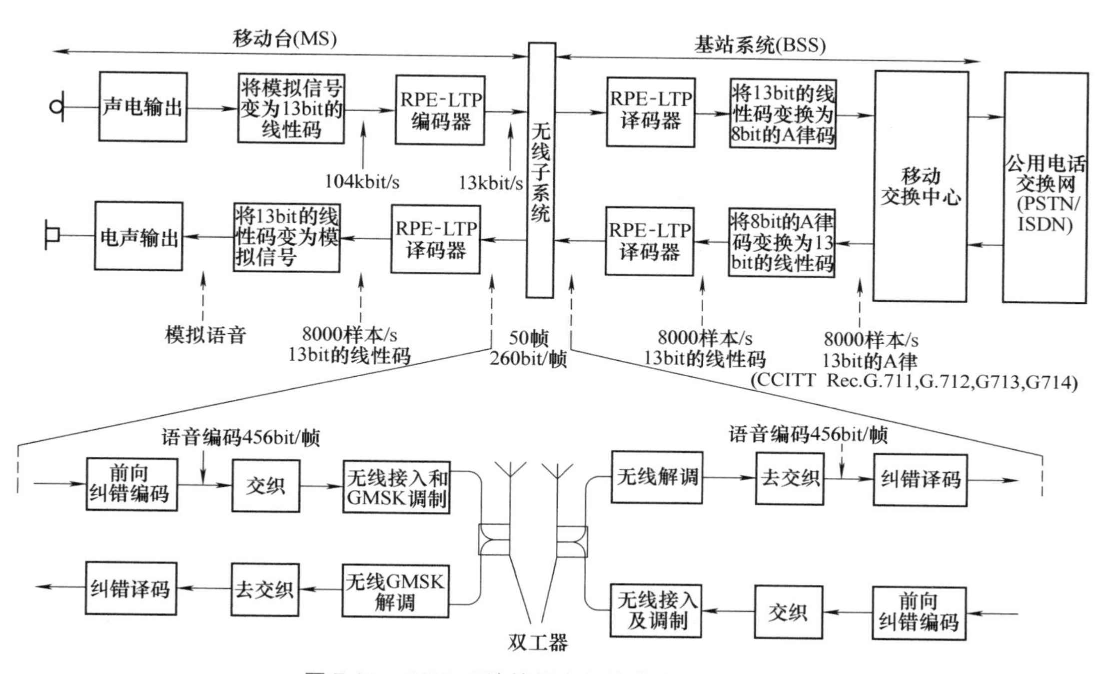

图 7-21 GSM 系统的语音和信道编码组成框图

RPE-LTP 编码器综合运用波形编码和声码器以较低速率获得较高的语音质量。

模拟语音信号数字化后，送入 RPE-LTP 编码器，此编码器每 20ms 取样一次，输出 260bit，这样编码速率为 13kbit/s。然后进行前向纠错编码，纠错的办法是在 20ms 的语音编码帧中，把语音比特分为两类：第一类是对差错敏感的（这类比特发生误码将明显影响语音质量），占 182bit；第二类是对差错不敏感的，占 78bit。第一类比特加上 3 个奇偶校验比特和 4 个尾比特后共 189bit，进行信道编码，亦称作前向纠错编码。GSM 系统中采用码率为 1/2 和约束长度为 5 的卷积编码，即输入 1 个比特，输出 2 个比特，前后 5 个码元均有约束关系，共输出 378bit，它和不加差错保护的 78bit 合在一起共计 456bit。通过卷积编码后速率为 456bit/20ms = 22.8kbit/s，其中包括原始语音速率 13kbit/s，纠错编码速率 9.8kbit/s。卷积编码后数据再进行交织编码，以对抗突发干扰。交织的实质是将突发错误分散开来，显然，交织深度越深，抗突发错误的能力越强。GSM 系统采用的交织深度为 8，如图 7-22 所示的 GSM 编码流程。把 40ms 中的语音比特（2×456bit = 912bit）组成 8×114 矩阵，按水平写入、垂直读出的顺序进行交织（见图 7-23），获得 8 个 114bit 的信息段，每个信息段要占用一个时隙且逐帧进行传输。可见每 40ms 的语音需要用 8 帧才能传送完毕。

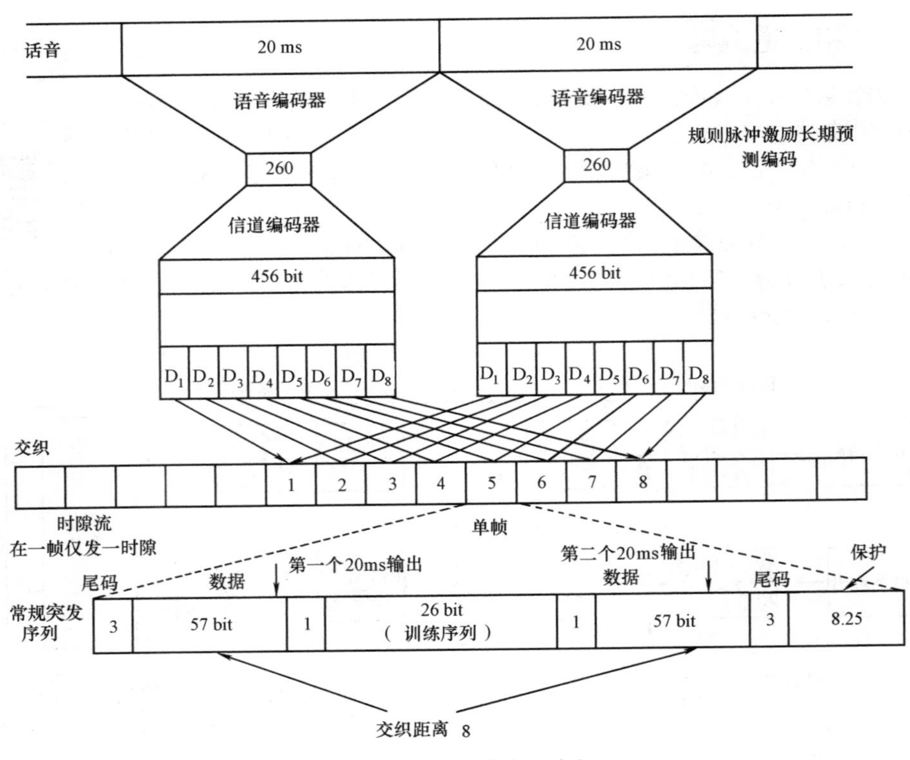

图 7-22　GSM 的编码流程

7.2.4　跳频和间断传输技术

1. 跳频

在 GSM 系统中，采用自适应均衡抵抗多径效应造成的衰落现象，采用卷积编码抵抗随机干扰，采用交织编码抵抗突发干扰，此外，还可采用跳频技术进一步提高系统的抗干扰性能。

跳频是指载波频率在很宽频率范围内按某种图案（序列）进行跳变。图 7-24 为 GSM 系统的跳频示意图。采用每帧改变频率的方法，即每隔 4.615ms 改变载波频率，亦即跳频速率为 1/4.615ms = 217 跳/s，属于慢跳频。

跳频系统的抗干扰原理与直接序列扩频系统是不同的。直接序列扩频系统是靠频谱的扩展和解扩处理来提高抗干扰能力的，而跳频是靠躲避干扰来获得抗干扰能力的。抗干扰性能用处理增益 G_p 表征，G_p 的表达式为

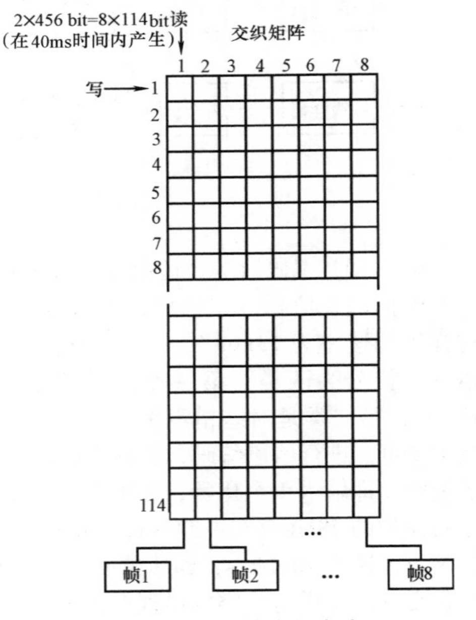

图 7-23　GSM 的交织方式

$$G_p = 10\lg \frac{B_w}{B_c} \tag{7-3}$$

式中，B_w 是跳频系统的跳变频率范围；B_c 是跳频系统的最小跳变的频率间隔（GSM 的 B_c = 200kHz）。若 B_w 取 15MHz，则 G_p = 18dB。

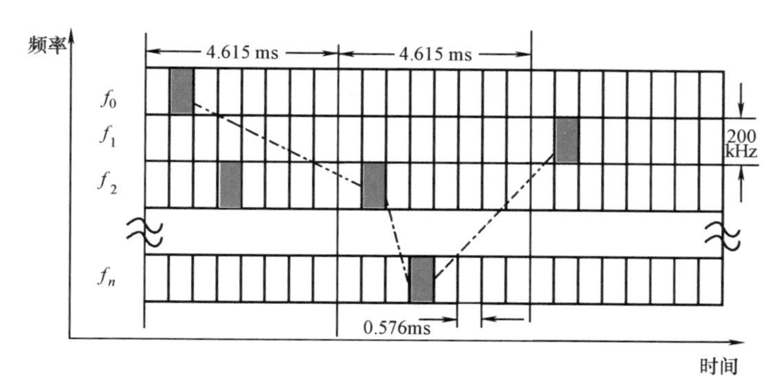

图 7-24　GSM 系统的跳频示意图

跳频技术改善了无线信号的传输质量，可以明显地降低同频干扰和频率选择性衰落。为了避免在同一小区或邻近小区中，在同一个突发脉冲序列期间，产生频率击中现象（即跳变到相同频率），必须注意两个问题：一是同一个小区或邻近小区不同的载频采用相互正交的伪随机序列；二是跳频的设置需根据统一的超帧序列号以提供频率跳变顺序和起始时间。

需要说明的是，尽管单纯采用慢跳频不能起到对符号的频率分集作用，但是，采用慢跳频可将深衰落分散开来；同时，若将慢跳频与交织编码结合，可构成具有时间分集和频率分集作用的隐分集。另外，BCCH 和 CCCH 信道没有采用跳频。

2. 间断传输

为了提高频谱利用率，GSM 系统还采用了语音激活技术。这个被称为间断传输（DTX）技术的基本原则是只在有语音时才打开发射机，这样可以减小干扰，提高系统容量。采用 DTX 技术，对移动台来说更有意义，因为在无信息传输时立即关闭发射机，可以减少电源消耗。

GSM 中的语音激活技术是采用一种自适应门限语音检测算法。当发端判断出通话者暂停通话时，立即关闭发射机，暂停传输；在接收端检测出无语音时，在相应空闲帧中填上轻微的“舒适噪声”，以免造成收听者通信中断的错觉。

7.3　GSM 系统的控制与管理

由于 GSM 系统是一种功能繁多且设备复杂的通信网络，无论是移动用户与市话用户还是移动用户之间建立通信，都必须涉及系统中的各种设备。下面着重讨论系统控制与管理中的几个主要问题，包括位置登记与更新、鉴权与保密、呼叫接续和越区切换等。

7.3.1　位置登记

所谓位置登记（或称注册）是通信网为了跟踪移动台的位置变化，而对其位置信息进行登记、删除和更新的过程。由于数字蜂窝网的用户密度大于模拟蜂窝网，因而位置登记过程必须更快、更精确。

位置信息存储在原籍位置寄存器（HLR）和访问位置寄存器（VLR）中。

GSM 蜂窝通信系统把整个网络的覆盖区域划分为许多位置区，并以不同的位置区标志进行区别，如图 7-25 中的 LA_1，LA_2，LA_3，…。

当一个移动用户首次入网时，它必须通过 MSC，在相应的 HLR 中登记注册，把其有关的参数（如移动用户识别码、移动台编号及业务类型等）全部存放在这个位置寄存器中。

移动台的不断运动将导致其位置的不断变化。这种变动的位置信息由另一种位置寄存器 VLR 进行登记。移动台可能远离其原籍地区而进入其他地区“访问”，该地区的 VLR 要对这种来访的移动台

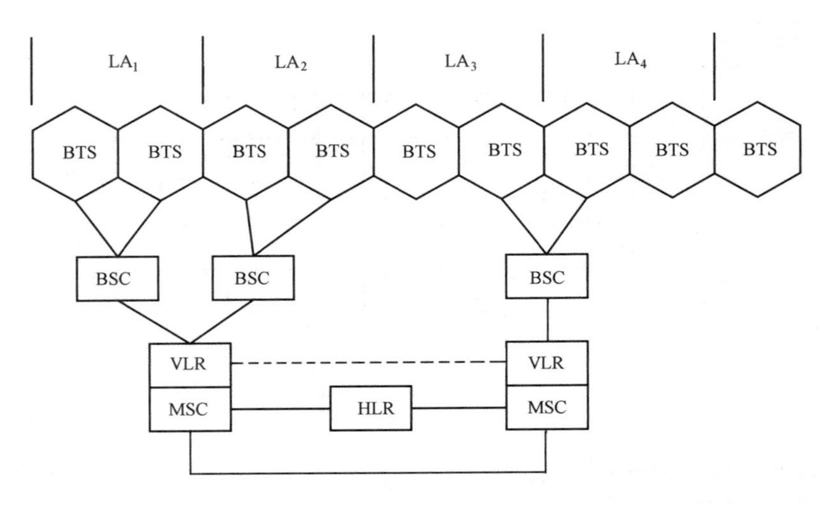

图 7-25 位置区划分的示意图

进行位置登记，并向该移动台的HLR查询其有关参数。此HLR要临时保存该VLR提供的位置信息，以便为其他用户（包括固定的市话网用户或另一个移动用户）呼叫此移动台提供所需的路由。VLR所存储的位置信息不是永久性的，一旦移动台离开了它的服务区，该移动台的位置信息即被删除。

位置区的标志在广播控制信道（BCCH）中播送，移动台开机后，就可以搜索此BCCH，从中提取所在位置区的标志。如果移动台从BCCH中获取的位置区标志就是它原来用的（上次通信所用）位置区标志，则不需要进行位置更新。如果两者不同，则说明移动台已经进入新的位置区，必须进行位置更新。于是移动台将通过新位置区的基站发出位置更新的请求。

移动台可能在不同情况下申请位置更新。例如，在任一个地区中进行初始位置登记，在同一个VLR服务区中进行越区位置登记，或者在不同的VLR服务区中进行越区位置登记等。不同情况下进行位置登记的具体过程会有所不同，但基本方法都是一样的。图7-26给出的是涉及两个VLR的位置更新过程，其他情况可依此类推。

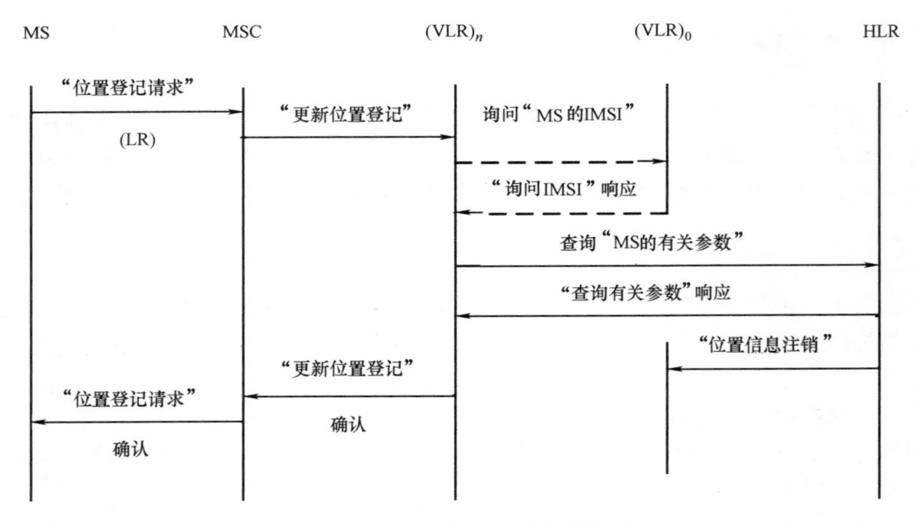

图 7-26 位置登记过程举例

当移动台进入某个访问区需要进行位置登记时，它就向该区的MSC发出“位置登记请求（LR）”。若LR中携带的是“国际移动用户识别码（IMSI）”，新的访问位置寄存器（VLR）$_n$ 在

收到MSC“更新位置登记”的指令后，可根据 IMSI 直接判断出该移动台（MS）的原籍位置寄存器（HLR)$_0$，(VLR)$_n$ 给该 MS 分配漫游号码（MSRN)，并向该 HLR 查询“MS 的有关参数”，获得成功后，再通过 MSC 和 BS 向 MS 发送“更新位置登记”的确认信息。HLR 要对该 MS 原来的移动参数进行修改，还要向原来的访问位置寄存器（VLR)$_0$ 发送“位置信息注销”指令。

如果 MS 是利用“临时用户识别码（TMSI）”（由（VLR)$_0$ 分配的）发起“位置登记请求”的，则（VLR)$_n$ 在收到后，必须先向（VLR)$_0$ 询问该用户的 IMSI，若询问操作成功，(VLR)$_n$ 再给该 MS 分配一个新的 TMSI，接下去的过程与上面一样。

如果 MS 因故未收到“确认”信息，则此次申请失败，可以重复发送 3 次申请，每次间隔至少是 10s。

移动台可能处于激活（开机）状态，也可能处于非激活（关机）状态。移动台转入非激活状态时，要在有关的 VLR 和 HLR 中设置一特定的标志，使网络拒绝向该用户呼叫，以免在无线链路上发送无效的寻呼信号，这种功能称之为“IMSI 分离”。当移动台由非激活状态转为激活状态时，移动台取消上述分离标志，恢复正常工作，这种功能称为“IMSI 附着”。两者统称为“IMSI 分离/附着”。

若 MS 向网络发送“IMSI 附着”消息时，因无线链路质量很差，有可能造成错误，即网络认为 MS 仍然为分离状态。反之，当 MS 发送“IMSI 分离”消息时，因收不到信号，网络也会错认为该 MS 处于“附着”状态。

为了解决上述问题，系统还采取周期性登记方式，例如要求 MS 每 30min 登记一次。这时，若系统没有接收到某 MS 的周期性登记信息，VLR 就以“分离”作标记，称作“隐分离”。

网络通过 BCCH 通知 MS 其周期性登记的时间周期。周期性登记程序中有证实消息，MS 只有接收到此消息后才停止发送登记消息。

7.3.2 鉴权与加密

由于空中接口极易受到侵犯，GSM 系统为了保证通信安全，采取了以下的措施：对用户接入网的鉴权；在无线链路上对授权用户通信信息的加密；移动设备的识别；移动用户的安全保密。

鉴权中心（AUC）为鉴权与加密提供了三参数组（RAND、SRES 和 K_c），在用户入网签约时，用户鉴权键 K_i 连同 IMSI 一起分配给用户，这样每一个用户均有唯一的 K_i 和 IMSI，它们存储于 AUC 数据库和 SIM 卡中。根据 HLR 的请求，AUC 按下列步骤产生一个三参数组，参见图 7-27。

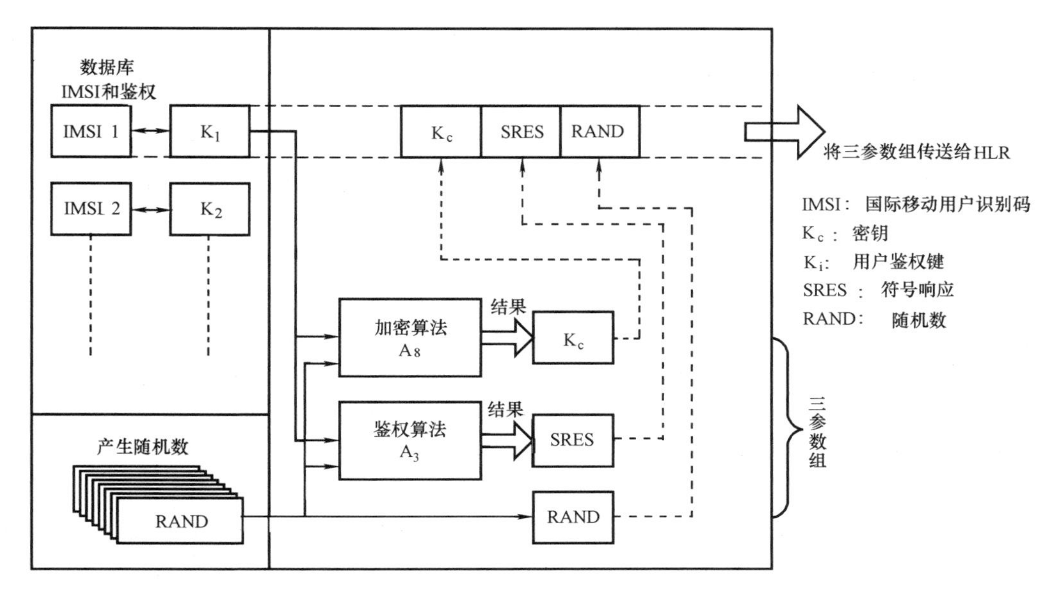

图 7-27 AUC 产生三参数组

1）产生一个随机数（RAND）。

2）通过密钥算法（A_8）和鉴权算法（A_3），用 RAND 和 K_i 分别计算出密钥（K_c）和符号响应（SRES）。

3）RAND、SRES 和 K_c 作为一个三参数组一起送给 HLR。

1. 鉴权

鉴权的作用是保护网络，防止非法盗用并拒绝假冒合法用户的“入侵”。鉴权的出发点是验证网络端和用户端的鉴权键 K_i 是否相同，其过程如图 7-28 所示。

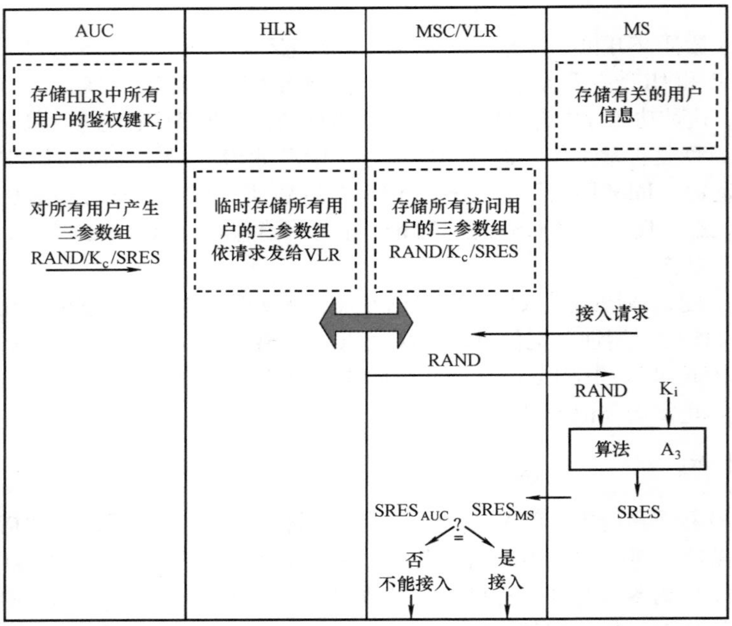

AUC　HLR　MSC/VLR　MS

存储HLR中所有用户的鉴权键K_i

存储有关的用户信息

对所有用户产生三参数组 RAND/K_c/SRES

临时存储所有用户的三参数组依请求发给VLR

存储所有访问用户的三参数组 RAND/K_c/SRES

接入请求

RAND

RAND　K_i

算法　A_3

SRES

$SRES_{AUC}$ $\overset{?}{=}$ $SRES_{MS}$

否　不能接入

是　接入

图 7-28　鉴权程序

鉴权过程主要涉及 AUC、HLR、MSC/VLR 和 MS，它们均各自存储着用户有关的信息或参数。当 MS 发出入网请求时，MSC/VLR 就向 MS 发送 RAND，MS 使用该 RAND 以及与 AUC 内相同的鉴权键 K_i 和鉴权算法 A_3，计算出符号响应 SRES，然后把 SRES 回送给 MSC/VLR，验证其合法性。其中，为避免 K_i 可能被人截获的问题，GSM 用 A_3 算法产生加密数据 SRES，具体是用 RAND 和 K_i 作为 A_3 算法的输入，经 A_3 后产生输出 SRES。这样鉴权时移动用户在空中向网络端传送的是 SRES，从而保护了 GSM 网络中的用户。

2. 加密

加密的目的是为空中接口的有权用户通信信息传输提供安全保障，其示意图如图 7-29 所示。

由图可知，加密开始时根据 MSC 发出的加密指令，BTS 侧和 MS 侧均开始使用密钥 K_c。在 MS 侧，由 K_c、TDMA 帧号一起经过加密算法 A_5，对用户信息数据流加密，然后在无线信道上传输。在 BTS 侧，把从无线信道上收到的加密信息流、TDMA 帧号和 K_c，在经加密算法 A_5 解密后，传给 BSC 和 MSC。上述过程反之亦然。

3. 设备识别

每一个移动台设备均有一个唯一的移动台设备识别码（IMEI）。在 EIR 中存储了所有移动台的设备识别码，每一个移动台只存储本身的 IMEI。设备识别的目的是确保系统中使用的设备不是盗用的或非法的设备。为此，EIR 中使用三种设备清单：

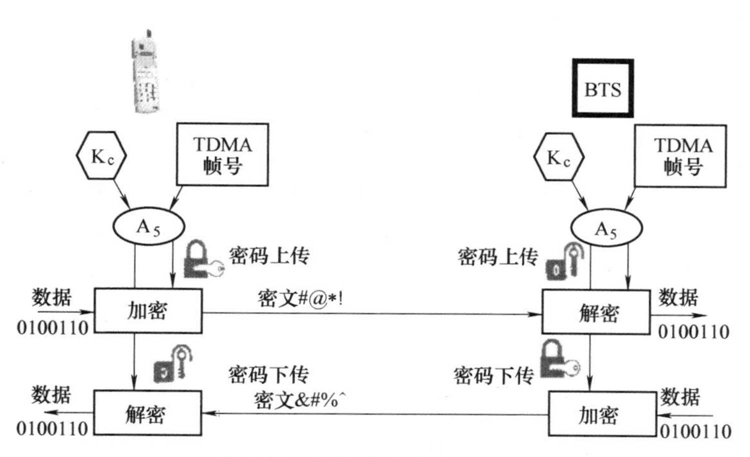

图 7-29　通信信息加密示意图

- 白名单：合法的移动设备识别号。
- 黑名单：禁止使用的移动设备识别号。
- 灰名单：是否允许使用由运营者决定，例如有故障的或未经型号认证的移动设备识别号。

设备识别程序如图 7-30 所示。

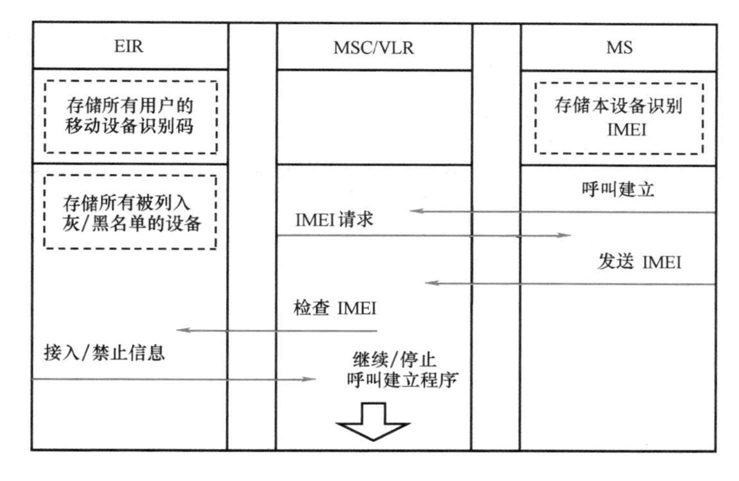

图 7-30　设备识别程序

设备识别在呼叫建立尝试阶段进行。例如，当 MS 发起呼叫时，MSC/VLR 要求 MS 发送其 IMEI，MSC/VLR 收到后，与 EIR 中存储的名单进行检查核对，决定是继续还是停止呼叫建立程序。

4. 用户识别码（IMSI）保密

为了防止非法监听进而盗用 IMSI，在无线链路上需要传送 IMSI 时，均用临时移动用户识别码（TMSI）代替 IMSI。仅在位置更新失败或 MS 得不到 TMSI 时，才使用 IMSI。

MS 每次向系统请求一种程序，如位置更新、呼叫尝试等，MSC/VLR 将给 MS 分配一个新的 TMSI。图 7-31 示出了位置更新时使用的新的 TMSI 程序。

由上述分析可知，IMSI 是唯一且不变的，但 TMSI 是不断更新的。在无线信道上传送的一般是 TMSI，因而确保了 IMSI 的安全性。

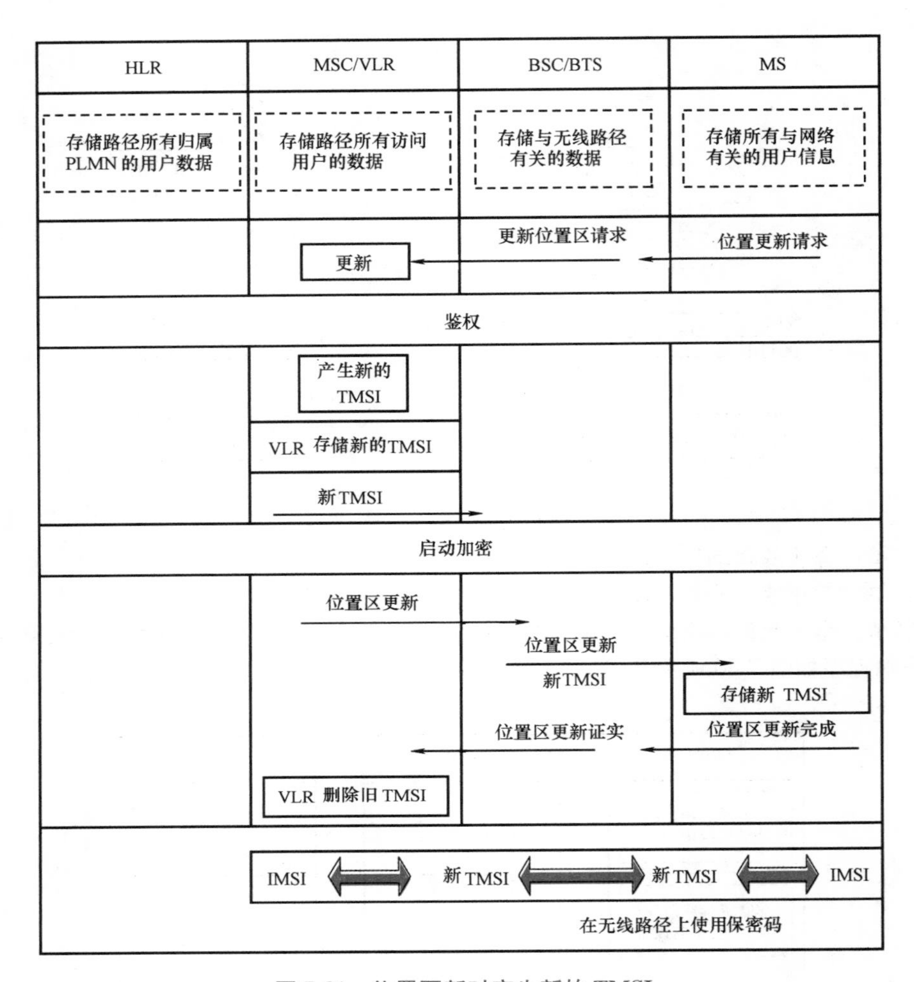

图 7-31　位置更新时产生新的 TMSI

7.3.3　呼叫接续

移动用户主呼和被呼的接续过程是不同的，下面分别讨论移动用户向固定用户发起呼叫（即移动用户为主呼）和固定用户呼叫移动用户（移动用户被呼）的接续过程。

1. 移动用户主呼

移动用户向固定用户发起呼叫的接续过程如图 7-32 所示。

移动台（MS）在“随机接入信道”（RACH）上，向基站（BS）发出“信道请求”信息，若 BS 接收成功，就给这个 MS 分配一个“专用控制信道”，即在“准许接入信道”（AGCH）上，向 MS 发出“立即分配”指令。MS 在发起呼叫的同时，设置一定时器，在规定的时间内可重复呼叫，如果按预定的次数重复呼叫后，仍收不到 BS 的应答，则放弃这次呼叫。

MS 收到“立即分配”信令后，利用分配的专用控制信道（DCCH）与 BS 建立起信令链路，经 BS 向 MSC 发送“业务请求”信息。MSC 向 VLR 发送“开始接入请求”应答信令。VLR 收到后，经 MSC 和 BS 向 MS 发出“鉴权请求”，其中包含一随机数（RAND），MS 按鉴权算法 A_3 进行处理后，向 MSC 发回“鉴权”响应信息。若鉴权通过，承认此 MS 的合法性，VLR 就给 MSC 发送“置密模式”信息，由 MSC 经 BS 向 MS 发送“置密模式”指令。MS 收到并完成置密后，要向 MSC 发送“置密模式完成”的响应信息。经鉴权、置密完成后，VLR 向 MSC 才做出“开始接入请

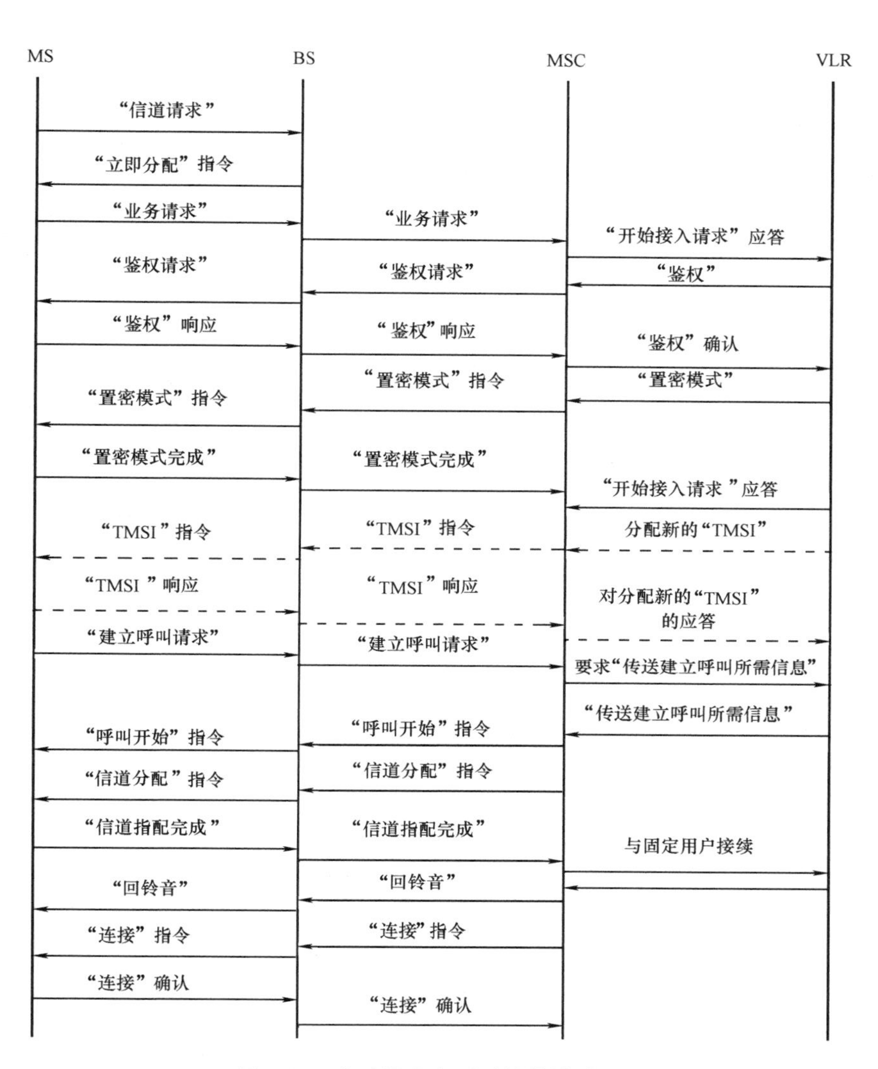

图 7-32　移动用户主呼时的接续过程

求”应答。为了保护 IMSI 不被监听或盗用，VLR 将给 MS 分配一个新的 TMSI，其分配过程如图中虚线所示。

接着，MS 向 MSC 发出“建立呼叫请求”，MSC 收到后，向 VLR 发出指令，要求它传送建立呼叫所需的信息。如果成功，MSC 即向 MS 发送“呼叫开始”指令，并向 BS 发出分配无线业务信息的“信道指配”信令。

如果 BS 有空闲的业务信道（TCH），即向 MS 发出“信道指配”指令，当 MS 得到业务信道时，向 BS 和 MSC 发送“信道指配完成”的信息。

MSC 在无线链路和地面有线链路建立后，把呼叫接续到固定网络，并和被呼叫的固定用户建立连接，然后给 MS 发送回铃音。被呼叫的用户摘机后，MSC 向 BS 和 MS 发送“连接”指令，待 MS 发回“连接”确认后，即转入通信状态，从而完成了 MS 呼叫固定用户的整个接续过程。

2. 移动用户被呼

固定用户向移动用户发起呼叫的接续过程如图 7-33 所示。

当固定用户向移动用户拨出呼叫号码后，固定网络把呼叫接续到就近的移动交换中心，此

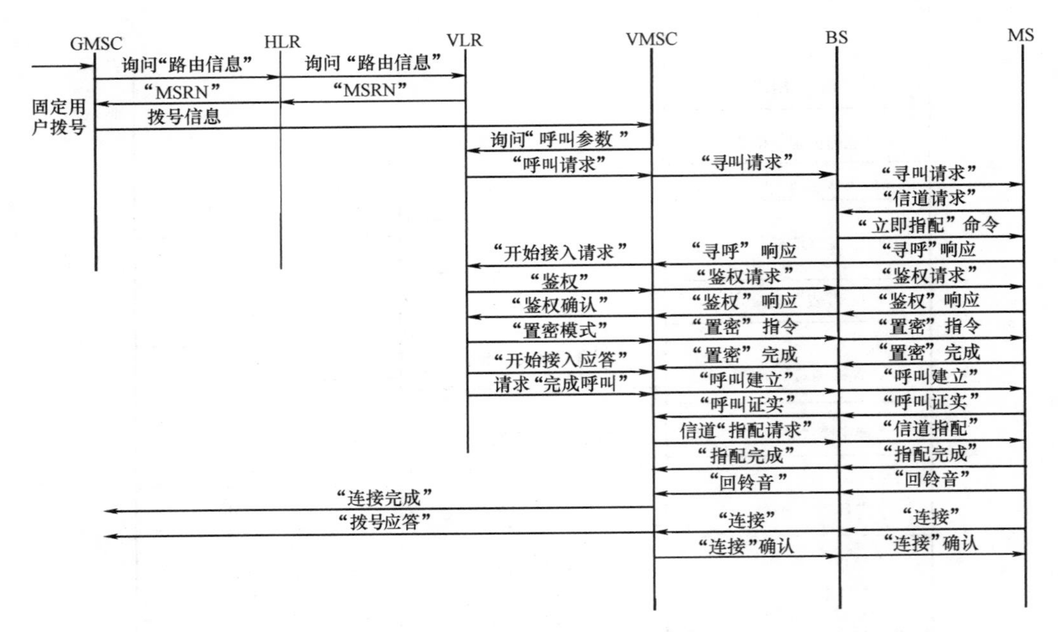

图7-33　移动用户被呼时的接续过程

移动交换中心在网络中起到入口（Gate Way）的作用，记作GMSC。GMSC即向相应的HLR查询路由信息，HLR在其保存的用户位置数据库中，查出被呼MS所在的地区，并向该区的VLR查询该MS的漫游号码（MSRN），VLR把该MS的MSRN送到HLR，并转发给查询路由信息的GMSC。GMSC即把呼叫接续到被呼MS所在地区的移动交换中心，记做VMSC。由VMSC向该VLR查询有关的“呼叫参数”，获得成功后，再向相关的基站（BS）发出“寻呼请求”。基站控制器（BSC）根据MS所在的小区，确定所用的收发台（BTS），在寻呼信道（PCH）上发送此“寻呼请求”信息。

MS收到寻呼请求信息后，在随机接入信道（RACH）向BS发送“信道请求”，由BS分配专用控制信道（DCCH），即在公用控制信道（CCCH）上给MS发送“立即指配”信令。MS利用分配到的DCCH与BS建立起信令链路，然后向VMSC发回“寻呼”响应。

VMSC接到MS的“寻呼响应”后，向VLR发送“开始接入请求”，接着启动常规的“鉴权”和“置密模式”的过程。之后，VLR即向VMSC发回“开始接入应答”和“完成呼叫”的请求。VMSC向BS及MS发送“呼叫建立”的信令。被呼MS收到此信令后，向BS和VMSC发回“呼叫证实”信息，表明MS已可进入通信状态。

VMSC收到MS的“呼叫证实”信息后，向BS发出信道“指配请求”，要求BS给MS分配无线“业务信道”（TCH）。接着，MS向BS及VMSC发回“指配完成”响应和回铃音，于是VMSC向固定用户发送“连接完成”信息。被呼移动用户摘机时，向VMSC发送“连接”信息。VMSC向主呼用户发送“拨号应答”信息，并向MS发送“连接”确认信息。至此，完成了固定用户呼叫移动用户的整个接续过程。

除去上述两种常用呼叫的接续过程外，还有移动台呼叫另一移动台的接续过程，这里不再介绍。

7.3.4　越区切换

所谓越区切换是指在通话期间，当移动台从一个小区进入另一个小区时，网络能进行实时控制，把移动台从原小区所用的信道切换到新小区的某一信道，并保证通话不间断（用户无感觉）。

如果小区采用扇区定向天线，当移动台在小区内从一个扇区进入另一扇区时，也要进行类似的切换。

越区切换无论在模拟蜂窝通信系统中，还是在数字蜂窝通信系统中，都是重要的网络控制功能。在模拟蜂窝系统中，移动台在通信时的信号强度是由周围的BS进行测量的，测量结果送给MSC，由MSC根据这些测量数据来判断该MS是否需要越区切换和应该切换到哪一个小区。一旦MSC认为此MS需要切换到一个新小区去，即由它启动此次越区切换，一方面通知新的BS启动指配的空闲频道，另一方面通过原来的BS通知MS把其工作频率切换到新的频道。这种做法需要在BS和MSC之间频繁地传输测量信息和控制信令，它不仅会增大链路负荷，而且要求MSC具有很强的处理能力。随着通信业务量的增大和小区半径的减小，越区切换必然会越来越频繁，这种方法已不能满足数字蜂窝网的要求。

GSM系统采用的越区切换办法称为移动台辅助切换（MAHO）法。其主要思想是把越区切换的检测和处理等功能部分地分散到各个移动台，即由移动台来测量本基站和周围基站的信号强度，把测得的结果送给MSC进行分析和处理，从而做出有关越区切换的决策。

时分多址（TDMA）技术给移动台辅助切换法提供了条件。在GSM系统一帧的8个时隙中，移动台最多占用两个时隙分别进行发射和接收，在其余的时隙内，可以对周围基站的"广播控制信道"（BCCH）进行信号强度的测量。当移动台发现它的接收信号变弱，达不到或已接近于信干比的最低门限值而又发现周围某个基站的信号很强时，它就可以发出越区切换的请求，由此来启动越区切换过程。切换能否实现还应由MSC根据网中很多测量报告做出决定。如果不能进行切换，BS会向MS发出拒绝切换的信令。

越区切换主要有下列3种不同的情况，下面分别予以介绍。

（1）同一个BSC控制区内不同小区之间的切换，也包括不同扇区之间的切换

同一个BSC区、不同BTS之间的切换如图7-34所示。这种切换是最简单的情况。首先由MS向BSC报告原基站和周围基站的信号强度，由BSC发出切换命令，MS切换到新TCH信道后告知BSC，由BSC通知MSC/VLR，某移动台已完成此次切换。若MS所在的位置区也变了，那么在呼叫完成后还需要进行位置更新。

（2）同一个MSC/VLR业务区，不同BSC间的切换

同一个MSC/VLR区，不同BSC间的切换如图7-35所示。

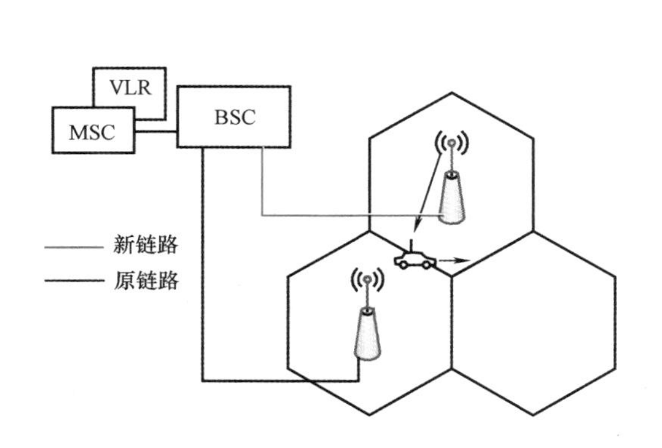

图7-34　同一个BSC的越区切换示意图

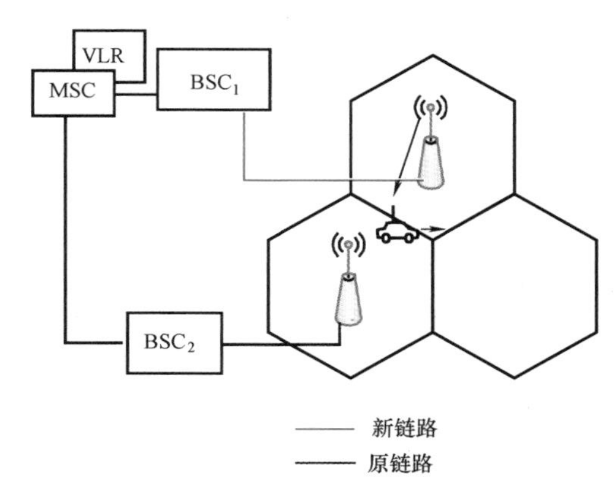

图7-35　同一个MSC/VLR区，不同BSC间切换示意图

在同一个MSC/VLR区，不同BSC间切换时，由MSC负责切换过程，其切换的流程如图7-36所示。

首先由MS向原基站控制器（BSC_1）报告测试数据，BSC_1向MSC发送"切换请求"，再由

MSC向BSC_2（新基站控制器）发送“切换指令”，BSC_2向MSC发送“切换证实”消息。然后MSC经BSC_1向MS发送“切换命令”，待切换完成后，MSC向BSC_1发“清除命令”，释放原占用的信道。

（3）不同MSC/VLR的区间切换

这是一种最复杂的切换，切换中需进行很多次信息传递。图7-37给出了不同MSC/VLR的小区切换示意。图7-38为切换过程举例，即由MSC_1的小区向MSC_2的小区进行切换的过程。

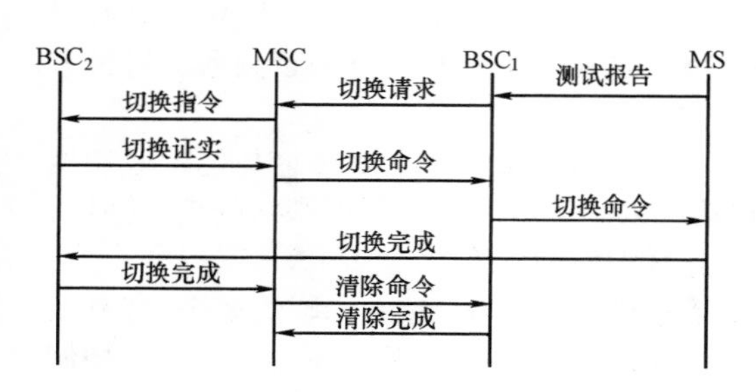

图7-36　同一MSC的BSC间的切换流程

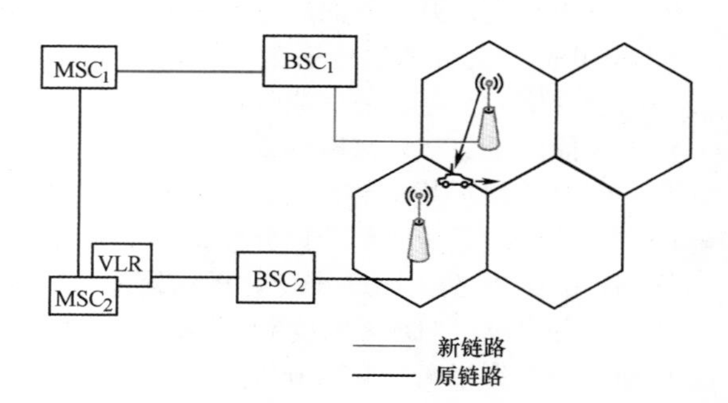

图7-37　不同MSC/VLR的切换示意

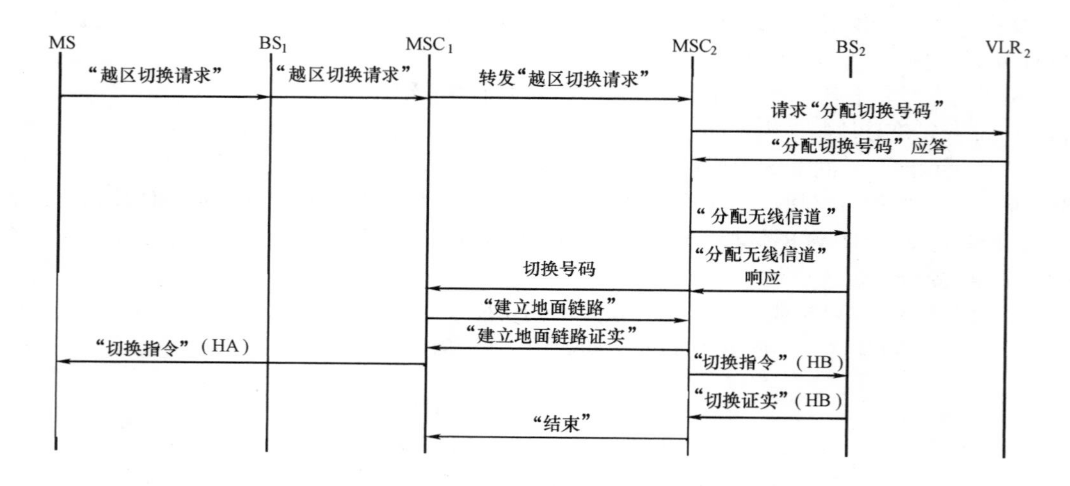

图7-38　不同MSC/VLR的切换流程

当移动台在通话中发现信号强度过弱，而邻近的小区信号较强，即可通过正在服务的基站BS_1向正在服务的MSC_1发出“越区切换请求”。由MSC_1向另一个新的移动交换中心MSC_2转发此切换请求。请求信息中包含该移动台的标志和所要切换到的新基站BS_2的标志。MSC_2收到后，通知其相关的VLR_2给该MS“分配切换号码”，并通知新的基站BS_2分配“无线信道”，然后向MSC_1传送“切换号码”。

如果MSC_2发现无空闲信道可用，即通知MSC_1结束此次切换过程，这时MS现用的通信链路将不拆除。

MSC_1收到“切换号码”后，要在MSC_1和MSC_2之间建立起“地面有线链路”，该指令完成后，MSC_2向MSC_1发送“建立地面链路证实”信息，并向BS_2发出“切换指令”（HB）。而MSC_1向MS发送“切换指令”（HA），MS收到后，将其业务信道切换到新指配的业务信道上去。BS_2向MSC_2发送“切换证实”信息（HB），MSC_2收到后向MSC_1发出“结束”信息，MSC_1收到后，即可释放原来占用的信道，于是整个切换过程结束。

7.4 GPRS

GPRS（General Packet Radio Service，通用无线分组）是在原有的GSM系统上发展出来的一种新的分组数据承载业务。GSM是一种电路交换系统，而GPRS是一种分组交换系统。采用GPRS技术可使得原有的GSM网络升级为能有效传输数据的系统，弥补了电路交换的数据传输率低、资源利用率低的不足。

GPRS技术对传统的GSM网络进行两方面的改进：一是在空中接口中将每一个用户在一帧仅可使用一个时隙改为每个用户在一帧中可使用多个时隙，以提高接入速率，GPRS的期望最高速率可达171.2kbit/s；二是在GSM网络中提供一个分组交换的承载网络，从而高效地支持数据传输。

1. 网络结构

GPRS网络是基于原有的GSM网络实现的，需要在原有的GSM网络中增加一些节点，其网络结构如图7-39所示。其中，PCU（Packet Control Unit）为分组控制单元；SGSN（Serving GPRS Supporting Node）是服务GPRS支持节点；GGSN（Gateway GPRS Supporting Node）是网关GPRS支持节点；DNS为域名服务器；BG为边界网关；CG为计费网关。由图可见，GPRS网络的主要功能实体有如下几个。

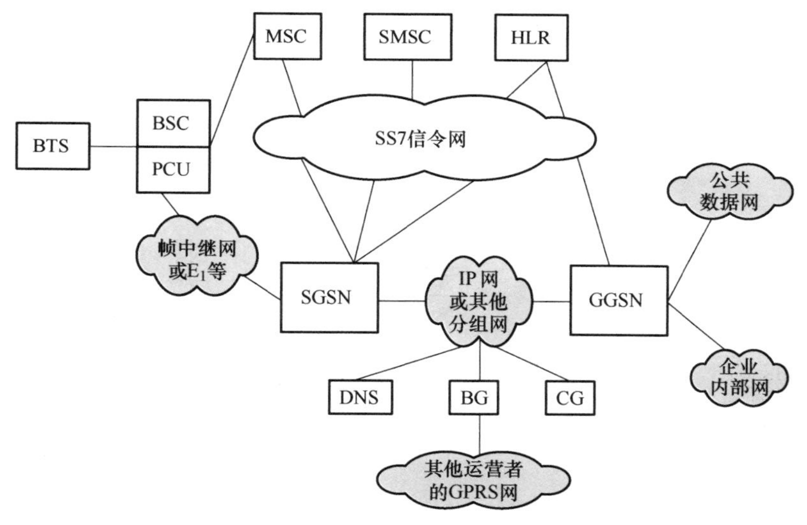

图7-39 GPRS的网络结构

（1）服务GPRS支持节点（SGSN）

其主要功能是：负责GPRS与无线端的接入控制、路由选择、加密、鉴权、移动管理；完成它与MSC、SMS、HLR、IP及其他分组网之间的传输与网络接口；SGSN可以看作一个无线接入路由器。

（2）网关GPRS支持节点（GGSN）

其主要功能是：是与外部因特网及X.25分组网连接的网关，GGSN可看作提供移动用户IP地址的网关路由器，还可以包含防火墙和分组滤波器等，以及提供网间安全机制。另外，GGSN根据移动台的位置，为其指定一个SGSN。

（3）分组控制单元（PCU）

其主要功能是：完成无线链路控制（RLC）与媒体接入控制（MAC）的功能；完成PCU与SGSN之间G_b接口分组业务的转换，如启动、监视、拆断分组交换呼叫、无线资源组合、信道配置等；PCU与SGSN之间是通过帧中继或E_1方式连接。

(4) 边界网关(BG)

它是与其他 GPRS 网和本地 GPRS 主干网之间的网关，除了应具有基本的安全功能以外，它还可以根据漫游协定增加相关功能。

(5) 计费网关(CG)

它通过相关接口 G_a 与 GPRS 网中的计费实体相连接，用于收集各类 GGSN 的计费数据并记录和计费。

(6) 域名服务器(DNS)

它负责提供 GPRS 网内部 SGSN、GGSN 等网络节点域名解析及接入点名 APN (Access Point Name) 的解析。

2. GPRS 网络发送和接收数据包的例子

因 GGSN 和 SGSN 节点具有处理分组的功能，故 GPRS 网络能够与互联网相连，数据传输时的数据和信号都以分组来传送。当终端用户进行通话时，由原有 GSM 网络的设备负责电路交换的传输；当终端用户传送分组时，由 GGSN 和 SGSN 负责分组数据的传送，这样终端用户在具有原通话功能的同时，还能方便地进行数据传输。为进一步理解 GPRS 技术的原理，下面以一个数据包通过 GPRS 网络发送和接收为例子进行说明。

如图 7-40 所示，笔记本电脑可通过串行或无线方式连接到 GPRS 蜂窝手机上；GPRS 蜂窝手机与 GSM 基站通信，但与电路交换式数据呼叫不同，GPRS 分组是从基站发送到 SGSN，而不是通过 MSC 连接到语音网络上。SGSN 与 GGSN 如同因特网中的 IP 路由器，多个 SGSN 和一个 GGSN 构成一个 IP 网络，由 GGSN 与外部网络(如因特网或 X. 25 网络)相连接。

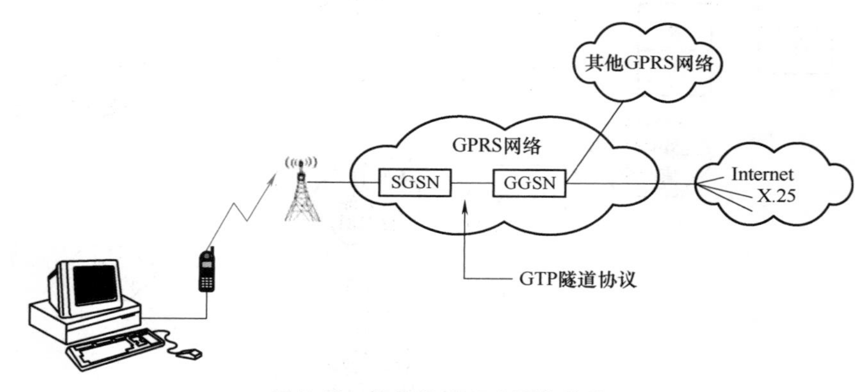

图 7-40　简化的 GPRS 网络结构

来自因特网标识有手机地址的 IP 包，由 GGSN 接收，再转发到 SGSN，继而传送到手机上。由此可见，通过在 GSM 网中增加 SGSN、GGSN 两个功能实体，GPRS 网为用户提供了端到端分组模式下发送和接收数据功能。SGSN 与 MSC 处于网络体系的同一层，它通过帧中继与 BTS 相连。GGSN 是与外部分组数据网(如因特网)的网关。SGSN 和 GGSN 利用 GPRS 隧道协议(GTP)对 IP 或 X. 25 分组进行封装，实现两者之间的数据传输。

7.5　思考题与习题

1. GSM 系统采取了哪几种抗衰落、抗干扰的技术措施？
2. TDMA 系统可以采用移动台辅助越区切换，而 FDMA 系统则不能，为什么？
3. 试画出 GSM 系统的组成框图。
4. 试画出 GSM 系统语音处理的一般框图。
5. GSM 系统为什么要采用突发发射方式？有哪几种突发格式？普通突发携带有哪些信息？试

画出示意图说明。

6. 常规突发中的训练序列有何作用？为何将训练比特放在帧中间位置？

7. 什么是 TDMA 系统的物理信道和逻辑信道？多种逻辑信道又是如何组合到物理信道之中传输的？请举例说明。

8. 简述 GSM 系统的鉴权中心产生鉴权三参数的原理以及鉴权原理。

9. 突发中的尾比特有何作用？接入突发中的保护期为何要选得比较长？

10. 试说明 MSISDN、MSRN、IMSI、TMSI 的不同含义及各自的作用。

11. 试画出一个移动台呼叫另一个移动台的接续流程。

12. 简述慢跳频在 GSM 系统中的作用。

13. GPRS 系统在 GSM 系统的基础上主要增加了哪些功能单元？SGSN、GGSN 有何功能和作用？

第 8 章　3G 移动通信系统

本章主要介绍第三代移动通信的发展历程、第三代移动通信的主要无线技术和增强技术、第三代移动通信的网络结构和信道结构、CDMA 系统的功率控制和切换、第三代移动通信系统的终端。

8.1　3G 概述

微视频：
3G概述

8.1.1　3G 发展背景

第三代移动通信系统（简称 3G 系统）可以定义为：一种能提供多种类型高质量、高速率的多媒体业务；能实现全球无缝覆盖，具有全球漫游能力；与其他移动通信系统、固定网络系统、数据网络系统相兼容；主要以小型便携式终端，在任何时间、任何地点进行任何种类通信的移动通信系统。

第三代移动通信系统的研究工作开始于 1985 年，当时国际上第一代的模拟移动通信系统正在大规模发展，第二代移动通信系统刚刚出现。国际电信联盟（ITU）成立了工作组，提出了未来公共陆地移动通信系统（FPLMTS），其目的是形成全球统一的频率与统一的标准，实现全球无缝漫游，并提供多种业务。1996 年，FPLMTS 正式更名为国际移动通信 2000（IMT-2000）。欧洲电信标准协会（ETSI）从 1987 年开始研究，将该系统称为通用移动通信系统（UMTS）。2000 年 5 月，国际电信联盟正式公布了第三代移动通信系统标准，WCDMA、cdma2000、TD-SCDMA 成为全球三大主流标准。2007 年 10 月，国际电信联盟正式接纳移动 WiMAX（微波接入全球互通）加入 IMT-2000，命名为 OFDMA TDDWMAN。

8.1.2　3G 网络构成及接口

IMT-2000 系统的网络构成如图 8-1 所示，它主要由 4 个功能子系统构成，即核心网（CN）、无线接入网（RAN）、移动台（MT）和用户识别模块（UIM）。这 4 个子系统分别对应于 GSM 系统的交换子系统（Switch Sub-System，SSS）、基站子系统（Base Station Sub-System，BSS）、移动台（Mobile Station，MS）和 SIM 卡。

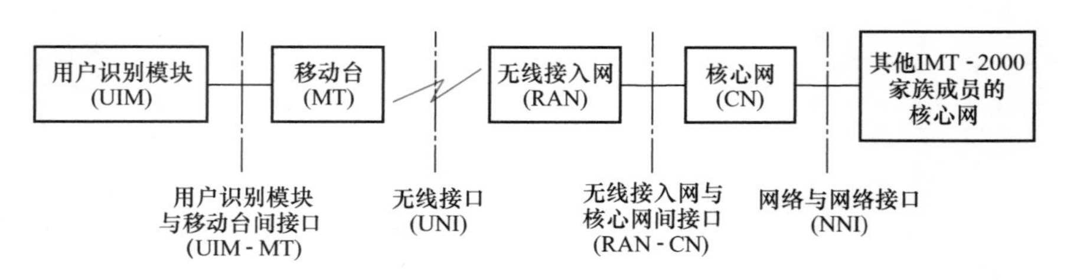

图 8-1　IMT-2000 的功能组成模型及接口

由图 8-1 中可以看出，ITU 定义了以下 4 个标准接口。

1）网络与网络接口（NNI）：由于 ITU 在网络部分采用了“家族概念”，因而此接口是指不同家族成员之间的标准接口，是保证互通和漫游的关键接口。

2）无线接入网与核心网间接口（RAN-CN）。

3）无线接口（UNI）。

4）用户识别模块和移动台之间的接口（UIM-MT）。

8.1.3　3G 与 2G 的主要区别

以 WCDMA 系统与 GSM 系统的比较为例，我们从新能力、网络结构、空中接口和信道组成 4 个部分，分别描述 3G 与 2G 的主要区别。

1. 新业务能力

在 3G 移动通信系统中，根据应用和服务类型的不同，可以将 3G 业务划分为 4 类模式：会话业务模式、流媒体业务模式、互动业务模式和后台业务模式。

（1）会话业务

会话业务模式仍然是 3G 移动通信系统的基本业务应用模式。3G 系统的会话业务模式包括语音业务和可视电话业务。首先，语音通信是 3G 及后续移动通信系统的基本业务应用。其次，可视电话业务作为一种新型业务，真正实现了语音和数据的混合传输。然而，在 3G 商用初期，多方面因素限制了视频电话的广泛应用。例如，实时图像传输会占用较多的信道资源，资费水平远高于语音通信资费水平；不同厂商终端间视频通话的图像传输存在互联互通障碍；移动性与视频通话的天然矛盾等。

（2）流媒体业务

流媒体业务模式主要面向 GPRS/EDGE、UMTS 等提供较高带宽（100kbit/s 以上）的无线分组网络。3G 网络空中接口带宽的增加为流媒体业务的开展提供了良好的基础，结合无线系统不受时间、地点限制的特点，使得移动流媒体业务更具吸引力。流媒体业务模式可以为移动用户提供在线的、不间断的声音、影像或动画等多媒体播放服务。根据数据内容的播放方式可以分为三种业务类型：流媒体点播、流媒体直播和下载播放。流媒体业务模式开创了无线通信与互联网、视频融合的新时代。

（3）互动业务

互动业务模式也称为交互业务模式。当移动终端在线向远端设备（例如服务器）请求数据时，就采用这种机制。互动业务模式是一种典型的数据通信机制，其明显特征是移动终端请求——响应这种模式。在信息接收端有一个实体在一定时间之内期待响应的到来，这样往返时延就是一项关键的属性。另一个属性是数据包的内容必须透明传送，并且有较低的误码率。

（4）后台业务

诸如电子邮件的发送、短消息业务、数据库下载和测量记录的接收等数据业务不需要立即响应，因此可以归类为后台业务模式。后台业务模式是一种典型的数据通信形式，其特征是在规定时间内，目的地并不期待数据的实时到达，即对发送时间不敏感。另外，分组数据不需要透明传输，但数据必须无差错接收。

2. 网络结构

根据 ITU 在 1997 年提出的“家族”概念，无线接入网和核心网两部分的标准化工作主要在“家族成员”内部进行。目前的家族主要有两个：一个是基于 GSM MAP 核心网的家族，另一个是基于 ANSI-41 核心网的家族，分别由 3GPP 和 3GPP2 进行标准化。两个“家族”网络之间的互联互通将通过网络与网络接口（NNI）来进行，ITU 正在制定该接口的技术规范。

GSM MAP 和 ANSI-41 两类核心网与 IMT-2000 的三种主流 CDMA 无线接入技术之间的对应关系如图 8-2 所示。

由图可知，虽然一般情况下 WCDMA 和 TD-SCDMA 对应于 GSM MAP 核心网，cdma2000 对应于 ANSI-41 核心网，但由于目前的标准允许任何无线接口能够同时兼容两个核心网，这样就可以通过在无线接口上定义相应的兼容协议（即符合各系统标准的 RAN-CN 接口）来接入不同的核心网。

与第二代移动通信系统相似，第三代移动通信系统的分层方法也可用三层结构描述，但第三代移动通信系统需要同时支持电路型业务和分组型业务，并允许支持不同质量、不同速率的业务，因而其具体协议组成较第二代系统要复杂得多。对于第三代系统，各层的主要功能描述如下。

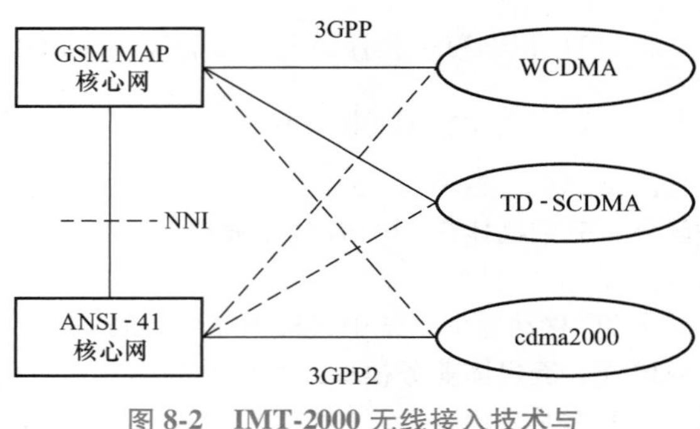

图 8-2　IMT-2000 无线接入技术与核心网之间的关系

（1）物理层

它由一系列下行物理信道和上行物理信道组成。物理层为 MAC 层和更高层提供信息传输服务。物理层主要完成下列功能：宏分集分离/合并和软切换的执行；传输信道的误码探测及对高层的指示；传输信道的 FEC 编解码和传输信道的交织与去交织；传输信道的复用和已编码组合传输信道的解复用；速率匹配；物理信道的功率加权与合并；物理信道的调制与扩频/解调与解扩；频率和时间同步（码片同步、位同步、时隙同步和帧同步）；对高层的测量和指示（比如 FER、SIR、干扰功率和发射功率等）；闭环功率控制；射频（RF）处理。

（2）链路层

它由媒体接入控制（MAC）子层和链路接入控制（LAC）子层组成；MAC 子层根据 LAC 子层不同业务实体的要求对物理层资源进行管理与控制，并负责提供 LAC 子层业务实体所需的 QoS 级别。LAC 子层采用与物理层相对独立的链路管理与控制，并负责提供 MAC 子层所不能提供的更高级别的 QoS 控制，这种控制可以通过 ARQ 等方式来实现，以满足来自更高层业务实体的传输可靠性。

（3）高层

它集 OSI 模型中的网络层、传输层、会话层、表示层和应用层为一体。高层实体主要负责各种业务的呼叫信令处理，语音业务（包括电路类型和分组类型）和数据业务（包括 IP 业务、电路和分组数据、短消息等）的控制与处理等。

3. 空中接口

以 WCDMA 系统为例，表 8-1 列出了 WCDMA 与 GSM 之间的主要区别，表 8-2 则是 WCDMA 与 IS-95 之间的主要区别。

表 8-1　WCDMA 与 GSM 空中接口的主要区别

	WCDMA	GSM
载波间隔/MHz	5	0.2
功率控制频率/Hz	1500	2 或更低
服务质量控制	无线资源管理算法	网络规划（频率规划）
频率分集	RAKE 接收机	跳频
分组数据	基于负载的分组调度	GPRS 中基于时隙的调度
下行链路发送分集	支持，以提高下行链路的容量	标准不支持，但可以应用

表 8-2　WCDMA 与 IS-95 空中接口的主要区别

	WCDMA	IS-95
载波间隔/MHz	5	1.25
码片速率/(Mchip/s)	3.84	1.2288

（续）

	WCDMA	IS-95
功率控制频率/Hz	1500（上、下行链路都有）	上行链路：800 下行链路：慢速功率控制
基站同步	不需要	需要，通过GPS
频率间切换	需要，使用分槽方式测量	可以采用，但未规定具体的测量方法
有效的无线资源管理算法	支持，提供所请求的QoS	不需要，只为传送语音设计的网络
分组数据	基于载荷的分组调度	把分组数据作为短时电路交换呼叫来处理
下行链路发送分集	支持，提高下行链路的容量	标准不支持

4. 信道组成

在2G的GSM和IS-95系统中，从不同协议层次上讲，承载用户各种业务的信道被分为两类，即逻辑信道和物理信道。逻辑信道直接承载用户业务，所以根据承载的是控制平面业务还是用户平面业务可分为两大类，即控制信道和业务信道。物理信道是各种信息在无线接口传输时的最终体现形式。

而在WCDMA系统中，除了逻辑信道和物理信道以外，还增加了传输信道，这样3G系统就能很方便地支持可变比特速率业务。WCDMA系统高层生成的数据在空中接口由传输信道承载，传输信道在物理层上映射到不同的物理信道。这就要求物理层能够支持可变比特速率的传输信道，以提供各种类型带宽按需分配的业务，并能将多种业务复用到同一连接上。

在数据从高层送达传输信道的每一个时间事件里，每个传输信道都伴随有传输格式指示（TFI）。物理层将这些来自于不同传输信道的TFI信息合并成为传输格式组合指示（TFCI），并通过物理层控制信道发送，用于告知接收机当前帧中哪个传输信道是激活的；唯一例外的是下行链路专用信道，它使用的是盲传输格式检测（BTFD）。同样，接收机对TFCI进行正确译码，并将译出的TFI发送给高层，用于指示连接中可以激活的传输信道。如图8-3所示，两个传输信道映射为一个物理信道，并且每个传输块都有错误指示。传输信道可能包括不同数目的传输块，且在任意时刻并不需要所有的传输信道都激活。传输信道有两种类型：专用信道和公共信道。它们之间的主要区别在于公共信道资源可由小区内的所有用户或一组用户共同分配使用，而专用信道资源仅仅是为单个用户预留的，并在某个特定的频率采用特定编码加以识别。

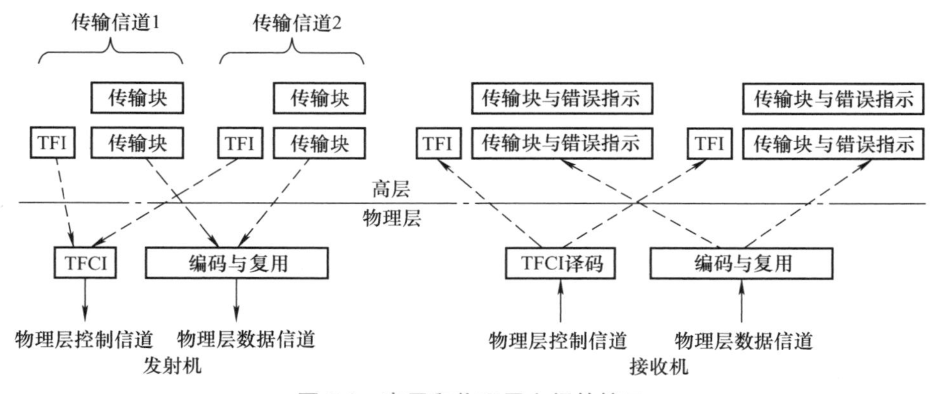

图8-3　高层和物理层之间的接口

8.1.4　3G主流标准对比

表8-3给出了WCDMA、cdma2000和TD-SCDMA三种主流标准的主要技术性能比较。其中，仅有TD-SCDMA使用了智能天线、联合检测和同步CDMA等先进技术，所以在系统容量、频谱利用

率和抗干扰能力等方面具有突出优势。

表 8-3 三种主流 3G 标准技术性能对比

	WCDMA	cdma2000	TD-SCDMA
载频间隔/MHz	5	1. 25/ 5	1. 6
码片速率/(Mc/s)	3. 84	1. 2288×n	1. 28
帧长/ms	10	20	10（分为两个子帧）
基站同步	不需要	需要	需要
功率控制	快速功控：上、下行 1600Hz	反向：800Hz 前向：慢速、快速功控	0~200Hz
频率间切换	支持，可用压缩模式测量	支持，可用基站提前搜索测量	支持，可用空隙时隙测量
检测方式	相干解调	相干解调	联合检测
信道估计	公共导频	前向、反向导频	DwPCH、UpPCH、中间码
编码方式	卷积码、Turbo 码	卷积码、Turbo 码	卷积码、Turbo 码

8. 1. 5 3G 标准化进程及演进

1. IMT-2000 的基本要求

ITU 最初的设想是，IMT-2000 不但要满足多速率、多环境、多业务的要求，还应能通过一个统一的系统来实现。因此，它有以下几项基本要求：

1）全球性标准。

2）全球使用公共频带。

3）能够提供具有全球性使用的小型终端。

4）具有全球漫游能力。

5）在多种环境下支持高速的分组数据传输。

ITU 规定，第三代移动通信系统的无线传输技术必须满足以下 3 种传输速率要求：在快速移动环境下（车载用户），最高传输速率达到 144kbit/s；在步行环境下，最高传输速率达到 384kbit/s；在固定位置环境下，最高传输速率达到 2Mbit/s。

2. 3G 系统的标准化进程

第三代移动通信系统的演进路线主要有两种：一种是欧洲倡导的 UMTS 演进路线；另外一种是美国倡导的 cdma2000 演进路线，如图 8-4 所示。

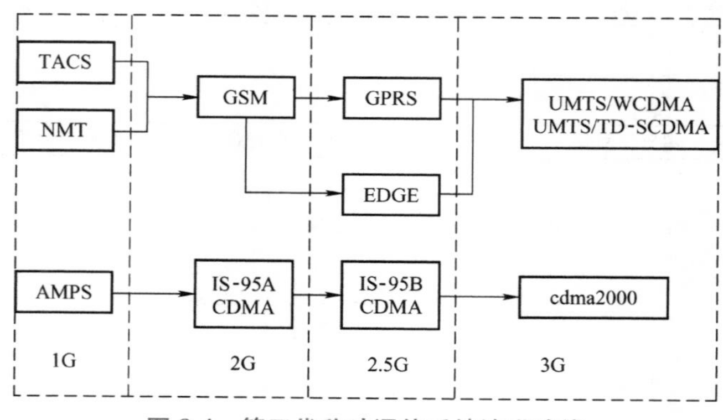

图 8-4 第三代移动通信系统演进路线

对于 UMTS 演进路线，其 1G/2G/2.5G 都有商用网络。在 GSM 系统向第 3 代系统演进的过程中，其无线接入网主要采用 WCDMA 标准。目前，世界上已有空中接口协议采用 WCDMA 标准的 UMTS 商用网络。

CDMA 系统在向第 3 代系统演进时，其无线部分和网络部分都将采用演进的方式。对于 CDMA 演进路线，其 1G/2G/2.5G 都有商用网络。在中国、韩国和北美等国家和地区，有很多运营商都开通了 cdma2000 的商用网络，例如中国联通和韩国 SKT 等。但是采用的都是 cdma2000 1X（cdma2000 单载波）方式，其速率并没有达到 3G 的目标。因此，也有人把这一时期的 cdma2000 系统称作第 2.5 代移动通信系统。

3. WCDMA 技术体制演进

从 WCDMA 无线网络的标准 R99、R4、R5、R6 等版本的演进路线可以看出，WCDMA 系统无线网的演进方向为"无线接口向高速传输分组数据发展，无线网络向 IP 化发展，工作频率向多频段方向发展"。WCDMA 标准的演进情况如图 8-5 所示。

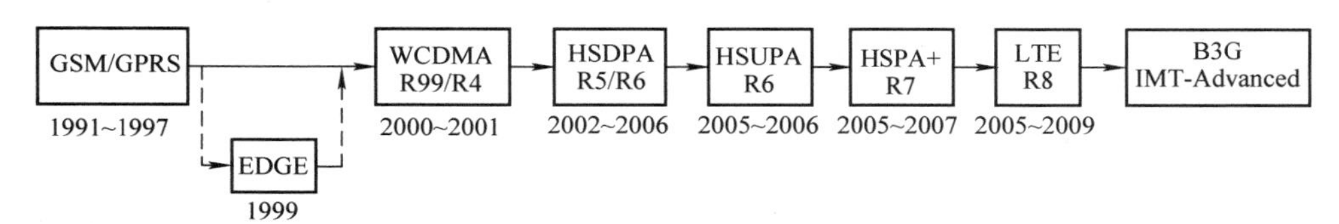

图 8-5　WCDMA 标准演进

3GPP 成立了专门的研究小组从事 3GPP 长期演进的项目。几种发展的可能包括：在接入网侧使用单独下行载波，增加下行数据速率；使用新的无线通信技术，如 MIMO、MUD 等；基于 WLAN 的 OFDM 技术也很可能在 WCDMA 中应用。

4. cdma2000 技术体制演进

目前，cdma2000 无线网标准有 cdma2000 1x、EV-DO 和 EV-DV。3x 多载波技术从目前看已不是未来的发展方向。现有协议版本为 Release 0、Release A、Release B、Release C、Release D，更深远的发展标准目前还没有提出来，3GPP2 组织也正在研究中。EV-DO Release B 获得成功以后，cdma2000 的演进方向分为三种路线，一种是 LTE，一种是 EV-DO Release C，还有一种是 UMB，三种路线各有特色。遗憾的是，高通公司已经宣布停止基于 cdma2000 的 UMB 研发，使得 cdma2000 的未来演进存在不确定性。不过，当前的目标是系统能提供更高速的无线速率以及实现全 IP 的网络结构。cdma2000 标准的演进情况如图 8-6 所示。

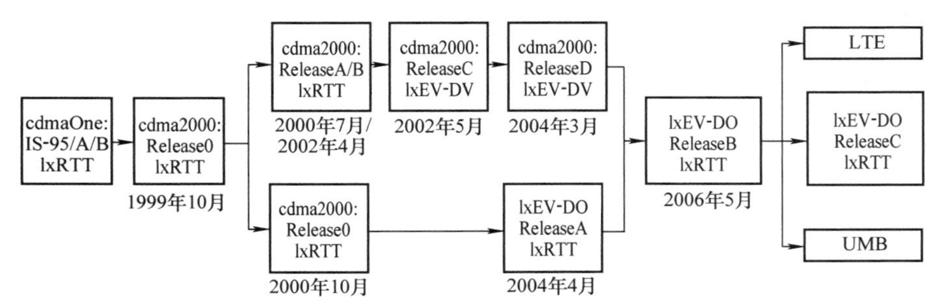

图 8-6　cdma2000 标准演进

5. TD-SCDMA 技术体制演进

随着 TD-SCDMA 技术标准的发展，在 R4 版本之后的 3GPP 版本发布中，TD-SCDMA 标准也不同程度地引入了新的技术特性，用来进一步提高系统的性能。其中主要包括：

1）终端定位功能。可以通过智能天线，利用信号到达角（DOA）对终端用户位置定位，以便更好地提供基于位置的服务。

2）高速分组接入。包括高速下行（HSDPA）和高速上行（HSUPA），采用混合自动重传、自适应编码调制，实现高速率下行分组业务支持。

3）多天线输入输出技术（MIMO）。采用基站和终端多天线技术和信号处理，提高无线系统性能。

4）上行增强技术。采用自适应调制和编码、混合ARQ技术、对专用/共享资源的快速分配以及相应的物理层和高层信令支持机制，增强上行信道和业务能力。

TD-SCDMA标准的演进情况如图8-7所示。

图8-7　TD-SCDMA标准演进

8.2　WCDMA系统

微视频：
WCDMA系统

8.2.1　WCDMA标准特色

WCDMA是欧洲主导的3G技术，该技术主要基于欧洲的UMTS平台。表8-4列出了WCDMA无线接口的基本技术参数。WCDMA的无线帧长为10ms，分成15个时隙。信道的信息速率将根据符号率变化，而符号率取决于不同的扩频因子（SF）。SF的取值与具体的双工模式有关，对于FDD模式，其上行扩频因子为4~256，下行扩频因子为4~512；对于TDD模式，其上行和下行扩频因子均为1~16。

表8-4　WCDMA无线接口的基本技术参数

采用技术类型	直扩
载频间隔/MHz	5
码片速率/(Mc/s)	3.84
双工方式	FDD/TDD
帧长/ms	10
基站同步方式	异步
调制方式	平衡QPSK（下行链路） 双通道QPSK（上行链路）
扩频因子	4~256（FDD模式上行） 4~512（FDD模式下行） 1~16（TDD下行）
功率控制	开环和快速闭环（1600bit/s）
切换	软切换 频率间切换

8.2.2　WCDMA网络结构

WCDMA系统的网络结构组成可以分别从物理特征和功能特征的角度进行建模。物理特征建立在域的概念上，而功能特征建立在层的概念上。下面分别从两种角度介绍，然后把它们对应起来讨论。

1. WCDMA 系统域结构

一般的 WCDMA 系统物理结构主要由两个域组成（见图 8-8），即基础设施域和用户设备域。其中，基础设施域由核心网域（Core Network，CN）和 UMTS 陆地无线接入网域（UMTS Terrestrial Access Network，UTRAN）两个子模块组成，用户设备域由移动设备域（Mobile Equipment，ME）和用户业务识别单元域（User Services Identity Module，USIM）两个子模块组成。

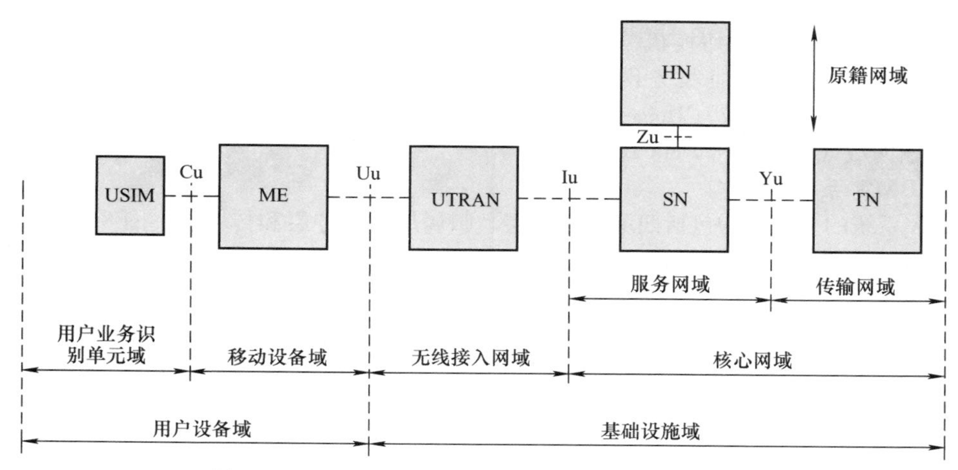

图 8-8　WCDMA 系统的物理域组成结构及各参考点

从 Release 99 标准的角度来看，用户设备（User Equipment，UE）和 UMTS 陆地无线接入网的实现采用全新的协议，其设计基于 WCDMA 无线技术。而 CN 则采用了 GSM/GPRS 的定义，这样可以实现网络的平滑过渡。

其中：

Cu——用户业务识别单元域与移动设备域之间的参考点。

Iu——接入网域与服务网域之间的参考点。

Uu——用户设备域与基础设施域之间的参考点，同时也是 UMTS 的无线接口。

Yu——服务网域与传输网域之间的参考点。

Zu——服务网域与原籍网域之间的参考点。

（1）用户设备域

用户设备域实际上包含了多种不同类型的移动终端、智能卡等。用户设备域又可以进一步划分为移动设备域（Mobile Equipment，ME）和用户业务识别模块域（User Services Identity Module，USIM）。其中，移动设备域也可以分为多个模块，用来表示不同功能实体之间的连接。这些功能实体可用一个或多个硬件模块实现。典型的连接采用 TE-MT 接口，移动终端（Mobile Termination，MT）提供无线连接以及实现相应功能，而终端设备（Terminal Equipment，TE）完成端到端的连接。图 8-9 表示用户设备的功能模型。

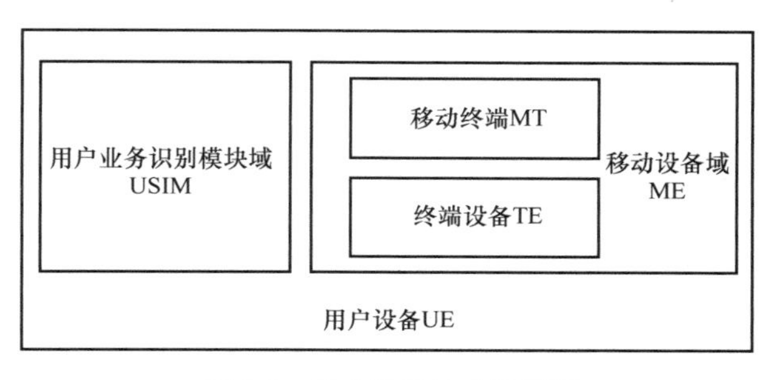

图 8-9　用户设备的功能模型

图 8-10 是这些功能实体在物理配置上的一个典型实例。其中 UICC（Universal Integrated Circuit Card）是指通用集成电路卡，手机中的 SIM 卡就是其中的一种。

（2）基础设施域

基础设施域可以进一步划分为核心网

域（Core Network，CN）和接入网域（Access Network，AN）。接入网域是与用户设备直接相连的，包括多个物理实体，完成接入网的资源管理，为用户提供接入核心网的机制。同样，核心网域包括多个物理实体，其功能是对网络特性进行监测，同时支持各种通信业务，例如管理用户位置信息，网络性能和业务控制，传输切换机制等。核心网域也可以分为多个模块，即服务网域（Serving Network Domain）、归属网域（Home Network Domain）和传输网域（Transit Network Domain）。

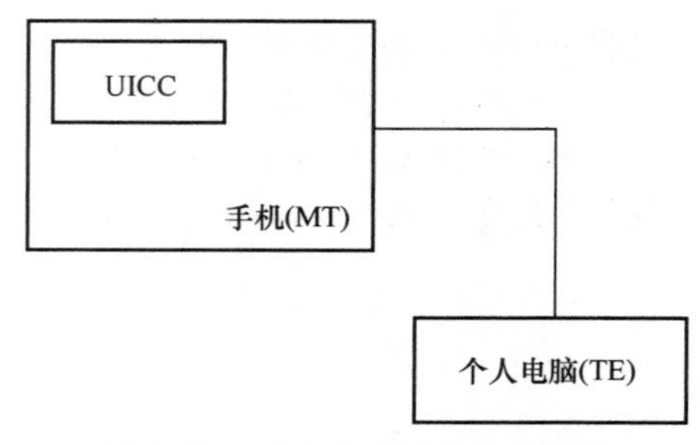

图 8-10　移动设备域的物理配置

2. WCDMA 系统层结构

WCDMA 系统的分层结构包括四层：应用层、归属层、服务层和传输层。图 8-11 和图 8-12 表示了 WCDMA 系统域之间的相互联系。两张图分别表示服务域与归属域之间、服务域与传输域之间的数据流交换。图 8-11 表示 USIM、MT/ME、接入网域、服务网域和归属网域的交互。图 8-12 表示 TE、MT、接入网域、服务网域、传输网域以及远端用户的交互。归属层仅出现在图 8-11，应用层仅出现在图 8-12，服务层和传输层在图 8-11 和图 8-12 中均存在。图中的虚线表示该协议并不是 WCDMA 系统专用的。

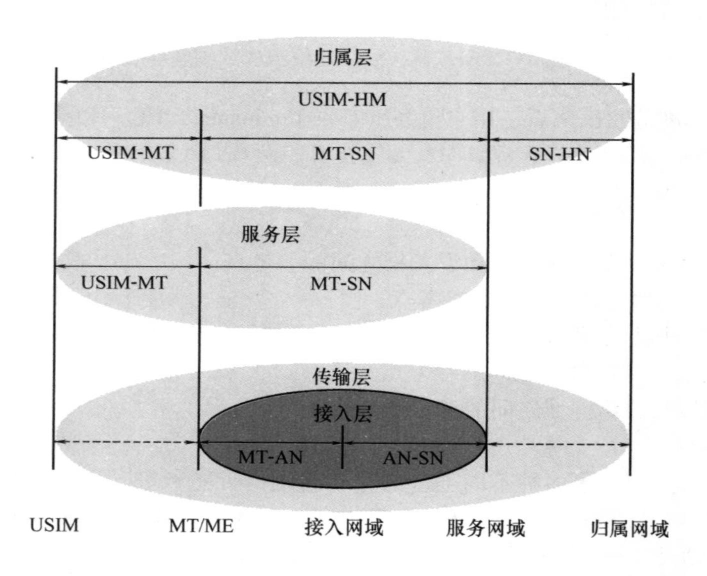

图 8-11　USIM、MT/ME、接入网域、服务网域和归属网域之间的交互示意图

（1）传输层

该层支持从其他各层传输的用户数据和网络控制信令，主要包括以下的传输格式：

① 纠错和校正机制

② 无线接口和基础设施的数据加密机制

③ 使用自适应数据支持物理格式机制

④ 高效利用无线接口进行数据代码转换机制

⑤ 资源和路由分配机制

接入层是 WCDMA 系统所特有的，属于传输层的一部分，位于服务核心网域 SN 和 MT 之间。接入层主要包括两种协议：移动终端与接入网互联协议，接入网与服务网互联协议。

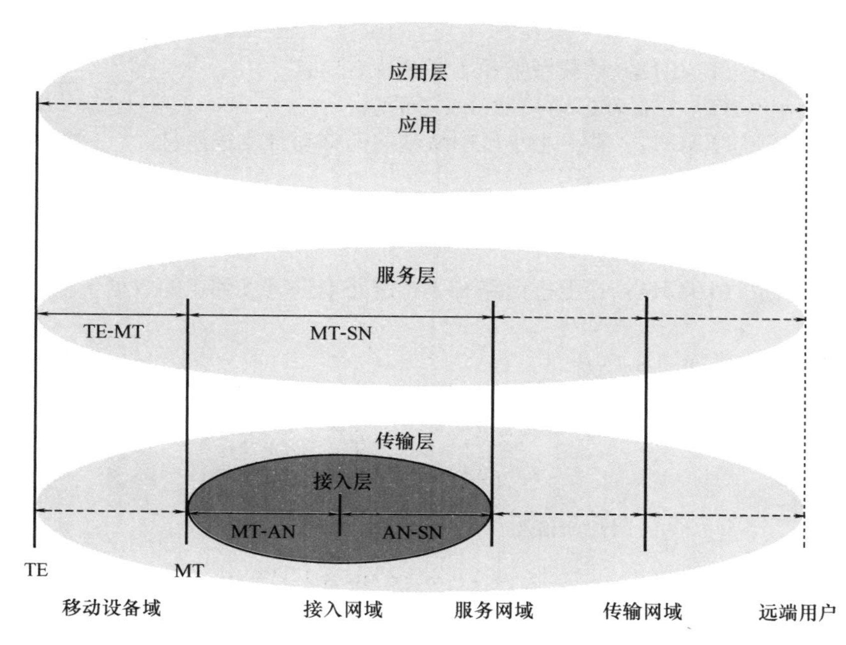

图 8-12　TE、MT、接入网域、服务网域、传输网域以及远端用户之间的交互示意图

（2）服务层

该层包括路由和数据传输协议，包括下列协议：

① USIM 与移动终端（MT）互联协议

② 移动终端（MT）与服务网（SN）互联协议

③ 终端设备（TE）与移动终端（MT）互联协议

（3）归属层

该层包括预约数据和归属网络特定业务的操作与存储协议，包括以下协议：

① USIM 与归属网络（HN）互联协议

② USIM 与移动终端（MT）互联协议

③ 移动终端 MT 与服务网（SN）互联协议

④ 服务网（SN）与归属网（HN）互联协议

（4）应用层

该层代表提供给终端用户的应用过程，包括端到端的协议，支持归属层、服务层、传输层以及基础设施提供的业务。该应用可被授权用户接入，而不受用户设备种类的限制。

8.2.3　WCDMA 信道结构

在 WCDMA 系统的无线接口中，从不同协议层次上讲，承载各种用户业务的信道被分为三类，即逻辑信道、传输信道和物理信道。逻辑信道直接承载用户业务，所以根据承载的是控制平面业务还是用户平面业务分为两大类，即控制信道和业务信道。传输信道是无线接口层二和物理层的接口，是物理层对 MAC 层提供的服务，所以根据传输的是针对一个用户的专用信息还是针对所有用户的公用信息，分为专用信道和公共信道两大类。物理信道是各种信息在无线接口传输时的最终体现形式，每一种使用特定的载波频率、扩频码以及载波相对相位和相对时间的信道都可以理解为一类特定的物理信道。

1. 逻辑信道

WCDMA 在定义逻辑信道时基本上遵从 ITU M. 1035 建议。下面为 WCDMA 定义的逻辑信道。

主要分为两类，即公共控制信道和专用信道。

公共控制信道包括三类：

1）广播控制信道（BCCH）：承载系统和小区的特有信息。

2）寻呼信道（PCH）：在寻呼区向移动台发送消息。

3）前向接入信道（FACH）：在一个小区中从基站向移动台发送消息。

专用信道包括两类：

1）专用控制信道（DCCH）：包括两个信道，即独立的专用控制信道（SDCCH）和相关控制信道（ACCH）。

2）专用业务信道（DTCH）：在上行链路和下行链路上进行点到点的数据传输。

2. 物理信道

物理信道的具体分类如图 8-13 所示。

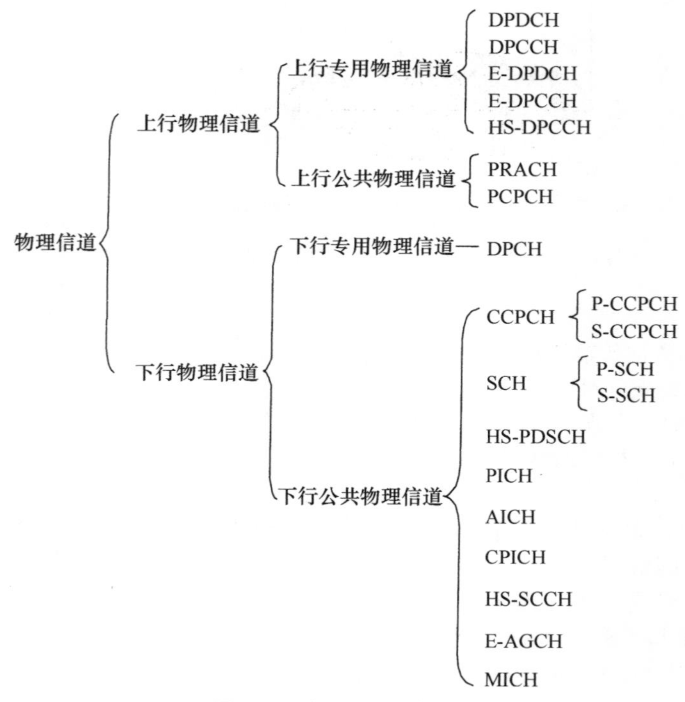

图 8-13　物理信道的分类

一般的物理信道包括三层结构：超帧、帧和时隙。一个超帧长 720ms，包括 72 个帧；每帧长为 10ms，对应的码片数为 38400 chip；每帧由 15 个时隙组成，一个时隙的长度为 2560 chip；每时隙的比特数取决于物理信道的信息传输速率。

（1）上行物理信道

1）上行专用物理信道

用户数据在专用物理数据信道（DPDCH）上传输，控制信息在专用物理控制信道（DPCCH）上传输。DPDCH 和 DPCCH 在每一个无线帧内是 I/Q 码分多路的。图 8-14 显示了上行 DPDCH/DPCCH 的帧结构。长度为 10ms 的帧分成 15 个时隙，每一个时隙的长度为 2560 个码片，对应于一个功率控制周期。

图 8-15 给出了 HS-DPCCH 的帧结构。HS-DPCCH 由反馈信令组成，包含混合 ARQ 确认信号（HARQ-ACK）和信道质量指示信号（CQI）。每一个子帧（subframe）的长度为 2ms（3×2560 个码片），包含 3 个时隙，共计 2560 个码片。

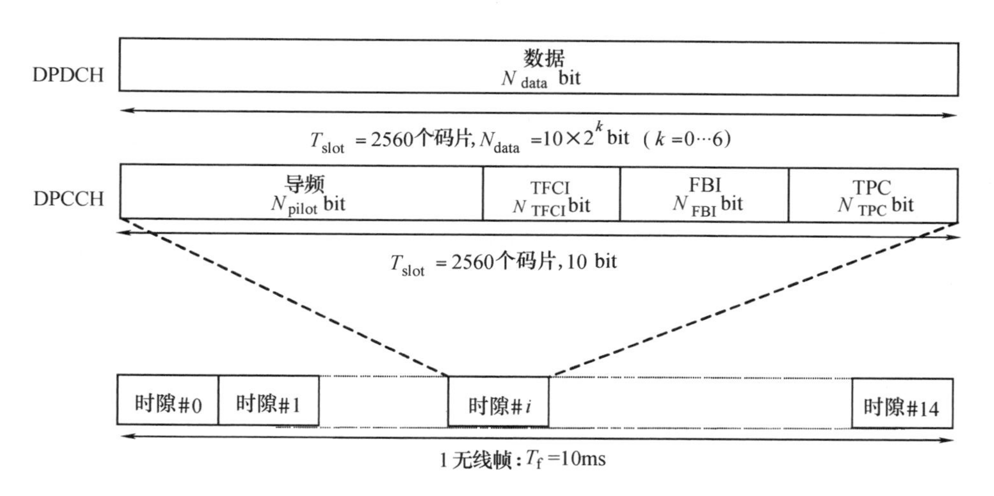

图 8-14　上行 DPDCH/DPCCH 的帧结构

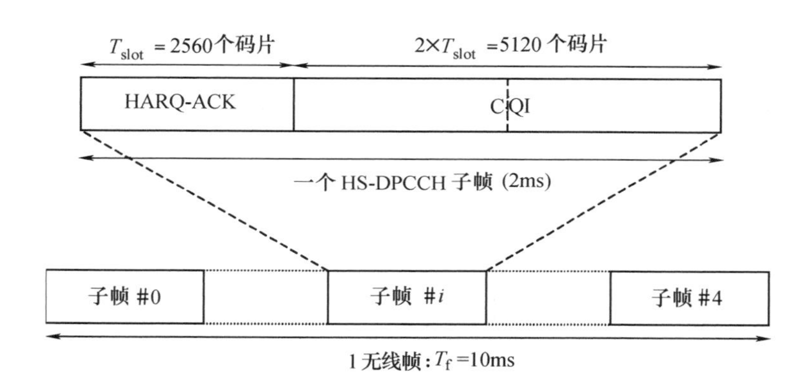

图 8-15　上行 HS-DPCCH 的帧结构

E-DPDCH 和 E-DPCCH 是 DPDCH 和 DPCCH 的增强型信道。每个无线帧分成 5 个子帧，每个子帧长度 2ms。

2）上行公共物理信道

物理随机接入信道（PRACH）用于移动台在发起呼叫等情况下发送接入请求信息。PRACH 的传输基于时隙 ALOHA 协议，可在一帧中的任一个时隙开始传输。

随机接入的发送格式如图 8-16 所示。随机接入发送由一个或几个长度为 4096 chip 的前置序列（Preamble）和 10ms 或 20ms 的消息部分组成。随机接入突发前置部分长为 4096 chip，由长度为 16 的特征序列的 256 次重复组成。每个随机接入突发前置部分占两个物理时隙。无线帧随机接入消息部分的结构与上行专用物理信道的结构完全相同，但扩频比仅有 256、128、64 和 32 几种形式，占用 15 或 30 个时隙，每个时隙内可以传送 10bit/20bit/40bit/80bit。其控制部分的扩频比与专用信道的相同，但其导频比特仅有 8bit 一种形式。

物理公共分组信道（PCPCH）是一条多用户接入信道，传送 CPCH 传输信道上的信息。接入协议基于带冲突检测的时隙载波侦听多址（CSMA/CD），用户可以在无线帧中的任何一个时隙作为开头开始传输。PCPCH 的格式与 PRACH 类似，但增加了一个冲突检测前置码和一个可选功率控制前置码，消息部分可能包括一个或多个 10ms 长的帧。

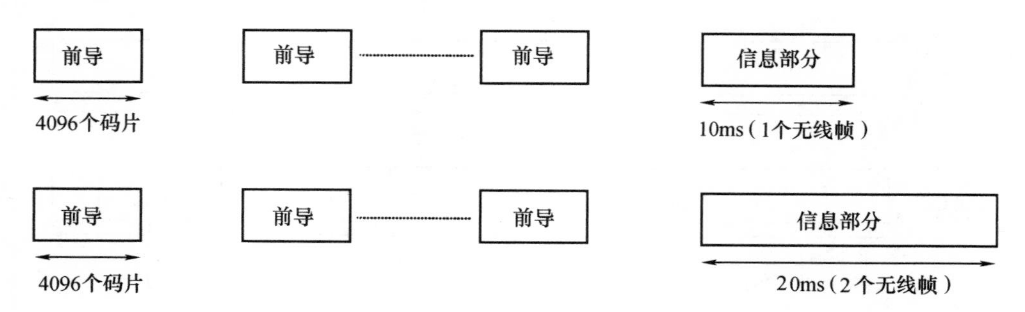

图 8-16 随机接入的发送格式

（2）下行物理信道

1）下行专用物理信道（DPCH）。下行 DPCH 由传输数据部分（DPDCH）和传输控制信息（导频比特、TPC 命令和可选的 TFCI）部分（DPCCH）组成，以时分复用的方式发送。图 8-17 给出了下行链路 DPCH 的帧结构。每个下行 DPCH 时隙的总比特数由扩频因子 $SF=512/2^k$ 决定，扩频因子的范围为 512～4。

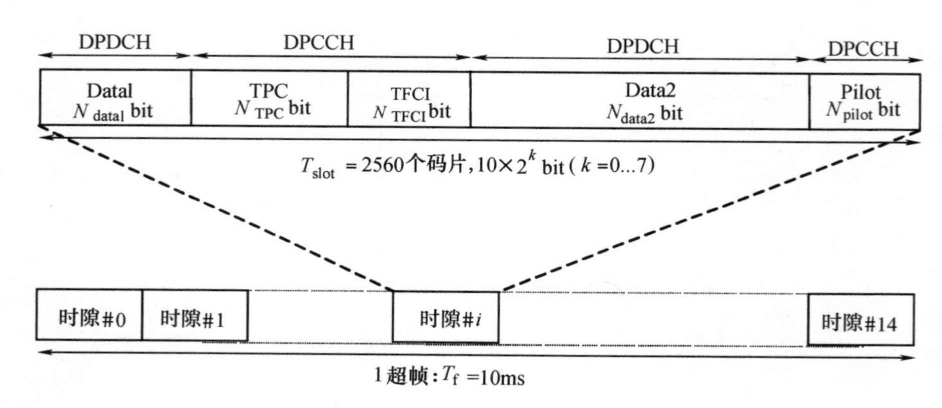

图 8-17 下行 DPCH 的帧结构

2）公共控制物理信道（CCPCH）。主 CCPCH 为固定速率（SF＝256）的下行物理信道，用于携带 BCH。在每个时隙的前 256 个码片不发送 CCPCH 的任何信息，因而可携带 18 比特的数据。主 CCPCH 与下行 DPCH 的不同是没有 TPC 命令、TFCI 和导频比特。在每一时隙的前 256 个码片，即主 CCPCH 不发送的期间，发送主 SCH 和辅 SCH。

3）同步信道（SCH）。同步信道是用于小区搜索的下行信道。SCH 由两个子信道组成：主 SCH 和辅 SCH。SCH 无线帧的结构如图 8-18 所示。

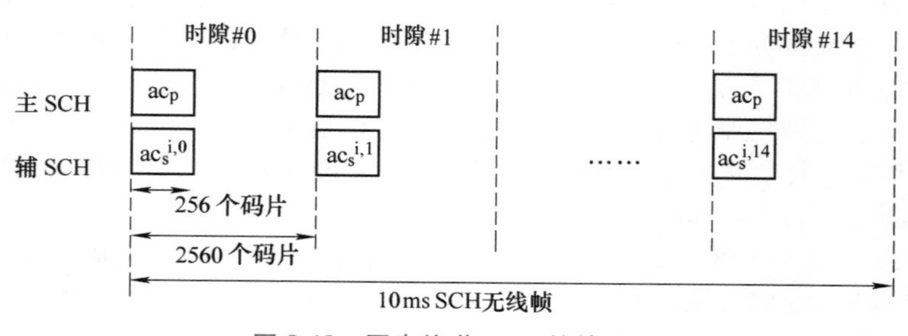

图 8-18 同步信道 SCH 的帧结构

4）高速物理下行共享信道（HS-PDSCH）。用于传送 DSCH，基于码分多路的方式由用户共享。采用固定的扩频码，扩频因子为 16，允许多码道传输高速数据。

5）寻呼指示信道（PICH）。固定速率的物理信道，扩频因子为 256。PICH 用来传送寻呼指示，它总是与 SCCPCH 联系在一起的。图 8-19 给出了 PICH 的帧结构。一个长度为 10ms 的 PICH 帧包括 300bit，其中 288bit 用来传送寻呼指示，剩下的 12bit 不用。

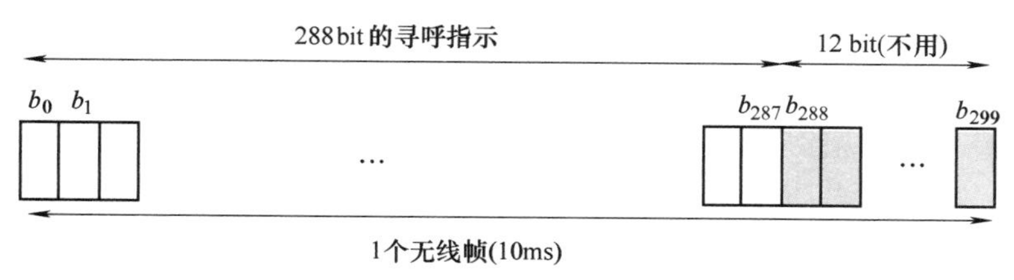

图 8-19　PICH 的帧结构

6）捕获指示信道（AICH）。AICH 用于传送捕获指示信号，其帧长 20ms，包括 15 个接入时隙，每个时隙长度为 20 个符号（5120chip）。每个接入时隙包括两个部分，AI 部分和空闲部分（全 0）。

7）公共下行导频信道（CPICH）。CPICH 是固定速率（30kbit/s，SF = 256）的下行物理信道，携带预知的 20bit 导频序列。

8）高速共享控制信道（HS-SCCH）。HS-SCCH 是固定速率（60kbit/s，SF = 128）的下行物理信道，携带与 HS-DSCH 相关的下行信令。

9）增强型完全授权信道（E-AGCH）。E-AGCH 是固定速率（30kbit/s，SF = 256）的下行物理信道，携带上行链路 E-DCH 完全授权信息。

10）MBMS 指示信道（MICH）。MICH 是固定速率 SF = 256 的下行物理信道，用于承载 MBMS 指示信息。MICH 与 S-CCPCH 相关联。

3. 传输信道

根据其传输方式或所传输数据的特性，传输信道分为两类：专用传输信道和公共传输信道。它们之间的主要区别在于公共信道资源可以由小区内的所有用户或一组用户共同分配使用，而专用信道资源仅仅是为单个用户预留的，并在某个特定的频率采用特定编码加以识别。图 8-20 为 WCDMA 定义的传输信道。

不同的传输信道必须映射到不同的物理信道上，尽管某些传输信道可以由完全相同的物理信道承载。图 8-21 总结了不同传输信道映射到不同物理信道的方式。

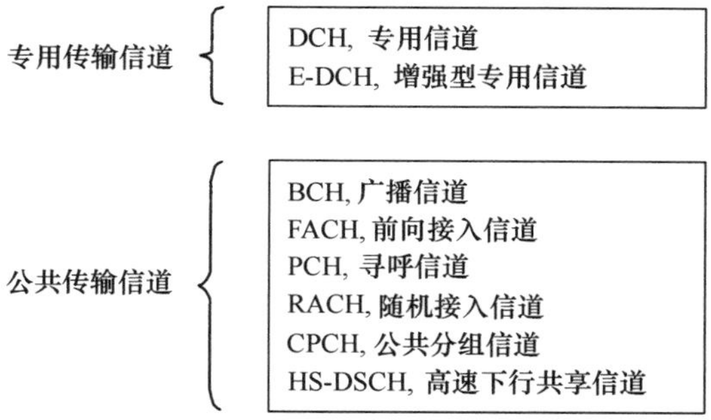

专用传输信道
- DCH，专用信道
- E-DCH，增强型专用信道

公共传输信道
- BCH，广播信道
- FACH，前向接入信道
- PCH，寻呼信道
- RACH，随机接入信道
- CPCH，公共分组信道
- HS-DSCH，高速下行共享信道

图 8-20　传输信道的分类

8.2.4　WCDMA 关键技术

1. 功率控制

在 WCDMA 系统中，功率控制是一项非常重要的技术。这是因为：一方面，提高对某用户的发射功率能够改善该用户的服务质量；另一方面，由于 CDMA 系统的自干扰性，提高某用户的发射功率对其他移动台来说就增加了宽带噪声，会降低其他用户的接收质量。如果没有功率控制，CDMA 系统中的“远近效应”将非常突出。WCDMA 的功率控制技术可分为开环功率控制和闭环功率控制，其中闭环功率控制又是通过快速的内环功率控制及慢速的外环功率控制配合完成的。

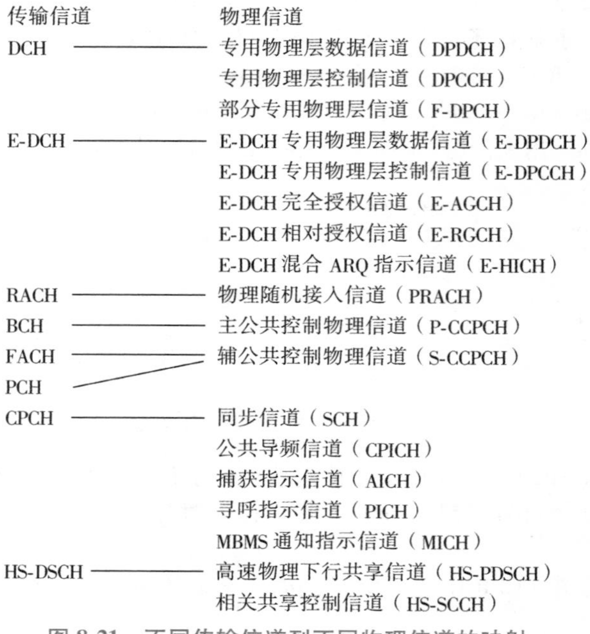

图8-21　不同传输信道到不同物理信道的映射

（1）开环功率控制

开环功率控制一般仅用于初始发射功率的设定，精确的功率控制需要通过闭环功率控制完成。开环功率控制又分为上行和下行开环功率控制。

上行开环功率控制是移动台通过对下行信号功率的测量，估算出信号在传播路径上的功率损失，从而确定上行信道发射功率的方法。由于在FDD模式下，上、下行的工作频率不一致，所以这种估算是不精确的。

下行开环功率控制是网络侧根据移动台对下行信号接收功率的测量报告，对下行信道的传播衰减进行估计，从而设置下行信道发射功率的方法。由于网络侧接收测量报告的时间与实际测量时间存在一定的时延，故这种估算也是不精确的。

（2）闭环功率控制

1）内环功率控制

快速内环功率控制通过比较测量得到的物理信道信干比（SIR）与外环功率控制确定的信干比目标值，调整发射端的发射功率。

上行内环功率控制的最终目的是精确控制移动台的发射功率。基站根据接收到的各移动台的信干比值，并把它同目标SIR值相比较，产生功率控制比特。如果测得的SIR高于目标SIR，功率比特将通知移动台降低功率；如果测得的SIR低于目标SIR，比特功率将通知移动台提高功率。对每一个移动台，这个测量→指示→反应循环的频次为1500次/s，故称作快速内环功率控制。

下行内环功率控制与上行采用相同的控制技术。与上行不同的是，下行内环功率控制是由移动台完成的，移动台将接收到的SIR值与目标SIR值相比较，产生功率控制比特，基站根据功率控制比特，调整发射功率。

当UE处于软切换时，上行内环功率控制采取如下策略：当所有的链路都要求增加发射功率时，移动台才会增加发射功率；否则，降低发射功率。

2）外环功率控制

外环功率控制通过比较测量得到的传输信道质量值（如BLER）与该业务要求的目标质量值，对内环功率控制所需要的信干比目标值进行调整。同样，外环功率控制也分为上行和下行。它是

为配合内环功率控制而进行的。

2. 切换技术

当移动台慢慢离开原先的服务小区，将要进入另外一个服务小区时，原基站与移动台之间的链路将由新基站与移动台之间的链路来取代，这就是切换的含义。在 WCDMA 系统中，切换包括软切换、更软切换以及硬切换。

软切换指当移动台在与新小区建立连接之前，并不断开与原小区的连接，仅当移动台与新小区的通信质量有保证时，才断开与原小区的连接。而在此期间，移动台同时与原小区和新小区通信。软切换仅能应用于具有相同频率的 CDMA 信道之间。

更软切换与软切换算法的原理相同，主要的区别在于更软切换发生在同一个 Node B 里，分集信号在 Node B 做最大增益比合并。而软切换发生在两个 Node B 之间，分集信号在 RNC 做选择合并。

硬切换包括同频、异频和异系统间切换 3 种情况。要注意的是，软切换是同频之间的切换，但同频之间的切换不都是软切换。如果目标小区与原小区同频，但是属于不同 RNC，而且 RNC 之间不存在 Iur 接口，就会发生同频硬切换。另外同一小区内部码字切换也是硬切换。

异系统硬切换包括 FDD mode 和 TDD mode 之间的切换，在 R99 版本里，还包括WCDMA系统和 GSM 系统间的切换。在 R4 版本里，还包括 WCDMA 和 cdma2000 之间的切换。异频硬切换和异系统硬切换需要启动压缩模式进行异频测量和异系统测量。

切换典型过程如下：测量控制→测量报告→切换判决→切换执行→新的测量控制。在测量控制阶段，网络通过发送测量控制信息告诉 UE 进行测量的参数。在测量报告阶段，UE 给网络发送测量报告信息。在切换判决阶段，网络根据测量报告做出切换的判断。在切换执行阶段，UE 和网络按信令流程运行，并根据信令做出响应动作。

8.3 IS-95 与 cdma2000 系统

8.3.1 IS-95 与 cdma2000 标准特色

在蜂窝移动通信的各种标准体制中，CDMA 技术占有非常重要的地位。基于 CDMA 的 IS-95 标准是 2G 系统中的两大技术标准之一。而在 3G 系统的主流标准中，则全部基于 CDMA 技术。

CDMA 蜂窝系统最早由美国高通公司成功开发，并且很快由美国电信工业协会于 1993 年形成标准，即 IS-95 标准，这也是最早的 CDMA 系统的空中接口标准。它采用 1.25MHz 的系统带宽，提供语音业务和简单的数据业务。随着技术的不断发展，在随后几年中，该标准经过不断的修改，又逐渐形成了 IS-95A、IS-95B 等一系列标准。表 8-5 列出了 IS-95 无线接口的基本技术参数。

表 8-5 IS-95 无线接口的基本技术参数

采用技术类型	直扩
载频间隔	1.25MHz
码片速率	1.2288Mc/s
双工方式	FDD
帧长	20ms
基站同步方式	同步（需 GPS）
调制方式	π/4-QPSK（下行链路） OQPSK（上行链路）
数据速率	9.6，4.8，2.4，1.2kbit/s
扩频因子	64 进制 Walsh 码
功率控制	开环和闭环
切换	软切换

cdma2000由美国提出，是基于IS-95 CDMA的宽带CDMA技术，可以保护基于IS-95的窄带CDMA系统的投资，对现有IS-95系统具有后向兼容性，受到了CDMA发展集团（CDG）、宽带扩频数字技术电信工业委员会（TWSDTC）等协会和标准化组织的支持。当前cdma2000体制标准存在两种扩频方式：多载波和直扩。多载波方式基本是为了避免与IS-95之间的干扰。表8-6列出了cdma2000无线接口的基本技术参数。

表8-6 cdma2000无线接口的基本技术参数

采用技术类型	直扩或多载波
载频间隔	1.25MHz
码片速率	n×1.2288Mc/s（n=1，3，6，9，12）
双工方式	FDD
帧长	20ms
基站同步方式	同步（需GPS）
调制方式	平衡QPSK（下行链路） 双信道QPSK（上行链路）
扩频因子	4~256
功率控制	开环和快速闭环（800bit/s）
切换	软切换 频率间切换

8.3.2 IS-95的无线链路

在IS-95系统的无线链路中，各种逻辑信道都是由不同的码序列来区分的。因为任何一个通信网络除主要传输业务信息外，还必须传输有关的控制信息。对于大容量系统一般采用集中控制方式，以便加快建立链路的过程。为此，CDMA蜂窝系统在基站到移动台的传输方向（前向）上设置了导频信道、同步信道、寻呼信道和正向业务信道；在移动台至基站的传输方向（反向）上设置了接入信道和反向业务信道。

IS-95蜂窝系统采用码分多址方式，收、发使用不同载频（收发频差45MHz），即通信方式是频分双工。一个载频包含64个逻辑信道，占用带宽约1.25MHz。由于前向传输和反向传输的要求和条件不同，因此逻辑信道的构成及产生方式也不同，下面分别加以说明。

1. 前向信道

（1）逻辑信道的划分及信道组成

在CDMA系统中，由基站发往移动台的信道称为前向信道，也称下行传输或下行链路，它包括前向控制信道和前向业务信道，其中控制信道又分为导频信道、同步信道和寻呼信道。CDMA系统前向传输的逻辑信道划分组成如图8-22所示。

前向传输中，采用64阶沃尔什函数区分逻辑信道，分别用W_0，W_1，…，W_{63}表示，其中W_0用作导频信道，W_1是首选的寻呼信道，W_2，…，W_7也是寻呼信道，即寻呼信道最多可达7个。W_8，…，W_{63}用作业务信道（其中W_{32}为同步信道），共计55个。导频信道用来传送导频信息，由基站连续不断地发送一种直接序列扩频信号，供移动台从中获得信道的信息并提取相干载波以进行相干解调，并可对导频信号电平进行检测，以比较相邻基站的信号强度和决定是否需要越区切换。为了保证各移动台载波检测和提取可靠性，导频信道的功率高于业务信道和寻呼信道的平均功率。例如导频信道可占总功率的20%，同步信道占3%，每个寻呼信道占6%，剩下的分给业务信道。

同步信道用于传输同步信息，在基站覆盖范围内，各移动台可利用这些信息进行同步捕获。同步信道上载有系统时间和基站引导PN码的偏置系数，以实现移动台接收解调。同步信道在捕捉阶段使用，一旦捕获成功，一般就不再使用。同步信道的数据速率是固定的，为1200bit/s。

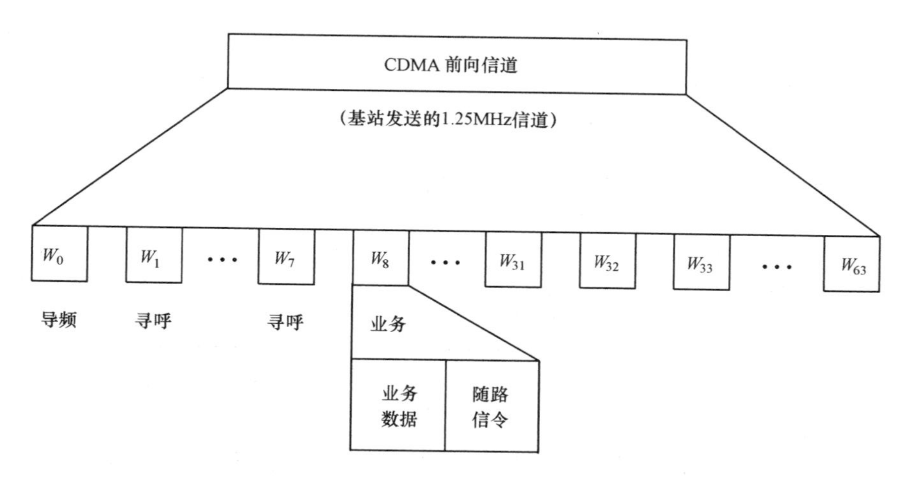

图 8-22　前向传输的逻辑信道划分组成

寻呼信道供基站在呼叫建立阶段传输控制信息，在每个基站有一个或几个（最多 7 个）寻呼信道，当有市话用户呼叫移动用户时，经移动交换中心（MSC）或移动电话交换局（MTSO）送至基站，寻呼信道上就播送该移动用户识别码。通常，移动台在建立同步后，就在首选的 W_1 寻呼信道（或在基站指定的寻呼信道上）监听由基站发来的信令，当收到基站分配业务信道的指令后，就转入指配的业务信道中进行信息传输。当小区内业务信道不够用时，某几个寻呼信道可临时作为业务信道。在极端情况下，7 个寻呼信道和一个同步信道都可改作业务信道。这时，总数为 64 的逻辑信道中，除去一个导频信道外，其余 63 个均用于业务信道，在寻呼信道上的数据速率是 4800bit/s 或 9600bit/s，由经营者自行确定。

业务信道载有编码的语音或其他业务数据，除此之外，还可以插入必需的随路信令，例如必须安排功率控制子信道，传输功率控制指令；又如在通话过程中，发生越区切换时，必须插入越区切换指令等。

（2）信道结构

CDMA 系统的前向信道组成框图如图 8-23 所示，图中详细指出了信道组成、信号产生过程以及信号的主要参数。

（3）四相调制

正交扩频后的信号，都要进行四相调制，或者称为四相扩展。在同相支路（I）和正交支路（Q）引入两个正交的 m 序列，即 I 信道引导 PN 序列和 Q 信道引导 PN 序列，序列周期长度均为 2^{15}（32768），其构成是以下列生成多项式为基础的：

$$\begin{cases}\text{I 支路} \quad P_{\text{I}}(x)=x^{15}+x^{13}+x^{8}+x^{7}+x^{5}+1\\ \text{Q 支路} \quad P_{\text{Q}}(x)=x^{15}+x^{12}+x^{11}+x^{10}+x^{6}+x^{5}+x^{4}+x^{3}+1\end{cases}$$

按上述生成多项式产生的序列是周期长度为（$2^{15}-1$）的 m 序列。为了得到周期长度为 2^{15} 的 I 序列和 Q 序列，当生成的 m 序列中出现 14 个连“0”时，向其中再插入一个“0”，使序列 14 个“0”的游程变成 15 个“0”的游程。从而不仅使引导序列周期长度为偶数（$2^{15}=32768$），而且序列中“0”和“1”的个数各占一半，使平衡性能更好。

引导 PN 序列的主要作用是给不同基站发出的信号赋予不同的特征，便于移动台识别所需的基站。不同的基站虽然使用相同的 PN 序列，但各基站 PN 序列的起始位置是不同的，即各自采用不同的时间偏置。由于 m 序列的自相关特性在时间偏移大于一个子码码元宽度后，其自相关系数值接近于 0，因而移动台用相关器很容易将不同基站的信号区分开来。通常一个基站的 PN 序列在其所有配置的频率上，都采用相同的时间偏置，而在一个 CDMA 蜂窝系统中，时间偏置也可以再用。

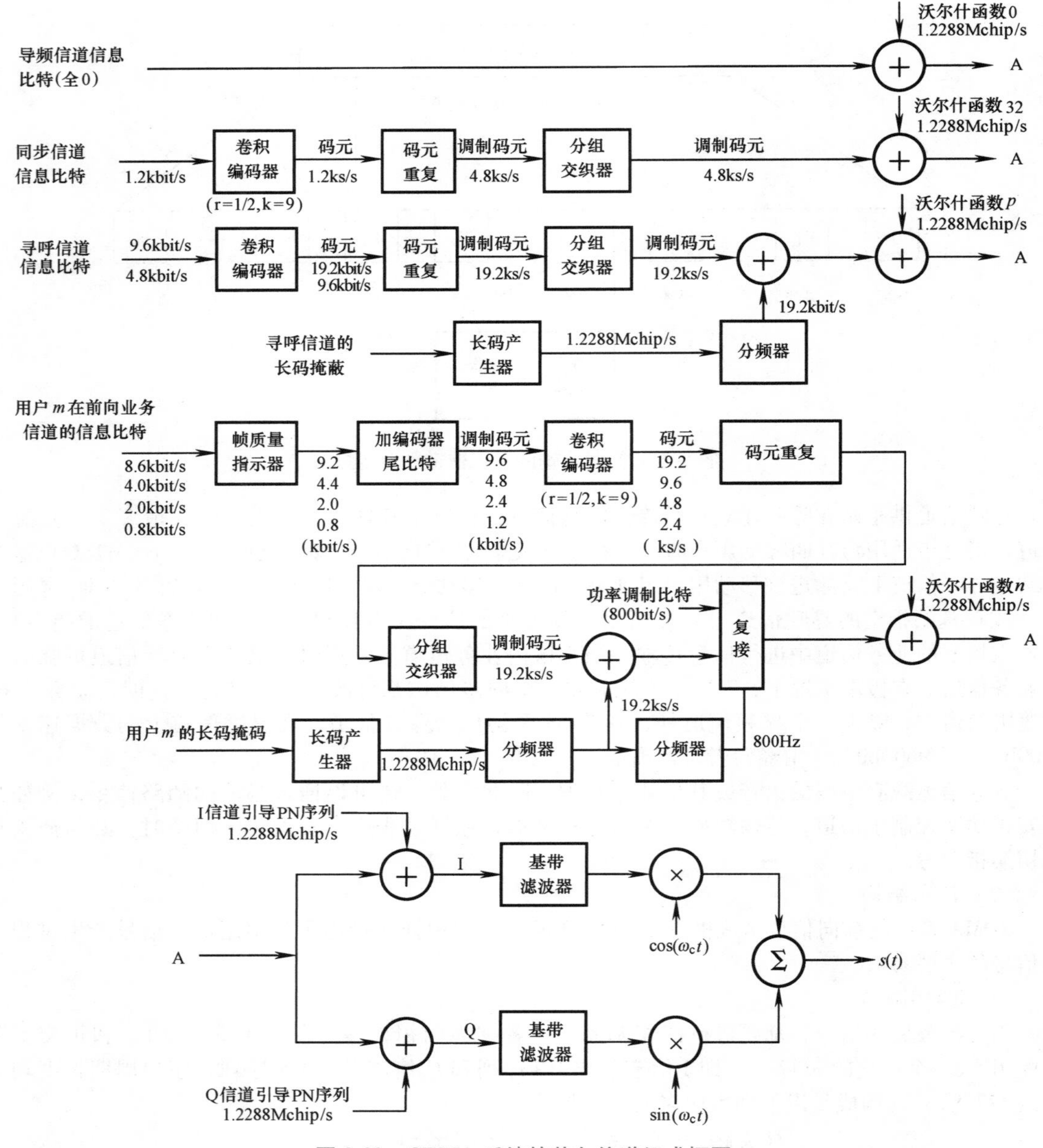

图 8-23　CDMA 系统的前向信道组成框图

不同的时间偏置用不同的偏置系数表示，偏置系数共 512 个。编号 K 从 0～511，参见图 8-24，通常规定序列中出现 15 个“0”后，后续的 64 个子码为偏置系数 $K=0$。同理，$K=1$ 表示后续的 64 个子码，直到 $K=511$，是码序列中最末的 64 个子码，它包含序列周期中唯一的 15 个连“0”。

偏置时间（t_K）等于偏置系数乘 64 个子码宽度时间，即

$$t_K=K\times 64\times\frac{1}{1.2288}\mu\text{s}$$

例如，当偏置系数为 15 时，相应的偏置时间是

$$t_K=15\times 64\times\frac{1}{1.2288}\mu\text{s}=781.25\mu\text{s}$$

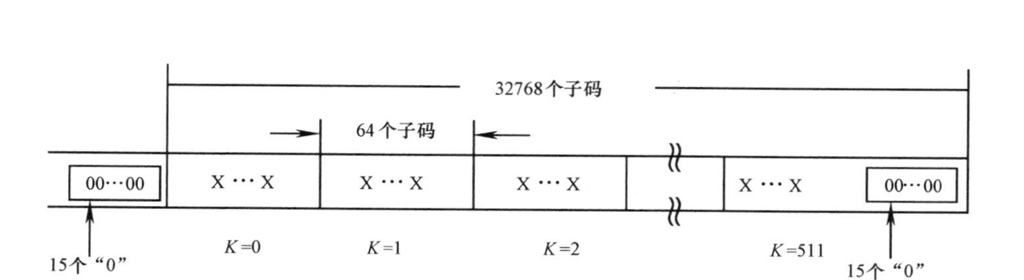

图 8-24　偏置系数 K 的示意图

偏置的引导 PN 序列必须在时间的偶数秒起始传输，其他 PN 引导序列的偏置系数规定了它和零偏置（$K=0$）引导序列的偏置时间差。如上所述，偏置系数为 15 时，引导 PN 序列的偏离时间为 781. 25μs，说明该 PN 序列要从标准时间每一偶数秒之后 781. 25μs 才开始。

引导 PN 序列的周期时间是 26. 666（32768/1. 2288）ms，即每 2s 有 75 个 PN 序列周期。

经过基带滤波后，进行四相调制，其信号星座图与典型的四相相移键控相同。

（4）数据传输与信息帧结构

数据信息帧结构如图 8-25 所示，它分为同步数据信息帧和寻呼/业务数据信息帧两大类。两类信息帧组成的高帧结构相同，均含有 25 个超帧，但超帧、帧、符号的结构则不相同，两类逻辑信道结构又相同，具体说明如下：

1）同步数据信息帧结构

高帧：含 25 个超帧，或 75 个 PN 帧（相当于 75 个 PN 周期），时长为 2s。

超帧：相当于 3 个 PN 周期，时长为 80ms。

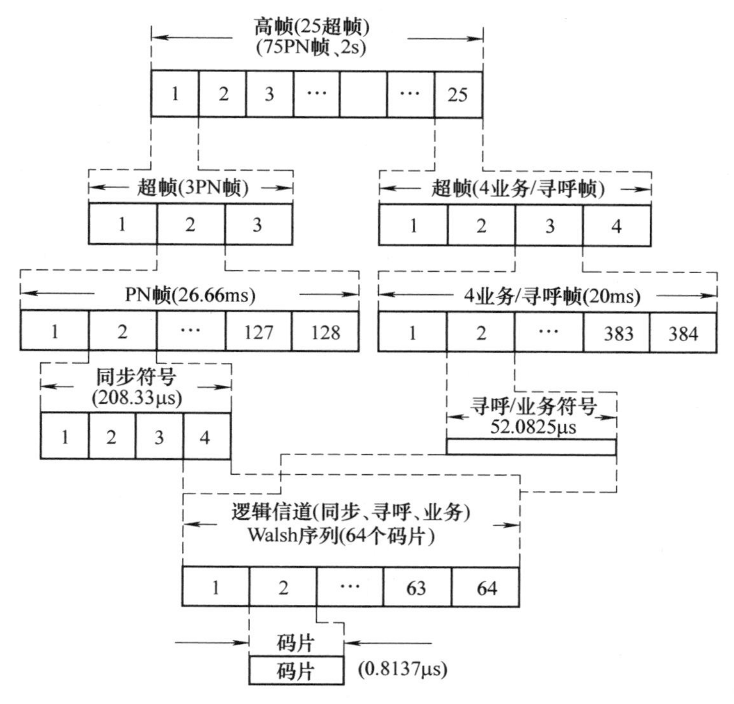

图 8-25　数据传输信息帧结构

PN 帧：含 128 个同步符号（32768 个码片），时长为 26. 66ms。

同步符号：含 256 个码片（4 个沃尔什序列），时长为 208. 33μs。

沃尔什序列：含64个码片。时长为52.0825μs。

码片（chip）：0.8137μs。

2）寻呼/业务数据信息帧结构

高帧：含25个超帧，或75个PN帧（相当于75个PN周期），时长为2s。

超帧：相当于4个业务帧，时长为80ms。

业务帧：含384个寻呼/业务符号（24576个码片），时长为20ms。

寻呼/业务符号：含64个码片（1个沃尔什序列），时长为52.0825μs。

沃尔什序列：含64个码片，时长为52.0825μs。

码片（chip）：0.8137μs。

前向业务信道信息帧和反向业务信道信息帧的格式相同，帧长均为20ms，如图8-26a所示，业务信道在信道编码之前的数据传输速率可分别为9.6kbit/s、4.8kbit/s、2.4kbit/s、1.2kbit/s。因此，在一帧内可传送的信息位分别为172bit/s、80bit/s、40bit/s、16bit/s。在速率为9.6/4.8kbit/s的帧中，F分别为12bit和8bit的帧质量指示，T为8bit的尾位。在速率为2.4/1.2kbit/s的帧中，只有8bit的尾位。帧质量指示的作用有两个：一是帧校验，指示该帧是否有错；二是指示传输速率，因为低传输速率时无F位。

① 前向业务信道。在业务信道工作期间，基站在前向业务信道中的业务帧给移动台发送报文。前向业务信道报文格式如图8-26b所示，前向业务信道报文含有报文长度（8bit）、报文体（16~1160bit）及CRC（16bit）。基站发送的报文可在一个业务信道帧或多个业务信道帧中传送。在多帧传送时，以业务信道帧的第一位SOM（1bit来标志报文的开始），即报文开头这一帧的SOM为“1”，其余帧的SOM为“0”，如果报文结束的那一帧有空余位时，将用“0”填充。

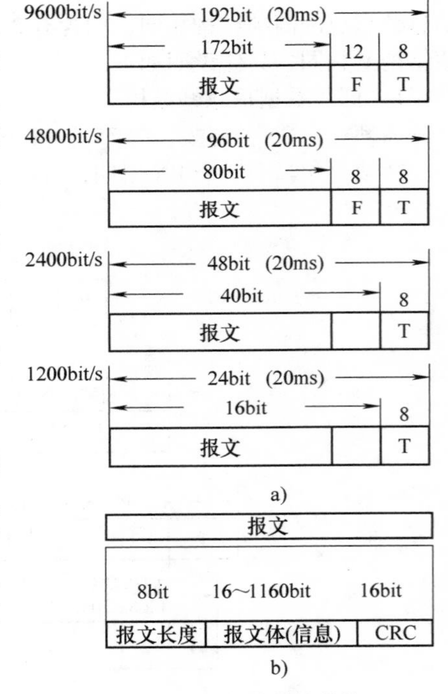

图8-26　业务信道帧结构

当无业务激活时，基站发送无业务信道数据给移动台，以保持联系，无业务信道数据的传输速率为1.2kbit/s，在其帧结构中的247bit报文，由16个“1”跟着8个“0”组成。

② 反向业务信道。反向业务信道帧结构与前向业务帧相同，参见图8-26a，反向信道的报文结构参见图8-26b。反向业务信道的前导（Preamble）由含有192个“0”的若干帧组成。无业务的信道数据由16个“1”加8个“0”组成，以1200bit/s的速率传输。当移动台无业务激活时，它发送Null业务信道数据，以保持移动台与基站的连接性。

2. 反向信道

在CDMA蜂窝系统中，由移动台至基站的信道作为CDMA的反向信道，也称作上行信道。反向信道中只包含接入信道和反向业务信道，其中接入信道与前向信道中的寻呼信道相对应，其作用是在移动台接续开始阶段提供通路，即在移动台没有占用业务信道之前，提供由移动台至基站的传输通路，供移动台发起呼叫或对基站的寻呼进行响应，以及向基站发送登记注册的信息等。接入信道使用一种随机接入协议，允许多个用户以竞争的方式占用。在一个反向信道中，接入信道数n最多可达32个。在极端情况下，业务信道数m最多可达64个。每个业务信道用不同的用户长码序列加以识别。在反向传输方向上无导频信道。

反向业务信道与正向业务信道相对应。反向信道中信号特征、参数等既有相同点（和正向信道比），也有其自身的特点。本部分重点讨论反向信道的组成。

反向信道信号是由移动台发射的。移动台发射信号产生过程，通常称为反向信道的组成，其原理框图如图 8-27 所示。图中，上部分为接入信道，下部分为反向业务信道。

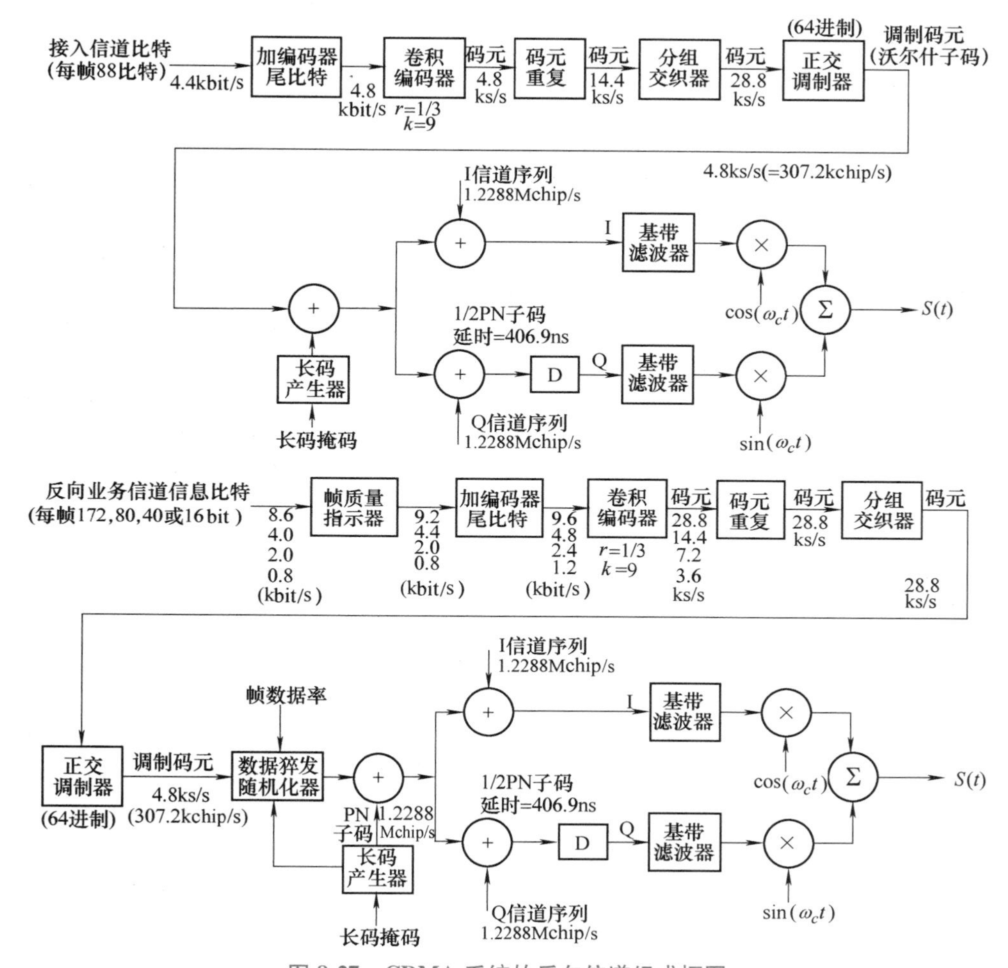

图 8-27　CDMA 系统的反向信道组成框图

（1）数据速率

接入信道用 4800bit/s 的固定速率，反向业务信道用 9600bit/s、4800bit/s、2400bit/s 和 1200bit/s 的可变速率。两种信道的数据中均要加入编码器尾比特，用于反卷积编码器复位到规定的状态。此外，在反向业务信道上传送 9600bit/s 和 4800bit/s 数据时，也要加质量指示比特（CRC 校验比特）。

（2）卷积编码

接入信道和反向业务信道所传输的数据都要进行卷积编码，卷积码的码率为 1/3，约束长度为 9。

（3）码元重复

反向业务信道的码元重复和前向业务信道一样。数据速率为 9600bit/s 时，码元不重复；数据速率为 4800bit/s、2400bit/s 和 1200bit/s 时码元分别重复 1 次、3 次和 7 次（每一码元连续出现 2 次、4 次和 8 次）。这样使得各种速率的数据都变换成 28800bit/s。反向业务信道与前向业务信道的不同之处是并非对重复的码元重复发送多次，而是除了发送其中的一个码元外，其余的重复码元全部删除。在接入信道上，因为数据速率固定为4800bit/s，因而每一码元只重复一次，而且两个重复码元都要发送。

（4）分组交织

所有码元在重复之后都要进行分组交织。分组交织的跨度为20ms。交织器组成的阵列是32行×18列（即576个单元）。

8.3.3 cdma2000网络结构

cdma2000系统的空中接口标准包括cdma2000 1x、1x EV-DO、1x EV-DV、核心网和无线接入网。cdma2000 1x可以提供双倍于IS-95的语音容量以及153.6kbit/s的数据传输速率。随着用户需求的不断增加，尤其是针对高速数据业务的需求，3GPP2提出了cdma2000 1x的演进技术——EV-DO。该技术是一种专为高速分组数据传送而优化设计的空中接口，着重实现对数据业务的增强，并能后向兼容cdma2000 1x技术，获得更高的频谱利用率，实现更高的传输速率和更低的时延。

1x EV-DO网络的参考模型如图8-28所示，由分组核心网（Packet Core Network，PCN）、无线接入网（Radio Access Network，RAN）和接入终端（Access Terminal，AT）三部分组成。PCN通过Pi接口与外部IP网络（如因特网）相连，Pi接口在IS-835标准中定义；RAN通过A接口与PCN相连，A接口在IS-837标准中定义；AT通过空中接口或Um接口与RAN相连，Um接口在IS-856标准中定义。

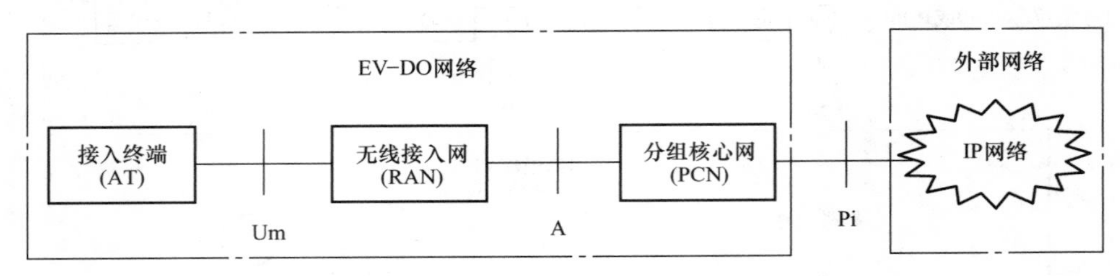

图8-28 1x EV-DO网络结构

从网络结构上看，1x EV-DO与cdma2000 1x基本一致，两者的主要差异在于1x EV-DO作为数据业务专用网络，不支持电路型语音业务，因而不存在电路核心网。

从接口协议上看，1x EV-DO定义了新的Um接口协议，其A接口功能及其通信协议与cdma2000 1x大致相似；其核心网络内部接口协议及其外部IP网络之间的接口协议与cdma2000 1x基本一致，均遵从cdma2000无线IP网络标准中的有关规定。

下面分别介绍各个逻辑实体的功能、接口及其相关协议。

1. 接入终端

接入终端是为用户提供数据连接的设备。它可以是可移动的计算设备（如个人计算机），或移动的数据设备（如手机）。接入终端包括移动设备（Mobile Equipment，ME）和用户识别模块（User Identity Module，UIM）两个部分，其中，ME由终端设备2（Terminal Equipment2，TE2）和移动设备2（Mobile Equipment2，MT2）组成。接入终端的组成如图8-29所示。

UIM是用户数据和签约信息的存储及处理模块；通过UIM-MT2接口与MT2相连，该接口是接入终端的内部接口，取决于设备实现。MT2作为网络通信设备，可以是手机等移动终端，通过Um接口与RAN相连，Um接口在IS-856标准中定义。TE2作为数据终端处理设备，可以是手机或便携机，通过Rm接口与MT2相连，Rm接口在IS-707标准中定义。

2. 无线接入网（RAN）

RAN提供PCN与AT之间的无线承载，传送用户数据非接入层面的信令消息，AT通过这些信令消息与PCN进行业务信息的交互。

RAN主要负责无线信道建立、维护及释放，进行无线资源管理和移动性管理。

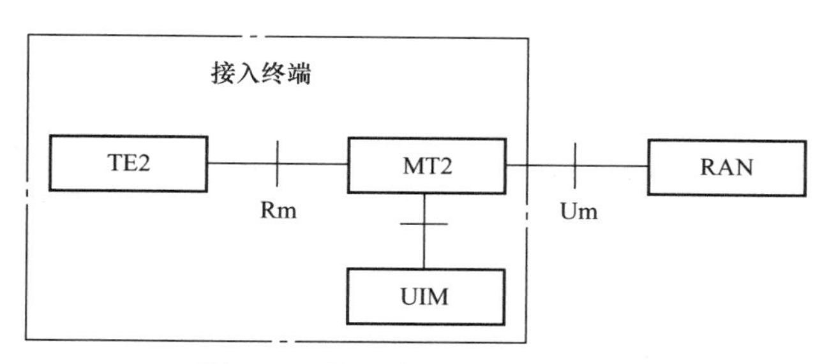

图 8-29　接入终端结构参考模型

RAN 参考模型如图 8-30 所示，主要包括接入网（Access Network，AN）、分组控制功能（Packet Control Function，PCF）和接入网鉴权/授权/计费（AN-Authentication，Authorization and Accounting，AN-AAA）等功能实体。在图 8-30 中，用实线表示的接口传送用户数据，用虚线表示的接口传送信令信息。

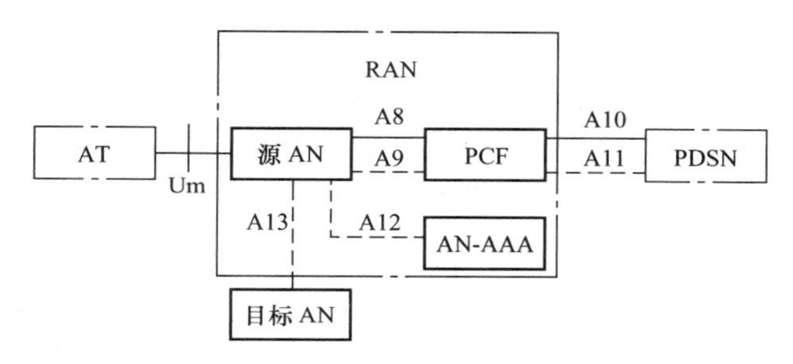

AT—接入终端；AN—接入网；AN-AAA—接入网鉴权、授权及计费服务器；PDSN—分组数据业务节点；PCF—分组控制功能。

图 8-30　无线接入网参考模型

AN 是在分组网（主要为因特网）和接入终端之间提供数据连接的网络设备，完成基站收发、呼叫控制及移动性管理功能。AN-AAA 是接入网执行接入鉴权和对用户进行授权的逻辑实体。PCF 与 AN 配合完成与分组数据业务有关的无线信道控制功能。

3. 分组核心网

PCN 构成与 cdma2000 1x 类似，与 1x EV-DO 终端接入因特网的方式有关。可以采用简单 IP 或者移动 IP 方式。当使用简单 IP 时，PCN 主要包含 PDSN 及 AAA 等功能实体；当使用移动 IP 时，PCN 还应增加外地代理和归属代理等功能实体。

PCN 逻辑实体主要包括 PDSN 与 AAA。AAA 可以分为三类：归属地 AAA（Home AAA，HAAA）、拜访地 AAA（Visited AAA，VAAA）及代理 AAA（Broker AAA，BAAA）。PCN 通过 A10/A11 接口或 R-P 接口与 RAN 进行通信。PCN 主要用于提供 AT 接入到因特网。为了接入到因特网，AT 必须获得一个 IP 地址。PCN 提供两种接入方法：简单 IP 接入和移动 IP 接入。两者之间的主要区别是 AT 获得 IP 地址及其数据分组路由转发的方法不同。如果支持“Always On”，在停止分组数据呼叫后，仍然保持 AT 与 PDSN 之间的 PPP 连接，而且 AT 仍然保留其 IP 地址，这样在发起新的分组数据呼叫时，不需要重新分配 IP 地址和建立 PPP 连接。

采用简单 IP 接入时，接入业务提供者（Access Service Provider，ASP）在事先设定的网络域中为 AT 统一分配 IP 地址。如果支持“Always On”，那么 AT 可以保留已分配的 IP 地址，并在指定的网络域中生效。如果 AT 离开该网络域，则在新的网络域中必须重新分配 IP 地址，才能进行分组数据会话。在简单 IP 情况下，PCN 的协议参考模型如图 8-31 所示。其中，P-P 是相邻 PDSN 之间的接口；Pi 是 PDSN 与 IP 网络之间的接口。

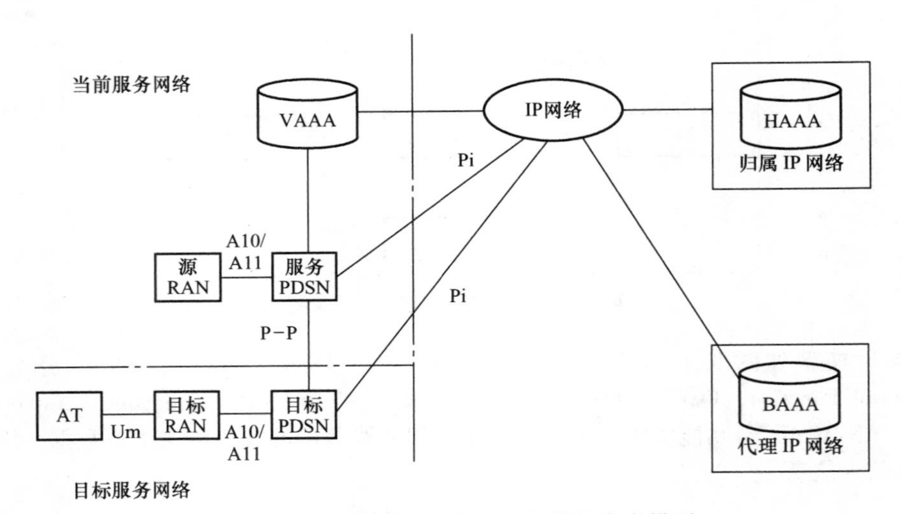

图 8-31　采用简单 IP 时 PCN 的协议参考模型

当采用移动 IP 接入时，AT 在全网保持固定的 IP 地址，由归属网络而非 ASP 为其分配 IP 地址。在移动 IP 情况下，PCN 的协议参考模型如图 8-32 所示。其中，FA 和 HA 分别执行外部代理和归属代理的功能；FA 功能可以由访问地 PDSN 提供，与访问地 PDSN 实体合一。

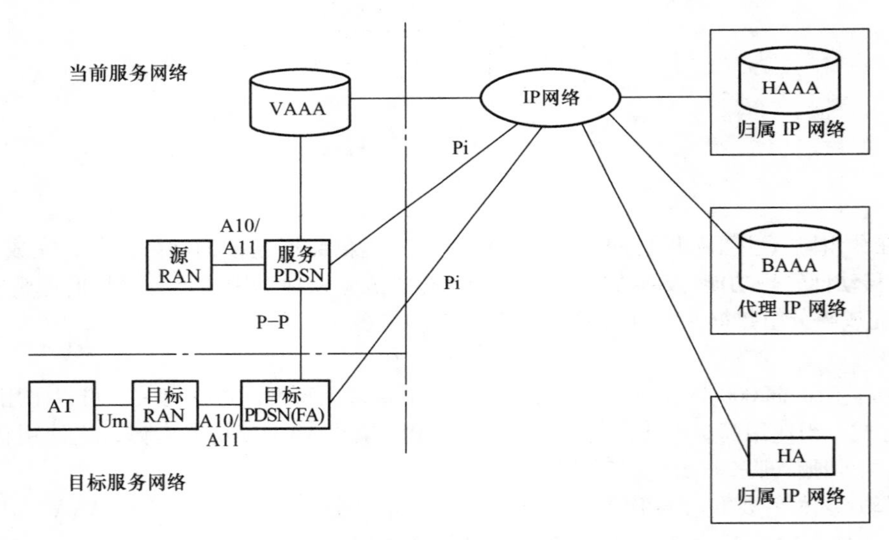

图 8-32　采用移动 IP 时 PCN 的协议参考模型

8.3.4　cdma2000 信道结构

cdma2000 物理层规范详细定义了 cdma2000 系统前向和反向链路的信道结构和各种参数设置。

1. 前向 CDMA 信道结构

cdma2000 前向链路所包含的物理信道如图 8-33 所示。

前向链路的物理信道划分为两大类：前向链路公共物理信道和前向链路专用物理信道。

前向链路公共物理信道包含导频信道、同步信道、寻呼信道、广播控制信道、快速寻呼信道、公共功率控制信道、公共指配信道和公共控制信道。其中，前 3 种与 IS-95 系统兼容，后面的信道则是 cdma2000 新定义的信道。

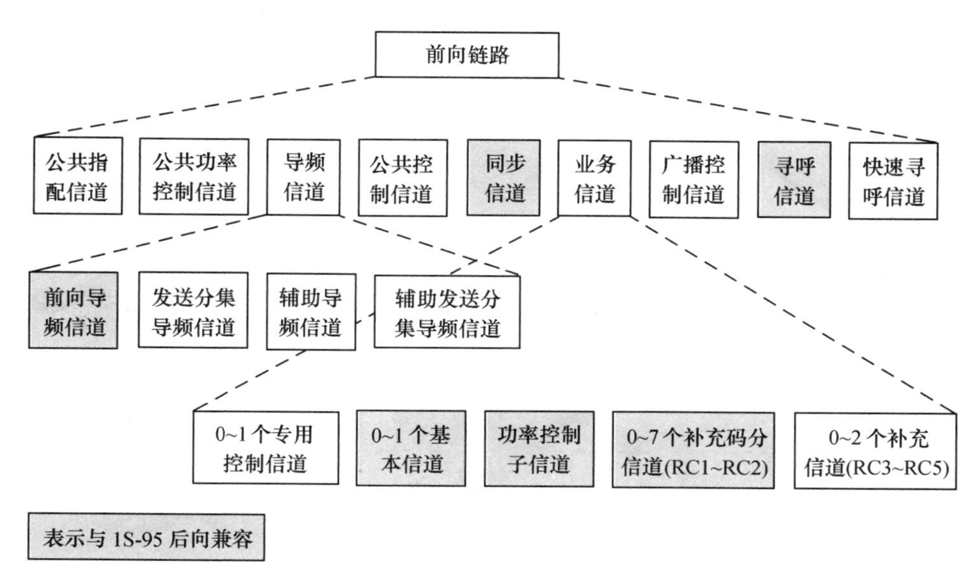

图 8-33　cdma2000 前向链路物理信道划分

前向链路专用物理信道包含专用控制信道、基本信道、补充信道和补充码分信道。其中，基本信道的 RC1、RC2 以及补充码分信道是和 IS-95 中的业务信道兼容的，其他信道则是 cdma2000 新定义的信道。

前向信道有多载波和直扩两种方式，以下主要介绍直扩方式下的信道结构。

（1）扩频速率为 SR1 的情况

扩频速率为 SR1 的情况下前向 CDMA 信道的信道类型如表 8-7 所示。

表 8-7　扩频速率 SR1 的情况下前向 CDMA 信道的信道类型

	信道类型	最大数目
前向链路公共物理信道	前向导频信道	1
	发送分集导频信道	1
	辅助导频信道	未指定
	辅助发送分集导频信道	未指定
	同步信道	1
	寻呼信道	7
	前向公共控制信道	7
	广播控制信道	8
	快速寻呼信道	3
	公共功率控制信道	15
	公共指配信道	7
前向链路专用物理信道	信道类型	最大数目
	前向专用辅助导频信道	未指定
	前向专用控制信道	1/每个前向业务信道
	前向基本信道	1/每个前向业务信道
	前向补充码分信道（仅 RC1 和 RC2）	7/每个前向业务信道
	前向补充信道（仅 RC3 ~ RC5）	2/每个前向业务信道

图 8-34 所示为前向导频信道结构框图。图 8-35 中实线画出的部分是同步信道与寻呼信道共有

的，虚线部分则是同步信道没有而寻呼信道有的，它们的符号重复和块交织的参数也有所差别。

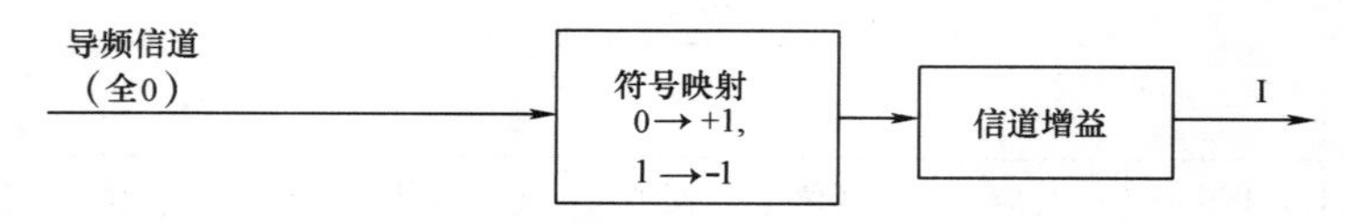

图 8-34 前向导频信道结构框图

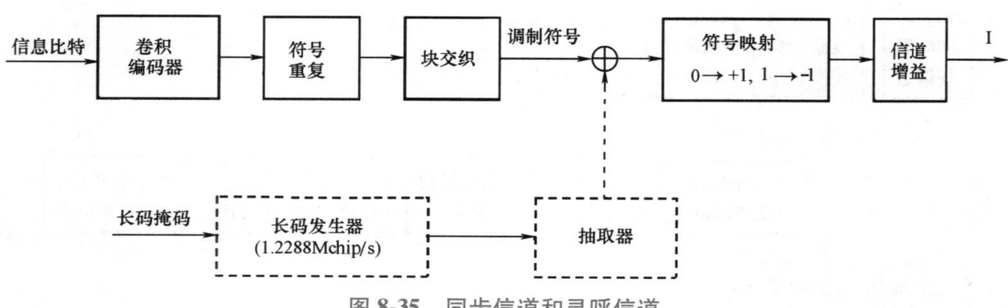

图 8-35 同步信道和寻呼信道

如图 8-36 所示，实线框中是广播信道、公共指配信道和公共控制信道共有的部分，而第一个虚线框（加帧质量指示位）只有公共控制信道的结构没有，而第二个虚线框（序列重复）仅广播信道的结构有。它们的帧质量指示比特的位数、卷积编码器和块交织器的参数都有差别。

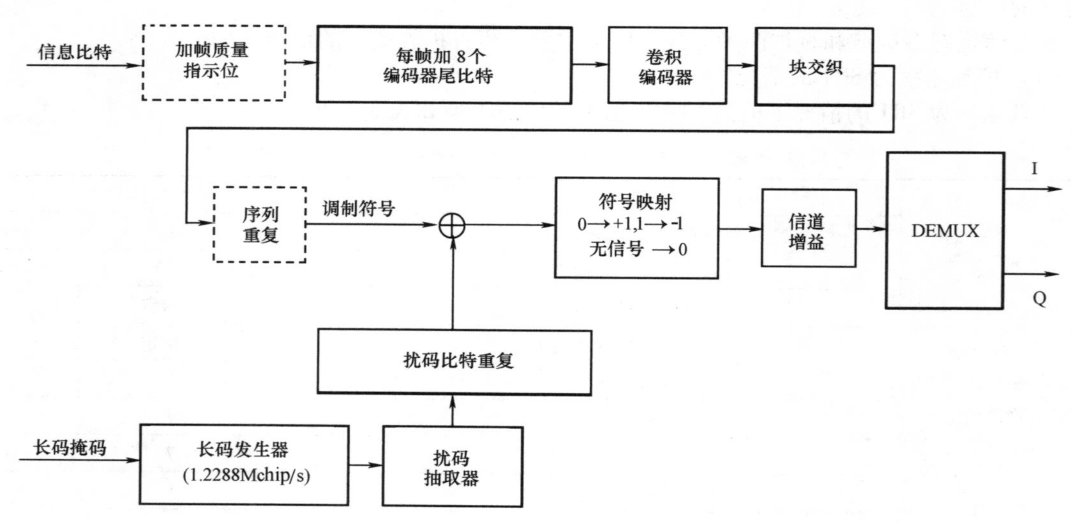

图 8-36 广播信道、公共指配信道和公共控制信道结构

图 8-37 和图 8-38 分别为前向快速寻呼信道和公共功率控制信道结构框图。

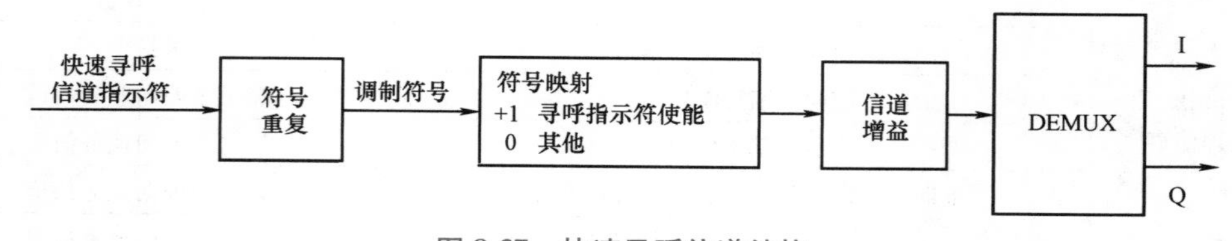

图 8-37 快速寻呼信道结构

如图 8-39 所示，配置为 RC1 的前向业务信道的结构就是实线框连成的部分，实际上与 IS-95 的前向业务信道结构相同。而配置为 RC2 的前向业务信道的结构是实线框和虚线框合起来连成的部分。两者结构上的差别仅在图中两个虚线框（加 1 个保留位和符号删除）的有无，其余部分的参数都相同。

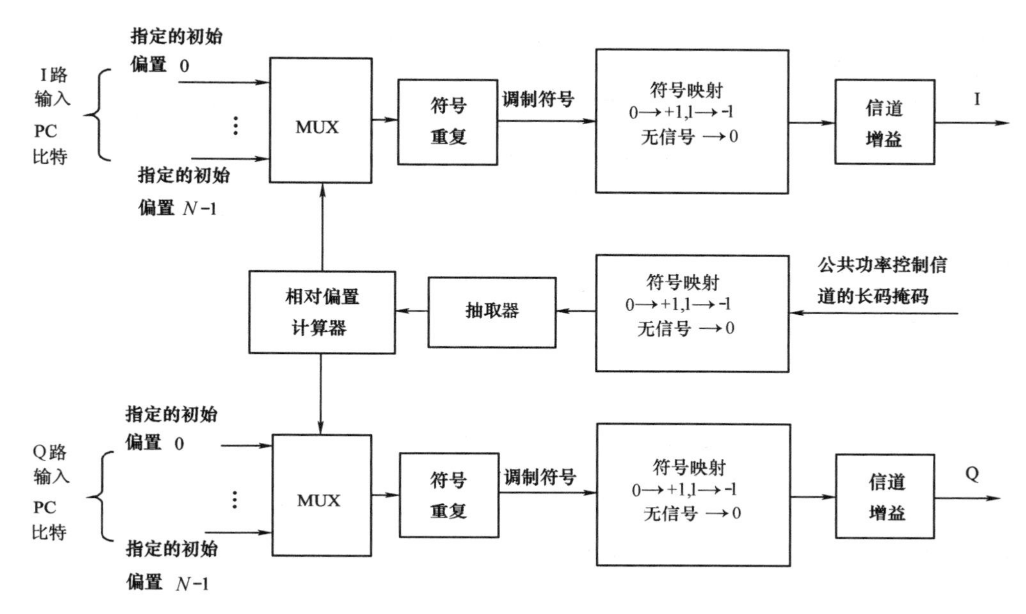

图 8-38 公共功率控制信道结构框图

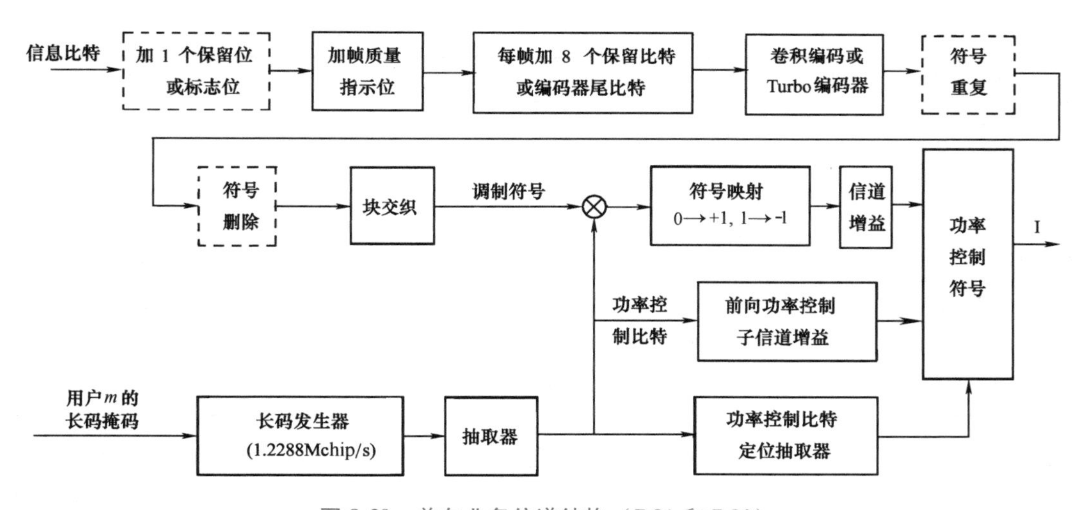

图 8-39 前向业务信道结构（RC1 和 RC2）

RC3、RC4、RC5 三种无线配置下的前向业务信道的结构差别仅在于 RC5 配置下的业务信道结构比其余两种情况下的业务信道结构要多加一个保留位（图 8-40 所示虚线框），其余的差别都表现在成帧部分的参数上。

比较图 8-39 和图 8-40 可知，配置为 RC1、RC2 和 RC3 ~ RC5 的前向业务信道结构的主要区别是由长伪随机序列生成基带数据扰码的方式不同。这是因为在配置为 RC1、RC2 的业务信道中，信息比特经过编码调制后得到的调制符号速率固定为 19. 2ks/s，而在配置为RC3 ~ RC5 的业务信道

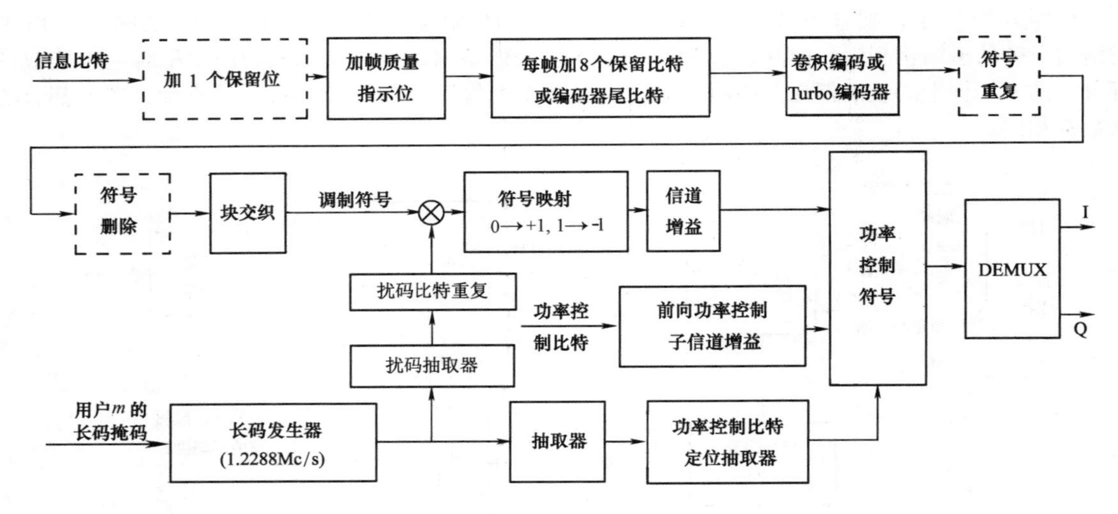

图 8-40　前向业务信道结构（RC3~RC5）

中，信息比特经过编码调制后得到的调制符号速率从 19.2ks/s 到 614.4ks/s 不等，所示基带数据扰码的生成方式也就复杂一些。两个图还有一点不同，即在最后数据输出的方向上，图 9-34 的输出数据仅传向了 I 支路，而图 8-40 的输出数据经过串并转换后分别传到了 I 和 Q 两条支路上，这也就表现出了不同配置的前向业务信道的数据调制方式的差别：RC1、RC2 采用 BIT/SK 调制，而 RC3、RC4 采用 QPSK 调制。

（2）扩频速率为 SR3 的情况

扩频速率为 SR3 的情况下前向 CDMA 信道的信道类型如表 8-8 所示。

表 8-8　扩频速率 SR3 的情况下前向 CDMA 信道的信道类型

信道类型	最大数目	信道类型	最大数目
前向导频信道	1	公共功率控制信道	未指定
发送分集导频信道	1	公共指配信道	未指定
辅助导频信道	未指定	前向公共控制信道	未指定
辅助发送分集导频信道	未指定	前向专用控制信道	1/每个前向业务信道
同步信道	1	前向基本信道	1/每个前向业务信道
广播信道	未指定	前向补充信道	2/每个前向业务信道
快速寻呼信道	未指定		

扩频速率为 SR3 的前向 CDMA 业务信道的配置为 RC6~RC9，其中，RC6 和 RC7 的前向业务信道结构与 RC3 和 RC4 的前向业务信道结构相似，而 RC9 的前向业务信道结构与 RC5 的前向业务信道结构相似，RC8 的前向业务信道结构与 RC5 只有较小差别，就是没有符号删除，如图 8-40 所示。

除业务信道以外的信道都与扩频速率为 SR1 的对应信道结构相同，此处不再列出。

2. 反相 CDMA 信道结构

cdma2000 反向链路所包含的物理信道如图 8-41 所示。

（1）扩频速率为 SR1 的情况

扩频速率为 SR1 的情况下反向 CDMA 信道的信道类型如表 8-9 所示。

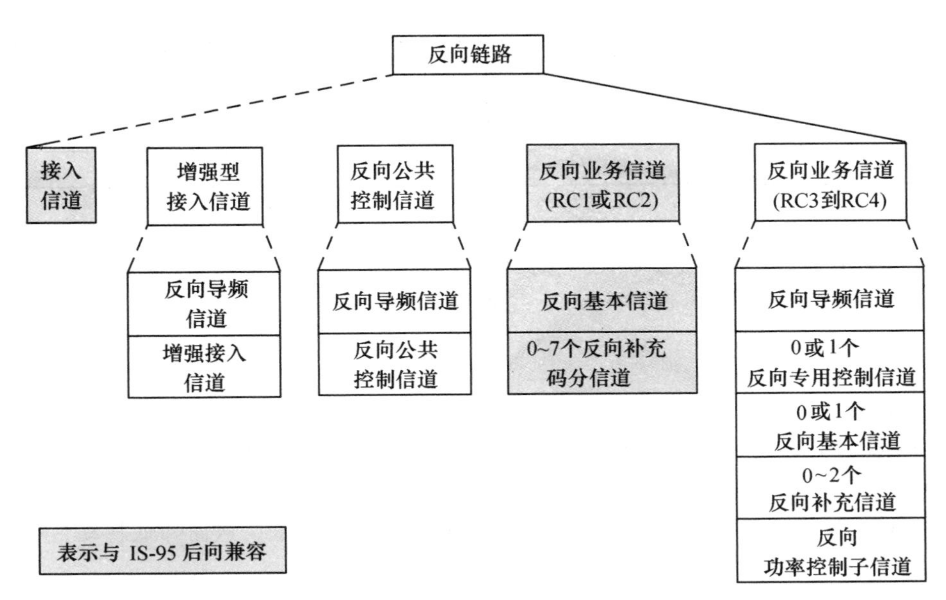

图 8-41　cdma2000 反向链路物理信道划分

表 8-9　扩频速率为 SR1 的情况下反向 CDMA 信道的信道类型

信 道 类 型	最大数目	信 道 类 型	最大数目
反向导频信道	1	反向专用控制信道	1
接入信道	1	反向基本信道	1
增强接入信道	1	反向补充码分信道（仅 RC1 和 RC2）	7
反向公共控制信道	1	反向补充信道（仅 RC3 和 RC4）	2

接入信道、配置为 RC1/RC2 的反向基本信道和反向补充码分信道的信道结构分别与 IS-95 中的接入信道、反向业务信道的信道结构相同。

增强接入信道、反向公共控制信道、反向专用控制信道以及 RC3/RC4 的反向基本信道和反向补充信道的编码信道的信道结构如图 8-42 所示，其中实线框是以上信道都有的部分。图中也有两个虚线框，第一个表示的过程是在数据帧中加入加保留位，这是仅 RC4 的反向业务信道有的部分，而第二个虚线框表示的符号删除则是除 RC3 的反向专用控制信道外的 RC3、RC4 反向业务信道都有的部分。同样，结构中的加帧质量指示位、卷积编码器和符号重复以及交织器的参数也不尽相同。

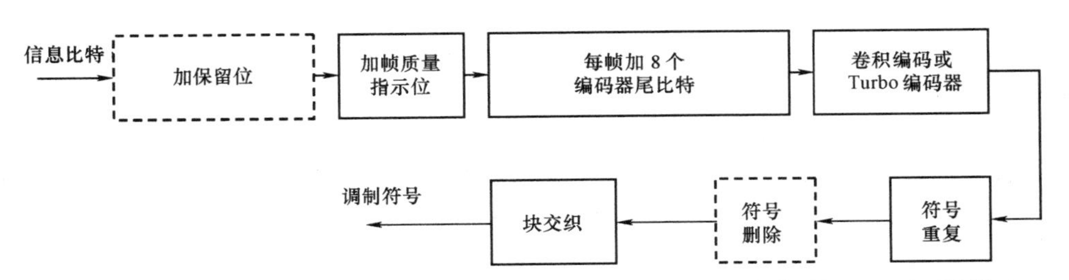

图 8-42　增强接入信道、反向公共控制信道、反向专用控制信道以及 RC3/RC4 的反向基本信道和反向补充信道的编码信道的信道结构

（2）扩频速率为 SR3 的情况

扩频速率为 SR3 的情况下反向 CDMA 信道的信道类型如表 8-10 所示。

表 8-10 扩频速率为 SR3 的情况下反向 CDMA 信道的信道类型

信道类型	最大数目	信道类型	最大数目
反向导频信道	1	反向专用控制信道	1
增强接入信道	1	反向基本信道	1
反向公共控制信道	1	反向补充信道	2

扩频速率 SR3 下反向 CDMA 业务信道的配置为 RC5 和 RC6，其中，RC5 的反向业务信道结构与 RC3 的反向业务信道结构相似，而 RC6 的反向业务信道结构与 RC4 的反向业务信道结构相似，差别只在于 PN 码片的速率为 3.6864Mchip/s，是 SR1 的 3 倍。

8.3.5 cdma2000 关键技术

1. 前向快速功率控制技术

cdma2000 采用快速功率控制技术，方法是移动台测量收到业务信道的 E_b/N_t，并与门限值比较，根据比较结果，向基站发出调整基站发射功率的指令，功率控制速率可以达到 800bit/s。由于使用快速功率控制，可以达到减少基站发射功率、减少总干扰电平，从而降低移动台信噪比的要求，最终可以增大系统容量。

2. 前向快速寻呼信道技术

（1）寻呼或睡眠状态的选择

因基站使用快速寻呼信道向移动台发出指令，决定移动台是处于监听寻呼信道还是处于低功耗状态的睡眠状态，这样移动台便不必长时间连续监听前向寻呼信道，可减少移动台激活时间，节省移动台功耗。

（2）配置改变

通过前向快速寻呼信道，基站向移动台发出最近几分钟内的系统参数信息，使移动台根据此新消息作相应设置处理。

3. 前向链路发射分集技术

使用前向链路发射分集技术可以减少发射功率，抗瑞利衰落，增大系统容量。cdma2000 1x 采用直接扩频发射分集技术，它有两种方式：

1）正交发射分集（OTD）。方式是先分离数据流，再用不同的正交 Walsh 码对两个数据流进行扩频，并通过两个发射天线发射出去。

2）空时扩频（STS）。使用空间两根分离天线发射已交织的数据，使用相同原始 Walsh 码信道。

4. 反向相干解调

基站利用反向导频信道发出的扩频信号，捕获移动台的发射，再用梳状（RAKE）接收机实现相干解调，与 IS-95 采用非相干解调相比，提高了反向链路性能，降低了移动台发射功率，提高了系统容量。

5. 连续的反向空中接口波形

在反向链路中，数据采用连续导频，使信道上数据波形连续，此措施可减少外界电磁干扰，改善搜索性能，支持前向功率快速控制以及反向功率控制连续监控。

6. 优异纠错性能的 Turbo 码

Turbo 码具有优异的纠错性能，适于高速率对译码时延要求不高的数据传输业务，并可降低对发射功率的要求，增加系统容量，在 cdma2000 1x 中 Turbo 码仅用于前向补充信道和反向补充信道中。

Turbo 编码器由两个 RSC 编码器（卷积码的一种）、交织器和删除器组成。每个 RSC 有两路校验位输出，两个输出经删除复用后形成 Turbo 码。

Turbo 译码器由两个软输入、软输出的译码器、交织器、去交织器构成，经对输入信号交替译码、软输出迭代译码、过零判决后得到译码输出。

7. 灵活的帧长

cdma2000 1x 支持 5ms、10ms、20ms、40ms、80ms 和 160ms 多种帧长，不同类型信道分别支持不同帧长。前向基本信道、前向专用控制信道、反向基本信道、反向专用控制信道采用 5ms 或 20ms 帧，前向补充信道、反向补充信道采用 20ms、40ms 或 80ms 帧，语音信道采用 20ms 帧。较短帧可以减少时延，但解调性能较低；较长帧可降低对发射功率的要求。

8. 增强的媒体接入控制功能

媒体接入控制子层控制多种业务接入物理层，保证多媒体的实现。它的功能是实现语音、电路数据和分组数据业务的处理、收发复用、QoS 控制、接入等。与 IS-95 相比，可以满足更高带宽和更多业务的要求。

8.4 TD-SCDMA 系统

8.4.1 TD-SCDMA 标准特色

TD-SCDMA 系统是我国信息产业部电信科学研究院开发研制的，它采用了时分多址（TDMA）和时分双工（TDD）、软件无线电（Software Radio）、智能天线（Smart Antenna）和同步 CDMA 等技术。表 8-11 列出了 TD-SCDMA 无线接口的基本技术参数。

表 8-11 TD-SCDMA 无线接口的基本技术参数

采用技术类型	直扩	调制方式	DQPSK
载频间隔/MHz	1.6	扩频因子	1~16
码片速率/（Mchip/s）	1.28	功率控制	开环和慢速闭环（20bit/s）
双工方式	TDD	切换	软切换 频率间切换
帧长/ms	10		
基站同步方式	同步		

8.4.2 TD-SCDMA 网络结构

TD-SCDMA 系统的网络结构完全遵循 3GPP 相关协议，与 WCDMA 的网络结构基本一致，如图 8-43 所示，整个系统分为三个部分：终端（UE）、接入网（RAN）以及核心网（CN）。接入网部分由 RNC 和 NodeB 组成，负责 UE 和核心网络之间传输通道的建立与管理。RNC 与 NodeB 通过 Iub 接口相连，接口协议遵循 3GPP 25.43x 规范的规定。核心网由三部分构成：电路域、分组域和广播域。核心网内各网络实体及其接口定义与 WCDMA 的对应部分完全一致。接入网和核心网的接口为 Iu 接口，遵循 3GPP 25.41x 规范的规定。接入网和 UE 之间的空中接口为 Uu 接口，遵循 3GPP 25.1xx、3GPP 25.2xx、3GPP 25.3xx 的规定。

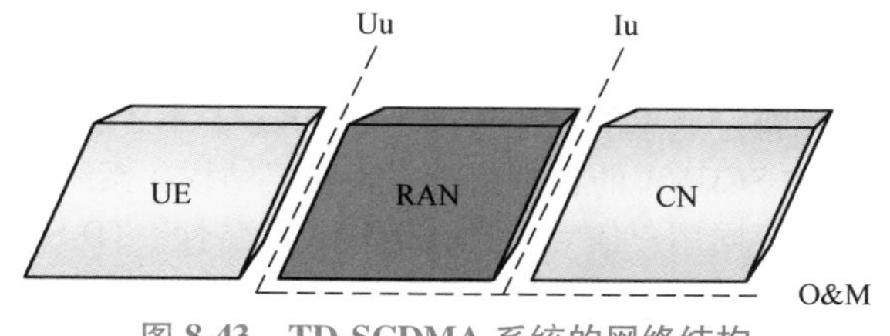

图 8-43 TD-SCDMA 系统的网络结构

在具体的网络结构中，TD-SCDMA 系统与 WCDMA 系统的区别主要包括两个方面，即核心网和接入网。

1. 核心网部分的区别

在核心网部分，R4 相对于 R99 因 TD-SCDMA 产生的改变有两处：

1）在 TS24.008 中的 10.5.1.7 Mobile Station Classmark 3 一个空闲位赋值，用于在重定位请求

时候表明是否支持 TD-SCDMA。在重定位请求时，当目标网络为 GSM 时，该项为可选项。Mobile Station Classmark 3 信息单元是向网络提供关于移动台方面的信息。

2）在 TS24.008 中的 10.5.5.12a MS Radio Access Capability 一个空闲位赋值，用于路由更新及移动台附着请求时表明是否支持 TD-SCDMA。MS Radio Access Capability 信息单元是向网络无线部分提供有关移动台无线方面的信息。

此两项是移动台在接入或区域发生变化时，用来向网络指示其是否支持 TD-SCDMA，其实现的操作过程与 WCDMA 相同，对于流程及底层的传输并不产生大的影响，且并不影响接口和流程。

2. 接入网部分的区别

接入网 Node B 逻辑模型如图 8-44 所示。TD-SCDMA 系统去掉了 WCDMA FDD 系统的 CPCH 数据端口和 TFCI2 数据端口，而增加了其特有的 USCH 数据端口。

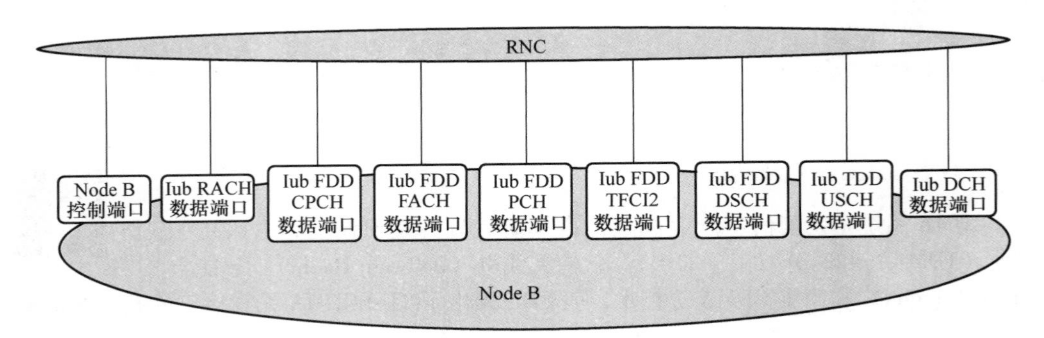

图 8-44 接入网 Node B 逻辑模型

CPCH 数据端口用于在 NodeB 和 RNC 之间传输 CPCH 的数据流。当使用 DCH+DSCH 的信道分配方式时，TFCI2 数据端口用于传输 DSCH TFCI 信令控制帧的数据流。

USCH 数据端口用于传输 USCH 上的数据流。由于 TD-SCDMA 系统没有 CPCH 信道和 SDSCH 与 DCH 绑定使用的情况，所以 TD-SCDMA 系统没有 CPCH 数据端口和 TFCI2 数据端口。USCH 为 TD-SCDMA 特有的上行信道，所以与 WCDMA 相比，TD-SCDMA 系统增加了 USCH 数据端口。

8.4.3 TD-SCDMA 信道结构

TD-SCDMA 的基本物理信道由频率、码字和时隙决定。其帧结构将 10ms 的无线帧分成两个 5ms 子帧，每个子帧中有 7 个常规时隙和 3 个特殊时隙。信道的信息速率与符号速率有关，符号速率由 1.28Mchip/s 的码片速率和扩频因子（SF）决定，上、下行信道的扩频因子在 1~16 之间，因此调制符号速率的变化范围为 80.0ks/s~1.28Ms/s。

TD-SCDMA 的物理信道采用四层结构：系统帧、无线帧、子帧和时隙/码字。时隙用于在时域上区分不同用户信号，具有 TDMA 的特性。TD-SCDMA 的物理信道信号格式如图8-45所示。

TD-SCDMA 系统帧结构的设计考虑到了对智能天线和上行同步等新技术的支持。一个 TDMA 帧长为 10ms，分成两个 5ms 子帧。这两个子帧的结构完全相同。每一子帧又分成长度为 675μs 的 7 个常规时隙和 3 个特殊时隙。这 3 个特殊时隙分别为 DwPTS、GP 和 UpPTS。在 7 个常规时隙中，TS0 总是分配给下行链路，而 TS1 总是分配给上行链路。上行时隙和下行时隙之间由转换点分开。在 TD-SCDMA 系统中，每个 5ms 的子帧有两个转换点（UL 到 DL 和 DL 到 UL）。通过灵活配置上、下行时隙的个数，使 TD-SCDMA 适用于上、下行对称及非对称的业务模式。TD-SCDMA 帧结构如图 8-46 所示，图中分别给出了时隙对称分配和不对称分配的例子。

TD-SCDMA 系统采用的突发结构如图 8-47 所示，图中 chip 表示码片长度。突发结构由两个长度分别为 352chip 的数据块、一个长度为 144chip 的中间码和一个长度为 16chip 的 GP 组成。数据块的总长度为 704chip，所包含的符号数等于 352 除以扩频因子（1/2/4/8/16）。

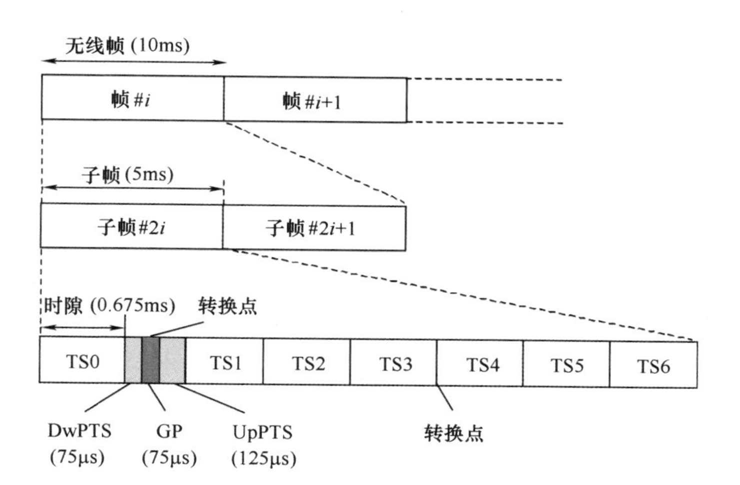

注：时隙#n（n=0…6）：第 n 个业务时隙，864 个码片长；DwPTS：下行导频时隙，96 个码片长；UpPTS：上行导频时隙，160 个码片长；GP：主保护时隙，96 个码片长

图 8-45 TD-SCDMA 的物理信道信号格式

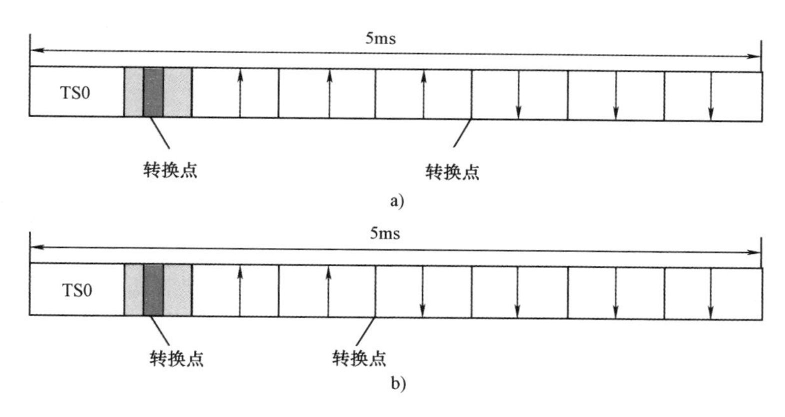

图 8-46 TD-SCDMA 帧结构

a）DL/UL 对称分配 b）DL/UL 不对称分配

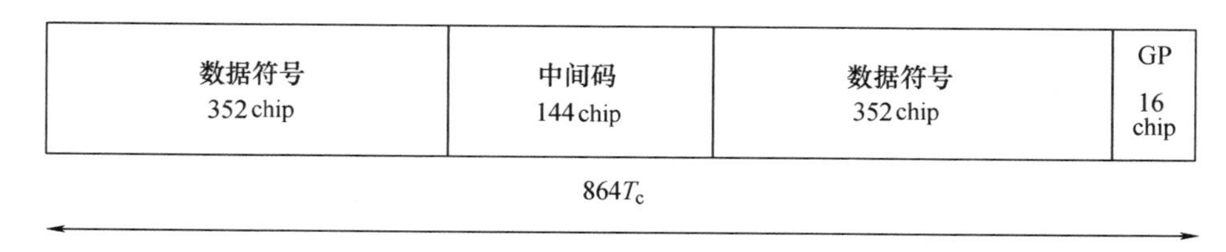

图 8-47 TD-SCDMA 系统突发结构

8.4.4 TD-SCDMA 关键技术

1. 智能天线

（1）智能天线概述

从本质上说，智能天线技术是雷达系统自适应天线阵列在通信系统中的新应用，由于体积及计算复杂性的限制，目前仅在基站系统中应用。

智能天线包括两个重要组成部分：一是对来自移动台发射的多径电波方向进行到达角（DOA）估计，并进行空间滤波，抑制其他移动台的干扰；二是对基站发送信号进行波束赋形，使基站发送信号能够沿着移动台电波的到达方向发送回移动台，从而降低发射功率，减少对其他移动台的干扰。

（2）智能天线的原理与实现

智能天线分为两大类：多波束天线与自适应天线阵列。

多波束天线利用多个并行波束覆盖整个用户区，每个波束的指向是固定的，波束宽度也随天线元数目而确定。当用户在小区中移动时，基站在不同的响应波束中进行选择，使接收信号最强。因为用户信号并不一定在波束中心，当用户位于波束边缘及干扰信号位于波束中央时，接收效果最差，所以多波束天线不能实现信号最佳接收，一般只用做接收天线。但是与自适应天线阵列相比，多波束天线具有结构简单、不需要判定用户信号到达方向的优点。

自适应天线阵列一般采用4~16天线阵元结构，阵元间距为半个波长。天线阵元分布方式有直线形、圆环形和平面形。自适应天线阵列是智能天线的主要类型，可以完成用户信号接收和发送。自适应天线阵列系统采用数字信号处理技术识别用户信号到达方向，并在此方向形成天线主波束。

（3）智能天线的主要功能

1）提高基站接收机的灵敏度

基站接收到的信号是来自各天线单元和接收机所接收到的信号之和。如果采用最大功率合成算法，在不计多径传播的条件下，则总的接收信号功率将增加$10\lg N$(dB)，其中，N为天线单元的数量。存在多径时，此接收灵敏度的改善将视多径传播条件及上行波束赋形算法而变，其结果也在$10\lg N$(dB)左右。

2）提高基站发射机的等效发射功率

同样，发射天线阵在进行波束赋形后，当接收机也采用N个天线单元的智能天线时，该用户终端所接收到的等效发射功率可能增加$20\lg N$(dB)。其中，$10\lg N$(dB)是N个发射机的效果，与波束赋形算法无关，另外的$10\lg N$(dB)为接收机灵敏度的改善，随传播条件和下行波束赋形算法而变。

3）降低系统的干扰

信号的接收是有方向性的，对接收方向以外的干扰有很强的抑制作用。如果使用上述最大功率合成算法，则可能将干扰降低$10\lg N$(dB)。

4）增加CDMA系统的容量

众所周知，CDMA系统是一个自干扰系统，其容量的限制主要来自系统内部的干扰。也就是说，降低干扰对CDMA系统极为重要，降低干扰就可以大大增加CDMA系统的容量。在CDMA系统中使用了智能天线后，就提供了将所有扩频码所提供的资源全部利用的可能性，使得CDMA系统容量增加一倍以上成为可能。

5）改进小区的覆盖

对使用普通天线的无线基站，其小区的覆盖完全由天线的辐射方向确定。当然，天线的辐射方向是可以根据需要而设计的。但在现场安装后，除非更换天线，其辐射方向是不可能改变，也很难调整的。但智能天线阵列的辐射则完全可以用软件控制，在网络覆盖需要调整或出现新的建筑物使原覆盖改变时，均可简单地通过软件来优化。

6）降低无线基站的成本

CDMA系统中要使用高线性的高功率放大器（HPA），因而成本很高。如前所述，由于采用了智能天线，使等效发射功率增加，在同等覆盖要求下，每只功率放大器的输出可降低$20\lg N$(dB)。这样，在智能天线系统中，使用N只低功率的放大器来代替单只HPA，可大大降低成本。此外，还具有降低对电源的要求和增加可靠性等好处。

2. 联合检测

（1）联合检测原理

CDMA系统的干扰受限特征与其他多址方式比较而言尤为突出，其干扰主要来源于多址干扰

（MAI）。在现有CDMA系统中采用的抗干扰技术主要有RAKE接收、快速功控、软切换、语音激活、不连续发射以及分集接收等技术。上述措施均是针对某一用户进行信号检测而将其他的用户作为噪声加以处理，即单用户检测（SUD），其结果导致了信噪比恶化，系统性能和容量不理想。而多用户检测（MUD）技术就是针对这个问题提出的，它将其他用户的信息联合起来都当作有用信息加以利用，以实现多个用户同时检测。

多用户检测包括联合检测（JD）和干扰抵消（IC）。干扰抵消技术的基本思想是判决反馈，首先从总的接收信号中判决出其中部分的数据，根据数据和用户扩频码重构出数据对应的信号，再从总接收信号中减去重构信号，如此循环迭代。联合检测技术则指的是充分利用MAI，将所有用户的信号都分离开来的一种信号分离技术。联合检测的性能优于干扰抵消，但是复杂度也高于干扰抵消。因此，一般在基站侧多采用联合检测，而在终端侧多采用干扰抵消。

TD-SCDMA系统中采用的联合检测技术是在传统检测技术的基础上，充分利用造成MAI干扰的所有用户信号及其多径的先验信息，把用户信号的分离当作一个统一的相互关联的联合检测过程来完成，从而具有优良的抗干扰性能，降低了系统对功率控制精度的要求，因此可以更加有效地利用上行链路频谱资源，显著提高系统容量。

联合检测算法的前提是能得到所有用户的扩频码和信道冲激响应。TD-SCDMA系统在帧结构中设置了用来进行信道估计的训练序列（Midamble），根据接收到的训练序列部分信号和已知的训练序列就可以估算出信道冲激响应，而扩频码也是确知的，那么就可以达到估计用户原始信号的目的。

联合检测算法的具体实现方法有多种，大致分为非线性算法、线性算法和判决反馈算法等三大类。根据目前的情况，在TD-SCDMA系统中采用了线性算法中的一种，即迫零线性块均衡（ZF-BLE）算法。

随着算法和相应基带处理器处理能力的不断提高，联合检测技术的优势也会越来越显著。经过大量的仿真计算和实际的现场实验，联合检测技术可以为系统带来如下好处：

1）降低干扰。联合检测技术的使用可以降低甚至完全消除MAI干扰。

2）扩大容量。联合检测技术充分利用了MAI的所有用户信息，使得在相同误码率的前提下，所需的接收信号信噪比大大降低，这样就大大提高了接收机性能，并增加了系统容量。

3）削弱“远近效应”的影响。由于联合检测技术能完全消除MAI干扰，因此产生的噪声分量将与干扰信号的接收功率无关，从而大大减小“远近效应”对信号接收的影响。

4）降低功率控制的要求。由于联合检测技术可以削弱“远近效应”的影响，从而降低对功率控制模块的要求，简化功率控制系统的设计。通过联合检测技术，功率控制的复杂度可降低到类似于GSM的常规无线移动通信系统的水平。

（2）联合检测技术对网络成本的影响

联合检测技术在改善系统性能的同时，还将对降低无线网络成本起到很大的作用。由于联合检测技术可以降低干扰，因而提高了系统的容量。特别是对于容量受限的系统来讲，将减少基站设备的个数，因而大大降低整个网络的成本；同时联合检测技术可以削弱“远近效应”的影响，从而降低对功率控制的复杂度。这种复杂度的降低，从某种程度上也可以减少对该模块的投入，从而降低整个网络的成本。

总之，联合检测技术的优越性在于它充分利用了所有和MAI相关的先验信息，通过与其他先进技术如智能天线技术相结合，达到相辅相成的效果。它不仅提高了频率的利用率，改善了系统性能，同时还降低了网络成本。作为TD-SCDMA系统的一个重要组成部分，联合检测技术必将能给运营商带来极佳的经济效益。

3. 动态信道分配

基于移动无线系统的CDMA一般受到两种系统自身干扰：第一是小区内干扰，也称为多用户干扰（MAI），作为典型的CDMA传输方案，它是由在一个小区内的多用户接入产生的；第二是在小区复用过程中由周围小区的相互间作用产生的小区间干扰。上述两种干扰使得系统的数据吞吐量减小，从而导致低频谱效率和低经济效益。因此，尽可能减小它们相互间所产生的影响是非常有必要的。TD-SCDMA 系统的小区内干扰是通过联合检测来最小化的。小区内部多用户检测优化了数据吞吐量。小区间干扰发生在典型的移动无线网络的频率再利用过程中。将小区间干扰最小化的最佳方法是采用干扰躲避算法，该算法是 TDMA 系统实现动态信道分配的一种典型方案。

通过移动无线系统有效地实现动态信道分配，一个先决条件是时域 TDMA 操作被应用在 TD-SCDMA 上。在基本的 TDMA/TDD 模式下，在上下行链路中，每个移动用户设备只活动在上下行链路每帧的一个时隙中。这样在非激活状态的时隙，可以通过使用用户设备，分析其所在的时隙和其他信道里的干扰情况。基于这种分析，通过移动台辅助的小区内切换，受干扰的移动用户既可以避开时隙的干扰，又可以避开无线载波的干扰。目前，存在三种不同的动态信道分配形式。

1）时域动态信道分配：如果在目前使用的无线载波的原有时隙中发生干扰，通过改变时隙可进行时域的动态信道分配。

2）频域动态信道分配：如果在目前使用的无线载波的所有时隙中发生干扰，通过改变无线载波可进行频域的动态信道分配。

3）空域动态信道分配：通过选择用户间最有利的方向图，进行空域动态信道分配。空域动态信道分配是通过智能天线的定向性来实现的，它的产生与时域和频域动态信道分配有关。

通过合并时域、频域和空域的动态信道分配技术，TD-SCDMA 能够自动将系统自身的干扰最小化。这样，TD-SCDMA 先进的系统设计便可以体现出其基于 TDMA/TDD 方案的优越性，从而取得最佳的频谱效率和业务质量，并且也使运营商获得最佳的经济效益。

8.5　CDMA 系统的功率控制和切换

8.5.1　CDMA 系统的功率控制

1. 输出功率的限制

在 CDMA 系统中，对发射的功率和输出信号功率的响应时间有一定要求。因为 CDMA 系统是干扰受限的系统，所以要限制移动台发射机的功率，使系统的总功率电平保持最小。另外，CDMA 系统中移动台的输出信号功率是在功率控制组时间内突发的，为了保证可靠传输，要求输出信号功率的时间响应特性应是快速上升、保持平稳及快速下降。

（1）最小控制的输出功率

移动台发射机平均输出功率应小于-50dBm/1.23MHz，即-110dBm/Hz；移动台发射机背景噪声应小于-60dBm/1.23MHz，即-120dBm/Hz。

（2）输出信号功率的时间响应

变速率传输方式时，输出功率应满足图 8-48 所示的时间响应要求。图中的 1.25ms 为用于变速率传输的一个功率控制组（时隙）的时间。在功率控制组时间内，功率波动应小于 3dB，功率电平应比背景噪声高出 20dB，功率上升或下降的时间应小于 6μs。

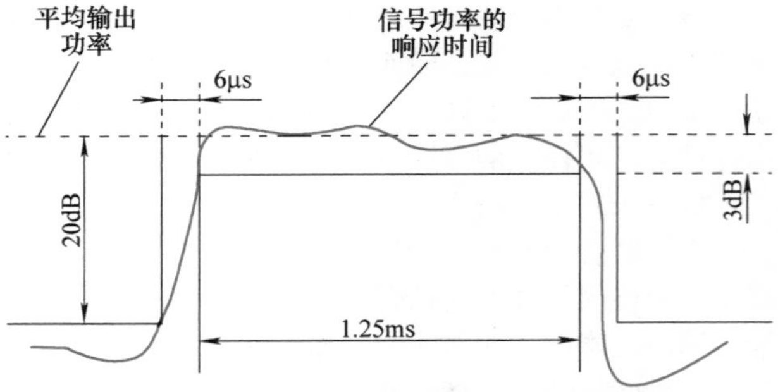

图 8-48　输出信号功率的时间响应

2. 开环功率控制

（1）移动台的开环功率控制

移动台的开环功率控制是指移动台根据接收的基站信号强度来调节移动台发射功率的过程。其目的是使所有移动台到达基站的信号功率相等，以避免因“远近效应”影响扩频 CDMA 系统对码分信号的接收。

1）功率控制的开环调节

系统内的每一个移动台，根据所接收的前向链路信号强度来判断传播路径损耗，并调节移动台的发射功率。接收的信号越强，移动台的发射功率应越小。移动台的开环功率控制机理如图 8-49 所示。图 8-49a 表示了移动台接收来自基站的信号强度与距离的关系曲线，其信号强度是经受对数正态的阴影和瑞利衰落的影响，并给出了平均路径损耗。图 8-49b 所示为移动台理想的开环调节后的发射功率。图 8-49c 为基站接收来自移动台的信号功率。必须指出的是，当前向链路和反向链路的载波频率之差大于无线信道相关带宽时，因为前向信道和反向信道的不相关性，这种依前向信道信号电平来调节移动台发射功率的开环调节是不完善的。为此，需要采用后面即将介绍的闭环控制。

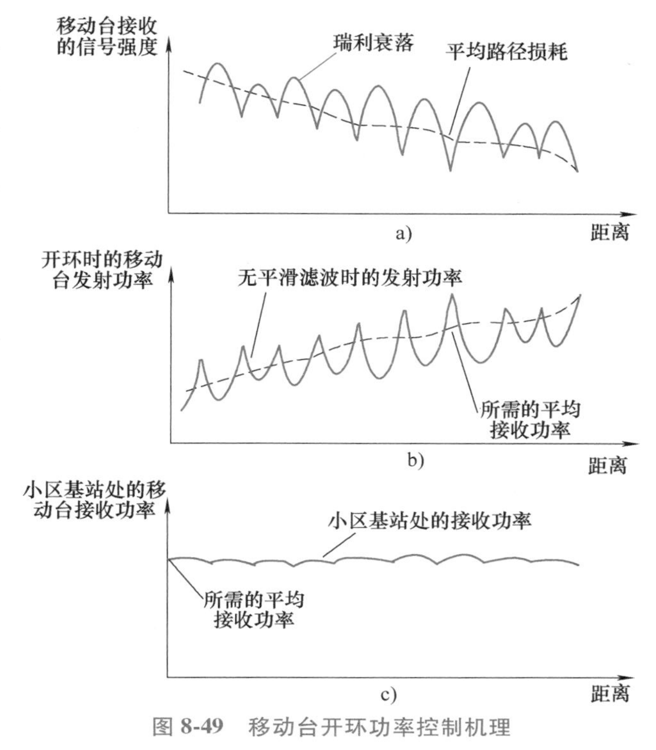

图 8-49　移动台开环功率控制机理

移动台的开环功率控制应是一种快速响应的功率控制，其响应时间仅为几微秒，动态范围为 85dB。移动台发射功率的开环调节是基于对开环输出功率的估计实现的。

2）开环输出功率的估计

反向链路中的不同信道，其开环输出功率估计的计算方法是不同的，分述如下。

① 接入信道。接入信道移动台发射第一个探测信号的平均输出功率为

$$P_1 = -\text{平均输入功率(dBm)} - 73\text{(dB)} + \text{标称功率(NORM-PWR, dB)} + \text{初始化功率(INT-PWR, dB)}$$

② 反向业务信道。反向业务信道的初始发射的平均功率为

$$P_2 = P_1 + \text{全部接入信道探测校正值的总和(dBm)}$$

反向业务信道初始发射后，移动台收到来自基站的第一个功率控制比特时的平均输出功率为

$$P_3 = P_2 + \text{全部闭环功率控制校正值的总和(dBm)}$$

（2）基站的开环功率控制

基站的开环功率控制是指基站根据接收的每个移动台传送的信号质量信息来调节基站业务信道发射功率的过程。其目的是使所有移动台在保证通信质量的条件下，基站的发射功率为最小。

因为前向链路功率控制将影响众多移动用户的通信，所以每次的功率调节量很小，均为 0.5dB，调节的动态范围也有限，为标称功率的±6dB。调节速率也较低，为每 15～20ms 一次。

3. 闭环功率控制

（1）闭环功率控制的目的

在移动台开环功率控制中，移动台发射功率的调节是基于前向信道的信号强度，信号强时发射功率调小，信号弱时发射功率增大。但是，当前向和反向信道的衰落特性不相关时，基于前向信道的信号测量是不能反映反向信道传播特性的。因此，开环功率控制仅是一种对移动台平均发射功率的调节。为了能估算出瑞利衰落信道下对移动台发射功率的调节量，则需要采用闭环功率

控制的方法。

（2）功率控制的闭环调节

移动台的闭环功率控制是指移动台根据基站发送的功率控制指令（功率控制比特携带的信息）来调节移动台的发射功率的过程。基站测量所接收到的每一个移动台的信噪比，并与一个门限相比较，决定发给移动台的功率控制指令是增大或减少它的发射功率。移动台将接收到的功率控制指令与移动台的开环估计相结合，来确定移动台闭环控制应发射的功率值。在功率控制的闭环调节中，基站起主导作用。

（3）闭环功率控制的指标

1）功率控制比特。基站的功率控制指令是由功率控制比特传送的。功率控制比特为“0”时，表示要增加发射功率；当功率控制比特为“1”时，表示要减少发射功率。

2）闭环功率控制调节能力。移动台功率控制的闭环校正能力为每一功率控制比特的功率校正为1dB，并应在1.25ms内完成。移动台闭环功率控制调节范围为开环估计输出功率电平的±24dB。

8.5.2 CDMA系统的软切换及其漫游

软切换是建立在CDMA系统宏分集接收基础上的一种技术，它已成功地应用于IS-95CDMA系统，并被第三代移动通信系统所采纳。软切换是IS-95系统引入的一个新概念，除了技术实现上的改善外，还给通信语音质量和系统容量等方面带来了增益。

1. CDMA切换分类

在CDMA蜂窝系统中，像模拟蜂窝系统和数字蜂窝系统一样，存在着移动用户越区及漫游的信道切换。不同的是，在CDMA蜂窝系统中的信道切换可分为两大类：硬切换和软切换。

硬切换是指在载波频率指配不同的基站覆盖小区之间的信道切换，这种硬切换将包括载波频率和引导信道PN序列偏移的转换。在切换过程中，移动用户与基站的通信链路有一个很短的中断时间。

软切换是指在引导信道的载波频率相同时小区之间的信道切换，这种软切换只是引导信道PN序列偏移的转换，而载波频率不发生变化。在切换过程中，移动用户与原基站和新基站都保持着通信链路，可同时与两个（或多个）基站通信，然后才断开与原基站的链路，保持与新基站的通信链路。因此，软切换没有通信中断的现象，提高了通信质量。软切换还可细分为更软切换和软/更软切换。更软切换是指在一个小区内的扇区之间的信道切换。这种切换只需通过小区基站便可完成，不需通过移动交换中心的处理。软/更软切换是指在一个小区内的扇区与另一小区或另一小区的扇区之间进行的信道切换。IS-95标准支持3种类型的切换：软切换、CDMA网中的硬切换、CDMA到模拟的切换。

2. CDMA的软切换过程

当移动台慢慢离开原来的服务小区，将要进入另一个服务小区时，原基站与移动台之间的链路将由新基站与移动台之间的链路来取代，这就是切换的含义。在CDMA系统软切换过程中，移动台需要不断搜索导频信号并测量其信号强度，并将测量结果通知基站，为了有效地对导频信号进行搜索，IS-95中的导频信道被分为有效集、候选集、邻近集和剩余集4个集合。有效集由具有足够强度并正在参与移动台接收的导频组成。候选集是由曾经在有效集中，或是强度超过T_ADD（导频信号增加门限），或候选集中的一个导频的强度超过有效集中任意导频强度的0.5T_COMP dB（T_COMP是指有效集与候选集比较门限），或有效集的导频低于T_ADD，并且持续时间达到T_DROP（去掉导频信号定时器值）时，移动台会向基站发送导频强度测量消息，报告导频搜索的结果。同时导频强度测量消息中还应报告相关的PILOT_ARRIVAL（导频信道相对于移动台时间基准的相对时间间隔）值。

对于某一个小区基站的导频信号而言，在切换过程中其导频信号处在不同的状态：相邻、候选和激活。因为处于这3种状态的导频信号不止一个，所以称它们为组，如图8-50所示。图中

T _ DROP 表示导频信号去掉门限；T _ ADD 表示导频信号增加门限；①表示进入软切换过程的时刻；②表示基站向移动台发送切换导向消息的时刻；③表示导频信号由候选变为激活状态的时刻；④表示移动台启动切换定时器的时刻；⑤表示定时器计时终止的时刻；⑥表示移动台向基站发送切换导向消息的时刻；⑦表示软切换过程结束的时刻。

基站子系统 BSS 通过发送切换指示消息（即分配给移动台的新的前向业务信道）来响应导频强度测量消息。另外，切换指示消息还用来标识从活动集中去掉的导频。移动台将停止使用已从有效导频集中去掉的导频，并发出切换完成消息。

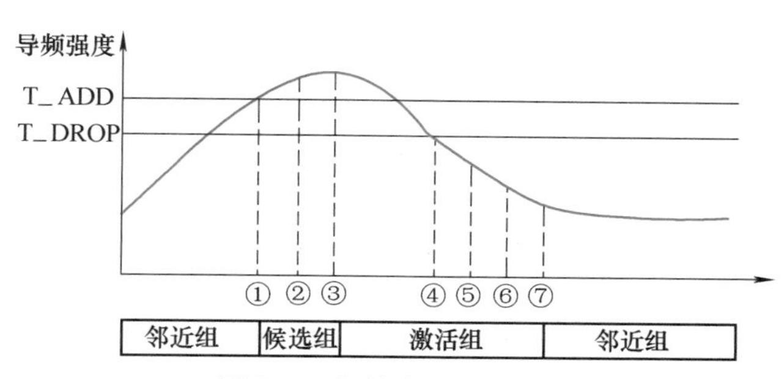

图 8-50　切换中的导频信号

软切换时，与所有有效集中的导频相联系的前向业务信道将发送除功率控制子信道以外的完全相同的调制符号。移动台应该对相应的前向业务信道进行分集接收，还必须支持最大达 150μs 的相对信号传播时延。软切换时，相同的前向功率控制子信道进行分集合并。当不同功率控制集的功率控制比特均指示发射功率上升时，移动台提高发射功率；当任何一个功率控制集的功率控制比特指示发射功率下降时，移动台降低发射功率。

8. 6　思考题与习题

1. 3G 系统的定义是什么？
2. 3G 的新业务能力有哪些？
3. 3G 系统的组成分成哪几个部分？
4. 3G 系统与 2G 系统的主要区别有哪些？
5. 在不同的环境下，3G 对数据传输速率有什么样的要求？
6. 3G 系统有哪几种主流技术？分别采用什么技术类型？
7. 什么叫更软切换？与软切换有什么区别？
8. 智能天线的主要功能是什么？
9. 简述 TD-SCDMA 系统中联合检测的基本原理和好处。
10. TD-SCDMA 系统中动态信道分配形式有哪三种？
11. WCDMA HSDPA 通过采用不同的编码速率和调制方式，能够灵活改变峰值数据速率，最大理论峰值数据速率近似为 R99 的 5 倍。如果采用 1/4 编码速率 QPSK 调制，其峰值数据速率为 1. 8Mbit/s，试计算：

（1） 当采用 3/4 编码速率 QPSK 调制时，峰值速率能达到多少？

（2） 当采用 3/4 编码速率 16QAM 调制时，峰值速率能达到多少？

12. 画出 cdma2000 前向链路物理信道的组成。
13. cdma2000 前向链路物理信道与 IS-95 相比，哪些是新增的？
14. TD-SCDMA 系统中如何通过帧结构的设计，实现非对称的业务模式？
15. 什么是远近效应？功率控制的主要作用是什么？
16. 什么是开环功率控制与闭环功率控制？两者的作用有何不同？
17. 什么是内环功率控制与外环功率控制？两者的作用有何不同？
18. 软切换技术有什么样的优点与缺点？采用软切换技术的前提是什么？

第 9 章　4G 移动通信系统

进入了信息社会以后科技飞速进步，这不仅加速了通信技术产业的更新换代，也使得人们对于通信技术的需求日益增长和愈加多元化。在这一背景下，3G 所能提供的 Mbit/s 量级传输速率，无法满足移动互联网的需求。为此，人们在融合了 3G 通信技术优势的基础上，再次进行优化升级和发展创新，演进出了 4G 通信技术。相较于 3G 通信技术，4G 通信技术的竞争优势体现在显著提升通信速度、更加智能、更具兼容性等诸多方面。本章内容涵盖了 4G 的发展历程、基本特征等，特别是立足 LTE 标准，介绍了 4G 移动通信系统的网络结构、无线接口，以及以 OFDM、MIMO 等为代表的核心关键技术，进一步加深了对 LTE 标准不同版本演进的原因和原动力的分析与认知。

9.1　4G 发展概述

微视频：
4G基础

9.1.1　4G 的发展历程

ITU 早在 1999 年 9 月就把第三代之后的移动通信系统的标准问题提上了日程，并在 ITU-R 的工作计划中列入了“IMT-2000 及其以后的系统”。3GPP 组织在 2004 年年底就对 LTE 需求展开了讨论，并于 2008 年 12 月公布了第一个商用 LTE R8 版本（R 代表 Release，8 代表 3GPP 标准规范的版本号）。R8 版本是 LTE 标准的基础版本，随后 LTE 持续演进。图 9-1 给出了不同版本 LTE 标准的技术发展示意图。下面将重要版本及其关键技术发展情况总结如下。但严格来说，只有按照 LTE R10 标准以及后续标准来建设的系统才能称作 4G 系统。但考虑到 LTE 技术与 3G 技术有着本质区别，同时兼顾到国内移动通信产业跨越发展的需要，人们把按早期标准开发的系统也囊括进来。这样，LTE 也就成为整个 4G 的代名词。

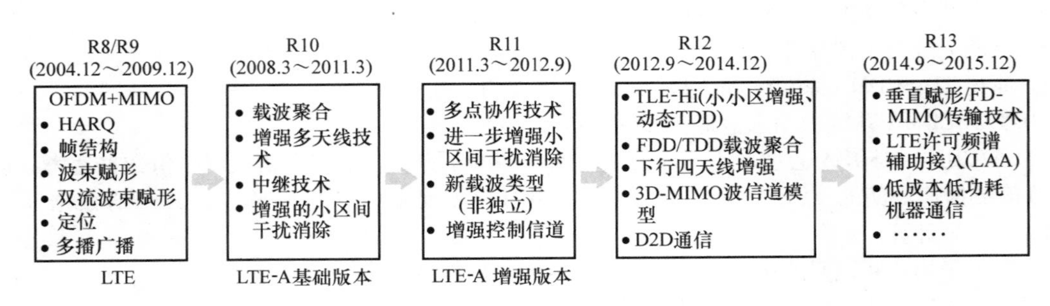

图 9-1　LTE 标准技术发展示意图

1. LTE R8 版本

1）传输方案。LTE 下行传输方案基于常规 OFDM，而 LTE 上行传输方案为带有不同技术的 OFDM，包括用于数据传输的 DFT-S-OFDM、用来减小传输信号的立方度量等。

2）信道相关调度和速率自适应。LTE 传输方案的核心是采用共享信道传输，即用户之间动态地共享整体时频资源。LTE 上下行链路的传输都严格由调度所支配，且由于均采用了 OFDM，调度器可在每个时间间隔和频率区间上选择具有最好信道条件的用户。信道相关调度依靠用户间信道质量的波动以获得系统容量增益。一般而言，调度决策可每 1ms 进行一次，并且其频域粒度为

180Hz。这使得调度器可在时域和频域跟踪并利用较快的信道波动。

3）小区间干扰协调（ICIC）。伴随着系统架构演进（SAE），产生了基于单一类型节点的新型扁平化无线接入网架构，即eNodeB以及新的核心网架构。eNodeB中的ICIC模块决定资源调度器能够使用哪些时频资源，或者特定时频资源的发射功率大小，以此协调本小区和相邻小区选用不同的时频资源，从而达到减少小区间干扰的目的。

4）带有软合并的混合ARQ。用于允许终端快速请求重传错误收到的传输块，并提供了一个隐含的速率自适应工具。同时，软比特作为增加的冗余，被接收端存于缓存器中以用于软合并策略。下行链路的重传可能发生在初次传输之后的任何时间（协议是异步的），并有一个明确的混合ARQ进程数来指示正在处理的进程；上行链路重传则基于一种同步协议，重传发生在初始传输之后的预定时间，从而可间接推导出进程数。混合ARQ和无线链路控制的结合既能保证巡回时间短，又能提供抵抗传输错误的鲁棒性。

5）多天线传输。针对不同目的可使用不同的多天线实现方式，包括多根接收天线可用于接收分集、基站多个发射天线可用于发射分集，以及不同类型的波束赋形、同时在发送端和接收端使用多个天线的空分复用。

6）频谱灵活性。通过利用不同的双工模式和不同大小的可用频谱，实现频谱灵活性，从而能够允许在具有不同特性的频带内部署LTE无线接入。

2. LTE R9版本

1）多播和广播的支持。多小区广播不仅可以实现在多个小区站点传输具有相同编码和调制的信号，还可以在不同小区之间实时传输定时同步。结合OFDM对多径传播的鲁棒性，它不仅能提高接收信号的强度，还能消除小区间干扰。

2）定位。对来自不同小区站点的特定参考信号进行测量，以确定无线接入网中各终端位置。

3）双流波束赋形。更加支持空分复用与波束赋形（即非基于码本的预编码）的联合，提升了部署多种多天线方案的灵活性。

3. LTE R10版本及IMT-Advanced

LTE R10于2010年年底完成，它的目标包括保证LTE无线接入技术能够完全满足IMT-Advanced要求，这也使得IMT-Advanced经常被用于LTE R10以及后续版本中。同时，它还助力扩展ITU定义的需求，例如后向兼容性。

1）载波聚合。载波聚合能使多个载波同时为一个终端提供数据传输，尤其是能将零散的频率聚合使用，由此可实现更高的峰值速率。载波聚合有3种典型形式，分别是同一频段内连续载波聚合、同一频段内非连续载波聚合以及频段间的载波聚合。R10版本中最多可支持5个成员载波聚合，每个成员载波均使用R8版本的结构，且可以拥有不同带宽。这不仅可确保后向兼容性，更使得传输宽带能够达到100MHz。

2）多天线传输的扩展。上行和下行链路的空分复用分别扩展到支持4个和8个传输层。联合载波聚合技术，可分别使上行和下行链路的数据速率达到1.5Gbit/s和3Gbit/s（基于100Hz的频谱）。此外，还引入了增强的下行参考信号结构。它将信道估计的功能和获取信道信息的功能分开，能更好地支持不同的天线配置和特性。

3）中继。中继节点的实质是一种低功率基站，以无线方式连接一个主小区，且它们相互之间通过使用LTE无线接口技术实现通信。

4）异构部署。这里的异构部署是指带有不同下行链路发射功率并在地理上有重叠的网络节点的混合部署，并进一步对小区间干扰协调进行了改进。典型实例是部署在宏小区覆盖区域内的微微小区。

4. LTE R11版本

1）控制信道结构的增强。LTE R11版本提出了一种新的控制信道结构，以及更为灵活的参考信号结构。前者用以支持小区间干扰协作，而后者用于支持数据传输和控制信令。

2）多点协同与传输。不同于 LTE R8 版本所支持的 ICIC 受制于小区间接口 X2 消息的传输，LTE R11 版本通过增强无线接口特性以及终端功能，能够实现多样化的协作方式，例如支持多点传输的信道状态反馈。这些特性和功能命名为多点协作传输/接收（Coordinated Multi-Point Transission/Reception，CoMP）。此外，CoMP 还支持参考信号结构的优化，以及增强的控制信道结构。

3）载波聚合的增强。LTE R11 版本能更好地支持异构网络场景下的载波聚合。例如，支持不同成员载波上行发送提前的调整；支持不同频段和不同时隙配比的 TD-LTE 成员载波的聚合；支持不同成员载波的周期 CSI 和 HARQ 复用发送。

9.1.2 4G的基本特征

按照 ITU 的构想，基于 IP 核心网的 4G 网络与无缝覆盖的接入示意图如图 9-2 所示。该网络应能支持从低到高的移动性应用和很宽范围的数据业务，达到复杂环境下用户和业务的多样化要求，显著提升多媒体应用的 QoS 性能。4G 移动通信系统的基本特征总结如下：

1）显著提升的传输速率和覆盖范围。由于 4G 移动通信系统需要承载大量的多媒体信息，因此应具备达到 100Mbit/s~1Gbit/s 的峰值传输速率、较大地域的连续覆盖性能。

2）丰富的业务和 QoS 保证。4G 移动通信系统能够全面支持语音、图像、视频等丰富的数据及多媒体业务，容纳庞大的用户群，以及提供用户满意的 QoS 保证。

3）开放而融合的平台。4G 移动通信系统应在移动终端、业务节点及移动网络机制上具有“开放性”，使用户能够自由地选择协议、应用和网络，并能够自由地在各种网络环境下无缝漫游，使各类媒体、通信主机及网络之间完成“无缝”链接。

4）高度智能化的网络。4G 移动通信网应具有很好的重构性、可变性、自组织性等，并可根据人们在使用过程中不同的指令来做出更加准确无误的回应，对搜索出来的数据进行分析、处理和整理再传输到用户的手机上，实现智能化操作。

5）高度可靠的鉴权及安全机制。4G 移动通信网是一个基于分组数据的网络，应具有高度可靠的鉴权及安全机制。

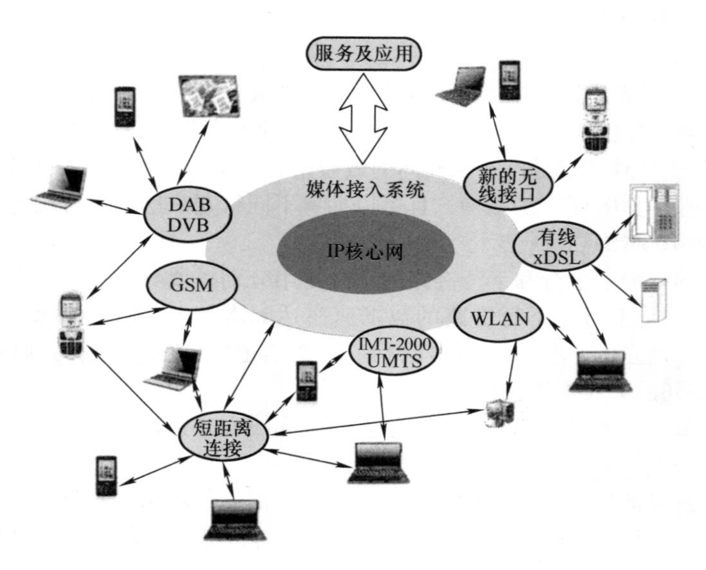

图 9-2 基于 IP 核心网的 4G 网络和无缝覆盖的接入

此外，为了定量反映 4G 的基本特征，表 9-1 总结了 LTE 基础版本的主要设计目标及其实现方法，而后续演进版本则是在此基础上进行了不断完善和提升。

表 9-1　LTE 的目标要求及主要实现方法

目标分项	目标要求	主要实现方法
频谱灵活使用	支持的系统带宽包括：1.4MHz、3MHz、5MHz、10MHz、15MHz、20MHz	可扩展的 OFDMA 技术
峰值速率	在 20MHz 带宽下，下行峰值速率可达 100Mbit/s	下行 2×2MIMO，高阶 QAM
	在 20MHz 带宽下，上行峰值速率可达 50Mbit/s	UE 配置 1 根发送天线，高阶 QAM
天线配置	下行支持：4×2、2×2、1×2、1×1	高效的控制信令设计，支持天线端口数为 2/4 的高效导频图案
	上行支持：1×2、1×1	
更高的频谱效率	下行：3～4 倍于 HSDPA R6（HSDPA：1 发 2 收，LTE：2 发 2 收）	MIMO-OFDM，自适应编码调制，小区间干扰协调（ICIC）
	上行：2～3 倍于 HSUPA R6（HSUPA：1 发 2 收，LTE：1 发 2 收）	
低延迟	控制平面的时延应小于 50ms，建立用户平面的时延要小于 100ms	取消 RNC 节点，采用扁平化网络结构，优化设计空中接口中的层 2、层 3 设计
	从 UE 到服务器的用户平面时延应小于 10ms	
移动性	对低于 15km/h 的移动条件进行优化设计	采用了相对较宽的 15kHz 子载波间隔，在开环 MIMO、导频密度上也有所考虑
	对低于 120km/h 的移动条件应该保持高性能	
	对达到 350km/h 的移动条件应该能够保持连接	
覆盖性能	针对覆盖半径<5km 的场景优化设计	OFDM 采用了长、短两种 CP 长度，以适应不同的覆盖范围
	针对覆盖半径在 5～30km 之间的场景，允许性能略有下降	
	针对覆盖半径达到 30～100km 之间的场景，仍应该能够工作	

9.2　4G 系统的网络结构与协议栈

9.2.1　4G 系统的网络结构

为了达到简化信令流程、缩短延迟和降低成本的目的，LTE 舍弃了 UTRAN 的无线网络控制器-基站（RNC-Node B）结构，精简为核心网加基站（evolved Node B，eNodeB）模式。整个 LTE 网络由演进分组核心网（Evolved Packet Core，EPC）和演进无线接入网（Evolved Universal Terrestrial Radio Access Network，E-UTRAN）组成。核心网由许多网元节点组成，而接入网只有一个节点，即与用户终端（User Equipment，UE）相连的 eNodeB。所有网元都通过接口相互连接，通过对接口的标准化，可以满足众多供应商产品间的互操作性。网络架构如图 9-3 所示。

1. 核心网

核心网负责用户终端的全面控制和有关承载的建立。EPC 的主要网元及其功能介绍如下。

（1）移动性管理实体（Mobility Management Entity，MME）

MME 是处理 UE 和核心网络间信令交互的控制节点，主要负责用户接入控制、业务承载控制、寻呼、切换控制等控制信令。MME 功能与网关功能分离，这种控制平面和用户平面相分离的架构，有助于网络部署、单个技术的演进以及灵活的扩容。MME 有如下功能：

1）寻呼信息分发。

2）安全控制。

3）空闲状态的移动性管理。

4）SAE（系统架构演进）承载控制。

5）非接入层信令的加密和完整性保护。

（2）服务网关（Serving Gateway，S-GW）

S-GW作为本地基站切换时的锚点，通过S1-U接口来实现用户数据包的路由和分发。S-GW主要负责在基站和公共数据网关之间传输数据信息、为下行数据包提供缓存、用户计费等。

（3）分组数据网关（Packet Data Network Gateway，P-GW）

P-GW是UE连接外部分组数据网络的网关，作为数据承载的锚点，P-GW主要负责包转发、包解析、合法监听、基于业务的计费、业务的QoS控制以及和非3GPP网络间的互联等。除了这些网元，EPC还包括注入用户归属服务器（Home Subscriber Server，HSS）、策略控制和计费规则功能（RCPF）等。

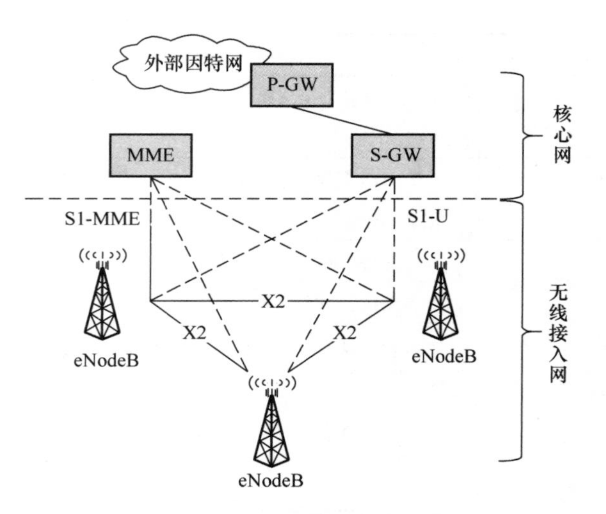

图9-3 LTE网络架构图

2. 接入网

LTE的接入网E-UTRAN仅由eNodeB组成，并提供用户平面协议和控制平面协议。这样，网络架构中节点数量减少，网络架构更加趋向扁平化，其优势在于能够降低呼叫建立时延以及用户数据的传输时延。

eNodeB之间通过X2接口进行连接，通过S1接口与EPC连接，更确切地说，通过接口S1-MME连接到MME，通过接口S1-U连接到S-GW。eNodeB与终端UE之间的协议为接入层（AS）协议。

eNodeB主要具有如下功能：

1）与无线资源管理相关的功能，如无线承载控制、接纳控制、连接移动性管理、上/下行动态资源分配/调度等。

2）IP头压缩与用户数据流的加密。

3）UE附着时的MME选择。特别地，由于eNodeB可以与多个MME/S-GW之间拥有S1接口，因此在终端UE初始接入到网络时，需要选择一个MME进行附着。

4）寻呼信息的调度和传输。

5）广播信息的调度和传输。

6）移动和调度的测量和测量报告的配置。

3. S1接口

S1接口是MME/S-GW网关与eNodeB之间的接口，具体分为S1-MME和S1-U。它与3G系统中的Iu接口在位置上相似，但它只支持PS域。与3G网络相比，4G网最显著的变化是将原有的三层结构演化为两层结构，使得用户面的数据传送和无线资源的控制变得更加迅捷。具体变化总结如下：

1）实现了控制与承载的分离，MME负责移动性管理、信令处理等功能，S-GW负责媒体流处理及转发等功能。

2）核心网取消了CS（电路域），全IP的EPC支持各类技术统一接入，实现固网和移动融合（FMC），灵活支持VoIP及基于IMS多媒体业务，实现了网络全IP化。

3）取消了RNC，原来RNC功能被分散到了eNodeB和网关（S-GW）中，eNodeB直接接入 EPC，LTE 网络结构更加扁平化，降低了用户可感知的时延，大幅提升用户的移动通信体验。

4）相较于 3G 基站，其传输带宽需求大幅增加，峰值将达到 1Gbit/s。

9.2.2 4G 协议栈

4G 空中接口是终端 UE 和 eNodeB 之间的接口，空中接口协议主要是用来建立、配置和释放各种无线承载业务的。

空中接口协议栈主要分为“三层两面”，三层指物理层、数据链路层、网络层，两面指用户平面和控制平面，其中数据链路层又被划分为三个子层：分组数据汇聚协议层（Packet Data Convergence Protocol，PDCP）、无线链路控制层（Radio Link Control，RLC）和媒体访问控制层（Media Access Control，MAC）。

1. 用户平面协议

用户平面用于执行无线接入承载业务，主要负责用户发送和接收的所有信息的处理，用户平面协议栈主要由 MAC、RLC 和 PDCP 三个子层构成，如图 9-4 所示。

（1）无线链路控制层

RLC 负责处理来自 PDCP 的 IP 数据包（也称 RLC SDU）的分割和级联，以形成大小适当的 RLC PDU。如图 9-5 所示，根据调度决策，从 RLC SDU 的缓冲区中选择一定量的数据用于传输，并对 SDU 进行分割与级联以创建 RLC PDU。此外，RLC 还控制被错误接收的 PDU 的重传，以及重复 PDU 的移除。通过监听到达 PDU 的序列号，接收 RLC 可识别丢失的 PDU，进而将状态报告反馈至发送 RLC 实体，以请求重传丢失的 PDU。RLC 将确保 SDU 按序发送至更高层。

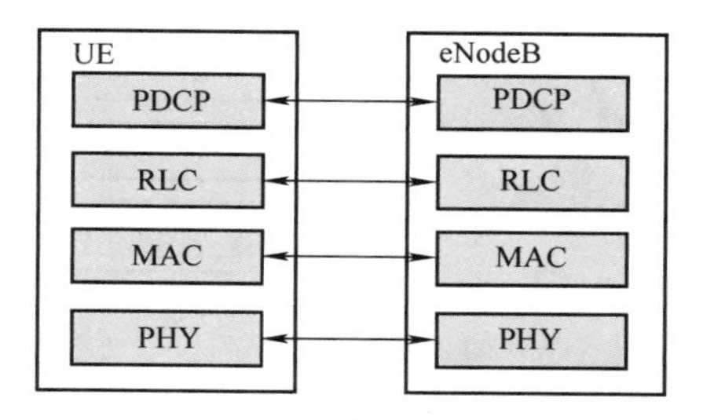

图 9-4 用户平面协议

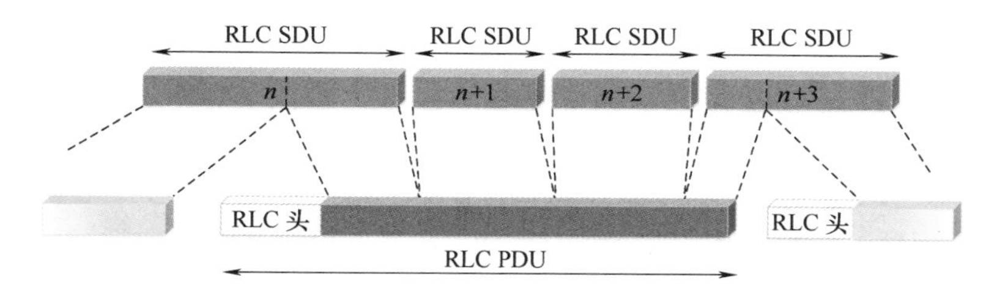

图 9-5 RLC 的分割和级联

（2）媒体访问控制层

MAC 层处理逻辑信道复用、混合 ARQ 重传以及上下行链路调度。当使用载波聚合时，还负责跨载波的数据复用/解复用。MAC 层以逻辑信道的形式为 RLC 层提供服务。同时，MAC 层还处理来自物理层且以传输信道形式出现的服务。在每个传输时间间隔（TTI）内，当不采用空分复用时，在无线接口上最多传输一个动态大小的、去往/来自一个终端的传输块。当采用空分复用时，每个 TTI 最多可传输两个传输块。与每个传输块相关联的是传输格式（TF）。通过改变传输格式，MAC 层可实现不同的数据速率。

此外，MAC 层的部分功能还包括复用不同的逻辑信道，并将逻辑信道映射到适当的传输信道。为了支持优先级管理，多个逻辑信道可以在 MAC 层复用到一个传输信道。在接收端，MAC 层进行相应的解复用，并将 RLC PDU 转发到各自的 RLC 实体，以支持由 RLC 控制的按序发送及其他功能。

(3) 物理层

物理层控制着传输信道到物理信道的映射，并负责编码、物理层的混合ARQ处理、调制、多天线处理，以及将信号映射到合适的物理时频资源上。一般而言，一个物理信道对应着一个传输信道的时频资源集合，而那些无法对应传输信道的物理信道则被称为L1/L2控制信道。

2. 控制平面协议

控制平面负责用户无线资源的管理、无线连接的建立、业务的QoS保证和最终的资源释放，如图9-6所示。控制平面协议主要包括非接入层（Non-Access Stratum，NAS）、无线资源控制层（Radio Resource Control，RRC）、PDCP层、RLC层以及MAC层。值得注意的是，PDCP、MAC和RLC的功能和用户平面协议实现的功能类似。

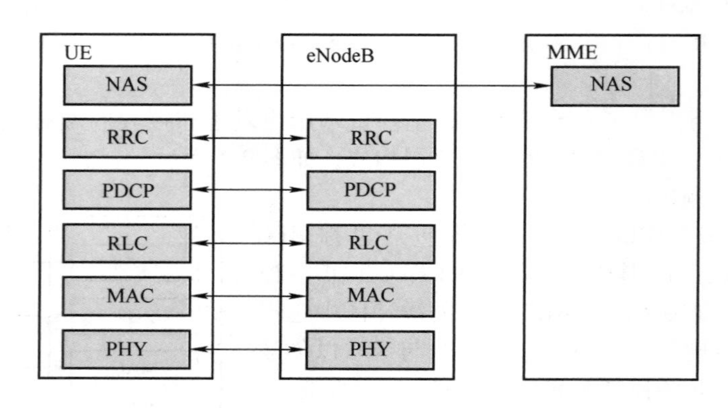

图9-6 控制平面协议

NAS控制协议实体位于终端UE和移动管理实体MME内，主要负责非接入层的管理和控制。它实现的功能包括EPC承载管理、鉴权、产生LTE-IDLE状态下的寻呼消息、移动性管理、安全控制等。

RRC协议实体位于终端UE和eNodeB网络实体内，主要负责MAC层的管理和控制，实现的功能包括广播、寻呼、RRC连接管理、无线承载控制、移动性功能、UE测量的上报和控制等。RRC消息通过使用信令无线承载（SRB）传送至终端。建立连接期间SRB被映射到公共控制信道，且一旦连接建立完成，将会被映射到专用控制信道。控制平面和用户平面的数据可在MAC层复用，并在相同的TTI内传输至终端UE。

9.3 LTE系统的无线接口

9.3.1 LTE系统的帧结构

LTE系统支持的无线帧结构有两种，分别为FDD模式和TDD模式。

1. FDD帧结构

图9-7给出了FDD帧结构图，它适用于全双工和半双工FDD模式。具体地，帧长度为10ms，包含10个子帧。每个子帧包含两个时隙，每个时隙长度为0.5ms。在该模式中，上下行传输在不同频域进行，因此每一个10ms中，有10个子帧可以用于上行传输，有10个子帧可以用于下行传输。

2. TDD帧结构

图9-8给出了TDD帧结构图。具体地，每个无线帧由两个半帧构成，各半帧长度为5ms，且由8个常规时隙和3个特殊时隙（DwPTS、GP和UpPTS）构成。

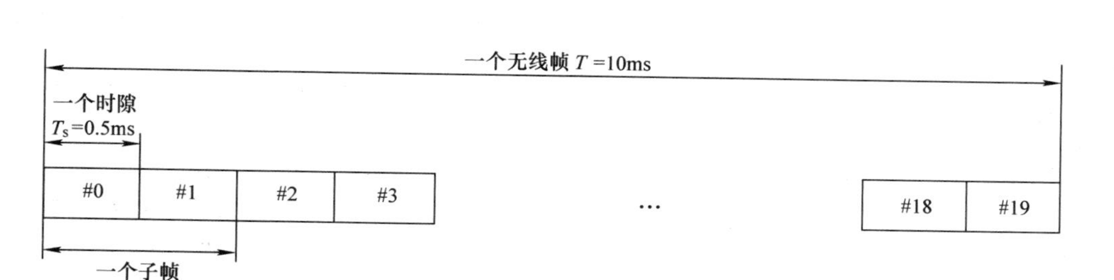

图 9-7　LTE FDD 模式的帧结构

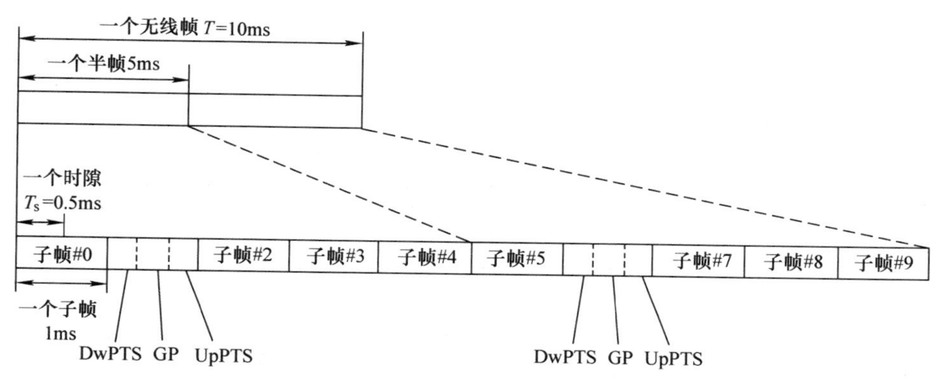

图 9-8　LTE TDD 模式帧结构

一个常规时隙的长度为 0. 5ms。DwPTS 和 UpPTS 的长度可配置，并且 DwPTS、GP 和 UpPTS 的总长度为 1ms。其他子帧包含两个相邻时隙。TDD 模式支持 5ms 和 10ms 的上下行子帧切换周期。具体配置如表 9-2 所示，其中 D 表示用于下行传输的子帧，U 表示用于上行传输的子帧，S 表示包含 DwPTS、GP 以及 UpPTS 的特殊子帧。子帧 0 和 5 以及 DwPTS 永远为下行传输预留。

表 9-2　上下行子帧切换点配置

上下行配置	切换周期/ms	子帧序号									
		0	1	2	3	4	5	6	7	8	9
0	5	D	S	U	U	U	D	S	U	U	U
1	5	D	S	U	U	D	D	S	U	U	D
2	5	D	S	U	D	D	D	S	U	D	D
3	10	D	S	U	U	U	D	D	D	D	D
4	10	D	S	U	U	D	D	D	D	D	D
5	10	D	S	U	D	D	D	D	D	D	D
6	5	D	S	U	U	U	D	S	U	U	D

9. 3. 2　LTE 系统的物理资源块

LTE 针对不同物理信道承载信息量大小的不同，定义了 5 种粒度的物理资源块，分别是 RE、RB、REG、CCE 和 RBG（见图 9-9），从而对物理资源采用了精细化使用。

1）资源粒子（Resource Element，RE）。最小的资源单位，时域上占据一个 OFDM 符号，频域上占据一个子载波。

2）资源粒子组（Resource Element Group，REG）。由4个RE组成，用以控制新到资源分配的资源单位。

3）控制信道粒子（Channel Control Element，CCE）。用以控制物理下行控制信道的资源分配的资源单位，由9个REG组成。

4）资源块（Resource Block，RB）。RB分为物理资源块（PRB）和虚拟资源块（VRB）两种。LTE在进行数据传输时，将上下行的时频域物理资源组成PRB，作为物理资源单位进行调度与分配。以TD-LTE为例，一个PRB在频域上包含12个连续的子载波，在时域上包含7个连续的OFDM符号（在Extended CP情况下为6个），即频域宽度为180kHz，时间长度为0.5ms。

5）资源块组（Resource Block Group，RBG）。用以控制业务信道的资源分配的资源单位。

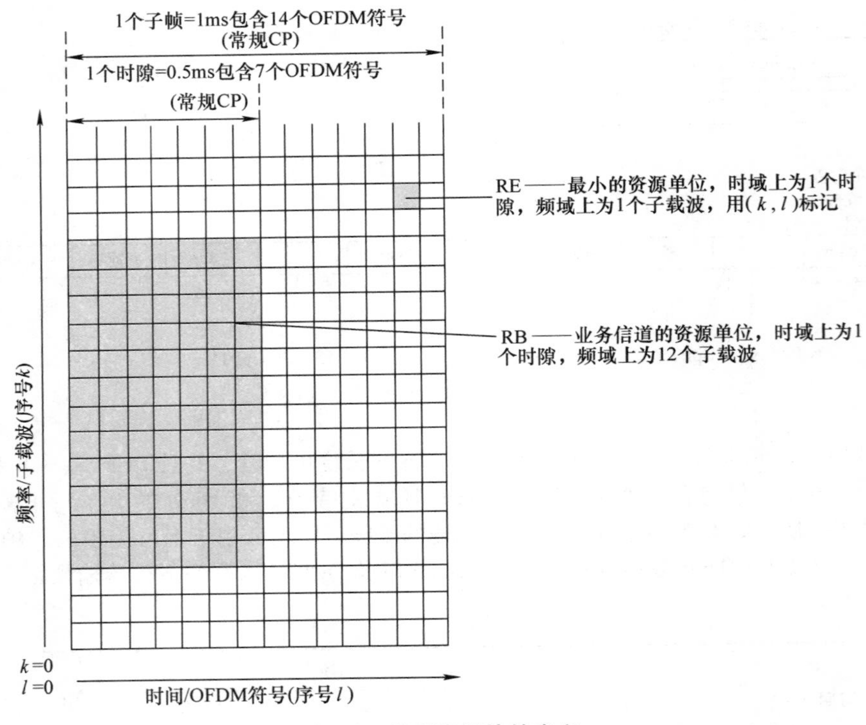

图9-9 物理资源块的定义

9.3.3 LTE系统的物理信号

LTE系统中的物理信号不承载任何来自高层的信息，它包括下行同步信号、下行参考信号和上行参考信号三种。

1. 下行参考信号

下行参考信号用于实现导频、下行信道质量测量、下行信道估计（UE进行相干检测和解调）和小区搜索等功能。下行参考信号由已知的参考信号构成，以RE为单位，即一个参考信号占用一个RE。在LTE空中接口标准中，设计了三种下行参考信号，分别为小区特定（Cell Specific）参考信号、MBSFN（Multicast Broadcast Single Frequency Network）参考信号和用于波束赋形的用户特定（UE Specific）参考信号。

小区特定参考信号在天线端口0~3中的一个或者多个端口上传输，每个下行天线端口上传输一个参考符号。为了避免同一个基站不同发射天线之间的参考符号与数据之间相互干扰，在某根天线的参考信号位置上，同一个基站的其他天线空出相应的时频资源，如图9-10a所示。

小区特定参考信号是小区特有的参考信号，用于信道估计，与物理层用来区分物理小区的小区 ID N_{ID}^{cell}有关。同时，频域上每隔 6 个子载波有一个小区特定参考信号，时域上的小区特定参考信号处于每个时隙的 1、4 符号上。物理小区 ID 共有 504 个，它们被分成 168 个不同的组（记为 $N_{ID}^{(1)}$，范围是 0~167），每个组又包括 3 个不同的组内标识（记为 $N_{ID}^{(2)}$，范围是 0~2），且有 $N_{ID}^{cell}=3\times N_{ID}^{(1)}+N_{ID}^{(2)}$。小区特定参考信号的特点是：

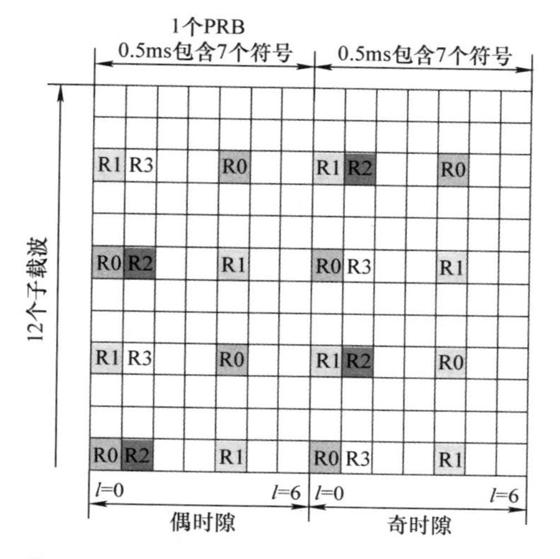

a)

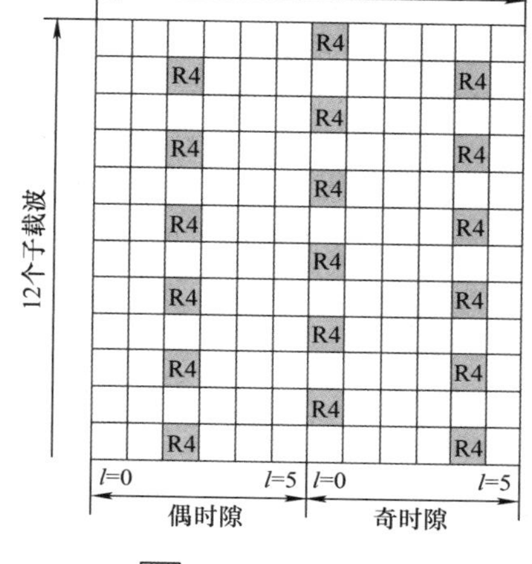

b)

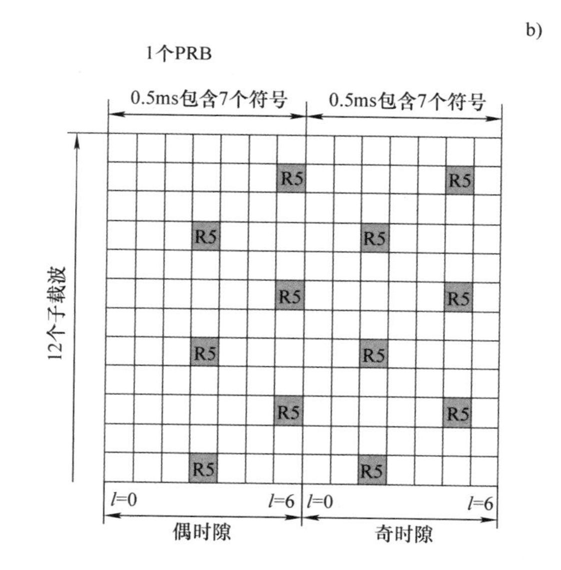

c)

图 9-10　下行参考信号在时频域的位置示意图

1）类似于 CDMA 的导频信号，下行小区特定参考信号用于下行物理信道解调及信道质量测量（CQI）。

2）小区特定参考信号分布越密集，信道估计越精确，但开销越大，影响系统容量。因此，应在开销与性能之间进行权衡。

3）小区特定参考信号由小区特定参考信号序列及频移映射得到，其本质是分布于时频域上的离散伪随机序列，相当于对信道的时频域特性进行采样。

MBSFN 参考信号只在分配给 MBSFN 的子帧和天线端口 4 上传输（见图 9-10b）。

用户特定参考信号仅在 PDSCH 相对应的资源块中传输（见图 9-10c），且在天线端口 5 上传输。终端用户将被告知是否存在用户特定参考信号，以及是否是一个有效的相位参考。若高层信令通知终端用户存在用户特定参考信号，并且是有效 PDSCH 解调相位参考，则终端 UE 可以忽略天线 2 和 3 上的任何传输。

2. 下行同步信号

同步信号主要用于小区搜索过程中终端 UE 和 E-UTRAN 的时频同步，同时识别物理小区 ID，并对小区信号进行解扰。它包含两部分，即主同步信号（Primary Synchronization Signal，PSS）和次同步信号（Secondary Synchronization Signal，SSS）。前者用于符号定时对准、频率同步以及部分的小区 ID 检测，后者用于帧定时对准、CP 长度检测以及小区组 ID 检测。需说明的是，同步信号在 FDD 和 TDD 中的位置不同，图 9-11 分别给出了 FDD 和 TDD 中的同步信号位置。

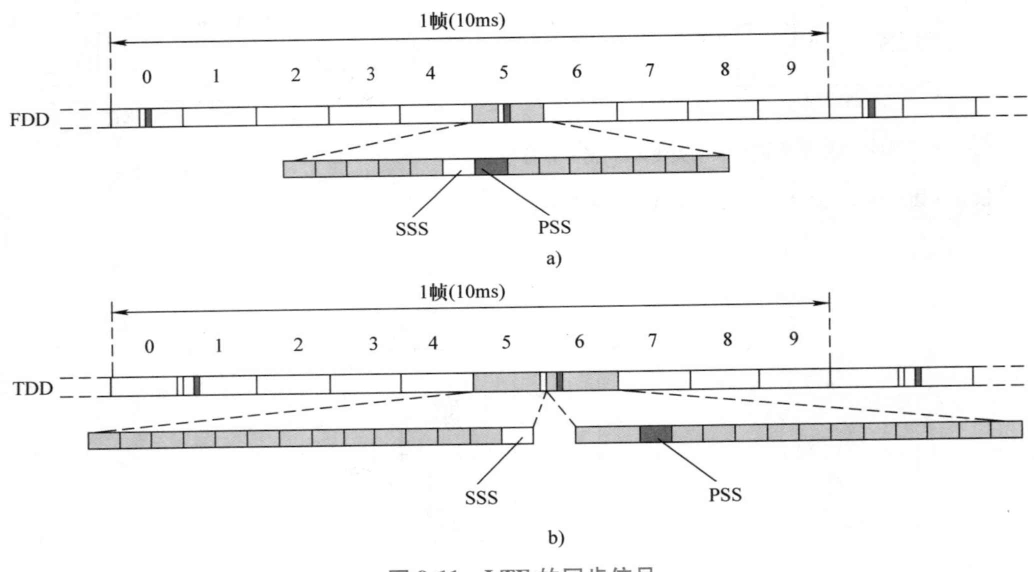

图 9-11　LTE 的同步信号

a）FDD 中的同步信号　b）TDD 中的同步信号

（1）LTE FDD 的下行同步信号

无论系统带宽大小，同步信号只位于系统带宽的中部，占用 62 个子载波。同步信号只在每个 10ms 帧的第 1 个和第 11 个时隙中传输。主同步信号处于传输时隙的最后一个符号，而次同步信号位于传输时隙的倒数第二个符号。

（2）TD-LTE 的下行同步信号

1）主同步信号（PSS）。每 5ms 发送一次，每次发送的 PSS 完全相同，位置在 DwPTS 的第 3 个 OFDM 符号上。PSS 只有 3 组，长度为 62 个子载波，每组对应一个 $N_{ID}^{(2)}$，用于小区搜索和同步。

2）次同步信号（SSS）。每 5ms 发送一次，每间隔 10ms 发送的 SSS 完全相同，位置在 1 号时隙的倒数第二个符号（TDD）。SSS 有 168 组，长度为 62 个子载波，每组对应一个 $N_{ID}^{(1)}$，用于小区搜索和同步。

3. 上行参考信号

上行参考信号用于数据解调和信道探测，它主要分为两种，分别是数据解调参考信号（DeModulation Reference Signal，DMRS）和信道探测参考信号（Sounding Reference Signal，SRS）。

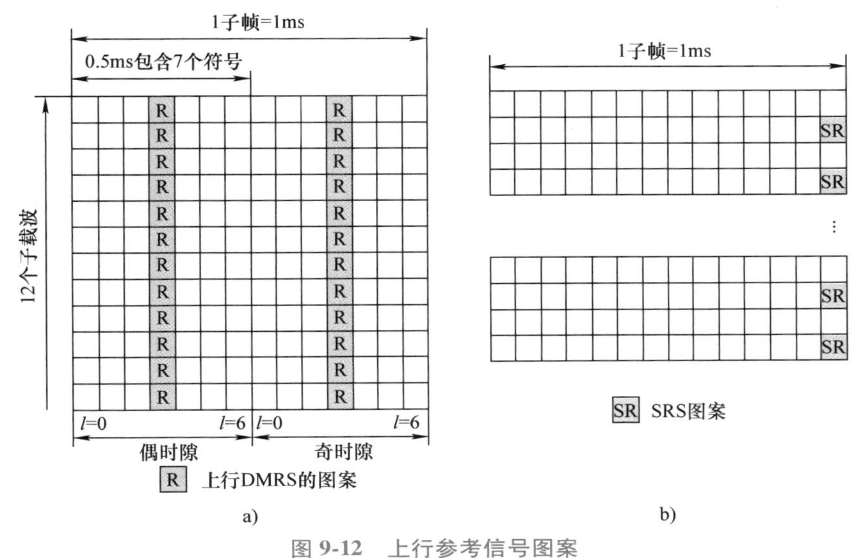

图 9-12　上行参考信号图案
a）上行 DMRS 的图案　b）SRS 图案

（1）DMRS

上行 DMRS 主要用于上行信道质量测量，以及上行信道估计，即 eNodeB 进行相干检测和解调时使用。由于 LTE 上行信道采用 SC-FDMA 技术，因此采用 TDM 方式实现 DMRS 和数据的复用。图 9-12a 给出了上行 DMRS 的时频结构，DMRS 处于时隙的第 4 个符号上，上行 DMRS 占满终端 UE 所有的发射带宽。

（2）SRS

SRS 为了支持频率选择性调度，需要终端 UE 对较大带宽进行探测。这通常远远超过其实际传输数据的带宽，因而开销较大。为了尽量降低开销，应选用分布式的参考信号，采用动态传送方式，即信道探测（Sounding）的带宽由 eNodeB 根据系统带宽自适应确定，而非一个固定值。信道探测带宽是参考信号的整数倍，可选择范围为 1.4～10MHz。图 9-12b 给出了 SRS 的时频结构。从图中可见，SRS 放置在子帧的最后一个符号中，SRS 的频域间隔为 2 个等效子载波。

值得注意的是，UpPTS 是个例外，在 UpPTS 长度为两个符号的情况下，两个符号都可以用于配置 SRS，所以支持三种情况的传输，即在 UpPTSD 第一个、第二个、全部两个符号上传输 SRS。

9.3.4　LTE 系统的信道

4G 仍沿用 3G 的三种信道，即逻辑信道、传输信道与物理信道，以更好地支持可变速率业务。从协议栈的角度看，物理信道是物理层的，传输信道是物理层和 MAC 层之间的，其含义是考虑怎样传；逻辑信道是 MAC 层和 RLC 层之间的，其含义是考虑传输什么内容。

1. 物理信道

物理层位于无线接口协议的最底层，提供物理介质中比特流传输所需要的所有功能。物理信道可分为上行物理信道和下行物理信道。具体而言，4G 所定义的下行物理信道包括以下几种。

1）物理下行共享信道（PDSCH）：用于承载所有用户的下行数据以及另外三种特殊信息，即

DBCH（SI-RNTI）、寻呼控制信息（P-RNTI）和随机接入响应信息（RA-RNTI）。

2）物理下行控制信道（PDCCH）：用于承载下行控制信息（DCI），且可根据DCI的不同格式，分别用于传送上/下行数据传输的调度信息以及上行功率控制等信息。

3）增强下行物理信道（ePDCCH）：与PDCCH目标相同，但能够以更灵活的方式传输控制信息。

4）物理多播信道（PMCH）：用于承载多媒体/多播信息。

5）物理广播信道（PBCH）：用于承载终端接入网络所需要的部分系统信息，以及传输用于初始接入的参数。

6）物理HARQ指示信道（PHICH）：用于承载针对上行共享信道数据包的HARQ应答（ACK/NACK）信息.

7）物理控制格式指示信道（PCFICH）：用于为终端提供解码PDCCH所需信息的信道，每个成员载波只有一个PCFICH。

8）中继物理下行控制信道（R-PDCCH）：主要用于在主eNodeB到中继链路上承载L1/L2控制信令。

此外，4G还定义了三种类型的上行物理信道。

1）物理上行共享信道（PUSCH）：与PDSCH对应的上行信道。每个终端在每个上行链路成员载波上最多有一个PUSCH。

2）物理上行控制信道（PUCCH）：用于为终端UE发送HARQ确认，以告知eNodeB下行传输块是否被成功接收，或者上报信道状态，用以协助下行链路的信道调度，以及请求上行链路数据传输所需资源。每个终端最多一个PUCCH。

3）物理随机接入信道（PRACH）：用于承载随机接入信道的序列，基站通过对序列的检测以及后续的信令交流，建立起上行同步。

2. 传输信道

物理层通过传输信道向MAC层或更高层提供数据传输服务，传输信道特性由传输格式定义。传输信道描述了数据在无线接口上是如何进行传输的，以及所传输的数据特征，例如数据如何被保护以防止传输错误、信道编码类型、CRC保护或者交织、数据包的大小等。此外，传输信道也有上下行之分。具体地，下行传输信道主要有以下四种类型。

1）广播信道（BCH）：使用固定的预定义格式，用于广播系统信息和小区的特定信息，能够在整个小区内广播。

2）下行共享信道（DL-SCH）：用于传输下行用户控制信息或业务数据，能够使用HARQ，能够在整个小区内发送，并通过各种调制和编码发送功率来实现链路自适应，能够使用波束赋形，支持动态或半持续资源分配，支持终端非连续接收以达到节能目的，支持MBMS业务传输。

3）寻呼信道（PCH）：当网络不知道终端UE所处小区位置时，用于发送给终端UE的控制信息，能够支持终端非连续接收以达到节能目的，能够在整个小区内发送，还能映射到用于业务或其他动态控制信道使用的物理资源上。

4）多播信道（MCH）：用于传输MBMS用户控制信息，能够在整个小区内发送，对于单频点网络支持多小区的MBMS传输合并，使用半持续资源分配。

此外，4G定义的上行传输信道主要有以下两种类型。

1）上行共享信道（UL-SCH）：用于传输上行用户控制信息或业务数据，能够使用波束赋形，能够通过调整发射功率、编码和潜在的调制模式来适应链路变化，能够使用HARQ，支持动态或半持续资源分配。

2）随机接入信道（RACH）：用于在早期连接建立或者RRC状态改变时，承载有限的控制信息。

【例 9-1】 简述 DL-SCH 物理层处理的实施步骤，以及各步骤的作用。

解： 图 9-13 给出了 DL-SCH 物理层处理的实施步骤，其中每个 TTI 对应于一个长为 1ms 的指针。当不采用空分复用时，每个 TTI 最多只支持一个传输块；当采用空分复用时，每个 TTI 最多可传输两个传输块。

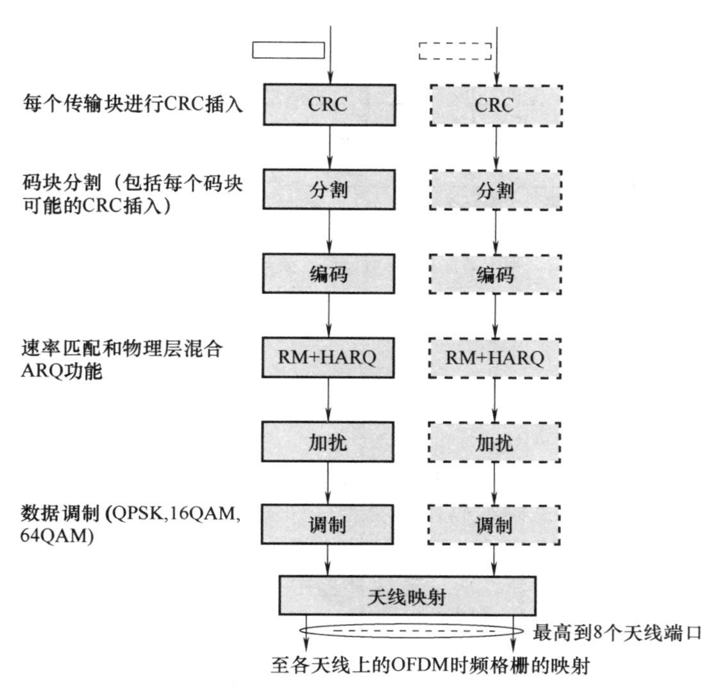

图 9-13 DL-SCH 的物理层处理流程图

（1）码块的循环冗余码校验（CRC）插入和码块分割

计算一个 24bit 的 CRC，并将其附加在每个传输块后。CRC 在接收侧检测传输块中的错误。此外，鉴于 LTE Turbo 编码器中定义的内部交织器能够支持的最大码块为 6114bit，若传输块（包含 CRC）的编码块长度超过最大码块大小，则需在 Turbo 编码之前进行码块分割，如图 9-14 所示。这样，码块将被进一步分割，分割后的码块大小应该与 Turbo 编码器所支持的码块大小相匹配。

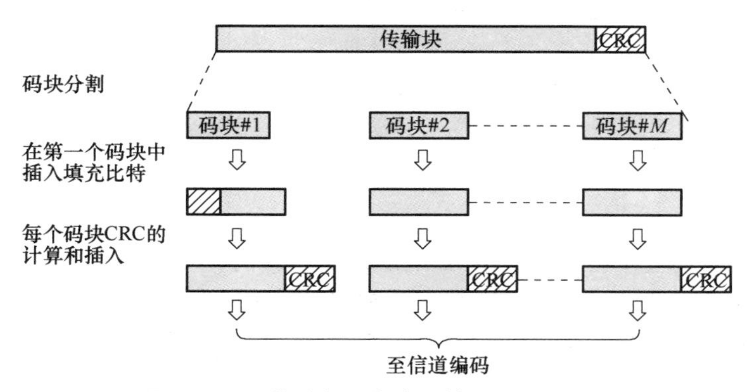

图 9-14 码块分割和每个码块 CRC 的插入

（2）信道编码

DL-SCH、PCH 和 MCH 的信道编码基于 Turbo 编码，编码方式如图 9-15 所示。具体地，编码包括两个 1/2 速率的 8 状态子编码器，从而达到总的编码速率为 1/3。此外，它还联合基于积分排序多项式的交织器，且在不同的并行处理接入交织器内存时，直接实现并行解码，从而大大简化了 Turbo 编解码的实现。

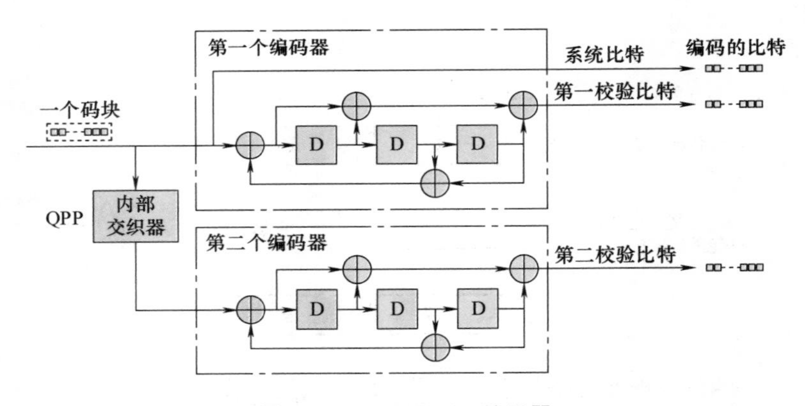

图 9-15　LTE Turbo 编码器

（3）速率匹配和物理层混合 ARQ

通过速率匹配和物理层混合 ARQ，能够从信道编码器所发送的包含编码比特的传输块中，解析出要在给定 TTI/子帧中传输的准确编码比特集合。如图 9-16 所示，首先对 Turbo 编码器的输出进行独立交织。其次，将交织的比特插入到环形缓冲器中，插入顺序是系统比特、第一校验比特、第二校验比特。最后，通过比特选择，从环形缓冲器中提取出连续比特，直到所取出的比特能够与所分配的用于传输的资源块相匹配时提取结束。

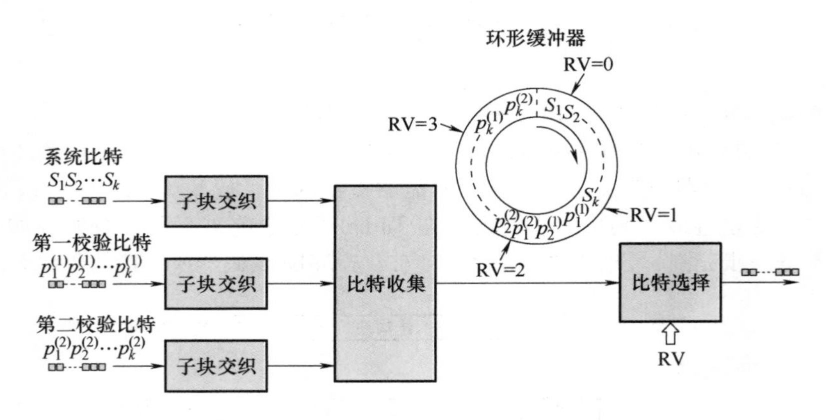

图 9-16　速率匹配和混合 ARQ 功能

（4）比特级加扰

LTE 下行链路加扰的实质是经混合 ARQ 的编码比特块与一个比特级的扰码序列相乘。这样，加扰后的干扰信号就被随机化了，从而能够完全利用信道编码所提供的处理增益。它应用于下行链路中的所有传输信道，甚至包括下行 L1/L2 控制信令。需注意的是，在 MCH 传输时，扰码序列是基于 MBSFN（组播单频网络）区域号的，而对于其他的下行传输信道类型，扰码序列在相邻小区之间互不相同。

（5）数据调制

下行数据调制将加扰比特块转化为所对应的复值调制符号块。LTE 下行链路支持的调制方案 QPSK、16QAM、64QAM，且每个调制符号分别对应 2bit、4bit 和 6bit。

（6）天线映射

天线映射针对一个或两个传输块上的调制符号进行联合处理，并将结果映射到用于传输的一组天线端口。根据不同的多天线传输方案，天线映射可以以不同的方式进行配置，包括发射分集、波束赋形和空分复用。一般而言，LTE 最多可支持 8 个发射天线端口的传输。

（7）资源块映射

资源块映射是指将每个天线端口上待发送的符号映射到一组资源块的可用资源元素上。这些资源块是由 MAC 调度器所分配的，并且用于传输。每个资源块包含了 84 个资源元素（7 个 OFDM 符号，每个符号 12 个子载波）。但需注意的是，不是所有资源元素均用于传输信道的传输，有些资源元素要用于不同类型的下行参考符号、下行 L1/L2 控制信令、同步信号以及 PBCH 物理信道的传输。

【例 9-2】 简述 UL-SCH（上行共享信道）物理层处理的实施步骤，以及各步骤的作用。

解： 图 9-17 表示了在一个单载波上的 UL-SCH 物理层处理流程。与下行类似，在上行载波聚合情况下，不同的成员载波对应于各自的传输信道，这些独立的传输信道分别进行各自的物理层处理。不同之处总结如下：

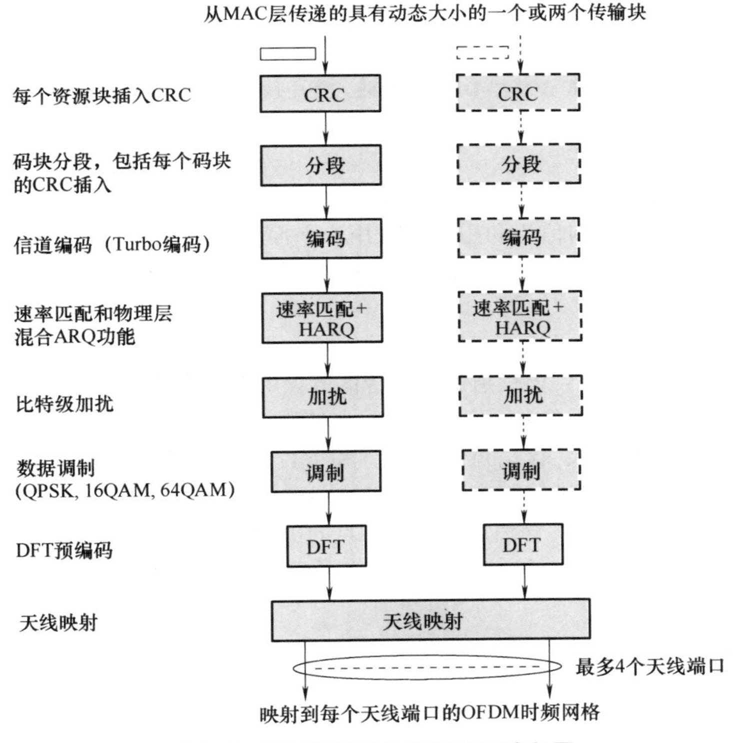

图 9-17 UL-SCH 的物理层处理流程图

1）码块分段和 CRC 插入。计算一个 24bit 的 CRC 并且将之附加在每个上行传输块上。同样地，对于超过 6144bit 的传输块进行编码块分割，其中包括对每个编码块加 CRC。

2）信道编码。UL-SCH 也采用了基于积分排序多项式的交织器，以及基于该交织器内部交织的 1/3 码率的 Turbo 码。

3）速率匹配和物理层混合 ARQ。上行速率匹配的物理层部分以及混合 ARQ 实现功能基本上与对应的下行功能一致，同时带有子块交织，并插入到一个循环缓冲器中，其后是比特选择。但是，下行和上行的混合 ARQ 协议也存在一些差异，例如异步和同步操作的差异性。

4）比特级加扰。上行加扰的目的与下行相同，是为了将上行干扰随机化，以及保证能完全利用信道编码所提供的处理增益。

5）数据调制。与下行类似，UL-SCH 传输可以使用 QPSK、16QAM、64QAM 调制。

6）DFT 预编码。DFT 预编码的作用是有效减少传输信号的立方度量。如图 9-18 所示，M 个调制符号组成一个块，被送至大小为 M 的 DFT 中，其中 M 表示分配用于传输的子载波数。从实现复杂度的角度出发，DFT 大小最好设置为 2 的 n 次方（n 为任意整数）。但这样会限制分配给上行传输的资源数量，从而制约了调度的灵活性。确实，为了确保灵活性，最好的方法是 DFT 大小不设限制。因此，为了在实现复杂度和灵活性之间取得良好折中，DFT 大小，也即资源分配的大小，被限制为整数 2、3、5 的乘积。这样，DFT 能够通过一个相对低复杂度的基 2、基 3 和基 5 的 FFT 处理组合来加以实现。

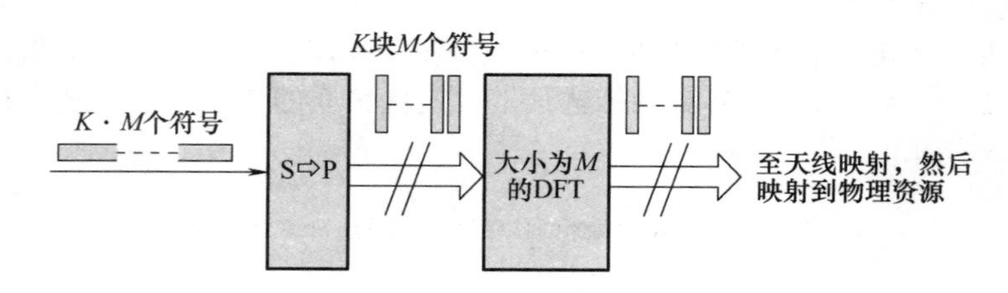

图 9-18　K 个块的 DFT 预编码，每个块包含 M 个调制符号

3. 逻辑信道

逻辑信道定义了传输的内容。MAC 层使用逻辑信道与高层进行通信。逻辑信道通常分为两类，即用来传输控制平面信息的控制信道和用来传输用户平面信息的业务信道，且它们各自还可以根据传输数据类型的不同而进一步细分，以提供不同的传输服务。具体地，4G 定义的控制信道主要有如下 5 种类型。

1）广播控制信道（BCCH）：该信道属于下行信道，用于传输广播系统控制信息。

2）寻呼控制信道（PCCH）：该信道属于下行信道，用于传输寻呼信息和改变通知消息的系统信息。当网络侧没有用户终端所在小区信息的时候，使用该信道寻呼终端。

3）公共控制信道（CCCH）：该信道包括上行和下行，当终端和网络间没有 RRC（Radio Resource Control）连接时，终端级别控制信息的传输使用该信道。

4）多播控制信道（MCCH）：该信道为点到多点的下行信道，用于 UE 接收 MBMS 业务。

5）专用控制信道（DCCH）：该信道为点到点的双向信道，用于传输终端侧和网络侧存在 RRC 连接时的专用控制信息。

此外，4G 定义的业务信道主要有如下两种类型：

1）专用业务信道（DTCH）：该信道可以是单向的也可以是双向的，针对单个用户提供点到点的业务传输。

2）多播业务信道（MTCH）：该信道为点到多点的下行信道。用户只会使用该信道来接收 MBMS 业务。

4. 信道的映射关系

MAC 层使用逻辑信道与 RLC 层进行通信，使用传输信道与物理层进行通信。因此 MAC 层负责逻辑信道和传输信道之间的映射。

（1）逻辑信道至传输信道的映射

概括来说，上行的逻辑信道全部映射在上行共享传输信道上。在下行逻辑信道的传输中，除了 PCCH 和 MBMS 逻辑信道有专用的 PCH 和 MCH 传输信道外，其他逻辑信道全部映射到下行共享信道上（BCCH 一部分在 BCH 上传输）。具体的映射关系如图 9-19 所示。

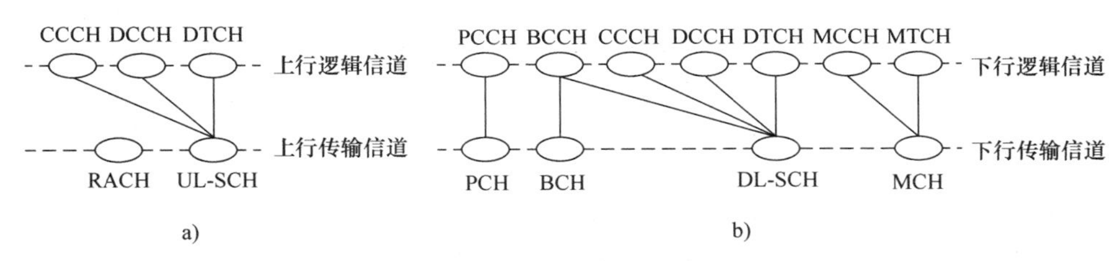

图 9-19 逻辑信道到传输信道的映射关系
a）上行 b）下行

（2）传输信道至物理信道的映射

在上行信道中，UL-SCH 映射到 PUSCH 上，RACH 映射到 PRACH 上。在下行信道中，BCH 和 MCH 分别映射到 PBCH 和 PMCH，PCH 和 DL-SCH 都映射到 PDSCH 上。具体映射关系如图 9-20 所示。

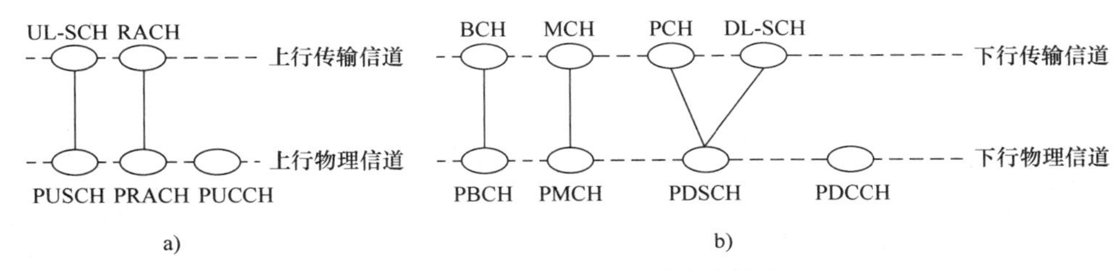

图 9-20 传输信道到物理信道的映射关系
a）上行 b）下行

9.4 4G 系统的无线核心技术

为了适应移动通信系统的宽带化、数据化和分组化的需求，4G 移动通信系统必须能够满足：支持数据速率为 1Gbit/s 以上的全 IP 高速分组数据传输；具有高速的终端移动性；能显著提升传输质量、频谱利用率和功率效率；支持在用户数据速率、用户容量、服务质量和移动速度等方面动态且大幅度的变化。为了满足上述要求，一系列新理论与新技术应运而生，其核心技术包括：以 MIMO 为代表的多天线技术、以 OFDM 为代表的多载波技术、以 IP 为代表的网络技术等。限于篇幅，本章将重点介绍 OFDM 技术和 MIMO 技术。

9.4.1 OFDM 技术

随着无线数据速率的不断提高，无线通信系统的性能不仅受到噪声的限制，更主要受制于无线信道时延扩展所带来的码间串扰。对于高速数据业务，发送符号的周期可与时延扩展相比拟，甚至小于时延扩展，此时将引入严重的码间串扰，导致系统性能急剧下降。

为了传输高速数据业务，必须尽可能地消除码间串扰。经典的抗码间串扰方法是信道均衡，但在采用单载波均衡时，往往要设计抽头系数很大的均衡器，这实现起来难度较大。研究表明，在传输 5Mbit/s 以上的高速数据业务时，采用 OFDM 技术既能抗码间串扰，又能支持高速的数据业务，且无需复杂的信道均衡器。换言之，OFDM 技术突出的优点是频谱利用率高，抗多径干扰能力强。因此，4G 选用了 OFDM 技术。

正如第 4 章所述，OFDM 的基本原理是将高速的数据流分解为多路并行的低速数据流，在多个载波上同时进行传输。对于低速并行的子载波而言，由于符号周期展宽，多径效应造成的时延扩展相对变小。当每个 OFDM 符号中插入一定的保护时间后，码间串扰几乎可以忽略。然而，OFDM 技术也存在不足，最突出的不足之一是存在较高的峰值平均功率比（Peak-to-Average Power Ratio，PAPR）。究其原因，OFDM 系统输出信号是多个子信道信号的叠加，当多个信号的相位一致时，所得到的信号瞬时功率会远远大于信号平均功率，导致出现较大的峰值平均功率比。这显然增加了发射机的实现难度。因此，考虑到基站与终端对体积、发射功率、节能要求和成本上的巨大差异，在选择多址方式时，4G 系统下行采用 OFDM，上行采用单载波 FDMA（Single Carrier FDMA，SC-FDMA）。

1. OFDM 的 DFT 实现

使用 DFT 技术的 OFDM 系统如图 9-21 所示。具体地，在基带以数字化方式（如 FPGA、DSP 等）实现式（4-50）给出的 $s(t)$ 的复包络 $x(t)$ 时，所实现的只能是 $x(t)$ 的采样值。以 $t_s=0$ 为例，在区间 [0，T] 内对 $x(t)$ 按间隔 $\Delta t=T/N=T_s$ 进行均匀采样，将得到

$$x_k = x(k\Delta t) = \sum_{i=0}^{N-1} d_i e^{j2\pi\frac{i}{T}\cdot\frac{kT}{N}} = \sum_{i=0}^{N-1} d_i e^{j2\pi\frac{ik}{N}} \qquad k = 0,1,\cdots,N-1 \tag{9-1}$$

该结果正好是序列 d_0，d_1，…，d_{N-1} 的离散傅里叶反变换（Inverse Discrete Fourier Transform，IDFT）。这说明 OFDM 中的 N 个并行调制可以用一个快速傅里叶变换（IFFT）运算模块来实现。同样，OFDM 信号的解调也可以用一个 FFT 运算模块来实现。

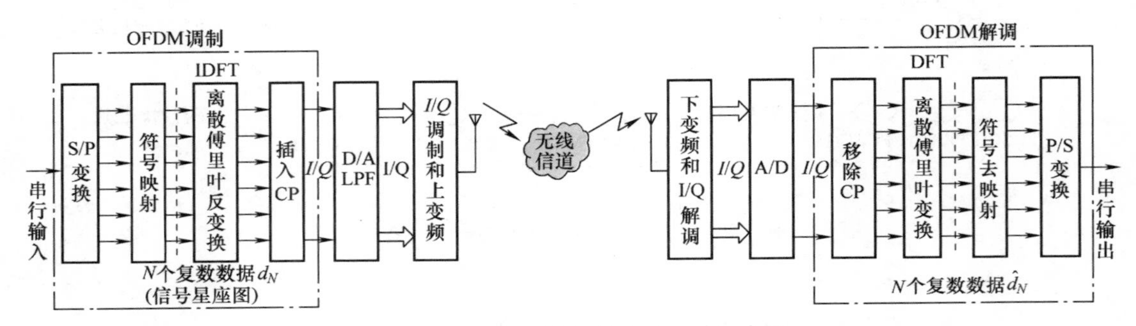

图 9-21　使用 DFT 的 OFDM 系统示意图

一般地，IDFT 前的矢量被称为“频域”，用大写表示，而变换后的矢量被称为“时域”，用小写表示。接下来，用矢量 $\boldsymbol{X}=(X_0, X_1, \cdots, X_{N-1})^{\mathrm{T}}$来代替 d_0，d_1，…，d_{N-1}，并用 $\boldsymbol{x}=(x_0, x_1, \cdots, x_{N-1})^{\mathrm{T}}$来表示 $x(t)$ 的 N 个采样值。

输入的二进制比特经串并（S/P）变换后，被映射为 N 个调制符号，形成矢量 $\boldsymbol{X}$。然后，通过 N 点 IDFT 成为矢量 $\boldsymbol{x}=(x_0, x_1, \cdots, x_{N-1})^{\mathrm{T}}$，并添加循环前缀（Cyclic Prefix，CP）成为矢量 $(x_{N-p}, \cdots x_{N-2}, x_{N-1}, x_0, x_1, \cdots, x_{N-1})^{\mathrm{T}}$。最后，经 D/A 转换和低通滤波（LPF）后得到所需的 OFDM 符号，并进行调制和上变频后发送。循环前缀是在 $\boldsymbol{x}$ 的前面缀上最后的 p 个元素（时域样值），如图 9-22 所示。加循环前缀的作用是既能够在多径环境中避免前后 OFDM 符号之间的干扰，又能够保证子载波信号之间的正交性。循环前缀的持续时间 T_g 一般应大于多径信道的时延扩展。在权衡了密集城区、城区、郊区、农村等多种典型的 LTE 场景后，3GPP 最终选择了 4.69μs 作为普通 CP 长度来对抗一般环境的多径干扰，选择了 16.7μs 作为扩展 CP 长度来对抗时延扩展较大环境下的多径干扰。

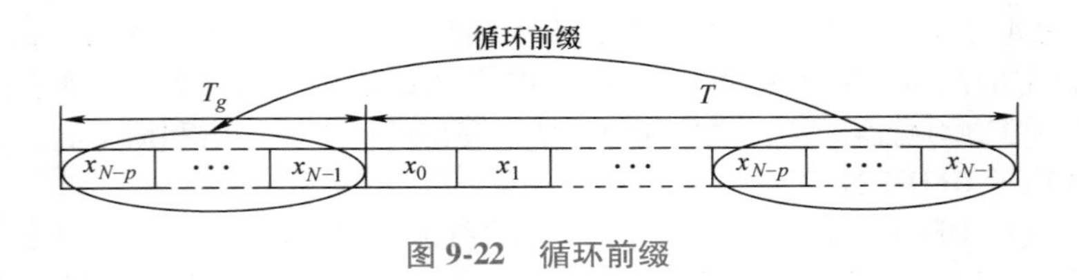

图 9-22　循环前缀

2. SC-FDMA 多址方式的实现

4G 上行所采用的 SC-FDMA 多址接入，其实现是基于 DFT-S-OFDM（Discrete Fourier Transform-

Spread OFDM）调制方案。同 OFDM 相比，它具有较低的 PAPR。

DFT-S-OFDM 调制方案如图 9-23 所示，其调制过程是以长度为 M 的数据符号块为单位完成的，具体如下。

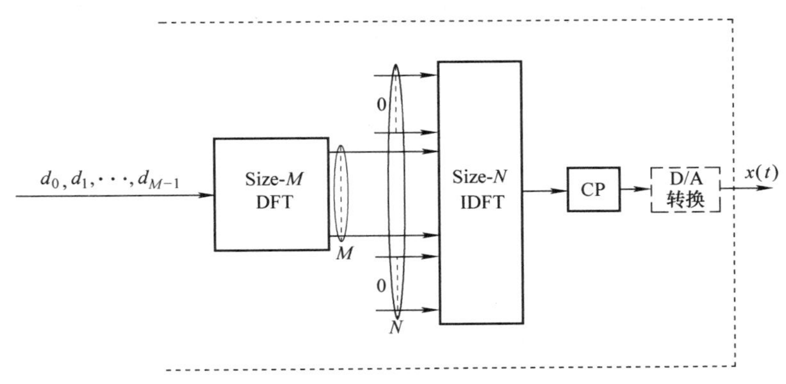

图 9-23　DFT-S-OFDM 调制原理示意图

1）通过离散傅里叶变换（DFT），获取该时域离散序列的频域序列。该长度为 M 的频域序列应能准确刻画 M 个数据符号块所表示的时域信号。通过改变输入信号的数据符号块 M 的大小，可实现频率资源的灵活配置。

2）DFT 的输出信号送入 N 点离散傅里叶反变换（IDFT）中，其中 $N>M$。由于 IDFT 的长度比 DFT 的长度长，IDFT 多出的那部分长度用 0 补齐。

3）在 IDFT 之后，为避免符号干扰，同样为该组数据添加循环前缀。

由此可见，DFT-S-OFDM 与 OFDM 的实现有一个相同的过程，即都有采用 IDFT 的过程，所以 DFT-S-OFDM 可以看成是一个加入了预编码的 OFDM。

如果 DFT 的长度 M 等于 IDFT 的长度 N，那么两者级联，DFT 和 IDFT 的效果互相抵消，此时输出的信号就是一个普通的单载波调制信号。当 $N>M$ 并且采用 0 输入来补齐 IDFT 时，IDFT 输出信号具有以下特性：一是信号的 PAPR 比 OFDM 的小；二是改变 DFT 输出数据到 IDFT 输入端的映射关系，就可改变输出信号占用的频域位置。这样，若将 N 点 IDFT 看作是 OFDM 调制过程，那么该过程实质上就是将输入信号的频谱调制到多个正交的子载波上。

利用 DFT-S-OFDM 的上述特点，可以方便地实现 SC-FDMA 多址接入方式。换言之，多用户复用频率资源时，只需要改变不同用户 DFT 的输出到 IDFT 输入的对应关系，就可以实现多址接入，同时还可确保子载波之间的正交性，避免了多址干扰。图 9-24 给出了基于 DFT-S-OFDM 的 SC-FDMA 信号生成方案示意图。该方案在 OFDM 的 IFFT 调制之前对信号进行 DFT，把调制数据转换到频域，通过改变 DFT 到 IFFT 的映射关系，形成了不同的正交子载波集合，以区分出不同用户。图 9-24 进一步给出了该方案的多址接入方式和信号生成示意图，可见通过调整 IFFT 的输入，发射机就可以将发送信号调整到所期望的频率部分，进而在保证多用户之间灵活地共享系统传输带宽的情况下，避免了系统中多用户之间的多址干扰。

LTE 下行 OFDM 正交子载波承载的是时域数据信号，而 LTE 上行采用图 9-25 所示的方案后，相当于将单个子载波上的信息扩展到所属的全部子载波上，每个子载波都包含全部符号的信息，这样系统发射的是时域信号，能够保证较低的 PAPR。

此外，通过移动 DFT 输出所映射到的 IDFT 的输入，待发射信号的准确频域位置可以被调节。这样，DFT-S-OFDM 将具备灵活带宽分配的上行链路 FDMA。值得注意的是，上述方案由于 DFT 的输出被映射到 OFDM 调制器的连续输入，因而可成为集中式 DFT-S-OFDM。当 DFT 的输出映射到 OFDM 调制器的等间距输入并在其中插零时，这种方案也被称为分布式 DFT-S-OFDM。分布式 DFT-S-OFDM 信号等价于交织 FDMA，与连续 DFT-S-OFDM 相比，其优势在于能够带来额外的频率分

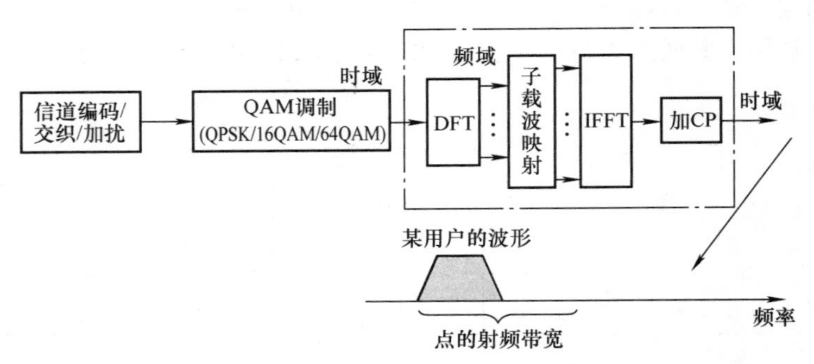

图 9-24　基于 DFT-S-OFDM 的 SC-FDMA 信号生成方案示意图

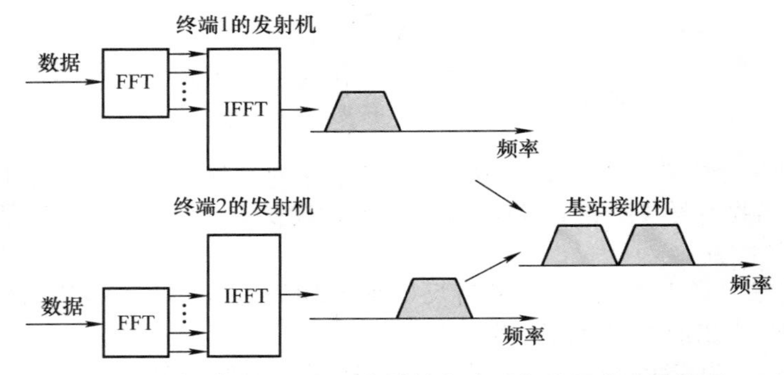

图 9-25　频域 SC-FDMA 多址接入方式和信号生成示意图

集，可实现频域内的复用和灵活的带宽分配。但是，它对频率误差更敏感，并对功率控制有更高需求。

9.4.2　MIMO 技术

1. 概述

多天线技术的出现为解决频谱利用率问题开辟了一条新路。研究表明，MIMO（Multiple Input Multiple Output，MIMO）技术在室内传播环境下的频谱效率可以达 20~40bit/(s · Hz)，远高于传统蜂窝无线通信技术的 1~5bit/(s · Hz)。MIMO 技术的关键是有效地利用了随机衰落和可能存在的多径传播，其本质是引入了空间维度，从而能够在不增加带宽和总发射功率的情况下，显著提高系统的频谱利用率，改善无线信号传输质量。

MIMO 技术可追溯到 20 世纪初的马可尼时代，但对 MIMO 技术发展起到了很大的推动作用，并开创了无线通信新技术革命的奠基性工作，则应当归功于 Bell 实验室在 20 世纪 90 年代中后期的一系列研究成果。例如，1995 年 Telatar 和 1998 年 Foschini 等给出了在加性高斯白噪声信道下，采用 MIMO 技术可大大提高信道容量的结论；1996 年 Foschini 首次试验了一种基于分层空时编码的 MIMO 系统，在 8 根发射天线和 12 根接收天线的情况下获得高达 40bit/(s · Hz) 的频谱效率，但它较适合于窄带系统和室内环境，不太适用于室外移动环境。这些工作引起了各国学者的极大关注，并兴起了 MIMO 技术的研究热潮。

MIMO 技术实质上是将时间域和空间域结合起来所进行的空时信号处理技术。它把多径作为一个有利因素加以利用。图 9-26 给出了 $N_t \times N_r$MIMO 系统的原理框图，该系统有 N_t根发射天线，N_r根接收天线，且第 i 根发射天线到第 j 根接收天线之间的信道衰落复系数为 $h_{j,i}$。传输信息流 $s(n)$ 经过空时编码后形成 N_t个信息子流 $x_i(n)$（$i=1, \cdots, N_t$）。这 N_t个信息子流分别由 N_t个天线进行发送，经空间信道后由 N_r个接收天线接收，接收到的信号分别为 $y_j(n)$（$j=1, \cdots, N_r$）。最后接收端对这些信号进行联合检测处理，以分离出多路数据流。从信号处理角度出发，MIMO 技术可分为三类：第一类是旨在提高分集增益和编码增益的空间分集技术，其代表是空时格型编码（Space-Time Trellis Codes，STTC）和空时分组编码（Space-Time Block Codes，STBC）。第二类是可以成倍提高系统容量的空间复用技术，其代表是垂直结构的分层空时编码（Vertical Bell Labs Layered Space-Time，V-BLAST）方案。第三类是旨在抑制干扰的空时预编码技术，其代表是波束赋形（Beamforming）和有限反馈技术。需说明的是，这三类 MIMO 技术在提高频谱效率、降低差错率方面各有侧重。空间复用技术与分集技术的联合优化，有助于在复用增益与分集增益/编码增益之间达到最优折中。分集技术与预编码技术的联合优化，有助于在天线增益与分集增益/编码增益之间达到最优折中。

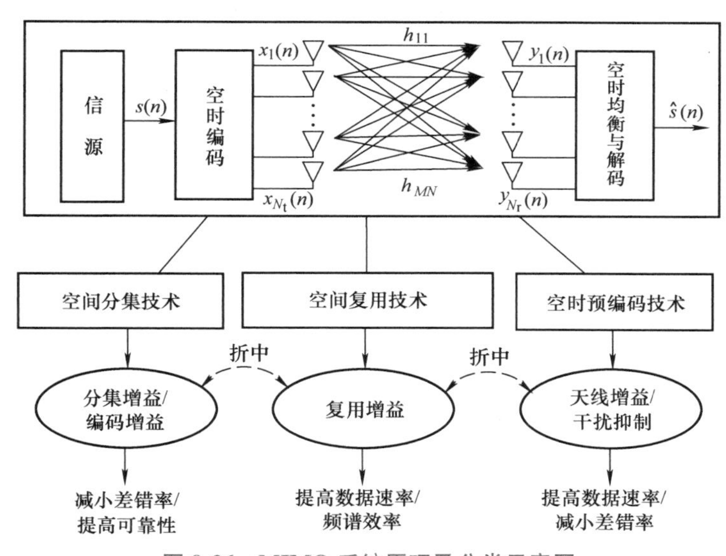

图 9-26　MIMO 系统原理及分类示意图

2. 空间分集

空间分集是指在多个不同发射天线上发送包含相同信息的符号，以设法给接收机提供多个独立衰落副本，从而使得所有信号成分同时经历深度衰落的概率变小，进而提高传输可靠性。分集性能一般用分集增益来衡量。例如，在 Alamouti 空时编码中，通过发送数据在时间域和空间域上的正交设计，形成一个发送数据编码块，每根天线发送一个码字，在接收端利用多路信号的正交性，将多路独立的信号区别出来，以获得分集增益。

3. 空间复用

空间复用是指在多个不同发射天线上发送不同信息的符号，利用空间信道的弱相关性形成的若干个并行子信道，来传输完全不同信息的符号，进而在接收端通过信号处理技术消除各子信道间的干扰，恢复出各子信道发送的信息。空间复用通过这些信道独立地传输信息，提高了数据传输率。分层空时编码是实现空时多维信号发送的结构，其最大的优势在于允许采用一维的处理方法对多维空间信号进行处理，从而极大地降低译码复杂度。复用性能一般用复用增益来度量。

作为空间复用技术的代表，分层空时编码可以和信道编码级联。最简单的未进行信道编码的分层空时码就是 V-BLAST，其编码方式如图 9-27 所示。具体地，在发射端，信息比特序列 $s(n)$ 经过串/并变换，得到并行的 N_t 个子码流，每个码流可以看作一层信息，然后分别进行 M 进制调制，得到调制符号 x_{N_t}，并将其发送到相应的天线上。

BLAST 结构能在最大程度上发掘频谱效率，但这一般需要接收天线数目大于或等于传输天线

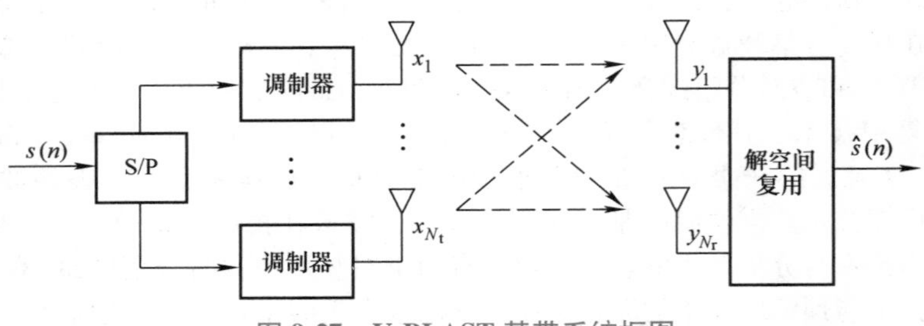

图 9-27 V-BLAST 基带系统框图

数目，而这一点在下行链路中难以实现。此外，由于不同的链路传输不同的信号，如果一条链路被损坏，将会面对不可挽回的错误。

在平坦衰落信道环境下，设 $\boldsymbol{X}=[x_1\ x_2\cdots\ x_{N_t}]^{\mathrm{T}}$为时刻 t 从发射端发射的信号，通过信道后在接收端收到的信号记为 $\boldsymbol{Y}=[y_1\ y_2\cdots\ y_{N_r}]^{\mathrm{T}}$，则有

$$\boldsymbol{Y}=\boldsymbol{HX}+\boldsymbol{n} \tag{9-2}$$

其中，$\boldsymbol{H}=\begin{bmatrix} h_{11} & h_{12} & \cdots & h_{1N_t} \\ h_{21} & h_{22} & \cdots & h_{2N_t} \\ \vdots & \vdots & & \vdots \\ h_{N_r1} & h_{N_r2} & \cdots & h_{N_rN_t} \end{bmatrix}$为信道矩阵；$h_{ij}$为从发射天线 i 到接收天线 j 之间的信道衰落复系数（$i=1，2，\cdots，N_r，j=1，2，\cdots N_t$）；$\boldsymbol{n}=[n_1\ n_2\cdots\ n_{N_r}]^{\mathrm{T}}$为相互独立的零均值加性高斯白噪声，$n_i\sim N(0，\sigma_n^2)$。由式（9-2）可知，接收信号矢量是所有发射天线信号的叠加，即每个接收天线收到的都是有用信号与干扰信号的混叠。为了恢复出有用信号，可以采用不同的 MIMO 信号检测方法。这类检测算法种类较多，例如，线性检测算法、最大似然（Maximum Likelihood，ML）检测、基于球形译码的检测算法等。

【例 9-3】 下面以 2×2MIMO 为例，说明线性检测算法和最大似然检测法。

解： 若没有噪声，式（9-2）是一个二元一次方程组，在信道矩阵满秩的条件下，其解为

$$\hat{\boldsymbol{X}}=\boldsymbol{H}^{-1}\boldsymbol{Y} \tag{9-3}$$

其中，$\boldsymbol{H}^{-1}$是信道矩阵的逆矩阵。在无噪声情况下，$\hat{\boldsymbol{X}}=\boldsymbol{X}$。考虑到噪声后，无论是用式（9-3）还是用其他方法，都不可能正确地得到 $\boldsymbol{X}$，只能给出一个估计值 $\hat{\boldsymbol{X}}$。在线性检测算法中的线性检测器是用一个矩阵 $\boldsymbol{W}$ 对接收矢量 $\boldsymbol{Y}$ 进行线性变换，从而得到

$$\widehat{\boldsymbol{Y}}=\boldsymbol{WY}=\boldsymbol{WHX}+\boldsymbol{Wn} \tag{9-4}$$

然后用$\widehat{\boldsymbol{Y}}$的第一个元素判决 x_1，用$\widehat{\boldsymbol{Y}}$的第二个元素判决 x_2。线性检测算法中常用的有最小均方误差（Minimum Mean Square Error，MMSE）检测和迫零（Zero-Forcing，ZF）算法，其中，式（9-3）的解法实际即为 ZF 算法。

最大似然检测能达到性能最优，但复杂度高于线性检测算法。它的核心思路是穷举所有可能的 $\boldsymbol{X}$ 取值，计算接近信号 $\boldsymbol{Y}$ 与每个可能的 $\boldsymbol{HX}$ 之间的欧氏距离，然后将 $\boldsymbol{Y}$ 判决为欧氏距离最近的那个 $\boldsymbol{X}$。ML 检测算法的数学表式为

$$\hat{\boldsymbol{X}}=\underset{\hat{X}\in\Omega^2}{\arg\min}\{\|\boldsymbol{Y}-\boldsymbol{HX}\|^2\} \tag{9-5}$$

其中，Ω 是 $\boldsymbol{X}$ 中元素的星座图。假设 x_1、x_2都是 64QAM 调制，则对于接收端来说，发送端发送的是两个 64QAM 符号，共有 64×1024=65536 种可能取值。ML 检测算法就是将这 65536 种可能取值逐一代入式（9-5），然后比较哪一个 $\boldsymbol{HX}$ 离 $\boldsymbol{Y}$ 更近。由此可见，ML 检测算法复杂度高。

此外，空间复用系统的多个天线用来传输多路数据。在平坦衰落信道环境下，当 $N_r\geqslant N_t$时，可以证明系统容量与发射天线数 N_t（即层数）近似成正比。详细的推导过程可参考 MIMO 检测的

相关资料。

4. 空时预编码

空时预编码技术是一种闭环 MIMO 技术，即接收端通过信道估计获知的信道信息，而后全部或部分反馈给发射端；发射端从反馈信道获取信道信息，对发射信号进行预先编码，以抑制小区间干扰，提高系统容量。它的代表是波束赋形和有限反馈技术。例如，TD-SCDMA 采用了波束赋形技术，有效抑制了小区间干扰，提高了系统容量。在 LTE、WiMAX 中，基于接收端反馈的量化信道响应信息，通过预编码码本选择，达到了抑制小区间干扰、提高系统容量和简化接收机结构的目的。

空时预编码可分为线性预编码和非线性预编码。非线性预编码在性能上优于线性预编码，在高信噪比区域能够逼近 MIMO 信道容量，但实现起来较为复杂。下面以线性预编码为例介绍预编码的基本原理。空时线性预编码的广义系统如图 9-28 所示，具体如下：发射端编码调制后的数据与线性预编码矩阵相乘，送入 MIMO 无线信道，接收到的 MIMO 信号与线性检测矩阵相乘，然后送入解码译码单元。在接收端线性检测单元获得信道估计信息，通过反馈信道向发射端传输信道统计/量化信息，然后发送端进行波束赋形算法或码本选择，对预编码矩阵进行配置。线性预编码技术可以与空时编码进行灵活组合，如图中虚线框所示。

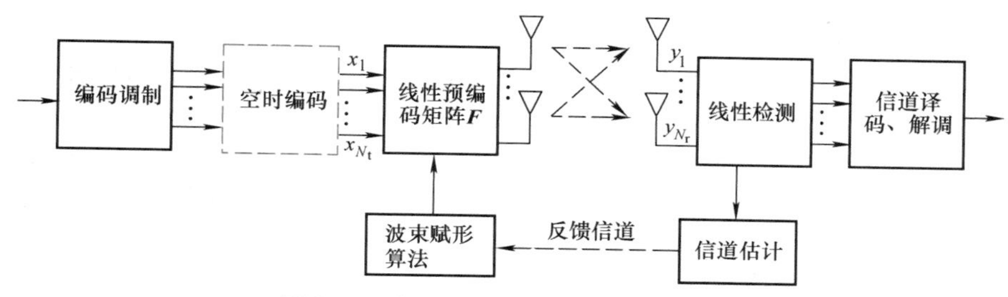

图 9-28 空时线性预编码广义系统结构

特别地，波束赋形是将多天线阵列形成的波束主瓣对准目标用户方向，同时将“零陷”（null）对准干扰用户方向，以提高接收信号信噪比，并有效降低共道干扰（CCI），达到提高系统容量或增大覆盖范围的目的。波束赋形可以看成是一种空间滤波。

【例 9-4】 假设发送端有 N_t 根天线，接收端有 N_r 根天线，请分析在平坦衰落信道的单载波预编码系统中的全局最优的预编码矩阵。

解： 如图 9-28 所示，在平坦衰落信道中单载波预编码系统模型可表示为

$$\boldsymbol{Y}=\boldsymbol{HFX}+\boldsymbol{n} \tag{9-6}$$

其中，$\boldsymbol{X}$ 是发送信号；$\boldsymbol{Y}$ 是对应的接收信号；$\boldsymbol{F}$ 是波束赋形的预编码矩阵；$\boldsymbol{H}$ 是信道响应矩阵；$\boldsymbol{n}$ 是零均值加性白噪声。

MIMO 预编码信号的检测方法与所用预编码方法密切相关。按照接收功率最大化准则，对于单个数据流的波束赋形，可得最优的预编码矩阵为

$$\boldsymbol{F}_o=\underset{\boldsymbol{F}}{\operatorname{argmax}}\{\boldsymbol{F}^{\mathrm{H}}\boldsymbol{H}^{\mathrm{H}}\boldsymbol{HF}\} \tag{9-7}$$

其中，$\boldsymbol{F}_o$是使 $\boldsymbol{F}^{\mathrm{H}}\boldsymbol{H}^{\mathrm{H}}\boldsymbol{HF}$ 取最大值的 $\boldsymbol{F}$ 值，且由矩阵知识可知它是唯一的，即为矩阵 $\boldsymbol{H}^{\mathrm{H}}\boldsymbol{H}$ 的最大值对应的特征值矢量。这种波束赋形方法称为特征波束赋形方法。

5. LTE 中的下行多天线传输

（1）传输模式

LTE 中的多天线传输一般是将数据调制的输出映射到一组天线端口。不同的多天线传输方案对应着不同的传输模式，目前 LTE 定义了 10 种不同的传输模式。下面总结了目前所定义的传输模式和相关的多天线传输方案。

1）传输模式 1：单天线传输。

2）传输模式2：发送分集。

3）传输模式3：当大于一层时，使用基于码本的开环预编码；在秩为1传输时，使用发送分集。

4）传输模式4：基于码本的闭环预编码。

5）传输模式5：传输模式4的多用户MIMO。

6）传输模式6：限制为一层的基于码本的闭环预编码。

7）传输模式7：仅支持一层传输的LTE R8版本的非码本预编码。

8）传输模式8：支持多达2层传输的LTE R9版本的非码本预编码。

9）传输模式9：支持多达8层传输的LTE R10版本的非码本预编码。

10）传输模式10：传输模式9的扩展，支持多种下行多点协同和传输。

在传输模式1~6中，传输在天线端口0~3实施。因此，小区特定参考信号用于信道估计。传输模式7对应于天线端口5的传输，而传输模式8~10对应天线端口7~14的传输（传输模式8基于天线模式7和8）。因此，在传输模式7~10中，解调参考信号（DM-RS）用于信道估计。实际上，配置了传输模式1~8的终端可以基于小区特定参考信号获取CSI，而当配置了传输模式9和10时，应使用信道状态指示参考信号（Channel State Indication RS，CSI-RS）。

（2）发射分集

发射分集可以应用到任何下行物理信道，且特别适用于不能通过链路自适应或信道相关调度适应于时变的信道条件。在发射分集中，由于信道估计使用的是小区特定参考信号，故而发射分集信号始终是与小区特定参考信号在同一个天线端口上传输。实际上，若一个小区配置两个小区特定参考信号，那么BCH、PCH、PDCCH上的L1/L2控制信令必须使用两个天线端口进行发射分集传输。这样，就没有必要明确通知终端这些信道应该使用怎样的传输方案，而可以隐含地从小区配置的小区特定参考信号的数量中就能获悉。

图9-28给出了两天线端口发射分集情况，此时LTE发射分集是基于空频分组编码（Space-Frequency Block Coding，SFBC）的。从中可见，SFBC意味着两个连续的调制符号S_i和S_{i+1}直接映射到第一个天线端口的相邻资源元素上。在第二个天线端口上，交换的和变换的符号$-S_{i+1}^*$和S_i^*再进一步映射到对应的资源元素上，其中*代表复共轭。此外，图9-29也展示了发射分集信号传输的天线端口与小区特定参考信号的对应关系。

（3）基于码本的预编码

预先定义了一组有限的预编码矩阵，这组预编码矩阵被称为码本。基于码本的预编码结构如图9-30所示。对应于一个或两个传输块的调制符号首先映射到N_L层，进而通过预编码映射到天线端口。层数也称为传输秩，N_L取值为从1到天线端口数。基于码本的预编码依赖于小区特定参考信号的信道估计，而每个小区最多有4个小区特定参考信号，基于码本的预编码最多允许4个天线端口，因而层数也最多为4层。

图9-30也给出了天线预编码后如何使用小区特定参考信号，特别是从基于小区特定参考信号的信道估计中就能反映出不包含预编码的各天线端口的信道。因此，为了能正确地处理接收信号并恢复不同的层，终端接收机必须拥有发送端使用了什么预编码的确切信息。

此外，基于码本的预编码有两种操作模式：闭环预编码和开环预编码。在闭环预编码中，为了限制上下行信令，对于天线端口和传输秩数目给定的情况，定义了一组有限的预编码矩阵（即码本）。终端上报预编码矩阵指示（PMI）以及实际用于下行传输的预编码矩阵必须从这些码本中进行选择，且只需用信令指示被选中的矩阵索引即可。由于LTE支持带有2个或4个天线端口基于码本的预编码，所以码本可被定义为：

1）2个天线端口以及1层和2层，分别对应于大小为2×1和2×2的预编码矩阵。

2）4个天线端口以及1层、2层、3层和4层，分别对应于大小为4×1、4×2、4×3和4×4的预编码矩阵。

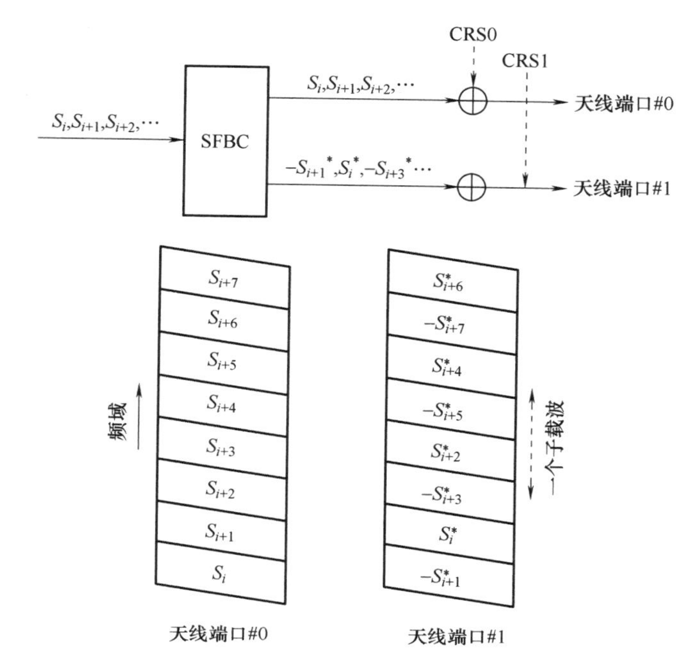

图 9-29　两天线端口发射分集情况

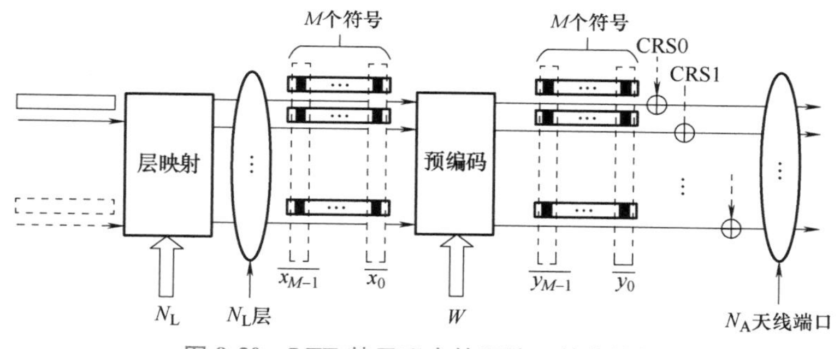

图 9-30　LTE 基于码本的预编码基本结构

对于闭环 MIMO，为了减小反馈开销，采用基于码本的 PMI 反馈方式。针对近距离跨极化方式的天线布置，LTE R10 版本采用了双预编码矩阵码本（Dual-index Precoding Codebook）结构，即把码本矩阵用两个矩阵的乘积表示，通常两个矩阵中的一个是基码本，另一个是根据子信道变化特征在基码本上的修正。为了进一步减小反馈开销，新码本还可根据信道的变化快慢不同的统计特征分别进行长周期反馈（如空间相关性）和短周期反馈（如快衰落因素）。

开环预编码以终端预先定义和决定的方式选择预编码矩阵，故不依赖任何来自终端的预编码推荐，也不需要任何明确的网络信令以告知终端下行传输实际上使用的预编码。这样一来，它无需受制于网络准确的反馈和 PMI 上报延时，因而适用于高速移动场景。

（4）非码本预编码

非码本预编码在 LTE R9 版本中引入，但当时层数仅限于两层，而到了 LTE R10 版本中，非码本预编码扩展到 8 层。在 LTE R9 版本中，与传输模式 8 有关，在 LTE R10 版本中，与传输模式 9 有关，且前者是后者的一个子集。下面将重点描述对应于传输模式 8 和 9 的非码本预编码。

图 9-31 给出了非码本预编码的基本结构。从中可以看出，与基于码本的预编码结构类似，对应于一个或两个传输块的调制符号在层映射之后进行预编码，且层映射也遵循与基于码本的预编

码相同的原则。两者区别在于：一是，非码本预编码扩展到了最多支持8层。二是，利用非码本预编码的解调参考信号（DM-RS）进行信道估计，其结果可直接用于不同层的相干解调。因此，终端不需要任何关于预编码矩阵信息的信令通知，而只需要知道层数。

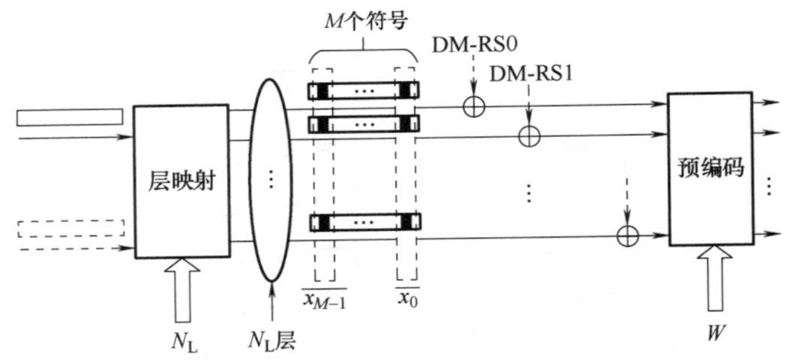

图9-31 LTE中非码本天线预编码的基本结构

（5）下行MU-MIMO

多用户MIMO（MU-MIMO）技术充分开发多用户分集增益和联合信号处理增益来减少多用户干扰，是满足ITU-R对城市的微蜂窝和宏蜂窝频谱效率和边缘频谱效率要求的关键技术。在3GPP中，MU-MIMO是指不同的终端使用相同的时间频率资源进行传输，且规范支持两种MU-MIMO方法。

对于传输模式8和传输模式9的MU-MIMO而言，具体情况如下：

1）LTE R9版本支持的小区特有分配，例如传输模式8和引入DM-RS的版本。

2）从LTE R11版本开始的所有终端特有的分配。

3）在小区特有的分配中，可以在两个不同的小区特有参考信号序列中动态选择。

4）基于LTE R11版本之前（小区特有）的DMRS序列，最多可支持4个不同终端。

5）在单层传输中（天线端口7和8），可在两个参考信号序列中动态选择来支持MU-MIMO中最多两个终端的同时传输。

对于基于小区特定参考信号的MU-MIMO而言，基于小区特定参考信号（以及基于DM-RS）信道估计的传输模式，终端将用参考信号作为相位参考，但也需要功率/幅度参考来解调高阶调制（16QAM和64QAM）传输。因此，为了对高阶调制进行正常解调，终端需要知道小区特定参考信号和PDSCH之间的功率偏置信息。

6. LTE中的上行多天线传输

从LTE R8版本就开始支持下行多天线传输，直到LTE R10版本才开始支持上行多天线传输。此时，除了需要考虑更多天线数配置外，还需要考虑上行低峰均比和每个成员载波上的单载波传输需求。对于上行控制信道而言，容量提升不是主要需求，多天线技术主要用来进一步优化性能和覆盖，因此只需要考虑发射分集方式。具体地，对采用码分的PUCCH，采用了空间正交资源发射分集（Spatial Orthogonal Resource Transmit Diversity，SORTD）方式，即在多天线上采用互相正交的码序列对信号进行调制传输。对于PUSCH而言，容量提升是主要需求，多天线技术需要考虑空间复用，可支持4层的空间传输。

（1）基于预编码的PUSCH多天线传输

如图9-32所示，上行天线预编码与下行非码本预编码非常相似，包括预编码的解调参考信号，且每层有一个独立的DFT预编码。上行天线预编码传输采用4个天线端口，允许最多4层的空分复用。

由于存在预编码的解调参考信号，可以允许基站在没有发送端的预编码信息时，就能够解调上行的多天线传输并恢复不同层的数据。然而，LTE上行预编码矩阵是由网络选择的，并作为部分调度授权通知终端。为了选择一个合适的预编码，可以利用对上行探测参考信号（Sounding Reference Signal，SRS）测量，使得网络知道上行信道信息。如图 9-33 所示，SRS 直接在不同的天线端口发射。如此一来，利用收到的 SRS，网络可以确定一个合适的上行传输秩和相应的上行传输预编码矩阵，并提供所选择的秩和预编码矩阵的信息来作为调度授权的一部分。

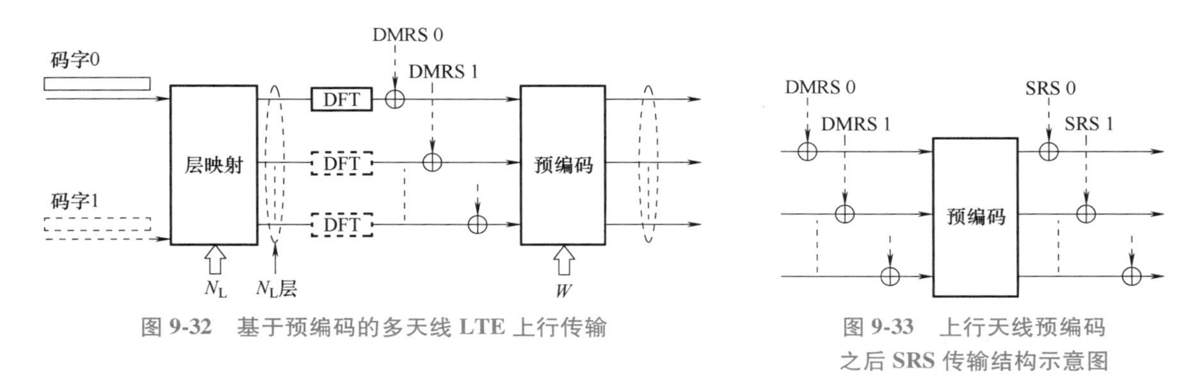

图 9-32 基于预编码的多天线 LTE 上行传输

图 9-33 上行天线预编码之后 SRS 传输结构示意图

此外，对于 SRS 信号，为了支持上行多天线信道测量及多载波测量，资源开销相对于 R8-SRS 信号同样需要扩充。除了沿用 R8 周期性 SRS 发送模式以外，LTE R10 版本还增加了非周期 SRS 发送模式，由 NodeB 触发 UE 发送，以实现 SRS 资源的补充。

（2）上行 MU-MIMO

上行 MU-MIMO 实质上是指多个终端使用相同的上行时间频率资源进行上行传输，用基站侧的多根接收天线来区分两个或多个传输。因此，MU-MIMO 实际上是上行空分多址（SDMA）。

上行 MU-MIMO 的主要优势是终端侧并不需要多个发射天线就可以得到和 SU-MIMO 类似的系统吞吐量增益，且终端的实现复杂度很低。上行 MU-MIMO 系统的潜在系统增益也依赖于多个终端可在同一子帧上同时传输，但需要解决共享时频资源的终端“配对”过程。

实际上，支持上行 MU-MIMO 只需要为上行传输分配专门的正交参考信号，由此来保证 MU-MIMO 传输中所涉及的不同终端参考信号间的正交性。对于这种正交的支持是通过动态分配 DM-RS 相位旋转和叠加正交码（Orthogonal Cover Code，OCC）（作为上行调度授权的一部分）的方式来获得的。

（3）PUCCH 发送分集

基于预编码的多层传输只用于 PUSCH 的上行数据传输。然而，当一个终端有多根发射天线时，需要利用全套终端天线以及相应的全套终端功率放大器为 PUCCH 的 L1/L2 控制信令服务，以充分利用功率资源和实现最大化分集。为获得更多的分集，LTE R10 版本还支持两个天线的 PUCCH 发射分集，且这一发射分集被称为 SORTD。

SORTD 的基本原理是使用不同天线上的不同资源（时间、频率或码）传输上行控制信令。究其本质，从两个天线传输 PUCCH 和从两个不同终端的不同资源上传输 PUCCH 是等价的。因此，与非 SORTD 传输相比，SORTD 可带来更多分集，但为了实现这些需要使用两倍的 PUCCH 资源。

9.4.3 MIMO-OFDM 技术

MIMO 技术在发送方和接收方都有多副天线，因此可以看成是多天线分集的扩展。它与传统空间分集不同之处在于 MIMO 系统中有效使用了编码重用技术，除了获得接收分集增益，还可以同时获得可观的发射分集增益和编码增益，但前提是信道必须为平坦衰落信道。确实，在频率选择性衰落信道中，天线干扰和符号间干扰混合在一起，将导致 MIMO 接收和信道均衡难以分开处理。

通过在 OFDM 传输系统中采用阵列天线所形成的 MIMO-OFDM 系统，能够充分发挥 OFDM 技术和 MIMO 技术的各自优势，即 OFDM 技术将频率选择性信道转化为若干平坦衰落子信道，在平坦衰落子信道中引入 MIMO 的空时编码技术，能够同时获得空时频分集，大大增加系统抗噪声、干扰和多径衰落的容限，进而在有限的频谱上提供更高的系统传输速率和系统容量。研究表明，在衰落信道环境下，OFDM 系统非常适合使用 MIMO 技术来提高容量。

LTE 利用 OFDM 技术和 MIMO 技术对频率和空间资源进行了深度挖掘，两者的结合保证了在合理的接收机处理复杂度下，为系统提供了更高的频率利用率和数据传输速率。

9.5 LTE-Advanced 系统的增强技术

9.5.1 载波聚合技术

载波聚合（Carrier Aggregation，CA）技术是通过联合调度和使用多个成员载波（Component Carrier，CC）上的资源，使得4G 系统可以支持最大 100MHz 的带宽，以实现更高的系统峰值速率。在 3GPP 发布的 LTE R10 版本中，将可配置的系统载波定义为成员载波，每个成员载波的带宽都不大于之前 LTE R8 系统所支持的上限（20MHz）。为了满足峰值速率的要求，组合多个成员载波，允许配置带宽最高可高达 100MHz，实现上下行峰值目标速率分别为 500Mbit/s 和 1Gbit/s，与此同时为合法用户提供后向兼容。

成员载波有三种不同的类型。

- 后向兼容载波：LTE R8 用户设备也可以接入这种载波类型，不需要考虑标准的版本。这种载波对所有现有的 LTE R8 技术特征都必须支持。
- 非后向兼容载波：只有 LTE-A 用户可以接入这种类型的载波。这种载波支持先进的技术特征，比如 LTE R8 用户不可用的少控制操作（Control-less Operations）或者锚定载波的概念（锚定载波是具有特殊功能的成员载波，引导用户搜索 LTE-A 小区，并加快用户与 LTE-A 小区的同步）。
- 扩展载波：这种类型的载波用作其他载波的延伸。例如，当存在来自于宏蜂窝的高干扰时，用来为家庭 eNodeB 提供业务。

9.5.2 增强多天线技术

增强多天线技术是满足 LTE-Advanced 峰值谱效率和平均谱效率提升需求的重要途径之一，根据天线部署形态和实际应用情况可以采用发射分集、空间复用和波束赋形 3 种不同的 MIMO 实现方案。例如，对于大间距非相关天线阵列可以采用空间复用方案同时传输多个数据流，实现很高的数据速率；对于小间距相关天线阵列，可以采用波束赋形技术，将天线波束指向用户，减少用户间干扰。对于控制信道等需要更好地保证接收正确性的场景，选择发射分集是比较合理的。

LTE Release 8 版本支持下行最多 4 天线的发送，最大可以空间复用 4 个数据流的并行传输，在 20MHz 带宽的情况下，可以实现超过 300Mbit/s 的峰值速率。在 Release 10 版本中，下行支持的天线数目将扩展到 8 个。相应地，最大可以空间复用 8 个数据流的并行传输，峰值频谱效率提高一倍，达到 30bit/(s · Hz)。同时，在上行也将引入 MIMO 的功能，支持最多 4 天线的发送，最大可以空间复用 4 个数据流，达到 16bit/(s · Hz) 的上行峰值频谱效率。

9.5.3 中继技术（Relay）

图 9-34 给出了中继在蜂窝工作的示意图。在中继帮助下，基站（eNodeB）与终端 UE 之间的无线链路被分为两跳。基站（也称为宿主基站 DeNodeB，简写为 DeNB）与终端之间的链路称为回程链路（Backhaul Link），而中继与终端 UE 之间的链路称为接入链路（Access Link）。

中继器主要分为两种类型：放大转发和译码转发。前者的作用是放大并转发接收到的模拟信号。后者的作用是对接收信号进行解码，重新编码后转发给接收者。在 LTE-Advanced 的研究中，人们研究了两类译码转发中继。第一类中继对 UE 不透明，它有自己的物理特性。对于所有的 UE，

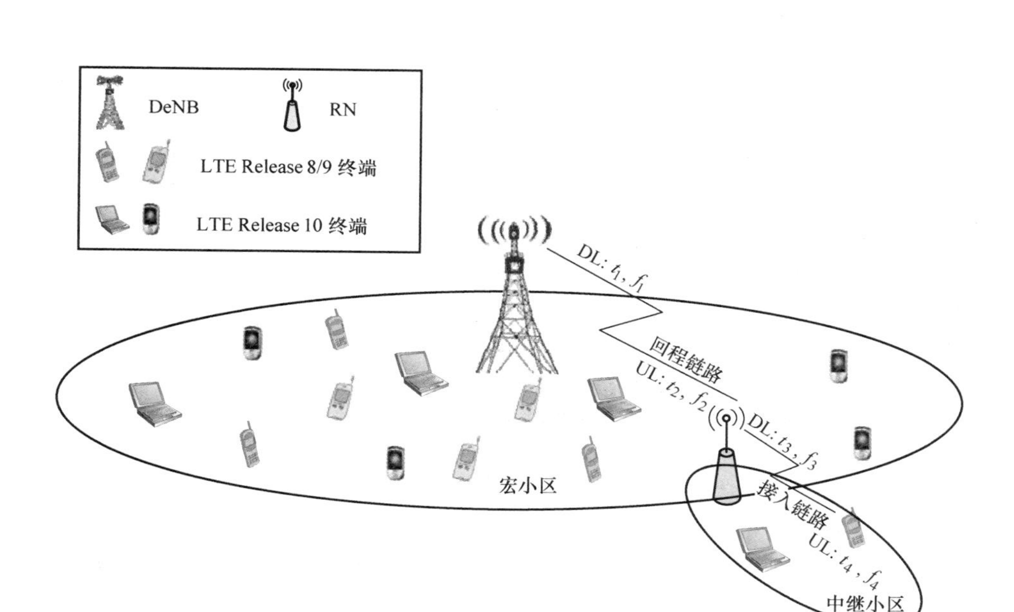

图 9-34　中继部署示意图

它像正常的 eNodeB 一样传输所有必需的物理信道。第二类中继没有自己的物理特性，对终端 UE 透明，即 UE 不知道中继的存在。此外，根据用于接入链路和回传链路的频谱，中继还可被分为带外中继和带内中继两类。

9.5.4　协作式多点传输技术（CoMP）

协作多点（Coordinated Multiple Point，CoMP）传输技术是利用光纤连接的基站或天线站点协作地为用户服务，拉近天线和用户的距离，可以使几个小区同时对小区结合部进行覆盖，这样就可以提高小区边缘的通信质量，解决现有移动蜂窝单跳网络中的单小区单站点传输对系统频谱效率的限制。图 9-35 给出了多点协作通信系统原理示意图。此外，CoMP 技术可以被分为上行 CoMP 和下行 CoMP，且下行 CoMP 的应用比上行 CoMP 应用更广泛一些。对于上行 CoMP，终端发送的信号被多个基站接收，而终端并不需要知道信号是如何被基站接收和处理的，只需要知道与上行信令有关的下行信令即可。

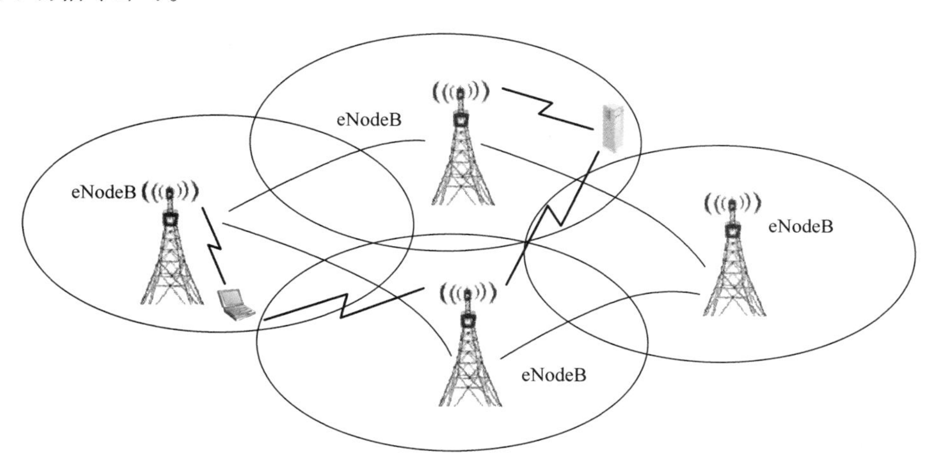

图 9-35　协同多点通信系统原理示意图

9.6　思考题与习题

1. 简述 LTE 的主要设计目标。

2. 简述 LTE 的扁平化架构及特点。

3. 举例说明 MIMO 技术利用多径衰落来改善系统性能的原理。

4. 4G 为何要采用 OFDM，而不是 3G 使用的 CDMA？

5. 为何要采用 MIMO-OFDM 技术？

6. 简述 OFDM 采用 DFT 实现的原理，并说明为何要引入循环前缀？

7. LTE 采用哪些核心技术来提高系统空中接口的速率和频谱利用率？

8. FDD-LTE 和 TD-LTE 分别采用了何种帧结构？

9. LTE 系统有哪些物理资源块？

10. 简述 LTE 逻辑信道和传输信道各自的功能及信道类型。

11. 简述 LTE 物理信道和物理信号，并用框图描述其生成过程。

12. LTE 上行的 SC-FDMA 方式是采用什么方式来实现多址的？为何这种方式的峰均比较 OFDM 的低？

13. 简述 IMT-Advanced 中的多天线增强技术。

14. 简述空间分集、空间复用和空时预编码之间的区别和联系。

15. 简述 LTE 下行多天线传输方案中开环和闭环预编码操作的区别和各自适用场景。

16. 简述带内中继的回传链路设计思路。

17. 某发射机装备有 2 根天线，总发射信噪比为 20dB，工作带宽为 100kHz，假设发射机到装备 2 根天线的接收机之间的信道相应矩阵为 $\boldsymbol{H}$：

$$\boldsymbol{H}=\begin{bmatrix} 0.3457+0.2078\mathrm{i} & 0.5140+0.6282\mathrm{i} \\ 0.7316-0.5567\mathrm{i} & -0.2146-0.8111\mathrm{i} \end{bmatrix}$$

试计算该 2×2MIMO 的信道容量。

18. 对于一个 3×1MISO 系统，若每组上传输 3 个符号，在 4 个符号周期（$T=4$）上扩张成的复正交空时分组码由下式给出：

$$\boldsymbol{C}=\frac{2}{3}\begin{bmatrix} c_1 & -c_2^* & c_3^* & 0 \\ c_2 & c_1^* & 0 & c_3^* \\ c_3 & 0 & -c_1^* & -c_2^* \end{bmatrix}$$

并设每根天线的发射功率为 P_s，试求解该空时码译码时的最大似然判决准则表达式。

19. 考虑 2×2MIMO 系统，假设接收信号和发送信号之间关系如下所示：

$$\begin{bmatrix} y_0 \\ y_1 \end{bmatrix}=\begin{bmatrix} 1 & i \\ -1 & -i \end{bmatrix}\begin{bmatrix} x_0 \\ x_1 \end{bmatrix}+\begin{bmatrix} n_0 \\ n_1 \end{bmatrix}$$

其中，$E[|x_0|^2]=E[|x_1|^2]=E_s/2$，加性高斯白噪声功率为 N_0，计算该系统的信道容量。

第 10 章　5G 移动通信系统

4G 有力推动了我国乃至世界信息消费的蓬勃发展和数字经济的爆发式增长，促进了全球经济社会的快速发展。5G 具备比 4G 更优的性能，以新型的网络架构，提供 10 倍于 4G 的峰值速率、毫秒级的传输时延和千亿级的连接能力，带来更广泛的人与人、人与物、物与物之间的连接，促使云计算、大数据、人工智能等技术发挥更大的潜能，开启一个感知泛在、连接泛在、智能泛在的万物互联新时代。如果说 4G 只是改变了人们的通信方式、社交方式，5G 则是改变了网络社会。5G 将渗透到未来社会的各个领域，构建"以用户为中心"的全方位信息生态系统，为用户带来身临其境的信息盛宴，便捷地实现人与万物的智能互联，最终实现"信息随心至，万物触手及"的愿景。

本章系统介绍了 5G 系统愿景、典型应用场景和标准化进程，简要阐述了网络架构、协议栈和部署，进一步讨论 5G 新空口的帧格式和时频资源，并介绍了以大规模 MIMO、毫米波、GFDM、NOMA、D2D、全双工、软件定义网络、网络切片等 5G 关键技术。

10.1　5G 愿景、应用场景和标准化进程

微视频：
5G系统网络架构
和网络部署

从 2012 年 ITU-R 启动"IMT for 2020 and Beyond"项目以来，5G 经过了需求论证、标准制定、研发测试和商业部署等诸多阶段，其中业界对 5G 愿景的共识为：5G 不仅为用户提供增强的移动互联网服务，更将提供面向物与物、人与物的物联网服务——包括大规模连接和超可靠低时延连接。

10.1.1　5G 愿景和典型应用场景

5G 不再仅仅是更高速率、更大带宽、更强能力的空中接口技术，而是一个多业务多技术的融合网络，一个面向业务应用和用户体验的智能网络。通过技术的演进和创新，5G 将渗透到未来社会生活的各个领域，以用户为中心构建全方位的信息生态系统。

我国工业和信息化部、国家发展和改革委员会、科学技术部于 2013 年 2 月联合推动成立了 IMT-2020（5G）推进组，2014 年 5 月发布《5G 愿景与需求白皮书》，论证了 5G 研究的必要性和系统需求，提出了"信息随心至，万物触手及"的 5G 愿景。

根据 ITU 定义，5G 网络将支持更高速率、更低时延和更大连接数密度，能够满足 eMBB（enhanced Mobile Broadband，增强移动宽带）、uRLLC（ultra-Reliable and Low Latency Communication，超可靠低时延通信）和 mMTC（massive Machine Type Communication，大规模机器通信）三大应用场景，如图 10-1 所示。

eMBB 就是以人为中心的应用场景，集中表现为超高的移动网络传输数据速率，满足未来更多的应用对移动网速的需求。因此，增强移动宽带（eMBB）是原来移动网络的进一步升级，将是 5G 发展初期面向个人消费市场的核心应用场景。

uRLLC 更多面向自动驾驶、工业控制、远程医疗等可靠性和时延要求高度敏感的特殊应用。在此场景下，连接时延要达到 1ms 级别，同时要支持高速移动（500km/h）情况下的高可靠性（99.999%）连接。这类应用在未来智能化社会具有极高的价值，有望产生出 5G"杀手级"应用。

mMTC 这一场景主要针对物联网应用，万物互联背景下人们的生活方式和社会形态将发生颠覆性的变化，数据连接覆盖社会生活的方方面面。5G 强大的连接能力将促进各垂直行业（智慧城

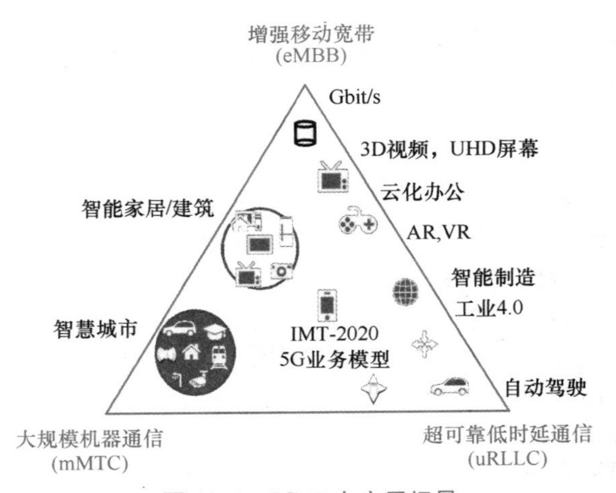

图 10-1 5G 三大应用场景

市、智能家居、环境监测等）的深度融合。在大规模机器通信场景中，数据速率较低且时延不敏感，终端成本更低，电池寿命更长，真正能实现万物互联。

从应用场景上看，与传统 3G、4G 网络不同，5G 不仅考虑人与人之间的连接，同时也考虑人与物、物与物之间的连接。5G 将满足人们在居住、工作、休闲和交通等各领域的多样化业务需求，即便在密集住宅区、办公室、体育场、露天集会、地铁、快速路、高速铁路和广域覆盖等具有高流量密度、高连接数密度、高移动性特征的场景，也可以为用户提供高清视频、VR、AR、云桌面、在线游戏等极致业务体验。与此同时，5G 还将渗透到物联网、车联网及其他各种垂直行业领域，与工业设施、医疗仪器、交通工具等深度融合，有效满足工业、医疗、交通等垂直行业的多样化业务需求，实现真正的“万物互联”。

10.1.2 5G 关键性能指标

针对三大应用场景的关键性能需求，ITU 于 2017 年 11 月正式发布了《IMT-2020 无线接口最小技术性能指标要求报告》，定义了包括上下行传输速率与频谱效率、时延、移动性、流量密度、小区切换中断时间、能源效率、系统带宽、连接数密度等指标在内的 5G 最低性能指标要求。

峰值速率：下行链路 20Gbit/s，上行链路 10Gbit/s。

用户体验速率：下行链路 100Mbit/s，上行链路 50Mbit/s。

峰值频谱效率：下行链路 30bit/(s · Hz)，上行链路 15bit/(s · Hz)。

控制面时延：目标为 20ms。对于卫星通信链路，GEO 的控制面时延应小于 600ms，MEO 的控制面时延应小于 180ms，LEO 的控制面时延应小于 50ms。

用户面时延：对于 uRLLC 业务，用户面时延不大于 1ms；对于 eMBB 场景，用户面时延的目标为不大于 4ms。

移动性：是指可以达到预期的 QoS 时的最大用户速度（以 km/h 为单位）。5G 系统的移动性目标为 500km/h。

流量密度：10Mbit/(s · m^2)。

切换中断时间：目标应为 0ms。

能源效率：网络侧 100 倍提升。

系统带宽：指系统的最大带宽总和，可以由单个或多个射频载波组成，大于 100MHz。

连接密度：是指实现单位面积（每平方千米）达到目标 QoS 的设备总数。其中，目标 QoS 是在给定的分组到达速率和分组大小的前提下，确保系统丢包率小于 1%。如果该分组在设定的时间内没有被目的地接收器成功接收，则该分组处于中断状态。在城市环境中，连接密度的目标应该

是 1000000 台/km^2。

此外，5G 系统的关键性能指标还包括覆盖、天线的耦合损耗和电池的寿命等。

我国学者将这些关键能力总结为“5G 之花”，如图 10-2 所示，体现了 IMT-2020 的 5G 关键性能和 4G 的区别。花瓣代表了 5G 的六大性能指标：峰值速率、用户体验速率、端到端时延、移动性、流量密度、连接数密度；绿叶代表了 5G 的三个效率指标：频谱效率、能源效率、成本效率。

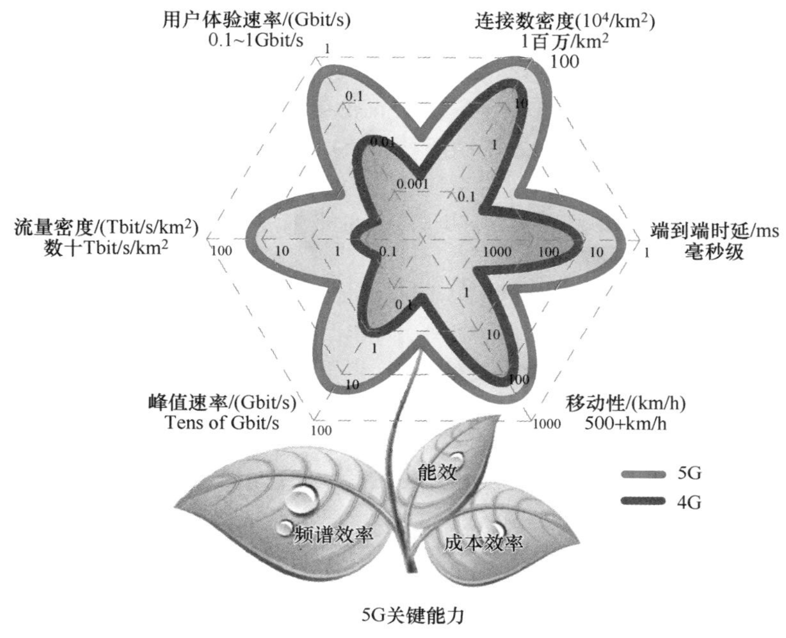

图 10-2　5G 之花

5G 需要具备比 4G 更高的性能，支持 0.1~1Gbit/s 的用户体验速率，每平方公里 100 万的连接数密度，毫秒级的端到端时延，每平方公里数十 Tbit/s 的流量密度，每小时 500km 以上的移动性和数十 Gbit/s 的峰值速率。其中，用户体验速率、连接数密度和时延是 5G 最基本的三个性能指标。同时，5G 还需要大幅提高网络部署和运营的效率，相比于 4G，频谱效率提升 5~15 倍，能效和成本效率提升百倍以上。

10.1.3　5G 频谱规划

为了满足 5G 系统的能力需求，以中、美、日、韩、欧为代表的多个国家和地区分别发布了 3.5GHz、4.9GHz 附近的中频段以及 26GHz、28GHz 附近的高频段的 5G 频谱规划，抢占 5G 发展先机。我国也在 2017 年 11 月确定将 3.3~3.6GHz 和 4.8~5GHz 频段作为 5G 频段。

美国率先发布 5G 频谱规划，发力高频段通信。2016 年 7 月 14 日，美国联邦通信委员会（FCC）通过将 24GHz 以上频谱用于无线宽带业务的规则法令，共规划 10.85GHz 高频段频谱，包括 28GHz（27.5~28.35GHz）、37GHz（37~38.6GHz）、39GHz（38.6~40GHz）共 3.85GHz 许可频谱和 64~71GHz 共 7GHz 免许可频谱。同时，美国对 600MHz 频段进行反向拍卖，并开展 3.5GHz 频段共享试验，实现 5G 高低频频谱布局。

2016 年 7 月 15 日，日本总务省（MIC）发布了面向 2020 年无线电政策报告，明确 5G 候选频段：低频包括 3600~3800MHz 和 4400~4900MHz，高频包括 27.5~29.5GHz 频段和其他 WRC-19 研究频段。面向 2020 年 5G 商用，日本主要聚焦在 3600~3800MHz、4400~4900MHz 频段和 27.5~29.5GHz 频段。

2016 年 11 月 7 日，韩国未来创造科学部（MSIP）宣布原计划为 4G LTE 准备的 3.5GHz（3400~

3700MHz）频谱转成5G用途，计划2017年回收已发放的3.5GHz频谱，后续作为5G频谱重新发牌。此外，韩国已在2018年平昌冬奥会期间，部署了26.5～29.5GHz频段的5G试验网络。

2016年11月10日，欧盟委员会无线频谱政策组（RSPG）发布欧洲5G频谱战略，确定5G初期部署频谱。3400～3800MHz频段将作为2020年前欧洲5G部署的主要频段，通过连续400MHz的带宽力争帮助欧盟在全球5G部署中占得先机。1GHz以下频段，特别是700MHz将用于5G广域覆盖。24.25～27.5GHz频段将作为欧洲5G高频段的初期部署频段，RSPG建议欧盟各成员国保证24.25～27.5GHz频段的一部分在2020年前可用于满足5G市场需求。RSPG同时建议预留31.8～33.4GHz和40.5～43.5GHz频段用于5G。

我国于2017年11月发布了5G系统在3000～5000MHz频段（中频段）内的频率使用规划，规划明确了3300～3400MHz（原则上限室内使用）、3400～3600MHz和4800～5000MHz频段作为5G系统的工作频段。中国是国际上率先发布5G系统在中频段内频率使用规划的国家。同时，2017年工信部也公开征集24.75～27.5GHz、37～42.5GHz或其他毫米波频段5G系统频率规划的意见，启动中国毫米波的规划工作。

此外，不同应用场景在不同频段下也有不同的技术需求。eMBB主要的应用是大流量的移动宽带业务，除了在6GHz以下频段进行技术开发外，eMBB也开发6GHz以上的频谱资源和相关技术，如毫米波通信。目前eMBB主要使用的仍然是6GHz以下的频谱，大多采用以宏小区为主的传统网络模式。此外，还需要利用高频段结合微小区（Small Cell）来提升速度。uRLLC主要采用6GHz以下的频段，主要应用是车联网、智能工厂等，其特点是对时延高度敏感，反应必须很快才能有效避免意外事故的发生。因此，5G uRLLC业务对时延性能提出了更高的要求，将网络等待时间的目标压低到1ms以下。

mMTC也主要采用6GHz以下的频段，主要是应用在大规模物联网上，目前常见的是NB-IoT。以往普遍的WiFi、ZigBee、蓝牙等属于家庭用的小范围技术，回传网络（Backhaul）主要都是靠LTE。近期随着大范围覆盖的NB-IoT、LoRa等技术标准的出炉，可使物联网的发展有更为广阔的前景。

10.1.4　5G标准化演进过程

4G成熟商用后，人们把眼光放到了更快更强的5G上。为了让用户有更好的体验，同时降低成本，业界各方致力于建立全球统一的5G标准。为此国际、国内标准组织高度重视、积极谋划，推出时间表和标准体系，为5G发展助力。

国际上研究5G的主要标准化组织有国际电信联盟（ITU）和第三代合作伙伴计划（3GPP）。

2015年6月ITU完成了5G愿景的研究，该研究提出三大类应用场景，分别为增强移动宽带、超可靠低时延通信、大规模机器通信。研究指出在5G系统设计时要充分考虑不同场景和业务的差异化需求。ITU在2017年6月完成IMT-2020（5G）最小技术指标要求的制定，确定了满足IMT-2020技术门槛的14项性能指标的详细定义、适用场景、最小指标值等。按照ITU的工作计划，ITU在2017年10月至2019年7月的时间窗口内开展候选技术方案征集的工作，在2018年10月至2020年2月开展对5G候选技术方案的独立评估工作，在2019年12月至2020年6月对满足最小技术要求和评估流程的候选技术进行评判，2019年12月至2020年底ITU开展5G技术标准建议书的制定。

为兼顾不同运营商的需求，实现全球统一的5G标准，3GPP在2016年初启动了5G标准化工作。历时九个月，经多次会议讨论，北京时间2017年12月21日，在葡萄牙里斯本召开的3GPP RAN第78次会议上，3GPP完成面向NSA的5G NR（New Radio，新空中接口，简称新空口）标准，为5GNR全面商用奠定了基础。随后，2018年6月发布了R15的SA标准版本，2019年3月发布了R15的第三个版本，实现了依托5G核心网（NGC）完成5G NR和LTE的双连接。3GPP于2018年6月启动R16的工作，受到2020年全球新冠疫情影响，R16技术标准时间由原计划的2020年3月推迟至 2020 年 6 月。3GPP 于 2020 年 7 月最终确定 R16 版本，新正式发布 R16 系列技术规范。

值得指出的是，不同于前面 1G 至 4G 移动通信系统，5G 是首个全球统一标准。从技术演进趋势来看，移动通信发展经历了从 GSM/IS-95 到 TD-SCDMA、WCDMA、CDMA2000、IEEE 802.16，再到 TD LTE/FDD LTE 及增强、IEEE 802.16m 等多种演进技术路线，其遵循的标准也是由 3GPP、3GPP2 以及 IEEE 等多个标准组织分别制定，直到移动通信步入 5G 时代，移动通信网络架构演进为统一的 5G 新空口和 5G 核心网，标准也随之融合，形成全球统一的 5G 技术标准，如图 10-3 所示。

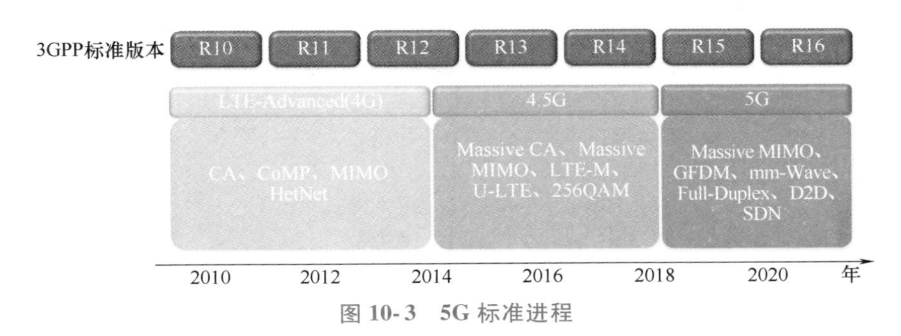

图 10-3　5G 标准进程

10.2　5G 系统网络架构、协议栈和部署

10.2.1　5G 系统网络架构

5G 系统整体包括核心网、接入网以及终端部分，其中核心网与接入网间需要进行用户平面和控制平面的接口连接，接入网与终端间通过无线空口协议栈进行连接。5G 接入网架构需要重点考虑接入网基站间的连接架构，以及接入网与核心网的连接架构两方面的问题。首先，为了满足不同业务的性能需求，5G 接入网架构能够支持不同的部署方式：一方面，接入网需要支持分布式部署，与 LTE 系统类似，减少通信路径上的节点跳数，从而减少网络中的传输时延；另一方面还可以支持集中式部署以支持未来云化处理中心节点的实现方式，对多个小区进行集中管理，从而增强小区间的资源协调，实现灵活的网络功能分布。其次，关于接入网与核心网的接入方式，一方面需要考虑 5G 和 LTE 系统将在未来很长一段时间内共同部署，需要考虑基于 LTE 和 5G 融合部署的网络架构；另一方面，随着后续 5G 核心网络的成熟部署，需要考虑 LTE 系统的演进基站如何接入 5G 核心网的问题。

从整体上说，与 3GPP 已有系统类似，5G 系统架构仍然分为两部分，如图 10-4 所示，即 5G 核心网（5GC，包括图中的 AMF/UPF）和 5G 接入网（NG-RAN）。其中，5G 核心网包括控制平面和用户平面网元，控制平面网元除了接入与移动管理功能（Access and Mobility Management Function，AMF）外，还包括会话管理功能（Session Management Function，SMF），但是 SMF 和接入网之间没有接口；用户平面网元包括用户平面功能（User Plane Function，UPF）。

5G 接入网（NG-RAN）由 gNB（NR 系统基站）和 ng-eNB（可接入 5G 核心网的 LTE 演进基站）两种逻辑节点共同组成。gNB 之间、ng-eNB 之间，以及 gNB 和 ng-eNB 之间通过 Xn 接口进行连接。NG-RAN 与 5GC 之间通过 NG 接口进行连接，进一步分为 NG-C 和 NG-U 接口，其中与 AMF 控制平面连接的是 NG-C 接口，和 UPF 用户平面连接的是 NG-U 接口。

从整体上看，5G 网络架构看似与 4G 很类似，但是不管是核心网还是无线接入网，其内部架构都发生了颠覆性的改变。

5G 核心网采用基于服务的网络架构（Service-Based Architecture，SBA）。SBA 架构是一个基于云的架构，不仅对 4G 核心网网元 NFV 虚拟化，网络功能进行模块化，实现从驻留云到充分利用云

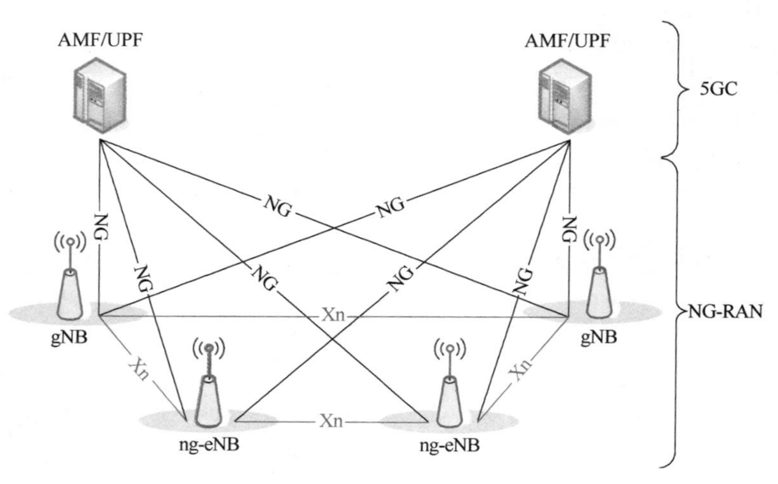

图 10-4 5G 系统架构

的跨越，实现未来以软件化、模块化的方式灵活、快速地组装和部署业务应用。在 5G 核心网中，AMF 负责终端接入权限和切换；UPF 负责分组路由和转发、数据包检查、上行链路和下行链路中的传输及分组标记、下行数据包缓冲和下行数据通知触发等功能。

对于无线接入网而言，由于目前 LTE 网络已广泛部署，运营商部署 5G 网络时可以逐步部署，这样才能避免短期内的高投入，也能有效地降低部署风险。因此 5G 的 NG-RAN 包括了基于长期演进（LTE）的 ng-eNB 和基于 5G 新空口的 gNB 两种类型基站。

ng-eNB 和 gNB 两种类型的基站在覆盖、容量、时延和新业务支持等方面都存在较大的差异。ng-eNB 是在现有的 4G 网络上进行升级以支持 5G，因此通常可以认为 ng-eNB 网络支持多数业务的连续覆盖。由于该类型基站的物理结构（如天线、帧结构等）仍然采用 4G 空口，因此其无法支持超低时延、超高速率的业务，无法满足 5G 定义的全部关键性能指标的要求。这种类型的基站对于前传和回传网络的需求基本可以认为与当前的 4G 无线网络相同。gNB 理论上可以满足 5G 定义的所有关键性能指标需求及支持所有 5G 典型业务。相比于 ng-eNB，gNB 可以支持更高的空口速率，因此这种类型的基站对于前传和回传的带宽和时延都提出了更高的需求。

为了更好地满足 5G 各种场景和应用的需求，5G 接入网还采用了集中单元（Centralized Unit，CU）和分布单元（Distributed Unit，DU）分离的部署方式。也就是说，gNB 节点可以进一步分成 CU 和 DU 两种逻辑节点，CU 主要包括非实时的无线高层协议栈功能，同时也支持部分核心网功能（UPF）下沉和移动边缘计算（Mobile Edge Computing，MEC）业务的部署，而 DU 主要负责处理物理层功能和实时性需求高的功能，这种方式的优点是接入网可以更好地实现资源分配和动态协调，从而提升网络性能，另外通过灵活的硬件部署，也能带来运营成本与资本性支出的降低。

5G 核心网包括 AMF、SMF 和 UPF 三种主要逻辑节点，和 LTE 系统的核心网相比，为了满足控制平面和用户平面的灵活配置，5G 核心网的控制平面和用户平面设计采用了进一步分离的方案。为了满足低时延、高流量的网络要求，5G 核心网对用户平面的控制和转发功能进行了重构，重构后的控制平面分为 AMF 和 SMF 两个逻辑节点：AMF 主要负责移动性管理，SMF 负责会话管理功能。而用户平面的 UPF 则代替了 LTE 网络的服务网关（SGW）和 PDN 网关（PGW）。重构后的核心网架构，控制平面功能进一步集中化，用户平面功能进一步分布化，运营商可以根据业务需求灵活地配置网络功能，满足差异化的场景对网络的不同需求。

5G 接入网与 AMF/UPF 之间通过灵活的 NG 接口连接，每个节点可以连接到多个 AMF 和 UPF 上。对于终端（UE）来说，在网络侧分配的注册区域内移动，仍然可以驻留在相同的 AMF/UPF 上，UE 不需要发起新的注册更新过程，这将有助于减少接口信令交互数量以及 5G 核心网的信令

处理负荷。在AMF/UPF与NG-RAN之间的连接路径较长或进行新资源分配的情况下，可以改变UE连接的AMF/UPF，AMF的主要功能是移动性控制，而UPF的主要功能是数据分组的路由转发。5G接入网与AMF/UPF之间的灵活连接也提供了5G网络共享的基础，不同的运营商核心网可连接到同一个5G接入网，不同运营商之间可以共享接入网设备和无线资源，并能够获得相同的服务水平。

10.2.2 5G网络部署

为了降低成本以及与4G兼容，在3GPP 5G标准的第一个版本R15中将5G网络分为非独立组网（Non-Standalone，NSA）和独立组网（Standalone，SA）两种部署方式。其中，独立组网就是一套全新的5G网络，包括全新的基站和核心网；而非独立组网就是利用现有的4G网络，进行改造、升级和增加一些5G设备，使网络可以让用户体验到5G的超高网速，又不浪费现有的设备。

两种部署方式比较而言，NSA没有接入5G核心网，是利用现有的4G核心网接入，而SA则是全部采用5G架构，包括5G的核心网。在NSA组网下，5G与4G在接入网级互通复杂，虽然利用了4G设备，但组网和运营成本大增；而在SA组网下，5G与4G仅在核心网级互通，非常简单。

从终端角度来看，在NSA组网下，终端需要支持LTE和NR双连接，终端成本更高，而在SA组网下，终端仅连接5G新空口一种无线接入技术。

从技术的角度来说，NSA肯定是要比SA差，但NSA可以利用现有的设备，节省投资快速部署5G，是运营商愿意使用的关键。但SA需要重新部署基站，部署成本较高。而NSA不需要重新部署基站，部署投入少，部署快。SA将是运营商未来的方向，NSA只作为过渡快速部署方案，会获得短期的应用。

1. NSA组网方式

（1）eNB和en-gNB连接至4G演进型分组核心网（Evolved Packet Core，EPC）

5G网络部署初期，由LTE基站eNB提供连续覆盖，en-gNB（能够接入EPC的5G NR基站）作为热点区域，该部署方式的优点是不需要增加新的5G核心网功能，可以利用现有LTE系统网络基础设施实现5G网络的快速部署。eNB通过S1接口连接至EPC，en-gNB作为NSA基站与EPC之间可以建立S1-U连接，eNB和en-gNB之间通过x2接口连接。此场景下，通过LTE的双连接技术可以实现LTE和5G网络间的协同工作。

（2）gNB和ng-eNB连接至5GC，gNB提供连续覆盖

随着5G网络的大规模部署，5G核心网基本建设完成后，可以由gNB提供连续覆盖，ng-eNB作为热点区域部署。如图10-5所示，gNB通过NG接口连接至5GC，ng-eNB与5GC之间可以建立NG-U连接，ng-eNB和gNB之间通过Xn接口连接。

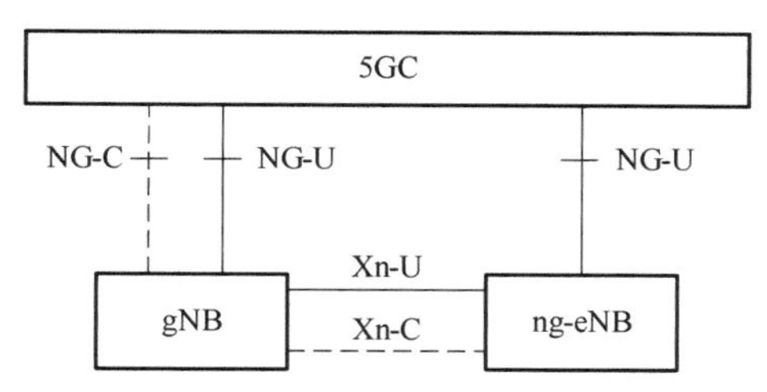

图10-5 gNB和ng-eNB连接至5GC，gNB提供连续覆盖架构

（3）gNB和ng-eNB连接至5GC，ng-eNB提供连续覆盖

该部署场景下，由ng-eNB提供连续覆盖，gNB作为热点区域部署。ng-eNB通过NG接口连接至5GC，gNB与5GC之间可以建立NG-U连接，ng-eNB和gNB之间通过Xn接口连接。

2. SA组网方式

SA架构是5G网络成熟阶段的目标架构，该种方式下，5G接入网既可以是gNB，也可以是ngeNB，5G核心网采用5GC。如图10-6所示，gNB和5GC通过NG接口连接，由gNB提供连续覆盖。如图10-7所示，ng-eNB和5GC通过NG接口连接，由ng-eNB提供连续覆盖。

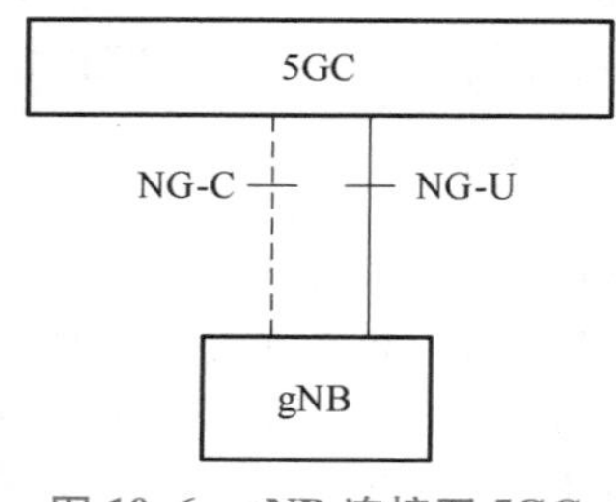

图10-6 gNB连接至5GC

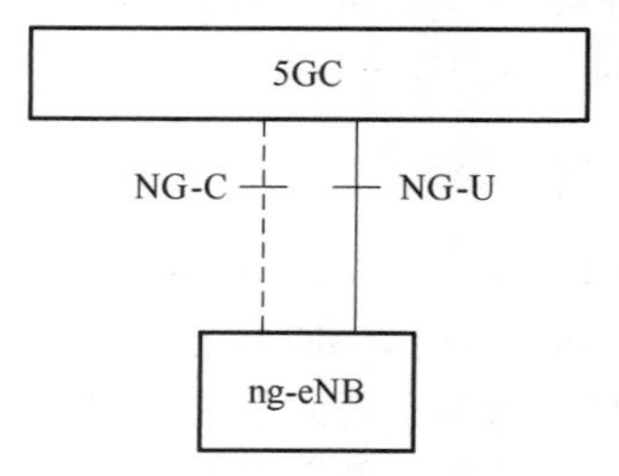

图10-7 ng-eNB连接至5GC

10.2.3 5G NR空口协议

5G系统的无线接口继承了LTE系统的命名方式，即将终端和接入网之间的接口仍简称为Uu接口，也称为空中接口。无线接口协议主要是用来建立、重配置和释放各种无线承载业务的。5G NR技术中，无线接口是一个完全开放的接口，只要遵守接口的规范，不同制造商生产的设备就能够互相通信。

5G系统的无线接口协议栈主要分为“三层两面”，“三层”是指物理层、数据链路层和网络层，“两面”是指控制平面和用户平面。

物理层主要是5G新空口物理层规范。

数据链路层被分成4个子层，比LTE系统多了一个子层，包括媒体访问控制（Medium Access Control，MAC）层、无线链路控制（Radio Link Control，RLC）层、分组数据汇聚协议（Packet Data Convergence Protocol，PDCP）层和服务数据自适应协议（Service Data Adaptation Protocol，SDAP）层。SDAP层只位于用户平面，负责完成从QoS流到数据无线承载（Data Radio Bearer，DRB）的映射；其他数据链路层的3个子层同时位于控制平面和用户平面，在控制平面负责无线承载信令的传输、加密和完整性保护，在用户平面负责用户业务数据的传输和加密。

网络层是指无线资源控制（Radio Resource Control，RRC）层，位于接入网的控制平面，负责完成接入网和终端之间交互的所有信令处理

控制平面协议如图10-8所示，主要负责对无线接口的管理和控制，包括RRC协议、MAC/RLC/PDCP和物理层协议。NAS控制协议实体位于终端（UE）和核心网的AMF功能实体内，主要执行移动性管理、安全控制等功能。RRC协议实体位于UE和gNB网络实体内，负责对接入网的控制和管理，主要功能包括广播、寻呼、RRC管理、无线承载（Radio Bearer，RB）控制、移动性管理、QoS管理、UE测量报告和测量上报控制、无线链路失败检测与恢复以及NAS消息的传输。在NR协议栈中，控制平面RRC协议数据的加解密、完整性保护、重排序以及重复检测等功能，交由数据链路层的PDCP子层完成。数据链路层和物理层提供对RRC协议消息的数据传输功能。NAS消息可以串接在RRC消息内，也可以单独在RRC消息中携带。

用户平面协议主要为数据链路层协议（MAC、RLC、PDCP、SDAP）和物理层协议。物理层为数据链路层提供数据传输功能。物理层通过传输信道为MAC子层提供相应的服务。MAC子层通过逻辑信道为RLC子层提供相应的服务。

无线接口协议部分主要由物理层、数据链路层和网络层组成，下面分别对各层的功能特点进行介绍。

（1）物理层协议功能

无论从控制平面协议栈还是用户平面协议栈来看，物理层都位于无线接口协议栈的最底层，其提供了物理介质中比特流传输所需要的所有功能。物理层为MAC层和更高层提供信息传输的服

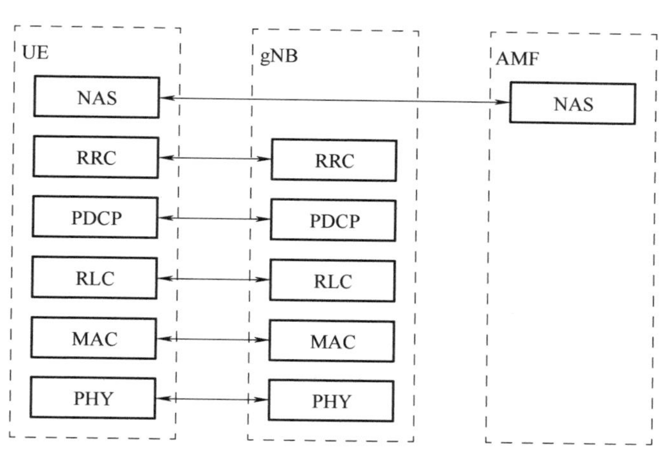

图 10-8　控制平面协议

务，其中物理层提供的服务通过传输信道来描述，传输信道描述了物理层为 MAC 层和高层所传输的数据的特征。

在 5G 系统中，下行传输信道包括广播信道、下行共享信道和寻呼信道三种类型。

1）广播信道（Broadcast Channel，BCH）采用固定的预定义传输格式，并且能够在整个小区覆盖区域内广播。

2）下行共享信道（Downlink Shared Channel，DL-SCH）使用混合自动重传请求（Hybrid Automatic Repeat reQuest，HARQ）传输，能够通过调整传输使用的调制方式、编码速率和发送功率来实现链路自适应，在整个小区内发送或使用波束赋形发送，支持动态或半静态的资源分配方式，并且支持终端非连续接收，以达到节电的目的。

3）寻呼信道（Paging Channel，PCH）支持终端非连续接收以达到节能的目的（非连续接收周期由网络配置给终端），并且要求能在整个小区覆盖区域内传输，使用映射到可用于动态使用的业务或者其他的控制信道的物理资源上。

与 LTE 系统类似，5G 系统中上行传输信道类型分为两种，各信道的传输特点如下：

1）上行共享信道（Uplink Shared CHannel，UL-SCH）可以使用波束赋形和自适应调制方式，支持编码速率/发送功率的调整，支持 HARQ 传输，采用动态或半静态的资源分配方式。

2）随机接入信道（Random Access CHannel，RACH）承载有限的控制信息，并且具有冲突碰撞特征。

（2）数据链路层协议功能

数据链路层包括 MAC、RLC、PDCP 和 SDAP 四个子层，下行和上行数据链路层的架构有所不同。上行架构和下行架构的区别主要在于：下行反映网络侧的情况，需要进行多个用户的调度优先级处理；而上行反映终端侧的情况，只进行单个终端的多个逻辑信道的优先级处理。

物理层为 MAC 子层提供传输信道级的服务，MAC 子层为 RLC 子层提供逻辑信道级的服务 PDCP 子层为 SDAP 层提供无线承载级的服务，SDAP 层为上层提供 QoS 流级的服务。MAC 子层负责多个逻辑信道到同一传输信道的复用功能。无线承载分为两类：用户平面的数据无线承载（DRB）和控制平面的信令无线承载（Signaling Radio Bearer，SRB）。

10.3　5G NR 空口帧和时频资源

随着移动通信业务量的急剧增加，目前 4G 部署的频谱将无法满足未来的市场需求。据预测，5G 系统将面临相对于 4G 系统 1000 倍的业务量增长。所以 NR 的设计考虑支持更大的频段范围：

支持在100GHz以下的频段范围内部署，其中包括6GHz以下的传统移动通信频段，以及6GHz以上直至毫米波频段的高频段。高频段的系统带宽可以更大，满足eMBB业务的要求。即便对于6GHz以下的频段，未来也有很大的可能使用较大的系统带宽。因此，NR设计需要支持的系统带宽将大于20MHz，NR在6GHz以下频段最大的系统带宽是100MHz，6GHz以上最大的系统带宽是400MHz。为便于描述，R15定义了两个频率范围：450~6000MHz和24250~52600MHz。

NR的设计目标是用统一的空口支持100GHz以内的频段，因此帧结构和物理信道的各个方面均考虑了对高、低频段的支持。

- 基本参数集设计：OFDM系统的基本参数集包括子载波间隔（Subcarrier Spacing，SCS）和循环前缀（Cyclic Prefix，CP）长度。NR支持多种子载波间隔以适应不同的频段，其中60kHz和120kHz子载波间隔的重要应用场景是毫米波频段。
- 帧结构方面：引入微时隙调度支持在一个时隙内用户间的时分复用，克服高频段模拟波束赋形带来的调度灵活度的问题。
- 参考信号设计：高、低频段统一设计参考信号，并引入相位跟踪参考信号（Phase Tracking Reference Signal，PT-RS），目的是跟踪和补偿相位噪声，因为相位噪声在毫米波频段对解调有显著的影响。
- 物理信道设计：为补偿毫米波频段的路径损耗，NR上下行的初始接入信道均设计了波束扫描的发送/接收机制，扩展覆盖范围。

大规模MIMO技术对于满足5G对高数据率和大容量传输的需求来说非常关键。一方面，通过极窄的波束实现对高阶多用户MIMO的支持，提升频谱效率，在带宽有限的条件下尽量提升传输速率；另一方面，大规模MIMO所能提供的波束赋形增益可以补偿高频段通信的路径损耗，使得利用高频段丰富的频谱资源进行移动通信成为可能。作为NR的基础，大规模MIMO技术对物理信道和参考信号的设计都有重要的影响。

NR支持频分双工（FDD）和时分双工（TDD），而且TDD是NR主要的双工方式。一方面，低频段可以用于移动通信的频段日益稀少，5G的目标工作频段会高于4G系统的工作频段，甚至需要在毫米波频段进行部署。在这种情况下，难以分配FDD系统所需的成对频谱。另一方面，TDD系统可以利用信道互易性实现大规模MIMO技术，以较低的开销获得高精度的信道状态信息，相对于FDD系统具有天然的优势。因此，NR在设计上重点对TDD的帧结构和控制方式进行了优化。

10.3.1 NR帧结构

NR无线帧长度定义为10ms，一个无线帧包含10个子帧（Subframe），每个子帧长度为1ms。与LTE不同的是，NR的子帧仅作为计时单位，不再作为基本的调度单元，目的是支持更灵活的资源调度方式。一个子帧进一步分割为若干个时隙（Slot），具体的个数取决于子载波间隔。无论子载波间隔多大，一个时隙都包括14个OFDM符号，也就是说，子载波间隔越大，一个时隙实际的时间长度越短。NR的帧结构如图10-9所示。

一个时隙内的OFDM符号可能包括3种类型：下行符号、上行符号和灵活符号。上、下行符号只能用于上、下行的传输。灵活符号没有确定的传输方向，可以根据控制信令的指示用于进行上行传输或者下行传输，这也是其名称的由来。灵活符号在TDD系统中还可以起到保护间隔的作用。一个时隙的符号可以全是下行符号，或者全是上行符号，或者全是灵活符号，也可以是几者的混合。FDD系统的下行载波上可以配置下行符号和灵活符号，上行载波上可以配置上行符号和灵活符号。TDD系统可以同时配置上行、下行和灵活符号。

TDD系统中具体某一个OFDM符号的类型由网络通过高层信令或者物理层信令通知UE，高层信令配置的方式类似于LTE的半静态的上、下行子帧配置。广播发送的小区公共信令的配置内容包括周期以及每个周期内的下行符号数量、上行符号数量和灵活符号数量等。一个周期内按照下

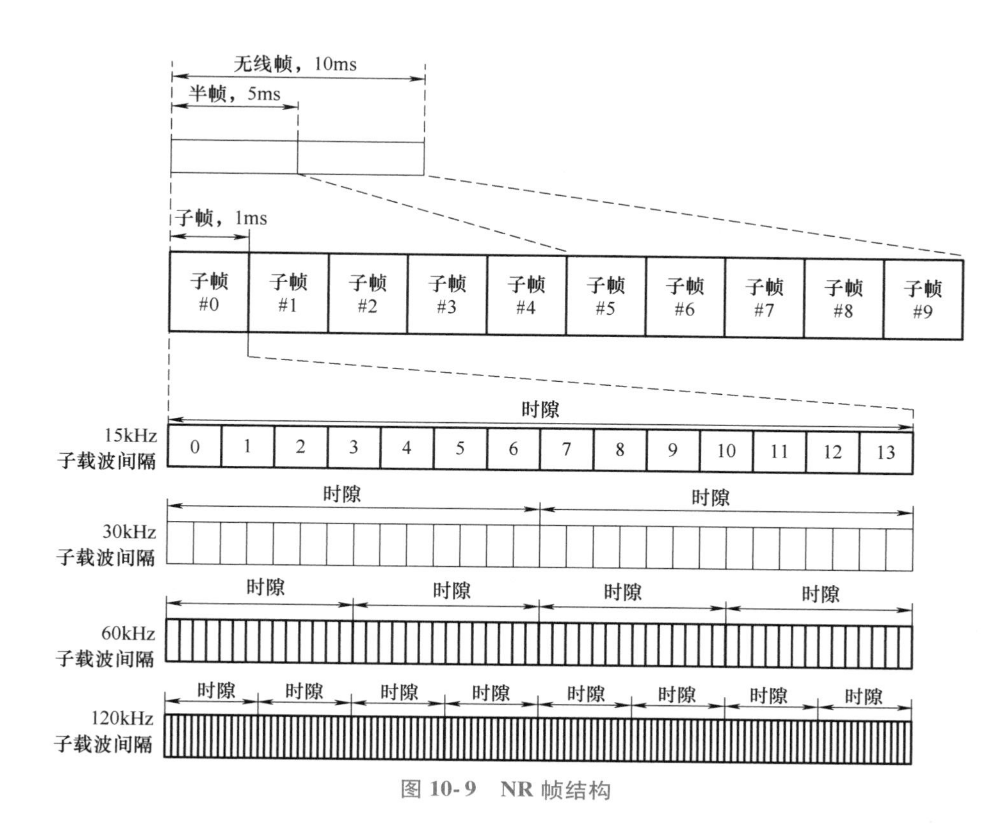

图 10-9 NR 帧结构

行-灵活-上行的顺序排列，可以选择的周期值包括｛0.5，0.625，1，1.25，2，2.5，3，4，5，10｝ms。在公共信令的基础上，网络还可以给 UE 发送专用信令对特定时隙进行配置，但是专用信令只能对公共信令配置为灵活符号的符号进行修改。网络还可以通过下行控制信息向 UE 发送物理层控制信令，对高层信令配置为灵活符号的符号进行进一步的配置，例如配置为上行或者下行符号。在高层信令配置的灵活符号上，网络可以通过高层信令或者物理层信令调度上行或者下行传输。

NR 支持基于时隙的资源调度，其资源在时域起始于物理下行控制信道（PDCCH）区域之后，至少占用 3 个 OFDM 符号，可以在时隙的最后一个 OFDM 符号之前结束。基于时隙调度的问题在于：如果一个数据分组在时隙的中间到达，则最早也要等到下一个时隙才能开始传输，不利于满足 uRLLC 等时延敏感业务的要求。为此，NR 也支持基于微时隙的调度。微时隙可以开始于一个时隙内的任意一个 OFDM 符号，下行微时隙的长度可以是 2 个、4 个或 7 个 OFDM 符号，上行微时隙的长度则可以是 1~14 个 OFDM 符号以内的任意长度，如图 10-10 所示。基于微时隙的调度可以支持多个 UE 在一个时隙内的 TDM 复用，这对高频段尤其重要。由于模拟波束赋形的限制，高频段难以实现两个不同方向 UE 的 FDM 资源复用，而在极窄的模拟波束条件下，多个 UE 的波束相同的概率很低，造成一个时隙只能被一个 UE 独占的情况，资源利用不够灵活。而基于微时隙调度，一个时隙的资源可以在时域内进行分割，针对不同的 UE 采用不同的模拟波束进行传输。在 NR 和 LTE 同频共存的场景中，为了避开 LTE 的小区参考信号（CRS）和 PDCCH 等，对物理下行共享信道（PDSCH）的调度有一定的限制，这时可以在没有 CRS 和 PDCCH 的符号上以微时隙调度 PDSCH，充分利用资源，如图 10-11 所示。此外，NR 的后续版本将扩展到非授权频段。非授权频段上工作的系统将以抢占的方式获取资源，抢占到的资源在时间上往往不能和时隙对齐，即抢占到的资源是从一个时隙的中间开始的。如果只能以时隙为单位进行调度，这一部分资源将被浪费，而采用微时隙调度则可以充分利用这部分资源。

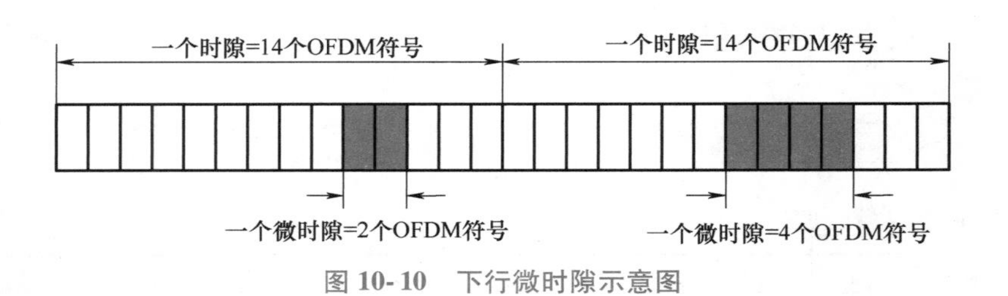

图 10-10 下行微时隙示意图

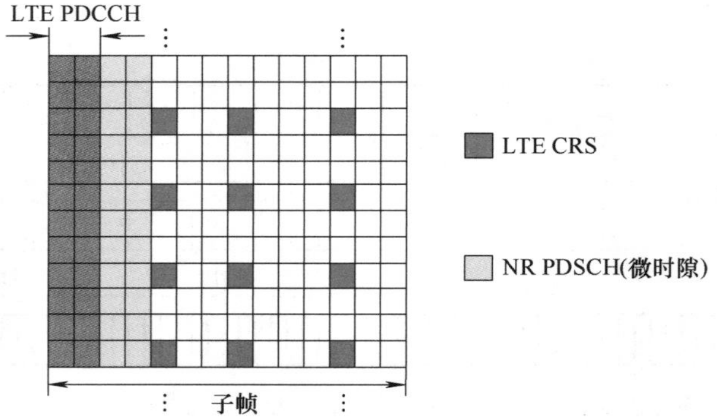

LTE PDCCH

LTE CRS

NR PDSCH(微时隙)

子帧

图 10-11 NR 和 LTE 共存场景微时隙调度示意图

10.3.2 物理信道

物理信道对应于一组特定的时/频资源，用于承载高层映射的传输信道。每个传输信道均映射到一个物理信道。有些物理信道不承载传输信道，这些信道称为控制信道。物理下行控制信道（PDCCH）承载下行控制信息（DCI），用于为 UE 提供下行接收和上行传输的必要信息，例如资源分配信息等。物理上行控制信道（PUCCH）承载上行控制信息（UCI），用于向基站报告 UE 的状态，如 HARQ 接收的状态、信道状态信息等。

NR 定义的物理信道包括以下几个：

- 物理下行共享信道（PDSCH）主要用于下行单播数据的传输，也可以用于寻呼消息和系统消息的传输。PDSCH 在天线端口 1000~1011 上传输。
- 物理广播信道（PBCH）承载 UE 接入网络所需的最小系统信息的一部分。PBCH 的天线端口为 4000。
- PDCCH 用于传输下行控制信息，主要是 UE 接收 PDSCH 和传输物理上行共享信道（PUSCH）所需的调度信息，也可以传输时隙格式指示和抢占指示等。PDCCH 的天线端口为 20000。
- PUSCH 对应于 PDSCH 的上行物理信道，用于传输上行业务数据，还可以用来承载 UCI。PUSCH 在天线端口 1000~1003 上传输。
- PUCCH 承载 UCI，反馈 HARQ-ACK 信息，指示下行的传输块是否正确接收；上报信道状态信息；在有上行数据到达时请求上行资源。PUCCH 的天线端口为 2000。
- 物理随机接入信道（Physical Random Access Channel，PRACH）用于随机接入，天线端口为 4000。

5G NR 各信道传输整体过程与 LTE 类似，图 10-12 给出了以上行链路为例的 5G 物理层传输过程。

10.3.3 物理信号

从功能上划分，NR下行物理信号包括信道状态信息参考信号（CSI-RS）、解调参考信号（DM-RS）、时频跟踪参考信号（TRS）、相位噪声跟踪参考信号（PT-RS）、RRM测量参考信号、RLM测量参考信号等。NR上行物理信号包括探测参考信号（SRS）、解调参考信号（DM-RS）、相位噪声跟踪参考信号（PT-RS）等。值得指出的是，上行DM-RS和PT-RS与下行的设计基本相同。

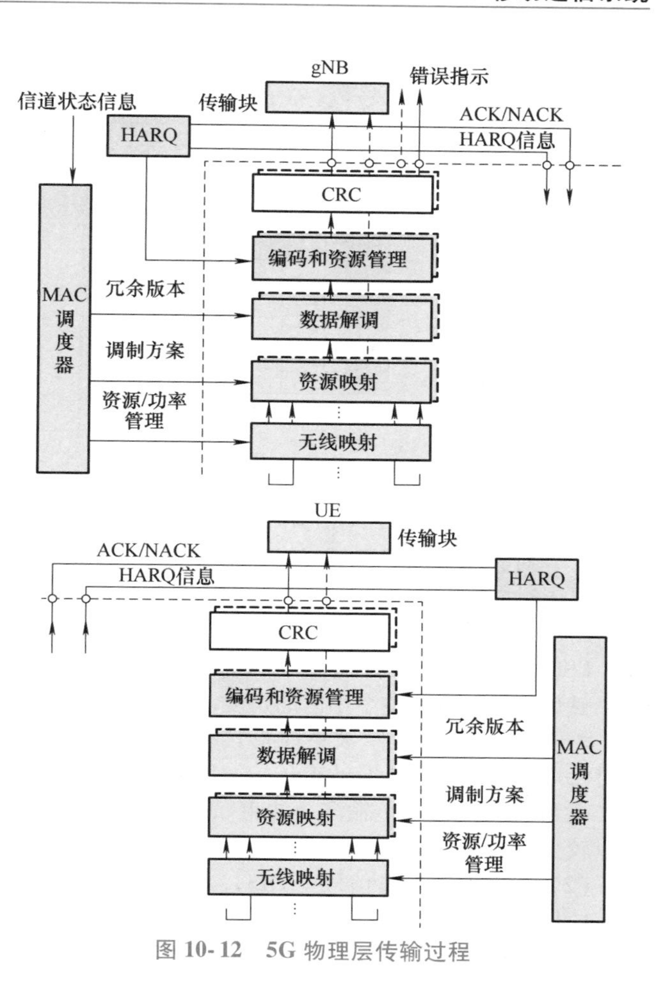

图10-12 5G物理层传输过程

物理信号的设计主要考虑以下原则：

- 尽量避免持续发送的周期性信号。所谓持续发送，是指不经系统配置即发送，也无法关闭的信号，例如LTE的CRS。持续发送的信号的问题在于前向兼容性和系统开销。持续发送的信号无法关闭，在未来系统中引入新业务时必须考虑如何避开这些信号，如处理不当会造成系统性能的严重下降。此外，在系统不需要时仍然发送这类参考信号也会造成不必要的系统开销和功率消耗。NR的物理信号，除同步信号之外，都是可以通过高层信令或者物理层信令开启、关闭的。
- 物理信号占用的时频资源可灵活配置。一方面，为了保证前向兼容性，物理层信号不能固定在特定的时间和频率资源发送，否则会限制未来新业务和新特性的引入；另一方面，NR的各种物理信号和信道之间的冲突也要通过资源的灵活调配来解决。
- 支持大规模波束赋形传输。大规模天线是NR的关键技术，通过大规模天线的应用，上下行业务信道和控制信道的覆盖及效率都得以提升。相应地，物理信号的设计要能支持业务和控制信道的波束赋形传输。此外，物理信号本身也要支持波束赋形传输，提升其覆盖，同时更好地支持相关方案。

主要的物理信号的设计思路如下。

（1）信道状态信息参考信号（CSI-RS）

为支持大规模天线技术的CSI测量，CSI-RS的天线端口数最高可以达到32，包括1、2、4、8、12、16、24和32，CSI-RS的时频资源位置由高层信令灵活配置，包括所占用的OFDM符号和物理资源块（PRB），CSI-RS可以在一个时隙内的任意OFDM符号上传输，可以在总带宽的一个子集带宽内任意的连续PRB内传输（最小带宽为24个PRB）。这样的设计一方面可以达到最大的复用因子，另一方面也给了基站足够的调度灵活度。基站通过对CSI-RS时频资源的合理规划和调度，可以避免与PDCCH等信道的冲突，以及避免相邻小区的CSI-RS之间的干扰。对于给定的天线端口数量，CSI-RS在一个PRB内的图样也不再有固定的形式，而是由基站根据可用时频资源灵活配置。图10-13给出了32端口在一个PRB内的图样。

按照功能的不同，CSI-RS可以进一步划分为CSI获取CSI-RS和波束管理CSI-RS，两者设计

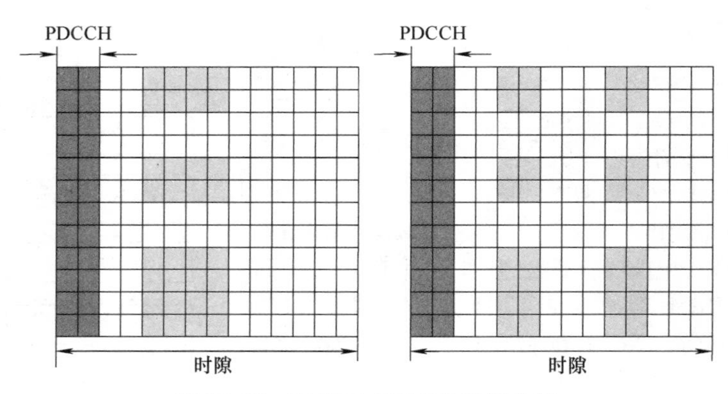

图10-13 32端口CSI-RS图样示例

基本相同。波束管理CSI-RS用于波束管理过程中的波束测量和上报。UE接收波束赋形传输的CSI-RS，对其质量进行测量（接收信号功率），选出最佳的发送和接收波束。为了实现这个功能，基站要同时向UE发送用不同波束赋形的CSI-RS，以便UE从中做出选择。波束管理的测量较CSI测量简单，仅需测量参考信号接收功率，因此波束管理CSI-RS只有一个或者两个端口。

CSI获取CSI-RS的传输分为两种情况：一是宽波束赋形传输，CSI-RS的每个天线端口都是宽波束赋形传输，覆盖整个小区的角度范围。为获取完整的CSI，这种传输方式需要较大的端口数量（最大32端口）；二是窄波束赋形传输，CSI-RS经过波束赋形以获得赋形增益，增加覆盖距离。此时每个天线端口均为窄波束传输，因此空间覆盖的角度范围较小。为了覆盖一个小区内的所有UE，往往需要配置并传输多个波束赋形CSI-RS，但是每个波束赋形CSI-RS包含的天线端口数量可以较少。

（2）时频跟踪参考信号（TRS）

LTE系统中CRS在每个子帧发送，UE可以通过测量CRS实现高精度的时频同步。持续周期性发送的参考信号会带来前向兼容性问题和不必要的功率浪费，因此NR引入了可以根据需要配置和触发的TRS实现时频精同步。因为CSI-RS的结构和配置方式都足够灵活，NR将一种特殊配置的CSI-RS作为TRS。具体地，NR将包含N（2或4）个周期性CSI-RS资源的CSI-RS资源集合用于实现TRS的功能，其中每个CSI-RS资源都是一个端口，单独占据一个OFDM符号。UE将集合内的不同CSI-RS资源的天线端口视为同一个天线端口。

（3）解调参考信号（DM-RS）

NR上下行业务信道和控制信道均依靠DM-RS进行信道估计，实现相干解调。DM-RS与数据采用相同的预编码处理，因此接收端从DM-RS估计出来的信道直接用于数据解调，无须额外指示预编码相关的信息。为了降低解调和解码时延，NR数据信道（PDSCH/PUSCH）采用了前置DM-RS的设计。在每个调度时间单位内，DM-RS的位置都尽可能地靠近调度的起始点。例如，在基于时隙的调度传输中，前置DM-RS的位置紧邻PDCCH区域之后。在微时隙调度传输时，前置DM-RS从调度区域的第一个符号开始传输。前置DM-RS的使用有助于接收端尽早开始估计信道并进行接收检测，对于降低时延并支持自包含时隙结构具有重要的作用。UE接收到PDCCH及其调度的PDSCH之后，需要在一定的时间内完成解调和解码，以便在基站为其分配的PUCCH资源上反馈HARQ-ACK信息。前置DM-RS使得UE能更早完成解调和解码，因而降低了传输时延。

为了兼顾对中高移动速率的支持，NR在前置DM-RS的基础上，可以为UE配置附加DM-RS。每一组附加DM-RS的图样都是前置DM-RS的重复。因此，与前置DM-RS一致，每一组附加DM-RS最多可以占用两个连续的符号。根据移动速率的不同，基站可以为UE配置1~3组附加DM-RS符号。

NR上下行DM-RS的设计基本相同。一方面，OFDM波形在上行链路中的应用，为上下行采

用相同的 DM-RS 设计创造了条件；另一方面，灵活双工以及 TDD 系统上下行配置的动态调整，会在 NR 系统中引入上下行链路之间的交叉干扰。这种情况下，上下行相同的 DM-RS 设计将会给抑制不同链路方向之间的干扰带来便利。

（4）相位噪声跟踪参考信号（PT-RS）

相位噪声主要由本地振荡电路引入，会破坏 OFDM 系统中各子载波之间的正交性，引入子载波间干扰。同时，相位噪声在所有子载波上引入相同的公共相位误差，从而导致所有子载波上的调制星座点以固定角度旋转。相位噪声在高频段对系统性能有明显影响，但是 NR 在高频段使用的子载波间隔更大，相位噪声引起的子载波间干扰对解调性能影响不大，因此 NR 设计了 PT-RS，主要实现对公共相位误差的估计和补偿。

PT-RS 在业务信道占用的时频资源范围内传输，配合 DM-RS 使用。PT-RS 映射在没有 DM-RS 的 OFDM 符号上，估计出各个 OFDM 符号上的相位变化，用于相位补偿。由于 CPE 在整个频带上相同，理想情况下，一个子载波用于传输 PT-RS 就可以达到公共相位误差估计和补偿的目的。然而，由于干扰和噪声的影响，仅用一个子载波估计公共相位误差可能会存在较大的估计误差，因而需要更多的子载波来传输 PT-RS，以提升公共相位误差估计的精度。

（5）探测参考信号（SRS）

SRS 的主要功能是上行信道状态信息获取、下行信道状态信息获取和波束管理。获取上行信道状态信息的 SRS 按照对应的传输方案（码本和非码本）不同可以进一步分为两种，因此 NR 支持 4 种不同功能的 SRS。不同功能的 SRS 以 SRS 资源集合的方式进行管理和配置。基站可以为 UE 配置多个 SRS 资源集合，每个资源集合由高层信令配置其功能。

NR 中 SRS 的用途相对于 LTE 得到了扩充，同时由于用户数量和业务量的提升，NR 系统对 SRS 资源的需求量更大，因此 NR 允许每个上行时隙的最后 6 个符号用于 SRS 传输。每个 SRS 资源在一个时隙内可以占用 1 个、2 个或 4 个连续的 OFDM 符号。允许 SRS 在多个 OFDM 符号上传输的目的是扩展上行覆盖。同一个 SRS 资源在多个 OFDM 符号上可在相同的子带上重复传输，也可以在不同的子带间跳频传输。

UE 可以采用赋形或者非赋形方式传输 SRS。对于非码本传输，UE 对下行信道进行测量，利用信道互易性获得上行的赋形权值，并传输对应波束赋形的 SRS。对于波束管理，SRS 要用 UE 的候选发送波束分别发送，由基站进行测量并选择合适的 UE 发送波束。对于码本传输方案，SRS 是否赋形取决于基站的配置和 UE 的实现结构。如果基站只为 UE 配置了一个 SRS 资源用于码本传输，UE 通常用宽波束传输该 SRS。如果基站为 UE 配置了 2 个 SRS 资源，则 UE 可以用 2 个不同的窄波束分别传输这 2 个 SRS 资源。

在 TDD 系统中，SRS 的一个重要功能是获取下行信道状态信息。UE 的接收链路数量往往多于发射链路，因此 UE 一次发送的 SRS 不能获得完整的下行信道信息。这种情况下，NR 支持 UE 的 SRS 天线切换，即 UE 按照预定义的规则，在不同的时间用不同的天线发送 SRS，以使基站能获得完整的下行信道状态信息。

10.4　5G 关键技术

为提供高速率、高可靠性、低时延的服务，5G 系统在终端、网络、无线接入等方面进行融合及创新。在 5G NR 方面采用大规模 MIMO 技术、毫米波技术、GFDM、非正交多址技术、D2D 技术、新型编码等，在网络方面采用软件定义网络、网络切片、超密集组网等。

5G 空中接口（简称空口）技术具有统一、灵活、可配置的技术特性，针对不同场景的技术需求，通过关键技术和参数的灵活配置形成相应的优化技术方案。综合考虑需求、技术发展趋势以及网络平滑演进等因素，5G 空口可由 5G 新空口和 4G 演进空口两部分组成。4G 演进空口以 LTE 框架为基础，在现有移动通信频段引入新的增强技术，进一步提升系统的速率、容量、连接数、时延等空口性能指标，在一定程度上满足5G技术需求。受现有LTE框架的约束，大规模天线、新型多址等先进技术在现有技术框架下很难有效发挥，4G演进空口无法完全满足5G的性能需求，因此需要突破后向兼容的限制，设计全新的空口，充分挖掘各种先进技术的潜力，以全面满足5G性能和效率指标要求，新空口将是5G主要的发展方向，4G演进空口将是5G新空口的有效补充。

综合考虑国际频谱规划及频段传播特性，5G新空口包含工作在6GHz以下（Sub 6G）频段的新空口以及工作在毫米波（millimeter Wave，mmW）频段的新空口。5G将通过Sub 6G新空口满足大覆盖、高移动性场景下的用户体验和海量设备连接。同时，需要利用毫米波丰富的频谱资源，来满足热点区域极高的用户体验速率和系统容量需求。5G的Sub 6G新空口将采用全新的空口设计，引入大规模天线、新型多址、新波形等先进技术，支持更短的帧结构，更精简的信令流程，更灵活的双工方式，有效满足广覆盖、大连接及高速等多数场景下的体验速率、时延、连接数以及能效等指标要求，通过灵活配置技术模块及参数来满足不同场景差异化的技术需求。5G毫米波新空口考虑高频信道和射频器件的影响，并针对波形、调制编码、天线技术等进行相应的优化。同时，高频频段跨度大、候选频段多，从标准、成本及运营和维护等角度考虑，也要尽可能采用统一的空口技术方案，通过参数调整来适配不同信道及器件的特性。毫米波覆盖能力弱，难以实现全网覆盖，需要与低频段联合组网。由Sub 6G形成有效的网络覆盖，对用户进行控制、管理，并保证基本的数据传输能力；毫米波作为低频段的有效补充，在信道条件较好情况下，为热点区域用户提供高速数据传输。

10.4.1　大规模MIMO技术

现代通信系统依靠在发送端及接收端的多天线技术来提高链路性能，这类技术被称为多输入多输出（MIMO）技术。MIMO技术可以从点对点模式拓展到点对多点的多用户MIMO（MU-MIMO）。MU-MIMO技术可以使用空间位置分离用户，达到网络密集化和增强容量的目的。然而，由于基站配置天线较少，空间分辨率有限，MU-MIMO的性能增益仍然受限。MIMO技术的性能优势来源于多天线带来的空间自由度，因此对MIMO维度的提高一直是MIMO技术演进的重要方向。2010年贝尔实验室Marzetta教授提出在基站采用大规模天线阵，形成多用户Massive MIMO无线通信系统，进一步提升增益，获得可观的频谱效率增益，提高能量效率，降低网络干扰。Massive MIMO的主要理论依据是，随着基站天线个数趋于无穷大，多用户信道间将趋于正交。此时，高斯噪声以及互不相关的小区干扰将趋于消失，单个用户的容量仅受限于其他小区中采用相同导频序列的用户造成的干扰。

考虑如图10-14所示的Massive MIMO蜂窝系统。系统中有L个小区，每个小区有K个单天线用户，每个小区的基站配备M根天线。假设系统的频率复用因子为1，即L个小区均工作在相同的频段。为了便于描述和分析，假设上行和下行均采用OFDM，并以单个子载波为例描述Massive MIMO的原理。

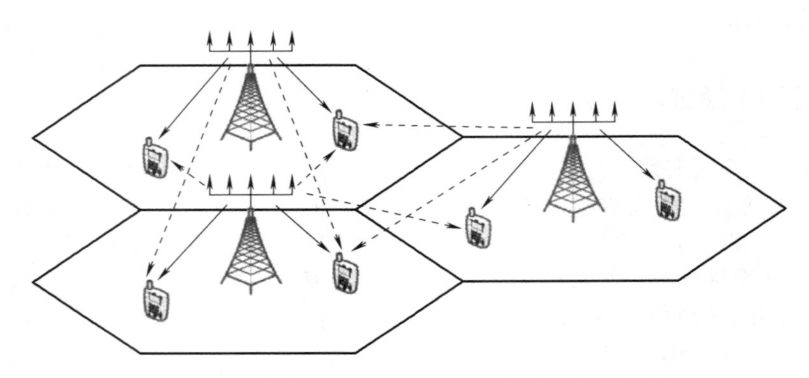

图10-14　多小区Massive MIMO蜂窝系统示意图

假设第 j 个小区的第 k 个用户，到第 l 个小区的基站信道矩阵为 $\boldsymbol{g}_{l,j,k}$，它可以建模为

$$\boldsymbol{g}_{l,j,k}=\sqrt{\lambda_{l,j,k}}\boldsymbol{h}_{l,j,k} \tag{10-1}$$

其中，$\lambda_{l,j,k}$表示表示大尺度衰落；$\boldsymbol{h}_{l,j,k}$表示第 j 个小区的第 k 个用户到第 l 个小区基站的小尺度衰落，它是一个 M×1 的矢量。为简单起见，假设小尺度衰落为瑞利（Rayleigh）衰落。因此，第 j 个小区的所有 K 个用户到第 l 个小区的基站所有天线间的信道矩阵可以表示为 $\boldsymbol{G}_{l,j}=[\boldsymbol{g}_{l,j,1},\ \cdots,\ \boldsymbol{g}_{l,j,K}]$。

基于上述大规模 MIMO 信道模型，第 l 个小区的基站接收到的上行链路信号可以表示为

$$\boldsymbol{y}_l=\boldsymbol{G}_{l,l}\boldsymbol{x}_l+\sum_{j\neq l}\boldsymbol{G}_{l,j}\boldsymbol{x}_j+\boldsymbol{z}_l \tag{10-2}$$

其中，小区 l 的 K 个用户的发送信号为 $\boldsymbol{x}_l$，假设 $\boldsymbol{x}_l$服从独立同分布的循环对称复高斯分布，z_l表示小区 l 基站接收的加性高斯白噪声矢量，其协方差矩阵为 $E\{z_l z_l^{\mathrm{H}}\}=\gamma\boldsymbol{I}_M$。

基于式（10-2），假设采用 MMSE 多用户联合检测，则小区 l 上行多址接入的和容量的下界可以表示为

$$C_{\mathrm{LB}}=\log_2\det\left(\sum_{i=1}^{L}\boldsymbol{G}_{l,j}\boldsymbol{G}_{l,j}^{\mathrm{H}}+\gamma\boldsymbol{I}_M\right)-\log_2\det\left(\sum_{j\neq l}^{L}\boldsymbol{G}_{l,j}\boldsymbol{G}_{l,j}^{\mathrm{H}}+\gamma\boldsymbol{I}_M\right) \tag{10-3}$$

随着基站天线个数趋于无穷大，多用户信道间将趋于正交，即

$$\lim_{M\to\infty}\frac{1}{M}\boldsymbol{g}_{l,j,k}^{\mathrm{H}}\boldsymbol{g}_{l,j,k'}=\begin{cases}\lambda_{l,j,k}, & j=l,k=k'\\ 0, & \text{其他}\end{cases} \tag{10-4}$$

由此，可得基站天线个数趋于无穷大时，小区 l 和容量的下界趋近于

$$C_{\mathrm{LB}}^{M\to\infty}=\sum_{k=1}^{K}\log_2\left(1+\frac{M}{\gamma}\lambda_{l,l,k}\right) \tag{10-5}$$

从式（10-5）可以看出，考虑基站接收机已知理想信道状态信息，当天线个数趋于无穷大时，多用户干扰和多小区干扰消失，整个系统是一个无干扰系统，系统容量随天线个数以 $\log_2 M$ 增大，并趋于无穷大。

实际系统中，通常不能获得完美的信道状态信息。上下行链路空分复用依赖于基站对上下行两个方向信道状态信息的获取，由于基站很难获得下行链路的信道状态信息，大规模天线系统通常采用时分复用双工方式（TDD），基于信道的互易性，利用上行信道估计获得下行链路信道状态信息。对于大规模 MU-MIMO 多用户无线通信系统，基站和移动台之间的信道估计需要足够长的信道相干时间来进行信道估计操作，信道估计的精度和信道相干时间长度是大规模 MIMO 技术的主要限制因素。目前主要存在两个方面的难题，一是导频开销随着用户数量、移动速度和载波频率线性增长；二是多用户联合发送/接收涉及矩阵求逆，复杂度呈三次方增长。

在大规模天线系统中，为了准确而高效地接收传输数据，信道准确估计是关键研究方向之一，对大规模天线波束赋形性能具有重要影响。大规模天线系统中常用的信道估计方法，分别是基于最小二乘（LS）的信道估计、结合信道与噪声信息的最小均方误差（MMSE）信道估计、基于特征值分解（EVD）的信道估计、基于大规模天线系统信道稀疏性的压缩感知（CS）信道估计。

基于最小二乘信道估计算法是现阶段最常采用的估计算法。此方法的优点在于简单易行，对接收导频信号进行简单处理即可，不需要复杂的先验信息或其他附加信息，可以适当降低大规模天线系统由于大数量天线所带来的信号处理复杂度需求；但缺点也比较明显，估计方法的准确度较低，且在导频污染存在的情况下，估计方法的性能受导频污染的影响很大。

MMSE 信道估计算法也是大规模天线系统中常用的估计算法，此估计算法的优点是能够较好地利用不同信道的相关性，因此可以在一定程度上抵抗系统中导频污染的影响，同时 MMSE 估计算法还对噪声有一定的抑制作用。

基于特征值分解信道估计算法将接收信号进行正交分解，并且利用了大规模天线系统中不同信道间趋于正交的特点对系统信道进行估计。EVD 算法采用基站接收信号的协方差矩阵和信道向量的正交性来估计信道状态信息，因而能有效地提高信道估计精度并且对导频污染有一定的抵抗力；但这一算法需要系统在天线数量较大的情况下才可以获得好的性能，否则估计效果将受到很

大的影响。

压缩感知理论是近几年来在应用数学和信号处理领域发展的一种理论，它与奈奎斯特抽样定理不同，若信号是可压缩的或者在某一个变换域上能被稀疏考虑到表示，就可以通过一个与变换域上的变换基非相关的观测矩阵，将高维的信号映射到一个低维的空间，形成低维信号，从而用一系列优化算法以很高的概率恢复出原始信号。

在实际的信道条件下，由于设备和传输环境存在诸多的非理想因素，为了获得稳定的多用户传输增益，仍然需要依赖下行发送与上行接收算法的设计来有效地抑制用户间乃至小区间的干扰，而传输与检测算法的计算复杂度则直接与天线阵列规模和用户数相关。此外，基于大规模天线的预编码/波束成形算法与阵列结构设计、设备成本、功率效率和系统性能都有直接的联系。预编码/波束技术可以简单地分为线性预编码和非线性预编码两大类。根据其预编码矩阵的不同，常用的线性预编码器可以分为最大比传输（MRT）预编码器、迫零（ZF）预编码器和正则化迫零（RZF）预编码器等。尽管线性预编码具有低复杂度优势，但相对于非线性预编码的性能差异较大，尤其是服务于用户数量较多的时候。非线性预编码通过引入一些非线性操作（如求模、反馈、格搜索、扰动等），以牺牲一定复杂度为代价提升性能。

从理论上说，当基站天线数目接近无穷，且天线间相关性较小时，天线阵列形成的多个波束间将不存在干扰，系统容量较传统 MIMO 系统大大提升。此时，简单的线性多用户预编码，如特征值波束成形（EBF）、匹配滤波（MF）、正则化迫零（RZF）等能够获得近乎最优的容量性能。

【例 10-1】 某小区有 K 个单天线用户，基站配备 M 根天线。试分析采用匹配滤波预编码时该单小区大规模 MIMO 系统中用户接收信号表达式。

解： 考虑由配置 M 根天线的基站和 K 个单天线用户构成的单小区大规模 MIMO 系统。若 M 根天线到同一用户的大尺度衰落相同，且基站端天线相关矩阵为单位阵，则基站到用户的信道为 $K\times M$ 维矩阵 $\boldsymbol{G}=\boldsymbol{DV}=[\boldsymbol{g}_1, \cdots, \boldsymbol{g}_K]^{\mathrm{T}}$，其中 $\boldsymbol{D}=\mathrm{diag}\{\lambda_1, \cdots, \lambda_K\}$ 表示信道的大尺度衰落信息，$K\times M$ 维矩阵 $\boldsymbol{V}$ 表示信道的小尺度衰落信息，其各元素独立同分布且服从均值为 0、方差为 1 的复高斯分布，M 维行向量 $\boldsymbol{g}_k$ 为基站到用户 k 的信道。

若基站对 K 个用户的下行传输采用匹配滤波预编码，其预编码矩阵为

$$W_{\mathrm{MF}}=\boldsymbol{G}^{\mathrm{H}} \tag{10-6}$$

考虑基站对 K 个用户的发送信号向量 $\boldsymbol{s}=[s_1, \cdots, s_K]^{\mathrm{T}}$，$K$ 个用户的接收噪声向量为 $\boldsymbol{z}=[z_1, \cdots, z_K]^{\mathrm{T}}$，假设 $\boldsymbol{s}$ 和 $\boldsymbol{z}$ 各元素独立同分布且服从均值为 0、方差分别为 1 和 γ 的复高斯分布，则 K 个用户的接收信号向量为

$$\boldsymbol{y}=\boldsymbol{G}W_{\mathrm{MF}}\boldsymbol{s}+\boldsymbol{z} \tag{10-7}$$

在大规模 MIMO 系统中，若 $M\gg K$，则有 $(\boldsymbol{GG}^{\mathrm{H}})/M=\boldsymbol{D}^{1/2}((\boldsymbol{VV}^{\mathrm{H}})/M)\boldsymbol{D}^{1/2}\approx\boldsymbol{D}$，即各用户的信道是渐近正交的，多用户干扰消失。为了简化表述，这里仅考虑单个小区。在多小区大规模 MIMO 系统中，当天线个数趋于无穷大时，多用户干扰和多小区干扰消失，也具有相同结论。

因此，当天线个数趋于无穷大时，K 个用户的接收信号向量可以近似为

$$\boldsymbol{y}\approx M\boldsymbol{Ds}+\boldsymbol{z} \tag{10-8}$$

10.4.2　毫米波技术

5G 需要大量的频谱资源以满足其与各行各业融合发展的业务需求。相比于低、中频段，5G 高频段的毫米波（30~300GHz）更易获得连续超大带宽，是实现高传输速率的重要基础。采用毫米波频段作为热点区域及室内超高速率、超高容量的解决手段，能够确保单点区域的极致性能。然而，毫米波信号在移动条件下，易受到障碍物、反射物、散射体以及大气吸收等环境因素的影响，毫米波信道与传统蜂窝频段信道有着明显差异，如传播损耗大、信道变化快、绕射能力差等，因此覆盖范围要比 6GHz 以下频段小。此外，在毫米波通信中可能出现长达几秒的深衰落，严重影响毫米波通信的性能。

毫米波通信系统的应用场景可以分为两大类：基于毫米波的小基站和基于毫米波的无线回传（Backhaul）链路。毫米波小基站的主要作用是为微小区提供吉比特每秒的数据传输速率，采用基于毫米波的无线回传的目的是提高网络部署的灵活性。在 5G 网络中，微/小基站的数目非常庞大，部署有线方式的回传链路会非常复杂，因此可以通过使用毫米波无线回传链路随时随地根据数据流量增长需求部署新的小基站，并可以在空闲时段或轻流量时段灵活、实时地关闭某些小基站，从而可以收到节能降耗之效。

由于高频段覆盖能力弱，难以实现全网覆盖，需要与低频段联合组网。低频段与高频段融合组网可采用控制面与用户面分离的模式，低频段承担控制面功能，高频段主要用于用户面的高速数据传输，低频与高频的用户面可实现双连接，并支持动态负载均衡。工作在 Sub 6G 的宏基站提供广域覆盖，并提供毫米波频段吉比特每秒传输速率的微小区间的无缝移动。用户设备采用双模连接，能够与毫米波小基站间建立高速数据链路，同时还通过传统的无线接入技术与宏基站保持连接，提供控制面信息（如移动性管描、同步和毫米波微小区的发现和切换等）。这些双模连接需要支持高速切换，提高毫米波链路的可靠性。微基站和宏基站间的回传链路可以采用光纤、微波或毫米波链路。

因为高频段路径损耗大，通常要采用大规模天线，通过高方向性波束成形技术，补偿高路损的影响，同时毫米波波长较短，能够在更小尺寸布置大量天线单元，利用天线阵列来控制信号的相位、幅度等参数，能够实现信号的方向性传输，改善通信链路质量并抑制干扰，进一步通过空分多址有效提高频谱利用率。

（1）波束的产生与控制

通过数字域或模拟域来调整波束赋形权值能够产生方向性波束。数字波束赋形结构中，每个射频链路乘以相应系数并矢量相加产生基带信号，调制后进行傅里叶变化并发射出去。而在模拟波束赋形结构中，是通过在时域对射频信号进行系数加权来实现的。数字波束赋形结构是以更高的成本和更高的功耗来换取更好的性能，而模拟波束赋形成本和功耗更低，相应的性能也要更差。数模混合波束赋形结构能够利用移相器在模拟域实现波束赋形并提供接近于数字结构的灵活性。

（2）波束对准

波束对准的实现需要用户终端、基站射频以及回传部分之间的协同。早期研究表明利用窄带导频信号和多径角度扩展，可以决定波束的指向。此外，还可以利用基于奇异值分解的预编码和合并接收的方式，通过多级迭代优化天线系数，这种方法更加高效。另一方面，波束编码也是波束训练的重要环节，我们需要利用波束编码来为每个波束角分配唯一的标识码，便于后期的信号处理的进行。

（3）到达角估计

对于室外移动信道来说，经常需要获知到达角和多普勒扩展这类的信道状态信息。与 LOS 通信相比，NLOS 通信场景会产生更高的路径损耗和多径时延扩展，此时可以通过获取周围物体信息来实现自适应的波束赋形来建立可靠的通信链路。此外，对到达角的获知还有助于寻找 NLOS 通信场景下的备选路径，在当前通信链路不可用时切换至备用路径来进行通信。另一方面，还可以借鉴多用户检测中的连续干扰消除的思想来获知备选路径的信息。

毫米波通信能够利用高频丰富的频谱资源，大幅度提升数据传输速率和系统容量。毫米波波长短的特性使得能够在较小的尺寸部署多天线，利用波束赋形技术来实现信号的方向性传输，进一步提高通信链路质量和频谱利用率。

10.4.3 GFDM

为了解决 OFDM 带外辐射以及峰均功率比（PAPR）过高的问题，业界提出广义频分复用（GFDM）技术，作为 5G 物理层候选波形之一。

针对 5G 应用场景，GFDM 技术具有一些 OFDM 不具备的优点：第一，GFDM 的灵活性可以满足不同的业务需求。对于实时应用，要求整个系统的往返时延不大于1ms，基于OFDM空口的LTE帧结构具有比实时应用目标至少高一个数量级的等待时间。而GFDM可以通过配置较大带宽的子载波来匹配低时延需求。第二，GFDM不需要严格的同步，由于5G中的eMBB场景要求低功耗，而OFDM需要的严格同步会消耗大量功率，因此需要GFDM技术放松系统同步要求。第三，GFDM有利于碎片化的频谱利用和频谱动态接入。

频带资源稀缺一直是无线通信的主要问题之一，OFDM带外辐射较大，而GFDM使用非矩形脉冲成形滤波器在时频域移位过滤子载波，减小了带外辐射，使得分散的频谱和动态频谱利用成为可能，而不会对现有服务和其他用户造成干扰。

对于实际多载波传输系统，GFDM与OFDM技术主要区别于以下3点。

（1）脉冲成形滤波器的不同

OFDM系统每个子载波均采用矩形脉冲成形，而GFDM可以按照给定的要求设计滤波器使其在每个子载波上实现脉冲整形。通过有效的原型滤波器滤波，在时域与频域循环移位，减小了带外功率泄漏，这是GFDM与OFDM相比最大的优势。

（2）数据结构的不同

GFDM允许将给定的时间与频率资源分为K个子载波和M个子符号，以适应不同的应用场合，具有很强的灵活性。在不改变系统采样率的情况下，可以将GFDM配置为使用大量窄带子载波或者使用少量大带宽的子载波来占据带宽。值得指出的是，GFDM仍然是基于块的方案。

（3）循环前缀加入方式的不同

如图10-15所示，OFDM为每个数据符号添加CP，而GFDM通过为包含多个子符号与子载波的整个块添加单个CP或CS，降低系统额外开销，进一步提高系统的频谱效率。

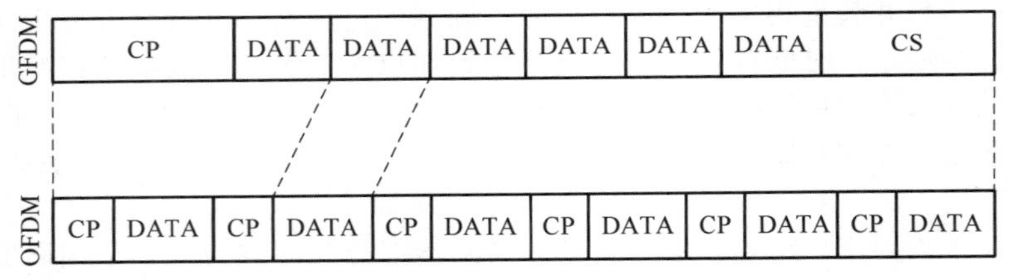

图10-15　GFDM和OFDM不同的循环前缀加入方式

GFDM收发结构如图10-16所示。

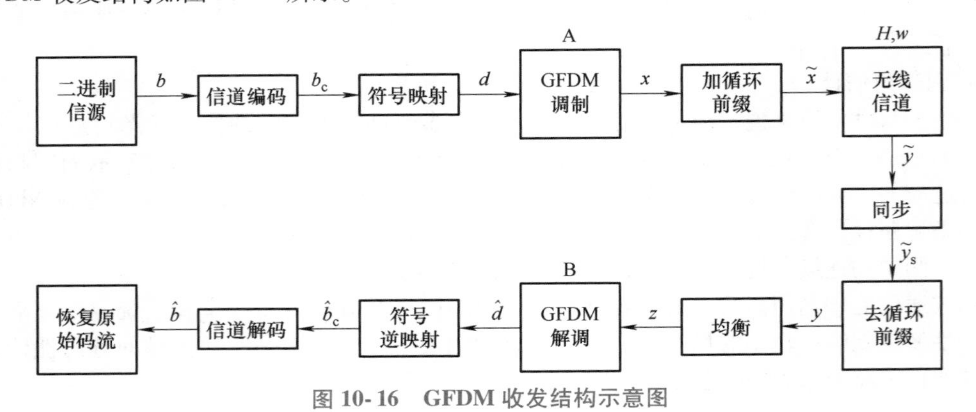

图10-16　GFDM收发结构示意图

10.4.4　NOMA

4G以正交频分多址接入技术（OFDMA）为基础，其数据业务传输速率达到每秒百兆甚至千兆比特，能够在较大程度上满足今后一段时期内宽带移动通信应用需求。然而，随着智能终端普及、移动新业务需求持续增长，无线传输速率需求呈指数增长，无线通信的传输速率将仍然难以满足未来移动通信的应用需求。IMT-2020（5G）推进组《5G 愿景与需求白皮书》中对用户体验速率、系统容量、连接数以及时延指标都提出了很高要求，对现有的以 OFDMA 为代表的正交多址技术方案形成了严峻挑战。

在蜂窝通信系统内，上下行传输本质上并非是点对点信道，上行传输是多点发送、单点接收，下行传输则是单点发送、多点接收。也就是说，上下行信道都是多用户信道，其信道容量不同于单用户点对点信道的容量。按照多用户信息理论，非正交传输技术可以逼近上下行多用户信道容量界，而正交传输技术的性能次优于非正交传输技术。在正交多址技术（OMA）中，只能为一个用户分配单一的无线资源，例如按频率分割或按时间分割，而以叠加传输为特征的非正交多址（NOMA）技术相比于传统的正交多址，可有效满足 5G 典型场景的性能指标要求，如频谱效率、连接数密度以及时延等关键性能指标。采用非正交多址，通过多用户信息的叠加传输，在相同的时频资源上可以支持更多的用户连接，可以有效满足物联网海量设备连接能力指标要求；此外，采用非正交多址，可实现免调度传输，相比于正交传输可有效简化信令流程，大幅度降低空口传输时延，有助于实现 1ms 的空口传输时延指标；最后，非正交多址技术还可以利用多维调制以及码域扩展以获得更高的频谱效率。因此，通过引入非正交多址技术，可以获得更高的系统容量，更低的时延，支持更多的用户连接。

目前已经有研究验证了在城市地区采用 NOMA 的效果，证实可使无线接入宏蜂窝的总吞吐量提高 50%左右。非正交多址复用通过结合串行干扰消除或类最大似然解调才能取得容量极限，因此技术实现的难点在于是否能设计出低复杂度且有效的接收机算法。非正交传输的基本思想是利用复杂的接收机设计来换取更高的频谱效率，随着芯片处理能力的增强，将使非正交传输技术在实际系统中的应用成为可能。

目前非正交多址接入方案的候选技术主要分为功率域和码域两个维度，包括基于功率域的非正交多址接入（NOMA）技术、基于波束分割的多址接入（BDMA）技术、多用户共享多址接入（MUSA）技术、稀疏码多址接入（SCMA）技术和基于图样分割的多址接入（PDMA）技术等。相比于码域的 NOMA，功率域 NOMA 的实现较为简单，接入现有网络不需要做较大的改变，也不需要额外的带宽来提高频谱效率。下面将介绍功率域 NOMA 的基本原理。

功率域 NOMA 技术在发送端采用功率域叠加编码（SC），主动引入干扰信息，在接收端通过串行干扰消除（SIC）接收机实现正确解调，是一种公认的可达到高斯标量信道容量的 NOMA 接入方案。考虑如图 10-17 所示的下行两用户 NOMA 方案。与之对比，也给出相应的 OMA 方案。在 NOMA 方案中，基站向两个用户发送的叠加信号表示如下：

$$x=\sqrt{1-\alpha}\,x_1+\sqrt{\alpha}\,x_2 \tag{10-9}$$

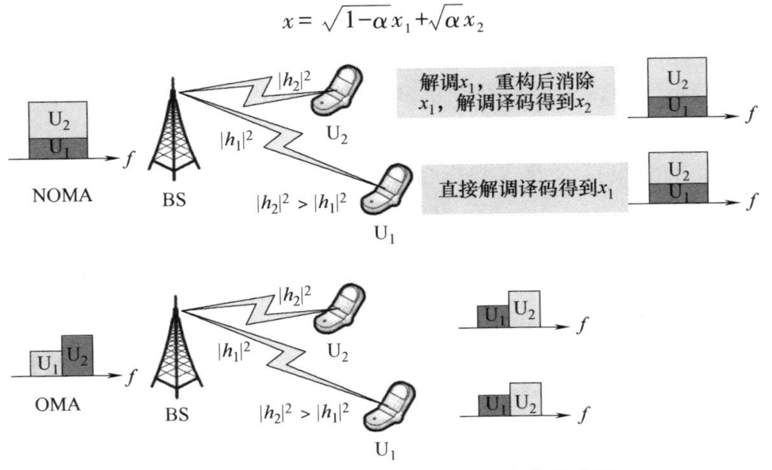

图 10-17　下行 NOMA 与 OMA 方案示意图

其中，$E(|x_i|^2)=P$，$i=1$，2；α 表示功率分配因子；x_1 和 x_2 分别表示两用户各自的期望信号。因此，用户 i 的接收信号表示为

$$y_i=h_i x+n_i=h_i(\sqrt{1-\alpha}x_1+\sqrt{\alpha}x_2)+n_i \tag{10-10}$$

其中，h_i 表示基站到用户 i 之间的信道系数；n_i 表示高斯白噪声，且 $n_i\sim \mathrm{CN}(0,\sigma_i^2)$。

发送端对不同用户的信号进行叠加编码导致接收端收到的信号包含其他用户信号的干扰，SIC 对叠加信号逐级进行编码、重构和消除的操作，直到译码出期望信号。如图 10-17 所示，用户 2 的信道条件好于用户 1，因此若用户 1 能正确解码数据，用户 2 必然也能解码用户 1 的数据。因此，用户 2 的解码策略是先解码用户 1 的数据，然后从接收信号中删除掉用户 1 的信号，再解码用户 2 的数据。用户 1 直接解调译码得到 x_1。因此，用户 1 和用户 2 可以实现的速率分别表示为

$$R_1=\log_2\left(1+\frac{\alpha P|h_1|^2}{(1-\alpha)P|h_1|^2+\sigma_n^2}\right) \tag{10-11}$$

$$R_2=\log_2\left(1+\frac{\alpha P|h_2|^2}{\sigma_n^2}\right) \tag{10-12}$$

从式中可以看出，功率分配对于两用户的速率有着很大的影响，基站可以通过合理的功率分配，灵活地控制两用户的传输速率，在用户公平性和最大化系统和速率之间找到平衡。

研究表明，若两用户的信道质量有差异，如用户 2 的信道条件优于用户 1 的信道条件，即 $|h_2|>|h_1|$，则上述 NOMA 方案可以获得严格优于正交传输的传输速率，并且两个用户的信道质量差异越大，叠加传输相对于正交传输的优势就越显著。

在 NOMA 中，由于同一频率资源被同时分配给具有良好和不良信道条件的多个移动用户，因此，为弱用户分配的资源也被强用户使用，并且可以通过用户接收端的 SIC 过程来减轻甚至消除干扰。NOMA 的这一性能提升是以牺牲接收机复杂度和能量消耗为代价得到的，因此设计更高效的干扰消除、功率分配和用户配对的方案，对于使用 NOMA 在改善频谱效率和高吞吐量方面将有非常显著的效果。

10.4.5 D2D

爆炸性增长的移动数据流量、海量终端设备的接入以及不断涌现的新兴业务对现有通信网络的体系和架构带来了巨大的挑战。为应对网络密集化和差异化带来的高速流量增长和海量设备接入，不能指望任何网络或通信系统的中心设备能够大范围、高效率地指挥、调度通信网络中各终端节点的行为，在无须中心设备干预的情况下，大批量的“本地”链接对未来网络是势在必行的，而 D2D 技术则可以很好地应对这一挑战。

如图 10-18 所示，D2D 技术是指通信网络中近邻设备之间直接交换信息的技术。通信系统或网络中，一旦 D2D 通信链路建立起来，传输数据就无须核心设备或中间设备的干预，这样可降低通信系统核心网络的数据压力，大大提升频谱利用率和吞吐量，扩大网络容量，保证通信网络能更为灵活、智能、高效地运行，为大规模网络的零延迟通信、移动终端的海量接入及大数据传输开辟了新的途径。

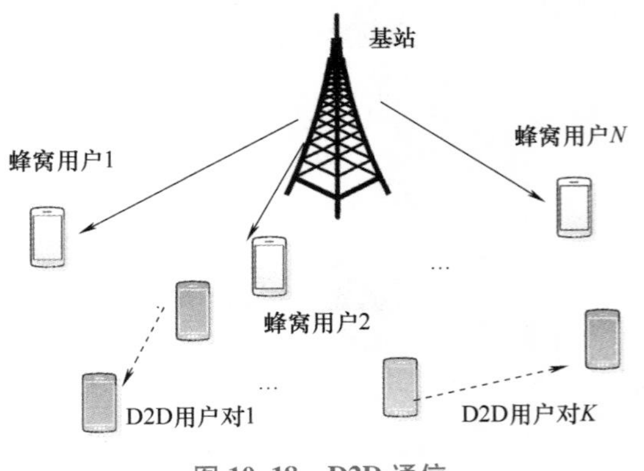

图 10-18 D2D 通信

具体而言，D2D 通信可以带来以下三方面的增益：

1）距离增益，当两个用户之间距离较近时，其信道质量一般优于经由基站转发的信道质量。

2）单跳增益，传统的蜂窝用户需要经过上行和下行两跳传输才能完成一次通信，但是 D2D 通信方式仅需一跳传输即可完成。

3）复用增益，D2D 用户除了可以使用基站

给其分配的正交的链路外，还可以复用传统蜂窝用户的链路，这样可以有效地提高网络的频谱利用率。

根据蜂窝网络中 D2D 用户使用的频谱类型，D2D 通信分为带外 D2D 通信和带内 D2D 通信。根据对 D2D 通信控制的方式，前者又分为受基站控制的 D2D 通信和自组织的 D2D 通信；根据用户间共享链路的方式，后者又分为 Underlay 带内 D2D 通信和 Overlay 带内 D2D 通信。带外 D2D 通信中的 D2D 用户使用非授权频谱，对 D2D 用户要求较高；带内 D2D 通信中 D2D 用户和蜂窝用户都使用网络中授权的频谱，其中，Overlay 带内 D2D 通信使用的频谱与蜂窝用户使用的频谱正交，相互之间不会产生干扰，但是网络中的频谱利用率却非常低，这在频谱资源稀缺的网络中是不可行的，Underlay 带内 D2D 通信允许 D2D 用户复用蜂窝用户的链路，可以有效地加深网络内频谱资源的复用程度，进而提升频谱效率。

D2D 技术的主要应用场景包括以下几种。

（1）本地业务

1）社交应用：D2D 通信技术最基本的应用场景就是基于邻近特性的社交应用。通过 D2D 通信功能，可以进行如内容分享、互动游戏等邻近用户之间数据的传输，用户通过 D2D 的发现功能寻找邻近区域的感兴趣用户。

2）本地数据传输：利用 D2D 的邻近特性及数据直通特性实现本地数据传输，在节省频谱资源的同时扩展移动通信应用场景。如基于邻近特性的本地广告服务可向用户推送商品打折促销、影院新片预告等信息，通过精确定位目标用户使得效益最大化。

3）蜂窝网络流量卸载：随着高清视频等大流量特性的多媒体业务日益增长，给网络的核心层和频谱资源带来巨大挑战。利用 D2D 通信的本地特性开展的本地多媒体业务，可以大大节省网络核心层及频谱的资源。例如，运营商或内容提供商可以在热点区域设置服务器，将当前热门的媒体业务存储在服务器中，服务器以 D2D 模式向有业务需求的用户提供业务；用户也可从邻近的已获得该媒体业务的用户终端处获得所需的媒体内容，从而缓解蜂窝网络的下行传输压力。另外，近距离用户之间的蜂窝通信可切换到 D2D 通信模式以实现对蜂窝网络流量的卸载。

（2）应急通信

D2D 通信可以解决极端自然灾害引起通信基础设施损坏，导致通信中断而给救援带来障碍的问题。在 D2D 通信模式下，两个邻近的移动终端之间仍然能够建立无线通信，为灾难救援提供保障。另外，在无线通信网络覆盖盲区，用户通过一跳或多跳 D2D 通信可以连接到无线网络覆盖区域内的用户终端，借助该用户终端连接到无线通信网络。

（3）物联网增强

根据业界预测，全球范围内将会存在大约数百亿部蜂窝接入终端，而其中大部分将是具有物联网特征的机器通信终端。如果 D2D 通信技术与物联网结合，则有可能产生真正意义上的互联互通无线通信网络。车联网中的 V2V（Vehicle-to-Vehicle）通信就是典型的物联网增强的 D2D 通信应用场景。基于终端直通的 D2D 由于在通信时延、邻近发现等方面的特性，使得其应用于车联网车辆安全领域具有先天优势。

10.4.6 全双工技术

所谓双工技术是指终端与网络间上下行链路协同工作的模式，在现网 2G、3G 和 4G 网络中主要采用两种双工方式，即频分双工 FDD 和时分双工 TDD，且每个网络只能用一种双工模式。FDD 和 TDD 两种双工方式各有特点，FDD 在高速移动场景、广域连续组网和上下行干扰控制方面具有优势，而 TDD 在非对称数据应用、突发数据传输、频率资源配置及信道互易特性对新技术的支持等方面具有天然的优势。

由于 5G 网络要支持不同的场景和多种业务，因此需要 5G 系统根据不同的需求，能灵活智能地使用 FDD/TDD 双工方式，发挥各自优势，全面提升网络性能。5G 网络对双工方式的总体要求是：

1）支持对称频谱和非对称频谱。

2）支持 uplink、downlink、sidelink、backhaul。

3）支持灵活双工（flexible duplex）。

4）支持全双工（full duplex）。

5）支持 TDD 上下行灵活可配置。

全双工通信指同时、同频进行双向通信的技术。由于 TDD 和 FDD 方式不能进行同时、同频双向通信，理论上浪费了一半的无线资源（频率和时间）。全双工技术在理论上可将频谱利用率提高一倍，实现更加灵活的频谱使用。近年来，器件和信号处理技术的发展使同频同时的全双工技术成为可能，并使其成为 5G 系统充分挖掘无线频谱资源的一个重要方向。

由于上下行链路是用同一频率同时传输信号，因而存在严重的自干扰问题。因此，全双工传输的核心问题是如何在本地接收机中有效抑制自己发射的同时同频信号（即自干扰）。自干扰的消除对系统频谱效率的提升有极大的影响。如果自干扰被完全消除，则系统容量能够提升一倍。

常见的自干扰抑制技术包括空域、射频域、数字域的自干扰抑制技术。

1）空域自干扰抑制主要依靠天线位置优化、空间零陷波束、高隔离度收发天线等技术手段实现空间自干扰的辐射隔离。

2）射频域自干扰抑制的核心思想是构建与接收自干扰信号幅相相反的对消信号，在射频模拟域完成抵消，达到抑制效果。

3）数字域自干扰抑制针对残余的线性和非线性自干扰进一步进行重建消除。

10.4.7 软件定义网络

软件定义网络（SDN）是由美国斯坦福大学提出的一种新型网络创新架构，是网络虚拟化的一种实现方式。其核心技术 OpenFlow 通过将网络设备的控制面与数据面分离开来，从而实现了网络流量的灵活控制，使网络作为管道变得更加智能，为核心网络及应用的创新提供了良好的平台。

软件定义网络的思想是通过控制与转发分离，将网络中交换设备的控制逻辑集中到一个计算设备上，为提升网络管理配置能力带来新的思路。SDN 的本质特点是控制平面和数据平面的分离以及开放可编程性。通过分离控制平面和数据平面以及开放的通信协议，SDN 打破了传统网络设备的封闭性。

如图 10-19 所示，SDN 的整体架构由下到上分为数据平面、控制平面和应用平面。其中，数据平面由交换机等网络通用硬件组成，各个网络设备之间通过不同规则形成的 SDN 数据通路连接；控制平面包含了以 SDN 控制器为逻辑中心，它掌握着全局网络信息，负责各种转发规则的控制；应用平面包含着各种基于 SDN 的网络应用，用户无需关心底层细节就可以编程、部署新应用。

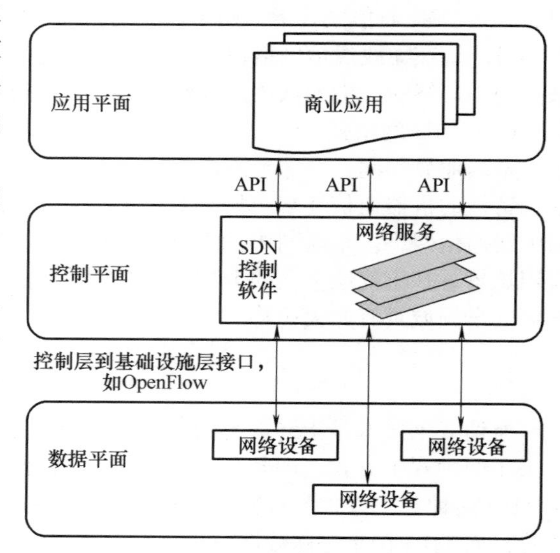

图 10-19 基于 SDN 的 5G 网络架构示意图

控制平面与数据平面之间通过 SDN 控制数据平面接口（CDPI）进行通信，它具有统一的通信标准，主要负责将控制器中的转发规则下发至转发设备，最主要应用的是 OpenFlow 协议。控制平面与应用平面之间通过 SDN 北向接口（NBI）进行通信，而 NBI 并非统一标准，它允许用户根据自身需求定制开发各种网络管理应用。

SDN 中的接口具有开放性，以控制器为逻辑中心，南向接口负责与数据平面进行通信，北向接口负责与应用平面进行通信，东西向接口负责多控制器之间的通信。最主流的 CDPI 采用的是

OpenFlow 协议。OpenFlow 最基本的特点是基于流的概念来匹配转发规则，每一个交换机都维护一个流表，依据流表中的转发规则进行转发，而流表的建立、维护和下发都是由控制器完成的。针对北向接口，应用程序通过北向接口编程来调用所需的各种网络资源，实现对网络的快速配置和部署。东西向接口使控制器具有可扩展性，为负载均衡和性能提升提供了技术保障。

10.4.8 网络切片

5G 作为数字经济时代的关键使能技术和基础设施，服务的对象已经从单纯的移动通信扩展为无处不在的连接和场景应用。5G 网络需要面向业务服务等级指标迥异的场景，不同商业模式需要在统一的 5G 网络架构下共存。网络切片技术是 5G 网络支撑行业数字化转型的关键，通过在实体网络上切分出多个虚拟网络切片，适配工业控制、自动驾驶、智能电网、远程医疗等各类行业业务的差异化需求。不用的应用场景需要不同类型的网络，在移动性、计费、安全、策略控制、延时、可靠性等方面有各不相同的要求。

网络切片可以让运营商在一个硬件基础设施切分出多个虚拟的端到端网络，每个网络切片从设备、接入网、传输网到核心网在逻辑上隔离，适配各种类型服务的不同特征需求。网络切片将会为企业带来服务敏捷性，增强的安全性和“恰到好处”的服务，以及其他好处。

网络切片可以理解为支持特定使用场景或商业模式的通信服务要求的一组逻辑网络功能的集合，是基于物理基础设施对服务的实现，这些逻辑网络功能可以看作是由 EPC 下的网络功能分解而来的一系列子功能。可以看出网络切片是一种端到端的解决方案，这种端到端的解决方案不仅可以应用于核心网，还可以应用于无线接入网。

网络切片从服务层和基础设施层的角度来考虑问题。服务层从逻辑层面来描述系统架构，由网络功能和功能间的联系组成，这些网络功能通常以软件包的方式被定义，其中会提供定义部署和操作要求（连接、接口、KPI 要求等）的模板。基础设施层从物理层面描述维持一个网络切片运行所需要的网络元素和资源，其中包括计算资源（例如数据中心中的 IT 服务器）和网络资源（例如聚合交换机、边缘路由器、电缆等）。

网络切片技术的核心是网络功能虚拟化（NFV），NFV 从传统网络中分离出硬件和软件部分，硬件由统一的服务器部署，软件由不同的网络功能承担，从而实现灵活组装业务的需求。网络切片是基于逻辑的概念，是对资源进行的重组。重组是根据服务等级协议为特定的通信服务类型选定所需要的虚拟机和物理资源。

10.5 思考题与习题

1. 5G 典型应用场景包括哪些？
2. 5G 有哪些关键能力指标？与 4G 的区别主要体现在哪些性能指标？
3. 5G 网络架构由什么组成？NG-eNB 和 gNB 两种基站有什么区别？
4. 5G NR 无线帧的结构有什么特点？一个时隙内的 OFDM 符号可能包括哪些类型？
5. 5G NR 物理信道包括哪些？
6. 5G NR 上行和下行物理信号主要包括哪些？
7. 什么是 Massive MIMO 技术的基本原理？它有哪些优势和不足？
8. 毫米波通信技术有哪些优势和不足？
9. 同频同时全双工技术有哪些优势和不足？
10. D2D 通信技术有哪些优势？
11. 简述 GFDM 与 OFDM 技术的主要区别。
12. NOMA 技术有哪些优势？
13. 5G 中采用软件定义网络和网络切片有什么好处？

第 11 章 专用移动通信系统

由第 1 章可知，从概念上来讲，移动通信的涵盖范围是很广的，移动通信系统也是多种多样的，既有我们非常熟悉的公用蜂窝移动通信系统，又有应用于特定群体、特定区域的专用移动通信系统，如集群通信系统、无中心移动通信系统、卫星移动通信系统等。本章我们主要讨论集群通信系统、卫星移动通信系统。

11.1 集群通信系统

随着移动通信的发展，移动用户数量迅速增多，频率资源越来越紧张，各国在采取数字化、高效的频率复用、开发新频段等措施之外，还研究如何从体制上着手，用进一步提高频率利用率、扩大系统容量的方法来缓解频率资源紧张与移动通信高速发展之间的矛盾。20 世纪 70 年代末在专用移动通信领域诞生了集群移动通信系统，它是一种采用智能化频率管理技术，专门用于日常生产和运营管理，以及处理紧急或突发事件的最有效的先进无线指挥调度通信系统。

11.1.1 集群通信的基本概念

传统的专用移动通信在移动通信领域占有相当大的分量，主要应用于某些行业或部门内，如警察、部队、厂矿、交通运输等，以调度指挥通信为主。从其发展过程来看，它从一对一单对用户对讲开始，到单信道一呼百应，以及进一步发展到选呼系统，后来发展成多信道自动拨号系统，其主要特点在于信道是“专有”的。也就是说通话过程中用户使用的频率是始终被占有的，一旦用户选择了某信道，那么它的通话就一直在这一信道上，直至通话结束；如果可用信道均被其他用户占用，则它就无法获得空闲信道，从而出现阻塞。由此可见，传统的专用移动通信系统频率利用率低，从而导致通信质量也较低。

集群是从英文 Trunking 意译过来的，其本意为干线或中继。为克服单信道移动通信系统容量小、频率利用率低的缺点，人们将有线电话中的中继线概念应用到移动通信之中，早先的无线集群就是一个多信道共用的中继系统，该系统中的所有用户自动动态地共享系统所有的信道。随着移动通信的发展，集群的概念也随之扩展。从广义上说，集群系统是指在中心控制单元的控制下，全部自动地、动态地、最优地将系统资源指配给系统内全部用户使用，最大限度地利用系统内的频谱资源和其他资源的系统。系统采取集中管理、共享频率资源和覆盖区、共同承担建网费用的方式，是一种向用户提供优良服务的多用途、高效能而又廉价的先进的无线指挥调度通信系统，成为专用移动通信网的发展方向。

正由于它是一种高效的无线指挥调度系统，在一些社会经济、工农业比较发达的国家的企事业、工矿、油田、交通运输、警察以及军队等部门对它的需求十分迫切，因而得到了长足的发展和广泛的应用。

11.1.2 集群通信的技术特点

集群通信网是对公用蜂窝移动通信网的补充，同常规的对讲系统和公用蜂窝移动通信系统相比有许多不同之处，表 11-1 与表 11-2 列出了它们的主要不同点。

集群通信的主要特点具体可归纳为以下几点：

表 11-1 集群系统与常规系统的区别

不同点	常规系统	集群系统
话务量的分摊不同	无线信道不能平均负担话务量，经常出现一些信道的阻塞和另一些信道的空闲状态	可将话务量平均、自动地分配给不同的信道，增加了系统的用户容量，提高了信道的使用效率和服务质量
频率的利用不同	不能有效地利用现有的频率资源。频率利用率不高	可以有效地利用现有的频率资源，提高话务量
系统内成员间通话的保密性不同	系统是一个大组，被指定到同一信道上，系统内成员之间的通话缺乏保密性，一个用户讲话其他用户都能听到	能提供一个用户与另一个用户私线通话的功能，系统内的成员之间通话具有保密性
容错能力不同	设备如果出现故障，整个系统就不能正常工作使用，系统没有任何容错功能	基站设备万一出现故障，系统还能继续提供集群或常规服务，通话不会中断

表 11-2 集群系统与蜂窝系统的区别

不同点	蜂窝系统	集群系统
使用对象不同	主要向社会各阶层人士提供电话通信服务。实现有线、无线互通，通话方式以全双工为主	主要是满足政府、警察、水利和电力等各行业（部门）指挥调度的要求，以半双工为主，业务主要集中在无线调度用户之间，频率利用率较高
功能不同	不能实现无线调度，系统内用户级别相同，无优先级等区别	能较好且高智能化地实现群呼、组呼、强插、优先级、通话限时等各种无线调度和指挥功能
频率范围不同	主要在 800、900、1800、2000MHz 等频段范围内	在 150、350、450 和 800MHz 频段范围内

（1）共用频率　将原来分配给不同单位或部门的少量专用频率集中管理，供大家一起使用，提高了频率利用率。采用传输集群（或称发射集群）技术进一步提高了频率利用率。

（2）共用设施　由于频率共用，就有可能将原来各单位或部门分建的控制中心和基地台等设施集中起来共同使用、统一管理。

（3）共享覆盖区　可将原来各单位或部门邻接覆盖的网络互联起来，从而形成更大的覆盖区域。

（4）共享通信业务　除可进行正常的通信业务外，还可有组织地发布一些共同关心的信息，如气象预报、交通信息等。

（5）改善服务　共同建网，信道利用可调剂余缺。共同建网时总信道数所能支持的总用户数，要比分散建网时分散到各网的信道所能支持的用户总和要大得多，因此能降低阻塞、改善服务质量；集中建网还能加强网络管理和维护，因而可以提高服务等级，增强系统功能。

（6）共同分担费用　共同建网肯定比各自建网费用要低，机房、电源、天线塔和天馈线等都可共用，有线中继线的申请开设和统一管理也较方便，管理、值班维护人员也可相应减少，从而节省建设与使用成本。

此外，集群通信还具有功能齐全、方式灵活的调度指挥功能，并可与有线网互联。

11.1.3　集群系统的分类

集群系统在世界各国的大力发展和广泛使用，以及其标准化工作的滞后，造成了集群通信系统的种类繁多，通常有以下几种分类方式：

- 按信令方式分，有共路信令方式和随路信令方式之分。

- 按语音信号的类型分，有模拟集群和数字集群两种。
- 按通话占用信道分，有信息集群（亦称消息集群）和传输集群之分。
- 按控制方式分，有集中控制方式和分散控制方式两种。
- 按覆盖区域分，有单区单中心制和多区多中心制之分。

单区单中心制是集群系统的基本结构，它在整个服务区域内设立一个控制中心和一个或多个基站，多个基站区组合形成整个服务区。各基站通过无线或有线传输链路连接到控制中心，控制中心通过中继线或用户线与市话端局或用户小交换机连接，调度台通过有线或无线方式与控制中心相连。根据系统设计和用户要求，可增设系统中心操作台、系统监控设备以及计费管理终端和打印设备等。其结构如图 11-1 所示。这种网络结构适用于一个地区内一个或多个单位（或部门）自主建设自成系统的集群移动通信系统，实现单位或部门内部的指挥调度通信。

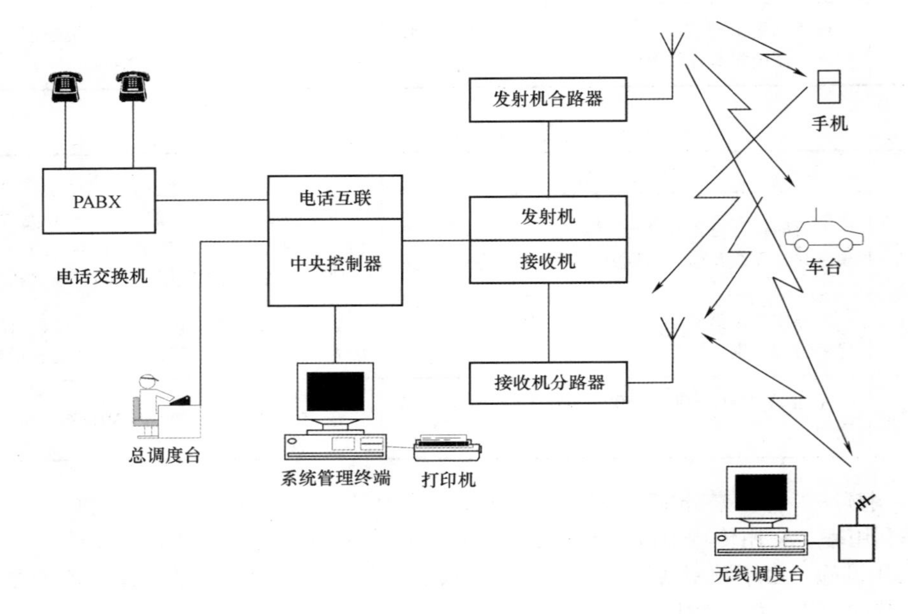

图 11-1　集群系统的基本结构

为扩大集群网的覆盖，多个单区制集群系统可相互连成多区多中心的区域网。区域网由区域控制中心、本地控制中心、多基站组成而覆盖整个服务区。各本地控制中心通过有线或无线传输链路连接至区域控制中心，由区域控制器进行管理，如图 11-2 所示。

本地控制中心主要处理所管辖基站区内和越区至本基站区内集群用户的业务。至于越区用户识别码的登记、控制频道分配、有线或无线用户寻找越区用户的业务，也就是位置登记、转移呼叫、越区频道转移的漫游业务等，将由区域控制中心处理。这样就形成了二级管理的区域网。根据业务需要，还可以设立更高级别的控制管理中心，将其与区域中心相连接，也可以通过有线或无线传输通道，处理各下属区域间用户登记、呼叫建立、控制管理等，从而对区域控制中心进行控制、管理以及监控。

11.1.4　集群方式

众多的无线用户共享有限的无线信道，必然涉及无线信道的分配问题。常规的系统在用户的一次通话过程中，为通信双方分配一个固定的无线信道，即使在通话间歇信道也始终被占用，直至其通信完毕。为进一步提高信道的利用率，集群系统采用了全新的信道动态分配技术，这正是“集群”的含义和精髓所在，其分配无线信道的基本方法有：

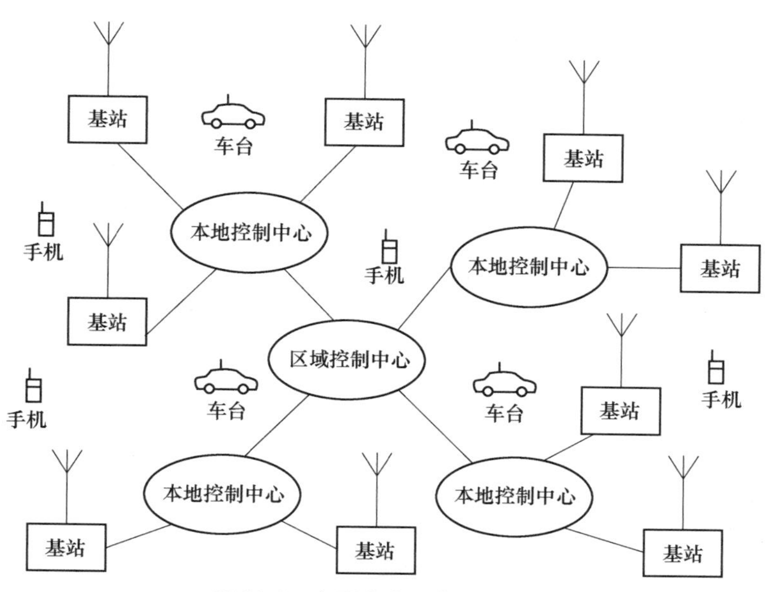

图 11-2　多区多中心集群网结构

1. 信息集群

又称消息集群，就是常规多信道共用系统分配无线信道的方法。它在整个调度通话期间，给通信双方固定分配一条无线信道。从移动台松开 PTT（Push To Talk）键开始，中继站（基站）要经过 6~10s 的“脱离”时间才能释放信道。如果在脱离时间内移动台或调度员再次启动另外的信息传输，则仍保持原先的信道分配。很显然，这种技术信道利用率低，因为在通话期间即使没有信息传输仍然占用信道，并且在每个信息结束后的 6~10s“超时”内信道仍然被占用，但其通信的完整性较好。图 11-3 给出了其工作过程示例。

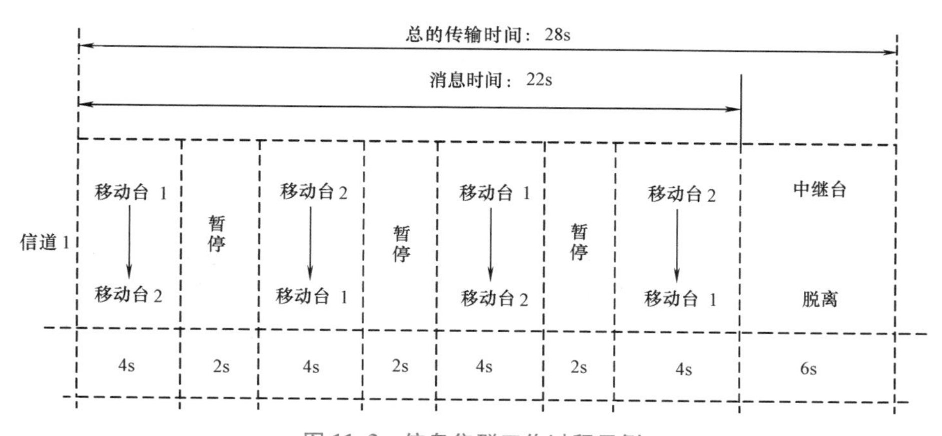

图 11-3　信息集群工作过程示例

2. 传输集群

传输集群又称发射集群。通话过程中，集群用户按下 PTT 键时向基站发出信道分配请求，基站集群控制器为之分配信道，通信双方在此信道上通信；当用户释放 PTT 键时，向基站发送一个确定而可靠的“传输结束”信令，这个信令用来指示该信道可以被再分配使用。基站集群控制器接到该信令之后收回信道并将该信道分配给其他提出申请的用户使用。通信双方中的任一方再次按下 PTT 键时由系统再次分配信道，其工作过程示例如图 11-4 所示。

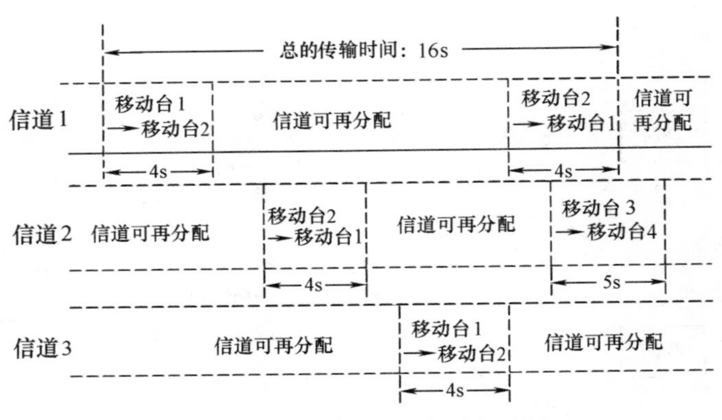

图11-4　传输集群工作过程示例

在该通信方式下，通话双方每次按下PTT键所分配到的信道是随机的，因此一次完整的通话过程可能要分几次在几个不同的信道上完成，这就有利于通话的保密。同时，在传输集群方式中不会出现由于通话暂停而仍然占用信道、浪费信道资源的现象，从而提高了信道利用率。但这种方式在系统繁忙时可能存在由于PTT键释放、原占用的通话信道被分给其他用户使用，而在该通信用户再次按下PTT键时由于系统无空闲信道可分配，而造成通信的不完整或延迟的现象。

3. 准传输集群

为解决在系统非常繁忙时传输集群存在的用户消息延迟或不完整的问题，出现了传输集群方式的改进型，称为“准传输集群”，图11-5给出了其工作过程示例。

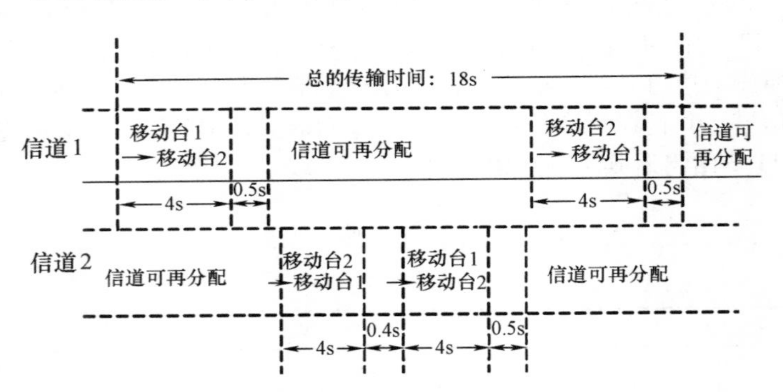

图11-5　准传输集群工作过程示例

准传输集群兼顾消息集群和传输集群的优点，它在用户释放PTT键后并不立即释放被占用的信道，而是继续保持0.5~1s，若在此期间通话中的某一方再次按下PTT键，则此信道会继续被占用，否则信道被释放。这样就可以减少系统非常繁忙时传输集群存在的用户消息延迟或不完整的可能性，同时由于保持时间较短，因此信道的利用率也较高。

11.1.5　集群通信的主要功能

集群系统的类型多种多样，但大都具备以下主要功能。

(1) 自动重拨　移动台在第一次拨号失败释放PTT后，会在几秒钟内再次自动发出呼叫请求，直到呼叫成功。

(2) 繁忙排队/自动回叫　当全部话务信道都被占用时，移动台发出的呼叫申请将被自动排入等候队列，一旦有空闲话务信道可用时，系统会自动回叫等候队列中最前的用户，该用户即可占用该空闲话务信道进行通信。

(3) 组呼　在集群系统中无线用户都被分配到一个或多个指定通话组中，组内用户间的通信称为组呼。通过移动台上的选择键可选不同的通话组，然后按下 PTT，即可无须拨号而直接向通话组内所有用户发话。

（4）动态重组　可以根据需要将原本不属于同一通话组的用户临时编入一个新的通话组中。

（5）通播　通播是指一个用户利用一个信道同时与一个大组中的各个通话组中的所有成员进行通话。

（6）系统呼叫　系统呼叫类似于通播，是对整个系统范围内所有用户的呼叫。

（7）私线通话　调度台或移动台可以有选择地呼叫另一个移动台而进行一对一的通话，系统内其他用户无法收听它们间的通话。

（8）多级优先　集群系统还提供紧急呼叫、战术性优先、指令优先、操作性优先等多级优先功能，以便在系统繁忙时，重要的用户优先得到系统服务。不同优先级的用户可以有不同的通话限时。优先级的分配可由系统管理员通过系统管理终端加以控制，通常紧急呼叫总是具有最高优先权。

（9）电话互联　无线用户与有线电话用户之间可进行半双工或全双工通信。

（10）故障弱化　当某个集群信道出现故障时可自动关闭该信道或恢复到常规的中继转发状态；可遥毙有故障或丢失的移动台。

此外，集群系统还有脱网工作、管理与计费、监视和报警等功能。

11.1.6　数字集群通信系统

1. 集群通信系统的数字化

典型的模拟集群通信系统有 NOKIA 公司的 450MHz ACTIONET、美国优利电（UNIDEN）公司的 F. A. S. T 系统、美国摩托罗拉（MOTOROLA）公司的智慧网（SMARTNET）系统和基于英国 MPT1327 信令标准的集群系统等。其中 MPT1327 信令规约以其开放性、完善的功能、灵活的架构、可靠的性能、较丰富的业务等特点，推出后很快为世界各国的集群系统设备厂商所采用，成为全球范围内应用最广的模拟集群系统事实上的国际标准，我国也将它作为我国模拟集群系统的推荐标准。

模拟集群通信系统的众多体制并存使得不同系统间无法兼容，难以互联互通。由于标准完备性的不足，即便是采用 MPT1327 标准的不同厂商的系统，也难以实现其相互间的互联与漫游通信，这就限制了其进一步的发展与应用。同时，同模拟蜂窝系统一样，模拟集群系统自身存在的容量小、频率利用率低、干扰严重、保密性差、业务种类少等一系列不足，也决定了其最终必将被数字集群所取代。

同蜂窝系统的数字化一样，集群通信数字化不仅提高了频谱利用率、大大增加了信道数和系统容量、改善了通信质量，而且数字集群系统也更容易满足多区联网漫游通信、保密通信、业务多样化等需求。

要实现集群通信系统的数字化，也必须要解决数字语音编码、数字调制、多址、抗衰落等主要关键技术。从理论上说，数字集群基本技术与数字蜂窝移动通信系统没有本质的区别，但是数字集群通信系统也有其自己的特点，这主要体现在窄信道带宽下更高的频谱利用率、更低的语音编码速率。如典型的数字集群 MOTOROLA 的 iDEN 系统，它采用 TDMA 技术，在每载波 25kHz 的宽度下，可传 6 路语音。iDEN 系统有如此之高的频谱利用率是基于 M-16QAM（Multiple-16 Point Quadrature Amplitude Modulation）数字调制技术和 VSELP（VectorSum Excited Linear Prediction）矢量和激励线性预测语音编码技术。在不使用均衡器的情况下，M-16QAM 可在 25kHz 信道中以 64kbit/s 的速率传递信号；而 VSELP 把语音编码的速率降至 4. 8kbit/s，加上 2. 6kbit/s 的前向纠错，使每路语音的比特率降至 7. 4kbit/s。另外，在网同步方面，iDEN 系统还引入了 GPS（Global Positioning System）作为全网统一的时间标准，从而省去了昂贵的铯原子钟，这也是 iDEN 系统的一大特点。欧洲的 TETRA 数字集群系统采用了 $\pi/4$DQPSK 调制；APCO（联合公安通信官方机构）和 NASTD（国家电信局国防联合会）选择正交相移键控兼容（QPSK-C）作为项目 25（APCO-25）数字集群通信标准的调制技术。QPSK-C 频谱效率高并且具有灵活性，它可在 12. 5kHz 带宽的无线信道上发送9.6kbit/s的数字信息，同时提供与未来线性技术的正向兼容性，这将使系统达到更高的频谱效率。

2. 数字集群通信体制标准

数字集群系统必须克服模拟集群系统存在的不足，具体体现在它必须要能组成集群通信共网，要能在很有限的频率资源下为大量用户服务，要能满足构成大区域、多基站网的需求，要具有自动位置登记、漫游、切换功能。当然，数字系统本身的优点更是不言而喻的。为作好数字集群系统的标准化工作，国际电联（ITU）曾推荐了一些数字集群通信系统标准，主要有：

- 北美的APCO-25标准。
- 欧洲通信标准协会（ETSI）推荐的全欧集群通信TETRA。
- MOTOROLA的iDEN。
- 以色列的FHMA（跳频多址）。
- 爱立信的EDACS/PRISM。
- 日本的数字MCA系统标准IDRA。
- 法国的TETRAPOL标准和系统等。

根据我国专用和共用数字集群移动通信系统的使用需求，在参考国外先进标准的基础上，2000年12月28日信息产业部正式批准和发布了中华人民共和国电子行业标准ST/T11228-2000《数字集群移动通信系统体制》。在此推荐性标准中确定了两种体制，即TETRA（体制A）和iDEN（体制B），都归为一种推荐性的行业标准。体制A面向专用调度和共用集群通信网，体制B主要适用于共用集群通信网。该推荐性标准规定了采用TDMA体制的数字集群移动通信系统的频段、网络结构、业务、空中接口、同步、安全性、编号、接口要求和设备的基本技术要求，适用于数字集群移动通信系统的规划、工程设计、使用及设备的开发、生产。2004年公安部颁布了以TETRA为核心的公安数字集群系统标准GA/T444—2003《公安数字集群移动通信系统总体技术规范》。同时，为了促进民族集群产业的发展，信息产业部分别针对国内基于CDMA和GSM技术研发的数字集群系统发布了两项标准：YDC030—2004《基于GSM技术的数字集群系统总体技术要求》和YDC031—2004《基于CDMA技术的数字集群系统总体技术要求》。其中后者经进一步完善后被提交国际电信联盟（ITU）标准化组织，并于2012年12月被ITU接纳为国际标准。

2013年，具有完全自主知识产权、以GA/T1056—2013《警用数字集群（PDT）通信系统总体技术规范》为代表的系列专业数字集群系统标准正式颁布，同时废止了以TETRA技术为核心的GA/T444—2003标准。2014年11月，由中国通信标准化协会（CCSA）制定、工业和信息化部批复的行业标准“基于LTE技术的宽带集群通信（B-TrunC）系统接口技术要求（第一阶段）空中接口”被ITU-R接纳，成为PPDR（公共保护与救灾）宽带集群空中接口标准，成为ITU推荐的首个支持点对多点语音和多媒体集群调度的公共安全与减灾应用的LTE宽带集群标准。

3. 数字集群系统的运营方式

数字集群系统的建网运营方式分为共网和专网两种。集群共网运营的最佳解决方案是采用虚拟专网（VPN）技术。通过虚拟专网功能，可以实现功能要求和系统概念相差甚远的多个单位（或组织机构）共用一个网络平台，各个组织机构无须自行购置基站、交换机和传输设备，只需配置相应的调度台和移动台，即可建立自己的虚拟专用网，并在自己的虚拟专网中独立工作，享受不同需求的业务和不同优先级的服务，如同在传统的专业网中工作一样。同时，系统还允许用户机构管理自己内部的通信组，并在需要的时候方便地连接系统中的其他用户。这种应用方式同专网专用的方式相比，具有共用频率、共用信道、共享覆盖区、共享通信业务等特点，网络资源和频率资源利用率高，同时由网络运营商运营网络，可以向用户提供更为专业的服务，降低网络运营成本，并有利于各个集团和部门之间的通信，做到协同配合。因此它特别适合在一个地区

（如一个省、一个流域等）建立一个大型网络，为各种集团用户（当然也可以是单个用户）提供服务。

集群共网是集群通信未来的发展方向。当然，有些专网是集群共网不能替代的，对一些通话质量和优先级要求很高的部门来说，集群共网可能难以满足要求，或者是需要付出很高的网络成本。因此在促进集群共网发展时，也不能忽视专网的发展。

4. 典型数字集群系统介绍

（1）iDEN 数字集群系统

美国 MOTOROLA 公司生产的 800MHz 数字集群移动通信系统简称 MIRS，于 1994 年在美国洛杉矶问世，在它的产品国际化后改称 iDEN（增强型数字网络）。它将数字调度通信和数字蜂窝通信综合在一套系统之中，目前在北美、南美及亚洲十多个国家和地区投入商业应用，全球用户已超过 2200 万。它采用时分多址（TDMA）技术、当代最新的 VSELP（矢量和激励的线性预测编码）技术、抗干扰能力强的 M-16QAM（正交振幅调制）技术及越区跟踪等技术，并采用了和 GSM 系统相同的双工通话结构以及特殊的频率复用方式，能在 25kHz 的信道带宽内容纳 6 个语音信道，在现有的 800MHz 模拟集群信道上增容 6 倍，再加之频率复用技术和蜂窝组网技术，从而使得有限频点的集群通信网具有大容量、大覆盖区、高保密和高通话清晰度的特点，系统具有蜂窝无线电话、指挥调度、分组数据传输及短消息等服务功能。与模拟集群相比其性能更可靠，覆盖更广阔，业务更多样，特别对传输数据更有利，费用更低廉，保密性更强。它不仅方便、快捷，可实现一对一的私密通话，也可实现在一个群组中各种方式的调度通信。

1）系统结构和设备

iDEN 的系统结构与蜂窝网络十分相似，如图 11-6 所示。其主要设备有移动交换中心（MSC）、访问位置寄存器（VLR）、原籍位置寄存器（HLR）、短消息业务服务中心（SMS-SC）、网间互联功能（IWF）、调度应用处理器（DAP）、快速分组交换（MPS）、语音变码器（XCDR）、基站控制器（BSC）、增强型基站收发信系统（EBTS）、移动台（MS）和数字交叉连接系统（DACS）、操作维护中心（OMC）等。OMC 是中央网络设备，执行系统的日常管理，并且为长期的网络工程监控和规划提供数据库资料；MSC 是一种 GSM 型的电话交换机，是公用电话网（PSTN）与 iDEN 系统

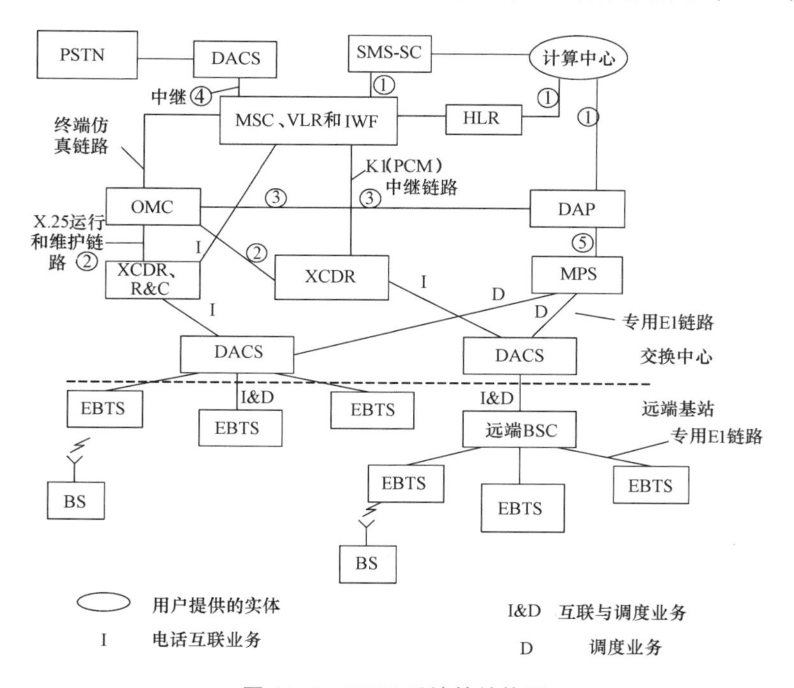

图 11-6　iDEN 系统的结构图

之间的一个接口，通过 HLR 及 VLR 提供移动性管理，处理 iDEN 系统内所有主叫和被叫的移动电话业务，每个 MSC 为位于某一地理覆盖区中的移动用户提供服务，整个网络可能有多个 MSC；HLR 包含系统归属地用户的主数据库；VLR 临时保存那些漫游至给定位置区中的移动用户的信息，一般都与 MSC 集成在一起；SMS-SC 为系统提供短消息服务，可以从几种信息源向移动台传送长达 140 个字符的信息；IWF 负责匹配 iDEN 系统与 PSTN 间的数据速率，用于支持移动台数据和传真业务；DAP 控制调度呼叫分配和路由接续；MPS 处理所有的调度服务功能，在调度服务中，MPS 对调度呼叫的移动性、移动台的开机注册及调度呼叫的分配进行管理，为受 DAP 控制的基站提供语音和控制信息的高速分组交换，并为群呼提供语音分组的复制和分发；XCDR 将来自 PSTN 的 64kbit/s 的 PCM 语音信号转换为射频接口使用的压缩声码器格式的信号及其相反过程；BSC 是介于 EBTS 和 MSC 之间的控制设备，它通过 A 接口给一个或多个基站以及由它们控制的移动用户提供控制和交换功能，包括过网数据的采集和准备；EBTS 则由基站中的无线收发信机组、控制设备和天馈线系统组成，它提供一个覆盖特定地理区域的无线区，由它负责无线链路的格式化、编码、定时、差错控制、成帧和基站无线电收发，每个基站的 EBTS 可以为 3 个扇区服务，并能支持多个无线频道；DACS 提供填充和修整功能，以便进行干线传输的可用组合带宽的管理，取代了独立的多路复用器和人工交叉连接；MS 则是移动用户用来获取系统服务的无线设备和人-机接口。

iDEN 最初是用来做共网大系统的，系统容量至少是 5 万、多至 20 万用户，它的交换机价格昂贵，因此建网成本很高，限制了其推广应用。为此，MOTOROLA 公司将其小型化，推出了 iDEN 的小系统——Harmony。Harmony 系统按 5000 用户设计，用控制器代替了费用昂贵的交换机。当网络规模需求增加时，可将 Harmony 扩容成 iDEN 系统，这时基站设备不需改变，只需更换交换机，而原 Harmony 控制器可放置在扩容的用户密集区。

2）系统的技术特性

iDEN 系统的多址方式为 TDMA/FDMA。信道宽度为 25kHz，每信道时隙数为 6 或 3，适用频段为 800MHz 和 1.5GHz，频带宽度为 15MHz，收发双工间隔为 45MHz，调制方式为 M-16QAM，语音编码为 4.8kbit/s 的 VSELP 声码器，信道检错编码为循环冗余校验码 CRC，信道纠错编码为多码率格形前向纠错码，调制信道比特率为 64kbit/s。iOEN 系统支持多业务机制，包括调度、电话互连、电路数据/传真、短消息、分组数据等。

3）系统的业务功能

iDEN 为运营商带来了提供综合性服务的能力，实现了“四合一”功能：指挥调度通信、电话互联通信（与 GSM 基本相同）、短消息服务、无线电路/分组数据传输功能，详见表 11-3。

表 11-3　iDEN 系统的主要业务功能

业务类型	功能和性能	说　明
调度业务	单呼	移动台一对一呼叫，又称私密通话
	群呼	某移动台与预先设定的多个通话群成员间通话
	选择通话群呼	调度员与预先设定的移动用户群通话或根据移动台的当前位置选择通话群
	空中编程	通过空中协议可以提供指定移动台基本运行所需的全部参数
	PTT-ID	移动用户在发起呼叫或改变通话群时，必须按下 PTT 键将移动台的 ID 号发送到调度中心并在其中登记，然后转送给该次通话的收听者
	呼叫指示	移动台可以向系统中另一移动台发送请求其回电呼叫的提示消息
	自动登记和漫游	当移动台进入一个新的位置区（LA）时，它会提示正在离开当前 LA，并提示已进入新的 LA，这样它就能在新的 LA 中运行。一些必要的、使该移动台能在新的 LA 中运行的参数会自动提供给该移动台

（续）

业务类型	功能和性能	说明
电话互连业务	位置更新	当移动台在位置区间移动时，系统会随时跟踪其位置
	鉴权识别	采用鉴权（证实用户识别）和 TMSI 的重分配（指定临时号码以保证用户识别）
	漫游	允许用户在系统间漫游而性能没有损伤
	过网（切换）	移动台在互连呼叫期间跨过不同的小区而没有感觉
	来电显示	显示来电号码
	呼叫建立	移动台可作为主叫或被叫
	紧急呼叫	允许用户发起没有鉴权的紧急呼叫
	中继传送	根据用户所拨的号码确定路由
	外部拨号	采用 DTMF
	数据呼叫	支持电路交换数据，包括异步数据和传真呼叫
	附加业务	包括呼叫转移、呼叫等待、呼叫禁止、三方会议、只允许本地呼叫等
短消息业务	短消息	传送短的中文或英文消息报文给移动台，并为移动台提供语音信箱，具有存储与转发功能
	语音信箱	利用呼叫转移功能将来话重定向于该用户的语音信箱中，移动用户可通过拨打其语音信箱的电话号码来获取这些信息
电路交换的数据/传真业务		支持移动用户与 PSTN 用户之间数据/传真业务的点对点双向连接

此外，iDEN 系统还具有优先权队列、分组数据通信、虚拟专用网、状态信息传送等增强业务。

（2）TETRA 系统

陆上集群无线电（TETRA）标准是欧洲电信标准协会（ETSI）1995 年制定公布的新一代数字集群系统标准，提供集群、非集群方式通信，具有语音、电路数据、短数据信息、分组数据业务的直接模式（移动台对移动台）通信，并支持多种附加业务，其中大部分为 TETRA 所独有。TETRA 系统具有兼容性好、开放性好、频谱利用率高和保密功能强等优点，是目前国际上制定得最周密、开放性好、技术最先进、参与生产厂商最多的数字集群标准，为专业移动通信创建了一个真正充满竞争力的、开放的全球市场，已成立的 TETRA MoU 联合体已遍及欧、亚、美洲共有 70 多个成员，并在欧、美、亚洲的一些国家建网运营。

TETRA 是一种基于 TDMA 无线系统技术标准及一系列已定义的开放接口、呼叫服务和协议的系统。它不仅提供了直接的一对一数字全双工蜂窝移动电话服务，还可以提供信息服务、综合数据服务以及拥有一对多组（群）、队调度功能的卓越的集团通信功能。

1）TETRA 的工作模式

TETRA 可看成是 TETRA 语音+数据（V+D）、TETRA 分组数据优化（PDO）和 TETRA 直接模式通信（DMO）3 个普通标准的集合，所研制的设备可以包含上述一个或多个标准功能，也可以根据用户的需求对标准进行变通处理，从而使 TETRA 更加灵活、功能也更强。

① TETRA V+D。电路交换模式，可用于传送语音和数据（V+D）。使用 25kHz 信道的 TDMA 系统，每个射频信道分 4 个时隙，能同时支持语音、数据和图像的通信，数据传输速率最高可达 28. 8kbit/s。

② TETRA PDO。分组（包）交换数据优化模式（PDO）。使用 25kHz 信道的 TDMA 系统，每个射频信道分 4 个时隙，主要面向宽带、高速数据传输，其有效数据传输率最高可达 36kbit/s。

TETRA PDO 只能支持数据业务，TETRA V+D 则数话兼容。它们的技术规范都基于相同的物理无线平台（调制相同，工作频率也可以相同），但物理层实现方式不一样，所以不能实现互操作。

③ TETRA DMO。直通模式（DMO），是一种移动台无须通过系统就可以直接进行端对端通信的脱网工作模式。当移动台处于网络覆盖范围外，或即使在覆盖范围之内但需要安全通信时，可采用 TETRA DMO 方式，实现移动台对移动台的直接通信，其业务包括组（群）呼、私密呼叫和短消息传递、电路数据业务等。若利用一部无线电台作为移动网关（或转发器），还能扩大直通模式工作时的通信范围。当终端处于网络覆盖范围之内，通过入网终端，就可以在 ISO 第 3 层上提供集群方式与直通方式的相互转换。

2）TETRA 的技术体制

① 主要技术特性：工作频段为 150～900MHz，信道间隔为 25kHz，调制方式为 π/4DQPSK，调制信道比特率为 36kbit/s，语音编码速率为 4.8kbit/s ACELP，接入方式为 TDMA（4 个时隙），用户数据速率为 7.2kbit/s（每时隙），数据速率可变范围为 2.4～28.8kbit/s，接入协议为时隙 ALOHA。

② 集群方式：TETRA 标准支持消息集群、传输集群和准传输集群 3 种集群方式。

③ 网络结构：TETRA 标准对无线电网络的结构没有明确限制，主要取决于其网络规模。规模小的可以是一个单基站、单信道的系统，大的可以是一个覆盖全国的多区、多基站联网漫游系统。TETRA 标准定义了一组（9 个）TETRA 网络组成模块之间的接口，用于确保网内操作互联和网络管理，一个包含系统组成实体及其相互之间接口的 TETRA 系统基础结构如图 11-7 所示。

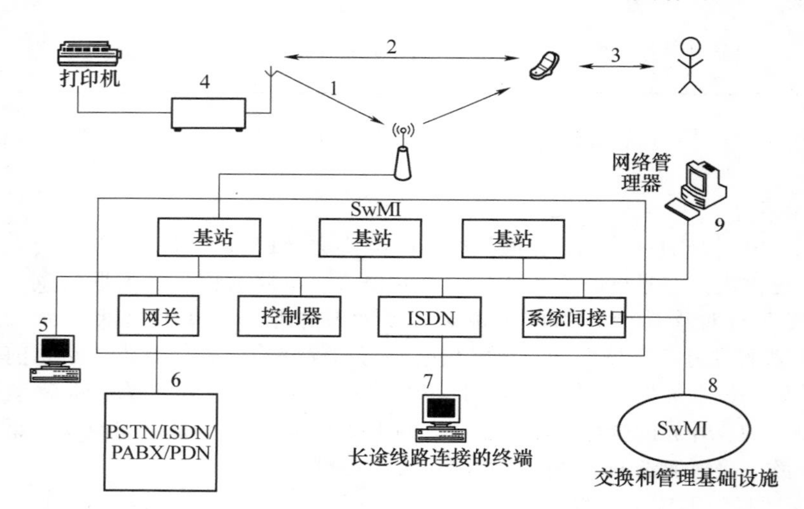

图 11-7　TETRA 标准接口

1—系统空中接口　2—直接模式接口　3—人-机接口　4—终端设备接口　5—市内线路连接的终端　6—网关接口　7—长途线路连接的端口　8—系统间接口　9—网络管理单元接口

网络的核心部分称为交换和管理基础设施（SwMI）。TETRA 标准没有对 SwMI 中的实体和 SwMI 中实体之间的接口进行规定，制造厂商可以根据系统规模，决定 TETRA 系统的结构和容量。在一个小型系统中，SwMI 可能只有一个基站和通过一条链路与之连接的调度台。在一个大型 TETRA 网络中，SwMI 通常由众多的基站、固定传输链路、交换设备和数据库、操作维护中心（OMC）、网关等组成。在 TETRA 系统中描述了两种类型的数据库，即归属数据库（HDB）和被访数据库（VDB）。HDB 可以是一个集中式或分布式数据库，它保存着所有本网用户的开通、业务、位置和安全信息；VDB 则仅在系统支持漫游时才需要，能临时存储漫游用户的 HDB 中的信息。OMC 是一个管理中心，控制管理整个网络的各个单元，具有配置、故障管理、报警记录、系统运行性能统计与分析和安全管理等功能，也可用于用户管理。为了让一个 TETRA 系统能够与其他系统互联，系统中还必须包含各种网关单元，其中一部分网关用于连接到另一个 TETRA 系统，也可以与 TETRA 系统的远端操作维护中心等连接；另外一些网关是用于与有线电话交换网，如 PABX、PSTN、ISDN，以及遥测系统、数据网、互联网、寻呼网或蜂窝网等连接的，网关功能执行现行的有关标准。

3）TETRA 的应用范围

由于 TETRA 系统可完成语音、电路数据、短数据信息、分组数据业务的通信及以上业务直通模式（移动台对移动台）的通信，并可支持多种附加业务，其完善的调度功能使得它非常适合作专网，尤其适用于军事武装部门、公共安全与紧急服务部门等单位，它有一些功能是 iDEN 不具备的，如脱网直通和端对端加密等。同时它还适用于城市公共用户等各种民用领域，如公众无线网络运营商、公众服务部门及运输、公用事业、制造和石油等行业，目前欧洲国家已规定将 380～400MHz 频段划为 TETRA 公共安全专用频段，将 410～430 MHz 划为城市公共用户专用频段，我国则规定使用与 800MHz 模拟集群系统一致的 806～821MHz（上行）、851～866MHz（下行）频段。

通过以上简要介绍可以看出，数字集群系统的两种典型代表——iDEN 系统和 TETRA 系统各有其特点及侧重，其简要对比见表 11-4。

表 11-4 iDEN 与 TETRA 的简要比较

系统	iDEN	TETRA
频段/MHz	800	150～900
编码方式	VSELP	ACELP
净编码速率/(kbit/s)	4.8	4.8
调制方式	M-16QAM	π/4-DQPSK
标称调制带宽/kHz	25	25
信道比特速率/(kbit/s)	64	36
适用场合	以共网为主	以专网为主

5. 数字集群系统在我国的应用与发展

数字集群在我国有巨大的应用市场和广阔的发展前景，与我国蜂窝移动通信的发展一样，经历了引进建设、自主研发、走向国际的发展历程。我国最早的数字集群网是经特批建立的福建省数字集群商业试验网，该系统于 1996 年下半年筹建，1999 年正式进行商业运营，用户群涉及政府机关、公安、交警、城管、军队、武警部队、抢险救灾、医疗救护、商业金融、安全保卫、交通运输、港口航空、宾馆服务、建筑等领域。系统采用 MOTOROLA 公司的 iDEN 数字集群通信系统，集群共网方式运营。2002 年 11 月 25 日，中卫国脉宣布全国规模最大的数字集群商业共网开通试运行。该系统选用 MOTOROLA 公司的 iDEN 系统，目前拥有 70 多个基站，在网用户超过 2 万户，可覆盖上海市区、郊区县城、卫星城镇、工业区和港区等人口密集区域和所有的交通干线、高速道路。除传统的语音功能外，系统还集成了数据传输、短消息收发、GPS 定位、无线上网和市话互联等功能，使上海的共网用户在团队协调管理、提高工作效率上得到保障，为上海市的各项社会活动和大型会议，如 APEC 会议、全球 500 强会议、国际电影节等提供了高效的指挥调度通信服务。

在专用网建设方面，首先是诺基亚公司为香港警方提供的 TETRA 专用移动通信系统。该项目包括传输网络、海上语音通信、船只自动定位等，总资金达 1800 万欧元，从 2000 年 2 月开始建设，现已交付使用。紧接着香港警用网之后有广九铁路、上海公安、天津水利和广州地铁、深圳地铁、上海地铁等也都选用了 TETRA 系统。2002 年 7 月 29 日上海市公安局与摩托罗拉公司签订了上海市公安局 800MHz TETRA 数字集群系统二期工程合同，该系统是我国第一套 800MHz TETRA 数字集群警用指挥调度通信系统，无论是技术水平和综合应用水平，都在国际上处于领先地位。它的成功应用，为公安部门打击犯罪、统一指挥、快速反应等方面提供有力的通信保障，标志着我国公共安全指挥通信迈向数字化。

根据“数字北京”“数字奥运”对指挥调度通信的需求，在北京市政府的直接领导下，北京正通集团筹建了北京数字集群指挥调度通信网。网络总投资需4.5亿元、150对800MHz频率，2008年前完成网络建设，网络最终规模达到15万~20万用户，覆盖北京市城区和郊区卫星城区以及沿途高速公路，并与周边省市及环渤海湾地区联网漫游互通，实现广域全程不间断指挥。系统采用诺基亚公司的TETRA数字集群通信系统，包括数字交换机、基站、调度系统、网管系统和移动终端。该项目建成后，是我国目前最大、最先进、功能最丰富的指挥调度通信网，成为北京市指挥调度信息传递的重要共用信息平台。

作为全国性的数字集群运营商，中国卫通和中国铁通已分别在天津、重庆等6个城市建设数字集群共网并试验运营。我国在数字集群系统的自主知识产权研究方面也取得了突破性进展，诞生了华为公司开发的基于GSM技术的数字集群通信系统（GT800系统）和中兴公司开发的基于CDMA技术的数字集群通信系统（GoTa集群系统），并建立了相应的产业联盟，打破了数字集群系统一直为国外厂商所垄断的局面。这些系统具有领先的性能、完善的功能、优良的性价比，极具竞争力。与欧美的主流技术TETRA和iDEN相比，以中兴GoTa、华为GT800为代表的中国技术标准才刚刚起步，缺乏大规模商用的经验，国内技术在产业成熟度方面还较弱，但它们正努力迎头赶上。2009年10月，GoTa独家为第十一届全国运动会提供集群调度通信服务。目前，GoTa已成为被ITU采纳的国际标准，系统已成功走向国际市场，在全球共有40多个国家和地区成功进行了部署，系统容量超过300万线，商用激活用户超过100万。在国内，GoTa系统正在为国内100多个行业、超过30万集群用户提供服务，用户分布在全国18个省份，在一系列大型赛事和灾难救援活动中发挥了重要作用。

我国幅员辽阔，集群行业用户逾百万，以公安为代表的各行业有大量的模拟集群系统亟待进行数字化平滑升级，同时还需解决自主安全保密的问题，研制适合中国国情、拥有自主知识产权和安全保密体制的专业数字集群系统的需求显得十分迫切。从2008年起，公安部科信局牵头成立专业数字集群（PDT）产业技术创新战略联盟，开始这方面的研究与标准制定工作。2013年，以GA/T1056—2013《警用数字集群（PDT）通信系统总体技术规范》为代表、具有完全自主知识产权的系列专业数字集群系统标准正式颁布，以规范、指导、推进我国公安、军队、消防、交通、林业、城管、公共应急等行业部门，以及市政、石油石化、机场码头、海关、高级酒店等大型企事业的专业数字集群系统的升级、建设与发展。PDT标准是一种根据中国的国情，注入了中国厂商自主创新因素的全新数字集群体制，它具有丰富的语音调度功能，采取大区覆盖、IP中心交换、国产安全加密算法，语音清晰、频谱效率高、通信距离远、抗干扰能力强，具有向下兼容模拟集群与数字常规系统、系统简单造价低、不同厂家的系统可以互联互通、自动越区切换等技术优势，成为我国模拟集群系统升级换代的首选。PDT技术体制概览见表11-5。目前，全国公安PDT集群系统的建设已全面推进至市、县层面，一张覆盖全国的世界第一大专业数字集群网即将全面建成。除公安系统外，消防、边防、部队、城管、石化、交通等行业的应用也在逐步展开。

表11-5 PDT技术体制概览

序号	项　目	技术参数
1	信道带宽	12.5kHz
2	调制方式	4FSK恒包络调制
3	调制速率	9.6kbit/s @ 12.5kHz
4	多址方式	TDMA/FDMA，每载波2个时隙
5	语音编码	SELP，3.6kbit/s
6	安全加密	支持端到端语音加密、数据加密
7	控制信道方式	专用控制信道方式

（续）

序号	项　目	技 术 参 数
8	用户容量	24bits 地址，支持 1600 万用户
9	数据业务能力	短消息、状态消息、分组数据业务
10	工作模式	直通、常规中转、集群三种模式
11	系统间互联	规定了系统间互联接口，不同厂商系统可互联互通
12	组网模式	大区制组网

为适应移动通信宽带化的发展趋势，国家制定了面向 2020 年的长期规划“新一代宽带无线移动通信网”重大专项。作为“新一代宽带无线移动通信网”三个组成部分之一的宽带无线接入总体方案已于 2009 年启动。宽带无线接入以面向行业应用的宽带多媒体集群作为重点研究发展方向，以促进我国数字集群通信自窄带向宽带化方向发展。

在窄带集群向宽带集群演进过程中，信威基于 CS-SCDMA 技术的 McWiLL、上海翰讯的 Mi-WAVE、普天基于 TD-LTE 的宽带集群等都是可用技术之一。经过多方融合，宽带集群的最终方案聚焦到基于 TD-LTE 技术的宽带集群（B-TrunC）体制上。2012 年 11 月，中国通信标准化协会启动了宽带集群（B-TrunC）系统系列标准制定。2014 年 5 月 27 日，宽带集群（B-TrunC）产业联盟成立，以推动宽带集群的产业化和国际化。几经努力，在 2014 年 11 月 WP5A 会议上，B-TrunC 标准被正式接纳为 ITU 国际标准。

在宽带集群（B-TrunC）产业联盟的强力推进下，2015 年宽带集群（B-TrunC）标准获得了 1.4GHz（1447~1467MHz）、1.8GHz（1785~1805MHz）专用频段。截至 2016 年 8 月，信威、鼎桥、华为、中兴高达和普天 5 家设备商的十四款宽带集群产品通过了单系统认证和互联互通认证，一条自主可控、完整开放的 B-TrunC 产业链已走向成熟。

目前，遵循 B-TrunC 标准的产品已经部署于北京、南京、天津、上海和广东省政务网，以及加纳国家安全网等多个实践案例中，全国其他大中城市的 LTE 集群政务网也在全面建设中。在 2014 年 8 月举行的南京青奥会期间，LTE 无线宽带政务专网成功地为青奥会提供了 PPDR（公共保护与救灾）通信服务，并为全市交通和重点目标视频监控、电力/水文/气象/燃气等数据监控，以及政务移动办公、公共应急可视化指挥调度等提供服务，还首次支持与 TETRA 等系统的互通。

同时，B-TrunC 标准也在持续演进中。B-TrunC Rel. 1 版本于 2014 年完成，支持本地组网，并开放终端接口；B-TrunC Rel. 2 版本预计 2016 年完成，将支持跨核心网的切换和漫游，核心网间接口、核心网与基站间接口开放，并支持政务网、轨道交通等更多的新业务功能要求。

11.2　卫星移动通信系统

微视频：
卫星移动
通信系统

卫星移动通信是指车辆、舰船、飞机及个人在运动中利用卫星作为中继器进行的通信。利用卫星中继，在海上、空中和地形复杂而人口稀疏的地区中实现移动通信，具有独特的优越性，是一般陆基移动通信系统所无法比拟的。它特别适合远距离和在多个国家之间漫游的服务，还能有效地改善飞机、舰船、公共交通、长途运输等的控制和引导，以及意外事故的援救行动，很早就引起人们的重视。

1976 年，国际海事卫星组织（IMARSAT）首先在太平洋、大西洋和印度洋上空发射了三颗同步卫星，组成了 IMARSAT-A 系统，为在这三个大洋上航行的船只提供通信服务。其后，又先后增加了 IMARSAT-C、IMARSAT-M、IMARSAT-B 和 IMARSAT-机载等系统。与此同时，在 20 世纪 80 年代初，一些幅员广大的国家开始探索把同步卫星用于陆地移动通信的可能性，提出在卫星上设置多波束天线，像蜂窝网中把小区分成区群那样，把波束分成波束群，实现频率复用，以提高系统的通信容量，如美国休斯公司的 Spaceway 计划、国际海事卫星组织的 IMARSAT-P 计划等。

众所周知，卫星通信接收信号电平与通信距离的平方成反比，利用同步轨道（GEO）卫星实现海上或陆地移动通信时，为了接收来自卫星的微弱信号，用户终端天线必须具有足够高的增益和良好的跟踪性能，这就决定了其应用场合以车载（机载或船载）为主。同时，由于其通信链路距离长、传输时延大，不利于卫星移动终端之间进行双跳通信。为了使地面用户只借助手持终端即可实现卫星移动通信，人们研制出了中、低轨道卫星移动通信系统，典型的如美国的“铱”系统、“全球星”系统等。

卫星移动通信系统作为地面通信系统的补充、支持和延伸，具有良好的地域覆盖特性，对地面通信系统难以覆盖的地区、国际通信、特殊地域和特殊行业通信领域以及第三代移动通信领域提供服务，具有良好的发展前景。

11.2.1　低轨道卫星移动通信

为了实现移动通信直至个人通信的目标，使地面用户只借助手机即可实现卫星移动通信，人们把注意力集中于中、低轨道（MEO、LEO）卫星移动通信系统。这类卫星轨道低、环绕周期与地球自转不同步，从地面上看，卫星总是移动的，如果要求地面上任一地点的上空在任一时刻都有一颗卫星出现，就必须设置多条卫星轨道，每条轨道上均有多颗卫星有顺序地在地球上空运行。在卫星和卫星之间通过星际链路互相连接，这样就构成了环绕地球上空、不断运动但能覆盖全球的卫星中继网络。这类卫星通信系统卫星轨道高度为数百到数千千米，链路传输损耗相对较小，因而对用户终端的要求有所降低，同时由于其传输时延较短，在两个卫星移动终端之间可采用双跳通信，这样便无须采用复杂的星上交换处理技术，降低了通信卫星的复杂性。

在中、低轨卫星移动通信系统中，通信卫星围绕地球以圆形或椭圆形轨道高速运动，轨道的高度与地球周围环境有关。考虑地球上空大气阻力及高能粒子流辐射的影响，低轨（LEO）卫星移动通信系统卫星轨道高度应在500~1500km范围内；中轨（MEO）卫星移动通信系统卫星轨道高度应在5000~15000km范围内。一般来说，卫星轨道越高，所需的卫星数目就越少；卫星轨道越低，所需的卫星数目就越多。

低轨道卫星移动通信系统于20世纪90年代初期初具规模，是目前卫星移动通信发展的一大热点，世界上有不少国家提出和发展了低轨道卫星移动通信系统，如表11-6所示。

表11-6　典型的低轨卫星移动通信系统

系统名称		ARIES	TELEDESIC	ELLIPSO BOREALIS	ELLIPSO CONCORDLA	GLOBALSTAR	IRIDIUM
轨道高度/km		圆 1020	圆 700	椭圆 520/7800	圆 7800	圆 1414	圆 765
倾角		90°	98.2°	116.5°	0°	52°	86.4°
轨道平面数		4	21	3	1	8	6
每平面卫星数		12	40	5	9	6	11
总的卫星数		48	840	15	9	48	66
频率	用户链路	L/S频段	Ka频段	L/S/C频段		上行L频段 下行S频段	L频段
	系统控制链路	C频段	Ka频段	L/S/C频段			Ka频段
业务	语音	有	有	有 4.8		有 2.4/4.8/9.6	有 2.4/4.8
	数据/(kbit/s)	2.4	16~2048	0.3~9.6		9.6	2.4
成本/美元		<5亿	90亿	6亿		33亿（48颗）	57亿
多址方式		CDMA	上FDMA 下CDMA	CDMA		CDMA	FDMA/TDMA

1. 低轨道卫星移动通信的特点

同蜂窝移动通信相比，低轨道（LEO）卫星移动通信具有以下特点：

1）每颗低轨道卫星的作用就相当于陆地蜂窝移动通信中的基站，只不过陆地蜂窝移动通信系统要建成千上万个基站，以对服务区的地域进行无缝隙覆盖。但低轨卫星移动通信系统只需一组卫星，例如，铱星系统用 66 颗卫星、全球星系统用 48 颗卫星就可对全球地表进行无缝隙覆盖。究其原因，主要是陆地蜂窝移动通信中每个基站的覆盖半径十分有限，而每颗低轨卫星波束覆盖的地表面积虽然远远小于静止轨道卫星，但比陆地蜂窝移动通信系统却大得多。以铱星系统为例，低轨卫星距地表 765km，卫星与最远移动用户间的最大通信距离为 2315km，波束覆盖的典型小区半径达 344. 5km。

2）由于低轨卫星距地球表面距离近，与移动用户间距离短，因此移动用户可使用天线短、功率小、重量轻的手机，且通话时延也不会像静止轨道卫星通信的时延（290ms）那么大。

3）由于低轨道卫星沿低轨道绕地球运行一周的时间远远小于地球自转一周的时间，所以从地面向卫星（基站）望去，卫星总在不停地移动。例如，铱星的轨道运行周期仅为 1 小时 40 分钟，仅用 9min 即从人们头上飞掠而过。这样，由卫星天线投向地面的无线电波束覆盖的地面小区相对于地球表面是快速移动的，而移动中的用户相对于地面则是慢速移动的，可看成是相对静止的。与陆地蜂窝移动通信中基站不动、用户移动相比，低轨道卫星移动通信恰恰相反，是用户不动、基站（卫星）移动，所以又被形象地称为倒置蜂窝系统。

4）低轨道卫星从地面上空飞过时，也就是卫星无线波束形成的地面覆盖小区移动过用户时，也存在越区切换问题。不同的是陆地蜂窝移动通信中是用户移动穿越小区，而低轨卫星移动通信中是小区移动穿过用户，后者的越区切换技术比前者简单得多。

5）低轨道卫星所形成的覆盖小区面积与卫星离地面的高度有关。当卫星通过地球赤道上空时，卫星离地面高度最低，于是卫星形成的覆盖小区的面积就最小。为了保持覆盖的面积，就必须增加小区数，即多开放一些小区（卫星波束）。而当卫星通过地球南北两极时，卫星离地面高度较高，卫星形成的覆盖小区面积就增大，以致小区覆盖的范围互相重叠，这时就要有选择地关闭一些小区（卫星波束），这使卫星工作的控制变得复杂。

LEO 卫星移动通信的优点在于：一方面卫星的轨道高度低，使得传输延时短、路径损耗小，多个卫星组成的星座可实现真正的全球覆盖，频率复用更有效；另一方面蜂窝通信、多址、点波束、频率复用等技术的发展也为低轨道卫星移动通信提供了技术保障。因此，LEO 系统被认为是最有前途的卫星移动通信系统。

2. 低轨道卫星移动通信系统组成

低轨道卫星移动通信系统由卫星星座、关口地球站、卫星运行控制中心（SCCC）、跟踪遥测指令站（TT&C）、网络控制中心（NCC）和用户单元等组成，图 11-8 示出了低轨道卫星移动系统的基本组成。在若干个轨道平面上布置多颗卫星，由通信链路将多个轨道平面上的卫星联结起来，整个星座如同结构上连成一体的大型平台，在地球表面形成蜂窝状服务小区，服务区内用户至少被一颗卫星覆盖，用户可随时接入系统。

11. 2. 2 “铱”系统

低轨道卫星移动通信系统的典型代表是美国 MOTOROLA 公司提出的规模宏大的 Iridium（铱）系统。“铱”（Iridium）系统开始计划设置 7 条圆形轨道均匀分布于地球的极地方向，每条轨道上有 11 颗卫星，总共有 77 颗卫星在地球上空运行，这和铱原子中有 77 个电子围绕原子核旋转的情况相似，故取名为“铱”系统。为了与其他低轨道卫星通信系统进行竞争，简化结构、节省投资，MOTOROLA 公司最终将该系统改用 66 颗卫星、分 6 条轨道在地球上空运行，但系统原名未改。

改进后的单颗卫星用 48 个波束投射地面，每个波束平均包含 80 个信道，每颗星可提供 3840 个全双工电路信道。系统采用“倒置”的蜂窝小区结构，每颗星投射的多波束在地球表面上形成

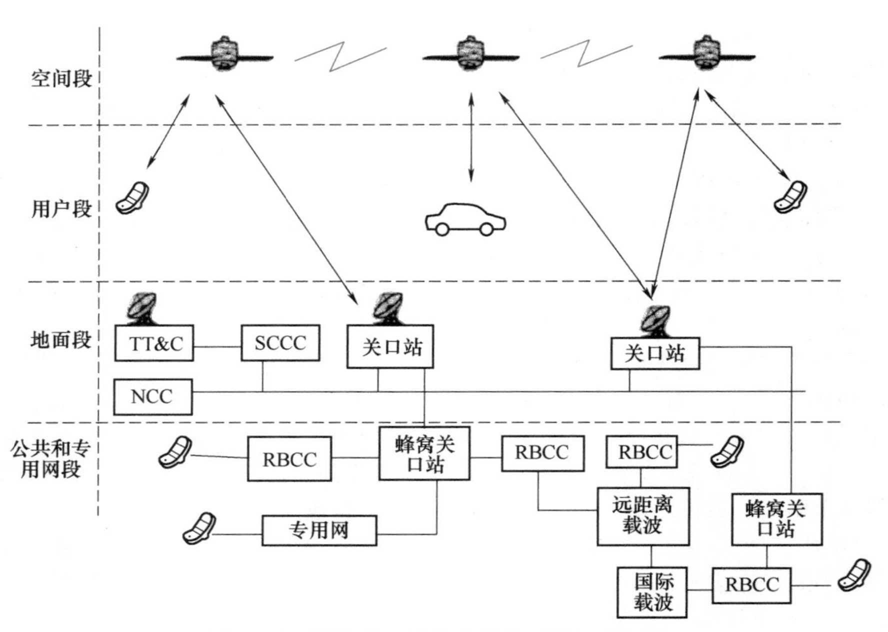

图 11-8　低轨道卫星移动通信系统组成框图

48个蜂窝区，每个蜂窝区的直径约为667km，它们相互结合，总覆盖直径约4000km，全球共有2150个蜂窝（图中用圆表示），如图11-9所示。当卫星飞向高纬度极区时，随着所需覆盖面积的减少，各卫星可自动逐渐关闭边沿上的波束，避免小区重叠。类似于蜂窝系统，该系统采用七小区频率复用方式，任意两个使用相同频率的小区之间由两个缓冲小区隔开，这样可进一步提高频谱效率，使每个信道可在全球范围内复用200次。

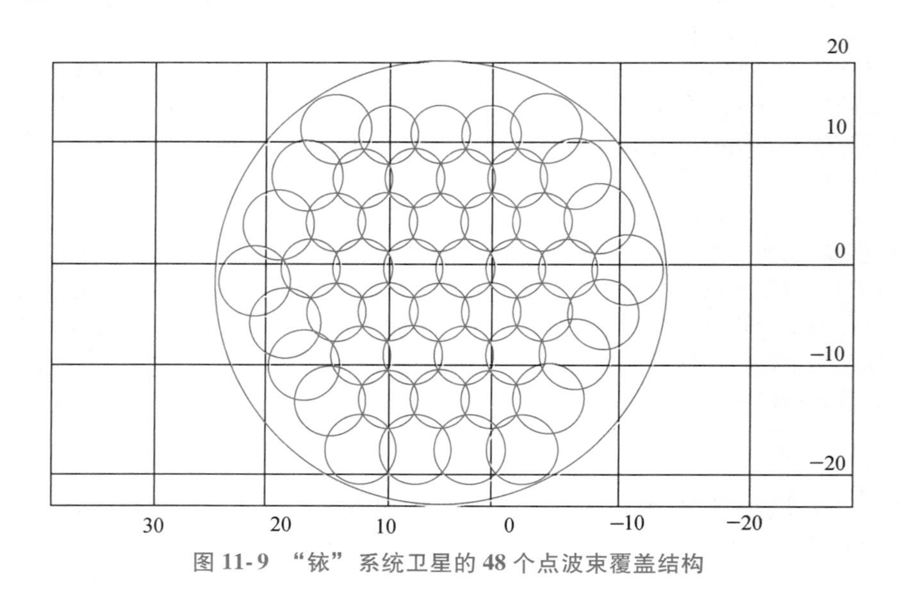

图 11-9　“铱”系统卫星的48个点波束覆盖结构

“铱”系统的突出特点是采用了其特有的、代表了现代高科技最新成果的“星上处理”和前所未有的“星际链路”技术，这使其在系统结构上具有不依赖于现有地面通信网络的支持，就可建立全球移动个人通信系统的能力。铱系统提供4种主要的业务：铱全球卫星服务、铱全球漫游服务、铱全球寻呼服务和铱全球付费卡服务。另外还包括许多类似于 GSM 的“增值服务”。铱星直径 1.2m、高 2.3m、重 341kg，卫星轨道高度 765km，是同步轨道卫星的 1/46，相应的传播损耗可减少 33dB，因而可用手持式终端进行通信。手持式终端在 L 波段工作，功率只需 0.4W，采用 TDMA 多址方式和 TDD 双工方式，能提供语音、数据和寻呼服务。

“铱”系统的卫星之间采用星际链路相连，具有空间交换和路由选择的功能。每一颗卫星运行中除与地面移动用户、关口站、控制中心通信联系外，还有 4 条星际链路，分别用于与同一轨道平面前后相邻（相距 4027km）的两颗卫星之间及与相邻轨道平面的前后两颗卫星之间（距离随纬度不同而变化，最大距离（赤道上空）达 4633km）的双向星际联系。这些链路均工作于 Ku 波段，它们把 66 颗卫星在空中连接成一个不断运动的中继网络。此外，在地面还建有若干个关口站，分布在不同地域，每个关口站均工作在 Ka 波段与卫星互连，另外它们还与地面的有关网络接口相连。

当卫星移动通信系统中的用户呼叫地面网络中的用户时，主呼用户先将呼叫信号发送到卫星，由卫星转发给地面关口站，再由地面关口站转送到有关地面网络中的被呼用户，双方即可建立通信链路以进行通信。当主呼用户和被呼用户均属于卫星系统中的用户时，主呼用户先将其呼叫信号发送到其上空的卫星，该卫星通过星间链路将信号转发到被呼用户上空的卫星，由后一卫星直接向被呼用户发送，双方即可建立通信链路以进行通信。在用户通信过程中，正在服务的卫星由于移动（包括卫星移动和用户移动，主要是前者）可能会离开该用户的所在地区，而另外一颗卫星将相继进入该地区，这时通信联络自动由离开该地区的卫星切换到进入该地区的卫星，如同蜂窝中的越区切换一样。同样，当地面用户由一个波束区落入另一个波束区时，也要自动进行波束切换。此外，用户在地面所处的地区同样要区分归属区和访问区，并进行位置登记，以支持用户在漫游中的通信。

从 1987 年开始直至 1998 年 5 月共 11 年间，铱星公司耗资 57 亿多美元先后将 66 颗卫星及 6 颗备用星发射上天，并于 1998 年 11 月正式商业运营。如此庞大的低轨卫星移动通信系统，被认为是全球个人通信的里程碑，为此铱星公司获得了 1998 年度世界电子技术大奖。但是由于系统耗资过大、市场定位及市场预测不准、终端价格及使用资费过高，再加上陆地蜂窝移动通信系统的迅猛发展抢占市场，作为地面通信系统的补充、支持和延伸的铱星系统遭受重挫，公司运营出现巨额债务和亏损。2000 年 3 月，铱星公司宣告破产，铱星系统一度停止运营，在经过一系列的调整之后又于 2000 年 12 月获得新生，重新投入商业运营，大幅度调低了价格、简化了计费方案，使用户成本大大降低。

11.2.3 “全球星”系统

“全球星”（Globalstar）公司是由美国劳拉宇航公司和高通（Qualcomm）公司共同组建的低轨卫星移动通信公司，目前“全球星”公司已逐渐发展成为由世界上主要电信运营商和电信设备制造商组成的国际财团，主要成员包括法国阿尔卡特、法国电信、英国沃达丰、韩国现代以及中国卫星通信集团等公司。

Globalstar 系统的基本设计思想是利用 LEO 卫星组成一个连续覆盖全球的卫星移动通信系统，向世界各地用户提供语音、数据或传真、无线电定位业务。它与“铱”系统在结构设计和技术上均不同，Globalstar 系统属于非迂回型，不单独组网，它与地面公共网联合组网，其连接接口设在关口站。系统只是保证全球范围内任意移动用户随时可通过该系统接入地面网，作为陆地蜂窝移动通信系统和其他移动通信系统的延伸。Globalstar 采用高技术、低成本、高可靠、简洁的系统设计，关口站和手机的价格都较低，能为用户所接受，故其服务对象更适宜边远地区的移动电话用户、漫游用户、外国旅行者，以及希望低成本扩展通信覆盖的国家和政府通信网与专用网。系统具有以下主要特点：

1）由于 90%的呼叫是本地呼叫，故系统没有星际交叉链路，最大限度地利用现有的地面线路，降低了卫星通话费用。

2）由于地面系统存在多种标准，为与其兼容，不作星上处理。

3）由于采用了先进的CDMA技术，提高了频率利用率。在同一频率上，允许同时通话的用户多达20个，在全球范围内同时通话用户可达10.4万个，而且还提供保密和防伪功能，可改善服务和提高可靠性，同时降低了成本和功耗。

4）在辐射安全方面，手机平均功率不到1W，远低于美国对微波辐射生物公害的限定。

5）由于采用多端放大器可以自动地把用户分配给各波束，也可以把用户集中到一个波束内，这对用户分布不均匀的通信和救灾通信特别有用。

6）用户终端的功率可以控制，当电波遇到障碍时，其瞬时功率可增至6~7W，以保证通信的畅通。

7）通过卫星分集作用为移动用户提供高仰角通信（超过40°），使用户在高层建筑附近区域不致受阻挡。利用CDMA的多径分集特性，移动用户接收信号具有多路径和多卫星的双重分集作用，并支持软切换，提高了信号质量。

“全球星”系统总投资33亿美元，由48颗低轨卫星、8颗在轨备用卫星、卫星运行控制中心、地面运行控制中心、关口站和用户终端组成，在全球范围内（不包括南北极）向用户提供“无缝隙”覆盖的卫星移动通信业务。它采用小区设计，每颗卫星有6个点波束，在地面上形成椭圆形的小区覆盖。由于点波束较“铱”系统要少，每个点波束的覆盖面积就较大，这样可增大用户处于同一卫星波束覆盖内的时间，从而减少通话中在卫星波束之间的切换操作。小区相互交错，构成对全球不间断的连续覆盖，各服务区总是被3~4颗卫星覆盖，用户可随时接入系统。

“全球星”系统可以与GSM网以及CDMA网络相互漫游，手机有单模、双模和三模几种，可在卫星模式及不同制式的蜂窝模式下自由漫游通信，用户只需要一部全球星双模或三模手机，一个号码，就可以享受全球范围内的语音、短信息、传真、数据、定位等多种业务服务。“全球星”系统的基本参数如表11-7所示。

表11-7 “全球星”系统基本参数

多址方式	码分多址 CDMA	轨道周期	114min
卫星数量	48+8	卫星寿命	>7.5年
轨道高度	1414km	卫星重量	450kg
轨道平面	8个	功率	1100W
卫星/轨道	6颗	用户同时可视卫星数	2~4颗
平面倾角	52°	卫星供应商	美国劳拉公司
误帧率	<1%	比特误码率 BER	优于 1×10^{-6}
单向时延	150ms	接续时延	<4s

1998年2月“全球星”系统通过一箭多星将首批4颗卫星送入轨道，至1999年11月，在轨卫星数量达到48颗。1999年10月“全球星”公司在日内瓦国际通信展上宣布开始分阶段提供服务，目前其业务已遍及120多个国家和地区。作为全球星公司在国内的独家业务提供商，中国卫通中宇卫星通信责任公司在北京建有关口站，并于2000年5月在国内正式运营。

【例11-1】 试从蜂窝半径、传输损耗、传输延时、多普勒频移等性能参数，比较卫星移动通信与地面蜂窝移动通信的主要差异。

解： 卫星移动通信与地面蜂窝移动通信的主要参数差异如表11-8所示。

表 11-8　例 11-1 表

主要参数	卫星移动通信	地面蜂窝移动通信
蜂窝半径	达数百 km	通常数百 m
传输损耗	常超过 180dB	通常低于 140dB
传输时延	几十到几百 ms	μs ~ ms 量级
多普勒频移	高达数百 kHz	通常在 kHz 以内

11.2.4　卫星移动通信的发展

卫星移动通信系统作为地面通信系统的补充、支持和延伸，具有其他通信手段难以媲美的良好的地域覆盖特性，在现代移动通信中起着越来越重要的作用，在全球信息基础结构（GII）中占有很重要的位置，欧洲的 COST252 工作组正在制订相关的卫星个人通信标准。在 ITU 制定的第三代移动通信标准 IMT-2000 中，卫星移动通信系统成为第三代移动通信系统的重要组成部分，以实现第三代移动通信系统的主要目标，即 IT 网络全球化、业务综合化和通信个人化。卫星移动通信系统的发展趋势如下：

1）发挥全球覆盖的优势，建立具有实用价值的卫星全球个人移动通信 GMPCS，从支持商业电信服务为主到面向最终个人消费者，在提供语音业务的同时，大力开发短数据、Internet 接入、交互多媒体服务等多功能的数据通信业务。

2）地面移动终端由车载和便携向手持机发展，手持机支持卫星和蜂窝双模式或多模式自动漫游。

3）LEO、MEO 卫星与 GEO 卫星及其他通信系统密切结合，优势互补，卫星网络与地面网络无缝衔接。

4）宽带和窄带数据的卫星系统平行应用。一方面开展高速率宽带交互通信业务，构筑空间信息高速公路；另一方面传统的窄带数字式语音/传真/数据的低速率业务继续发展。

5）通信频段向高端毫米波扩展。

11.3　思考题与习题

1. 什么是集群系统？它与公用蜂窝系统相比有哪些不同？
2. 集群系统的集群方式有哪几种？什么是传输集群方式？它有什么特点？
3. 集群系统的功能主要有哪些？
4. 在我国，模拟集群系统和数字集群系统的推荐标准分别有哪些？
5. 数字集群系统的运营方式有哪几种？共网运营有什么特点？
6. iDEN 和 TETRA 数字集群系统的主要技术特点分别有哪些？
7. 卫星移动通信系统有何优点？
8. 低轨道卫星移动通信具有哪些特点？
9. “全球星”系统在结构设计和技术上与“铱”系统有何不同？

第 12 章　无线网络规划

无线网络规划是根据覆盖需求、容量需求以及其他特殊需求，结合覆盖区域的地形地貌特征，设计合理可行的无线网络布局和设备（基站）配置，以最小的投资满足需求的过程。它是整个建设过程中极其重要的关键阶段，决定了系统的投资规模、规划结果，确立了网络的基本架构，很大程度上决定了网络建成后的效果。合理的网络规划可以节省投资成本和建成后网络的运营成本，提高网络的服务等级，提高用户的满意度。

移动通信网建设涉及面很宽，不同应用场合要求有所不同。以蜂窝移动通信网建设为例，其完整步骤包括前期规划（可行性研究）、网络规划、工程实施和网络优化等阶段，流程如图 12-1 所示。蜂窝移动通信网的建设涉及交换、无线、传输、电源等多个专业领域，本章我们主要讨论无线网络的规划。

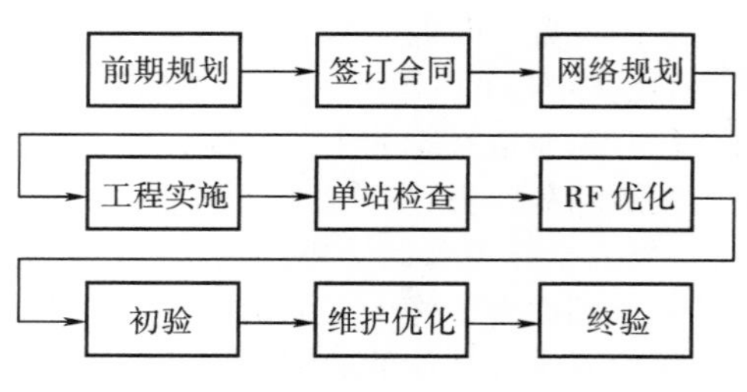

图 12-1　工程建设流程

本章主要介绍无线网络规划的基本原理和方法，并以 GSM 和 CDMA 蜂窝系统为例，详细讨论链路预算、网络拓扑结构设计、仿真和实地勘察等内容。

12.1　无线网络规划基础

微视频：
无线网络规划
基础与覆盖规划

移动通信网络的性能受到地形地貌、用户分布、用户移动性、业务类型等各种因素的影响。只有在规划设计阶段充分考虑网络的覆盖需求、容量需求、规划区域的无线传播环境、可提供业务类型的话务模型等因素，结合系统能够提供的容量、系统的接收灵敏度等性能参数，通过链路预算、网络拓扑结构设计、仿真、实地勘察等工作，才能使设计的网络合理有效，达到预期的覆盖效果，为尽可能多的用户提供优质服务。

通过无线网络规划将要实现如下目标：

- 达到服务区内最大程度的时间、地点的无线覆盖，满足所要求的通信概率。
- 最大程度减少干扰，达到所要求的服务质量，提供最大可能的容量。
- 在有限的带宽内提高系统容量。
- 在保证语音业务的同时，满足数据业务的需求。
- 优化设置无线参数，达到系统最佳服务质量。
- 在满足容量和服务质量前提下，尽量减少系统设备单元，降低成本。
- 科学预测话务分布，合理布局网络，均衡话务量。

12.1.1　无线网络规划流程

无线网络的规划是一个复杂的系统工程，合理的流程可以有效控制规划设计过程、确保设计质量，其工作流程如图 12-2 所示，包括需求分析、可利用站点勘察、场强测试与频谱扫描、网络拓扑结构设计、规划站点勘察与验证、无线参数设计和提交设计方案等步骤。

对于新建网络和扩容网络，设计时考虑的因素不尽相同，规划设计流程中各阶段需要完成的工作也就不完全一致。对于新建网络，其规划只需要考虑无线传播环境和覆盖，容量需求，规划

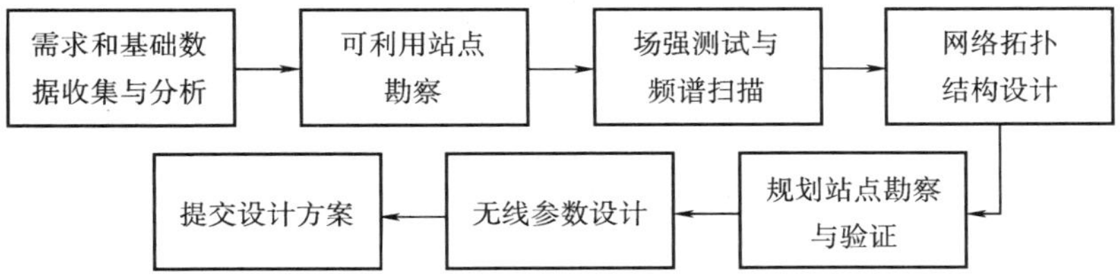

需求和基础数据收集与分析 → 可利用站点勘察 → 场强测试与频谱扫描 → 网络拓扑结构设计 → 规划站点勘察与验证 → 无线参数设计 → 提交设计方案

图 12-2　无线网络规划流程

相对比较简单；而对于扩容网络，其规划可以看作是网络优化的一种手段，设计方案需要首先解决现有网络存在的相关问题，改善现有网络的性能，然后在此基础上通过增加系统资源等手段来实现新的系统目标。

显然，GSM 蜂窝移动通信系统、CDMA 蜂窝移动通信系统、WCDMA 蜂窝移动通信系统等不同的系统，由于其关键技术、网络结构、网络参数、业务类型等的不同，在网络规划的某些具体细节、参数方面也就必然存在着差异。图 12-2 给出的是一个宏观的规划流程，对这些系统都是适用的。

1. 需求和基础数据收集与调查分析

系统建设的需求、现有网络状况、无线传播环境等各方面的信息是整个网络规划的基础。为了使所设计的网络尽可能达到系统建设要求，解决现有网络存在的问题，适应当地通信环境及用户发展需求，必须进行网络设计前的需求和基础数据收集与调查分析工作。需求和基础数据收集与调查分析工作要求做到尽可能的详细，应充分了解系统建设需求，了解当地通信业务发展情况以及地形、地物、地貌和经济发展等信息。具体包括以下几个方面：

- 了解系统建设对将要建设的网络的无线覆盖、服务质量和系统容量等方面的要求。
- 了解规划区域的无线传播环境，调查经济发展水平、人均收入和消费习惯。
- 调查规划区内话务需求分布情况。
- 了解规划区内现有网络设备性能及运营情况。
- 了解运营商通信业务发展计划，可用频率资源，并对规划期内的用户发展做出合理预测。
- 收集规划区的街道图、地形高度图，如有必要，需购买电子地图。
- 了解各种可利用资源情况。
- 收集其他相关资料。

对于扩容网络，首先需要了解当前网络的状况，在此基础上进行规划，才能有针对性地解决当前网络存在的问题，这样就需要对当前网络进行评估。网络评估的内容一般包括 DT（Drive Test）和 CQT（Call Quality Test）。DT 包括覆盖率、呼叫成功率、掉话率、语音质量和切换成功率等；CQT 包括覆盖率、呼叫成功率、掉话率、质差通话率和拨号后时延等。对于具备条件能够统计到后台数据的情况，还包括资源利用率等方面的统计分析。

2. 可利用站点勘察

通过需求和基础数据收集与调查分析，一般可以得到一些具备建站条件的现有可利用站点。为了节省投资，网络规划时应该尽量选用这些候选点。

网络规划工程师根据对整个项目的了解程度，判断是否需要在本阶段对这些站点进行进一步勘察，以便详细收集这些站点的相关信息。对于城区等比较复杂的网络，一般在本阶段对位置比较关键、影响网络拓扑结构搭建的可利用站点进行勘察，其余对网络影响比较小的站点，可以在网络拓扑结构设计完成后，作为后续的候选点进行勘察。

对于郊区或乡村网络，站点相对分散，网络结构比较简单，单个站点的变更对周围站点的影响不大。一般在网络拓扑结构搭建完成后，将这些可提供站点作为首选候选点，在规划站点勘察阶段收集相关信息。

对可利用站点的勘察包括：

- 收集可利用站点的经纬度、高度、周边无线传播环境、遮挡情况、周围存在的干扰源等信息，为站点的选用提供参考；如果和其他网络共站，需同时收集其他网络的无线参数，设计时，需要考虑不同网络的隔离。
- 收集规划区域的地形地貌特征，为各区域选择合适的无线传播模型。
- 如果需要进行场强测试，选择场强测试站点。

可利用站点勘察完成后，规划设计工程师根据站点选用的原则，从中选出符合要求的站点作为候选点，在网络拓扑结构设计阶段，作为搭建网络架构的基础。原则上，通过审核后的可利用站点除非不满足网络拓扑结构的设计要求，否则应该选用。

3. 场强测试与频谱扫描

（1）场强测试

根据第2章移动通信的电波传播理论可知，移动环境下电波的传播受地形起伏情况、站点周围地物分布情况、密集程度、天线相对周围区域高度等因素影响较大。在进行无线网络的规划或优化时，对于每个需要规划或优化的区域，首先要找出各种典型的环境，将规划或优化区域和典型环境对应起来，找出当前规划或优化区域需要采用的无线传播模型。为了更准确地了解规划区内电波传播特性，规划工程师应在规划区内选择几类具有代表性的地形、地物、地貌特征的区域进行指定频段的电波传播测试。并整理测试数据，将这些数据输入到网络规划软件中进行传播模型的校正，使校正后的传播模型与现场传播特性相符。校正后的传播模型将在下一步无线覆盖规划计算中使用。

场强测试选用的测试点必须具有典型意义，也就是其周围的地形地貌特征在规划区域中具有代表性。根据该站点的测试数据校正得到的传播模型才能应用到类似环境中去。

1）传播模型校正的必要性。第2章介绍的传播模型都是基于大量测量数据的统计模型，但统计模型最大的先天性弱点是每一个模型的提出都与某些特定的地形地物有关系，每个模型都只是客观上反映了进行模型修正的地区，而事实上由于各个地区、各个不同的城市，其地物地貌有着很大的不同，特别在我国，地域广阔、地理类型多样、各地的地形地貌千差万别、城市规模也各不相同，这就决定了当要把一个模型应用到其他地区时，必须对模型的一些参数进行修正，也就是模型校正工作。实际工程表明，一个没有经过修正的模型应用在其他地区，将导致高达20dB以上的均方根误差和高达30~40dB的平均误差。显然，这样的模型是我们在网络规划过程或者是网络优化阶段无法利用的，必须在将要建设移动通信网络的地区进行典型环境的电波传播测试，并利用测试数据修正传播模型，以提高传播预测的准确性。

对已有传播模型进行校正是非常有意义，也是非常必要的：

- 有利于对一个新的服务覆盖地区的信号进行仿真预测。
- 可以大大降低进行实际路测所需的时间、人力和资金。
- 可以为网络规划提供有力的依据。
- 可以对现有网络的信号覆盖情况进行分析，为网络的优化提供重要的参考依据。
- 可以节省大量的基站建设、运行维护成本。
- 可以提高网络的服务质量。

2）传播模型校正的原理与方法。根据第2章介绍的移动环境信号衰落变化规律，实际接收信号电平是快衰落叠加在慢衰落信号之上形成的。信号在几十个波长的距离上经历慢的随机变化，其统计规律服从对数正态分布。利用随机过程的理论，接收信号电平函数还可以表述为

$$r(x) = m(x) r_0(x) \tag{12-1}$$

式中，x 为距离；$r_0(x)$ 为短期衰落；$r(x)$ 为接收信号；$m(x)$ 为本地均值，是长期衰落与空间损耗的合成。当我们在几十个波长的空间距离上对接收信号取平均的话，就可以得到其均值包络，这个值通常称作本地均值，它和特定地点上的平均值相对应。

则

$$m(x)=\frac{1}{2L}\int_{x-L}^{x+L}r(y)\,\mathrm{d}y \tag{12-2}$$

式中，$2L$ 为平均采样区间长度，也叫本征长度。

服务区内地形地物在某一段时间内是基本不变的，所以对于确定的基站，某一确定的地点，本地均值 $m(x)$ 也是确定的。

传播模型校正的原理和方法就是通过连续波（CW）测试来获取某一地区各点位置上特定长度 L 的本地均值，从而利用这些本地均值来对该区域的传播模型进行校正，得到本区域内信号传播的慢衰落变化特性。

对于一组测量信号数据 $r(x)$ 进行平均时，若本征长度 $2L$ 太短，则仍有快衰落的影响存在；若 $2L$ 太长，则会把慢衰落也平均掉。William C. Y. Lee 认为，在 $2L$ 为 40 个波长间隔内，采用 36 或最多 50 个抽样点的方法能有效地达到“消除快衰落、保留慢衰落”的目的。40 个波长作为一小段长度是一个较为合理的取值。如果小段长度比 40 个波长短，平均结果仍将保持有微弱的瑞利衰落；如果比 40 个波长大，则会平滑掉本地均值数据。Lee 证明了使用这种测量方法，可使测试数据与实际本地均值的偏差小于 1dB。

因此，在做场强测试时，要保证在 40 个波长间隔内，采用 36 或最多 50 个抽样点，抽样点太多或太少，均不合理。这一方面要考虑测试设备的性能，也要考虑车速。车速不能太快，也不能太慢。合理的车速计算如下：

设车速为 v，测试设备（如高速扫频仪）每秒采样 n 个同一频点的接收功率，波长为 λ（900MHz 为 1/3m，1800MHz 为 1/6m），则有

$$\frac{40\lambda n}{v}\leqslant 50 \quad 且 \quad \frac{40\lambda n}{v}\geqslant 36 \tag{12-3}$$

例如，对 900MHz，测试设备每秒采样 25 个同一频点的数据，则合理的车速为 24~33km/h。

3）传播模型校正的工作流程。传播模型校正是一个系统的工程，除了拥有先进专业的测试设备，高素质的专业人才外，还必须有一套完善的质量保障体系和工程实施计划。进行一个传播模型校正的工作流程主要包括：工程前期的准备工作、选点和路线确定工作、站点架设及数据采集工作、对采集回来的数据进行预处理和地理平均工作、利用模型校正软件完成模型调校、生成模型结果、对整个工程进行充分的总结分析，产生最终的工程报告书。

① 软硬件的准备工作。根据上面介绍的流程，由于模型校正涉及 CW 波的测试及数据的软件处理等工作，为了保证模型修正结果的质量，对所需的软硬件设施有比较高的要求，具体如下：

- 发射机：能够进行 CW 波发射的发射机，要求发射机的最低输出功率不低于 43dBm（20W），且在测试频段范围内可自由设置频率。
- 接收机：能够进行 RF 射频接收的宽带扫频接收机，能完成干扰测试及 CW 波的数据采集，要求对 CW 波的接收灵敏度不低于-120dBm。
- 发射天线：要求采用全向垂直极化的天线，要求能提供准确的天线方向图。
- GPS 接收机：提供地理坐标信息。要求 GPS 接收机具有较高的灵敏度，并能提供相应的通信接口。
- 数字地图：数字地图（电子地图）是进行传播模型修正必需的。移动通信所用的电子地图包括地形高度、地物、街道矢量、建筑物等对电波传播有影响的地理信息，是传播模型修正的重要基础数据。要求地图更新期限为 1 年内，其精度要求与传播模型及规划的精度有关。城区地图精度要求达到 20m 或者更高，5m 精度用于微蜂窝，郊区的地图精度应达到 50m 以上，农村地区可用 100m 精度的。并且地图上的各种地物都比较齐全。
- 软件：模型调校软件，由网络规划软件来提供，但安装了该软件的工作站硬件配置要能满足要求，要具有良好的人机界面，能完成对测试接收机、GPS 接收机的管理，并具备强大的后台

数据处理功能。

- 其他辅助的测试工具：手提电脑、频谱分析仪、驻波测试仪、数码相机、指南针等，帮助完成相应的测试工作。
- 天线支架：用于临时架设发射天线的支架，要求能够根据需要在4~6m之间调节高度。

② 测试站址的选择。场强测试选用的测试点必须具有典型意义，也就是其周围的地形地貌特征在规划区域中具有代表性。根据该站点的测试数据校正得到的传播模型才能应用到类似环境中去。因此测试站址尽可能选择服务区内具有代表性的传播环境，对不同的人为环境如密集城区、一般城区、郊区、开阔地、农村等，应分别设测试站点。站址的选择原则是要使它能覆盖足够多的地物类型（电子地图提供）。测试站点的天线应比周围150~200m内的障碍物高出5m以上。对每一种人为环境，最好有3个或3个以上的测试站点，以尽可能消除位置因素的影响。

③ 确定测试站点相关参数：

- 采用全向天线，基站天线有效高度h_b选15~30m。
- 最高建筑物顶层高度为15m左右。
- 移动台天线高度h_m取1~2m。

另外，要记录测试站点经纬度、天线高度、天线类型（包括方向图、增益）、馈缆损耗、发射机的发射功率、接收机的增益、是否有人体损耗和车内损耗（如果使用场强测试车，则没有人体损耗和车内损耗）等数据，确保测试频点上无干扰。

④ 测试路线的确定。测试前要预先设置好路线，测试路线直接关系到测试数据的准确性。设定测试路线必须考虑以下几个方面：

- 能够得到不同距离不同方向的测试数据。
- 在某一距离上至少有4~5个测试数据，以消除位置的影响。
- 尽可能经过各种地物。
- 尽量避免选择高速公路或较宽的公路，最好选择宽度不超过3m的狭窄公路。

⑤ 传播模型的修正。将测试数据导入网络规划软件，软件可对测试数据进行处理，并修正相关模型。具体包括：

- 将无效的数据过滤掉。考虑到测试接收机的接收灵敏度，一般认为接收功率在-105~-50dBm或-105~-30dBm范围之外的数据是无效的，可以过滤掉。由于基站附近接收功率主要受基站附近的建筑物和街道走向的影响，因此离基站很近的测试数据不能用于修正传播模型。在宏模型修正时，需使用距离过滤器。C. Y. Lee认为，当$d \leqslant 4h_1h_2/\lambda$时，属于近场距离，其中$h_1$、$h_2$分别为基站天线高度和移动台天线高度，$\lambda$为波长。因此，用作模型修正时，近场数据需要过滤掉，远点的距离值的选取视覆盖范围而定。一般认为过滤器的设置可以为1~10km，此范围外的数据可以过滤掉。另外，有效距离的区域内，最好具有相似的人为环境，这样有利于模型的细分（如密集城区的模型、一般城区的模型等）。
- 将测试数据定位在实际路线上。由于GPS存在偏差，因此测试数据在显示的时候并不是总在测试路径上，因此需要进行数据定位以消除地理偏差。
- 考虑街道“波导效应”对测试数据的影响。由于电波传播测试一般是在街道上测试的，但对于街道，存在着“波导效应”，使得平行于传播方向的信号强度比垂直于传播方向的信号强度高出10dB左右。由于传播模型不只是为了预测道路上的传播情况，因此与道路相关的因素应该去掉，否则会导致修正后的传播模型整体偏大或偏小（如果去掉街道因素，则测试数据中纵向街道和横向街道的采样数据最好差不多，但这对测试的要求太高，且纵向街道和横向街道的效应难以完全抵消）。
- 路测数据所处的地物类型处理。有些电子地图，城市街道的地物类型为“城市开阔地”，而路测一般是在路上做的。因此，对于通用模型的修正，如果只考虑测试数据本身所在的地物，则难以得到其他地物类型的修正值。因此，应考虑传播路径上靠近测试点的周围环境因素，即测

试结果应该是周围环境综合影响的结果。

（2）频谱扫描

频谱扫描主要用于确定准备使用的频段是否存在干扰，以便为项目选用没有干扰或干扰相对较小的频点，或为查找、消除干扰源奠定基础。

实际扫频时，扫频范围根据运营商准备申请的频点或正在使用的频点调整。以目标频点为中心，前后各扫一段频谱。蜂窝移动通信系统上下行链路采用不同的频段进行信号传输，频谱扫描时，上下行频段都需要测试。

频谱扫描一般包括路测和定点测试。路测用仪器在事先规划好的路线上测试，通过 GPS 定位，记录频谱随位置变化的情况，目的是发现哪些区域可能存在干扰，比较粗略。定点测试是在选定的位置，用八木天线进行测试，目的是从可能存在干扰的区域中，找出干扰的频段、比较具体的位置或方向、干扰强度等详细信息。

4. 网络拓扑结构设计

完成需求和基础数据的收集与分析、站点的勘察，得到规划区域适用的无线传播模型后，网络规划工程师可以基于这些信息进行网络的拓扑结构设计。

网络拓扑结构设计是基于规划区域的无线传播环境，根据覆盖规划和容量规划，得到各基站的小区半径，在可利用站点基础上搭建网络架构，对于没有可利用站点的空缺位置，添加理论上满足需求的站点，并运用仿真工具进行验证的过程。这是设计出理论上满足需求的网络的过程。

从图 12-2 介绍的网络规划流程可以看出，网络拓扑结构设计是整个规划设计的核心环节，是一个承上启下的阶段，通过网络拓扑结构设计就确定了无线网络的架构和分布，为下一步的基站选址、勘察、配置提供指导。

网络拓扑结构设计的一般过程是：

1）根据无线传播环境类型和话务密度，对整个规划区域进行分块。对每块区域，根据覆盖需求和容量需求，分别得到满足覆盖要求的覆盖半径和满足容量需求的覆盖半径，两个半径中比较小的一个作为比较合适的覆盖半径。

满足覆盖要求的覆盖半径通过对应传播环境下的链路预算得到。为计算满足容量要求的覆盖半径，首先得出某片区域要求的大致容量，然后根据目前每扇区配置的最大容量，得到需要的最少小区数，参照这片区域的地形地貌，可以得到满足容量要求的站点数和站型，再根据要求覆盖的总面积，得到大致的覆盖半径。

2）以满足站点选用要求为基础，根据各区域的小区半径，搭建网络拓扑结构。设计过程中应尽可能利用现有的可利用站点，只有其位置或无线参数偏离网络拓扑结构，无法满足设计需求时，才能舍弃。对于网络拓扑结构中没有可利用站点的位置，添加规划站点。网络拓扑结构规划时，应根据规划区域的实际无线传播环境，合理运用宏基站、微基站、射频拉远、直放站等设备综合组网。

3）规划站点的初始朝向根据网络中周围站点的相对位置确定。天线挂高根据覆盖范围大小和该站点所在区域的平均高度，通过链路预算得到。天线类型基于所处环境和站点分情况选用，同时根据覆盖范围计算初始下倾角。

4）利用仿真工具验证规划方案是否满足覆盖和容量需求，如果不满足，需要对存在问题区域的规划站点进行调整，可以调整站点位置、朝向、下倾角、天线类型和天线挂高等参数，调整的幅度必须符合该站点所在区域的实际情况。

5）输出规划结果，包括规划站点的各种参数。

网络拓扑结构即基站布局确定好以后要根据勘察、覆盖预测、容量规划的结果作反复的调整，如图 12-3 所示。

基站布局主要受场强覆盖、话务密度分布和建站条件三方面因素的制约。对于大中城市来说，场强覆盖的制约因素已经很小，主要受话务密度分布和建站条件两个因素的制约较大。基站布局的疏密要对应于话务密度分布情况。但是，目前对大中城市市区还做不到按街区预测话务密度，因此，对市区可按照：a）商业区；b）宾馆、写字楼、娱乐场所集中区；c）经济技术开发区；d）住宅区、工业区及文教区等进行分类。一般来说：a）、b）类地区应设三扇区的基站，覆盖半径取 0.5～1.0km；c）类地区也应设三扇区的基站，覆盖半径取 1～2km；d）类地区可设三扇区基站，覆盖半径 2～4km。以上 4 类地区内都按用户均匀分布要求设站。主要公路一般设两扇区基站，站间距离 10～20km；郊区和农村可根据容量和覆盖需求设二、三扇区基站或全向基站，站间距离 8～20km。

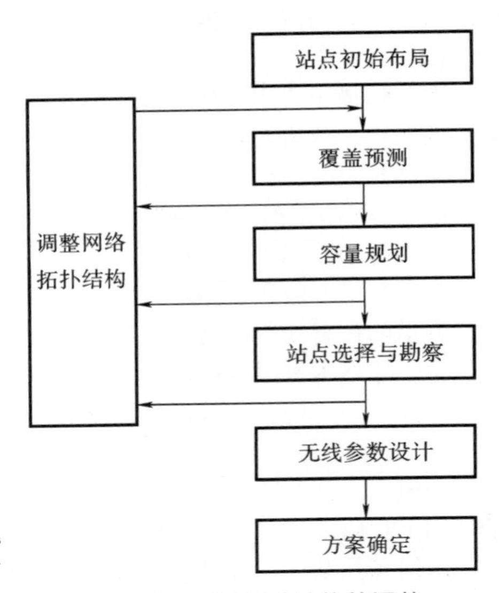

图 12-3　网络拓扑结构的调整

基站布局应符合蜂窝结构及蜂窝分裂要求，站址应尽量选择在规则蜂窝网孔中规定的理想位置，以便频率（或 PN）规划和以后的小区分裂。基站布局要结合城市发展规划，可以适度超前。有重要用户的地方应有基站覆盖。市内话务量“热点”地段增设微蜂窝站或增加载频配置。地铁、地下商场、体育场馆如有必要另行加站。

下面是利用某规划仿真软件进行网络拓扑结构设计的例子：

1）首先将需求分析阶段已勘察站点信息输入到规划仿真软件中。

2）对于某片传播环境比较接近的区域，基站的覆盖半径比较接近，通过某些设置将基站覆盖半径的信息表示出来，这样能够很清楚地找出空缺位置，在合适位置添加基站。确定需要加站位置的具体操作过程如下：

- 输入站点覆盖半径、显示形状等内容，一般显示为六边形。
- 根据需求分析阶段勘察的可利用站点的分布，从中选择位置比较合适的站点，作为网络拓扑结构的基础。如果两个点位置接近，都比较合适，可以根据勘察报告选择其中更合适的点。在此基础上根据现有站点分布和覆盖要求在较空的区域加设站点，并记下相应的经纬度。
- 计算的覆盖半径对应的某个站点高度，如需加设站点的覆盖区域和原定覆盖区域有一定的偏差，通过调整站点高度等参数来解决。
- 对传播环境不同的各片区域分别进行这样的操作，不同传播环境下覆盖半径可能不一样。
- 对每片区域进行以上操作后，得到所有需要添加站点的经纬度信息，高度等参数根据地貌、覆盖区域大致高度、覆盖范围及链路预算公式得到。

3）将基站显示方式更改为扇区形式，根据可提供站点勘察得到的扇区朝向和拓扑结构的原则，得到规划站点的站型、大致扇区朝向等参数。选择站型时应充分利用微基站、射频拉远、直放站等设备的优势，使网络性能最大限度满足系统建设的需求。

4）规划仿真软件中站点加设完成后，执行仿真，根据仿真结果调整无线参数及站点位置，直到满足要求，然后输出参数，作为规划站点勘察的依据。

无线网络规划工作由于技术性强，涉及的因素复杂且众多，所以它需要专业的网络规划软件来完成。规划工程师利用网络规划软件对网络进行系统的分析、预测及优化，从而初步得出最优的站点分布、基站高度、站型配置、频率规划和其他网络参数。网络规划软件在整个网络规划过程中起着至关重要的作用，它在很大程度上决定了网络规划与优化的质量。

在完成网络拓扑结构设计后，可以得到一组理论上满足覆盖和容量等各种需求的虚拟站点，称之为规划站点。通过网络规划软件可以输出规划站点布局、站点信息、基站参数，以及系统覆盖预测图、话务分布预测图、干扰分布图、切换分布图等仿真结果。图 12-4 是通过网络规划软件对某地区 CDMA 系统的覆盖进行预测的结果。图中不同颜色代表预测得到的不同接收功率，如图中蓝色（黑白图时为深黑色区域）代表该区域接收机的接收功率在-65~-55dBm 之间。

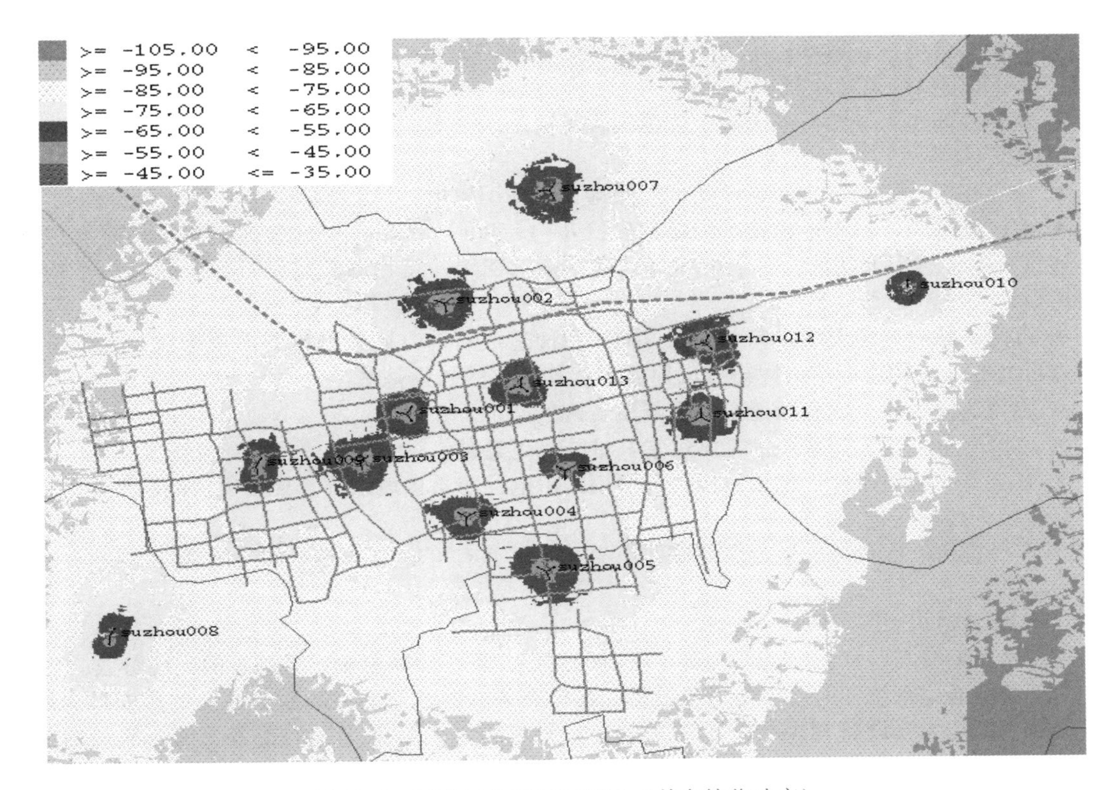

图 12-4　某地区的覆盖预测图（前向接收功率）

在网络拓扑结构设计结果中，包括规划站点的经纬度、天线挂高、扇区朝向、下倾角等参数信息。规划工程师根据这些数据，需要从实际环境中寻找与参数接近的站点，这就是规划站点的勘察。

5. 规划站点勘察与验证

规划站点的勘察就是根据网络拓扑结构设计得到的、理论上满足覆盖及容量需求的规划站点的信息，从实际环境中找出能够满足需求的现实存在站点的过程。

规划站点是虚拟的，勘察时，需要首先从实际环境中找出与规划参数接近的点，然后进行勘察；而可利用站点是现实存在的，可以直接收集相应数据，二者的勘察过程存在一些区别。规划站点勘察时一般要求每个规划站点选用 2~3 个候选站点。

规划站点勘察完成后，需要对候选站点进行验证，其具体过程如下：

1）将最佳候选点的相关参数输入到仿真工具（规划软件）中，替代原有的规划站点。

2）执行仿真，验证候选点是否能够满足覆盖和容量需求，仿真过程中可以对天线挂高、朝向、下倾角等参数进行微调。各参数的调整幅度受限于候选点的实际环境，比如天线挂高受限于建筑物高度和可采用的增高方式、扇区朝向受限于周围存在的遮挡情况等。

3）依次代入其他候选点，执行仿真，列出满足需求的候选点信息。

如果某个规划站点所有的候选点都不能满足覆盖或容量需求，则需要对该规划站点重新勘察；如果该规划站点无法找到合适的候选点，则需要对网络拓扑结构进行调整。

具体的基站选址要求如下：

- 交通方便、市电可靠、环境安全。
- 在建网初期设站较少时，选择的站址应保证重要用户和用户密度大的市区有良好的覆盖。

● 在不影响基站布局的前提下，应尽量选择现有可利用的站址，利用其机房、电源及铁塔等设施。

● 避免靠近电视发射台、广播电台、雷达站设站。如果一定要设站，应核实是否存在相互干扰或是否可采取措施避免干扰。

● 避免在高山上设站。高山站干扰范围大，建站条件差。在农村高山设站往往对处于小盆地的乡镇覆盖不好。

● 避免在树林中设站。如要设站，应保持天线高于树顶。

● 市区基站中，对于半径较小的蜂窝区（$R=1\sim3\text{km}$）基站宜选高于建筑物平均高度但低于最高建筑物的楼房作为站址，对于微蜂窝区基站则选四周建筑物屏蔽较好且低于建筑物平均高度的楼房设站。

● 市区基站应避免天线方向与大街方向一致而造成对前方同频基站的严重干扰，也要避免天线前方近处有高大楼房而造成障碍或反射后干扰其后方的同频基站。

● 避免选择今后可能有新建筑物影响覆盖区的站址。

● 市区两个不同体制系统的基站尽量共址或靠近选址。

● 有必要的建站条件，包括：楼内有可用的市电及防雷接地系统，楼面负荷能满足工艺要求，楼顶有安装天线的场地等。

● 选择机房改造费低、租金少的楼房作为站址。如有可能应选择本部门的局、站机房，办公楼作为站址。

6. 无线参数设计

规划站点勘察与验证阶段已经确定了所有的站点，下一步需要确定各站点的无线参数。

对于移动通信系统，网络中与无线设备和接口有关的参数对网络的服务性能的影响最为敏感。这些参数包括与无线设备和无线资源有关的参数，它们对网络中小区的覆盖、信令流量的分布、网络的业务性能等具有至关重要的影响，因此合理设置、调整无线参数是网络规划和优化的重要组成部分。根据无线参数在网络中的服务对象，蜂窝系统的无线参数一般可以分为两类，一类为工程参数，另一类为资源参数。工程参数是指与工程设计、安装和开通有关的参数，如天线增益、电缆损耗、天线挂高、扇区方位、下倾角、频点、发射功率等，这些参数一般在网络规划设计中必须确定，在网络的运行过程中一般不轻易更改。资源参数是指与无线资源的配置、利用有关的参数，这类参数通常会在无线接口（U_m）上传送，以保持基站与移动台之间的一致。资源参数的另一个重要特点是：大多数资源参数在网络运行过程中可以通过一定的人机界面进行动态调整。

从无线资源参数所实现的功能上来分，需要设置的参数有如下几类：

● 网络识别参数。

● 系统控制参数。

● 小区选择参数。

● 网络功能参数。

无线资源参数通过基站操作维护子系统来配置。网络规划工程师根据系统建设的具体情况和要求，并结合一般开局的经验来设置，其中有些参数要在网络优化阶段根据网络运行情况再作适当调整。

12.1.2　覆盖规划

在蜂窝系统中，基站扇区的覆盖范围是这样一个区域：在这个区域中，接收端（基站或终端）应有足够的信号电平来满足业务要求。

无线覆盖规划最终的目标是在满足网络容量及服务质量的前提下，以最少的造价对指定的服务区提供所要求的无线覆盖。

1. 覆盖规划的内容与流程

无线覆盖规划工作的内容与流程如下：

（1）调查并对覆盖区域进行分区、分类

通常需要将一个较大的覆盖区域划分为不同类型的若干个小的片区，例如密集城区、一般城区、郊区、乡村等，同时了解各个片区内的地形地貌和建筑物分布情况。

（2）进行链路预算

了解该片区要求的边缘覆盖率，根据片区内的地形地貌选用合适的对数正态衰落方差值，根据片区内建筑物的实际情况选取合适的建筑物穿透损耗值，使用合适的传播模型，进行链路预算，获得各片区基站的最大覆盖半径。

（3）估算满足覆盖需求的载扇数

根据链路预算获得的各片区基站覆盖半径计算各片区单扇区的最大覆盖面积，用各片区要求的覆盖面积除以各片区单扇区的最大覆盖面积获得各片区满足覆盖需求的载扇数。对于每个片区，根据覆盖需求可以获得满足要求的载扇数，根据容量需求也可以求出满足要求的载扇数，取二者之间的较大值，可以得出该片区的载扇数要求。

所有片区累加，可以获得整个规划区域的载扇数要求。

（4）确定 BTS 数量和站型

根据获得的满足覆盖及容量需求的载扇数、规划区域的无线环境选择合适的站型，确定各片区各种站型 BTS 的数量。

（5）仿真、调整

将初步确定的基站发射功率、天线选型（增益、方向图等）、天线挂高、馈线损耗、站点位置、扇区方向等参数输入网络规划软件进行覆盖预测分析，并反复调整有关工程参数、站点位置，必要时要增加或减少一些基站，直至达到满足无线覆盖要求为止。

2. 链路预算

一定传播环境下，小区的覆盖范围直接取决于收发端所允许的最大路径损耗（MAPL）。当收发端所允许的最大路径损耗确定后，根据该小区的传播环境，利用对应的传播模型就可估算出其半径。链路预算是根据无线空间传播模型，计算从发射端到接收端满足解调要求所需接收功率所允许的最大路径损耗，从而确定小区覆盖半径的过程。

简单地说，链路预算是对通信链路中的各种损耗和增益的核算。链路预算中的最大允许路径损耗可大致用下列公式定性表示：

$$\text{最大允许路径损耗}=\text{发射功率}-\text{接收机灵敏度}-\text{系统裕量}-\text{各类损耗}-\text{其他} \tag{12-4}$$

（1）发射端发射功率

发射功率是指天线的有效发射功率，可以是 EIRP（有效全向发射功率），也可以是 ERP（有效发射功率），表示如下：

$$\begin{aligned}\text{EIRP}=&\text{发射功率(dBm)}+\text{发射天线增益(dBi)}-(\text{合路器的损耗}+\text{馈缆损耗}+\\&\text{接头损耗}+\text{其他器件的损耗})\end{aligned} \tag{12-5}$$

若给定的天线增益单位为 dBd，则在链路预算表中需变换为 dBi，即

$$1\text{dBi}=1\text{dBd}+2.15\text{dB} \tag{12-6}$$

（2）接收机灵敏度

接收机灵敏度反映在保证通信质量的前提下，接收机输入端所需的最低信号电平（或功率）。对于 GSM 系统设备、集群通信设备等，接收机灵敏度通常由设备性能指标给出；对于 CDMA、WCDMA 系统，通常定义为满足一定误帧率要求下所需解调信噪比 E_b/N_0 所对应的接收机输入功率，详见 12.3.2 节。

（3）系统裕量

系统裕量包括衰落裕量和干扰裕量。

1）衰落裕量

衰落裕量也叫衰落储备，是为了克服衰落的影响，保证小区中通信的可靠性而预留出来的裕

量。根据移动环境下电波传播的快衰落特性，在空间传播中，对于任何一个给定的距离，路径损耗的变化是很快的，路径损耗量可以看作是符合对数正态分布的随机变量。如果按照平均路径损耗来设计网络，则小区边界上点的损耗值在50%的时间内会大于路径损耗中值，而另50%的时间内会小于该中值，即小区的边缘覆盖率只有50%。这样，处于小区边缘的用户有一半的机会是难以得到希望的服务质量的。为了提高小区的覆盖率，需要预先留出衰落裕量。

衰落裕量是与一定的小区边缘通信概率要求相对应的。

通信概率是指移动台在无线覆盖区边缘（或区内）进行满意通话（指语音质量达到规定指标）的成功概率，包括位置概率和时间概率。

对于蜂窝移动通信系统，由于覆盖半径一般在50km以内，接收信号中值电平随时间的变化远小于随位置的变化，也就是说，由于时间的变化给通信概率带来的影响很小，以至于可以忽略。而接收信号的中值电平随位置的变化服从正态分布，我们通常所说的通信概率是位置概率的概念。

下面以满足75%的边缘覆盖率为例进行说明：

假定传播损耗随机变量为ζ（单位dB），则ζ为高斯分布，设其均值为m，标准偏差为δ_L，对应的概率分布函数为Q函数。设定一个损耗门限ζ_1，当传播损耗大于该门限时，信号强度便达不到满足预期的服务质量的解调要求，则在小区边缘，满足75%的边缘可通概率可以表示为

$$P_{\text{coverage}} = P_r(\zeta < \zeta_1) = \frac{1}{\sqrt{2\pi}\,\delta_L}\int_{-\infty}^{\zeta_1} e^{-\frac{(\zeta-m)^2}{2\delta_L^2}}\,d\zeta \tag{12-7}$$

式（12-7）具体可用如图12-5所示的曲线来表示。对于要求的75%的覆盖区边缘无线可通率，衰落裕量$D_L = 0.675\sigma_L$。

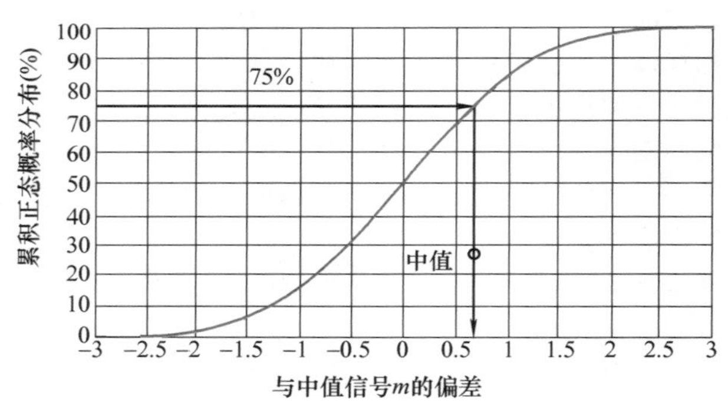

图12-5　衰落裕量示意图—概率分布函数

对于户外环境，传播损耗随机变量的标准偏差δ_L常取8dB。则可得到对应75%的边缘可通概率的裕量值为

$$\zeta_1 - m = 0.675\delta_L = 0.675\times 8\text{dB} = 5.4\text{dB} \tag{12-8}$$

图12-5和图12-6表明，在进行网络规划设计时，需要留出5.4dB的裕量才能保证边缘覆盖率达到75%。如果要求90%的边缘覆盖率，则衰落裕量$D_L = 1.28\sigma_L$，需要留出10.3dB的衰落裕量。

标准偏差σ_L与地形有关，CCIR第567-4号报告中列出的接收信号中值场强随位置变化的标准偏σ_L见表12-1。这些数据是假定场强随位置的分布为对数正态分布的情况下取得的。

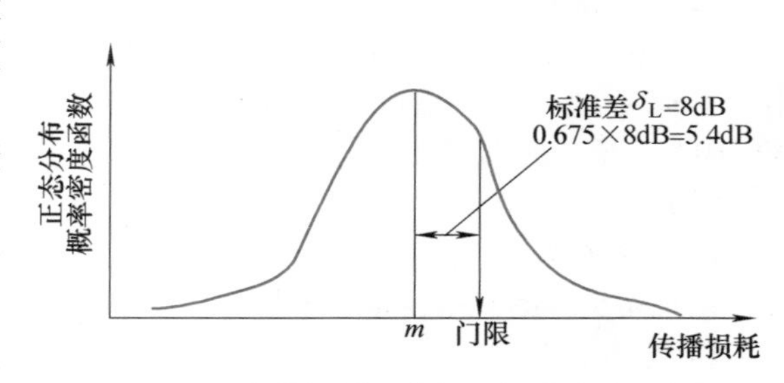

图12-6　衰落裕量示意图—概率密度函数

表 12-1 中值场强随位置变化的标准偏差值 σ_L

频率/MHz	σ_L 值/dB				
	准平坦地形		不规则地形 Δh/m		
	城市区	郊区	50	150	300
900	6.5	8	10	15	18

1800MHz 的 σ_L 值未有报告，可以取与 900MHz 相同的值。

对于覆盖区边缘的无线可通率指标，一般（按车载台算）取郊区为 75%、城市为 90%。随着网络覆盖的日益完善，运营商为了提高竞争力，提高服务质量，现阶段这一指标有了提高，达到郊区 80%、城市 95%或更高。

2）干扰裕量

对于 GSM 蜂窝系统，为对抗由于频率复用带来的同频干扰、城市中汽车等带来的人为噪声等对通信质量的影响，系统设计时需要预先留出一定的裕量，称之为干扰裕量或恶化量储备，一般取为 2~5dB。

对于 CDMA 蜂窝系统，由于用户数的增加（网络负载加重），多址干扰将加重，它提高了接收机的噪声基底，使接收机的灵敏度降低，增加了接收机的最低接收门限电平。因此，系统设计时也必须要为此预留一定的裕量来对抗这种背景噪声的提高，这种裕量称为干扰裕量，详见 12.3.2 节。

（4）各类损耗

电波传播路径上直接遭受的损耗还包括建筑物的穿透损耗、车内损耗和人体损耗。

1）建筑物的穿透损耗

建筑物的穿透损耗是指电波通过建筑物的外层结构时所受到的衰减，它等于建筑物外与建筑物内的场强中值之差。

穿透损耗采用的是经验值，建筑物的穿透损耗与建筑物的建筑材料、墙体厚度、结构、门窗的种类和大小、楼层有很大关系。穿透损耗随楼层高度的变化一般为-2dB/层，因此，一般都考虑一层（底层）的穿透损耗。

下面是一组针对 900MHz 频段，综合国外测试结果的数据：

中等城市市区一般钢筋混凝土框架建筑物，穿透损耗中值为 10dB，标准偏差 7.3dB；郊区同类建筑物，穿透损耗中值为 5.8dB，标准偏差 8.7dB。

大城市市区一般钢筋混凝土框架建筑物，穿透损耗中值为 18dB，标准偏差 7.7dB；郊区同类建筑物，穿透损耗中值为 13.1dB，标准偏差 9.5dB。

大城市市区金属壳体结构或特殊金属框架结构的建筑物，穿透损耗中值为 27dB。

很显然，通常穿透损耗由大到小的顺序是：密集城区>城区>郊区>农村。工程上，链路预算时一般取密集城区 25dB、一般城区 20dB、郊区 15dB、农村 6dB。实际规划时，可以通过测试获得更为准确的穿透损耗。

对于 1800MHz，虽然其波长比 900MHz 短，穿透能力更强，但绕射损耗更大。因此，实际上，1800MHz 信号的建筑物贯穿损耗比 900MHz 的要大。一般取比同类地区 900MHz 信号的穿透损耗大 5~10dB。

2）车内损耗

金属结构的汽车带来的车内损耗不能忽视。尤其在经济发达的城市，人的一部分时间是在汽车中度过的。工程上，一般车内损耗取 6dB。

3）人体损耗

对于手持机，当位于使用者的腰部和肩部时，接收的信号场强比天线离开人体几个波长时分别降低4~7dB和1~2dB。所以，工程上一般人体损耗取为3dB。

（5）其他

链路预算中影响最大允许路径损耗的其他方面还有分集接收增益、使用塔顶放大器时的塔顶放大器增益等，CDMA系统中还有由于软切换而带来的软切换增益等。

1）分集接收增益

蜂窝系统为提高手机至基站的上行链路通信质量，在基站侧都采用了空间分集或极化分集，工程上通常认为由此可带来约3dB的分集接收增益。

2）软切换增益

在CDMA蜂窝系统中，软切换可带来额外的增益，详见12.3.2节。

确定上述基本参数后，可计算得到允许的最大路径损耗值，然后依据电波传播模型，便可得到对应该最大路径损耗的传播距离，即小区半径。常用的传播模型包括Okumura-Hata模型、COST-231-Hata模型等。

12.1.3 容量规划

微视频：
容量规划、GSM与CDMA无线网络规划

网络规划中，需根据对规划区内的调研工作，综合所收集到的信息，结合系统建设的具体要求，在对规划区内用户发展的正确预测基础上，根据确定的服务等级，从而确定整个区域内重要部分的话务分布。在综合考虑到话务需求量与分布、传播环境、上下行信号平衡、建站的综合成本等诸方面因素的基础上，初步确定基站布站策略、站点数目、站型及配置，以及投资规模等。这个过程就是网络的容量规划。

系统容量可表述为系统能提供的总话务量或能容纳的总用户数。容量规划是建立在话务理论、用户预测及话务分布预测的基础上的。

1. 话务理论

在蜂窝移动通信系统中，由于无线资源的限制，大量移动用户只能在一个小区内共享数量相对较少的信道，每个用户只是在呼叫时才占用一个信道，一旦通信结束就立即释放信道。当所有的信道都被占用，用户的呼叫就要发生阻塞。因此，在网络规划和设计中需要用话务理论来帮助我们比较网络结构，分配网络资源和评估协议性能。

话务理论的相关知识详见3.5节。

2. 用户预测

用户预测是确定移动通信网建设规模和进行容量分配的重要依据，决定了工程建设的投资规模及建成投产后的经济效益。

用户预测应从国家、城市的总体发展战略出发，基于业务区的人口分布和各区域经济发展水平及发展前景，充分考虑当地经济发展对移动电话的需求，从用户经济承受能力出发综合考虑。

准确把握蜂窝移动通信的发展规律、正确认识蜂窝移动通信所处的发展阶段是进行市场需求预测的前提。

蜂窝移动电话的发展过程应该符合成长曲线的规律。在其引入初期，价格昂贵，绝对数量的增长比较缓慢，但由于基数少，增长率很高，随着设备成本的降低，这种商品逐步为人们所接受，必然要经历一个接近指数率增长的飞速发展时期，而后进入稳定发展阶段，最终将达到饱和阶段，如图12-7所示。

近年来，我国蜂窝移动通信系统成功运营的经验和大量的数据分析表明，我国蜂窝移动通信的发展正处于快速增长期，这个阶段的发展特点是增长率较高。短期内我国蜂窝移动通信的发展环境主要有以下特点：

- 经济持续高速增长，人民生活水平步入小康阶段。
- 通信支出占个人收入的比例逐渐上升。

- 人们的流动性增强，对移动通信的需求不断增长。
- 竞争日趋激烈。
- 包括手机在内的通信设备成本不断降低，通信资费进一步下调。
- 业务不断丰富。
- 网络服务质量不断提高。
- 第三代移动通信技术已经成熟，在我国投入运营。

由此可以预见，我国蜂窝移动电话市场还会在一定时期内保持较高的增长速度，并逐渐向稳定发展阶段过渡。

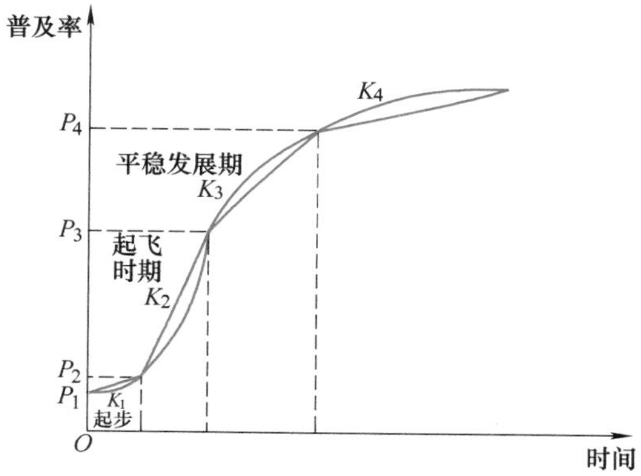

图 12-7　成长曲线

移动用户数的预测通常可采用以下几种方法：

（1）趋势外推法

趋势外推法是研究事物发展渐进过程的一种统计预测方法。当预测对象依时间变化呈现某种上升或下降的趋势，并且无明显的季节波动，又能找到一条合适的函数曲线反映这种变化趋势时，就可以时间为自变量、时序数值（如本预测中的用户数）为因变量，建立趋势模型。它的主要优点是可以揭示事物发展的未来，并定量估计其功能特性。

使用趋势外推法进行容量预测的步骤是：首先采集用户数增长的历史数据，画出历史增长曲线；然后选择合适的数学曲线进行拟合；最后根据拟合曲线的后半段预测今后某个时间点的用户容量。

（2）回归预测法

回归预测法是根据两个或多个变量数据（如人均国内生产总值和移动电话用户数）所呈现的趋势分布关系，采用适当的计算方法，找到它们之间特定的拟合公式，然后根据其中一个变量的变化，来预测另一个变量的发展变化。

移动用户的多少与经济状况和个人收入有很大关系，如用人均国内生产总值 GDP 来衡量经济状况，将其作为回归自变量，采用二次曲线来回归预测移动电话用户数。如某阶段预测得到的二次曲线回归方程为：$Y=0.0004x^2-3.3587x+6825.2$，其中，$x$ 为某年人均 GDP，Y 为相应用户数。

（3）普及率法

移动电话人口普及率预测法结合类比分析，找出类似城市发展的趋势来推及自身发展的趋势。

某地移动通信网络的用户数 = 区域人口总数×移动电话普及率×该移动通信网络的市场占有率

本预测方法涉及的因素较多。其中，区域人口总数的增长及分布预测可以从有关政府部门获得；移动电话普及率可运用上面介绍的趋势外推法或其他渠道获得；移动通信网络的市场占有率是一个变化量，与移动运营商的市场、服务策略密切相关，需要由运营商根据对业务的预期提供比较准确的预测数据。在取定普及率指标时还必须考虑以下因素：

- 世界中等发达国家移动电话普及率。
- 全国未来几年内预期达到的指标。
- 运营者在该地区用户普及率情况。
- 该地区经济发展状况。
- 影响购买力的一些潜在因素等。

（4）市场调查法

市场调查法通过对网络覆盖范围内主要特定人群的市场调查，得出某移动通信服务在不同人群中的渗透率数据，进而得出当地的潜在用户数。

特定人群的划分，不同地方不尽相同，应根据当地的情况灵活选择。以某地市中心区域为例，可以将人群划分为商业用户和住宅用户，不同的人群有不同的消费特征、消费时段。例如商业用户对通信资费相对不敏感、话务量大、对通信质量要求高；而住宅用户对资费敏感、话务量小。

预测时通常需要将一个大的区域划分为若干个不同类型的小的片区，例如密集城区、一般城区、郊区、乡村等，不同片区移动用户的组成结构、话务模型有所不同，而同一片区内的话务模型认为是一致的。通过对各个片区的潜在用户的调查，可以获得相应的容量需求，所有片区的容量累加，得到整个区域的容量需求。

3. 话务分布预测

我国蜂窝移动业务的话务分布特点是：话务量主要集中在大中城市，在城市的市中心又形成一个较为集中的话务密集区，在这样的区域内，一般还存在局部的更高的话务热点，而郊县的话务量较低。建网时如果不考虑这些因素，均匀布点，不仅会造成低话务密度区设备资源的浪费，还会导致高话务密度区容量的不足，影响网络的投资效益和服务质量。要解决这个问题，必须进行话务密度分布预测，并且根据预测结果进行布站和信道配置。

话务分布预测通常根据现有无线网络的话务分布情况给出，需要参考各站点忙时话务分布。对于新建网络，无法得到现有网络话务分布，可以参考其他移动通信网络现有话务分布情况，也可以参考固定电话网络现有话务分布情况。

话务密度预测的方法目前主要有两种，一是线性预测法，二是线性预测与人工调整相结合的方法。线性预测法是：利用小区规划软件，借助于数字地图，将现有基站统计的忙时话务量实事求是地分配到每个小区中去；然后将目标年总的话务量输入计算机，小区规划软件就根据现有话务分布情况，生成目标年的话务分布图。当然，对此结果还需根据市场发展预测、经营策略等因素进行调整，得出最终的话务分布预测。

4. 数据业务容量需求的估算

目前，各种数据业务已在整个移动通信业务中占有较大比重，并且呈现进一步快速增长的趋势，数据业务引起的容量需求与语音业务一起构成了系统的总容量需求。根据数据用户的比例及数据业务的话务模型，计算规划区域对数据业务总的需求。

数据业务的业务类型很多，呼叫过程的处理相对语音业务更复杂，主要表现在以下几个方面：

- 与服务类型相关，数据业务支持 WWW、E-mail、FTP、Telnet 等多种业务。
- 与运营策略相关，受到数据用户比例、提供给用户的平均传输速率、系统所提供的业务种类等因素的影响。
- 与设备技术特点相关。
- 与用户使用各数据服务的习惯相关。

数据业务模型与语音业务模型有明显的不同，体现在以下几方面：

- 数据业务有多种类型，每用户 Erlang 是统计值，与各种业务的比重有关系。
- 呼叫建立次数取决于业务种类和各种业务的比重。
- 每用户的平均呼叫时长也取决于业务种类和各种业务的比重。
- 占用的资源受数据业务速率等因素影响而发生变化，是统计的结果。

由于数据业务的复杂性，运营商难以准确统计用户使用各种数据业务的情况，不同业务区之间由于业务开展情况千差万别，数据业务模型也相差很多，难以给出一种详尽、精确、有效的数据业务模型。在实际容量规划时，建议采用宏观统计的数据业务模型。表 12-2、表 12-3 给出了某地区某时期的数据业务行为。

表 12-2 高端用户行为

序号	话务行为统计	信息点播	WWW/WAP	E-mail	FTP	VOD/AOD	E-Commerce	其 他
1	平均每月使用次数 n_1	60	60	60	60	5	20	15
2	忙日集中系数 M_1(%)	5	5	5	5	5	5	5
3	平均每日使用次数 $n_2=n_1M_1$	3	3	3	3	0.25	1	0.75
4	忙时集中系数 M_2(%)	10	10	10	10	10	10	10
5	忙时使用次数 $n_3=n_2M_2$	0.3	0.3	0.3	0.3	0.025	0.1	0.075
6	平均每次使用的时间 t_1/s	120	300	15	30	300	120	60
7	占空比 M_3	0.1	0.1	0.75	0.8	0.8	0.1	0.1
8	平均每次实际使用的时间 $t_2(s)=t_1M_3$	12	30	11.25	24	240	12	6
9	平均数据业务速率 R/(kbit/s)	26.21	26.21	26.21	26.21	26.21	26.21	26.21
10	数据用户忙时数据吞吐量 $S=Rt_2n_3$/(3600bit/s)	26.21	65.53	24.57	52.42	43.68	8.74	3.28
数据用户忙时数据吞吐量（各项业务合计）/(bit/s)		224.42			250			
话务量/mErl		10.0	25.0	1.25	2.5	2.08	3.33	1.25

表 12-3 低端用户行为

序号	话务行为统计	信息点播	WWW/WAP	E-mail	FTP	VOD/AOD	E-Commerce	其 他
1	平均每月使用次数 n_1	30	30	20	30	0	10	10
2	忙日集中系数 M_1(%)	5	5	5	5		5	5
3	平均每日使用次数 $n_2=n_1M_1$	1.5	1.5	1	1.5	0	0.5	0.5
4	忙时集中系数 M_2(%)	10	12	10	10		10	10
5	忙时使用次数 $n_3=n_2M_2$	0.15	0.18	0.1	0.15	0	0.05	0.05
6	平均每次使用的时间 t_1/s	120	300	15	30	0	120	60
7	占空比 M_3	0.1	0.1	0.75	0.8	0	0.1	0.1
8	平均每次实际使用的时间 $t_2(s)=t_1M_3$	12	30	11.25	24	0	12	6
9	平均数据业务速率 R/(kbit/s)	9.6	9.6	9.6	9.6	0	9.6	9.6
10	数据用户忙时数据吞吐量 $S=Rt_2n_3$(3600bit/s)	4.8	14.4	3	9.6	0	1.6	0.8
数据用户忙时数据吞吐量（各项业务合计）/(bit/s)		34.2						
话务量/mErl		5	15	0.42	1.25	0	1.67	0.83

5. 基站容量规划

语音业务容量需求和数据业务容量需求构成了系统总的容量需求。

通过上面的用户数及其分布预测，结合语音/数据业务模型，可得出服务区内总的容量需求和容量在每个地区的需求分布和区域面积，进而得到基站数目、站型及分布。

（1）某区域所需基站总数的估算

1）根据本次工程可以使用的频率资源、将要采用的频率复用方式，估算基站所能配置的最大容量（爱尔兰数）。

2）根据某个区域总话务量除以每个基站的最大容量，可得出这个区域至少所需的基站总数。

3）根据前面链路预算得到的该类环境下基站的覆盖半径得出其覆盖面积，用该区域面积除以单个基站的覆盖面积，得出所需的基站数目。

4）在根据容量需求得到的基站总数与根据覆盖需求得到的基站总数间，选择数值较大的，即初步得出该区域所需的基站总数。

通常，在郊区及农村地区，由于话务量需求较小，话务密度较低，单个基站的容量足以满足需求，其所需的基站数目主要取决于覆盖。特别是广大农村地区，单个基站的覆盖能力有限，要增加覆盖主要靠增加基站来解决。而对于城市密集区，人口密集、移动电话普及率高、话务量大，是高话务密度地区，由于频率资源或系统本身体制所限，单个基站的最大容量有限，不足以满足高话务密度的需求，这时只能通过小区裂变、增加基站的数目来提高该地区的系统容量。也就是说，此地区基站的数目主要取决于该地区的容量需求，而不是覆盖需求。

以上得到的是系统所需基站数的粗略值，由于即使是同一类地区，话务分布不可能完全一样，传播环境及基站架设参数等也不可能完全一致，因而实际情况下各基站的覆盖半径、容量配置不可能完全一样，系统所需的基站数需根据覆盖需求、容量需求、传播环境、容量需求分布等进行反复调整。

（2）基站站型的确定

1）估算小区的覆盖面积，基站小区的覆盖面积乘以相应的话务密度，得到该小区目前需满足的话务量。

2）根据话务量和指定呼损指标查爱尔兰B表，得出该基站小区所需的业务信道数。

3）根据所需的业务信道数确定小区所需载频数，最终得到基站站型。

12.2　GSM无线网络规划

详细的GSM无线网络规划包括现网测试分析、链路预算、站址选择、覆盖预测、组网结构、容量规划、频率规划、关键小区参数规划、编号计划等工作，如果需要还应进行模型校正工作。下面重点介绍覆盖、容量及频率规划。

12.2.1　网络规划设计要求

在开始规划前，必须准确地了解运营商对将要建设的网络所要达到的目标。网络规划设计目标一般来自于标书或与其技术人员的讨论，在建设成本允许的前提下，满足运营商对网络覆盖、容量和质量的要求。表12-4、表12-5列出了这些目标的实例。

表12-4　网络规划设计目标

名　　称		覆盖目标		
		大中城市	小城市	公路
(覆盖面积/长度)/(km^2/km)	密集市区	9	—	—
	市区	50	25	—
	郊区	100	60	—
	乡村	150	100	75
开通日期/(日/月/年)		1/4/02	1/4/02	1/5/02
用户数量	开通	12000	4000	1000
	+6月	14000	6000	2000
	+12月	18000	6000	2000
	+18月	18000	6000	2000
忙时话务量/(mErl/用户)		30	25	20
话务效率（%）		85	85	80
频点数量		25	25	25

（续）

名　　称		覆盖目标		
		大中城市	小城市	公路
服务类型	室内	✓		
	车内	✓		✓
	室外	✓	✓	
GOS/(%)		2	2	5
覆盖概率/(%)		95	95	90
新建/扩容		新建	新建	扩容

注：话务效率在此是指为漫游、切换保留的无线容量。设计的系统无线容量×话务效率=标书中要求的无线容量。

表 12-5　网络关键性能指标（KPI）

序号	KPI	指标含义	测试方法	参考值
1	TCH 拥塞率	TCH 占用失败次数/TCH 占用请求次数×100%	OMC	<2%
2	SDCCH 拥塞率	SDCCH 占用与全忙次数/SDCCH 占用请求次数×100%	OMC	<1%
3	掉话率	TCH 掉话次数/TCH 占用成功次数×100%	OMC	<2%
4	切换成功率	切换成功次数/切换尝试次数×100%	OMC	>92%
5	呼叫建立时间/s	平均呼叫建立时间	路测	<10
6	覆盖率	接收电平大于-90dBm 的百分比	路测	>90%
7	主观语音质量评价（MOS）	根据语音从完美到不可听分为 5 个等级	路测	≥3

12.2.2　覆盖规划

1. 覆盖规划总体考虑

（1）覆盖要求

分析运营商对覆盖的要求。详见表 12-4。

（2）覆盖区域分析

在不同类型的区域采用的信号传播模型不同，并由此决定了其覆盖区无线网络的设计原则、网络结构、服务等级和频率复用方式。为便于确定小区的覆盖范围，可将实现无线覆盖的区域划分以下几种类型：大城市、中等城市、小城镇和农村，见表 12-6。

表 12-6　几种类型区域的覆盖情况

区域类型	描　　述
大城市	人口密集、经济发达、话务量巨大的地区，其中心市区高楼大厦林立，商业区人气旺盛
中等城市	人口相对密集、经济较发达、话务量较大的地区，其中心楼群密集，商业区有生气，具有较大的发展前景
小城镇	人口较多、经济发展有潜力，话务量适中的地区，其中心地带楼群较密，有一定规模的商业区，有较大的发展前景
农村	人口密度小、经济有待发展，话务量较少
交通干道	上述区域的连接部，有一定的话务需求

（3）覆盖区边缘场强和覆盖概率的确定

服务区下行边缘场强的确定考虑以下因素：手机灵敏度-102dBm，快衰落保护 4dB（农村为 3dB），慢衰落保护 8dB（农村为 6dB），噪声（环境噪声和干扰噪声）保护 5dB。大中城市通常需要满足室内覆盖要求，建筑物的平均穿透损耗一般按 15dB 计；另加 5dB 室内信号改善储备。在市区环境，GSM1800信号的传播衰耗比GSM900信号平均大10dB左右，而GSM1800系统的天线增益比GSM900系统平均大3dB。由于无线链路分上行和下行两个方向，覆盖范围由弱的方向决定，因此还必须考虑上、下行平衡的问题。

覆盖概率的确定随覆盖区域的不同而不同，随网络建设的不断进行而逐步得到改善。在国内，开始一般以市区、国家级重点旅游区、高速公路、国道、大流量铁路沿线实现室外全覆盖，其他主要公路、铁路和航道的覆盖率以超过90%为目标进行网络的规划、建设。随着网络建设的深入，用户量越来越大，对网络服务的要求越来越高，在根据话务量规划网络的同时，需要逐步加强重点区域（例如政府办公场所、新闻中心、飞机场候机楼、火车站候车厅、地铁、高档商业办公大楼、娱乐中心、大型商场等）的室内覆盖建设。需要说明的是，对覆盖区内90%的地点和99%的时间可接入网络的国内规范要求，在大城市的室外应予以提高，而在农村则应将要求降低。对于交通干道则采用不同标准，根据不同类型干道限制其连续覆盖盲区的范围。覆盖概率与慢衰落保护余量相关，覆盖概率越高，慢衰落保护裕量就越大，详见12.1.2节。

2. 上下行链路平衡

在移动通信系统中，无线链路分上行（反向）和下行（前向）两个方向。基站的覆盖效果是由上行、下行统一决定的，取决于性能较差的一方。实际网络中上下行链路的预算应该基本达到平衡，即上行、下行允许的传输路径损耗基本相同。因此，一个优良的系统应在设计时就考虑使上下行信号达到平衡。当然，平衡并不是绝对的相等，由于基站功率大于移动台的功率，所以下行信号功率将大于上行信号功率。一般上下行允许最大损耗相差1~2dB时，认为上下行基本达到平衡。

表12-7、表12-8给出了GSM系统在一般城区的上下行链路预算表，其中GSM手机最大发射功率为33dBm（2W）、基站最大发射功率为43dBm（20W）。从表中可以看出，其上下行链路是基本平衡的，下行覆盖略优于上行。

表12-7　一般城区GSM上行链路预算表

序号	项　目	数据
1	手机标称发射功率/dBm	33
2	人体损耗/dB	3
3	手机天线增益/dBi	0
4	手机EIRP/dBm	30
5	基站灵敏度/dBm	-110
6	基站天线增益/dBi	15.7
7	基站馈缆与接头损耗/dB	3
8	双工器等其他损耗/dB	1
9	分集接收增益/dB	3
10	正态衰落裕量/dB	5.4
11	干扰裕量/dB	2
12	最大允许的路径损耗/dB	147.3

表12-8　一般城区GSM下行链路预算表

序号	项　目	数据
1	基站标称发射功率/dBm	46
2	基站天线增益/dBi	15.7
3	基站馈缆与接头损耗/dB	3
4	双工器、合路器等其他损耗/dB	2
5	基站EIRP/dBm	56.7
6	手机灵敏度/dBm	-102
7	手机天线增益/dBi	0
8	人体损耗/dB	3
9	正态衰落裕量/dB	5.4
10	干扰裕量/dB	2
11	最大允许的路径损耗/dB	148.3

3. 覆盖预测

通过链路预算来预测基站覆盖是在初始规划时的一种简单快捷的方法。利用上下行链路平衡预算的结果确定最大允许的链路损耗，然后结合环境分类，由对应的传播模型预测小区的覆盖距离。

如果在预规划中需要给出覆盖预测图时，可使用Planet、Netplan、ASSET等规划工具，选择合适的电子地图，确定传播模型，输入基站的工程参数，就可以得到基站的覆盖效果预测图，例子如图12-8所示。在规划中根据可能存在的盲区、弱信号区对基站站址、天线方向、下倾角，天线高度进行调整，得出满足要求的覆盖图。最终得出实际基站的工程数据。

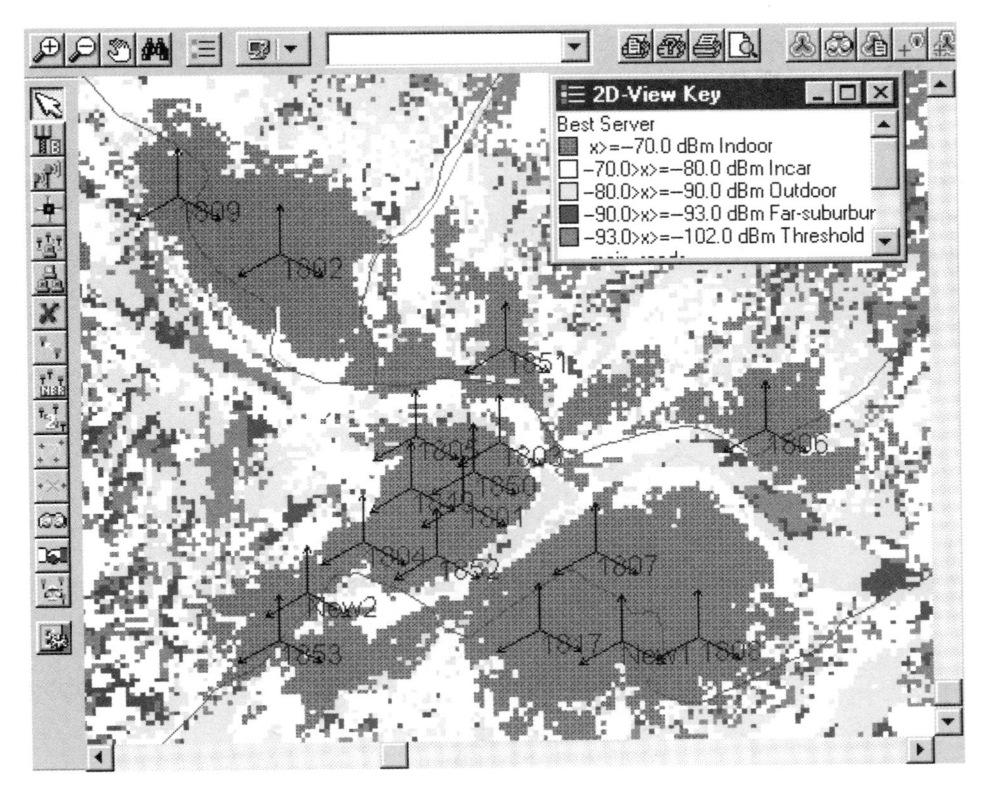

图 12-8　ASSET 输出的覆盖预测图

12.2.3　频率规划

由第 3 章的讨论可知，频率复用技术是移动通信系统增加系统容量、提高频率利用率，解决移动用户大量增长与频率资源有限之间的尖锐矛盾的最为有效的措施。对于 GSM 蜂窝系统，采用第 3 章所述的原理进行区域覆盖，但为了提高系统性能，对区群的组成即频率复用结构进行了一些改进。根据应用环境的不同，GSM 蜂窝系统采用了多种频率复用方案。常用的复用技术在不同频率带宽下的可以实现的最大站型（理论值）见表 12-9。

表 12-9　频带宽度-复用技术-最大配置

频带/MHz	4×3	MRP	1×3
6	S3/2/2	—	S4/4/3
7	S3/3/2	S4/4/4	S5/4/4
8	S4/3/3	S5/5/5	S6/5/5
10	S4/4/4	S6/6/6	S8/8/8

根据《900MHz TDMA 数字公用陆地蜂窝移动通信网技术体制》的要求，若采用定向天线，建议采用 4×3 复用方式，业务量较大的地区，根据设备的能力还可采用其他复用方式，如 3×3、2×6 等。无论采用何种方式，其基本原则是考虑了不同的传播条件、不同的复用方式、多重干扰因素后必须满足干扰保护比的要求，即：

- 同频干扰保护比 $C/I \geqslant 9\text{dB}$。
- 邻频干扰保护比 $C/I \geqslant -9\text{dB}$。

● 400kHz 邻频保护比 $C/I \geqslant -41$dB。

1. GSM 系统的频率复用方式

（1）4×3 频率复用

GSM 系统采用的频率复用结构有很多种，如 4×3、3×3、2×6 等，所有的复用一般都是把有限的频率分成若干组，依次形成一簇频率分配给相邻小区使用。根据 GSM 体制规范的建议，在各种 GSM 系统中常采用 4×3 复用方式。4×3 复用方式是把频率分成 12 组，并轮流分配到 4 个站点，即每个站点可用 3 个频率组。这种频率复用方式由于复用距离远，能够比较可靠地满足 GSM 体制对同频干扰保护比和邻频干扰保护比指标的要求，使 GSM 网络的运行质量好、安全性高，如图 12-9 所示。

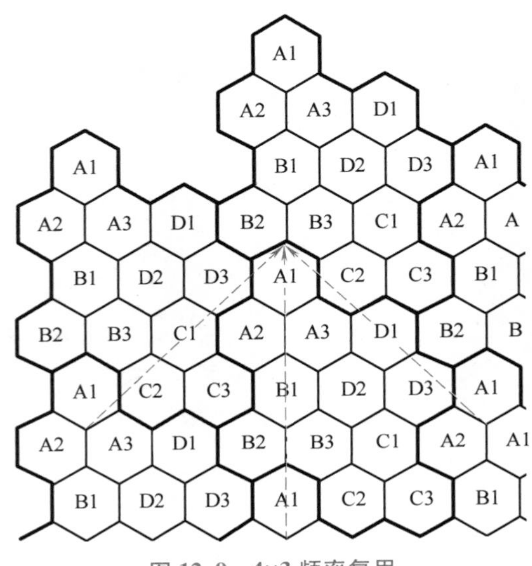

图 12-9 4×3 频率复用

对于某公司，900MHz 频段有 6MHz 带宽用于 GSM，除去一个与另一公司的保护频点后有 29 个频点，采用 4×3 复用，频率分配见表 12-10。

表 12-10 4×3 频率复用方式

载 频 数	频 率 组											
	A1	B1	C1	D1	A2	B2	C2	D2	A3	B3	C3	D3
	频 道 号											
1	1	2	3	4	5	6	7	8	9	10	11	12
2	13	14	15	16	17	18	19	20	21	22	23	24
3	25	26	27	28	29							

表 12-10 中 A、B、C、D 表示 4 个基站，下标 1、2、3 表示某一基站的扇区。由表 12-10 可知，29 个频道采用 4×3 频率复用，基站理论上的最大站型为 S3/3/2，可见这种复用方式频率利用率低，满足不了业务量大的地区扩大网络容量的要求。在有些大中城市人口密度高，经过多次扩容，站距相距不到 1km，覆盖半径不过几百米，有些点甚至达到 300m 的覆盖半径，再依靠大规模的小区分裂技术来提高网络容量已经不现实了。有两种办法可以解决不断增长的网络容量需求，其一就是发展 GSM900/1800 双频网，其二就是采用更紧密的频率复用技术，如 3×3、1×3、MRP 等。

（2）3×3 频率复用

3×3 频率复用将可用频率分为 9 组，标为 A1、B1、C1、A2、B2、C2、A3、B3、C3，分给 3 个基站的 9 个扇区，如图 12-10 所示。3×3 频率复用通常与基带跳频结合使用，以对抗由于同频复用距离缩短引起的同频干扰的增加。

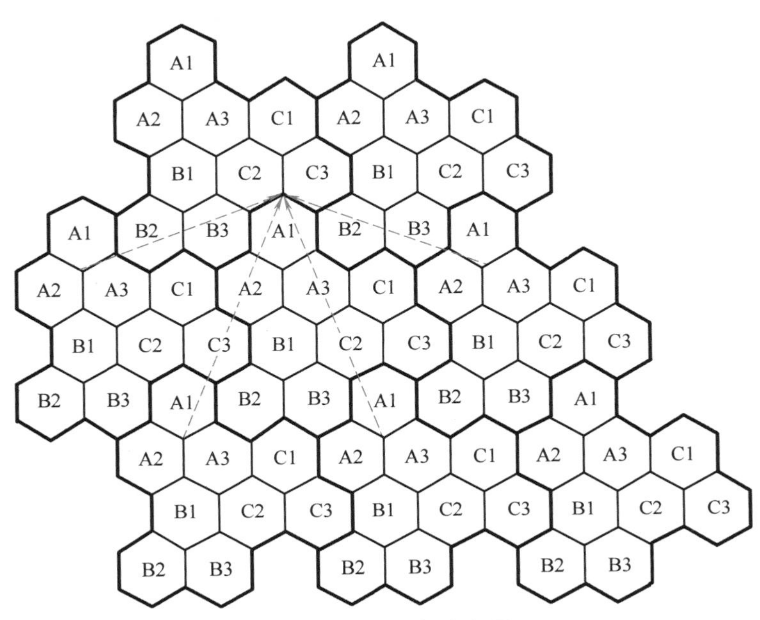

图 12-10　3×3 频率复用

（3）1×3 频率复用

1×3 频率复用是一种最为紧密的频率复用方式，结合合成器跳频一起使用，并需同时使用 DTX、功率控制、天线分集等抗干扰技术，如图 12-11 所示。

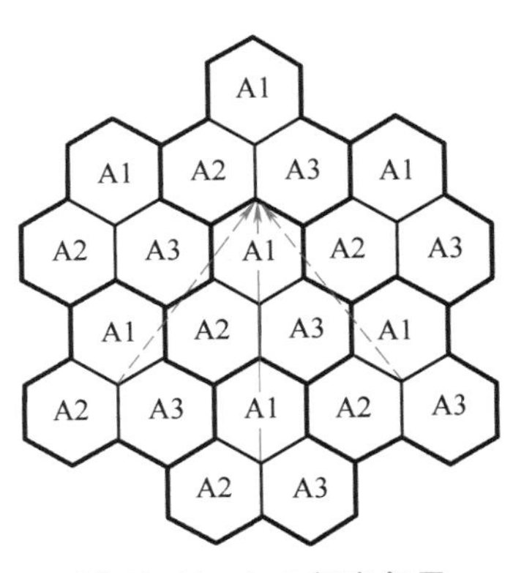

图 12-11　1×3 频率复用

（4）其他紧密频率复用方式

除以上频率复用方式以外，GSM 系统还常使用多重频率复用（MRP）技术和同心圆（Concentric Cell）技术，以获得良好的频率利用率和较高的系统容量。

MRP（Multiple Reuse Pattern）技术将整段频率划分为相互正交的 BCCH 频段和若干 TCH 频段，每一段载频作为独立的一层。不同层的频率采用不同的复用方式，频率复用逐层紧密。MRP 是近年来频率规划技术发展的热点之一，有关文献指出，应用 MRP，同时结合跳频、DTX、功率控制等抗干扰技术，可以将平均频率复用系数降到 7.5 左右，而不影响网络质量。

所谓同心圆就是将普通的小区分为两个区域：外层及内层，又称顶层（Overlay）和底层（Underlay）。外层的覆盖范围是传统的蜂窝小区，而内层的覆盖范围主要集中在基站附近。外层和内层的区别除覆盖范围不同外，它们频率复用系数也不同的。外层一般采用传统的 4×3 复用方式，而内层则采用更紧密的复用方式，如 3×3、2×3 或 1×3。因此，所有载波信道被分为两组，一组用于外层，一组用于内层。这种结构之所以称为同心圆，是因为外层及内层是共站址的，而且共用一套天线系统，共用同一个 BCCH 信道。但公共控制信道必须属于外层信道组，也就是说，通话的建立必须在外层信道上进行。由于内层采用了更紧密的复用方式，每个小区可以分配更多的信道，从而提高了频率利用率，增加了网络容量。

关于 MRP 和同心圆频率复用方式的深入介绍请参见《GSM 网络优化——原理与工程》等书籍。

紧密频率复用的本质是以通信质量换取容量。频率复用越紧密，复用距离就越短，同邻频干扰也就显著增加，网络质量也将变差。为减缓由于紧密频率复用带来的通信质量降低，紧密频率复用必须结合跳频、功控、DTX 等抗干扰技术一起使用，并需要细致的优化调整，尤其要控制住越区覆盖。当然，在满足容量需求的前提下，应尽量采用宽松的频率复用技术。

频率规划时，不管非 BCCH 载频采用何种复用模式，BCCH 载频必须采用 4×3 复用模式。因此，BCCH 至少需要 12 个频点（由于 BCCH 载频的重要性，实际规划时往往给 BCCH 分配 14 个频点以上，因此实际的最大站型要略小于上述值）。

（5）几种频率复用方式容量比较

紧密频率复用可大大提高频率利用率、增加系统容量。例如，对于某公司位于市区的 GSM900 网络，采用常规 4×3 频率复用技术，绝大部分基站实际配置只能是 S2/2/2，个别基站可以为 S3/2/2，超过 S3/3/2 后网络质量将失控。而采用 1×3 紧密复用技术，最大配置可为 S4/3/3（理论值，实际网上应用为 S3/3/3），容量比常规复用方式增加一倍，可以大大节省运营商的投资（铁塔、机房、电源、传输等辅助设备的投资往往高于基站本身）。

根据前面对各种频率复用方式的分析和介绍，现在比较一下这几种频率复用方式对容量提高的影响。表 12-11 是不同可用频带宽度下采用这几种方式可以实现的基站配置、平均每站容量以及容量比（均以 4×3 方式为基准）。

表 12-11　几种频率复用方式容量比较

频带宽度/MHz	复用方式	基站配置	平均每站容量/户	容量比
6	4×3	3/2/2 或 3/3/2	1440	1
	3×3	3/3/3	1788	1.24
	1×3	4/4/4	2640	1.83
	MRP（12，9，6）①	3/3/3	1788	1.24
9.6	4×3	4/4/4	2628	1
	3×3	5/5/5	3384	1.29
	1×3	6/6/6	4272	1.63
	MRP（12，9，6）①	6/6/6	4272	1.63

注：GOS=2%，0.025Erl/用户。

① 表示每个载频的复用方式。

2. 频率分配

频率分配是指根据频率复用方式、由容量需求确定的基站站型及其载频数、基站分布等因素，将具体的 GSM 频率分配到基站的各个扇区。目前，在 GSM 系统中一般采用固定信道分配（FCA）方法，即每个基站扇区只能使用分配给它的频点，不能使用其他频点，除非重新进行频率规划。

频率分配既可以人工进行，又可以采用计算机辅助进行。当网络规模较大、基站数目较多、地理环境较复杂时，采用计算机借助于网络规划软件自动进行频率分配是最好的选择。它具有快速、全局性强等特点，不但能给出频率分配列表，还能给出此分配方案下的同频干扰和邻频干扰分布图，供网络规划/优化人员进行优化调整。

12.2.4　基站容量

根据可用频带和频率复用方式，可以得到 GSM 基站的理论最高配置，从而得到其最大容量。

表 12-12 给出了 GSM 蜂窝系统载频（TRX）数、控制信道数、业务信道（TCH）数、GOS 取 2%和 5%时的承载容量之间的关系。

表 12-12 GSM 基站载频-容量表

小区 TRX 数目	控制信道配置数目	业务信道数目	容量（Erlang）2%阻塞率	容量（Erlang）5%阻塞率
1	1（BCCH+SDCCH）	7	2.94	3.74
2	1BCCH+1SDCCH	14	8.2	9.73
3	1BCCH+1SDCCH	22	14.9	17.1
4	1BCCH+1SDCCH	30	22	24.8
5	1BCCH+2SDCCH	37	28	31.6
6	1BCCH+2SDCCH	45	35.5	39.6
7	1BCCH+2SDCCH	53	43	47.53
…	…	…	…	…

在实际运用中发现，基站小区的实际每线（TCH）话务量达到爱尔兰 B 表所给出的每信道（TCH）话务量（2%呼损率）的 85%~90%时，该基站小区出现拥塞的概率显著增加。因此，工程上一般以按爱尔兰 B 表所给出的话务量的 85%作为计算网络可承担的话务密度的依据。这些话务容量的预测数据需要在网络建设的过程中逐步统计并加以完善。

根据 12.1.2 节，在不同地区话务分布预测的基础上，可以得到为满足其话务需求所需的基站数及载扇数。表 12-13 为某地区部分 GSM 基站的站型配置及容量规划。

表 12-13 某地区部分 GSM 基站的站型配置

基站编号	站型	扇区 1			扇区 2			扇区 3			话务总量	用户数/户
		载频数	TCH	话务量	载频数	TCH	话务量	载频数	TCH	话务量		
LA001	S2/2/2	2	14	8.2	2	14	8.2	2	14	8.2	24.6	984
LA002	S2/1/1	1	7	2.9	1	7	2.9	2	14	8.2	14	560
LA003	S2/2/1	1	7	2.9	2	14	8.2	2	14	8.2	19.3	772
LA004	S3/2/2	3	22	14.9	2	14	8.2	2	14	8.2	31.3	1252

信道利用率是一个小区本身的忙时话务量与其理论话务量之间的比值，是评价规划设计质量的重要指标，反映了网络的运营效率或无线资源的充分使用度。网络运行追求高信道利用率、低呼损。从上表可以看出，小区的载波数越多，每 TCH 可承担的话务量就越大，TCH 信道的利用率越高。如果某个基站用户数过少，运营商可能会推迟建设该基站。受小区覆盖范围和可用频率带宽的限制，必须合理规划小区的容量，尽可能在保证良好语音质量的前提下提高信道的利用率。

12.3 CDMA 无线网络规划

从宏观上讲，CDMA 无线网络规划与 GSM 无线网络规划的流程是基本相同的。当然，由于 CDMA 蜂窝系统本身的特点，规划中个别具体的内容及方法存在着不同，下面我们着重讨论这几个不同的方面。

12.3.1 无线网络规划目标

CDMA 无线网络的规划设计目标也包括覆盖目标、容量目标、质量目标等几个方面，某地区某时期的目标例子见表12-14。

表12-14　主要无线设计目标

设计指标		典型值
通信概率	区内覆盖率（%）	90~95
	边缘覆盖率（%）	75~80
	交通线覆盖率（%）	70~90
业务质量	数据吞吐率/(bit/s)	9.6~76.8
	业务信道误帧率（%）	<1（语音），<5（数据）
	阻塞率（%）	<2~5（语音）
	掉话率（%）	<2~5
	语音接续时延/s	<4
软切换率（%）		10~35

用于描述CDMA无线网络目标的指标主要有通信概率、业务质量、软切换率等。语音业务的质量可从接续和传输两个方面来衡量。接续质量表征了用户通话被接续的速度和难易程度，接续时延和阻塞率是用来衡量接续质量的两个指标。传输质量反映了用户接收到的语音信号的清晰逼真程度，这里我们可以使用业务信道的误帧率来衡量。除此之外还有掉话率、切换成功率等。对于数据业务，目前通常采用吞吐率和时延来衡量业务质量。

1. 覆盖目标

通信概率描述了小区内（小区边缘）覆盖到的面积占总面积的百分比。规划过程中，规划设计人员在网络规划软件的帮助下，预测规划区内的每点接收到的信号强度和信号质量，根据预先设定好的覆盖门限判断某点是否被覆盖到，然后对整个规划区进行统计，确定覆盖概率是否达标。对于CDMA系统，前向链路覆盖标准以E_c/I_o为主，手机接收信号电平为辅；反向链路以所需的移动台发射功率为判断准则。网络设计人员在制定相应的覆盖门限判断标准时，应当区分不同地区类型，如密集城区、一般城区、郊区、铁路、公路等，制定相应的标准，表12-15是一种描述CDMA系统覆盖门限的典型形式，表内所列参数值均为网络设计的典型取值，可供参考。

表12-15　满足覆盖的指标

信号方向	反向			前向		
条件	室外手机最大允许辐射功率/dBm			室外最小接收信号强度/dBm①		
地区类型	一类	二类	三类	一类	二类	三类
密集城区	-8	-5		-66	-68	
城区	-5	-5	-5	-68	-68	-68
郊区	0	5	5	-75	-80	-80
农村地区	5	10	10	-80	-85	-85
公路（车内）	20			-95		
铁路（车内）	20			-95		

① 在$E_c/I_o \geq -12$dB的条件下。

2. 质量目标

(1) cdma2000 1x服务区小区边缘最大数据速率

小区边缘最大数据速率是用户处于服务区域内无线条件最恶劣的小区边缘时，可享受到的最低数据速率。在绝大多数情况下，将高于此速率。可参考提供移动数据业务的 GPRS 数据速率和 CDMA 网基站站距情况来确定，比如某期工程所建设的 CDMA2000 1x 服务区小区边缘最大数据速率要求达到：

- 大城市其他地区、中型城市：>38.4kbit/s
- 其他城市：>19.2kbit/s
- 交通干线、乡镇：>9.6kbit/s

（2）电路呼损

1）无线信道呼损率（GOS）。特大城市市区取2%，一般地区取5%。

2）中继电路呼损。MSC 至 BSC 中继呼损应不大于0.5%。

（3）系统参数

1）前向/反向业务信道误帧率。语音业务 FER≤1%；数据业务 FER≤5%。对于连接城市之间的公路，话务量较低的地区可根据实际情况适当减低要求，如农村地区语音业务可取 FER≤3%。

2）软切换率。软切换是 CDMA 移动通信系统的重要特征，配置网络资源的时候会根据设计的软切换率预留一定的信道单元资源供软切换时使用，它提高了系统的切换成功率，但是过高的软切换比例会造成对系统资源的浪费。因为在发生软切换时，两个或两个以上的基站要同时为一个移动台服务，因而这一个用户的通话要占用多个基站的信道单元，统计系统总完成话务量时，这一个用户的话务量会在多个基站上重复统计，为衡量软切换所占比重，定义了软切换率。

软切换率的具体定义还存在争议，工程上常用下式来定义：

一定时间内（通常以一天为统计单位）某 BSC 覆盖范围内所有用户的通话时长的累加记为 A；一定时间内（通常以一天为统计单位）某 BSC 内的所有信道单元（CE）被占用时间（含切换占用）的累加记为 B；记 A/B 为呼叫占用比。则切换率定义为

$$\text{软切换率}=1-\text{呼叫占用比}=1-\frac{A}{B}=\frac{B-A}{B} \tag{12-9}$$

或者用话务量的统计来定义

$$\text{软切换率}=\frac{\text{业务信道承载的总话务量(Erl)}-\text{业务信道承载的不含切换的话务量(Erl)}}{\text{业务信道承载的不含切换的话务量(Erl)}}\times 100\% \tag{12-10}$$

软切换率可以通过网上运行的统计数据按式（12-9）或式（12-10）得到，无线网络规划时则通过规划软件统计得到。无线规划软件能仿真得到网络的软切换区及软切换类型，进而可统计出软切换率。通过调整基站布局、天线高度、增益、下倾角、扇区方向、发射功率等参数，可以改变软切换区和软切换率，这也是无线网络规划和优化的重要工作。

通常，市区的软切换比例一般较高，在35%左右；县城和郊区较低，一般为10%~20%；远郊区与农村不连续覆盖区一般取0%。

3. 容量目标

容量目标描述的是在系统建成后所能满足的语音用户和数据用户数。该指标主要结合网络规划预测所提出的网络建设要求做出。

12.3.2 链路预算

蜂窝系统的链路预算方法在12.1.2节中已作详细介绍，CDMA 蜂窝系统的链路预算也如式（12-4）所示，只是在具体计算时的参数及项目上有些不同。

CDMA 蜂窝系统的无线链路也分为前向（下行）链路和反向（上行）链路。前向链路采用正交 Walsh 码进行扩频、基站间通过 GPS 实现精确的时间同步、发射功率较大，对干扰具有较强的抑制作用；而反向链路移动台受体积、重量、电池容量等条件的限制，发射功率较小（≤200mW）。同时，在 IS-95 系统中，反向链路采用的是非相干解调，其性能同相干解调相比有所下降。这些因素导致

CDMA 蜂窝系统的反向链路覆盖要差于前向链路，也就是说 CDMA 小区的覆盖受限于反向链路，因而工程上常常进行 CDMA 蜂窝系统的反向链路预算。

1. 反向链路预算参数

反向链路预算涉及的参数包括系统参数、移动台发射机参数、基站接收机参数、系统裕量等。系统参数是指与网络运行相关的一些参数，如载频频率、数据速率、系统所需的信噪比等；移动台发射机参数是指移动台最大发射功率、天线增益等；基站接收机参数包括基站接收机灵敏度、天线增益等；系统裕量等部分包括衰落裕量、穿透损耗、软切换增益等。这些参数中的大部分在 12.1.2 节中已作介绍，下面重点介绍 CDMA 蜂窝系统基站接收机灵敏度、干扰裕量、软件切换增益等方面的知识。

（1）CDMA 基站接收机灵敏度

对于接收机而言，接收灵敏度是与系统所能容忍的通信质量相对应的。对于 CDMA 蜂窝系统，通信质量通常用误帧率（FER）来衡量，而误帧率又与解调信噪比密切相关。对于数字接收机，信噪比一般用每比特的能量与噪声功率谱密度的比值（E_b/N_0）来表示。因而 CDMA 接收机灵敏度定义为满足一定误帧率要求下所需解调信噪比 E_b/N_0 要求的接收机功率 P_{rec}。两者之间的关系可表示为

$$P_{rec}=\left(\frac{E_b}{N_0}\right)_{req}\cdot R\cdot(KT\times R_{im}) \tag{12-11}$$

式中，P_{rec}为接收机灵敏度；$\left(\frac{E_b}{N_0}\right)_{req}$ 为满足一定误帧率要求下所需解调信噪比。实际系统运营中，误帧率（FER）通常取城区<1%、农村<3%。对应的$\left(\frac{E_b}{N_0}\right)_{req}$ 值常通过计算机仿真或现场测试来确定；R 为系统数据速率（Hz）；N_0 为包括接收机噪声、热噪声和 CDMA 内部干扰的全部干扰噪声功率谱密度。N_0 可以表示为 $KT\times R_{im}$，其中 K 为波尔兹曼常数（$K=1.38\times10^{-23}$J/K）、T 为开氏温度（常为 290K），$KT=-174$dBm/Hz。R_{im}为接收机噪声系数和干扰裕量，表征由于接收机内部噪声和系统负载所带来的干扰状况。其中，噪声系数属于接收机本身的属性，由接收机电路、器件等因素决定。CDMA 基站接收机的噪声系数通常为 4~6dB，移动台接收机的噪声系数通常为 6~8dB。

实际系统中的接收灵敏度 P_{rec}（以 dBm 表示）为

$$P_{rec}=\left(\frac{E_b}{N_0}\right)_{req}+10\lg R-174+\text{干扰裕量}+\text{噪声系数} \tag{12-12}$$

（2）干扰裕量

CDMA 系统的自干扰特性决定了任一用户的发射信号对其他用户来说都是干扰，这种干扰提高了接收机的噪声基底，使接收机的灵敏度降低，增加了接收机的最低接收门限。为对抗这种干扰，在进行链路预算时可以预留一定的裕量，这就是干扰裕量。

干扰裕量的大小与小负载因子有关，小区负载 β 被定义为激活的用户数与最大允许的用户数的比值。干扰裕量 η 与小区负载 β 的关系由式（12-13）表示，如图 12-12 所示。

$$\eta=10\log[1/(1-\beta)] \tag{12-13}$$

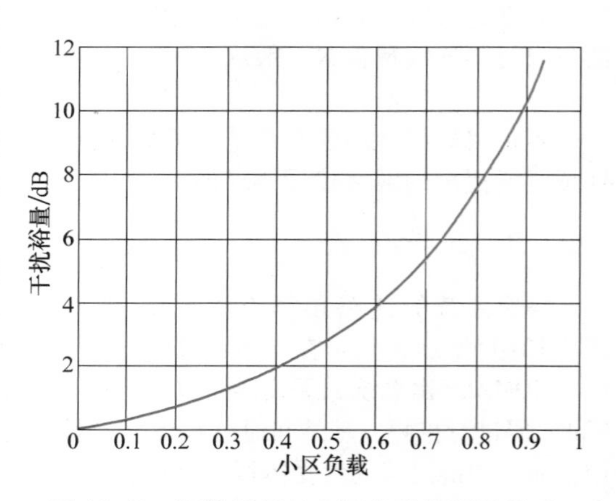

图 12-12 干扰裕量与小区负载的函数关系

系统建设初期，小区负载通常取 50%，对应的干扰裕量为 3.01dB。随着用户的不断增加，小区负

载不断加重，再进行网络规划时小区负载可适当增大。

（3）软切换增益

在 CDMA 系统中，手机处于切换状态时，它同时与两个或两个以上的基站进行通信，由此带来了软切换增益。通常只考虑两方软切换带来的增益，软切换增益的具体取值与两传播路径的相关系数 ρ、正态衰落方差 σ 和边缘覆盖率 $P_{coverage}$ 有关。具体关系如表 12-16 所示。

表 12-16　软切换增益表

$P_{coverage}$	ρ	软切换增益（$\sigma=8$dB）	$P_{coverage}$	ρ	软切换增益（$\sigma=8$dB）
0.75	0.5	4.0	0.95	0.5	4.2
0.9	0.5	4.09	0.98	0.5	4.67

2. 反向链路预算实例

表 12-17 给出了 cdma2000 1x 800MHz 系统在一般城区的反向链路预算表，其中移动台的有效全向发射功率为 200mW，小区边缘覆盖率为 75%，传播模型为 Okumura-Hata 模型。对不同的传播环境可采用相应的修正因子，实际应用中根据电测数据得到的校正模型进行修正。

表 12-17　cdma2000 1x 800MHz 系统一般城区的反向链路预算

序号	传播环境	一 般 城 区					
	业务类型	数 据 业 务					语音业务
1	业务速率/(kbit/s)	153.60	76.80	38.40	19.20	9.60	1x
2	手机标称发射功率/dBm	23	23	23	23	23	23
3	手机天线增益/dBi	0	0	0	0	0	0
4	人体损耗/dB	3	3	3	3	3	3
5	手机 ERP/dBm	20	20	20	20	20	20
6	基站天线增益/dBi	15.70	15.70	15.70	15.70	15.70	15.70
7	基站跳线损耗/dB	1	1	1	1	1	1
8	基站馈缆损耗/(dB/100m)	6	6	6	6	6	6
9	基站馈缆长度/m	50	50	50	50	50	50
10	其他损耗估计/dB	1	1	1	1	1	1
11	基站天馈损耗/dB	5	5	5	5	5	5
12	热噪声谱密度/(dBm/Hz)	-174	-174	-174	-174	-174	-174
13	噪声系数/dB	5	5	5	5	5	5
14	数据速率/(bit/s)	153600	76800	38400	19200	9600	9600
15	E_b/N_0	2.20	2.70	3.30	4.00	4.90	4.90
16	小区负载	0.50	0.50	0.50	0.50	0.50	0.50
17	干扰裕量/dB	3.01	3.01	3.01	3.01	3.01	3.01
18	基站灵敏度/dBm	-111.93	-114.44	-116.85	-119.16	-121.27	-121.27
19	软切换增益/dB	4	4	4	4	4	4
20	正态衰落方差/dB	8	8	8	8	8	8
21	覆盖区边缘的通信概率	0.75	0.75	0.75	0.75	0.75	0.75
22	正态衰落裕量/dB	5.40	5.40	5.40	5.40	5.40	5.40
23	最大允许的空间损耗	141.23	143.74	146.15	148.46	150.57	150.57

（续）

序号	传播环境	一般城区					
	业务类型	数据业务					语音业务
24	建筑物穿透损耗/dB	20	20	20	20	20	20
25	上行链路损耗	121.23	123.74	126.15	128.46	130.57	130.57
26	基站天线高度/m	40	40	40	40	40	40
27	移动台天线高度/m	1.50	1.50	1.50	1.50	1.50	1.50
28	射频中心频率/MHz	825	825	825	825	825	825
29	Hata 模型地形修正	0	0	0	0	0	0
30	1km 损耗 A/dB	123.69	123.69	123.69	123.69	123.69	123.69
31	斜率 B	34.41	34.41	34.41	34.41	34.41	34.41
32	基站半径 R/km	0.85	1.00	1.18	1.38	1.58	1.58

对于上表有如下说明：

（1）天线增益

对于天线增益，一般在城区和郊区采用定向天线，而在农村等建筑物相对稀疏和容量要求相对较低的区域则采用全向天线，表中的定向天线增益为15.7dBi，全向天线增益为11dBi。

（2）天线高度

对于天线高度，一般在容量分布相对集中的密集区域天线高度会相对低些，以减轻导频污染和对其他区域的干扰；在容量分布相对分散且较开阔区域，天线高度相对高些，以覆盖较大的区域。通常进行链路预算时典型取值如下：密集城区30m；城区40m；其余地区50m。

（3）手机 ERP

$$手机\ ERP(dBm)=(2)-(3)-(4)$$

（4）基站天馈损耗

$$基站天馈损耗(dB)=(7)+(8)\times(9)/100+(10)$$

（5）基站灵敏度

$$基站灵敏度(dBm)=(12)+(13)+(15)+(17)+10\lg(14)$$

（6）最大允许的空间损耗

$$最大允许的空间损耗(dB)=(5)+(6)-(11)-(18)+(19)-(22)$$

（7）上行链路损耗

$$上行链路损耗(dB)=(23)-(24)$$

从表中可知，由于数据业务信道的编码可以选择卷积编码或 Turbo 编码，因而相对于语音业务，数据业务的解调信噪比要求反而降低，同时随着数据速率的增加，Turbo 编码的性能得到更好的发挥，解调信噪比要求下降。

从表12-17中的 CDMA 反向链路覆盖预算表和前面表12-7GSM 的反向链路覆盖预算表可以看出，在相同的传播环境、基站天线增益、基站馈线损耗以及相同的衰落裕量下，CDMA 网络反向所能承受的最大路径损耗比 GSM 网络大3.3dB左右，相应地 CDMA 网络的覆盖半径就比 GSM 网络的覆盖半径大。

12.3.3　基站容量

CDMA 蜂窝系统各基站小区、移动台都使用相同的频率，通信双方发射的信号对其他用户来说都是干扰，这形成了 CDMA 蜂窝系统的自干扰特性。位于某一基站小区的某一移动台，除了收到所属基站发给自己的信号外，还会收到所属基站及周边其他小区基站给其他移动台的信号，这些给其他移动台的信号对此移动台来说就是干扰，称之为基站对移动台的正向多址干扰；同样，由于所有的移动台都工作在同一频率上，基站在接收某一移动台的信号时，也会同时接收到本小区、相邻小区其他移动台的信号，任何一个移动台的信号对其他移动台来说都是干扰，称之为移动台对基站的反向多址干扰。多址干扰的大小决定了 CDMA 系统的容量。当系统用户数增加时，多址干扰也就相应增加，相应地通信质量（通常用误帧率来衡量）就会下降，当通信质量下降到允许的限度时，系统所能容纳的用户数就达到了系统容量。

CDMA 基站容量的计算与小区负载因子、语音激活因子、其他小区干扰占本小区干扰的比例因子、解调所需要的 E_b/N_0 等有关。表 12-18 给出了单载频 IS-95A 系统与 cdma2000 1x 系统基站小区的容量。

表 12-18　单载频 IS-95A 系统与 cdma2000 1x 系统基站小区的容量

系统	站型	E_b/N_0	语音激活因子	设计负载	其他小区干扰占本小区干扰的比例	最大可同时使用的业务信道数	GOS	Erl
IS-95A	O1	7	0.4	50%	0.6	20	2%	13.2
	S111	7	0.4	50%	0.6	60	2%	49.64
cdma2000 1x	O1	4.8	0.6	75%	0.6	35	2%	26.4
	S111	4.8	0.6	75%	0.6	105	2%	92.82

从表中可以看出，由于采用了“信道池”技术，CDMA 系统 3 扇区基站（S111）的容量远远大于全向基站（O1）容量的 3 倍。同时可以看出，cdma2000 1x 系统的容量有很大的提高。cdma2000 1x 系统通过对空中接口性能的改进，极大地提高了系统容量，具体包括：通过增加反向链路导频，支持反向链路的相干解调，有效降低了解调所需要的信噪比 E_b/N_0，从而增加了反向链路的容量；增加了前向链路的快速功率控制，减小了正向多址干扰，从而增加了前向链路的容量。

12.3.4　导频规划

1. 短 PN 码与导频

PN 码即伪随机序列，*m* 序列是 PN 码中最重要、最基本的一种。在 IS-95 和 cdma2000 1x 系统中，使用了两个不同长度的 *m* 序列，其中一个 *m* 序列是由 42bit 组成，我们称之为长 PN 码；另一个 *m* 序列则是由 15bit 组成，我们称之为短 PN 码。短 PN 码（简称短码）的时间偏置用来区分不同扇区/小区的前向信道；长码的时间偏置则用来区分反向链路的不同信道。

短码由 15 级移位寄存器产生，序列周期是 $2^{15}-1$，在插入一个全“0”状态后形成周期为 2^{15} 的 PN 序列。PN 码的每一位称为一个 PN 码片（chip），速率是 1.2288Mchip/s，一个 PN 码片持续的时间约是 0.8138μs。

我们称 15 位全“0”状态为零偏置 PN 码。15 级移位寄存器从 15 位全“0”状态开始，每移出一个 PN 码片，就产生一个短 PN 码，该短 PN 码的 15 位所表示的状态记录了从全“0”状态开始累计移出的 PN 码片数，一个 PN 码片代表的时间长度是 0.8138μs，于是该短 PN 码所表示的状态对应着从全“0”状态（即零偏置 PN）开始经过的时间偏移，我们称这段时间偏移为该短 PN 码相对于零偏置 PN 的相位，以 PN 码片为计量单位。由于短 PN 码的周期是 2^{15}，这样一来，就有 2^{15} 个不同相位的短 PN 码。

由于 *m* 序列具有良好的自相关性能，因此，短码在 CDMA 系统中被用来区分不同的扇区。具体地说，短 PN 码在 CDMA 前向信道中被用作正交调制码，不同的扇区使用不同相位的短 PN 码作为正交调制码。移动台在解调时，由于短 PN 码具有较好的自相关性能，不同相位的短 PN 码几乎正交，来自不同扇区的信号采用了不同相位的短PN码进行正交调制，只有使用代表特定扇区的某个相位的短PN码，才能解调出来自该基站扇区的信号。我们把代表某个扇区的特定相位的短PN码称为该扇区的PN码，也就是我们经常提到的扇区的导频PN。然而，由于空间电波传播存在着时延，并不是任何相位的短PN码都可以用作扇区的PN，必须保证用作导频PN的不同短PN码间具有足够大的相位差，这样移动台才能正确区分。根据协议规定，从15位全“0”相位开始算起，每隔64个码片才有一个短PN码相位可以用作导频PN。为了处理上的方便，只使用相位是64的整数倍（即15位PN构成的二进制数转换为十进制数后，可以被64整除）的短PN码作为导频PN。因此，不同的导频PN最多可以有 $2^{15}/2^{6}=2^{9}=512$ 个。

为了方便，我们习惯用一个序号来指代每个可用作导频PN的短PN码。这个“序号”，称为导频PN相位偏置指数，简称导频PN。15位全“0”相位的序号是0，移位寄存器移位64次产生的下一个可用作导频PN的短PN码的序号是1…依此类推，最后一个可用作导频PN的短PN码的序号是511。如果没有特别说明，导频PN用PN相位偏置指数0~511来表示。

在工程实践中，为了保证不同导频PN之间具有足够的相位差，工程上设置了一个系统参数PILOT_INC，表示实际使用的导频PN的最小序号差。也就是说，工程上使用的两个导频PN之间的最小相位差是64×PILOT_INC个PN码片，因此，可供使用的导频PN的最大数目变为512/PILOT_INC。系统参数PILOT_INC决定了可用的导频PN的数目，其取值范围是0~16。

根据以上介绍可以看出，工程上实际可用的导频PN的数目也是有限制的，比如取PILOT_INC=3，则可用的导频PN仅170个，这对于一个系统来说显然是远远不够的。为此，在实际的系统中采用了与GSM系统中频率复用类似的方法——导频PN的复用。因而导频规划就是探讨导频PN的复用方法，并进行导频PN的分配。

PN规划的过程大致如下：

1）首先确定PILOT_INC，在此基础上确定可以采用的导频集。

2）根据站点分布情况（相对位置）组成复用集（站点的集合），先确定一个基础复用集，其余站点在此基础上进行划分。

3）确定各复用集的各个站点与基础集中各站点的PN复用情况，即与基础集中哪个站点采用相同的PN偏置。

4）给最稀疏复用集站点分配相应的PN资源，根据该复用集站点的PN规划得到其他复用集的PN规划结果。

2. PILOT_INC设置

要确定PILOT_INC的取值，必须综合考虑CDMA系统建设的规模、每个基站所要覆盖的范围、有效导频集搜索窗口的大小等因素。如果PILOT_INC值取得较大，使剩余导频集中的导频数目减少，有利于缩短导频搜索的时间，但同时使得可以利用的导频数减少，在用户密度较高时导频偏置不能满足复用的要求；如果PILOT_INC值取得较小，可用导频数增加了，但相互间的间隔减小了，容易因空间距离上电波传播时延造成移动台无法正确区分不同的导频而进行错误解调，影响网络质量。因而就需要保证不同导频间有足够的隔离，避免出现不同小区之间由于导频解调错误产生干扰。

相位差（PILOT_INC，每个单位对应64个码片）设置主要考虑避免邻PN_Offset干扰和同PN_Offset干扰。避免邻PN_Offset干扰，要求邻PN_Offset间的间隔比传播时延造成的时延差大得多；避免同PN_Offset干扰，要求传播时延造成的时延差大于导频搜索窗尺寸的一半。综合考虑这两方面的要求，可以得出PILOT_INC的合理的参数设置。

规划时可将若干个基站组成一簇无线区，在簇里每个基站被分配不同的PN码偏置值，在簇外可进行同PN码偏置值的复用。PN码偏置规划时应依据以下原则：

1）相邻扇区不能分配邻近相位偏置的PN码，相位偏置的间隔要尽可能大一些。

2）同相位偏置PN码复用时，复用基站间要有足够的地理隔离。

3）要预留一定数目的 PN 码，以备扩容使用。

4）应做好边界基站 PN 码规划的协调工作。

采用表 12-19 所示的 PILOT _ INC 设置，基本上可以满足干扰要求。

表 12-19 PILOT _ INC 典型值设置

	密集区理论值	密集区建议设置值	郊区（农村）理论值	郊区（农村）建议设置值
PILOT _ INC	2	4	4	8
PILOT _ INC	3	6	6	12

密集区建议设置的 PILOT _ INC 是理论值的一倍，一方面可以留出足够多的 PN 资源用于扩容，另一方面可以减少建网初期基站覆盖范围比较大导致小区之间由于传输延迟产生干扰的可能性。对于郊区和农村，由于站点之间的距离比较远，站点密度比较小，理论上不存在导频复用的问题，可以通过相邻站点不设置相邻 PN 来满足隔离要求。

实际设置的时候，可将城区和农村站点的 PILOT _ INC 设置为同一个值，配置导频时，郊区和农村的 PN 不连续设置，如系统中将 PILOT _ INC 设置为 4，城区导频按 PILOT _ INC 为 4 设置，郊区和农村导频按 PILOT _ INC 为 8 设置，这样能够同时满足城区和郊区（农村）的要求。

选定 PILOT _ INC 后，有两种方法设置 PN，其中后一种设置方法更能够满足扩容的需求，一般建议使用后一种：

1）连续设置，同一个基站的三个扇区的 PN 分别为$(3n+1)\times$PILOT _ INC、$(3n+2)\times$PILOT _ INC 和$(3n+3)\times$PILOT _ INC。

2）同一个基站的三个导频之间相差某个常数，各基站的对应扇区（如都是第一扇区）之间相差 n 个 PILOT _ INC：如 PILOT _ INC = 3 时，同一个站点三个扇区的 PN 偏置分别设为 $n\times$PILOT _ INC、$n\times$PILOT _ INC+168 和 $n\times$PILOT _ INC+336；PILOT _ INC = 4 时，三个扇区的 PN 偏置分别设为 $n\times$PILOT _ INC、$n\times$PILOT _ INC+168 和 $n\times$PILOT _ INC+336。

无论采用哪一种 PN 设置方式，只要 PILOT _ INC 确定，可以提供的 PN 资源是一定的：

1）如果 PILOT _ INC 设置为 3，则可以提供的 PN 资源为 $512/3\approx170$。假设站点为三扇区，则每组 PN 使用三个 PN，对于新建网络留出一半用作扩容，这样可以提供的 PN 组为 $170/(3\times2)\approx28$，也就是对于新建网络，每个复用集可以是 28 个站点。

2）如果 PILOT _ INC 设置为 4，则可以提供的 PN 资源为 $512/4=128$ 个。假设站点为三扇区，则每组 PN 使用三个 PN，对于新建网络留出一半用作扩容，这样可以提供的 PN 组为 $128/(3\times2)\approx21$，也就是对于新建网络，每个复用集可以是 21 个站点。

3. 站点的 PN 规划

选定每个复用集的规模后，根据站点的分布情况（考虑相对位置和地形起伏），将所有站点划分到各复用集中，根据网络的规模可以划分为多个复用集。可以首先划定一个基础复用集，在此基础上将周围的站点划分为多个复用集。

所有站点划分到复用集后，根据站点之间的相对位置确定不同复用集中各站点和基础复用集中的哪一个站点采用同样的 PN 集（如复用集 2 中的站点 B1、复用集 3 中的站点 C1 和基础复用集中的站点 A1 采用同一个 PN 集），避免出现复用集之间相邻站点采用同一个 PN 集的情况。

在此基础上，首先确定最稀疏复用集各站点的 PN 规划，要求根据相邻站点之间的距离采用适当的间隔，避免出现站点之间的干扰；确定该复用集的 PN 规划后，再得到其他站点采用的 PN 集。

对于不到三个扇区的站点，后面的 PN 资源可以不用，对于超过三个扇区的情况，该站点占用两个连续的 PN 集，其余复用集中两个站点和该站点对应。

PN 规划可借助于无线规划软件来完成，规划软件还可以在此基础上仿真得到此导频规划方案的导频污染分布，供规划设计人员调整优化，如图 12-13 所示，图中深色块区域表明存在着导频污染。

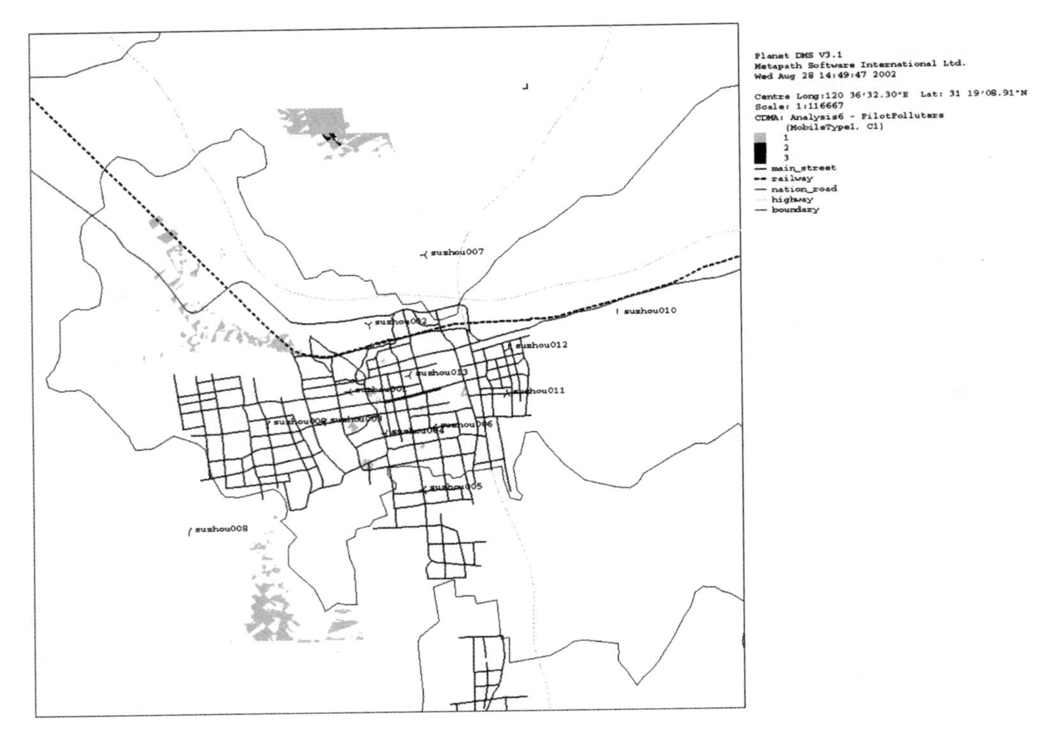

图 12-13　某地区导频污染仿真图

4. 导频规划实例

根据某公司网络技术部给出的规范，CDMA 蜂窝网一、二期工程以 PN _ INC = 3 进行导频规划。具体做法是将 512 个导频按 PN _ INC = 3 划分为主用集、边界协调集、保留集共 3 个组。主用集包含 37 组导频，用于业务区内基站导频配置；边界协调集包含 A、B 两个子集，每个子集又包含 7 组导频，用于省际边界站的协调，在与相邻省份协调后，选用边界站 PN 偏置 A 集或 B 集；保留集包含 6 组导频，用于微蜂窝建设。这 3 个导频集具体的划分见表 12-20。

表 12-20　导频集的划分

保留集			边界协调集					
			A 组			B 组		
α 扇区	β 扇区	γ 扇区	α 扇区	β 扇区	γ 扇区	α 扇区	β 扇区	γ 扇区
150	318	486	12	180	348	96	264	432
153	321	489	24	192	360	108	276	444
156	324	492	36	204	372	120	288	456
159	327	495	48	216	384	132	300	468
162	330	498	60	228	396	144	312	480
165	333	501	72	240	408	156	324	492
507	510		84	252	420	168	336	504

（续）

主用集								
α 扇区	β 扇区	γ 扇区	α 扇区	β 扇区	γ 扇区	α 扇区	β 扇区	γ 扇区
3	171	339	54	222	390	102	270	438
6	174	342	57	225	393	105	273	441
9	177	345	63	231	399	111	279	447
15	183	351	66	234	402	114	282	450
18	186	354	69	237	405	117	285	453
21	189	357	75	243	411	123	291	459
27	195	363	78	246	414	126	294	462
30	198	366	81	249	417	129	297	465
33	201	369	87	255	423	135	303	471
39	207	375	90	258	426	138	306	474
42	210	378	93	261	429	141	309	477
45	213	381	99	267	435	147	315	483
51	219	387						

根据以上规划方法，可给各基站分配 PN 码偏置，并利用规划软件进行仿真、调整，最后得到导频规划方案。

12.4　3G 无线网络规划

随着 3G 网络的大规模部署，作为影响 3G 网络质量关键因素之一的 3G 无线网络规划问题就显得越来越重要。从技术上来看，第三代移动通信系统具有更新的技术、更大的容量、更快的速率，3G 无线网络规划与 2G 相比有许多类似之处，但同时因系统的软容量、数据传输速率高和多样化混合业务的引入而给其无线网络规划带来了新的问题，使之变得更为复杂。

12.4.1　3G 无线网络规划的特点

3G 网络在结构上也是蜂窝系统，因此 2G 蜂窝系统的设计规划经验对于 3G 网络有着重要的借鉴作用。但由于 3G 系统中一系列关键新技术的应用，以及多速率、多业务的应用特征，使得其无线网络规划具有一些不同于 2G 的特点。

（1）多速率、多业务特性

传统的 2G 网络由于所承担的业务主要是语音及部分低速数据，通常在无线规划中覆盖和容量可以分别进行规划。第三代移动通信系统是以提供多媒体业务为特征的，网络同时承载了语音、电路数据、分组数据等多种业务，这些业务在传输速率、连接方式、服务质量、行为特点等方面有着较大的区别。不同类型、不同速率、不同服务质量要求的业务对无线信号的覆盖强度、信干比等要求均不相同；在同一无线环境、其他参数相同的情况下，不同速率、不同业务的覆盖范围也不一致，这给 3G 无线网规划带来更大的复杂性。以往 2G 无线网络规划中所使用的单业务 Erlang-B 模型已不再适用于 3G 的网络规划，需要采用合理的多业务模型。

（2）CDMA 等技术带来的变化

由于 CDMA 技术的高频谱效率、大系统容量等优点，3G 系统无一例外地都选择了以 CDMA 技术为基础。与窄带 CDMA 系统类似，3G 系统的覆盖、容量、质量不是孤立的，而是彼此关联的。与传统的 TDMA 系统不同，3G 无线网覆盖不再是简单地取决于发射功率、天线高度、天线增益等参数，而是与实际的系统负载、邻区干扰等因素紧密相关，这就是所谓的小区“呼吸效应”特性，具体表现为在系统负载较高的扇区，基站覆盖范围较小；系统负载较低的扇区，基站覆盖范围较大。系统的这个特性决定了在3G无线网络规划设计中必须平衡容量和覆盖的关系。为了解决这个问题，必须采用结合话务量分析和链路预算进行迭代处理的方法，使设计结果满足要求。除此之外，CDMA系统全网可以采用相同的频点进行组网，大大地提高了系统的容量，无线网规划中不存在频率分配问题，但同时也带来了更为复杂的功率分配问题，使得CDMA系统成为一个牵一发而动全身的系统，系统负载、功率控制、软切换与更软切换产生的增益、上下行链路的功率预算等因素都需要加以考虑。

12.4.2 3G无线网络规划的流程

3G无线网络规划的流程与2G无线网络的规划流程基本相同，主要内容包括目标需求和信息收集与分析、预规划、传播模型的选择与校正、网络拓扑结构的设计与评估、规划站点的实勘与验证、无线参数的设计与确认等几个阶段，详细的描述见12.1.1节。但在规划流程中的一些具体内容上，3G与2G有着很多的不同。

1. 覆盖规划

覆盖依赖于所要覆盖的区域、区域类型和传播条件。同2G一样，3G无线网络覆盖范围的规划来源于链路预算和校正后无线传播模型下软件仿真得到的覆盖预测图。3G链路预算中包含了一些2G GSM链路预算中没有的新参数，如小区负载因子、干扰余量、软切换增益等参数。

链路预算的主要目的是在对当前系统模型参数合理取值的基础上，分析小区的最大允许路径损耗，从而得出各种情况下的覆盖半径。3G系统的链路预算不是一个单纯的线性过程，而是和小区的负荷预测结合在一起进行，即必须考虑“呼吸效应”的影响，在做链路预算时应充分考虑扇区负荷问题，避免扇区负荷增大后覆盖范围无法连续的情况。具体方法与11.3.2节CDMA系统的链路预算类似。首先，必须根据在不同业务速率下的质量要求，获得相应的上、下行的E_b/N_0指标值（一般由设备厂家给出），由此计算出各种业务速率的参考接收灵敏度。参考接收灵敏度与系统热噪声、业务速率和E_b/N_0有关（见式11-11）。然后，在设定或者已知不同的小区负荷的情况下，上行最大允许路径损耗的计算就变成一个简单的与GSM系统上行链路预算相似的计算过程。而下行链路的预算问题要复杂得多，面对的是如何把有限的总发射功率分配给各个活动终端的问题。鉴于终端位置分布、终端软切换状态等不确定性，必须建立一个模型，做一些简化性的假设，然后才能结合规划软件计算出一个统计性的结果。

从无线电波传播的角度来看，一般基站的发射功率远大于手机的发射功率，因而小区的有效覆盖半径一般都取决于上行链路的最大允许路径损耗，所以一般通过计算上行链路来确定小区覆盖半径。

通过规划可知，业务数据速率越高，最大允许传播损耗就越小，基站覆盖范围就越小。因此，在进行3G规划时，必须考虑最高速率数据的连续覆盖问题。同时，由于数据业务的覆盖范围小于语音业务，当语音与数据业务同时存在于同一个系统时，应保证数据业务的覆盖。在初期建网时，运营商需要平衡数据业务覆盖与投资的关系。要求覆盖边缘的数据业务速率越高，则基站间距就越小，需要的基站数就越多，则投资就越大。

2. 容量规划

与GSM无线网络相比，3G系统容量规划与覆盖的关系更为紧密。由于3G系统是干扰受限系统，必须考虑“呼吸效应”的影响。在网络建设初期，一般是覆盖受限，系统负荷可取得小一些。系统负荷范围一般取0.4~0.6，负荷的取定应与业务预测结合考虑。在容量限制的情况下，系统负荷大于起初用于计算扇区半径的最大允许系统负荷。这说明或者扇区的容量需要提高，或者扇区的面积需要减小，第一种选择是通过增加载频来提高每扇区容量。如果系统负荷仍大于允许的最大负荷，则必须减小扇区半径，这样可减少扇区内用户，从而降低负荷。

3. 导频和频率的规划

从网络规划的角度看，3G 系统中的导频和频率规划相对比较简单，主要任务是为下行链路分配导频。导频在网络规划中被分配给扇区，因为导频的数目较多，同时还要考虑合理复用，所以导频分配这一烦琐的工作通常由网络规划工具自动完成，然后个别人工调整。

由于 3G 系统的频率复用因子为 1，为典型的空中接口干扰受限系统。如果运营商有两个或三个载频，那么 3G 系统频率规划时要考虑到哪些载频分别用于宏蜂窝、微蜂窝和室内覆盖，同时还要考虑到本运营商内部宽带系统和窄带系统间的干扰和运营商之间的干扰。

4. 系统仿真

由于 3G 系统的容量和覆盖与实际用户的分布及用户行为关系密切，所以在完成无线网 络规划后，还应采用规划软件对规划结果进行仿真，研究实际网络的运行情况，如进行 Monte Carlo 分析等（根据业务分布情况，随机产生一组同时接入网络的 UE 序列，并依次接入网络，模拟网络的功率调整过程，稳定后分析网络情况；此过程进行多次后，对结果进行统计处理，求得统计平均值）。需要分析的主要内容包括：E_c/I_o、软切换区、导频污染和 E_b/N_t 等。最后输出最好服务小区（Bestserver）、导频污染、软切换区和前向与反向业务覆盖图等规划图。

12.4.3 不同 3G 制式无线网络规划的差异

3G 包括三种制式：WCDMA、TD-SCDMA 和 cdma2000。这三种制式在具体的信道结构、关键技术等方面存在着差异，在具体的网络规划细节上也略有差异。

1. WCDMA

（1）覆盖与容量

由于 WCDMA 系统小区呼吸效应比较明显，小区的容量和覆盖密切关联。小区覆盖范围受到小区内用户数和业务量的影响。在用户密度确定的前提下，小区内的用户数和业务量又取决于小区的覆盖范围。因此，采用对话务量分析和链路预算进行迭代分析处理方法，可使设计结果更为合理准确。

由于上下行链路受限机理不同，因此迭代处理上下行链路是分别进行的。从无线电波传播的角度来看，一般基站的发射功率远大于手机的发射功率，因而小区的有效覆盖半径一般都取决于上行链路的最大允许路径损耗，所以一般通过计算上行链路来确定小区覆盖半径。

相比较而言，下行链路预算非常复杂。对于下行链路，小区内所有的用户同时分享基站的发射功率，基站的功率分配是让小区内所有与之连接的用户服务都能满足相关业务的 QoS。但当小区负荷加大时，有可能出现由于基站发射功率受限而造成下行链路受限的情况，因此，下行链路往往受限于容量。

WCDMA 网络的容量、覆盖和质量是紧密关联的，实际的无线网络规划中必须通过专业的无线规划软件进行仿真。上下行链路之间的平衡，要借助规划软件进行迭代计算，先对上行做覆盖预测，再对下行做功率分配，若总功率没有超出基站最大发射功率，则链路平衡；若下行所要求的总功率超出基站最大发射功率，则需减小覆盖半径，重新进行下行功率分配，直至总功率小于等于基站最大发射功率。

（2）扰码规划

如同 IS-95 及 cdma2000 1x 系统采用 PN 码（又称导频）来区分不同小区一样，WCDMA 系统通过扰码来区分不同基站或同一基站的不同扇区。因而，小区的扰码规划也是 WCDMA 系统无线网络规划的一项重要内容。

WCDMA 系统下行链路扰码序列的长度为 38400 个码片，一共有 $2^{18}-1=262143$ 个扰码序列，但系统只使用序号为 $n=0\sim24575$ 的扰码序列。

这 24576 个扰码序列又分为三部分：

① 序号 $k=0\sim8191$ 对应的是 8192 个普通扰码，用于正常模式。

② 序号 $k+8192$（$k=0\sim8191$）对应的是 8192 个左辅扰码，用于压缩模式。

③ 序号 $k+16384$（$k=0\sim8191$）对应的是 8192 个右辅扰码，用于压缩模式。

为了加速小区搜索的过程，WCDMA 系统实际使用的扰码是普通扰码，即序号限定为$k=0\sim8191$ 的扰码序列。

这 8192 个扰码序列又分成 512 个子集，每子个集包括 1 个主扰码序列和跟随在主扰码序列之后的 15 个辅扰码序列，主扰码序列号为 $n=16\times i(i=0\sim511)$，对应的辅扰码组扰码码号为 $n=16\times i+k(i=0\sim511,\ k=1\sim15)$。

每个子集的主扰码和 15 个辅扰码是一一对应的，即第 i 个主扰码对应于第 i 个辅扰码组。

每个小区只配置一个主扰码，P-CCPCH 、 P-CPICH 、 PICH 、 AICH 、 AP-AICH 、 CD/CA-ICH 、 CSICH 和承载 PCH 的 S-CCPCH 必须采用主扰码。其他下行物理信道既可以采用主扰码，也可采用主扰码序列对应的辅助扰码序列。

从网络规划的角度看，WCDMA 系统扰码规划主要是指为小区分配主扰码。从上述介绍可知，WCDMA 系统下行总共有 512 个主扰码，每个小区分配一个主扰码作为该小区的识别参数之一。当小区的数量大于 512 个时，可重复分配一个主扰码给不同的小区（即在空间上重复使用），只要能保证使用相同主扰码的小区之间的距离足够大，使得接收信号在另外一个使用同一个主扰码的小区覆盖范围内低于门限电平即可。

确定可使用同一扰码的基站之间的最小距离是扰码规划的一个基本问题，也是关键问题。假设 i 小区和 j 小区使用同一个扰码，两个基站之间的距离为 D_{ij}，覆盖半径分别为 R_i 和 R_j（见图 12-14）。那么 D_{ij}必须足够大，以满足远处基站的信号功率远小于主基站的信号功率，并且，远处基站的信号电平应该低于噪声电平。

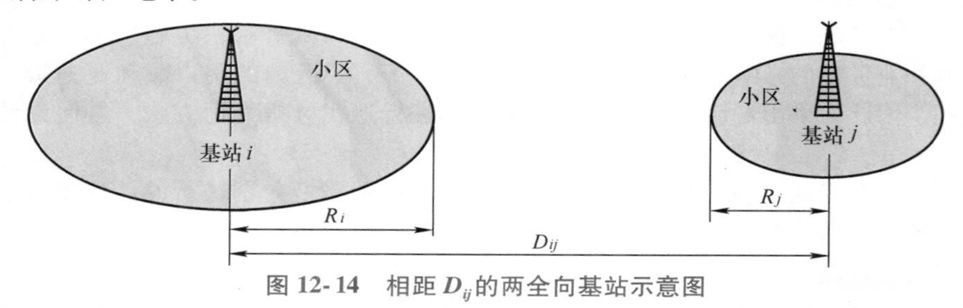

图 12-14　相距 D_{ij}的两全向基站示意图

为满足以上要求，须使下面的不等式成立：

$$10\log_{10}(D_{ij}-\max(R_i,R_j))^{\alpha}-10\log_{10}(\max(R_i,R_j))^{\alpha}>\Delta_{\text{passloss}} \tag{12-14}$$

式中，α 是路径损耗系数；Δ_{passloss}是路径损耗差值；$10\log_{10}(D_{ij}-\max(R_i,\ R_j))^{\alpha}$ 表示远处基站信号的最小路径损耗；$10\log_{10}(\max(R_i,\ R_j))^{\alpha}$ 表示主基站信号的最大路径损耗。从上式可得

$$D_{ij}>\max(R_i,\ R_j)\cdot(1+10^{\frac{\Delta_{\text{passloss}}}{10\alpha}}) \tag{12-15}$$

当选取网络中最大的小区半径时，可由上式得到扰码的最小复用距离 D_{reuse}为

$$D_{reuse}>R_{\max}(1+10^{\frac{\Delta_{\text{passloss}}}{10\alpha}}) \tag{12-16}$$

如同 3.3.1 节所述的以区群为单位进行的频率复用一样，在满足扰码复用距离的前提下，同一扰码也在不同的基站小区中进行复用。通常我们把复用距离内使用不同扰码的一组基站称为一个簇，扰码以簇的方式进行复用。

基于 3.3.1 节的知识，在六边形的蜂窝网络中，每个簇的基站数 N 必须满足式(3-4)，一个簇内基站数 N 和扰码复用距离之间满足式(3-5)的关系，结合式(12-16)有

$$R_{\min}\sqrt{3N}\geqslant R_{\max}(1+10^{\frac{\Delta_{\text{passloss}}}{10\alpha}}) \tag{12-17}$$

$$N\geqslant\frac{R_{\max}^2}{3R_{\min}^2}(1+10^{\frac{\Delta_{\text{passloss}}}{10\alpha}})^2 \tag{12-18}$$

根据上述要求，可以得出四种典型的无线传播环境下扰码复用距离的推荐取值：

① 密集城区的典型基站半径是 300~600m，路径衰减系数 α 的典型取值是 4，小区边缘的导频强度 E_c 为-85dBm，考虑 $\Delta_{passloss}$ 为 30dB，即同扰码小区到达本小区边缘的导频强度 E_c 衰减到-115dBm，则 $N=59$，最小复用距离约为 4km。

② 一般城区的典型基站半径是 600~1200m，路径衰减系数 α 的典型取值是 3.5，小区边缘的导频强度 E_c 为-90dBm，考虑 $\Delta_{passloss}$ 为 25dB，即同扰码小区到达本小区边缘的导频强度 E_c 衰减到-115dBm，则 $N=51$，最小复用距离约为 7.4km。

③ 郊区的典型基站半径是 1200~3000m，路径衰减系数 α 的典型取值是 3，小区边缘的导频强度 E_c 为-95dBm，考虑 $\Delta_{passloss}$ 为 20dB，即同扰码小区到达本小区边缘的导频强度 E_c 衰减到-115dBm，则 $N=67$，最小复用距离约为 17km。

④ 农村的典型基站半径是 5000~10000m，路径衰减系数 α 的典型取值是 2.5，小区边缘的导频强度 E_c 为-100dBm，考虑 $\Delta_{passloss}$ 为 20dB，即同扰码小区到达本小区边缘的导频强度 E_c 衰减到-120dBm，则 $N=72$，最小复用距离约为 73km。

在实际的 WCDMA 网络规划中，扰码的规划通常遵循以下原则：

① 同扰码复用时，复用基站间要有足够的地理隔离。

② 扰码规划应充分考虑网络分步建设的特点，预留一定数量的扰码，以备网络扩容以及室内分布系统使用。

③ 要预留一定数目的扰码作为边界基站协调使用。

④ 相邻小区的扰码最好在不同扰码集合中。

由于扰码的数量太多以及基站位置的不规则分布，使得扰码分配效果的预测非常复杂，因此扰码分配这一烦琐的工作通常由网络规划工具自动完成。

在导频规划方面，WCDMA 导频码是不同的码字，因而规划相对简单。

2. TD-SCDMA

在 TD-SCDMA 系统的规划方面，其规划流程与 WCDMA 基本一致，并且 TD-SCDMA 规划效果主要取决于规划工具功能。TD-SCDMA 规划产生了一些新的规划图和统计结果。由于 TD-SCDMA 系统采用智能天线、多用户检测、动态信道分配等技术，因此 TD-SCDMA 系统规划工具中必须充分考虑 TD-SCDMA 关键技术，才能获得准确的规划结果。

由于 TD-SCDMA 系统采用智能天线、多用户检测等技术，使得 TD-SCDMA 系统的小区呼吸效应较弱，所以 TD-SCDMA 系统的网络容量设计和覆盖规划可以分别进行。

（1）覆盖

在 TD-SCDMA 的覆盖分析时，其原理和 WCDMA 类似，也是进行最大允许路径损耗的分析，只是具体的参数取值与 WCDMA 不同。主要表现在 TD-SCDMA 系统扩频因子较小、造成处理增益较小，最终导致接收机灵敏度较低。同时天线增益、馈线损耗，快衰落与慢衰落余量等取值也和 WCDMA 不同，最终综合各种因素的影响，TD-SCDMA 的覆盖范围是小于 WCDMA 的。同时由于主保护时隙的限制，TD-SCDMA 系统小区最大的覆盖范围约为 11.3km。

需要指出的是，TD-SCDMA 系统由于采用了智能天线技术，其控制信道和业务信道的覆盖要分别进行考虑。对于控制信道来说，由于没有采用智能天线，因而其天线增益相对低一些，覆盖范围相应也会小一些；对于业务信道而言，由于采用了智能天线，因而天线增益相对高一些，覆盖范围相应也会大一些。

（2）容量

在 TD-SCDMA 系统的容量规划方面，由于 TD-SCDMA 系统的容量上下时隙配比可以进行灵活的设置，因此 TD-SCDMA 需要通过上下行话务量的计算确定时隙分配。为提高系统容量，支持更多的用户，TD-SCDMA 基站均支持多载频多扇区工作，因而不同扇区不同载频的容量规划是 TD-SCDMA 系统特有的问题。在规划时建议不同载频间的上下行链路切换点应保持一致。同时，为了减轻网络优化的复杂度，实时业务与非实时业务的容量规划应在不同载频上进行。

（3）码规划

TD-SCDMA 系统中码规划指的是为不同的小区分配标识相应小区的码资源，涉及的有：

1）下行同步码 SYNC-DL，码长 64chip。以恒定的功率在每一个子帧的下行导频时隙（DwPTS）在小区的全方向或在固定波束方向上发送，其目的既是为了下行导频，同时也是为了下行同步。

2）上行同步码 SYNC-UL，码长 128chip。在随机接入时 UE 在 UpPTS 时隙发送此码，发送功率由 UE 按开环功率控制计算的功率来发送。

3）基本 Midamble 码，码长 128chip。通过周期拓展循环移位，在 TD-SCDMA 系统中形成固定长度为 144chip 的 Midamble 码，发送功率和信道中的数据部分相同。

4）小区扰码，码长 16chip。该码用来对信道中的数据部分进行加扰处理，从而标识数据的小区属性，不单独发送。

在 3GPP 规范中，这四种码资源都是直接以码片速率给出的，不需要进行扩频处理。在 TD-SCDMA 系统中，共定义了 32 个下行同步码（SYNC-DL 码）、256 个上行同步码（SYNC-UL 码）、128 个 Midamble 码和 128 个扰码。所有这些码被分成 32 个码组，每个码组由 1 个 SYNC-DL 码、8 个 SYNC-UL 码、4 个 Midamble 码和 4 个扰码组成，其相互关系如表 12-21 所示。

表 12-21　SYNC-DL 码、SYNC-UL 码、Midamble 码和扰码相互关系表

码　组	关联码			
	SYNC-DL ID	SYNC-UL ID	扰码 ID	基本 Midamble ID
码组 1	0	0~7	0	0
			1	1
			2	2
			3	3
码组 2	1	8~15	4	4
			5	5
			6	6
			7	7
⋮				
码组 32	31	248~255	124	124
			125	125
			126	126
			127	127

由表 12-21 可知，TD-SCDMA 系统扰码共 128 个（序号 0~127），每个扰码长度为 16chip。128 个扰码分成 32 组，每组 4 个，扰码码组由基站使用的 SYNC _ DL 序列确定，扰码和基本 Midamble 码存在一一对应的关系。

TD-SCDMA 系统下行链路扰码用于 UE 区分不同的小区；上行链路扰码用于 NodeB 区分来自不同小区的用户，其码规划的难点在于扰码长度短，只有 16chip，而且其码间互相关性不好，距离差导致的相移对不同扰码的相关性的影响也有所不同，相关性能随着距离差的增大，出现大小的波动，并没有一致的变化趋势，而且某些码经过相移产生的新序列，会与其他的扰码重合，因此，在扰码规划中，应该尽量避免使用移位后重叠的扰码对。这一规划过程较为复杂，所以一般采用规划软件来进行码字的设计。

3. cdma2000

在cdma2000无线网络的规划中，需要同时对cdma2000 1x和cdma2000 1x EV-DO的上下行链路分别进行链路预算和覆盖分析，通过话务模型，结合用户密度，进行容量分析，判断覆盖受限还是容量受限，选择合理的小区半径策略。

cdma2000 1X与WCDMA一样，均采用CDMA无线接入技术，采用了直接序列扩频，码分多址和Rake接收等技术，从技术上看是同源的。从网络设计原理上来看，这两种技术有很多相同点。主要区别在于参数的不同，如发射功率、带宽、功控速率、解调门限等。但cdma2000 1X的导频码是同一个码字进行不同相移产生的，为避免干扰，需进行详细的导频规划。

12.5 4G无线网络规划

4G网络的大规模建设同样首先面临无线网络规划的问题。从总体上来看，无论是规划目标、规划内容，还是规划流程、规划方法，4G无线网络规划与2G、3G无线网络的规划并无明显不同。它同样以满足系统建设的覆盖需求、容量需求、质量需求、投资需求等为目标，从网络架构、网络拓扑等宏观层面，到具体站点设置、无线参数设置、网络质量仿真等微观细节，全面进行规划设计，以指导工程建设。同样，4G系统无线网络规划的流程与2G、3G系统也相同，具体包括需求分析、数据收集与分析、业务预测、网络规模估算（通过覆盖规划与容量规划估算出系统所需的基站数）、站址选择、无线参数规划、网络性能仿真等步骤。但是与2G、3G系统相比，4G系统无论是物理层技术、网络结构、业务能力、调度算法等方面都有了很大的改变，这些改变决定了4G系统的网络规划在具体细节上与2G、3G系统有所不同，其中需求分析、网络规模估算、无线参数规划与网络规划仿真等方面的细节上都存在差异。由于篇幅的限制，本节仅对LTE系统的覆盖规划、容量规划、无线参数规划、网络规划仿真中的要点进行简要介绍。

1. 覆盖规划

与2G、3G系统相比，LTE系统覆盖规划有了新的变化，主要体现在覆盖目标的定义具有了多样性；系统帧结构设计支持更大的覆盖极限和灵活性；系统编码调制方式更具多样性等。业务信道由专用信道变为共享信道，并采用了时域/频域的两维调度等，但LTE系统覆盖规划的基本流程与2G、3G系统是一样的，具体经历以下步骤：

（1）确定小区边缘速率

结合系统覆盖速率要求与用户需求分析，确定小区边缘速率、占用带宽等参数。

（2）链路预算

根据小区边缘速率、基站设备参数、地形环境（传播模型）等，通过链路预算和仿真分析，计算出允许的最大路径损耗（MAPL）。MAPL确定后，通过对应的传播模型就可估算出基站的覆盖半径。

（3）估算系统满足覆盖需求所需的基站数

根据小区覆盖半径计算出单个小区的覆盖面积，通过系统覆盖区总面积÷单小区覆盖面积估算出满足覆盖需求所需的基站数。

（4）覆盖仿真

根据初步规划的站址和链路预算模型，利用规划仿真软件仿真得出地理栅格上各点能够达到的不同传输速率的分布。

从以上流程可以看出，其关键点仍然是链路预算。LTE系统链路预算的基本方法可参见前面的2G、3G系统链路预算，只是其中的参数有所不同。

TD-SCDMA、WCDMA网络中，业务信道均为专用信道，因此可以通过链路预算计算出每种业务允许的最大路径损耗，从而得到有效的覆盖范围。演进到LTE后，业务信道完全是共享的概念（这点和HSPA类似）。因此要确定小区的有效覆盖范围，首先需要确定小区边缘用户的最低保障速率要求（或小区边缘频谱效率要求）。由于LTE采用时域频域的两维调度，还需要确定不同速率的业务在小区边缘区域占用的RB（Resource Block）数或者SINR（Signal to Interference plus Noise）要求，才能确定满足既定小区边缘最低保障速率下的小区覆盖半径。

另外，由于LTE中采用了多种多天线技术，多天线技术如何选用及是否开启都会对覆盖产生直接的影响。采用MIMO、波束赋形技术后，小区边缘频谱效率比采用发射分集时有明显提升。也就是说对于同样的小区边缘频谱效率要求，采用波束赋形的覆盖范围大于采用发射分集的覆盖范围。

因此LTE的链路预算总体流程依次包括：输入小区边缘速率、系统带宽，确定天馈线配置、MIMO配置，确定DL/UL公共开销负荷，进行发送端功率增益/损耗/余量计算、接收端功率增益/损耗/余量计算，进行上/下行链路总预算并进行上/下行链路平衡，得出允许的最大路径损耗MAPL。

LTE系统室外宏基站传播模型常用COST231-Hata模型，室内微蜂窝使用COST231-Walfisch-Ikegami模型。由于LTE系统新增了2.6GHz频段，对于此频段的传播模型可根据需要进行传播模型校正，以获得更贴近实际的网络仿真性能。传播模型校正方法同前所述。

2. 容量规划

由于LTE系统采用AMC（自适应调制编码）等技术，用户速率随无线信道环境的变化而变化，因此容量规划中需考察小区边缘吞吐量；同时，为了达到系统效能最大化，也必须考察小区平均吞吐量等指标。

LTE系统容量可以分为控制面容量和用户面容量。控制面容量指标包括同时调度用户数与同时在线用户数，其中同时调度用户数是衡量系统的基本指标，具体分为上下行控制信道容量，各控制信道容量受限于空中接口资源及信道配置。用户面容量指标可按业务类型进行划分，包括VoIP业务和非VoIP数据业务。其中非VoIP数据业务指标有小区峰值吞吐量、小区平均吞吐量及小区边缘速率等；VoIP业务指标即VoIP用户数。用户面基本指标包括小区平均吞吐量和VoIP用户数。

与2G、3G系统不同，LTE小区的容量不仅与信道配置和参数配置有关，还与带宽、分组调度算法、小区间干扰协调算法、多天线技术选取、资源分配方式、CP长度等有关系。考虑到业务信道均为共享信道，LTE容量估算的方法不能按照2G、3G系统业务容量估算的方法（如等效爱尔兰、坎贝尔法）来进行，由于影响容量估算的因素太多，因此不能简单地利用公式来进行计算。

LTE系统的容量规划通常通过系统仿真和实测统计数据相结合的方法，得到各种无线场景下、网络和UE各种配置下的小区吞吐量和小区边缘吞吐量；在实际规划时，根据规划地的具体情况，通过查表确定LTE单小区相应的容量。

LTE系统容量规划的流程与3G系统基本相同，包括以下步骤：

（1）话务模型及需求分析　针对客户的需求及话务模型进行分析，如目标用户数、BHSA、忙时激活率、PPP session时长、业务速率、overbooking等。

（2）每用户吞吐量确定　基于话务模型及一定假设进行计算得出每用户的吞吐量。

（3）整网需求容量计算　网络整体容量需求等于每用户吞吐量×用户数。

（4）网络配置分析　分析确定频率复用模式、带宽、站间距、MIMO模式等网络参数。

（5）每基站容量仿真　基于一定网络配置进行系统仿真，得出平均每站点承载的容量。

（6）站点数目确定　满足容量需求所需站点数目=整网需求容量÷每基站容量。

对满足覆盖需求所需站点数目和满足容量需求所需站点数目，取两者中较大的，就是网络规模估算得到的站点数目。

3. 无线参数规划

LTE无线网络参数规划主要包括基站基本参数规划、频率规划、PCI规划和邻区规划。

（1）邻区规划

邻区规划的主要目的是保证在小区服务边界的UE能及时切换到信号最佳的相邻小区，以保证

通信质量和整网的性能。邻区关系的多少对整网的性能影响非常大。LTE 系统的邻区规划与 3G 系统基本一致，需要综合考虑各小区的覆盖范围及站间距、天线方位角等信息进行规划。邻区规划不仅要考虑本系统内的邻区规划，还要考虑 LTE 系统与 WCDMA、TD-SCDMA、GSM 系统等异系统间的邻区规划。

邻区规划中最重要的参数是邻区列表，列表中是小区边界 UE 能够切换到的导频信号较强的相邻小区集合。邻区列表有个最大值（可取为 32），规定当前小区可以切换到的相邻小区数的最大值。邻区列表的设置是否合理，关系到系统的切换成功率和掉话率。

邻区列表的设置有以下几个原则：互易性原则、邻近原则、百分比重叠覆盖原则和需要设置临界小区和优选小区。

（2）频率规划

LTE 系统采用 OFDM 多载波调制技术，其频率规划需要考虑如何合理分配和复用有限的频段，通过解决小区间的干扰问题来保证所需的传输速率等指标。LTE 系统通过时间或频率子带来区分用户，其系统有两种组网方式，即同频组网及异频组网。由于 LTE 系统是一个同频干扰受限的宽带系统，为避免同频干扰需保证小区边缘的同频载干比，可以为室内覆盖预留单独的频率资源来避免室内外间的干扰、简化网络优化的复杂度。

1）同频组网

同频组网就是所有小区重复使用同一频带，例如所有小区都用 20MHz 带宽，其频率复用因子为 1。同频组网的特点是频谱效率最高，但是小区边缘干扰严重，性能恶化。在每扇区带宽相同的条件下，扇区吞吐量和小区边缘用户吞吐量都小于异频组网。尤其在高数据负载、基站密度比较高的市区，同频组网缺点非常明显。在同频组网时，通常需综合运用射频优化（如优化基站天线方位角、倾角、高度、基站功率等）、干扰抑制合并（IRC）、波束成形、小区间干扰协调（ICIC）等技术来减少小区间干扰。

2）异频组网

异频组网是指相邻的若干个小区各自使用完全正交的频带。例如 3 个小区使用不同频带来实现，一个小区 20MHz 带宽，那么 3 个小区将需要 60M 带宽。异频组网的频谱效率低，往往是同频组网的 $1/N$ 倍（N 为小区复用系数）。但是异频组网的优点也非常明显，能够很大程度上改善小区边缘用户的性能，减少干扰。

具体采用何种频率组网方式要综合考虑运营商的频率资源、信道带宽、与其他系统的保护频带、建设阶段与目标要求，以及室外/室内站点需求等多方面的因素。

以中国移动 TD-LTE 2.3GHz 频段 50MHz 带宽为例，室内外频率分配可以有以下 3 种方案：

方案 1：室内外完全同频组网。例如室外配置为 2320～2340MHz，室内也配置为 2320～2340MHz；室内外小区都可以配置双载波（即 40MHz 带宽，20×20MHz），剩余 10MHz 带宽用于微蜂窝补盲使用。

方案 2：室内外异频组网。例如室外站点配置为 2320～2340MHz，微蜂窝补盲配置为 2340～2350MHz，室内站点配置为 2350～2370MHz；室内外小区都配置为单载波（即 20MHz 带宽）。

方案 3：室内占用所有带宽（50MHz）同频组网，室外与室内相邻小区局部性异频组网。例如室外站点采用 20MHZ 带宽（例如 2320～2340MHz），室内站点使用 50MHz 带宽（2320～2370MHz），室内小区间同频组网。

考虑到 LTE 定位为高速数据业务，业务触发地在室内区域、密集商务区域的比例较大，故建网初期在密集市区和一般城区场景可采用方案 2，牺牲一定的频谱效率，保证室内、室外的边缘业务性能和切换成功率。网络逐步演进后，随着算法的成熟和系统性能提升，由方案 2 向方案 1 转变，室内随着业务量增加逐步引入室外的 20MHz 带宽频段，室外逐步引入室内的 20MHz 带宽频段，在室内外的覆盖重叠区域，可以采用额外的 10MHz 带宽用来进行补盲和热点业务吸收，或者根据优化灵活配置频段。大型场馆周边区域可采用方案 3，保证同频干扰足够低。

（3）PCI 规划

物理小区标识（Physical Cell Identity，PCI）用于小区识别和信道同步。PCI 是物理层小区间多种信号和信道的干扰随机化的重要参数，由小区标识分组号 N_1 和小区标识号 N_2 两部分组成，其中 N_1 定义了小区所属的物理层分组，范围是［0，167］；N_2 定义了分组内标识号，范围是［0，2］。PCI 计算公式如下：

$$\mathrm{PCI}=3\times N_1+N_2$$

所以，PCI 码的范围是［0，503］，共 504 个可用值。

LTE 网络中通过 PCI 规划，有利于干扰随机化，优化信道时频位置，改善干扰状况。PCI 规划原理上与 3G 系统的扰码规划类似，基于不同码字之间的互相关特性，结合频率、RS（Reference Signal）位置、小区位置关系进行统一考虑，具体需遵循以下基本原则：

- 不冲突原则：保证同频邻小区之间 PCI 不同。
- 不混淆原则：保证某个小区的同频邻小区 PCI 值不相等，并尽量选择干扰最优的 PCI 值，即 PCI 值模 3 与模 6 不相等。
- 最优化原则：保证同 PCI 的小区具有足够的复用距离，并在同频邻小区之间选择干扰最优的 PCI 值。
- 资源预留原则：为避免出现未来网络扩容引起 PCI 冲突问题，应适当预留部分 PCI 资源。

在保证满足以上条件下网络中 504 个 PCI 码资源可以重用。由于 LTE 系统的 PCI 码达 504 个，因而其规划比 3G 系统的扰码规划相对要简单许多。

4. 网络规划仿真

LTE 网络规划仿真流程与 3G 系统基本类似。首先根据网络估算的结果在规划软件中导入预定基站的站点参数，输入传播模型参数、基站设备参数、天馈线参数等，利用规划软件进行 RS 信号和 PBCH 信道的覆盖预测，以获得公共信道覆盖性能；在此基础上根据话务模型与业务分布预测布撒话务量，然后进行蒙特卡罗仿真，以获得系统容量预测结果；再用业务信道参数、各业务速率、基站容量等参数重新进行覆盖预测，以获得业务信道覆盖性能。比较仿真结果与建设目标的差距，调整基站站点及基站设备、天馈线参数，再次进行仿真，多次循环，直至满足建设目标要求。

公共信道覆盖成功是保证业务信道接入的前提，其覆盖预测具体包括 RS 信号覆盖预测和 PBCH 信道覆盖预测。RS 信号的覆盖预测与 TD-SCDMA 的 PCCPCH 覆盖预测基本类似。需要注意的是，RS 信号的门限不仅仅满足 RS 信号的解调要求，还需结合小区边缘最低保障业务速率来设定。

以下因素会影响 LTE 系统的业务信道覆盖：

- 业务速率：不同的业务有不同的速率要求，对应的信噪比需求也就不同，导致不同的业务速率有不同的覆盖范围。
- RB（Resource Block）：不同的业务平均使用的 RB 资源数不同，也会影响业务覆盖能力。
- 调制编码方式：不同的业务支持的调制编码方式不同，因而也对业务覆盖能力产生影响。

因而业务信道覆盖预测是在一定的网络负载条件下（容量仿真后的干扰情况下）地理栅格上各点能够达到的不同传输速率的分布。

LTE 网络的整体覆盖质量应该兼顾公共信道覆盖和业务信道覆盖质量。

LTE 的蒙特卡罗仿真与 TD-SCDMA 差异较大，主要体现在以下两个方面：

- 支持设备相应的调度算法（RB 资源分配）和小区间干扰协调算法（目前为基于 SFR 的 ICIC）。
- 支持各种多天线技术，因为要模拟 MIMO 的性能，所以不仅考虑大尺度衰落，还考虑小尺度衰落（3G 系统规划仿真仅考虑大尺度衰落）。

12.6　5G 无线网络规划

良好的网络规划是建设与需求相适应的高质量 5G 网络的基础。从宏观上来看，5G 网络的无线网络规划无论是规划目标、规划内容，还是规划流程、规划方法，与前期的 2G/3G/4G 无线网络规划基本一致。但是与以往的移动通信系统相比，5G 移动通信系统在频谱、空中接口、网络结构、多样化应用场景等方面都带来了全新的变化，以满足更广阔的应用场景和更广泛的万物互联需求。而这些变化，都给 5G 无线网络规划带来了巨大的新挑战。限于篇幅，本节仅对 5G 无线网络规划面临的主要新挑战及其应对之策进行简要介绍。

1. 多样化应用场景带来的挑战

随着社会的不断发展和人们对高品质生活的追求，人们对移动通信网的要求也越来越高。基于此，ITU 对于 5G 网络定义了 eMBB、mMTC 和 uRLLC 三种主要应用场景。除上述三种主要应用场景外，3GPP TR38.913 还定义了超长距离覆盖、商用地空通信、轻型飞机、卫星通信等场景。

由于不同的业务场景对移动网络的需求侧重点不同，因此业务的多样性要求 5G 网络规划在体验评估、仿真预测、资源配置等方面进行适应性的改变。

表 12-22 总结了 eMBB、mMTC、uRLLC 三种主要应用场景对应的覆盖策略、IMT-2020 给出的评估场景与评估指标。图 12-15 总结了各项指标应采用的评估方法。

表 12-22　不同应用场景覆盖策略、评估场景与评估指标总结

项　目	应用场景		
	eMBB	mMTC	uRLLC
覆盖策略	率先覆盖热点区域，逐渐向全网扩展	依托低频段 NB-IoT 升级，深度覆盖	从厂区等热点和交通干线等线状覆盖启动，培育垂直应用
评估场景	室内热点、密集城区、乡村	城区宏蜂窝	城区宏蜂窝
评估指标	◆ 峰值数据速率 ◆ 峰值频谱效率 ◆ 用户体验速率 ◆ 边缘用户频谱效率 ◆ 平均频谱效率 ◆ 业务容量 ◆ 时延 ◆ 能量效率 ◆ 移动性 ◆ 移动中断时间 ◆ 带宽	◆ 连接密度	◆ 时延 ◆ 可靠性 ◆ 移动中断时间

2. 频谱复杂化带来的挑战

5G 之前的移动通信频谱均集中在 3GHz 以下，频谱资源稀缺且拥挤。为满足海量连接、超高速率的业务需求，5G 网络增加了新的 Sub6G 频段，并向频谱资源更为丰富的 6GHz 以上的频段、毫米波频段等高频段拓展。同时，随着 2G、3G 网络的逐步退网，其占用的 800MHz/900MHz、1800MHz 频段被重耕用于 5G 网络，而我国第四家移动通信运营商中国广电还拥有 700MHz 频段，未来 5G 移动网络将形成全频谱接入的局面，这都为 5G 移动网络的网络规划带来了新挑战。

一方面，新的高频段频谱的使用，需要采用准确适用的新传播模型进行覆盖规划，而且高频段频谱绕射能力更差、传播距离更短，对站址和参数规划的精度提出了更高的要求。同时，随着 Massive MIMO 天线、复杂天线赋形技术的应用，多径建模的重要性凸显，多径小尺度信息成为保

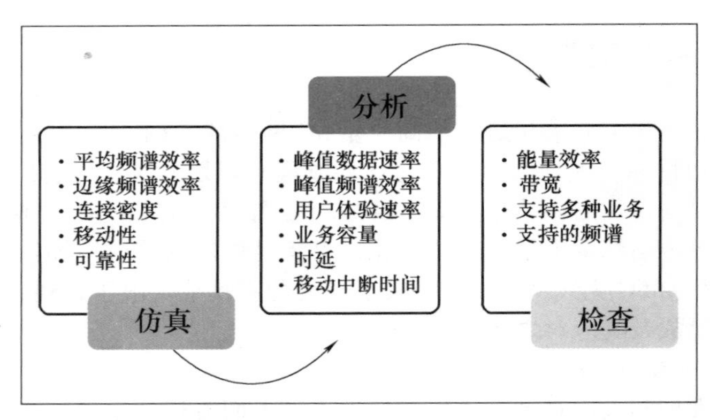

图 12-15　各项指标应采用的评估方法

证网络规划准确性的关键，需在高精度电子地图3D场景建模的基础上采用具备多径建模的射线追踪传播模型，并考虑建筑物材质、植被、雨/雪/雾/氧衰损耗等，进行5G无线网络覆盖规划。

关于5G传播模型，ITU-R、3GPP进行了相应的推荐，如ITU-R M.2135模型，3GPP TR36.873、3GPP TR38.900、3GPP TR38.901模型等，其中3GPP TR36.873定义了0.5~6GHz频段的3D信道模型，3GPP TR38.900定义了6GHz以上频段的3D信道模型，3GPP TR38.901则将频段拓展到了0.5~100GHz，各模型中的经验公式、参数等随着大量测试与试验网建设获得的数据也在不断进行修正、更新。根据典型5G应用环境类型的不同，又有相应的传播子模型，覆盖预测中进行链路预算时需根据基站和终端所处环境进行室内/室外、LOS/NLOS、宏蜂窝/微蜂窝、都市/郊区/乡村、气候与植被等应用环境分析，确定所属的典型5G应用环境类型，选择、适配合适的传播子模型。总体上来看，LOS和NLOS场景下，高频相比低频，链路损耗将分别增加16~24dB和10~18dB；同一频段，NLOS场景相比LOS场景，链路损耗将增加15~30dB；High Loss和Low Loss场景下，高频相比低频，穿透损耗将分别增加10~18dB和5~10dB。

另一方面，5G网络的全频谱接入使得进行5G网络规划时必须充分考虑多频段共存时高低频段频谱传播特性差异导致的高低频段协同规划、4G与5G网络未来一段时期内长期互补共存，以及由此带来的同频段共存时的干扰隔离问题。对于4G网络与5G网络的多频段协同部署，应以满足客户需求为目标，在城区将5G网络作为容量层叠加在4G网络上，低频作为覆盖层、中高频作为容量层，形成有机协同、连续覆盖、优势互补的移动通信网络；农村地区可利用4G网络低频段广覆盖的优势，实现低成本网络覆盖，进而为各种应用场景提供良好用户体验的移动网络服务。

图12-16为中国移动多频段协同部署的方案案例示意图。

3. 新的空中接口带来的挑战

为满足多样化应用场景的业务需求，5G设计了全新的空中接口，引入了Massive MIMO等先进技术，支持上下行解耦、信道测量、灵活的参数集和帧结构等，通过灵活配置来满足不同场景下的差异化需求，给5G网络规划带来了诸多的挑战。

（1）Massive MIMO

作为5G最重要的关键技术之一，Massive MIMO将完全改变移动网络基于扇区级宽波束的传统网络规划方法。因为Massive MIMO不再是扇区级的固定宽波束，而是采用波束赋形技术形成许多极精确的用户级超窄动态波束，实时跟踪每个通信用户位置，这将带来以下几方面的改变：

1）相比于2G/3G/4G的小区宽波束，5G Massive MIMO通过波束赋形可以获得可观的等效天线增益（BF增益，在解调门限中体现），从而一定程度上弥补高频段频谱增加的传播损耗，进而改善5G基站的覆盖能力。因而在进行5G网络的覆盖规划时，在基站其他参数相同的情况下，采用不同的频段、不同的Massive MIMO天线阵收发通道数量，将带来基站覆盖半径的不同。例如3.5GHz、64天线基站的覆盖能力可与2.6GHz、8天线基站的覆盖能力相当，组网应用时可以满足

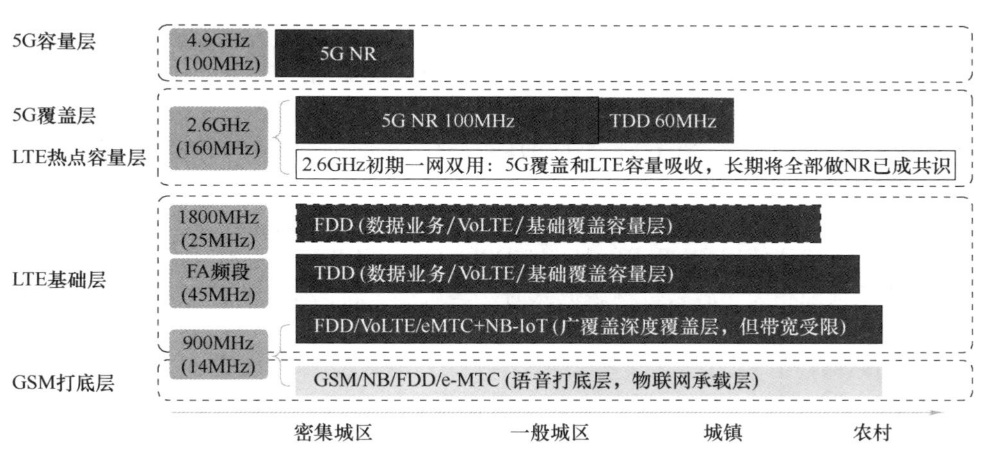

图 12-16　多频段协同部署方案案例示意图

400 米的站间距规划需求。

2）通过波束赋形，波束相关性较低的多个用户可以同时使用相同的频率资源（即 MU-MIMO、空分复用），提升频谱效率，从而提升网络容量。

3）波束赋形可降低小区用户间的干扰，提升通信质量和系统容量。

图 12-17 给出了 64TR 与 8TR 覆盖与容量对比的例子。从图中可以看出 64TR 较 8TR 可以带来 2~3 倍的吞吐量、约 23%的覆盖提升。

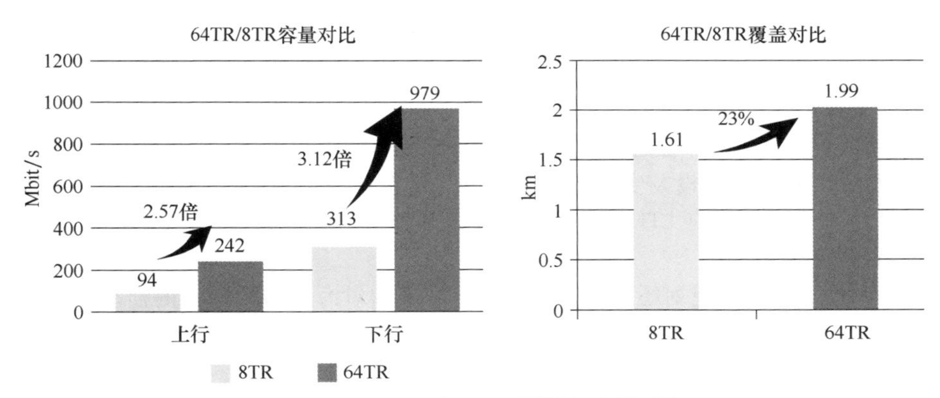

图 12-17　64TR 与 8TR 覆盖与容量对比

因而，在进行 5G 无线网络规划时必须针对不同信道的不同形态波束合理进行波束规划。

（2）上下行解耦

无线网络覆盖由上行链路和下行链路共同决定，需要达到上下行链路平衡。但基站发射天线增益高、功放功率大，而终端由于体积受限，天线和功放不能做得很大，因此多数情况下上行覆盖受限。5G 网络中由于基站 Massive MIMO 收发通道数远大于移动终端收发通道数（如基站 64TR、移动终端 2T4R），因而其 BF 增益远大于移动终端，这进一步扩大了下行覆盖与上行覆盖之间的差距。为此，5G 网络规划时需通过增加移动终端最大发射功率（由 23dBm 增加至 26dBm）、调整上下行时隙配比，以及上下行解耦等来提升上行覆盖，实现上下行覆盖的平衡。上下行解耦是针对 5G 的上行和下行链路所用频谱之间关系的解耦，5G 上下行链路所用频率不再固定于原有的同一频段的关联关系，而是允许上行链路配置一个较低的频率（如下行采用 3.5GHz 频段、上行采用 2.1GHz 频段），以解决或减小上行覆盖受限的问题。

（3）SS/CSI 测量

为进行覆盖评估，5G 定义了对同步信号（SS）和信道状态信息（CSI）两种接收信号的测量，分别测量其参考信号接收功率（RSRP）和信号与干扰加噪声比（SINR），作为小区边缘覆盖的门限，它是 5G 网络覆盖规划与优化的重要指标，如城区小区边缘要求 SS-RSRP≥-100dBm、SINR≥-5dB（95%概率），不同的运营商、不同的网络建设阶段，可能其具体的要求数值稍有差别。

SS-RSRP 和 SS-SINR，目前 5G 终端均可上报，且不会随网络负荷的变化而变化，在建网初期轻载或空载情况下，建议使用 SS-RSRP 和 SS-SINR。CSI-RSRP 和 CSI-SINR，目前 5G 终端不支持上报，且与网络负荷强相关，后续待网络成熟时，建议逐步转向基于 CSI-RSRP/CSI-SINR 的评估体系，以评估与实际网络负荷相对应的小区覆盖。

（4）灵活的帧结构

5G 支持灵活的帧结构，支持时隙的准静态配置和快速配置，时隙中的符号可以配置为上行、下行或灵活符号，其中灵活符号可以通过物理层信令配置为下行或上行符号，以灵活地支持突发业务。这种设计能够实时匹配业务动态需求、显著提升频谱效率，在无线网络规划和参数配置时需考虑由此带来的业务预测、动态 TDD 的交叉时隙干扰、多用户调度等方面的变化。

4. 新的网络架构带来的挑战

随着用户体验重要程度的持续提升，网络规划已从“以网络为中心的覆盖与容量规划”走向“以用户为中心的体验规划”，网络架构也相应地走向云化。一方面，接入网侧，5G 系统将 Massive MIMO 天线与 RRU、部分 BBU 功能模块合并成 AAU，从网络规划和工程建设角度上看，既可以节省宝贵的天面资源、降低基站选址难度和建站成本，又可提升覆盖。将传统的 BBU 分拆为 DU 和 CU，以实现基带资源的共享和无线接入的切片、云化，通过网络切片快速提供新业务编排和部署，以及 5G 复杂组网情况下的站点协同。对此，网络规划时必须在网络拓扑、传输链路资源、资源配置和调度等方面进行相应考虑。另一方面，根据 5G 控制面锚点的不同以及核心网与无线网的关系，5G 网络部署有独立组网（SA）和非独立组网（NSA）两种架构，需根据建设阶段和需求进行选择。其中，NSA 是 5G 网络部署的过渡方案，而 SA 是连续覆盖的 5G 网络的目标架构。SA 具有一步到位的优势，但核心网建设及实施比较复杂，且存在成熟性风险。而 NSA 最大的优势是能够在 5G 演进过程中充分利用现有 LTE 网络资源，实现快速部署，但其缺点是网络可能需要经过多次改造，整体投资将高于 SA。

除上述方面外，5G 网络规划还存在着密集组网带来的对海量规划站点的需求，对存量站点的改造、对海量传输和管线资源的需求；运营商共建共享带来的对资源分配、网管与运维等问题的解决方案需求，5G RAN 对供电带来的挑战等，在此不再一一展开。

12.7　思考题与习题

1. 无线网络规划的流程是什么？
2. 为什么要进行传播模型校正？其方法是什么？
3. 链路预算的目的是什么？为什么要求做到上下行链路的平衡？
4. 如何理解“在远郊和农村地区，基站布设要受限于基站的覆盖，而在密集城市则主要受限于基站的容量”？
5. 在 GSM 900MHz 频段，某公司拥有 19MHz 带宽，另一公司拥有 6MHz 带宽，请问若采用 3×3 频率复用方式，理论上基站的最高配置站型是什么？若采用 3×3 频率复用方式呢？
6. 某地有一个 2/2/1 的 GSM 基站，设无线呼损率为 5%，每用户忙时话务量为 0.02Erl，试问此基站可容纳多少用户？
7. 根据所给参数填写表 12-23。

表 12-23 习题 7 表

地区类型	密集城区	一般城区	郊区	农村
中心频率/MHz	878.49	878.49	878.49	878.49
信道功率/W	3	3	3	3
信道功率/dBm				
基站馈线损耗/dB	3	3	3	3
基站天线高度/m	35	35	40	45
基站发射天线增益/dBi	17	17	17	17
基站导频 EIRP/dBm				
接收机灵敏度/dBm	−122.67	−122.67	−122.67	−122.67
移动台接收天线增益/dB	0	0	0	0
移动台馈线损耗/dB	0	0	0	0
移动台天线高度/m	1.5	1.5	1.5	1.5
人体损耗/dB	3	3	3	3
衰落裕量/dB	5.44	5.44	5.44	5.44
干扰裕量/dB	3.000	3.000	3.000	3.000
穿透损耗/dB	25	20	15	10
地域修正因子/dB	8	0	−9.74	−18.95
最大允许路径损耗/dB				
小区半径/km				

8. 某三扇区 GSM、CDMA 基站，每扇区均配置了 21 个业务信道，假设无线呼损率取 2%，每用户平均忙时话务量为 0.025Erl，试问 GSM 基站和 CDMA 基站各能容纳多少用户？

9. CDMA 蜂窝系统中导频 PN 的作用是什么？为什么要进行导频 PN 的复用？

10. 某 WCDMA 系统小区负载因子为 40%，小区基站接收机的噪声系数为 3dB，现为某用户提供 64kbit/s 的视频电话业务（此业务所需的 E_b/N_o 为 4.1dB），试求此基站接收机的灵敏度。

11. 5G 无线网络规划主要面临哪些方面的新挑战？

第 13 章　6G 移动通信

5G 于 2019 年正式走向商用，其应用提升了人们学习、娱乐、社交等方面的优异通信体验，并在虚拟现实/增强现实（VR/AR）、智能交通、远程医疗及智能工厂等产业型应用（即垂直应用）方面开始得到人们的青睐。无疑，这些优势正驱动着 5G 商用化进程的加快。然而，遗憾的是，尽管 5G 带来了开创性的物联网（Internet of Things，IoT）目标，并突破了传统的移动通信格局，但 5G 作为万联网（Internet of Everything，IoE）服务载体的“初心”尚未实现，既不能满足高逼真 VR/AR 和无线脑机交互等应用所需的极高数据速率，更无法满足“上天入地下海”的多域覆盖。

5G 之后的移动通信系统面临突出的挑战有：（1）数据的速率将难以达到 1Tbit/s 量级以上；（2）多域网络之间相对独立，没有完整的协同传输框架，难以满足全方位、立体化的多域、跨域传输及覆盖，空天通信、空地通信及海域通信能力严重不足；（3）随着大数据、互联网、智慧城市、智慧产业和信息物理与社会融合空间的兴起，对网络的创新、智慧、安全融合提出了更高的要求，例如，情景再现与融合、智慧城市神经网络、智能无人网络等。为此，一方面是为了弥补 5G 存在的不足，另一方面是为了适应未来信息社会的需求，在 5G 愿景“信息随心至，万物触手及”基础上，人们提出了“一念天地，万物随心”的 6G 愿景。相应地，在 5G 走向商用之时，6G 的研究也列上了人们的议事日程。许多政府和组织纷纷启动 6G 研究，例如，中国启动了针对 2030 年及以后网络的“宽带通信与新技术”项目；欧盟 2020 发展战略赞助了 TERRANOVA 等多个超 5G（Beyond-5G，B5G）项目；美国联邦通信委员会已开始研究 6G 网络并开放 THz 频段；芬兰赞助了第一个 6G 项目“6G 创世纪”，并组织了全球首个 6G 无线峰会；国际电信通信联盟电信标准化部门第 13 研究组为网络 2030 确立了电信标准化部门焦点技术。目前，人们已就 6G 的发展愿景、应用需求、关键技术指标和候选技术开展研究，以期为 2030 年的商用打下基础。

本章将简要介绍 6G 的应用场景和关键性能指标，以及太赫兹通信、超大规模 MIMO、智能反射面、轨道角动量多路复用、无小区网络、无线 AI 等技术的基本原理和特点。

13.1　6G 的应用场景和关键性能指标

4G 以前的移动通信应用主要是个人消费型，而 5G 开始则逐步向垂直应用拓展。到 2030 年，高度数字化、智能化和全局数据化将驱动智能信息社会的诞生，这有赖于近乎即时且无限制的全无线连接。6G 将成为实现这一蓝图的关键驱动力，它期望连接一切，提供“上天、入地和下海”的无线覆盖，并集成包括传感、通信、计算、缓存、控制、定位、雷达、导航和成像等复杂功能，以支持全产业应用。

1. 应用场景

无疑，移动互联网和 IoE 是 6G 的两个主要推动力。但 6G 的应用场景将比 5G 广泛，它不仅包括 eMBB、mMTC 和 uRLLC 三大场景，而且还包括许多即将到来的场景，例如全息通信、个人监控、无人驾驶出租车、机器人互联网和无线脑机交互等。可以预见，6G 将支持用于触觉应用（如触觉互联网）的全息和高精度通信，以提供完整的五官（即视觉、听觉、嗅觉、味觉和触觉）体验。无疑，这必然要求近乎实时地处理大量数据，极高的吞吐量（大约 Tbit/s）和极低延迟（小于 0.1ms）。6G 无线网络有望达到以下几个方面：

- 支持具有超高吞吐量需求的超高清和极致高清视频
- 为工业互联网提供极低延迟的通信（大约 10μs）

- 通过智能可穿戴设备和通过可植入的纳米设备和纳米传感器以极低的功耗（皮瓦、纳瓦和微瓦量级）实现体域通信，支持纳米级物联网和体域网
- 支持水下和太空通信，以极大地扩展人类活动范围，例如深海观光和太空旅行
- 在新兴场景（例如超高速铁路）中提供一致的服务体验
- 增强 5G 垂直应用，例如物联网和全自动驾驶汽车

典型的 6G 的应用场景如图 13-1a 所示，包括进一步增强的移动宽带、超大规模机器通信、极其可靠和低延迟的通信（也称为增强型超可靠低延迟通信）、长距离和高移动性通信以及极（或超）低功耗通信等。

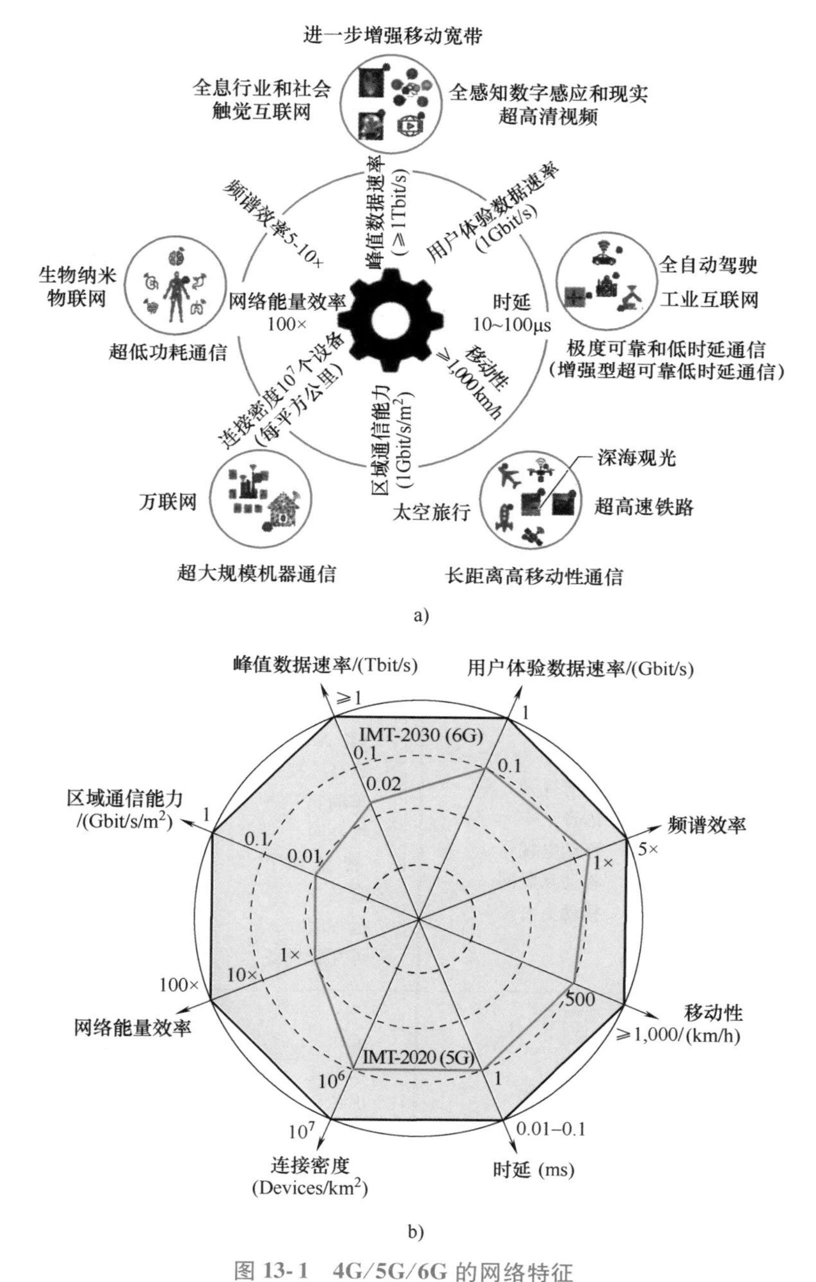

图 13-1 4G/5G/6G 的网络特征

a）典型 6G 支持场景 b）6G 关键性能指标

2. 关键性能指标

评估6G无线网络的关键性能指标包括频谱效率和能量效率、峰值数据速率、用户体验的数据速率，区域流量容量（或空间流量容量）、连接密度、等待时间和移动性。具体的关键技术目标如图13-1b所示，其中包括：

- 峰值数据速率至少为1Tbit/s，是5G的100倍。对于某些特殊情况，例如太赫兹无线回传和前传，峰值数据速率有望达到10Tbit/s。
- 1Gbit/s的用户体验数据速率，是5G的10倍。在某些情况下，例如室内热点，还有望为用户提供高达10Gbit/s的用户体验数据速率。
- 10~100μs的空中延迟和高移动性（≥1000km/h）。这将为超高速铁路和航空系统等场景提供可接受的体验质量。
- 连接密度是5G的十倍。对于热点等场景，将达到每平方千米10^7个设备，区域流量容量可达1Gbit/s/m^2。
- 能量效率是5G的10~100倍，频谱效率是5~10倍。

由图可见，5G关键性能指标连成的多边形变成了6G的圆形，这反映出6G的性能指标要求更高、需满足的场景更加复杂多样。

表13-1总结了4G、5G和未来6G的网络特征，其中4G以人为中心，5G以IoE为中心，6G以未来万物交互为中心。可以预见，一方面6G应该解决5G的局限性，至少包括系统覆盖范围和IoE；另一方面，6G应该实现更高数据速率、更高的系统容量、更高的频谱效率，以及更低的延时和更高的移动速度，以全面支撑2030年及以后的泛在智能移动社会需求。

表13-1 4G、5G和未来6G的网络特征

	4G	5G	6G
使用场景	移动宽带	增强移动宽带 超可靠低时延通信 大规模机器通信	进一步增强移动宽带 极可靠低时延通信 极大规模机器通信 长距离高速移动性通信 极低功率通信
应用	高清视频 语音 移动电视 移动互联网 移动支付	VR/AR/360°视频 超高清视频 车辆到万物 物联网 智慧城市/工厂/家庭 远程医疗 可穿戴设备	全息行业和社会 触觉物联网 全感知数字传感与现实 全自动驾驶 工业互联网 太空旅行 深海观光 生物纳米级物联网
网络特征	全IP	云化 软件化 虚拟化 切片化	智能化 云化 软件化 虚拟化 切片化
服务对象	人	连接（人和物）	交互（人和世界）

（续）

		4G	5G	6G
关键性能指标	峰值数据速率	100Mbit/s	20Gbit/s	≥1Tbit/s
	体验数据速率	10Mbit/s	0.1Gbit/s	1Gbit/s
	频谱效率	1×	4G 的 3 倍	5G 的 5~10 倍
	网络能量效率	1×	4G 的 10~100 倍	5G 的 10~100 倍
	区域通信能力	0.1Mbit/s/m^2	10Mbit/s/m^2	1Gbit/s/m^2
	连接密度	10^{5}Devices/km^2	10^{6}Devices/km^2	10^{7}Devices/km^2
	时延	10ms	1ms	10~100μs
	移动性	350km/h	500km/h	≥1000km/h

13.2 6G 中的无线传输新技术

为了支持 6G 的多样化、复杂应用需求，人们提出了各种各样的新技术。目前几种用于 Tbit/s 量级数据传输的无线传输新技术有：太赫兹通信、超大规模 MIMO、轨道角动量多路复用、智能反射面、激光通信和可见光通信等。其中，太赫兹通信、激光通信和可见光通信是增加 6G 频谱资源的重要技术，智能反射面通过操控无线传播环境来改善系统性能，而超大规模 MIMO 和轨道角动量多路复用可以通过在同一信道上复用许多并行数据流来显著提高频谱效率。

1. 太赫兹通信

在 0.1~10THz 频带中的太赫兹通信具有比毫米波频带更丰富的频谱资源，有望为包括热点、室内无线接入等场景提供 Tbit/s 数据传输。IEEE 802.15.3d 还规定了在 0.252~0.325THz 较低频段中的两种 THz 物理层（即单载波和开关键控物理层），以实现 100 Gbit/s 的数据传输。太赫兹通信具有以下优点：

- 高达数百千兆赫的海量频谱资源，比 24.25~52.6GHz 的 5G 毫米波频段要丰富得多，可以满足 6G 的海量带宽需求并实现 Tbit/s 的数据传输。
- 由于太赫兹的波长远比毫米波波段的波长短，因此它可有益于集成更多天线以提供大量波束。预计将超过 10000 个天线元件集成到 THz 基站中，它们可以形成超窄波束以克服传播损耗并生成更窄的波束以实现更高的数据传输，并同时为更多用户提供服务。
- 太赫兹通信的定向传输能力强，可以明显减轻小区间干扰，显著降低窃听通信的可能性，从而提供更好的安全性。

但太赫兹通信的实现仍有一些技术难题：

- 高效的 THz 器件实现困难。例如，设计并实现 THz 混频器、THz 振荡器、THz 放大器和 THz 天线是一个巨大的挑战，同时，这种高带宽超外差收发器的低噪声设计也是一项全球性挑战。
- 太赫兹通信信道建模和估计困难。与低频通信不同，太赫兹通信建模需要考虑几个独特的因素，包括由于氧气和水蒸气分子的吸收损耗而引起的高频率选择性路径损耗、互耦合效应和近场效应以及空间超大规模天线阵列的非平稳性。
- 太赫兹通信大范围覆盖困难。太赫兹通信的波束相对较窄，是高度定向的波束信号传播，但太赫兹相对低频段有较大的自由空间损耗。针对这种定向网络，如何设计时间异步系统下的高效邻居发现算法，如何在节点度和跳转范围之间折中优化拓扑控制算法以及具有更高访问容量的多址控制（MAC）协议等成为挑战。

2. 超大规模 MIMO

从 8 天线 4G MIMO 到 256~1024 天线 5G 大规模 MIMO，多天线技术在无线通信中发挥了关键作用。多天线技术可以通过空间多路复用大大提高系统容量，也可以通过分集实现可靠的传输，还可以通过波束成形克服传播损耗。对于6G而言，预计将部署具有10000多根天线的超大规模MIMO，由此带来了以下优势：

- 通过在同一信道上传输数成百上千个并行数据流的空间复用方式以实现超高频谱效率，超大规模MIMO还可以显著提高能量效率并减少时延。
- 可以提供成百上千个波束。以大规模用户MIMO形式同时为更多用户提供服务，以显著提高网络吞吐量。此外，超大规模MIMO和非正交多址技术的结合将促成大规模多址通信，实现超大规模连接。
- 形成超窄波束将有助于克服毫米波和太赫兹频段的严重传播损耗，并减少复用的同信道小区间干扰。

当然，大规模MIMO固有的困难以及新应用带来的问题会更加突出，例如，随着基站配备超大规模MIMO，导频污染将更加严重等。这些困境有待新方法的突破。

3. 智能反射面

智能反射面（Intelligent Reflecting Surface，IRS）是由大量被动无源反射元件组成的平面和控制元件构成，其中的每个反射元件都能够独立地改变入射电磁波信号的幅度和相位，进而灵活调控整个反射面的电磁波反射特性，最终达到“智能反射”效果，使得期望用户更好地接收到发端信号。智能反射面也被称为可重配智能表面（Reconfigurable Intelligent Surface，RIS）。

与环境中其他的散射、反射等传播路径不同，智能反射面可为用户信号接收提供一条额外的反射路径。通过调整控制元件中的PIN型二极管或者变容二极管等，人们可动态地改变各反射单元结构的等效阻抗，即控制其反射系数，进而使智能反射面的反射信号在到达目的节点时与其余路径信号进行同相或反相合并，实现接收信号的增强或干扰消除。换言之，智能反射面的“智能反射”特性使得电磁信号的无线传播环境变得智能可控，改变了传统只能被动适应信道的困境。此外，有别于固定参数的微波反射面等装置，智能反射面只是动态地被动反射源节点信号，无须通过射频发射单元消耗功率进行信号放大或再生，大大提高了部署灵活性，降低了系统能耗和硬件成本。因此，智能反射面技术为解决下一代无线网络中速率、能耗、成本之间的内在矛盾提供了一种新途径，但其中的信道估计、反射面的反射因子设计等难题有待解决。

4. 轨道角动量多路复用

轨道角动量（OAM）多路复用将一组正交电磁波的角动量作为新的自由度，在同一信道上多路复用多个数据流，以实现较高的频谱效率。这与空间复用不同，后者使用多根分离的发射和接收天线。电磁波的轨道角动量可以表示为$e^{js\phi}$，其中轨道角动量状态s是无界整数，ϕ是方位角。这相当于在正常电磁波中添加一个相位旋转因子，此时相位波前将不再是平面结构，而是围绕波束传播方向旋转。这种特性使得电磁波的等相位面沿着传播方向呈螺旋的形态，旋转一周，相位变化$2\pi s$。这意味着存在无限的轨道角动量状态，并且任何两个轨道角动量状态都是正交的。从理论上讲，采用OAM，任何数量的数据流都可以在同一信道上实现多路复用。

轨道角动量复用同样存在以下有待解决的几个关键问题：

- OAM波束发散，限制了基于OAM的无线通信系统的有效接收和长距离传播。
- 衰落场景中建模OAM传输非常困难。在非视线环境下，OAM模式的波前随OAM波的反射和折射而变化，结果导致难以建模OAM传输。
- OAM收发器对准困难。由于OAM波的相位敏感性，发送器和接收器很难对齐的问题将严重恶化多路复用性能。

5. 激光通信和可见光通信

6G将集成太空/天空网络和水下网络与地面网络，以提供更佳的覆盖范围。但是，太空/天空和水下传播环境与陆地环境不同。因此，常规无线通信无法为这些情况提供高速数据传输。激光通信具有超高带宽的特点，可以使用激光束实现高速数据传输，适用于自由空间和水下等环境。

另一方面，可见光通信在 400~800 THz 的频率范围内工作，是 6G 的另一种有前途的技术。它使用类似发光体的 LED 产生的可见光来传输数据。可见光通信利用超高带宽来实现高速数据传输，可广泛应用于室内热点等场景，但如何实现双向通信、与射频通信的无缝覆盖等问题有待解决。

6. 无小区网络

在传统的蜂窝网络中，单个基站（BS）为多个用户服务，即“用户跟着基站走”。当移动用户跨越不同的 BS 时，发生越区切换。然而，当接入点（AP）的数量接近或甚至超过用户终端的数量，且小区和传输距离变得越来越小时，传统的蜂窝网络将难以有效确保用户服务质量。为此，人们提出了无小区（Cell-Free）网络。该网络的核心理念是“基站跟着用户走”，它通过智能地识别用户无线通信环境，然后灵活地配置所需的 AP 组和资源，进而为用户提供服务。

尽管无小区网络研究取得了一些进展，但仍然存在诸多挑战，具体有如何实现动态网络服务用户、如何实现动态性移动性管理、如何有效实现资源管理以及安全管理等。

7. 地面和卫星通信的集成

当前地面网络的功能远远不能满足 6G“上天入地下海”的连接性要求。因此，需要集成非地面和地面网络的大维度网络来支持各种应用，如空中飞行、海上航行或陆地穿梭等。

从网络结构上看，6G 将是一个由太空、天空、地面和水下（或海洋）网络组成的四层大型网络，其中地面和卫星通信的集成尤为迫切。

卫星通信具有支持系统覆盖范围和用户移动速度的优势，它将极大地扩大覆盖范围，然而，传统的地面和卫星移动通信系统是根据国际电联的单独标准建立的，它们具有不同的特点，例如，卫星通信的多普勒频移、传输延迟与地面通信有很大的不同，何况又受到星上载荷的限制，结果，许多地面有效的技术在星上难以采用，因此，如何有效集成地面和卫星通信网络将是很大的挑战。

8. 无线 AI

传统上，无线网络中的问题是在一些先验知识（如信道状态信息）已知的情况下进行数学建模来进行求解的。然而，在复杂的 6G 网络环境中，一方面获得先验信息的代价可能较大；另一方面，网络中各种决策变量对物理系统影响之间的映射，难有解析式，即优化目标可能难以表达。幸运的是，近年来出现的人工智能，特别是深度学习，为解决这一难题提供了可能。借助深度学习，通过对数据进行深入分析，我们可获取输入和输出之间的“知识”，并利用这些知识建立输入和输出之间的映射模型，进行预测或分类。

无疑，人工智能技术可以通过学习和大数据训练为无线网络提供智能。因此，无线通信和 AI 结合所形成的无线 AI，将成为设计 6G 网络的最具有创新性的技术之一。例如，AI 与软件定义网络、网络功能虚拟化和网络切片的组合可以实现动态网络调整、优化和管理，从而促进从 5G 到自治 6G 网络的演进；引入 AI 的网络可以动态地调整网络架构和切片，以满足不断变化的服务和应用程序的需求；采用 AI 的网络优化可以监控实时网络关键性能指标，并快速调整网络参数以提供出色的用户体验质量；具有 AI 功能的网络管理可以监视实时网络状态并维护网络运行状况；AI 用于无线物理层传输，既可以基于数据驱动（将对象看作一个未知的黑盒子），也可以基于数据模型双驱动，利用 AI 网络代替某个模块或者训练相关参数以提升系统性能等。

无线 AI 可以使无线通信网络更加智能，这正好适应未来 6G 网络复杂化、业务多样化和体验个性化的特点。因此，无线 AI 技术有望助力人们破解问题建模日益困难、求解复杂度指数级升高和网络运维成本越来越高的难题，它将融入无线通信系统的各个层面。

13.3 6G 标准化的预期路线图

图 13-2 所示为 6G 的预期路线图。标准组织 3GPP 针对 5G NR（New Radio，新空口）的版本 16（R16）已在 2020 年完成，后续的版本 17 到版本 19 开始针对后 5G 进行研究。人们预计，可能会紧随其后的第 20 版是有关 6G 的研究。标准组织 ITU 已开展 6G 的研究，已经探讨 6G 愿景和技

术趋势等方面。目前，世界各地的学者和行业都在讨论6G关键技术、愿景和要求。预计这些研究将一直持续到2024-2026年，然后6G的标准工作将开始并一直持续到2030年。

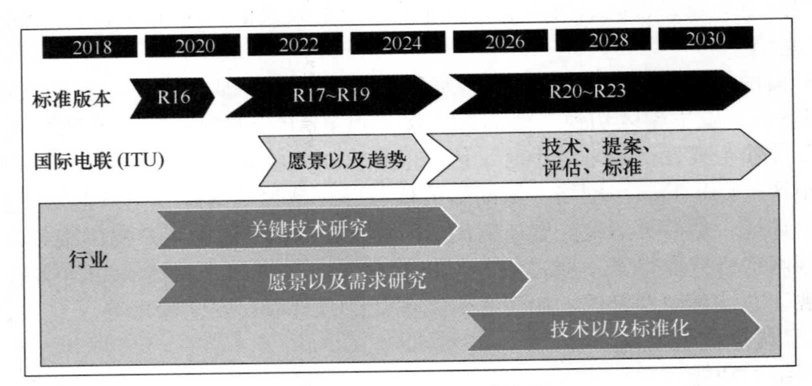

图13-2 6G的预期路线图

13.4 思考题与习题

1. 简述为何要发展6G。
2. 6G有哪些关键能力指标？其典型的潜在应用场景有哪些？
3. 什么是超大规模MIMO技术的基本原理？它有哪些优势和不足？
4. 太赫兹通信技术有哪些优势和不足？
5. 激光通信和可见光通信有哪些优势和不足？
6. 轨道角动量多路复用技术有哪些优势和不足？
7. 什么是智能反射面？
8. 什么是无小区（Cell-free）网络？
9. 为什么要集成地面和卫星通信？
10. 移动通信未来还将满足人们的哪些需求？请大胆猜想下一个影响人们生产生活的应用将会是什么类型？

附录　缩略词

数字

1G	the 1st Generation Mobile Communication Systems	第一代移动通信系统
2G	the 2nd Generation Mobile Communication Systems	第二代移动通信系统
3G	the 3rd Generation Mobile Communication Systems	第三代移动通信系统
3GPP	3rd Generation Partnership Project	第三代合作伙伴计划
3GPP2	3rd Generation Partnership Project 2	第三代合作伙伴计划 2
4G	the 4th Generation Mobile Communication Systems	第四代移动通信系统
5G	the 5th Generation Mobile Communication Systems	第五代移动通信系统
6G	the 6th Generation Mobile Communication Systems	第六代移动通信系统

A

AAA	Authentication, Authorization and Accounting	鉴权、认证和计费
AC	Access Channel	接入信道
	Authentication Center	鉴权中心
ACA	Adaptive Channel Assignment	自适应信道分配
ACI	Adjacent Channel Interference	邻道干扰
ACK	Acknowledgement	确认
AF	Adapt Function	适配功能
AGCH	Access Grant Channel	接入许可信道
AGC	Automatic Gain Control	自动增益控制
AI	Artificial Intelligence	人工智能
AMC	Adaptive Modulation and Coding	自适应编码调制
AMF	Access and Mobility Management Function	接入与移动管理功能
AMPS	Advanced Mobile Phone System	先进移动电话系统
AN	Access Network	接入网
ANSI	American National Standards Institute	美国国家标准协会
AP	Access Point	接入点
APC	Adaptive Predictive Coding	自适应预测编码
ARQ	Automatic Repeat Request	自动重传请求
ASIC	Application Specific Integrated Circuit	专用集成电路
ATM	Asynchronous Transfer Mode	异步交换模式
AUC 或 AC	Authentication Center	鉴权中心
AWGN	Additive White Gaussian Noise	加性高斯白噪声

B

B3G	Beyond 3G	后三代移动通信系统
BBU	Building Baseband Unit	基带处理单元
B-CDMA	Broad-band Code Division Multiple Access	宽带码分多址
BCH	Broadcast Channel	广播信道
BCCH	Broadcast Control Channel	广播控制信道

BDMA	Beam Division Multiple Access	波束分割多址
BER	Bit Error Rate	误比特率
BF	Beamforming	波束赋形
B-ISDN	Broad-band ISDN	宽带 ISDN
BIU	Base Station Interface Unit	基站接口单元
BLAST	Bell Labs Layered Space-Time	贝尔实验室分层空时码
BS	Base Station	基站
BSC	Base Station Controller	基站控制器
BSIC	Base Station Identity Code	基站识别码
BSS	Base Station Sub-system	基站子系统
B-TrunC	Broadband Trunking Communication	宽带集群通信
BTS	Base Transceiver Station	基站收发信台

C

CA	Carrier Aggregation	载波聚合
CAI	Common Air Interface	公共空中接口
CAMEL	Customized Applications for Mobile Enhanced Logic	用于移动增强逻辑的用户应用
CBC	Cell Broadcast Centre	小区广播中心
CC	Component Carrier	载波单元
CCCH	Common Control Channel	公共控制信道
CCH	Control Channel	控制信道
CCI	Co-Channel Interference	共（同）道干扰
CCIR	Consultative Committee for International Radio communication	国际无线电通信咨询委员会
CCITT	International Telegraph and Telephone Consultative Committee	国际电报电话咨询委员会
CDD	Cyclic Delay Diversity	循环延时分集
CDM	Code Division Multiplexing	码分复用
CDMA	Code Division Multiple Access	码分多址
CDPD	Cellular Digital Packet Data	蜂窝数字分组数据
CELP	Code Excited Linear Predictor	码激励线性预测编码器
CN	Core Network	核心网
C/I	Carrier-to-Interference Ratio	载干比
CO	Central Office	中心局
CoMP	Coordinated Multiple Point	多点协作
CP	Cyclic Prefix	循环前缀
CPCH	Common Packet Channel	公共分组信道
CPE	Customer Premise Equipment	客户终端设备
CPE	Common Phase Error	共相位误差
CPICH	Common Pilot Channel	公共导频信道
CQI	Channel Quality Indicator	信道质量指示
CQT	Call Quality Test	呼叫质量测试
CRC	Cyclic Redundancy Code	循环冗余校验码
CSI	Channel State Information	信道状态信息
CSI-RS	Channel Stare Information Reference Signal	信道状态信息参考信号
CTCH	Common Traffic Channel	公共业务信道

CU	CoMP User	协作用户
CU	Centralized Unit	集中单元
CW	Continuous Wave	连续波
CWTS	China Wireless Telecommunication Standard (Group)	中国无线通信标准（组）

D

D2D	Device-to-Device	设备到设备
DAC	Digital - Analog Converter	数模转换器
D-AMPS	Digital-Advanced Mobile Phone System	数字式先进移动电话系统
DCCH	Dedicated Control Channel	专用控制信道
DCN	Digital Communication Network	数字通信网络
DCS	Digital Communication System	数字通信系统
DECT	Digital European Cordless Telephone	欧洲数字无绳电话
DeNB	Donor eNode B	宿主 eNode B
DFT	Discrete Fourier Transform	离散傅里叶变换
DL	Downlink	下行链路
DMB	Digital Multimedia Broadcasting	数字多媒体广播
DPC	Dedicated Physical Channel	专用物理信道
DR	Digital Radio	数字无线电
DSA	Dynamic Spectrum Access	动态频谱接入
DS-CDMA	Direct Sequence Code Division Multiple Access	直扩序列码分多址
DT	Drive Test	驱动测试
DU	Distributed Unit	分布单元
DTX	Discontinuous Transmission	不连续发射

E

EDGE	Enhanced Data rates for GSM Evolution	GSM 演进的增强数据速率
EIA	Electronic Industry Association	电子工业协会
EIR	Equipment Identity Register	设备识别寄存器
E-MBS	Enhanced Multicast and Broadcast Service	增强多播广播业务
eMBB	enhanced Mobile BroadBand	移动增强宽带
eNode B	Evolved Node B	演进型节点 B
eNB	evolved Node B	演进型节点 B（LTE 基站）
EPC	Evolved Packet Core	演进分组核心网
ESN	Electric Sequence Number	电子序列号
EVRC	Enhanced Variable Rate Codec	增强可变速率声码器
ETSI	European Telecommunication Standard Institute	欧洲电信标准协会

F

FACCH	Fast Associated Control Channel	快速辅助控制信道
FCC	Federal Communication Committee	联邦通信委员会
	Forward Control Channel	前向控制信道
FCCH	Frequency Correction Channel	频率校正信道
FDD	Frequency Division Duplex	频分双工
FDM	Frequency Division Multiplexing	频分复用
FDMA	Frequency Division Multiple Access	频分多址

FEC	Forward Error Correction	前向纠错编码
FER	Frame Error Rate	误帧率
FFT	Fast Fourier Transform	快速傅里叶变换
FH	Frequency Hopping	跳频
FPLMTS	Future Public Land Mobile TeleSystem	未来公共陆地移动通信系统
FTP	File Transfer Protocol	文件传输协议
FVC	Forward Voice Channel	前向语音信道

G

GFDM	Generalized Frequency Division Multiplexing	广义频分复用
GGSN	Gateway GPRS Support Node	网关 GPRS 支持节点
GIS	Graphical Information System	地理信息系统
GMSC	Gateway MSC	网关 MSC
GMSK	Gaussian Minimum Shift Keying	高斯最小频移键控
gNB	gNodeB	5G 节点 B（5G 基站）
GoS	Grade of Service	服务等级
GoTa	Global Open Trunking Architecture	开放式集群架构
GPRS	General Packet Radio Service	通用无线分组服务
GPS	Global Positioning System	全球定位系统
GSM	Group Special Mobile	移动通信特别小组
	Global System for Mobile Communication	全球移动通信系统

H

HARQ	Hybrid Automatic Repeat reQuest	混合自动请求重传
HDR	High Data Rate	高数据率
HLR	Home Location Register	原籍（归属）位置寄存器
HSPDA	High Speed Downlink Packet Access	高速下行分组接入
HSS	Home Subscriber Server	归属用户服务器
HSUDA	High Speed Uplink Packet Access	高速上行分组接入

I

ICI	Inter-Carrier Interference	子载波间的干扰
ICIC	Inter Cell Interference Coordination	小区间干扰协调
ID	IDentifier	识别码
iDEN	integrated Digital Enhanced Network	集成数字增强网络
IDFT	Inverse DFT	逆离散傅里叶变换
IDMA	Interleaved Division Multiple Access	交织多址
IEEE	Institute of Electrical and Electronics Engineers	电气和电子工程师协会
IF	Intermediate Frequency	中频
IFFT	Inverse FFT	逆快速傅里叶变换
IM	Instant Message	即时消息
IMEI	International Mobile Equipment Identity	国际移动设备识别码
IMS	IP Multimedia Subsystem	IP 多媒体子系统
IMSI	International Mobile Subscriber Identity	国际移动用户识别码
IMT-Advanced	International Mobile Telecommunication-Advanced	高级国际移动通信
IN	Intelligent Network	智能网
IoE	Internet of Everything	万联网

IoT	Internet of Things	物联网
IP	Internet Protocol	网际协议
IPR	Intellectual Property Rights	知识产权
IRC	Interference Rejection Combining	干扰抑制合并
IRS	Intelligent Reflecting Surface	智能反射面
ISDN	Integrated Services Digital Network	综合业务数字网
ISI	InterSymbol Interference	符号（码）间干扰
ISO	International Standards Organization	国际标准化组织
ISP	Internet Service Provider	因特网业务提供商
ITU	International Telecommunication Union	国际电信联盟
ITU-R	International Telecommunication Union-Radio Communication sector	国际电联-无线电通信部门
ITU-T	International Telecommunication Union-Telecommunication standardization sector	国际电联-电信标准化部门
IWF	Interworking Function	互通功能

J

JP	Joint Processing	联合处理
JT	Joint Transmission	联合传输

K

KPIs	Key Performance Indexes	关键性能指标

L

LAC	Link Access Control	链路接入控制
LBS	Location-Based Services	基于定位的业务
LAN	Local Area Network	局域网
LAI	Location Areas Identity	位置识别码
LEC	Local Exchange Carrier	本地电话公司
LLC	Logical Link Control	逻辑链路控制
LMS	Least Mean Square	最小均方
LPC	Linear Predictive Coder	线性预测编码器
LST	Layered Space-Time	分层空时码
LTE	Linear Transversal Equalizer	线性横向滤波器
LTE	Long Term Evolution	长期演进
LTP	Long Term Prediction	长期预测

M

MA	Multiple Access	多址接入
MAC	Medium Access Control	媒体接入控制
MAHO	Mobile Assisted Handoff	移动台辅助切换
MAI	Multiple Access Interference	多址干扰
MAN	Metropolitan Area Network	城域网
MAPL	Maximum Allowed Path Loss	允许的最大路径损耗
MBMS	Multimedia Broadcast and Multicast Service	多媒体广播和组播业务
MBS	Mobile Broadband System	移动宽带系统
MBSFN	Multicast Broadcast Single Frequency Network	组播单频网络

MC-CDMA	Multi-carrier Code Division Multiple Access	多载波码分多址
MCS	Modulation and Coding Scheme	调制和编码方案
MEC	Mobile Edge Computation	移动边缘计算
MIMO	Multiple Input Multiple Output	多输入多输出
MLSE	Maximum Likelihood Sequence Estimation	最大似然序列估计
MME	Mobility Management Entity	移动性管理实体
MMSE	Minimum Mean Square Error	最小均方差
mMTC	massive Machine Type Communication	大规模机器通信
mmW	millimeter Wave	毫米波
MN	Master Node	主节点
MPC	Mobile Positioning Center	移动定位中心
MPEG	Moving Picture Experts Group	活动图像专家组
MS	Mobile Station	移动台
MSC	Mobile Switching Center	移动交换中心
MSI	Mobile Subscriber Identity	移动用户识别码
MSISDN	Mobile Subscriber ISDN	移动 ISDN 号码
MSRN	Mobile Subscriber Roaming Number	移动用户漫游号码
MTP	Message Transfer Part	消息传递部分
MU-MIMO	Multiuser MIMO	多用户 MIMO
MUSA	Multi-User Shared Access	多用户共享接入
MUX	Multiplexer	多路器

N

NACK	Negative Acknowledge	否定确认
NAS	Non-Access Stratum	非接入层
NCC	Network Control Center	网络控制中心
N-CDMA	Narrow-band Code Division Multiple Access	窄带码分多址
NID	Network IDentification Number	网络识别码
N-ISDN	Narrowband Integrated Service Digital Network	窄带综合业务数字网
NAMPS	Narrowband Advanced Mobile Phone System	窄带先进移动电话系统
NMTS	Nordic Mobile Telephone System	北欧移动电话系统
Node B	Node B	节点 B（UMTS 基站）
NOMA	Non-Orthogonal Multiple Access	非正交多址
NSS	Network and Switching Subsystem	网络和交换子系统
NSA	Non-StandAlone	非独立（组网）
NTT	Nippon Telephone and Telegraph	日本电话电报公司
ng-eNB	next generation evolved Node B	可接入 5G 核心网的演进型节点 B
NFV	Network Function Virtualization	网络功能虚拟化
NR	New Radio	新空中接口（新空口）

O

OAM	Orbital Angular Momentum	轨道角动量
ODMA	Opportunity Driven Multiple Access	伺机驱动多址
OFDM	Orthogonal Frequency Division Multiplexing	正交频分复用
OFDMA	Orthogonal Frequency Division Multiple Access	正交频分多址
OMA	Orthogonal Multiple Access	正交多址接入
OMA	Open Mobile Alliance	开放移动联盟

OMC	Operation Maintenance Center	操作维护中心
OMC-R	Operation Maintenance Center-Radio	无线设备操作维护中心
OSI	Open System Interconnect	开放系统互连
OSS	Operation Support Subsystem	操作支持子系统
OTA	Over The Air	空中下载
OTD	Orthogonal Transmit Diversity	正交发射分集
OVSF	Orthogonal Variable Spread Factor	正交可变扩频因子

P

PABX	Private Automatic Branch Exchange	专用自动小交换机
PACS	Personal Access Communication System	个人接入通信系统
PAD	Packet Assembler Disassembler	分组打包拆包器
PAPR	Peak-to-Average Power Ratio	峰值平均功率比
PBCH	Physical Broadcast Channel	物理广播信道
PC	Power Control	功率控制
PCCH	Paging Control Channel	寻呼控制信道
PCCPCH	Primary Common Control Physical Channel	主公共控制物理信道
PCF	Packet Control Function	分组控制功能
PCH	Paging Channel	寻呼信道
PCI	Physical Cell Identity	物理小区标识
PCM	Pulse Code Modulation	脉冲编码调制
PCN	Personal Communication Network	个人通信网
PCS	Personal Communication System	个人通信系统
PDC	Personal Digital Cell	个人数字蜂窝
PDCCH	Physical Downlink Conrol Channel	物理下行控制信道
PDCP	Packet Data Convergence Protocol	分组数据汇聚协议
PDMA	Pattern Division Multiple Access	图样分割多址
PDT	Professional Digital Trunking	专业数字集群
PDU	Protocol Data Unit	协议数据单元
PGW	PDN Gateway	PDN 网关
PHY	Physical Layer	物理层
PHS	Personal Handset System	个人便携电话系统
PI	Preemption Indication	抢占指示
PLMN	Public Land Mobile Network	公共陆地移动网络
PLMR	Public Land Mobile Radio	公用陆地移动无线电
PMR	Private Mobile Radio	专用移动无线电
PN	Pseudorandom-noise	伪随机噪声
PNMA	Power-domain Non-orthogonal Multiple Access	功率域非正交多址
PoC	Push to talk Over Cellular	一键通
POTS	Plain Old Telephone Service	传统电话
PPDR	Public Protection and Disaster Relief	公共保护与救灾
PSD	Power Spectrum Density	功率谱密度
PSTN	Public Switched Telephone Network	公共交换电话网
PR	Packet Radio	分组无线电
PRACH	Physical Random Access Channel	物理随机接入信道
PT-RS	Phase noise Tracking Reference Signal	相位噪声跟踪参考信号
PUCCH	Physical Uplink Control Channel	物理上行控制信道

Q

QAM	Quadruture Amplitude Modulation	正交振幅调制
QoS	Quality of Service	服务质量
QCELP	Qualcomm Code Excited Linear Predictive Qualcomm	码激励线性预测编码器
QoS	Quality of Service	服务质量
QPSK	Quadrature Phase Shift Keying	正交相移键控

R

RACH	Random Access Channel	随机接入信道
RAN	Radio Access Network	无线接入网
RAU	Remote Antenna Unit	远端天线单元
RB	Resource Block	资源块
RCC	Reverse Control Channel	反向控制信道
RE	Resource Element	资源粒子
RF	Radio Frequency	射频
RIS	Reconfigurable Intelligent Surface	可重配智能表面
RLC	Radio Link Control	无线链路控制
RLS	Recursive Least Square	递归最小二乘
RRC	Radio Resource Control	无线资源控制
RRM	Radio Resource Management	无线资源管理
RRU	Remote Radio Unit	远端射频单元
RNC	Radio Network Controller	无线网络控制器
RNS	Radio Network SubSystem	无线网络子系统
RS	Reference Signal	参考信号
RSRP	Reference Signal Receiving Power	参考信号接收功率
RSS	Radio Signal Strength	接收信号强度
RSSI	Radio Signal Strength Indication	接收信号强度指示
RTT	Radio Transmission Technology	无线传输技术
RVC	Reverse Voice Channel	反向语音信道
RX	Receiver	接收机

S

SA	StandAlone	独立（组网）
SACCH	Slow Associated Control Channel	慢辅助控制信道
SAP	Service Access Point	业务接入点
SBA	Service-Based Architecture	基于服务的网络架构
SC	Superposition Coding	叠加编码
SCCC	Satellite Course Control Center	卫星运行控制中心
SCCH	Synchronization Control Channel	同步控制信道
SCDMA	Synchronous CDMA	同步 CDMA
SCMA	Sparse Code Multiple Access	稀疏码分多址
SC-FDMA	Single Carrier FDMA	单载波频分多址
SCH	Synchronization Channel	同步信道
SCP	Service Control Point	业务控制点
SDAP	Service Data Adaptation Protocol	服务数据自适应协议

SDCCH	Standalone Dedicated Control Channel	独立专用控制信道
SDMA	Space Division Multiple Access	空分多址
SDN	Software Defined Network	软件定义网络
SDU	Service Data Unit	业务数据单元
SGSN	Serving GPRS Support Node	服务 GPRS 支持节点
SGW	Serving Gateway	服务网关
SI	Self-Interference	自干扰
SIC	Successive Interference Cancellation	串行干扰消除
SID	Station Identity	站标识
	System IDentification Number	系统识别码
SIM	Subscriber Identity Module	用户识别模块
SINR	Signal to Interference plus Noise	信干噪比
SIP	Session Initiation Protocol	会话初始协议
SIR	Signal-to-Interference Ratio	信号干扰比
SMF	Session Management Function	会话管理功能
SMS	Short Message Service	短信息服务
SMS-SC	Short Message Service Center	短信息服务中心
SN	Series Number	序列号
SN	Secondary Node	次（辅）节点
SNR	Signal-to-Noise Ratio	信噪比
SRS	Sounding Reference Signal	探测参考信号
SP	Signaling Point	信令点
SS7	Signaling System No. 7	7 号信令系统
ST	Signaling Tone	信令音
STC	Space-Time Code	空时编码
STS	Space Time Spreading	空时扩频

T

TACS	Total Access Communications System	全接入通信系统
TCH	Traffic Channel	业务信道
TCP/IP	Transport Control Protocol/Internet Protocol	传输控制协议/网际协议
TDD	Time Division Duplex	时分双工
TDMA	Time Division Multiple Access	时分多址
TDN	Temporary Directory Number	临时电话号码
TD-SCDMA	Time-Division Synchronous Code Division Multiple-Access	时分同步码分多址
TEDS	TETRA Enhanced Data Services	TETRA 增强数据服务
TETRA	Terrestrial Trunked Radio	陆上集群无线电
THP	Tomlinson-Harashima Precoding	THP 预编码
TIA	Telecommunication Industry Association	电信工业协会
TMSC	Tandem MSC	移动业务汇接中心
TMSI	Temporary Mobile Subscribe Identity	用户的临时识别码
TPC	Transmission Power Control	传输功率控制
TRS	Tracking Reference Signal	时频跟踪参考信号
TTI	Transmission Time Interval	传输时间间隔
TT & C	Tracking Telemetry & Command station	跟踪遥测指令站
TX	Transmitter	发射机

U

UAVs	Unmanned Aerial Vehicles	无人机
UCI	Uplink Control Information	承载上行控制信息
UDP	User Datagram Protocol	用户数据报协议
UDN	Ultra-Dense Network	超密集网络
UE	User Equipment	用户设备
UHF	Ultra High Frequency	特高频
UIM	User Identity Module	用户识别模块
UMTS	Universal Mobile Telecommunication System	通用移动通信系统
UPF	User Plane Function	用户平面功能
uRLLC	ultra-Reliable Low Latency Communication	高可靠低时延通信
UTRA	Universal Terrestrial Radio Access	通用地面无线接入
UTRAN	Universal Terrestrial Radio Access Network	通用地面无线接入网

V

V-BLAST	Vertical BLAST	垂直贝尔实验室分层空时码
VCH	Voice Channel	语音信道
VHF	Very High Frequency	甚高频
VHE	Virtual Home Environment	虚拟原籍环境
VLC	Visible Light Communications	可见光通信
VLR	Visiting Location Register	访问位置寄存器
VLST	Vertical Layered Space-Time	垂直结构的分层空时码
VoIP	Voice over IP	IP 语音

W

WACS	Wireless Access Communication System	无线接入通信系统
WAN	Wide Area Network	广域网
WAP	Wireless Application Protocol	无线应用协议
WARC	World Administrative Radio Committee	世界无线电管理委员会
WCDMA	Wide-band CDMA	宽带码分多址
Wi-Fi	Wireless Fidelity	无线保真
WiMAX	Worldwide Interoperability for Microwave Access	全球微波接入互操作
WLAN	Wireless Local Area Network	无线局域网
WLL	Wireless Local Loop	无线本地环路
WMAN	Wireless Metropolitan Area Network	无线城域网
WPAN	Wireless Personal Area Network	无线个域网
WRAN	Wireless Regional Area Network	无线区域网
WVPN	Wireless Virtual Private Network	无线虚拟专用网
WWAN	Wireless Wide Area Network	无线广域网

Z

ZF	Zero Forcing	迫零

参考文献

[1] 郭梯云，邬国扬，李建东. 移动通信［M］. 3版. 西安：西安电子科技大学出版社，2005.
[2] 杨家玮，盛敏，刘勤. 移动通信基础［M］. 2版. 北京：电子工业出版社，2008.
[3] 蔡跃明，吴启晖，田华，等. 现代移动通信［M］. 3版. 北京：机械工业出版社，2012.
[4] T S RAPPAPORT. 无线通信原理与应用［M］. 蔡涛，李旭，杜振民，译. 北京：电子工业出版社，1999.
[5] 啜钢，孙卓. 移动通信原理［M］. 北京：电子工业出版社，2011.
[6] 章坚武. 移动通信［M］. 西安：西安电子科技大学出版社，2003.
[7] 韦惠民，李国民，暴宇. 移动通信技术［M］. 北京：人民邮电出版社，2006.
[8] 尹长川，罗涛，乐光新. 多载波宽带无线通信技术［M］. 北京：北京邮电大学出版社，2004.
[9] 吴伟陵，牛凯. 移动通信原理［M］. 2版. 北京：电子工业出版社，2009.
[10] 陶小峰，崔琪梅，许晓东，等. 4G/B4G关键技术及系统［M］. 北京：人民邮电出版社，2011.
[11] 杨大成，等. 移动传播环境［M］. 北京：机械工业出版社，2003.
[12] 杨秀清. 移动通信技术［M］. 北京：人民邮电出版社，2008.
[13] 曹志刚，钱亚生. 现代通信原理［M］. 北京：清华大学出版社，1992.
[14] 沈越泓，高媛媛，魏以民. 通信原理［M］. 北京：机械工业出版社，2003.
[15] 覃团发. 移动通信［M］. 重庆：重庆大学出版社，2005.
[16] 袁超伟，陈德荣，冯志勇. CDMA蜂窝移动通信［M］. 北京：北京邮电大学出版社，2003.
[17] 戴美泰，等. GSM移动通信网优化［M］. 北京：人民邮电出版社，2003.
[18] 张威. GSM网络优化：原理与工程［M］. 北京：人民邮电出版社，2003.
[19] 中兴通讯公司. CDMA网络规划与优化［M］. 北京：电子工业出版社，2005.
[20] 罗凌，焦元媛，陆冰，等. 第三代移动通信技术与业务［M］. 2版. 北京：人民邮电出版社，2007.
[21] 郑祖辉，鲍智良. 数字集群移动通信系统［M］. 北京：电子工业出版社，2002.
[22] 张更新，张杭. 卫星移动通信系统［M］. 北京：人民邮电出版社，2001.
[23] 庞宝茂，等. 现代移动通信［M］. 北京：清华大学出版社，2004.
[24] 谢大雄，朱晓光，江华. 移动宽带技术-LTE［M］. 北京：人民邮电出版社，2012.
[25] 陈威兵，何松华，彭曙光. 移动通信系统［M］. 北京：清华大学出版社，2010.
[26] 冯建和，王卫东. 第三代移动网络与移动业务［M］. 北京：人民邮电出版社，2007.
[27] DAHLMAN E，PARKVALL S，SKOLD J. 4G移动通信技术权威指南［M］. 堵久辉，缪庆育，译. 北京：人民邮电出版社，2012.
[28] 啜钢，王文博，常永宇，等. 移动通信原理与系统［M］. 3版. 北京：北京邮电大学出版社，2015.
[29] 杨鸿文，李云州，张欣，等. 移动通信［M］. 北京：高等教育出版社，2015.
[30] 魏红. 移动通信技术［M］. 北京：人民邮电出版社，2015.
[31] 范波勇，杨学辉. LTE移动通信技术［M］. 北京：人民邮电出版社，2015.
[32] ANDREWS J G，BUZZI S，WAN C，et al. What Will 5G Be?［J］. IEEE Journal on，Selected Areas in Communications，2014，32（6）：1065-1082.
[33] 小火车，好多鱼. 大话5G［M］. 北京：电子工业出版社，2016.
[34] 陈鹏，刘洋，赵嵩，等. 5G关键技术与系统演进［M］. 北京：机械工业出版社，2016.
[35] 朱晨鸣，王强，李新，等. 5G：2020后的移动通信［M］. 北京：人民邮电出版社，2016.
[36] 蔡跃明，吴启晖，田华，等. 现代移动通信［M］. 4版. 北京：机械工业出版社，2017.
[37] 王晓云，刘光毅，丁海煜，等. 5G技术与标准［M］. 北京：电子工业出版社，2019.
[38] 刘关毅，方敏，关皓，等. 5G移动通信：面向全连接的世界［M］. 北京：人民邮电出版社，2019.
[39] 李晓辉，刘晋东，李丹涛，等. 从LTE到5G移动通信系统：技术原理及其LabVIEW实现［M］. 北京：清华大学出版社，2020.

[40] CHEN S, LIANG Y, SUN S, et al. Vision-Requirements-and Technology Trend of 6G How to Tackle the Challenges of System Coverage-Capacity-User Data-Rate and Movement Speed [J]. IEEE Wireless Communications, 2020, 27 (4): 218-228.

[41] ZHANG Z, XIAO Y, MA Z, et al. 6G Wireless Networks Vision, Requirements, Architecture, and Key Technologies [J]. IEEE Vehicular Technology Magazine, 2019, 14 (3): 28-41.

[42] SAAD W, BENNIS M, CHEN M. A Vision of 6G Wireless Systems: Applications, Trends, Technologies, and Open Research Problems [J]. IEEE Network, 2020, 34 (3): 134-142.